炼油催化反应器的建模与仿真

Modeling and Simulation of Catalytic Reactors for Petroleum Refining

[墨] Jorge Ancheyta 著
方向晨 译

中国石化出版社

著作权合同登记图字 01-2014-2619

Translation from the English language edition: Modeling and Simulation of Catalytic Reactors for Petroleum Refining (9780470185308/0470185309) by Jorge Ancheyta.

图书在版编目(CIP)数据

炼油催化反应器的建模与仿真 /(墨)若热 · 安奇塔(Jorge Ancheyta)著;
方向晨译. —北京:中国石化出版社,2016. 12
ISBN 978-7-5114-4366-3

Ⅰ. ①炼… Ⅱ. ①若… ②方… Ⅲ. ①石油炼制-机械设备-系统建模 ②石油炼制-机械设备-系统仿真 Ⅳ. ①TE96

中国版本图书馆 CIP 数据核字(2016)第 314895 号

中国石化出版社出版发行
地址:北京市朝阳区吉市口路 9 号
邮编:100020 电话:(010)59964500
发行部电话:(010)59964526
http://www.sinopec-press.com
E-mail:press@sinopec.com
北京柏力行彩印有限公司印刷
全国各地新华书店经销
*
787×1092 毫米 16 开本 20 印张 475 千字
2016 年 12 月第 1 版 2016 年 12 月第 1 次印刷
定价:70.00 元

译者序

经过近百年的发展，现代炼油工业得到长足的发展。对于将原油加工成各种燃料、润滑油、石蜡、沥青等石油产品或石油化工原料的石油炼制过程，反应器是核心装置，深刻理解反应物转化为目的产物过程中发生的各种现象，描述与表征涉及多种相态、催化剂、反应器结构、催化剂添加方式等各种因素的反应系统，对于工艺流程与催化剂的设计与优化至关重要。

本书作者首先介绍原油性质、石油分离与重油改质典型工艺，接着详细阐述炼油反应器建模的通用特性，随之重点对加氢处理、催化重整和催化裂化反应器的表征与建模进行详实论述。尤为重要的是，作者通过实验研究、小试、工业装置运行数据对反应器建模与仿真结果进行验证，因而具备更强的实用性。

本书由中国石化抚顺石油化工研究院负责组织编译，力求使读者对炼油催化反应及其反应器的描述、建模与仿真有较为全面、系统的了解，对化工与工艺工程师、研究人员和石油化工从业人员有所裨益。

特别感谢中国石化出版社的大力支持以及中国石化抚顺石油化工研究院张英、马艳秋等同志对本书付出的辛劳。

翻译也是一次学习的过程，因水平和专业知识有限，译文定有错误和不妥之处，敬请读者指正。

方向晨

2016年11月

原著前言

反应器是化工工艺的核心，深刻理解反应物转化为目的产物过程中发生的各种现象，对于工艺开发及优化至关重要。特别是在炼油工业中，除反应器以外，其他的操作单元(分离、加热、冷却、泵输等)依序或同时进行，而且各个单元相互连接，因此，反应器设计失当和操作失误可能导致整套装置停工，甚至导致整个炼厂停产，造成生产和效益损失。因此，非常有必要全面了解在反应器设计中起关键作用的基本要素，如反应器尺寸和优化操作条件。

石油炼制过程所用反应器结构复杂，建模和设计非常困难。因为在炼油反应器中，各种组成及性质不同的石油组分发生转化，反应系统涉及多种相态、催化剂、反应器结构、催化剂的连续添加方式等各种因素，这些都使得反应器建模成为一项富有挑战性的任务。此外，成百上千种反应组分遵循不同的反应途径，且相互竞争催化剂的活性中心，更增加了反应动力学表达式和反应器模型的复杂性。

多年来，已有多本关于反应器各方面研究的优秀教材出版，涉及化工反应器设计、化学反应动力学模型、反应机理、化学反应工程、反应器放大等。各本教材涉及的模型复杂水平差别较大，从理论反应模型(如 A→B)、简单动力学模型(如指数模型，$-r_A = kC_A^n$)，以及用于理想反应器设计的积分方程模型(如 PFR、CSTR)，到使用一组微分方程求取质量和能量平衡的复杂催化反应系统模型。然而，这些教材并未详细介绍各种不同的反应器和反应动力学模型以及这些模型用于实验室反应装置和工业装置仿真模拟的实例。而且，大多数教材没有讨论在炼油工业用于石油馏分转化的典型反应器建模问题，也未描述此类反应器模型。

《炼油催化反应器的建模与仿真》一书旨在介绍反应器建模领域各个重要研究方向取得的最新进展，重点论述炼油工业所用反应器建模方面的进展。解释并分析催化反应器稳态建模和动态模拟的各种方法，对热力学、反应动力学、工艺变量、工艺流程及反应器设计等反应器建模与仿真中涉及的各个方面进行讨论，利用直接从实验室和工业装置获得的数据对模型进行验证。本书力求成为化学及工艺工程师、计算化学工程师及建模师、催化研究人员和石油工业从业人员的重要参考书，还可作为化学反应工程课程的教科书或相关课程的辅助教材。

本书共分 5 章，每章末尾都给出了本章引用的参考文献。共计引用和讨论了大约 500 篇参考文献，涵盖了绝大多数现已公开发表的炼油反应器建模方面的文献。第 1 章深入介绍了炼油行业相关的专题，主要包括石油性质、分离过程、馏分改质和重油加工等几个方面；还简要介绍了各种转化和分离工艺，并给出轻、中、重质不同原油的详细实验数据。

第 2 章全面阐述炼油反应器的建模过程，重点介绍反应器型式、理想流动模型偏差、动力学模型建立方法、模型参数的估算以及反应器模型的分类与描述。对于每一种反应器模型，均给出基本方程表达式，并列出这些方程的优缺点。本章还提出了一种通用的反应器模型，依此进行简单推导，即可得到此前公开报道过的各种反应器模型。

第3章专题阐述催化加氢处理反应器的建模。前两节着重介绍加氢处理反应器的重要特性，如反应器特点与分类、过程变量、工艺流程(急冷系统、反应器内构件)等，以及加氢处理基本原理(化学反应、热力学、动力学和催化剂等)。第三节介绍加氢处理反应器的建模方法，给出了实验室和工业反应器的建模与仿真实例，涵盖不同催化剂颗粒形状、稳态操作、集成急冷系统的反应器、动态模拟以及并流、逆流操作方式的影响等方面的内容。

第4章专题探讨催化重整反应器的建模问题。前两节介绍催化重整概述、工艺类型、工艺变量和过程基本原理。第三节阐述催化重整反应器的建模过程，包括重整动力学模型开发进展，采用小型绝热反应器实验和工业半再生重整反应器仿真对模型的验证以及原料所含苯前驱体对实验室和工业重整反应影响的模拟等，重点阐述了利用反应器模型预测其他工艺参数的过程。

第5章由Maya-Yescas博士执笔，阐述了流化催化裂化反应器的建模与仿真。前两节介绍催化裂化工艺概述、反应机理、转移现象、热力学和动力学等内容。第三至第七节对以下内容进行了详细探讨：用于估算动力学参数的实验室和工业反应器的流程模拟，用于确定反应控制步骤的流程模拟，稳态模拟，动力学参数放大模拟，反-再系统模拟，非均相烧焦过程及其副反应模拟，以及再生器的能量平衡模拟。其余章节阐述了催化剂提升管建模、控制单元仿真、中试装置及工业装置仿真等内容。

每章都提供了详细的反应器模型预测的试验数据及对比结果，并提供了建立每种反应器模型和动力学模型所需的全部参数和详细数据，使读者可采用自身熟练掌握的流程模拟软件，进行反应器模拟、优化和设计。

本书重点详解了炼油催化反应器的建模过程，采用实验室和工业数据验证模型的可靠性，并提供了稳态和动态模拟的详细结果。相比以往的化学反应工程教材，本书更加注重反应器模型的实用性，笔者期望该书能快速成为反应器建模与仿真研究领域的领先教材。

特别感谢墨西哥Michoacana大学化学反应工程专业教授Rafael Maya-Yescas博士执笔撰写本文第5章，对于这些年来在本书筹备过程中付出大量努力的我的全体硕士、博士和博士后研究生们，深表感谢。

Jorge Ancheyta

作者简介

Jorge Ancheyta

1989 年墨西哥国立理工学院 石油化工工程专业学士

1993 年墨西哥国立理工学院 化学工程专业硕士

1997 年墨西哥国立理工学院 烃资源管理、规划和经济学专业硕士

1998 年墨西哥大都会自治大学和伦敦帝国学院 博士

1999 年法国里昂高等物理化学电子学院-法国国家科学研究中心 催化工艺工程实验室博士后

2008~2010 年 法国卡昂大学催化及光谱化学实验室 访问学者

2009 年 伦敦帝国学院访问学者

Ancheyta 博士从 2003 年起就职于墨西哥石油研究院(IMP)，目前是项目研发的学科带头人。从 1992 年起，Ancheyta 博士作为墨西哥国立理工学院化学工程及采掘工业系教授，讲授本科及研究生课程。2003 年起，Ancheyta 博士开始参与指导墨西哥石油研究院博士后研究生项目。到目前为止，Ancheyta 博士共计指导完成了 100 余篇的本科、硕士和博士论文，还指导过多名博士后。

Ancheyta 博士主要从事炼油催化剂、反应器及动力学模型以及催化裂化、催化重整、中间馏分油加氢精制和重油加工等工艺技术的研发与应用工作。Ancheyta 博士作为第一作者或合作者申请和出版了大量的专利和著作，约发表了 200 余篇科研论文。Ancheyta 博士被墨西哥政府授予最高级别(三级)的国家研究员称号，当选墨西哥科学院院士。Ancheyta 博士还担任了多种国际性学术期刊的特邀编委：《Catalysis Today》、《Petroleum Science and Technology》、《Industrial Engineering Chemistry Research》、《Energy and Fuels》、《Chemical Engineering Communications》、《Fuels》。Ancheyta 博士还担任了多次国际性会议的主席，以及多本权威学术期刊的编委会成员。

作者简介

目　　录

第 1 章　石油炼制

1.1　石油的性质

石油是现代社会最重要的消耗品，它不仅可作为运输燃料，而且可用于生产塑料、油漆、化肥、杀虫剂、药品及其他产品。石油的精确组成因产地不同而有较大差别，但石油组成元素的变化范围却很窄。石油的主要组成元素是碳和氢，还含有少量的硫、氮、氧和金属元素(表 1.1)。石油或原油是由深埋在地下的动植物残骸经几百万年高温高压作用久而久之所形成的，通常显黑色，因含有少量的硫、氮和金属等化合物而具有特殊性气味。

表 1.1　石油的典型元素组成

元　素	质量分数,%	元　素	质量分数,%
碳	84～87	氮	0.1～2
氢	11～14	硫	0.5～6
氧	0.1～0.5	金属	0～0.1

世界范围内的原油品质变化(如近年来重质原油产量增加)，迫使炼厂重新配置原油加工流程，或设计建造新型专用于重质原油加工的炼厂(如将各种重油含量较高的原油进行调兑后再用于加工)。这些重质原料油的特征是杂质含量较高(如硫、金属、氮、沥青)、馏分油产率较低，使得重质原油要比轻质原油更难加工。

表 1.2 和表 1.3 对比了几种不同原油的性质，从表中可清晰看出，轻、重原油的性质有显著差异。重质原油的特点是 API 比重指数低、杂质含量高和馏分油产率低，而轻质原油的质量则相对好很多。通常认为，API 比重指数越低(原油越重，API 比重指数越低)，杂质含量就越高，馏分油产率就越低。因此，重油加工工艺与轻油加工工艺有着很大的不同。换言之，若不对某些装置进行调整甚至完全改变现有炼厂加工流程的话，加工轻质原油的炼厂将不能加工 100%重质原油。

表 1.2　几种不同类型原油的性质

	超轻原油	轻质原油	重质原油	超重原油
API 比重指数	>50	22～32	10～22	<10
烃含量，%				
沥青	0～<2	<0.1～12	11～25	15～40
胶质	0.05～3	3～22	14～39	
油	—	67～97	24～64	
杂质，%(质量分数)				
总硫	0.02～0.2	0.05～4.0	0.1～5.0	0.8～6.0
总氮	0～0.01	0.02～0.5	0.2～0.8	0.1～1.3
镍和钒/($\mu g \cdot g^{-1}$)(质量分数)	<10	10～200	50～500	200～600

表 1.3 几种不同产地原油的性质

原　　油	拉格拉沃	伊斯姆斯	玛雅	Lloydminster	阿萨巴斯卡
产地	法国	墨西哥	墨西哥	加拿大	加拿大
API 比重指数	43	33.34	21.31	15.0	8.0
硫，%(质量分数)	—	1.46	3.57	—	1.25
氮，%(质量分数)	—	0.1467	0.32	4.30	7.95
正庚烷不溶物，%(质量分数)	4	1.65	11.32	12.9	15.0

轻质原油富含轻馏分油，而重质原油富含渣油。然而，因 API 比重指数和产地不同，原油的组成可能有很大差异。原油的物理性质和精确的化学组成因产地而异。表 1.4 列出了几种原油重组分中饱和分、芳香分、胶质和沥青质含量(SARA)的定性数据。沥青是石油中组成结构最为复杂的杂质，主要由含少量杂原子的稠环芳烃和痕量的镍和钒组成。沥青的典型定义为：石油、渣油或含沥青的原料中不溶于低沸点烃(如正戊烷或正庚烷)但溶于苯(或其他芳烃溶剂)、二硫化碳和氯仿(或其他的含氯的烃类溶剂)的黑、褐色的粉末状固体。沥青分子通常含有五元或六元以上的杂环，这些分子往往被可溶质(所有的溶于正庚烷且与沥青结构不同分子)和胶质包裹。

表 1.4 石油物理性质及 SARA 分析

物理性质				
饱和分 芳香分 胶质 沥青质	可溶质（饱和分、芳香分、胶质）	非极性 ↓ 高极性	低密度 ↓ 高密度	低芳香性 ↓ 高芳香性

石油的黏度、密度、沸点和颜色等性质的变化范围较宽，而大多数石油样品的元素组成都在较窄范围内改变。金属更倾向于在重组分(沥青)中富集，饱和分和芳香分中的含量相对较低。原油的沥青质含量越高，往往其金属含量也越高。然而，金属钒含量的增加不与镍含量呈同步增加趋势。轻质原油仅含有痕量的氮和硫，重质原油和超重质原油中硫和氮含量会显著增加。

1.2 原油评价

原油评价是通过各种实验、分析方法确定原油的物理和化学性质。原油评价的重要应用如下：

① 提供原油的详细实验数据，帮助炼厂确定原油加工的适应性；

② 预测原油可否满足目的产品产率、质量及产量等生产要求；

③ 确定加工该种原油能否满足环保及其他标准要求；

④ 帮助炼厂确定装置操作调整方案，制定产品生产计划时间表，以及审查未来的加工风险；

⑤ 为工程公司设计炼油装置提供详细的原油分析数据；

⑥ 帮助炼厂制定原油定价机制，以及可能由于原油中杂质及其他不期望发生的性质变化而引起的惩罚机制。

原油评价通过采集实验室(物理和化学性质)和中试装置(蒸馏和产品分馏)数据来表征某原油的性质。原油的常规评价在常、减压联合蒸馏装置上进行，提供实沸点(TBP)蒸馏数据。这种间歇蒸馏方法需花费 3~5 天时间，以收集足够量的馏出物用于进一步分析测试。馏出物的馏程范围通常根据炼厂的生产目的加以分类。表 1.5 列出了国际上原油评价中最普遍采用的馏程划分范围。

表 1.5　原油评价的典型馏程范围

TBP 馏程范围/℃	馏分油	TBP 馏程范围/℃	馏分油
初馏点~71	直馏轻石脑油	316~343	直馏柴油
71~177	直馏中石脑油	343~454	轻减压蜡油
177~204	直馏重石脑油	454~538	重减压蜡油
204~274	喷气燃料	减压 538℃以上	减压渣油
274~316	煤油		

不同类型的原油评价方法给出的评价报告，其所涉及的实验数据的信息量也有很大区别。一些评价方法的实验报告包含作为催化重整(石脑油)原料和作为催化裂化(柴油)原料的馏出物产率及性质，其他的一些原油评价报告可能还提供了润滑油和/或沥青等额外数据。原油评价至少应包括原油蒸馏曲线(典型采用 TBP 蒸馏曲线)和相对密度曲线。

最完整的原油评价报告应包括原油全馏分及各种馏程范围馏出物的实验数据，通常需包括 TBP、相对密度和硫含量曲线。表 1.6 列出了几种墨西哥原油评价结果，其 API 比重指数变化范围为 10~33°API。API 比重指数用来测量石油液体与水的相对密度(如比较与水密度的高或低)。API 比重指数没有单位，通常以“度”来表示。API 比重指数与相对密度的换算关系为：

$$\text{API 比重指数}=\frac{141.5}{sg_{60^\circ F}^{60^\circ F}}-131.5 \tag{1.1}$$

原油评价报告中至少提供三个温度下的黏度数据，可据此计算其他温度下样品的黏度。通常所采用的测定样品黏度的温度为 15.5℃、21.1℃和 25℃。如果在上述温度下无法测定样品的黏度，则需将样品加热，在更高的温度下测定其黏度，如表 1.6 中所示 API 比重指数为 10~13 的原油所采用的黏度测定温度。只要已知三个温度下的黏度数据，即可在双对数坐标(Log10)中以黏度对温度制图，求出其他温度下的黏度数据，如图 1.1 所示。

表 1.6 中列出的墨西哥原油的特性因数(K_{UOP}或K_{Watson})的变化范围为 11.5~12.0。特性因数 K 值不是试验测量值，而是通过公式(1.2)计算得出的计算值：

$$K=\frac{\sqrt[3]{\text{MeABP}}}{sg_{60^\circ F}^{60^\circ F}} \tag{1.2}$$

式中，MeABP(兰金度)为根据蒸馏曲线计算的样品平均沸点。

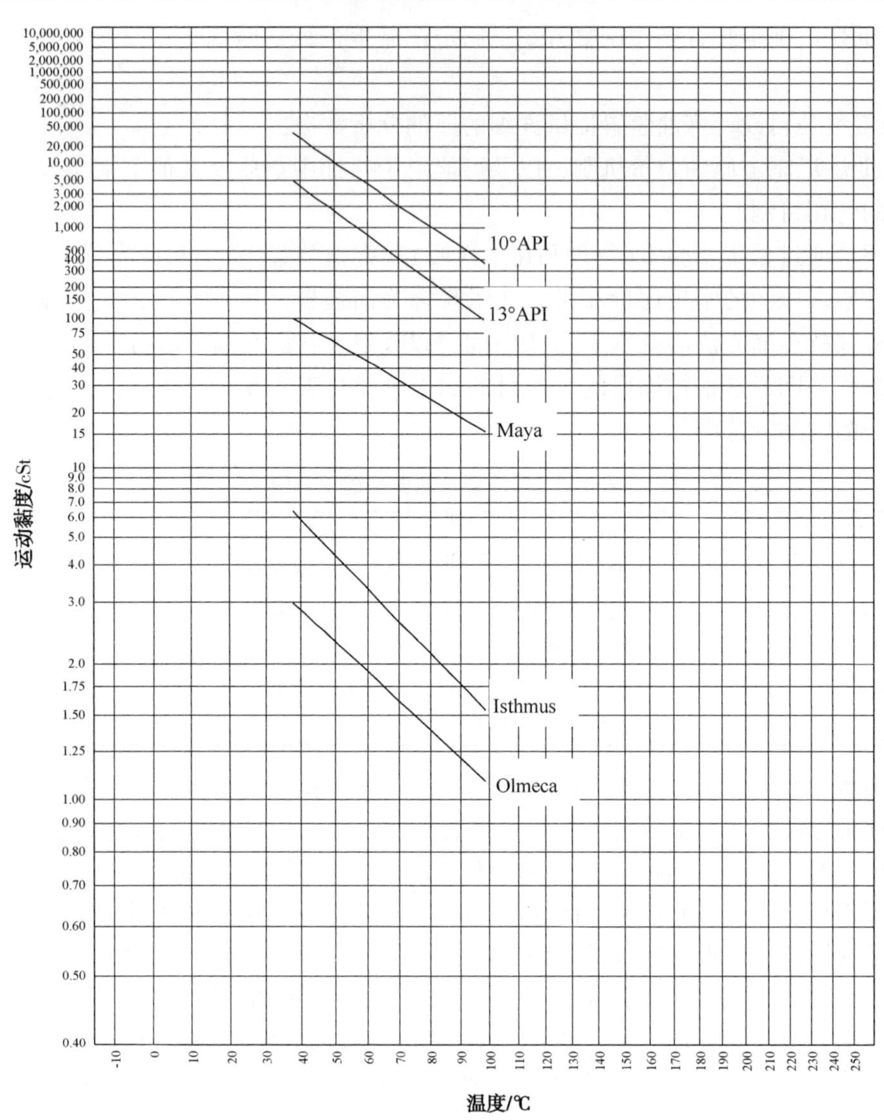

图 1.1 几种墨西哥原油的运动黏度

表 1.6 几种墨西哥原油的评价结果

	ASTM 方法	墨西哥原油				
		10°API	13°API	玛雅	伊斯姆斯	Olmeca
相对密度(60℉/60℉)	D-1298	1.0008	0.9801	0.9260	0.8584	0.8315
API 比重指数	D-287	9.89	12.87	12.31	33.34	38.67
运动黏度/cSt	D-445					
15.5℃		—	—	299.2	16.0	5.4
21.1℃		—	—	221.6	12.5	4.6
25.0℃		—	19646	181.4	10.3	4.1
37.8℃		—	5102	—	—	—
54.4℃		7081	1235	—	—	—

续表

	ASTM 方法	墨西哥原油				
		10°API	13°API	玛雅	伊斯姆斯	Olmeca
60.0℃		4426	—	—	—	—
70.0℃		2068	—	—	—	—
特性因数(K_{UOP})	UOP-325	11.50	11.60	11.71	11.95	12.00
倾点/℃	D-97	+12	0	—	-33	-39
兰氏残炭,%(质量分数)	D-524	20.67	16.06	10.87	4.02	2.10
康氏残炭,%(质量分数)	D-189	20.42	17.94	11.42	4.85	2.76
水和沉积物,%(质量分数)	D-4007	1.40	0.10	0.20	<0.05	<0.05
总硫,%(质量分数)	D-4294	5.72	5.35	3.57	1.46	0.99
盐含量(磅/千桶)	D-3230	744.0	17.7	15.0	4.1	3.9
硫化氢/(mg/kg)	UOP-163	—	—	—	44	59
硫醇/(mg/kg)	UOP-163	—	—	—	65	75
总酸值/(mgKOH/g)	D-664	0.48	0.34	0.30	0.61	0.46
总氮/(μg/g)	D-4629	5650	4761	3200	1467	737
碱氮/(μg/g)	UOP-313	1275	1779	748	389	150
正庚烷不溶物,%(质量分数)	D-3279	25.06	18.03	11.32	1.65	0.68
甲苯不溶物,%(质量分数)	D-4055	0.41	0.20	0.11	0.09	0.11
金属含量/(μg/g)	原子光谱					
镍		94.2	83.2	53.4	8.9	1.6
钒		494.0	445.0	298.1	37.1	8.0
总金属合计		588.2	528.4	351.5	46.0	9.6
氯含量/(μg/g)	D-808	86	10	4	10	9

若 $K>12.5$，则表明该样品主要为石蜡基原油；而若 $K<10.0$，则表明该样品中的芳香分含量较高。特性因数是由相对密度和平均沸点两个物理参数组成的复合常数，用于判断原油的化学组成。表 1.7 列出了特性因数与样品本质的详细对应关系。特性因数还与其他因素有关(如黏度、苯胺点、相对分子质量、临界温度、烃含量)，因此，可根据这些性质估算样品的特性因数。

表 1.7　石油烃类型和特性因数的关联关系

特性因数 K	石油烃类型	特性因数 K	石油烃类型
12.15~12.90	石蜡基	10.50~10.90	芳香基-环烷基
11.50~12.10	环烷基-石蜡基	10.00~10.45	芳香基
11.00~11.45	环烷基		

沥青质通常指正庚烷不溶物，但从严格意义上来讲，沥青质含量应采用正庚烷不溶物

(HIs)和甲苯不溶物(TIs)的质量分数之差来表示。表 1.6 列出的 10°API、13°API、玛雅、伊斯姆斯和 Olmeca 原油的沥青质含量(质量分数)分别为 24.65%、17.83%、11.21%、1.56%和 0.57%。

图 1.2 给出几种墨西哥原油的 TBP 蒸馏曲线，从图中可清晰看出，API 比重指数越大，蒸馏体积收率也就越高[如 Olmeca 原油(38.67°API)馏出收率(体积分数)高达 88.1%，而 10°API 原油仅为 46%]。图 1.3 和图 1.4 分别示出了几种不同原油的 API 比重指数和硫含量随馏分油平均体积收率变化的关系。同轻质原油相比，重质原油的馏分油 API 比重指数更低，硫含量更高。

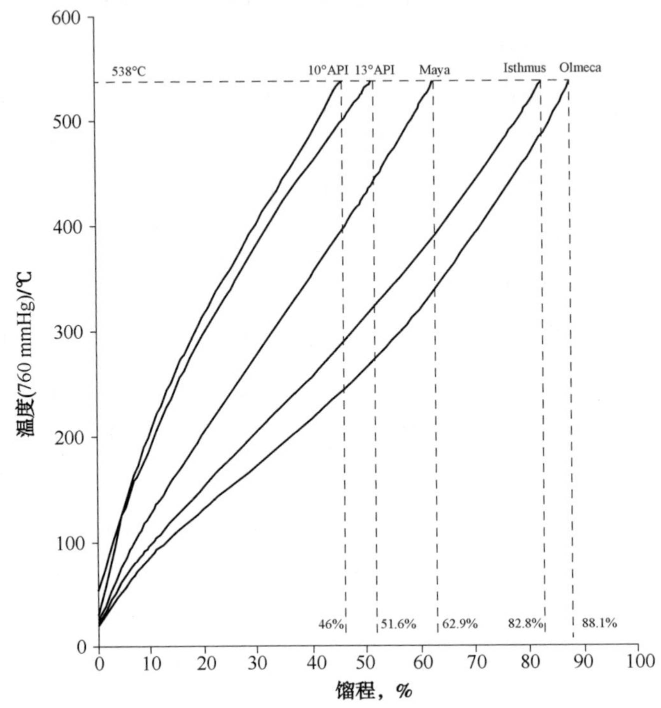

图 1.2　几种不同墨西哥原油的实沸点蒸馏曲线

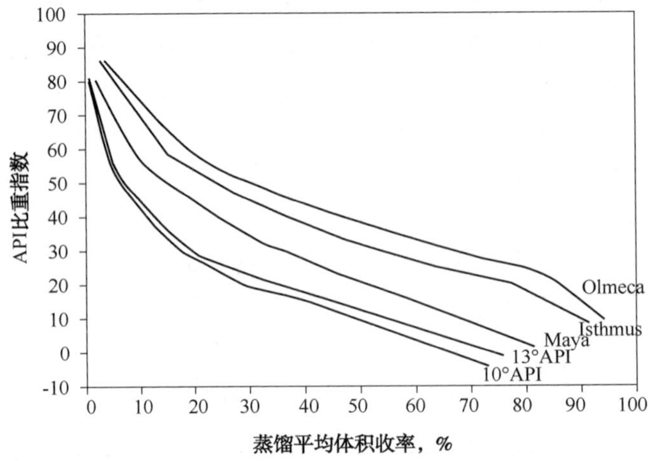

图 1.3　API 比重指数随馏分油平均体积分数的变化关系

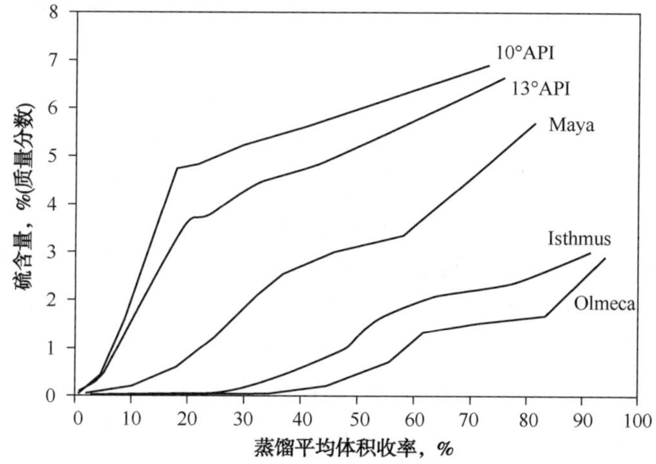

图 1.4　硫含量随馏分油平均体积分数的变化关系

1.3　分离过程

1.3.1　原油预处理：脱盐

脱盐是炼厂原油分离工艺的第一道工序(位于常压蒸馏之前)，见图 1.5。该工序的主要目的是通过大幅降低原油中的盐含量，预防下游管线及设备被腐蚀和污染。脱盐通常作为原油蒸馏装置的一个组成部分，因为需要常压蒸馏装置的某些馏出物为脱盐工艺供热。

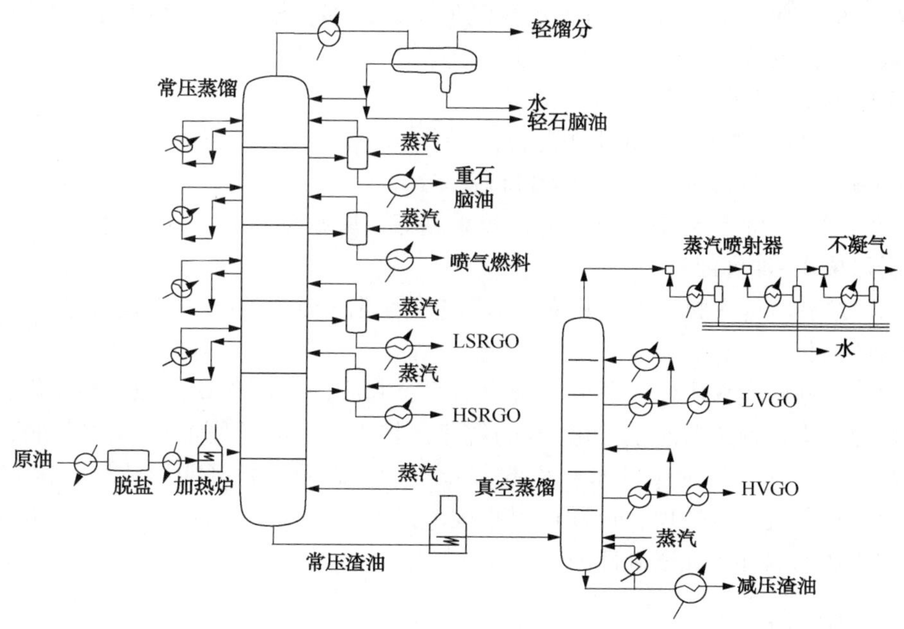

图 1.5　脱盐及常减压蒸馏

原油中最常见的盐是 NaCl(70%~80%，质量分数)、$CaCl_2$(10%，质量分数)、$MgCl_2$(10%，质量分数)，这些盐以晶体或离子形式存在于原油中的水分当中。如果原油不进行脱盐处理而直接炼制，那么在高温下可能发生水解反应形成盐酸(HCl)，从而对设备造成严重腐蚀。原油中没有被脱除的部分盐也会引起管线、换热器和加热炉的结垢。盐中的金属，特别是钠，会加速催化剂的失活(如用于流化催化裂化的分子筛型催化剂)。典型情况下，原油蒸馏装置对原料中盐的最大允许含量为 50PTB(磅/千桶原油)。

脱盐工序由原油水洗和碱洗步骤组成，盐溶解于水中，通过水洗使之与有机相分离。原油中混入的少量水易形成乳液，必须进行破乳处理以实现油水分离。原油中的乳化剂以灰、金属盐和沥青质形式存在，在重质原油中这些乳化剂的含量会更高。在脱盐工序中，溶解在原油中的盐被脱除，而酸性氯化物($MgCl_2$ 和 $CaCl_2$)被转化为中性氯化物(NaCl)，这样可以防止残留氯化物进入后续炼油工序形成盐酸。此外，一些环烷酸也被转化为相应的草酸盐，以液相流出物形式被脱除。

脱盐工序发生的化学反应如下：

$$MgCl_2(aq)+2NaOH(aq)\longrightarrow Mg(OH)_2+2NaCl(aq)$$

$$RCOOH+NaOH(aq)\longrightarrow RCOONa(aq)+H_2O$$

由环烷酸转化成的草酸盐具有表面活性，可形成稳定的溶液。脱盐工序通过采用聚结器以脱除原油中的悬浊水，还引入了约 700~1000V 的高压电场以破坏分散相水滴上感应电荷的稳定性。

脱盐工序分为单段脱盐(脱水率约 95%)和两段脱盐(脱水率约 99%)。脱盐率与脱水率相当，因为在搅拌充分时，大部分盐会从有机相进入水相。采用单段脱盐工序还是两段脱盐工序取决于炼厂的需求。典型的脱盐器配备有两个电极，可在乳液内部形成电场，在高电压(16000~30000V，交流)作用下，使液滴振动、迁移、相互碰撞和聚结，形成大液滴，利用重力效应加速沉降。而电流并不参与该过程。

脱盐工序的基本步骤如下：

① 水、油预热，并按 1：20 比例混合；

② 加入破乳剂(约 0.005~0.01 磅/bbl)；

③ 阀控混合(压降为 5~20psi)。搅拌效果越好，脱盐率越高，这样使油相中的盐进入水相，并会形成水-油乳液；

④ 将水-油乳液送入脱盐器，并施加高压电场。脱盐工序的操作温度介于 95~150℃之间。脱盐后的油相离开脱盐器。

电脱盐工序除脱盐作用外，还可起到原油脱水和脱固渣的作用。原油脱水可降低泵投资成本，避免水进入预热器发生汽化(水的汽化热较大，会降低原油预热器处理能力)。否则原油在高压加工时，原油中的水会引起装置扰动、震动，并可能导致装置停工。另外，有必要对原油进行脱固渣处理，这样可阻止固渣进入后续加工装置，导致烟气排放不达标而不得不在排放前额外增加强制性的烟气处理工序。

1.3.2 常压蒸馏

在炼厂中，常压蒸馏是原油分离的主要工序，根据原油中各种烃的相对分子质量和沸点的不同，将原油切割成各种馏分油、馏分或烃类化合物[如轻烃、丙烷、丁烷、直馏石脑油(轻、重)、煤油、直馏柴油(轻、重)和常压渣油(见图 1.5)。“常压蒸馏”之所以得名，是因为该装置在常压(或稍高于常压)下操作。常压塔中设置有大量的塔盘，以促进气液接触。脱盐后的原油经过预热，从塔下部的闪蒸段进入蒸馏塔，经蒸汽汽提后仍未汽化的原油组分从塔底移出，而馏分油蒸气向上与冷凝的回流液逆向接触。塔顶馏分的降温和冷凝部分通过与原油进料换热实现，部分通过空冷或水冷实现。塔中多余的热量通过中段回流系统取出，该系统为简单的内置冷凝器，用于确保塔内连续回流。从塔顶采出石脑油馏分，经冷凝后进入塔顶回流罐，一部分作为塔顶回流，其余部分进入轻烃稳定系统，以待进一步分离。其他馏分从蒸馏塔侧线不同位置(如在选定的塔盘位置)抽出，从塔顶向下依次抽出的馏分分别为航煤、煤油、轻柴油和重柴油。上述馏分均经蒸汽汽提、与原油进料换热，然后送入其他处理工序或储罐。重组分(如常压渣油)从塔底采出。

常压蒸馏是原油加工的关键工序，因为常压蒸馏将原油切割成各种适于炼厂其他转化装置加工的原料。常压塔分离出的各种馏分将在后续裂化、重整和其他工序中改变相对分子质量和分子结构，进一步转化为其他产品。转化后的产品经过各种处理和分离工序，脱除非理想组分或杂质(如硫、氮)，以提高产品质量(如辛烷值、十六烷值)。常压渣油从塔底离开常压塔，进入减压蒸馏塔中进一步加工，其切割深度取决于现行的燃料标准和所加工的原油类型。

将原油升温至 370~380℃后，原油中高相对分子质量组分会发生热裂解反应而形成积炭。而蒸馏塔高温操作生成的积炭会堵塞原油进料加热炉的炉管，也会堵塞加热炉到蒸馏塔之间的管线以及蒸馏塔本身。

1.3.3　减压蒸馏

减压蒸馏的主要目的是从常压渣油中分离出额外的馏分油。常压渣油经二次蒸馏可分离出重质馏分油，用作生产润滑油或为其他转化工序提供原料。减压蒸馏的主要优势在于，可以在比常压蒸馏所需温度更低的温度下进行蒸馏操作，避免发生热裂解反应。出于传热的考虑，减压蒸馏常与常压蒸馏联合使用，称为常减压蒸馏。常压渣油通常带着塔底的热量进入减压塔的加热炉。通过采用多段蒸汽喷射器(绝压可降低至 10~40mmHg)，使减压蒸馏实现在微真空下操作，这样允许常压渣油中的重质烃在低温下分离，以抑制热裂解副反应。

常压渣油经减压蒸馏后，可分离出轻减压粗柴油、重减压粗柴油和减压渣油(如图 1.5 所示)。减压柴油可送入催化裂化装置以待进一步加工，而减压渣油可用作重油加工原料(如焦化、加氢裂化等)或燃料油。

减压蒸馏的流程与常压蒸馏非常相似，二者不同点在于，在减压蒸馏中，无论离开减压塔底的减压渣油还是侧线抽出馏分均不需蒸汽汽提。减压蒸馏技术是近几十年开发出来的技术，主要目的是提高馏分油收率和降低装置能耗。减压蒸馏塔的内构件必须在维持从塔顶到塔底微压增的条件下提供良好的气-液接触。因此，减压塔需在侧线馏分油的抽出位置处安装塔盘。塔的大部分使用填料实现气-液接触，因为填料的压降低于蒸馏塔盘的压降。填料可以采用规整金属薄片，也可以采用散装填料，如拉西环。

1.3.4 溶剂抽提和溶剂脱蜡

因为蒸馏工艺仅通过沸点差异将石油分成若干馏分，而馏分中可能含有硫、氮等杂质。这些杂质在中间精制工段或进入产品储罐前将通过溶剂精制工艺(包括溶剂抽提和溶剂脱蜡)被脱除。

溶剂抽提工艺主要用于脱除对产品使用性能有不利影响的不溶性或沉淀组分。溶剂抽提工艺的主要用途是脱除润滑油中的重芳烃，以改善润滑油的黏温特性，扩大润滑油的使用温度范围，生产出满意的润滑油产品。通常用于润滑油抽提的溶剂有苯酚、糠醛和甲苯基酸，也可采用液态二氧化硫、硝基苯和2，2′-二氯乙醚，但后三者的使用频率相对较低。

溶剂脱蜡用于各种工艺生产的馏分油和渣油的脱蜡。溶剂脱蜡的常规步骤如下：①将原料与溶剂混合；②使混合物中的蜡冷却、沉淀；③通过蒸馏和蒸汽汽提从蜡和脱蜡油中回收溶剂，并循环使用。用于溶剂脱蜡的溶剂主要有甲苯和甲乙酮(MEK)两种，前者用于将油溶解以维持其低温流动性，后者用于在低温下溶解少量蜡，作为蜡沉淀剂。有时也采用苯、甲基异丁基酮、丙烷、石脑油、二氯乙烯、二氯甲烷和二氧化硫等作为溶剂。此外，也可采用催化脱蜡工艺替代溶剂脱蜡工艺。

1.3.5 脱沥青

在工业上，很难通过蒸馏方法将减压渣油分离成各种馏分油而不使之分解，因为这样很难操作且成本很高。而溶剂脱沥青(SDA)是一种非破坏性的液液萃取工艺，可以达到上述目的。此外，减压渣油萃取后的剩余组分可用于生产高附加值产品。SDA是一种基于相对分子质量的脱碳分离工艺，该工艺已有近50年的应用历史，用于分离原油中的重质油，以替代经济性欠佳的蒸馏工艺。丙烷脱沥青工艺可用于生产润滑油、催化裂化、加氢裂化和加氢脱硫装置原料，以及用于生产特种沥青。在多数上述转化装置中，催化剂的性能在很大程度上受渣油原料中的重金属和康氏残炭含量的影响，而这些杂质主要富集在沥青组分中，因此，脱沥青工艺的同时也可脱除这些杂质。

脱沥青工艺基于渣油在溶剂(通常使用轻烃作溶剂，如丙烷、丁烷、戊烷和己烷)中的溶解度差异，可将渣油分离成几种不同的组分。脱沥青油(DAO)的产率会随溶剂相对分子质量的增加而提高，但脱沥青油的质量将下降。SDA工艺可生产富石蜡基组分的低杂质含量的脱沥青油，以及富芳烃和沥青质的脱油沥青。原料中的杂质主要富集于脱油沥青组分中。DAO产品的残炭和金属含量均低于未处理的原料油，但SDA工艺并不能有效地降低DAO产品中的硫、氮含量。

1.3.6 其他分离工艺

(1) 炼厂气、液脱硫

炼厂气脱硫用于脱除各种炼厂气中的硫化氢和二氧化碳(通常称为酸性气)。酸性气中含有较高含量的H_2S，主要来自于炼厂的各种加氢精制工艺。酸性气处理的意义在于：

① 环境因素。如果H_2S和CO_2不脱除而直接排入大气中，将会生成稀硫酸和碳酸，对人体健康构成威胁。

② 炼厂气净化处理以待进一步加工，而其中的酸性气会导致金属腐蚀。

炼厂气脱硫通常采用液胺洗工艺，使用各种烷醇胺溶液，包括一乙醇胺(MEA)、二乙醇胺(DEA)、甲基二乙醇胺(MDEA)、二异丙基胺(DIPA)、甘醇胺或二甘醇胺。前三种烷醇胺溶液是炼厂气脱硫工艺中普遍采用的胺洗溶液，其中 MEA 酸性气吸收率高，因此成为工业上优选的胺洗溶液。除胺洗工艺外，还可采用热碳酸钾处理工艺用于酸性气脱硫。其他的脱硫工艺还有溶剂物理处理法(如环丁砜法、Selexol 气体净化法、碳酸丙烯酯法、低温甲醇洗法)、干吸附剂脱硫法(如分子筛吸附脱硫、活性炭、海绵铁、氧化锌)。

典型的胺洗工艺步骤如下：

① 将酸性气自下而上通过吸收装置(接触器)，与向下流动的胺液逆流接触，经胺液吸收酸性气中的 H_2S 和 CO_2 后，生成无 H_2S 的脱硫气(甜气)和富酸性气的胺液(富胺液)。

② 将富胺液送入再生器(由汽提塔和塔底再沸器组成)，生成再生胺液或贫胺液。

③ 再生胺液经冷却后返回至接触器循环使用。

④ 将富 H_2S 的汽提气送入克劳斯装置，使之在可控流速的空气氛围中燃烧，最终转化为单质硫。也可将富 H_2S 的汽提气送入湿法制硫酸装置中，以生产浓硫酸的形式回收硫。

⑤ 在脱硫气离开接触器之前进行水洗，以脱除携带的胺液。

液体馏分脱硫可采用多种处理工艺，以脱除含硫化合物杂质(硫化氢、噻吩和硫醇)。原油分离出的多种馏分油，如汽油、航煤、煤油等，既可在中间精制工段，也可在进入产品储罐之前进行脱硫处理，以改善产品的颜色、气味和氧化稳定性。液体馏分脱硫工艺通常使用的材料有酸、溶剂、碱金属、氧化剂和吸附剂。选择何种脱硫方法取决于：

① 液态馏分油和原油的性质；

② 液态馏分油中杂质的类型；

③ 所选处理工艺自身的杂质脱除率；

④ 最终产品的指标。

液化石油气、石脑油、喷气燃料和煤油中含硫化合物主要以硫醇形式存在，可通过将其转化为液态二硫化物而脱除。通常采用的处理工艺为 UOP 公司开发的 Merox 脱硫醇工艺(硫醇氧化)。该工艺需要在碱性环境下使用，所需的碱性环境可由强碱(通常使用氢氧化钠溶液)或弱碱(氨水)提供。尽管 Merox 工艺的经济性优于加氢脱硫工艺，但仅有少数炼厂采用 Merox 工艺用于脱丁烷石脑油的脱硫。

(2) 酸性水处理

通常所说“酸性水”指含有硫化氢的各种水资源，然而酸性水也可能含有氨、苯酚和氰化物。脱除水中的硒元素也很重要，因为其可导致野生生物基因突变。在排放前，酸性水必须进行处理，脱除上述污染物。炼厂的酸性水的来源如下：

① 原油常压蒸馏塔顶冷凝罐的流出水；

② 脱盐工序废水；

③ 减压蒸馏侧线冷凝水；

④ 加氢精制产品汽提塔冷凝水。

典型的酸性水处理工序为蒸汽汽提工艺，酸性水中的 H_2S 和 NH_3 在汽提塔塔顶释放。生成的无 H_2S 水进入生化废水处理装置，进行硝化和脱氮处理。由于 H_2S 处理工系统的物化性质，酸性水中的氨、硒、苯酚、盐和其他组分的脱除率均低于 H_2S。在典型的酸性水蒸气汽提工艺中，酸性水在塔最上部的塔盘处进料，而蒸汽由最下部塔盘处进入汽提塔，以实现"逐板"的传质、传热。酸性水汽提装置位于炼厂工艺界区内，汽提塔可采用无回流的单塔结构，也可采用塔顶回流的板式塔。

其他的酸性水处理工艺还包括酸碱中和、废碱液氧化和沉降脱油工艺。

1.4 馏分油改质

石油炼制的主要目的是生产运输燃料(如汽油、柴油)。直馏馏分油因其含有较多杂质以及辛烷值或十六烷值不适于现有汽油和柴油发动机等因素，不适于直接作为燃料，需经过适当的精制处理才能满足燃料要求。图 1.6 示出了各种馏分油的炼制工艺。本节将简述各种馏分油处理工序的基本概况，每种工艺的更多细节请参见后续章节。

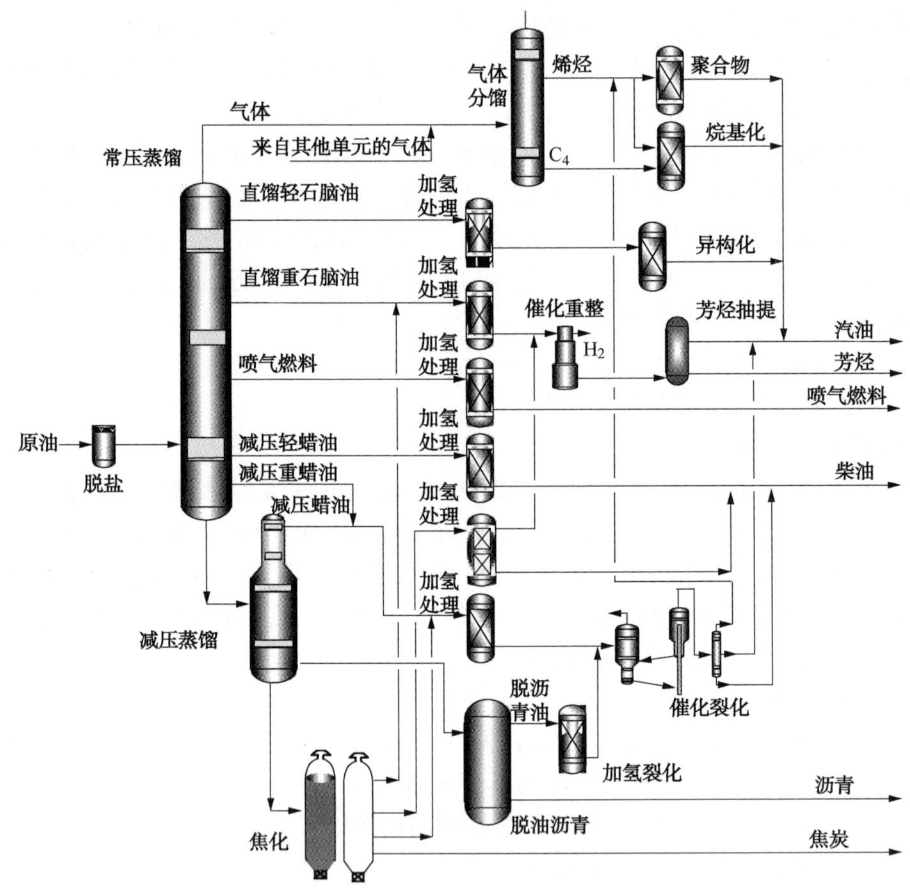

图 1.6 典型的炼厂原油加工流程

1.4.1 催化重整

催化重整主要用于将低辛烷值的直馏石脑油转化为高辛烷值汽油，通常称为重整汽油，其中芳烃和环烷烃含量较高。催化重整还可以为石化装置提供芳烃(BTX)原料，如苯、甲苯和二甲苯。催化重整过程中发生的主要反应包括：

① 环烷烃脱氢生成芳烃；

② 直链烷烃异构成支链烷烃；

③ 环烷烃异构化；

④ 烷烃和烯烃脱氢环化生成芳烃；

⑤ 高沸点烃加氢裂化成低相对分子质量的烷烃(烷烃的加氢裂化会导致轻烃产量增加，该反应是在催化重整过程中不期望发生的副反应)。

上述反应的目的是使原料中的部分分子发生重构和裂化，生成分子结构更复杂的烃产物，总体是生产比原料辛烷值更高的重整汽油。除生产高辛烷值汽油外，催化重整还副产大量的氢气，可为炼厂其他工艺提供氢源(如加氢精制和加氢裂化装置)。

典型催化重整工艺(图 1.7)步骤如下：

① 将石脑油原料与循环氢混合，经加热后通过一系列催化重整反应器。原料必须经过完全脱硫处理，因为即使原料含有极低含量的硫，也会导致重整反应器中贵金属催化剂中毒。

② 因为重整过程中发生的所有反应都是吸热的，因此每一反应流出物进入下一个反应器前均需重新加热。

③ 最后一个反应器的流出物经分离后得到富氢干气和重整汽油。部分氢气循环回重整反应器以降低催化剂的积炭量，部分氢气经净化处理后可用作其他工艺的氢源。

④ 重整汽油产品用作汽油调和组分。

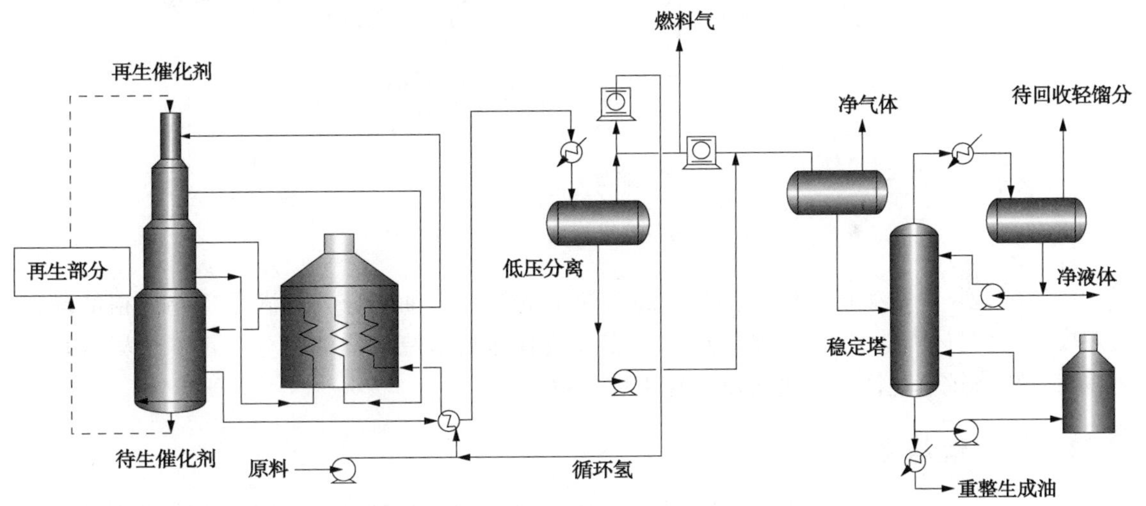

图 1.7 典型的催化重整工艺流程示意图

1.4.2 异构化

异构化是以低碳烷烃生产汽油调和组分的理想工艺。该工艺采用含氯氧化铝为催化剂的固定床异构化技术路线，将低辛烷值正构烷烃转化为高辛烷值异构烷烃。典型的异构化工艺(图 1.8)步骤如下：

① 脱硫后原料和氢气分别通过填充有固体干燥剂的固定床，经干燥处理后混合；

② 混合原料经加热后进入加氢反应器，使原料中烯烃和苯加氢饱和成相应的烷烃和环烷烃；

③ 加氢反应流出物经冷却后通过异构化反应器，在催化剂作用下发生异构化反应；

④ 异构化反应流出物先与进料换热冷却后，再进行水冷或空冷冷却；

⑤ 冷却的流出物经分离后，得到氢气和液相流出物；

⑥ 将液相流出物送入汽提塔，塔底采出脱丁烷异构化汽油产品，塔顶采出丁烷和轻烃；

⑦ 塔顶气产品部分返回汽提塔作为塔顶回流，部分作为富含丁烷和丙烷的液相产品(液化石油气)采出；

⑧ 塔顶冷凝罐中不凝气作为燃料气采出；

⑨ 脱丁烷异构化汽油用作汽油调和组分。

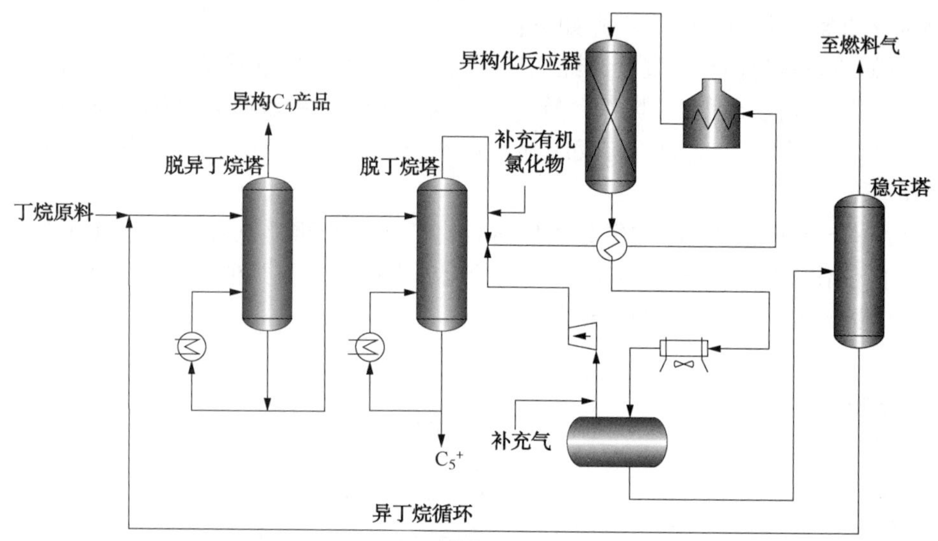

图 1.8　典型的异构化工艺流程示意图

采用异构化工艺生产高度支链化、高辛烷值的烷烃汽油组分，可满足日趋严格的环保法规要求。但异构化汽油的产量较低，仍需大量其他高辛烷值汽油组分。正丁烷异构化工艺也可为生产烷基化汽油提供所需的异丁烷原料。

1.4.3　烷基化

烷基化工艺以低碳烯烃(主要为丁烯和丙烯的混合物)和异丁烷为原料生产高辛烷值汽油调和组分——烷基化汽油(高度支链化的 $C_5 \sim C_{12}$ 异构烷烃)。烷基化油的主要组分为异戊烷和异辛烷(2,2,4-三甲基戊烷)，后者的辛烷值为 100。在所有的炼油工艺中，烷基化是生产高辛烷值汽油的最重要工艺之一。烷基化反应需在强液体酸催化剂(如 HF、H_2SO_4)作用下才能发生。由于使用液体酸催化剂存在较大的环境风险，因此开发了固体酸烷基化工艺，但后者存在的主要问题是催化剂因积炭失活较快。

典型的氢氟酸烷基化工艺(图 1.9)步骤如下：

① 来自 FCC 的烯烃原料与异丁烷混合后，进入反应器发生烷基化反应。混合前，烯烃原料需经过预处理工序脱除其中 H_2S 和硫醇；

② 在酸烃沉降器中进行酸烃分离，将分离出的酸循环回反应器；

③ 部分氢氟酸需进行再生，以脱除因原料中含有杂质或发生烃聚合反应而生成的酸溶油；

④ 将酸沉降器中分离出的不含 HF 的烃相流出物送入脱异丁烷塔，以实现丙烷、异丁烷与正丁烷和烷基化油的分离；

⑤ 对丙烷、异丁烷馏分进行分离，分离出异丁烷馏分循环回反应器；

⑥ 正丁烷和烷基化油通过填充有固体吸附剂的脱氟床后，再通过分馏后作为产品采出。丙烷和正丁烷不参与烷基化反应。

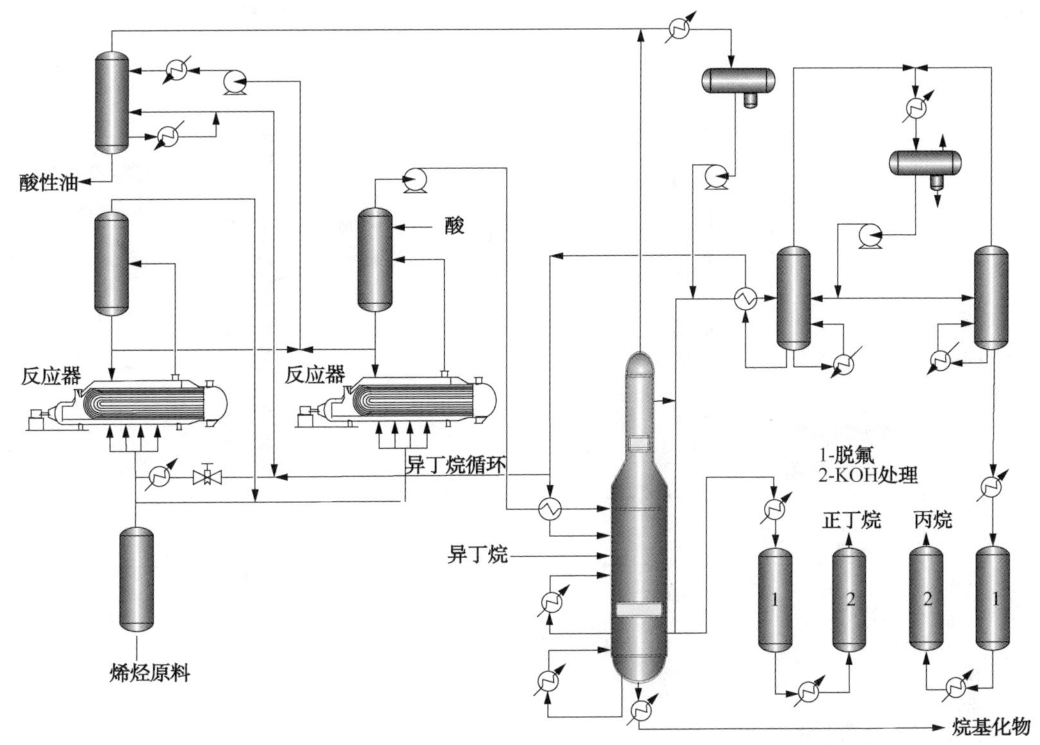

图 1.9　典型的烷基化工艺流程示意图

酸催化剂的作用是使原料烯烃质子化，生成具有烷基化活性的碳正离子，可与异丁烷反应生成烷基化汽油。烷基化反应速率非常快，烯烃转化率接近 100%。保持较高的烷烯比对于抑制副反应非常重要，以避免导致产品辛烷值降低，这也是为何烷基化装置需要较大的异丁烷循环量的原因。

1.4.4　叠合

叠合装置的生产目的是使丙烯和丁烯聚合生成 2~3 倍于起始原料相对分子质量的产品。叠合原料来自于 FCC 副产的气态低碳烯烃(C_3 和 C_4)，具有高度的不饱和性。叠合汽油的辛烷值高达 90 以上。尽管叠合汽油的产量较小，但叠合工艺也是炼油工艺的重要组成部分，因为叠合工艺可通过降低柴油产量而提高汽油产量。例如，以单位烯烃原料计，叠合汽油产率为烷基化汽油产量的一半，但前者因操作压力低，而使得投资和操作成本大大降低。烯烃含量较高的 C_3、C_4 烃原料在固体磷酸催化剂作用下，发生叠合反应，形成新的碳

-碳键。

典型的叠合工艺(图 1.10)步骤如下：

① 原料经胺液洗脱 H_2S 和碱洗脱硫醇处理；

② 脱硫后原料经水洗脱除碱液或胺液；

③ 脱胺原料经硅胶或分子筛干燥处理；

④ 在烯烃原料加热通过催化剂床层前加入少量水，以促进酸催化剂的离子化能力；

⑤ 由于叠合反应高度放热，采用注入冷丙烷取热或生产蒸汽方式控制反应温度；

⑥ 将反应流出物送入分馏塔，分离出轻烃、丁烷和叠合汽油产品。

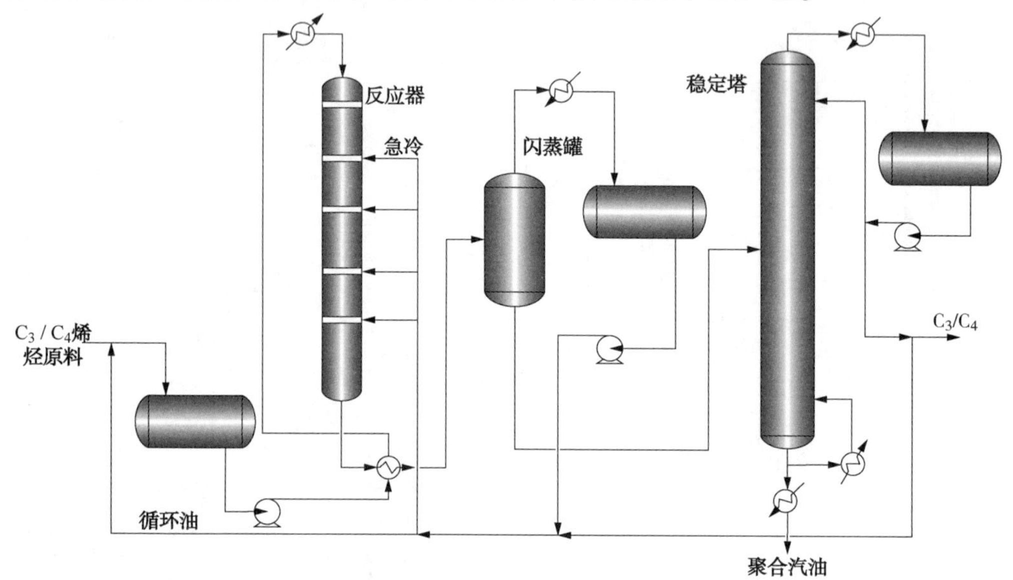

图 1.10 典型的叠合工艺流程示意图

1.4.5 催化加氢处理

催化加氢处理(HDT)是炼油工业的重要生产工艺之一，可用于炼厂很多物料的精制处理，如直馏馏分油、减压蜡油(FCC 原料)、常压渣油、减压渣油、轻循环油、FCC 石脑油和润滑油。处理不同原料的加氢精制工艺的主要差别在于操作条件、催化剂类型、反应器型式和反应体系。根据原料组成和处理目的不同，催化加氢也称为加氢脱硫(HDS)，例如直馏石脑油经过 HDS 处理后可作为重整原料，因为硫是重整反应原料中最不希望含有的杂原子。对于直馏蜡油，该工艺可称作加氢处理，因为除发生脱硫反应外，还需要对芳烃进行饱和及脱氮处理，才能生产出合格的柴油产品。加氢脱金属工艺用于脱除重油中的镍和钒，通常在需要改变原料的相对分子质量时使用。

油品脱硫是降低燃料燃烧过程产生 SO_2 排放量的主要工艺。脱硫过程也可为下游工艺提供优质原料(如催化重整、FCC)。石脑油的加氢脱硫可将硫含量降低到 10^{-6}数量级，以避免催化重整用贵金属催化剂中毒。对于生产超低硫柴油的加氢脱硫工艺，需使用高选择性催化剂，并选择适当的反应条件。

加氢处理过程发生的反应主要为 C—C、C—S 和 C—N 键断裂的氢解反应和不饱和化合物的加氢反应。加氢精制的反应条件随所加工原料类型不同而改变。油品越轻，脱硫越容易；反之则相反。典型的加氢精制反应在高温、高压下，并且在担载有钴、镍和钼等金属的催化剂作用下进行。典型的加氢精制工艺(图 1.11)步骤如下：

① 液体原料与富氢循环气混合；

② 将气液混合原料加热至所需的反应温度；

③ 将加热后的原料送入催化反应器，使之发生加氢精制反应；

④ 反应流出物经冷却后，送入气液分离器；

⑤ 将分离出的大部分富氢干气送入胺洗罐，以脱除 H_2S；

⑥ 将无 H_2S 的富氢气循环回反应器

⑦ 将分离出的液体流出物送入汽提塔，塔底采出脱硫产品，而塔顶采出的酸性气(如氢气、甲烷、乙烷、H_2S、丙烷、丁烷和一些重组分)送入胺洗气体精制工序进行脱硫处理。最终分离或回收的 H_2S 送入克劳斯装置，将其转化为单质硫产品。

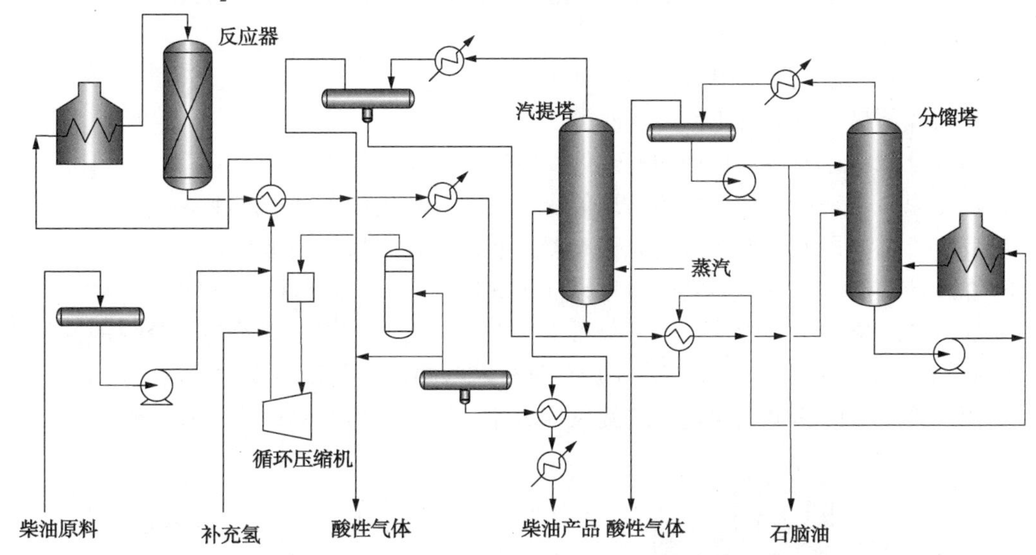

图 1.11　典型的加氢精制工艺流程示意图

1.4.6　流化催化裂化

流化催化裂化(FCC)是现代炼厂最大化生产汽油的核心工艺。在炼厂原油加工流程中，FCC 工艺最大限度地提高了产品收率。FCC 工艺微小的改进，即可显著提高汽油产量，就可能获得丰厚的经济回馈。FCC 工艺通过脱碳方法提高产品 H/C 比，可将高沸点、高相对分子质量的烃组分(典型原料为重质直馏瓦斯油、轻减压瓦斯油和重减压瓦斯油)转化为高附加值的汽油、烯烃原料气和其他产品。

FCC 工艺主要由反应器和再生器两部分组成，这两部分相互连接，允许反应器中的废催化剂进入再生器进行再生，以及再生器中的催化剂进入反应器参与催化反应。在催化裂化工艺中，原料经气化后与流态化的粉末催化剂接触，在高温、中等压力下发生裂化反应，使长链分子裂化成短链分子。

催化裂化反应遵循碳正离子反应机理，主要步骤如下：

① 链引发：烯烃原料在高温下与催化剂活性中心接触，生成吸附在催化剂表面的碳正离子活性中间体。

② 链传递：反应物分子中的 H^- 转移到处于吸附态的碳正离子上

③ 链终止：吸附态碳正离子生成一分子烯烃，同时恢复初始活性中心

根据上述反应机理，催化剂能够促进烷烃脱除一个带负电荷的氢离子，或烯烃分子获得一个氢正离子(H^+)，从而形成碳正离子。碳正离子是一种带有正电荷的反应中间体，其寿命非常短暂，而且正电荷会在分子内迁移。当烃分子接触到催化剂表面活性中心时，会连续发生碳正离子迁移反应，促进质子加成和氢负离子脱除的连续进行。这样使得多数烃分子的 C—C 键被弱化，紧接着发生裂化反应生成小分子碳正离子。这些小分子的碳正离子还会与其他分子继续反应、异构化，最终与催化剂反应结束反应链。在催化裂化过程中，不可避免地会形成积炭，这可能是由于芳烃和烯烃的脱氢、缩合反应引起的。积炭会导致催化剂孔堵塞，引起催化剂快速失活。催化裂化汽油中因含有大量的芳烃和高度支链化烃组分，因此辛烷值较高。

典型的催化裂化工艺(图 1.12)步骤如下：

① 原料经预热后与来自于精馏塔底的油浆混合；

② 将混合原料送入含催化剂的提升管反应器，并使之气化；

③ 气化原料与来自于再生器的粉末催化剂接触，裂化成小分子产物；

④ 反应流出物进入一组两段旋风分离器，使裂解气产品与催化剂分离；

⑤ 在废催化剂进入再生器之前，对废催化剂进行汽提以脱除挟带的气态烃；

⑥ 通过鼓风烧炭法对废催化剂进行再生。催化剂再生为强放热反应，释放的热量部分被再生催化剂吸收，为提升管反应器中原料气化和吸热的裂化反应提供所需的热量；

⑦ 离开再生器的热烟气通过多组旋风分离器，以脱除烟气中夹带的催化剂。

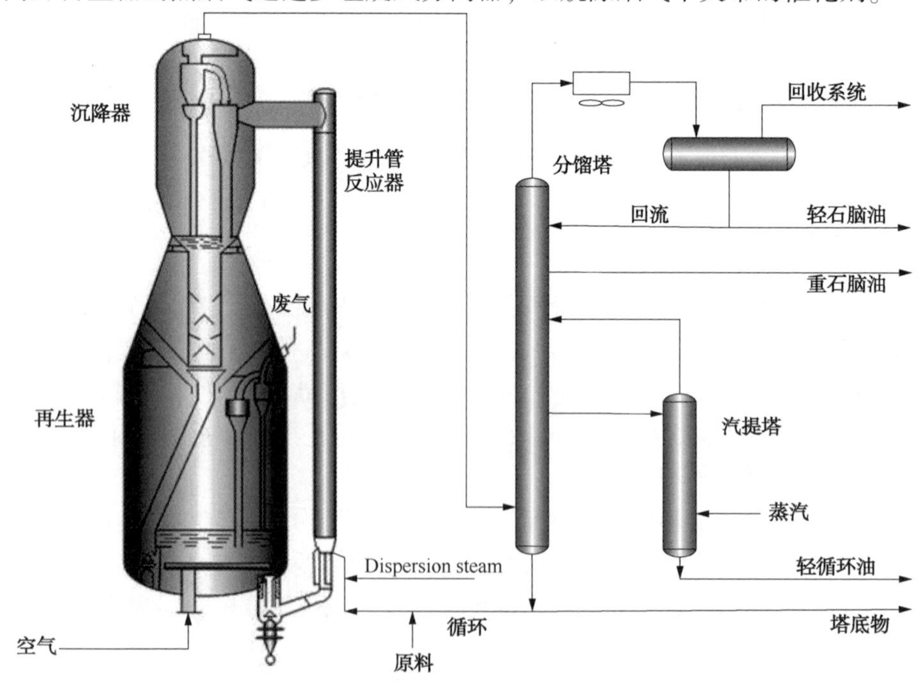

图 1.12 典型的催化裂化工艺流程示意图

1.5 重油加工

API 比重指数低、杂质含量高是重油原料的典型特征。通常来讲，API 比重指数越低，杂质含量就越高。正是由于这些因素，使得重油加工与轻质馏分油加工存在许多不同之处：

① 因金属沉积而导致催化裂化和加氢裂化催化剂永久性失活。

② 由于存在碱性含氮化合物，而导致催化剂暂时性失活。

③ 由于康氏残炭量和沥青质含量较高，导致积炭量增大、产品液收降低。

④ 产品硫含量高。

为降低上述问题对重油加工的影响，目前已开发出了大量催化和非催化重油加工技术。后续章节将对这些技术作逐一介绍。

1.5.1 重油性质

重油的物理性质变化范围较宽，如黏度、密度和沸点。而多数重油的基本元素组成却相差无几，其中碳含量相对恒定，主要差别在于氢和杂原子含量的不同。

重油主要由重质烃和以卟啉形式存在的几种金属所组成。重油中还含有油溶性树脂和沥青质通过相互弱物理作用形成的聚合体。树脂的极性弱于沥青质，但强于油，在生成胶束和周围的油分子之间建立了平衡，形成了均一、稳定的胶体体系。如果树脂含量降低，沥青质将相互聚合形成沉淀。沥青质是一类含金属(通常为 Ni 和 V)且具有芳香性的极性配合物，无法根据其化学性质加以区分，往往根据其溶解性差异来定义。沥青质通常定义为向重油中加入轻质烷烃后形成沉淀的烃类物质。正庚烷沥青质(加入正庚烷沉淀出沥青质)的 H/C 比低于正戊烷沥青质(加入正戊烷沉淀出沥青质)，而前者的极性、相对分子质量、N/C 比、O/C 比和 S/C 比均高于后者。

沥青质由含烷基、脂环基侧链和杂原子的稠环芳烃组成。沥青分子具有多个五元环、六元环结构，分子四周被胶质(不同于沥青质结构但能溶于正庚烷的物质)环绕。目前，尚无法获知沥青分子的准确结构，但已提出了几种结构模型。据报道，沥青分子的直径约为 4~5nm，无法通过催化剂中的微孔，甚至难以通过催化剂中的介孔。沥青聚合体中金属以金属有机化合物(卟啉)形式存在，并与沥青的环状结构单元相连，使得沥青分子比其初始结构要重得多(图 1.13)。

重油组成的复杂性是重油难以加工的主要原因。因此，必须对重油原料的总体物理、化学性质进行评价后，才能确定重油的加工策略。除 API 比重指数低(高密度)、高黏度及高初馏点外，重油还含有较高含量的硫、氮、金属(Ni 和 V)和高相对分子质量组分(沥青质)。

通常，原油中的含硫、含氮化合物富集于最重的原油组分中。脱除杂原子通常在重油炼制装置下游进行，以生产合格燃料或为后续加工装置提供优质原料，例如生产氮含量较低的原料，可避免导致用于流化催化裂化(FCC)和加氢裂化(HCR)的酸性催化剂暂时性中毒。金属在重油中主要以金属卟啉形式存在，金属更易富集于渣油中。原料油中含有金属，将会导致用于 FCC、渣油流化催化裂化(RFCC)和 HCR 催化剂永久性中毒。由于沥青质结构复杂，也会引起一些加工难题。例如众所周知的积炭问题，将会降低催化剂的寿命和液收，这也是导致所有类型设备积垢的主要原因。

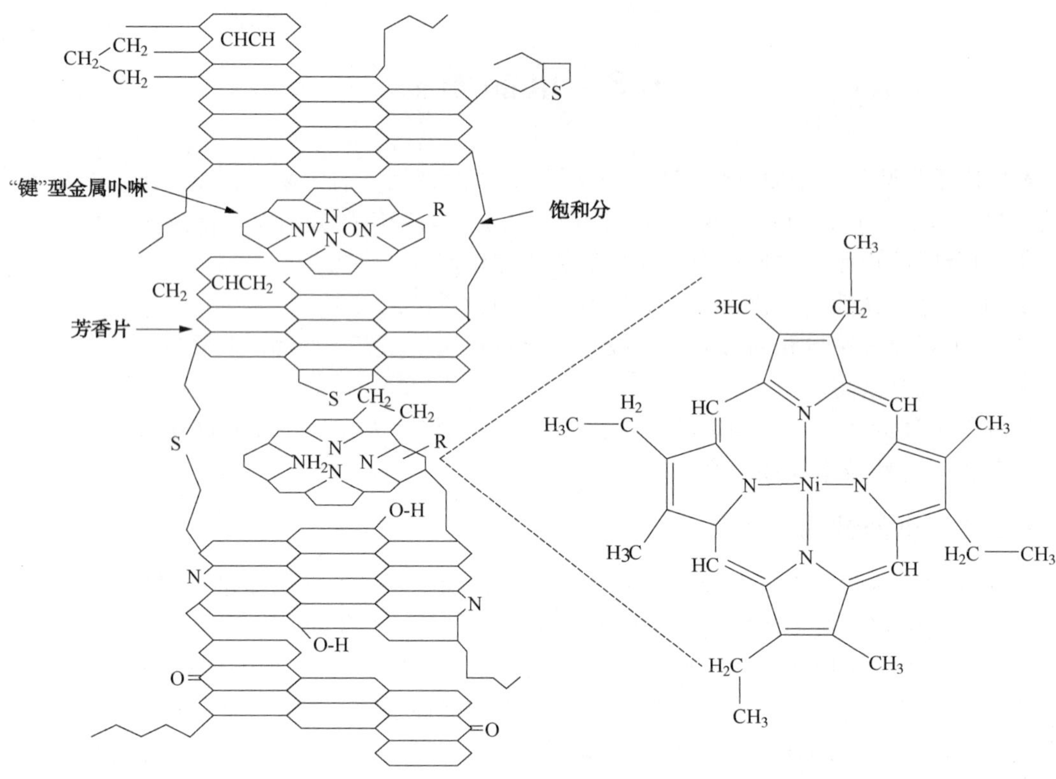

图 1.13 一种沥青分子的结构模型

渣油性质的变化范围较宽，主要取决于原油自身的性质，如表 1.8 所示。原油与其渣油具有相似的组成(如硫、金属和沥青质含量)，表 1.8 中末列代表每桶原油的渣油产率。对于重质原油，渣油产率可高达 85%。在不久的将来，为了与燃料需求保持同步，“桶底组分”将成为生产各种高附加值的液态石油产品的主要原料。

表 1.8 各种常压渣油(AR)的性质(340℃以上)

原　　油	产地	API 重力指数	硫含量,% (质量分数)	Ni+V/(μg/g) (质量分数)	残炭,% (质量分数)	AR 产率,% (体积分数)
埃科菲斯克	北海	20.9	0.4	6	4.3	25.2
阿拉伯轻质原油	阿拉伯	17.2	3.1	50	7.2	44.6
西德克萨斯酸性原油	美国	15.5	3.4	29	9.0	41.6
Isthmus 原油	墨西哥	15.5	2.9	82	8.1	40.4
科威特出口原油	科威特	15.0	4.1	75	—	45.9
阿拉斯加北坡原油	阿拉斯加	14.9	1.8	71	9.2	54.5
阿拉伯重质原油	阿拉伯	13.0	4.3	125	12.8	53.8
巴查克罗原油	委内瑞拉	9.4	3.0	509	14.1	70.2
玛雅原油	墨西哥	7.9	4.7	620	15.3	56.4
Hondo 原油	美国	7.5	5.8	489	12.0	67.2
冷湖原油	加拿大	6.8	5.0	333	15.1	83.7
阿萨巴斯卡原油	加拿大	5.8	5.4	374	—	85.3
库马扎原油	墨西哥	3.7	5.8	640	20.4	73.7

1.5.2　重质原料的改质工艺

1. 总体分类

一种表征重油质量优劣的指标是氢/碳比(H/C)。H/C 比高于 1.5 作为优质原料的评判标准，而劣质重油的 H/C 比可能低至 0.8。因此，为改善重油质量，需要通过提高氢含量或降低碳含量来提高其 H/C 比。基于以上考虑，重油加工工艺可分为两类：

① 加氢工艺：包括加氢处理、加氢裂化、加氢减黏和其他供氢工艺。

② 脱碳工艺：包括焦化、减黏裂化及其他工艺，如溶剂脱沥青。

加氢和脱碳工艺用于重油加工各具优势。例如，用于脱除氮、硫和金属的加氢脱氮(HDN)、加氢脱硫(HDS)和加氢脱金属(HDM)工艺的投资成本较高，这是由于金属和碳在催化剂上沉积，导致催化剂消耗量大。而非催化工艺的焦炭产量大、液收低，使得其经济性欠佳。

评价重油加工工艺优劣的主要参考指标有：液收(如石脑油、馏分油和瓦斯油)、杂原子脱除率(HDS、HDN 和 HDM)、原料或渣油转化率(RC)、碳原子迁移率(CM)、氢原子利用率(HU)以及其他工艺特征。杂原子脱除率和原料转化率由其在原料和产品中的相应含量计算：

$$\text{HDS, HDN, or HDM}=\frac{I_{\text{feed}}-I_{\text{product}}}{I_{\text{feed}}}\times 100 \tag{1.3}$$

$$\text{Conversion(RC)}=\frac{538℃^{+}_{\text{feed}}-538℃^{+}_{\text{product}}}{538℃^{+}_{\text{feed}}}\times 100 \tag{1.4}$$

式中，I_{feed} 和 I_{product} 分别代表杂质在原料和产品中的含量。$538℃^{+}_{\text{feed}}$ 和 $538℃^{+}_{\text{product}}$ 分别代表沸点高于 538℃ 的石油组分在原料和产品中的含量。

碳原子迁移率和氢原子利用率的计算方法如下：

$$CM=\frac{\text{carbon}_{\text{Liquids}}}{\text{carbon}_{\text{feedstock}}}\times 100 \tag{1.5}$$

$$HU=\frac{\text{hydrogen}_{\text{Liquids}}}{\text{hydrogen}_{\text{feedstock}}}\times 100 \tag{1.6}$$

对于加氢工艺如加氢裂化，产品的 *CM* 值和 *HU* 值升高。由于加入了氢原子，产品 *HU* 值可能高于 100%。相反，对于脱碳工艺如焦化，产品的 *CM* 值和 *HU* 值降低，原料转化率也随之降低。

因所加工原油的自身性质差异，各国炼油上下游产业重点也有所差异。近几十年来，这些产业均取得了显著进步。在过去，炼油行业往往是由下游产业主导。但是由于重质原油产量的不断增加，上游产业也已经参与到产品油提质的领域中来。因此，在当今时代，炼油上下游产业都正在寻找更好的重质原油炼制、加工的升级技术。

重油加工通常直接以原油蒸馏后所得到的渣油作为原料。重油加工可采用催化转化工艺，也可采用非催化转化工艺，如表 1.9 所示。上述工艺可分为脱碳工艺和加氢工艺两大类。这些工艺的反应器设计和构型上有很大差别，如多段固定床反应器、沸腾床反应器、流化床反应器和移动床反应器。图 1.14 示出了几种重油加工工艺，这些工艺的主要差别在于原料组成、工艺条件(反应器)和催化剂。

表 1.9 重油加工中常规的气化工艺

	脱碳工艺	加氢工艺
非催化	溶剂脱沥青 焦化 减黏裂化	加氢减黏
催化	渣油催化裂化	加氢精制 加氢裂化

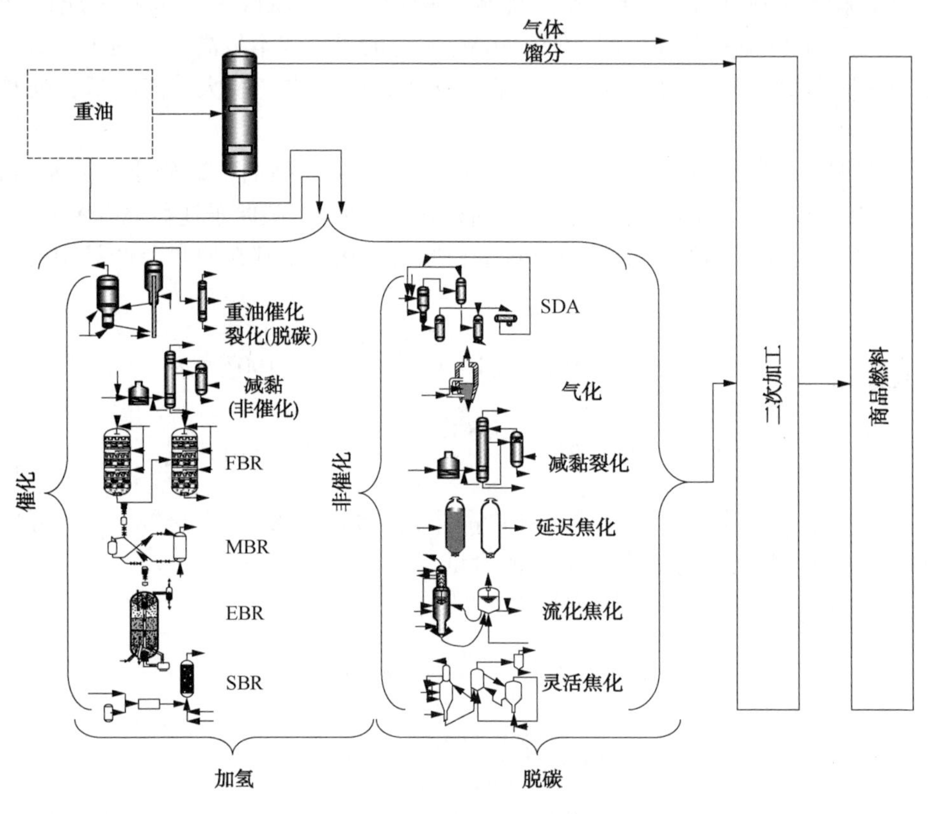

图 1.14 重油加工工艺

2. 脱碳工艺

脱碳工艺中碳脱除途径分为两种：一种是以低氢/碳比的焦炭形式脱除，另一种是以沥青形式脱除(脱沥青工艺)。脱碳工艺包括溶剂脱沥青、焦化和减黏裂化等热裂化工艺及渣油催化裂化工艺。

脱碳是重油转化的一种重要工艺，也是目前工业上普遍采用的重油加工工艺。通常，将在中等压力下操作的渣油热裂化工艺称为焦化工艺。该工艺的操作温度介于 480～550℃之间，气相停留时间超过 20s，使原料发生显著的裂化和脱氢反应，生成难以后续加工的、低附加值的气、焦等副产品。焦化工艺使重质分子中的氢转移到轻质分子中，生成焦、碳等残渣，这种残渣在高温下将起到氢供给源的作用。

近年来，由于重油热加工工艺可降低中间馏分油产量、提高劣质原油产量，因此引起了更加广泛的关注。热加工工艺产气量较大，如甲烷、乙烯、丙烯、丁烷，以及由它们组成的次级产品如液化石油气和干气。石油焦是主要副产品，其形成机理与其他产品显著不同。一些热加工工艺同催化工艺进行耦合，如重油的催化热解，但其仅适用于炼化一体化的炼厂，而并不适用于单纯生产运输燃料的炼厂。

如前所述，溶剂脱沥青工艺是一种采用轻质烷烃(如丙烷、丁烷、戊烷和正庚烷)为溶剂，通过沉淀形式使沥青质从渣油中分离的工艺。低硫和金属含量的脱沥青油(DAO)产品富含烷烃，通常作为 FCC 和加氢裂化原料。该工艺的优势在于投资相对较低，可在较宽范围内灵活调节 DAO 产品质量，并可省去后续装置的防积垢设备。SDA 脱除的沥青(沥青组分)，其处置问题仍是值得关注的焦点。

热裂化工艺是重油转化的最成熟工艺，是在中等压力下操作的非催化工艺。焦化工艺(延迟焦化、流化焦化和灵活焦化)可脱除原油中的最重组分，生产的石油焦产品中含有初始原料油中绝大多数的硫、氮和金属。延迟焦化具有原料灵活性强、完全脱除残炭和金属以及可部分用于生产液体产品等优点，因此是一种升级的焦化工艺。流化焦化和灵活焦化使用了 FCC 工艺所采用的流化床技术。同延迟焦化相比，流化焦化的液收略高，生焦率及操作费用较低，因此仅从技术上讲，流化焦化略优于延迟焦化。减黏裂化与上述工艺不同，是一种改善重油和渣油黏度的热分解工艺，并不追求显著的馏分油收率。热加工工艺通常因其投资和操作成本低而具有经济优势，但其劣势在于低附加值的石油焦产品产量大和液收低。此外，热加工工艺生产的液体产品还需进一步严格的后处理，才能满足商品燃料标准。

渣油催化裂化(RFCC)是唯一的一种催化脱碳工艺，是对传统的重质原料转化为高辛烷值汽油组分的 FCC 工艺的扩展。同热裂化和加氢处理工艺相比，RFCC 的汽油选择性更高，而产气率更低。RFCC 的主要缺点在于对所加工的原料要求较高(低金属和高氢碳比)，以避免生焦量和催化剂消耗量过大。因此，RFCC 无法直接用于加工来自于重质原油的渣油原料。

以下将对上述工艺进行详细阐述。

1) 溶剂脱沥青

由于沥青质会给各种炼油过程增加难度，因此有必要将其从重油中分离出来，以获得优质原料，避免给重油的后续加工带来不必要的麻烦。例如，如果在重油加氢处理前将沥青质分离出来，可避免出现以下问题：

① 管线积炭和堵塞；

② 炼厂装置效率降低；

③ 调入轻烃原料后引起沥青质沉淀；

④ 在存储和加工时形成泥浆和沉淀；

⑤ 导致下游工艺催化剂失活。

用于分离沥青质沉淀的最常规方法是溶剂脱沥青(SDA)。该工艺通过使用溶剂(轻质烷烃如丙烷、丁烷、戊烷、己烷和庚烷)将渣油分离成脱沥青油(DAO)和沥青，后者包含了原料中绝大多数的杂质。不溶性沥青将从混合原料中以沥青质形式沉淀。DAO 和沥青在萃取器中进行两相分离。萃取器经专门设计，用于两相高效分离，并使 DAO 中杂质含量降至最低。在溶剂组成和操作压力一定的前提下，降低萃取器的操作温度将提高 DAO 产率，但会降低 DAO 产品质量。增加剂油比可维持 DAO 产率，改善各个组分的分离度，提高 DAO 产品质量。从沥青和 DAO 汽提塔回收的低压回收溶剂经冷凝后，与来自于 DAO 分离器的高压回收溶剂混合后，可循环使用。DAO 通常作为流化催化裂化或加氢裂化的原料。

溶剂脱沥青可用于炼厂将重质原油加工成脱沥青油，以进一步生产运输燃料。该工艺也适用于油田企业，在将重质原油输往炼厂前提高其价值。因此，SDA 是一种具有经济吸引力并环境友好的重油加工工艺。

2）气化

气化工艺可使渣油完全裂化，将沥青质转化为气态产品。渣油气化在高温（>1000℃）下进行，主要产品为合成气（由氢气、一氧化碳、二氧化碳和水组成）、炭黑和灰。合成气可用于制氢，或用于废热电厂为炼厂提供廉价的动力和蒸汽。由溶剂脱沥青和气化过程组成的集成工艺是一种极具吸引力的重质石油原料改质工艺，该集成工艺的优势如下：

① 增强重油加工的经济性；

② 降低两种工艺的投资和操作成本；

③ 可提高 DAO 产率；

④ 可降低废气排放；

⑤ 提升炼厂的利润空间。

3）焦化

取决于原料自身性质、焦化装置的设计和操作条件，固体产品（石油焦）可分为：

① 燃料焦：最常见的石油焦类型，生产该种类型焦的主要目的是使液收最大化，减少低附加值焦的形成。这种焦主要用作各种工艺的加热炉或废热电厂的燃料。

② 阳极焦：由低硫、低金属含量原料生产，用作炼铝的阳极。

③ 针状焦：由低沥青质、低硫、低灰、高芳香烃含量原料生产。该种焦具有强度高、热膨胀系数低等优点，用于生产炼钢及合成石墨行业的高功率电极。

燃料焦、阳极焦和针状焦的物理、化学性质有很大差别。

生产上述三种主要石油焦产品的焦化工艺有：

① 延迟焦化：可生产弹丸焦（一种燃料焦）、海绵焦（用于生产阳极焦或作为燃料焦）和针状焦。延迟焦化是目前全球范围内使用最广泛的焦化工艺。

② 流化焦化：生产流化焦产品，是一种典型的燃料焦。

③ 灵活焦化：生产一种经气化后可生成低热值合成气的流化焦产品。

（1）延迟焦化

延迟焦化是一种半连续的热裂化工艺，用于加工原油常减压蒸馏分离出的渣油原料，使之转化为液体和气体产品，并联产浓缩固体碳质产品——石油焦，其价值取决于其性质，如硫和金属的含量。延迟焦化产品包括富气、石脑油、轻瓦斯油、重瓦斯油和焦炭。延迟焦化生产的焦炭几乎是纯炭，可用作燃料，也可根据其质量的差异，用于生产阳极和电极。

在延迟焦化装置中，原料与来自于焦炭塔的流出冷凝循环液混合，由分馏塔底部进入。混合原料经泵输送通过焦化加热炉后，进入两个采用切换模式操作的焦炭塔中的一个。所需的焦炭塔数量取决于原料和焦化循环油的质量及产量。最少需要配置两个焦炭塔，一个用于接收加热炉流出物，另一个用于除焦操作。

延迟焦化装置的设计目的是使液体产品收率最大化，最大限度地降低富气和焦炭的产率。通过将原料加热至高温，并使之通入大型蒸馏塔中，以提供足够的停留时间，使之发生如下的三种主要反应：

① 当原料通过加热炉时，发生部分气化和中度裂化反应(减黏裂化)。

② 热裂化反应，反应机理为相对分子质量较高的分子分解成相对分子质量低的分子，通过分馏后得到相应产品。该反应高度吸热，诱发裂化反应所需的反应热由加热炉提供。加热炉的温度和停留时间必须严格控制，以最大限度降低原料在加热炉中发生焦化反应的可能。

③ 聚合反应，即小分子聚合成相对分子质量较大的分子。该反应解释了焦炭的形成原因。聚合反应所需的停留时间较长，而焦炭塔可提供足够的停留时间，以使这些反应进行完全。

由于延迟焦化工艺可以灵活加工各种类型的渣油原料，因此，延迟焦化成为大多数炼厂加工“桶底原料油”的首选工艺。该工艺生产的液体产品(石脑油和柴油)完全不含金属和残炭，工艺选择性主要与操作压力和温度有关。延迟焦化工艺成本高于 SDA，但比其他热加工工艺成本低。延迟焦化工艺的缺点在于焦炭产率较高，而液体产品较低。尽管如此，延迟焦化仍是所有炼厂加工渣油的首选工艺。延迟焦化技术进展包括增加轻质产品收率、降低焦炭产率、降低反应压力和油循环量。

(2) 流化焦化和灵活焦化

流化焦化是一种应用流态化技术使渣油原料转化为高附加值产品的连续生产工艺。预热的焦化原料(石油基渣油)经雾化后，与热流化床接触，使小焦炭颗粒维持在 20~40psi 和 500℃的反应条件下。同延迟焦化相比，使用流化床技术可使焦化反应在更高的反应温度和更低的停留时间条件下进行，将降低焦炭产率，提高液体产品收率。流化焦化的主要设备为两个储罐、一个反应器和一个燃烧炉。部分焦炭在燃烧炉中燃烧生成的热量，由循环焦粒将热量传递给反应器。反应器中含有由焦炭颗粒组成的流化床层，通过底部引入蒸汽使之实现流态化。渣油原料直接进入反应器内，在焦粒表面均匀分布，发生裂化反应并气化。当焦粒表面形成液膜时，原料蒸气开始裂化。焦炭颗粒逐层长大，直到被移出反应器为止，这时需添加新的焦粒“种子”。焦炭既是产品，也是热载体。灵活焦化是对流化焦化技术的扩展，流化焦化包括焦炭气化和生产合成气两部分，但使用操作温度不足以使所有焦炭燃烧。

流化焦化和灵活焦化都是基于流化催化裂化技术开发的流化床工艺。在这两种焦化工艺中，循环焦粒将燃烧炉中生成的热量传递回反应器，焦粒作为催化渣油分子裂化成轻质产品的反应中心。流化焦化产品液体收率高于延迟焦化。降低停留时间可提高液体产品产量、降低焦炭产率，但会使产品质量下降。由于流化焦化的产品液收比延迟焦化略有提高，因此前者略优于后者。而延迟焦化的设备投资成本和燃料消耗都相对更高。

4) 减黏裂化

减黏裂化(降低黏度或裂化)是采用中度热分解技术，以改善常压渣油(AR)、减压渣油(VR)以及脱油沥青黏度的一种成熟工艺。在特制的燃烧炉中，将渣油加热至高温，使之完成上述热分解转化过程。渣油的减黏裂化反应通常与热裂化反应同时发生，以降低燃料油产率，提高轻馏分油产率。

在减黏裂化工艺中，渣油蒸气在加热炉中预热(400~500℃)，使其在低停留时间条件下发生裂化反应，以避免其在燃烧炉均热段中于某一压力和中等温度下发生焦化反应。在达到预期的转化率后，裂化产品离开燃烧炉均热段，并采用瓦斯油对其进行冷却，以停止减黏裂化反应并阻止焦化反应的发生。尽管减黏裂化可提高转化率，但也会增加沉积物的生成量。燃烧炉均热段的停留时间、温度和压力需严格控制，以优化遵循自由基反应机理的热裂化反应，提高目的产品收率。通常，减黏裂化用于增加炼厂总馏分油产率，其主要目的是降低原料黏度，降低炼厂渣油燃料油产量，以及提高中间馏分油产量。

脱碳工艺的特征是投资和操作费用均低于加氢工艺，但脱碳工艺的轻质产品产率较低，而这是许多炼厂难以接受的。此外，热加工工艺生产的液体产品含有硫、氮和金属(如镍和钒)等杂质，需要通过如 HDS、HDN 和 HDM 等加氢精制工艺对其进行进一步净化处理。热加工工艺和焦化技术的劣势在于一方面生产了大量低附加值的副产品，另一方面生产的液体产品仍需进一步处理。因此，热加工工艺的重要性不及催化加氢工艺，但由于前者投资较低，仍然是渣油加工最常用的工艺。

脱碳工艺的优缺点如下：

① 减黏裂化投资成本最低，但渣油的转化程度也相对最低。应用减黏裂化工艺仅限于提高油品的稳定性及兼容性。

② 延迟焦化投资适中，渣油原料转化率高，但低附加值的焦炭产量也高。

③ 流化焦化在许多方面都与延迟焦化类似，但产品液体收率更高。然而，前者生产的焦炭价值较低，生产的瓦斯油在某种程度上更难以进一步加工。

5) 渣油流化催化裂化(RFCC)

流化催化裂化是将原油中重组分(重直馏瓦斯油、轻减压瓦斯油、重减压瓦斯油)转化为高辛烷值汽油调和组分的成熟工艺。渣油流化催化裂化(RFCC)是开发于 20 世纪 80 年初的 FCC 技术的扩展，比其他加氢和热加工工艺具有更高的汽油选择性和气体产率。RFCC 采用了类似于 FCC 工艺使用的反应器技术，使流化床催化剂在 480~540℃的条件下操作，用于转化康氏残炭量高于 4%(质量分数)的渣油原料。由于 RFCC 对原料质量要求较高(如高 H/C 比、低金属和沥青质含量)，使得其适用性不及加氢工艺。提高原料质量可降低 RFCC 的焦炭产率，降低催化剂消耗量，提高装置的可操作性。但是满足 RFCC 要求的原料价格较高，限制了该工艺的应用。

为控制热量平衡及回收蒸汽产品的热量，RFCC 工艺采用了两段式再生器设计：混合温度控制和催化剂冷却器。催化剂的自身性质在限制金属含量和炭沉积量上具有重要作用。催化剂的孔结构限制了渣油分子在催化活性中心处的扩散。RFCC 工艺采用酸性催化剂，如可满足工艺物化性质要求的硅酸铝分子筛晶体。

3. 加氢工艺

加氢处理工艺可降低积炭，通过加氢裂化或氢解机理，提高液体产品收率。加氢处理是一种可提高产品 H/C 比的加氢工艺，是重质原油和渣油加工中最具吸引力的生产工艺。通常加氢处理是在高压、高温条件下对碳含量较高的原料油进行液相加氢的生产工艺。同重油相比，沥青质的转化要更加复杂，因其分子结构会随温度的改变而发生较大变化。同临氢氛围下发生缓和减黏裂化的加氢减黏工艺不同，加氢处理工艺需使用催化剂。催化加氢处理工艺在石油炼制行业已相当普遍，广泛用于从直馏石脑油到减压渣油，甚至重质及超重质原油的加工。当用于加工重质原料油时，加氢处理的目的是降低硫、氮、金属(镍和钒)和沥青质含量，同时可通过 HCR 工艺生产液体燃料。此外，加工重质原料油存在诸多问题，都是源于金属和炭在催化剂上的沉积。

重油加氢处理存在多种技术选择，主要差异在于催化剂种类、反应器类型和操作条件。可依据活性、选择性和使用寿命选择所需的催化剂类型。催化剂通常是由担载了 CoMo/NiMo 金属的氧化铝组成，其组成差异取决于使用目的，如加氢脱硫(HDS)、加氢脱金属(HDM)、加氢脱氮(HDN)、加氢脱沥青(HDA)、加氢裂化(HCR)和脱康氏残炭(CCR)。用于渣油加氢处理的反应器技术根据使用的催化剂装填方式进行分类，分为固定床、移动床、沸腾床和浆态床。选择何种反应器，主要取决于原料的质量及组成、期望的转化程度及杂质脱除率。由于固定床反应器的主要缺点是催化剂会随反应时间增长而逐渐失活，因此，通常采用沸腾床反应器来加工劣质原料。决定选择何种反应器类型的主要因素是催化剂的失活速率，而这将取决于原料中金属和沥青质的含量，因为它们被脱除后生成的产物，恰好是导致催化剂中毒的物质。反应条件(如压力、反应温度、氢油比和液时空速)也取决于原料的质量和产品质量要求。通常原料沸点越高，所需的反应条件就越苛刻。

传统的固定床反应器主要用于加工轻质原料，但是固定床反应器也正在逐渐适应加工劣质原料，如减压瓦斯油和渣油。固定床反应器加工重质原油的主要缺点是，催化剂会随反应时间增长而逐渐失活。这样会因更换催化剂而导致装置频繁停工，缩短装置的运行周期。最近开发出的催化剂级配装填技术，可显著增长装置的运行时间。典型的催化剂级配方案为：上段装填 HDM 催化剂，中段装填中等活性的 HDM/HDS 催化剂，下段装填高活性的 HDS/HCR 催化剂。上段 HDM 催化剂具有较高的金属吸收容量，其主要作用是在脱除金属的同时抑制沥青分子聚合，降低下段催化剂处理原料的金属和结焦前驱体的含量。在床层中段，其余的金属被脱除并发生部分加氢脱硫反应。下段催化剂主要催化加氢转化反应。根据生产目的不同，选择适合的催化剂型号。

在重油加工的所有可行性工艺中，加氢工艺的液体收率最高，但氢耗也高。加氢工艺需使用能处理金属和沥青质含量较高的原料的催化剂，并为后续加工工艺提供原料。此外，用于加氢裂化的多功能催化剂易被原料中的残炭和重金属中毒，出于安全考虑，需对中毒催化剂进行适当处置。催化剂必须具有较高的脱金属功能，因为原料中的钒会导致后续 FCC 工艺使用的分子筛型催化剂中毒。此外，原料中的氮含量也必须降至最低，以避免该工艺和后续 FCC 工艺使用的催化剂酸中心失活。尽管加氢裂化对原料中重金属含量的要求不像 FCC 那样苛刻，但必须脱除含氮化合物，才能避免加氢裂化催化剂的酸中心中毒。

在移动床和沸腾床工艺中，催化剂可循环使用，不影响装置的连续运行。这两种技术可在装置不停工条件下在线更换催化剂，因此可以处理大多数的劣质原料(高金属含量、高沥青质含量)。移动床反应器兼有固定床反应器的活塞流操作模式和废催化剂在线更换的双重优势。移动床催化剂采用间歇操作，通常一周进行 1~2 次。这两种反应器通常用于固定床反应器上游，用于渣油原料脱金属处理，以保护后续工艺采用固定床反应器用于 HDS 和 HCR。沸腾床反应器是最先进的渣油加氢处理技术，适合加工超重原料，而无需对原料进行任何处理。沸腾床反应器可连续更换催化剂，允许使用传统的高活性 HDT/HCR 催化剂。沸腾床反应器操作非常灵活，加氢转化效率极高(高达 90%体积分数)，产品中硫、金属和氮含量较低。此外，沸腾床技术的催化剂消耗量大，积炭量也大。由于加氢动力学形式及其复杂，沸腾床反应器的设计和放大的难度也较大。

渣油脱硫(RDS/VRDS)工艺通常用于生产 FCC、RFCC、焦化和加氢裂化原料。目前，渣油脱硫的主要技术许可商有 Chevron、Unocal、UOP、Shell 和 Exxon 等公司。IFP 开发的 Hyvahl-F 工艺也是一种渣油脱硫工艺，其采用串联的固定床反应器，使用常、减压渣油加氢精制催化剂，用于生产液体燃料。为了延长反应器的操作时间，Hyvahl-F 工艺采用了名为 Hyvahl-S 的固定床切换操作模式(SRS)。当一个反应器中的催化剂失活时，切换另一个反应器用于生产。该领域的其他进展包括缩短废催化剂的更换时间，例如 Shell 公司开发的快速催化剂更换系统(QCR)，使装填和泻出催化剂无需打开反应器即可完成操作。工业化的移动床渣油脱硫技术主要有 Shell 公司开发的 Hycon 工艺和 Chevron 公司开发的可在线催化剂更换渣油脱硫工艺(OCR)。

沸腾床反应器可用于渣油加氢裂化，也可用于渣油加氢脱硫和加氢脱金属。已有两种沸腾床技术实现了工业化，分别为 Axens(IFP)开发的 H-Oil 工艺和 Chevron Lummus 公司开发的 LC-Fining 工艺。上述两种沸腾床工艺在工艺参数和反应器设计上极其相似，差别仅在于一些反应器的结构细节。

综上，上述所有工艺用于重质原料的转化过程中都存在缺点。单独采用热加工工艺会生产出大量的低附加值焦炭，催化工艺因催化剂失活会导致催化剂消耗量较大，加氢工艺则氢耗较高。因此，必须对原料特征、加工目的和现有技术水平作仔细研判，才能确定最佳的加工策略。无论从液体收率选择性还是产品的清洁性角度来看，加氢工艺都优于热加工工艺。通过选择与重质原料相匹配的反应器型式、催化剂型号和反应条件，可对加氢处理工艺进一步优化。

1) 加氢减黏工艺

(1) HYCAR 工艺

HYCAR 工艺是一种在临氢氛围下进行中度减黏裂化的非催化工艺。该工艺可采用三种反应器:

① 减黏裂化。该种反应器在临氢氛围下操作，主要发生中度热裂化反应。同直接减黏裂化相比，临氢减黏裂化产品稳定性和转化率更高，降低产品黏度的同时不生成焦炭。

② 加氢脱金属。该种反应器可用于脱除原料中的杂质，特别是在脱除金属方面，其性能优于 HCR。减黏裂化的产品作为脱金属反应器的原料，后者采用的催化剂具有足够大的孔径，可使高相对分子质量的原料组分在孔内扩散和吸附。

③ 加氢裂化。在该种反应器中，除发生加氢裂化反应外，还同时发生脱硫和脱氮反应。加氢裂化和加氢脱金属反应器采用廉价的 CoMo 催化剂，分别实现裂化和脱金属反应。

(2) AQUACONVERSION 工艺

AQUACONVERSION 工艺是另一种形式的临氢减黏催化裂化工艺，该工艺采用具有氢转移活性的催化剂，使用通过向原料中注水而形成的浆态床反应模式。该工艺可用于重油的减黏裂化，在蒸汽中加入可使水转化为氢气的均相催化剂，在 Coil-Soaker 系统中，催化剂同重油接触，使重油加氢。这样可抑制焦炭的形成以及沥青质的沉积。

AQUACONVERSION 工艺的特征如下:

① 同在高氢气分压条件下进行深度加氢转化工艺相比，该工艺耗氢量显著降低。

② 氢气使热裂化反应形成的自由基饱和，抑制结焦。

③ 转化率高，维持产品的稳定性，同时提高其 API 比重指数，改善其黏度。

④ 不生产焦炭。

⑤ 不需要氢源和高压设备。

⑥ 该工艺可直接在界区内投建，可采用原油常减压蒸馏和脱盐工艺生产的轻馏分油作为稀释剂，因此，无需外购稀释剂，同时避免了长距离运输问题。

在减黏裂化反应过程中，通过使用油溶性催化剂和加入水来阻止结焦和积炭反应。在 AQUACONVERSION 工艺中，催化剂可直接混入原料中。用于加氢减黏裂化工艺的催化金属（金属盐）为碱金属，如钾或钠。催化剂的作用是使水解离生成 H^+ 离子，用作加氢转化反应的氢源。

2）固定床加氢处理

固定床渣油加氢处理工艺是一种成熟工艺，文献报道较多。加氢处理的一般特征：烃原料在硫化物催化剂作用下与氢气发生一步或多步加氢反应。固定床催化剂存在的主要问题是催化剂易随反应时间增长而逐渐失活，可通过使用保护床技术，以降低下游反应器的金属沉积量。炼厂通常采用由 2~3 个单独工艺组成的组合工艺。保护床技术中使用的催化剂为 HDM 催化剂或具有较高金属吸收能力的大孔催化剂。

近十年来，已开发出多种改进技术，以提高固定床加氢处理工艺的效率，如装置运行周期、转化效率和产品质量等。这些改进主要集中在反应器结构设计上，如使用料仓式反应器、切换反应器、保护床反应器、原料分布器等，还可采用耐结焦和金属沉积的抗失活催化剂，如孔径、颗粒分级技术和催化剂在线更换技术。尽管存在如催化剂寿命相对较短等缺点，但到目前为止，绝大都数的渣油加氢处理工艺均使用固定床反应器。

（1）RDS/VRDS 工艺

RDS 工艺用于常压渣油的加氢精制。VRDS 用于减压渣油的脱硫和脱金属过程，并可使部分原料转化为低沸点产品。在上述两种工艺中，AR 或 VR 原料在中等温度和压力下，同催化剂和氢气接触反应，氢耗约为 700~1300 标准立方尺（SCF）/桶原料。转化率随温度增加而升高，但高温会导致积炭量显著增大，因此这两种工艺不适合在高温下操作。RDS 和 VRDS 工艺不能直接用于生产运输燃料，但这两种工艺可为 RFCC 和延迟焦化装置提供优质原料，以最大限度降低炼厂渣油产品的产量。RDS 和 VRDS 工艺流程和所用催化剂基本相同。

由于残留物和较少量的副产物的选择性转化，RDS/VRDS 和 RFCC 的组合已获得广泛接受。RFCC 的限制是沉积的金属，因为 Ni 沉积通过脱氢提高了烯烃产率，并且因此获得更多的焦炭形成，而金属 V 的沉积破坏了沸石结构。此外，脱硫步骤和 VRDS 的组合常常被看作是常压渣油脱硫装置的有吸引力的替代物。此外，RDS 或 VRDS 可以与其他方法（例如延迟焦化和溶剂脱沥青）结合，以实现最佳的精炼性能。

（2）HYVAHL-F 和 HYVAHL-S 工艺

这两种工艺用于 AR 和 VR 原料的加氢精制，使之转化为高附加值产品（石脑油和中间馏分油）。HYVAHL 工艺主要用于加工沥青质、胶质和金属含量较高的原料，这些原料会强烈抑制催化剂性能。该工艺可以采用固定床反应器（HYVAHL-F），也可采用固定床切换反应器（HYVAHL-S）。HYVAHL-F 工艺采用液、气向下并流的三相滴流床操作模式。反应器上段装填有抗沥青质及金属沉积、抗堵塞孔道的催化剂，该催化剂还可用于加氢脱金属和其他多数加氢转化工艺。这样可抑制因金属和生焦前驱体导致下段催化剂的失活，使其发挥深度加氢脱硫和其他转化功能。HYVAHL-F 工艺已用于馏分油和一些常压渣油的加氢处理过程。对于减压渣油和重质原料油，需要频繁更换催化剂，操作复杂且经济性差。优化催化剂的物化性质、反应空速以及提高催化剂的使用温度可以延长催化剂的使用寿命，但催化剂寿命可以延长多长时间，取决于原料中的金属含量。HYVAHL-S 是采用了固定床切换模式的 HYVAHL-F 工艺，前者采用两个装填有保护剂床层并配有简单内构件的固定床反应器，以切换模式操作。采用这样的流程配置，当一个反应器中催化剂失活时后，可切换入另一个装填有新鲜催化剂的反应器，而无需将整套装置停工。该工艺的主要优点：在高温、高氢分压和低接触时间条件下使用了切换模式操作的固定床反应器。通过工艺软件包可实现反应器的快速切换及工艺条件控制。

（3）渣油加氢裂化工艺

中间馏分油的需求增长对加氢裂化的工艺灵活性、流程配置和产品组成提出了更高要求。加氢裂化催化剂应具有裂化和加氢（HYD）的双重功能。典型的固定床加氢裂化工艺由两个反应器组成：第一反应器（一段 HCR）采用在脱除杂原子及金属反应中具有高活性的 HDT 催化剂，第二反应器（二段 HCR）采用加氢裂化催化剂。通常一段反应器采用 Ni-Mo 催化剂，用于脱除硫、氮和金属，以及用于芳烃加氢。而二段反应器以酸性材料为载体的担载型催化剂，用于促进加氢及加氢裂化反应。

同加氢精制催化剂相比，加氢裂化催化剂的载体在原料转化过程中发挥了主要作用。HCR 催化剂的性能由起加氢作用的金属（硫化物）活性中心及载体酸中心比例及其二者之间的平衡关系所决定。当加氢中心数量低于酸中心数量时，主要发生次级裂化反应，生产轻质产品。加氢中心的作用是抑制酸中心发生聚合和焦化反应。催化剂加氢中心数量不足，将导致催化剂容易失活。另一方面，若催化剂的加氢功能过强，将抑制裂化反应，而有利于异构化反应的发生。理想的加氢裂化催化剂，需要在其金属功能和酸功能之间达到平衡。

目前，炼厂应用的几种固定床加氢裂化工艺的差异主要在于其产品的选择性：

① IFP 加氢裂化工艺。该工艺特征是采用了两段催化工艺。第一段采用无定型 Ni-Mo 催化剂，用于脱硫、氮、金属及芳烃加氢，而第二段采用分子筛型催化剂，完成加氢及加氢裂化反应。该工艺具有两种流程选择：

a. 单段工艺。第一反应流出物直接进入第二反应器，然后进入分离及分馏工序，分馏塔塔底馏出物部分返回第二反应器，部分可作为产品销售。

b. 两段工艺。原料与氢气经预热后进入反应器的第一反应段，发生转化反应生成粗产品。反应流出物经冷却、气液分离后，得到的富氢气经压缩后循环使用。气液分离器分离出的液相流出物进入分馏塔，分馏出的中间馏分油和低沸点产品送入相应的储罐，高沸点流出物返回到第二段催化剂床层继续反应，反应流出物再循环回气液分离器。

② 异构裂化工艺。取决于原料的性质，异构裂化具有多种流程选择：单段液相一次通过、单段重油部分循环、单段油相全循环（100%转化）和两段油相全循环。异构裂化工艺使用装填有多段催化剂床层的反应器，催化剂类型多样。用于该工艺的催化剂均为双功能催化剂，由水合氧化物载体（裂化功能）和重金属硫化物（加氢功能）组成。催化剂采用级配装填技术，以优化反应工艺，使原料按目标途径进行转化。

③ 中度加氢裂化工艺。该工艺的操作条件及流程与用于将减压瓦斯油转化为轻质产品

的脱硫工艺相似。中度加氢裂化是加氢裂化工艺的简化版，其操作条件也与许多典型低压脱硫工艺相同。

④ MRH 工艺。MRH 工艺是一种用于加工以金属和沥青质含量较高的重质油为原料生产中间馏分油的加氢裂化工艺，典型的原料为 VR 和天然沥青。该工艺采用三相浆态床反应器，使用粉末催化剂，以促进原料与氢气的高效接触。

⑤ Unicracking 工艺。该工艺有多种流程选择：

a. 基础 Unicracking 工艺。该工艺采用单段或两段固定床反应器，可实现重油完全循环。该工艺可用于加工各种类型原料。催化剂同时具有脱硫、脱氮和加氢裂化催化活性，按其载体可分为无定型和分子筛两种类型。

b. 高级部分转化 Unicracking 工艺(APCU)。该工艺是生产超低硫柴油(ULSD)和 FCC 优质原料的最先进技术。

c. HyCycle Unicracking 工艺。该工艺可使原料完全转化，使柴油产量最大化。

3）移动床加氢处理

目前已开发出多种移动床加氢处理工艺，在这些工艺中，催化剂通过重力作用向下通过反应器。通常在移动床工艺中，催化剂采用间歇更换方式，典型更换周期为每周 1~2 次。新鲜催化剂在反应器顶部进入反应器、失活催化剂在反应器底部离开反应器，而烃原料既可以并流，也可以逆流方式同催化剂接触。在移动床反应体系内，催化剂可连续更换，也可间歇更换。催化剂迁移是反应体系的关键。逆流接触是最佳的操作模式，因为可使失活催化剂在反应器底部催化新鲜原料，而新鲜催化剂则用于在反应器顶部催化已经过加氢脱金属处理的原料，这样可降低催化剂的消耗量。

(1) HYCON 工艺

HYCON 工艺用于脱除渣油中的硫、氮、金属及沥青质等杂质，主要采用固定床反应器。当该工艺用于处理金属含量较高的原料时，可采用一个或多个移动床"料仓"，作为主要的 HDM 反应器。该工艺适合处理多种重质原料，特别适合处理金属和沥青质含量较高的原料。该工艺可通过开关闭锁式料斗实现催化剂的更换(移出或加入一定量催化剂)，而不影响装置的连续操作。在 HYCON 工艺中，催化剂和重油原料并流接触，新鲜催化剂在反应器顶部进入，失活催化剂在反应器底部移出。通过催化剂的替代，可保证装置的运转周期不低于一年，而催化剂的替代速率主要取决于原料中的金属含量。在并流接触的操作模式下，采用"料仓"式反应器技术既具有固定床反应器的活塞流进料方式，又具有移动床反应器易于更换催化剂的优势，大大提高了 HYCON 工艺的灵活性，使其可用在脱硫反应器上游，特别适合加工金属含量高的原料。对于金属含量高的原料，在"料仓"式反应器中使用金属硫化物催化剂将是更好的选择。操作条件、催化剂的加入和移出速率可进行适当调整，以确保排出的催化剂已完全失活，并维持反应器中催化剂的平均活性在可接受范围内。

(2) OCR 工艺

OCR(在线催化剂更换)工艺是一种用于加工金属含量较高的重质原料油和渣油的移动床工艺，该工艺在高温、高压反应条件下，采用逆流接触操作模式。新鲜催化剂从反应器顶部进入，新鲜原料从底部进入，二者逆流接触，使杂质含量较高的新鲜原料与旧催化剂接触。废催化剂于反应器底部采出。OCR 反应器前后均可集成固定床反应器，这样可使集成工艺用于加工杂质含量更高的原料，维持产品质量及延长固定床反应器的运转周期。

(3) HYVAHL-M 工艺

该工艺是采用逆流接触操作模式的移动床反应器，可用于加工金属和沥青质含量较高的原料。该工艺需采用同 OCR 反应器类似的特殊设备，以维持催化剂在进、出高压装置过程的效率，并确保安全。催化剂在常压下进入反应器，在高氢压氛围中催化渣油转化反应，然后在高压条件下从反应器中采出，最后在常压下对催化剂进行处理。

4）沸腾床加氢处理

在沸腾床加氢处理工艺中，催化剂在反应器内不固定。在该工艺中，原料由反应器底部进入并向上通过催化剂床层，通过原料流体产生的推力，使催化剂处于悬浮状态。烃原料和氢气均由下至上通过催化剂床层，使床层膨胀和返混，降低床层堵塞和压降。重油在反应器顶部经与催化剂分离后，循环回反应器底部与新鲜原料混合，以进一步转化。新鲜催化剂由反应器顶部加入，废催化剂在反应器底部排出。

沸腾床反应器可用于加工绝大多数的劣质原料，如 AR、VR 及所有的金属、沥青质和硫含量较高的重质原料油。沸腾床可用作加氢精制反应器，也可用作加氢裂化反应器，但这两种反应器都具有双重功能。沸腾床催化剂多为尺寸小于 1mm 的颗粒状，有利于其在反应器中处于流态化。

目前主要开发出了三种类型的沸腾床工艺，三者在工艺原理上相似，差异在于反应器的设计细节。

(1) H-Oil 工艺

H-Oil 沸腾床工艺可采用单段、两段或三段沸腾床反应器，原料适应性强，特别适合将金属和残炭含量较高的重质减压渣油转化为轻质馏分油，以及为焦化和渣油催化裂化装置提供脱硫、脱金属的优质原料，也可用于生产低硫燃料和改质沥青。H-Oil 工艺在整个运转周期内均可使产品性质维持稳定。由于 H-Oil 反应器是一种经特殊设计的使用流态化催化剂的搅拌釜型反应器，可用于处理放热反应及含固渣的原料，并可灵活改变加工原料及加工目的。

(2) T-Star 工艺

T-Star 是 H-Oil 工艺的扩展工艺，可维持总体转化率在 20%~60%，使 HDS 转化率维持在 93%~99%。该工艺作为 FCC 的原料预处理工艺，也可用于减压瓦斯油(VGO)的加氢裂化。H-Oil 工艺催化剂也可用于 T-Star 工艺。T-Star 反应器可与 H-Oil 反应器并列使用，以提高馏分油产品质量。在中度加氢裂化操作模式下，T-Star 工艺的转化率可高达 60%以上，且催化剂对原料中的硫、氮含量不敏感，可维持转化率、产品产率及质量恒定。催化剂更换过程不影响装置的运行。

(3) LC-Fining 工艺

LC-Fining 沸腾床工艺是一种可用于常压渣油和减压渣油 HDS、HDM 和 HCR 过程的加氢工艺。LC-Fining 工艺非常适合超重渣油、天然沥青和减压渣油的加氢精制，具有运转周期长的优点。LC-Fining 工艺的优势在于投资低、轻质产品回收率高、操作成本低以及氢耗低。该工艺可生产全馏程优质馏分油，而生成的重质渣油可用作燃料油、合成原油或作为 RFCC、焦化、减黏裂化及 SDA 原料。LC-Fining 工艺的 HDS 转化率为 60%~90%，HDM 转化率为 50%~98%，CCR 脱除率为 35%~80%。LC-Fining 工艺反应器设计和工艺参数同 H-Oil工艺略有不同，前者采用了经工业化证实可行的低压氢气回收系统。LC-Fining 工艺还采用了内置液相循环泵，以使催化剂床层连续膨胀，这样使压降降至最低，并使反应在绝热条件下进行。该工艺采用 0.8mm 外径催化剂。反应流出物的分离及循环氢的净化在低压下完成，可降低投资成本，并使得整个设计处于低气体流速条件。

5）浆态床加氢处理

浆态床反应器也可用于高金属含量的原料的加氢处理工艺，采用单一反应器即可实现生产低沸点产品的目的。SBR 技术既具有脱碳工艺高灵活性的优势，也具有加氢工艺的高活性的优势。在 SBR 反应器中，原料油和催化剂的接触方式与沸腾床相似，但前者的返混程度更低。同固定床和沸腾床反应器相比，SBR 反应器使用少量的精细粉末状催化剂，可视为添加剂或者催化剂(或催化剂前驱体)。催化剂同重油原料混合后，与氢气一同由下至上通过反应器。原料油和催化剂并流接触，因此其混合的流动状态接近活塞流。在 SBR 反应器中，新鲜催化剂与重油原料混合后，在进入反应器前已呈浆态状，参与反应后的催化剂同产品的重组分一起流出反应器，残留在渣油中的催化剂仍具有催化活性。

(1) CANMET 工艺

CANMET 工艺是一种用于重质原料油、常压渣油和减压渣油的加氢裂化工艺，该工艺开发的主要目的是用于加工重质原料油、油砂沥青及渣油。该工艺使用结焦抑制剂，仅使用单一反应器即可达到高轻质产品产率。该工艺采用不含内构件的垂直反应器，并采用三相并存操作模式。固态的添加剂颗粒悬浮于液态烃相中，氢气和产品气以鼓泡形式快速通过。参与反应后的添加剂同重质产品一同离开反应器，残留在未转化的减压渣油中。典型的操作条件如下：反应温度为 440~460℃，压力为 10~15MPa。

(2) MICROCAT-RC 工艺

MICROCAT-RC 或 M-Coke 工艺是一种在相对中等压力和温度下操作的流化床催化工艺。在该工艺中，催化剂均匀分布在原料中，减少了颗粒间的距离，缩短了反应底物和中间体“寻找”活性中心所需的时间。烃原料、催化剂和氢气共同进入反应器，反应流出物进入闪蒸分离工段，分离出氢气及气、液产品。闪蒸残留物送入减压蒸馏塔，以获得低于 565℃产品油和高于 565℃的塔底馏分，后者包含有未转化的原料、催化剂以及原料所含的全部金属元素。

(3) MRH 工艺

MRH 工艺是一种适用于加工含大量金属和沥青质的重质原料油的加氢裂化工艺，可将 VR 和天然沥青加工成中间馏分油产品。用于该工艺的反应器可维持由原料油、催化剂和氢气组成的三相淤浆状态，以促进各相有效接触。在该工艺中，由重质原料油和催化剂组成的油浆经加热炉预热后进入反应器。在反应器下部，排出由催化剂、未裂化的渣油和少量减压瓦斯油组成的底部油浆。在油浆分离工段回收减压瓦斯油，分离出的残留催化剂和焦炭作为再生器原料。

(4) VCC 和 HDH PLUS 工艺

VCC 工艺是一种用于处理渣油和其他重质原料油的加氢裂化和加氢工艺。VCC 工艺可转化为 HDH 工艺(加氢裂化、蒸馏、加氢精制)，后者是由 Intevep 公司于 1984 开始研发的类似工艺。目前，该公司仅提供 HDH 工艺的技术许可。近期，据 Intevep 公司称，委内瑞拉的 Puerto La Cruz 和 EL Palito 两家炼厂获得了 HDH PLUS 工艺技术许可。在该工艺中，混有精细粉末添加剂的重质原料油浆同氢气和循环气混合，在温度为 440~485℃、压力为

2175~4350psi 条件下，在工业催化剂作用下，于液相加氢反应器中进行加氢反应(加氢裂化反应)。

(5) ENI SLURRY TECHNOLOGY(EST)工艺

EST 工艺是一种基于重质原料油加氢精制的浆态床工艺，该工艺也是一种操作温度较低的临氢工艺。EST 工艺采用分散型催化剂，催化剂经溶剂脱沥青处理后，可随沥青质循环回浆态床反应器。EST 工艺经过小型中试装置验证，其渣油转化率为 98%~99%，HDS(脱硫率)大于 80%，HDM 转化率(脱金属率)大于 99%，CCR 脱除率(脱残炭率)大于 96%。部分原料直接转化为轻质馏分油和中间馏分油，其他产品可作为 FCC 或加氢裂化原料。EST 工艺具有原料灵活性、氢气使用率及氢耗合理以及产品组成灵活可调等优点。

第 2 章　炼油工艺反应器建模

2.1　反应器描述

多相催化填充床反应器(PBR)存在两种操作模式：(1)滴流操作模式，即气相为连续相，液相为分散相，主要传质阻力位于气相。(2)鼓泡操作模式，即气相为分散相，液相为连续相，主要传质阻力位于液相。对于三相反应(气相、液相与固态催化剂接触)，常用的反应器类型为滴流床(或填充床)和浆态床，前者催化剂固定不动，而后者催化剂悬浮在液相中(图 2.1)。在上述反应器中，气液或并流向下，或气体向上、液体向下逆流接触。前一种并流操作模式在工业反应器上更为常用，反应器内液相主要以液膜、沟流和滴流状通过催化剂颗粒(图 2.2)。

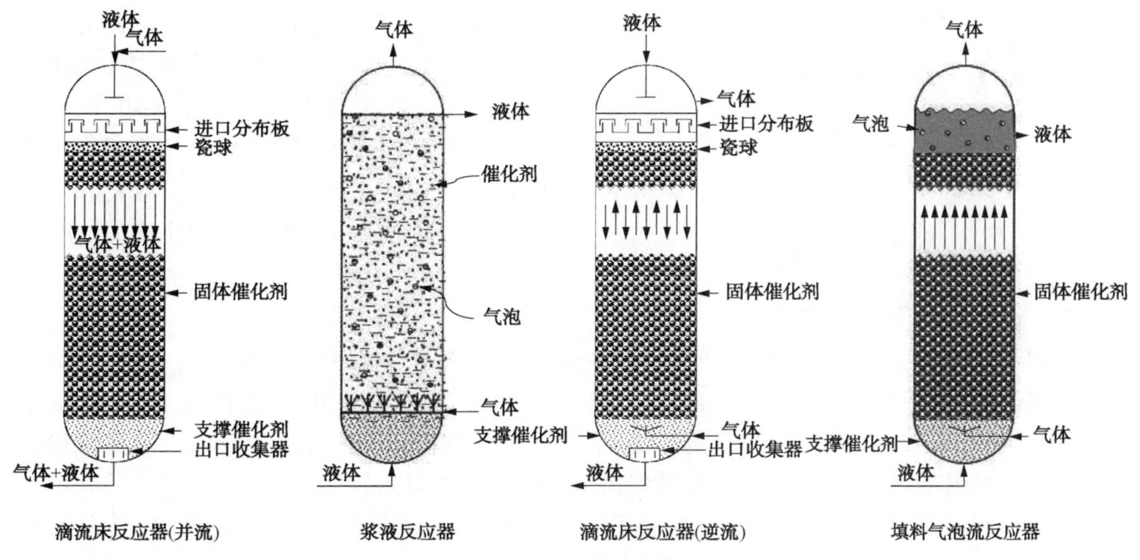

图 2.1　不同类型的多相催化反应器

依据流体流动方向不同，PBR 可分为气-液并流向下的滴流床反应器(TBR)、气-液逆流的滴流床反应器和气液并流向上的鼓泡床反应器。了解各种类型反应器的性能及优缺点，对选择合适的催化剂、反应器及工艺方案尤为重要。若选择固定床反应，则需考虑是选择上流式还是下流式更为适宜。

从反应工程角度看，对于两相填充床反应器，如直馏石脑油加氢脱硫，其催化剂/液体体积比较大，且气、液两相呈平推流流动，催化剂的失活速率较低，或可忽略，便于反应器的模拟和设计。但是，对于三相催化反应器，如中间馏分油和重质石油馏分油的加氢精制，反应发生在催化剂表面液相中的溶解气与反应物之间，因此在选择上流式或是下流式

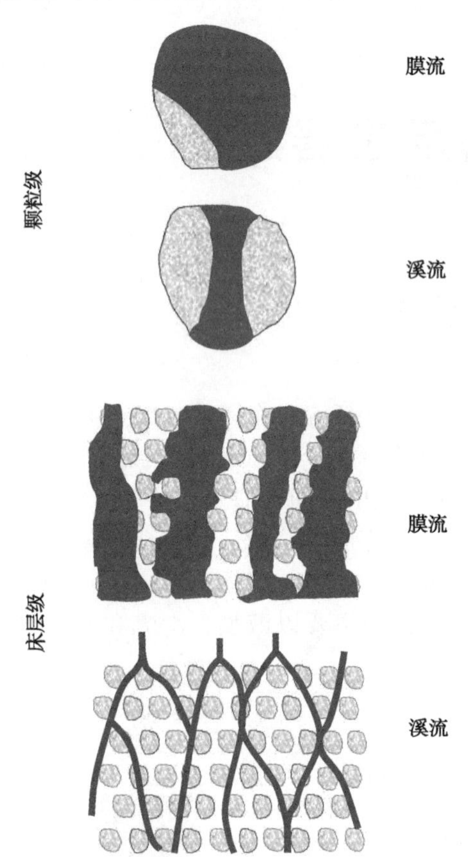

图 2.2 TBR 滴流段中的液体流动状态

操作模式时，需考虑在实际操作条件下，是何种反应物决定了速率控制步骤(Dudukovic 等)。

2.1.1 固定床反应器

在 TBR 中，催化剂床层是固定不动的(图 2.1)，流体接近以平推流方式通过催化剂床层，液体/固体催化剂比值较小。当有明显的热效应时[如不饱和原料的加氢精制，其反应高度放热(来自流化催化裂化装置的轻质循环油)]，可通过液态产品循环控制反应放热。但对于在反应条件下性质相对不稳定的产品，或期望获得较高的转化率，如 HDS，采用产品循环方案并不可行，因为这样将使反应系统接近于连续搅拌釜式反应器(CSTR)。为控制反应温升，优选方案为氢气急冷，也可采用其他急冷剂(Muñoz 等，2005；Alvarez 和 Ancheyta 等，2008)。尽管在技术上可实现在固定床反应器中发生纯气相反应，但因反应物气化所需的能耗较高，从节能角度考虑，TBR 仍是首选。在纯液相中或液、气两相中，确定决定反应速率的关键反应物至关重要，反应物和产物在气、液相间的分布会随反应转化率的改变而发生变化。

1. 气-液并流下行式 TBR

TBR 工艺中可能包括一个较高的塔(10~30m)，填充有一段或多段固定的催化剂床层，气、液并流向下流过这些催化剂床层。图 2.3 所示为滴流段中典型的液膜流动状态(Gianetto 和 Specchia，1992)。在上述反应器中，气相为连续相，持液量较低。同逆流操作相比，并流操作在实际生产中的最大优势在于对处理量的限制较低。

对于气体控制的反应(单位催化剂体积下，液相反应物负荷较高，气体反应物负荷较低)，特别是在催化剂表面部分被润湿的条件下，因有利于气态反应物接触到催化剂表面，优选下流式反应器(Dudukovic′等，2002)。与工业 TBR 相比，对于采用相同空速条件的小型 TBR，液体流速和催化剂床层长度对反应器性能影响很大。TBR 采用并流下行操作的优缺点如下：

(1) 优点

① 推荐用于气相控制反应。

② 液体流型接近平推流，转化率高。

③ 液-固体积比低：不发生均相副反应。

④ 根据催化剂润湿及传热和传质阻力，可调整液体进料量。

⑤ 可改变流体的流动状态，应对处理量改变的灵活性高。

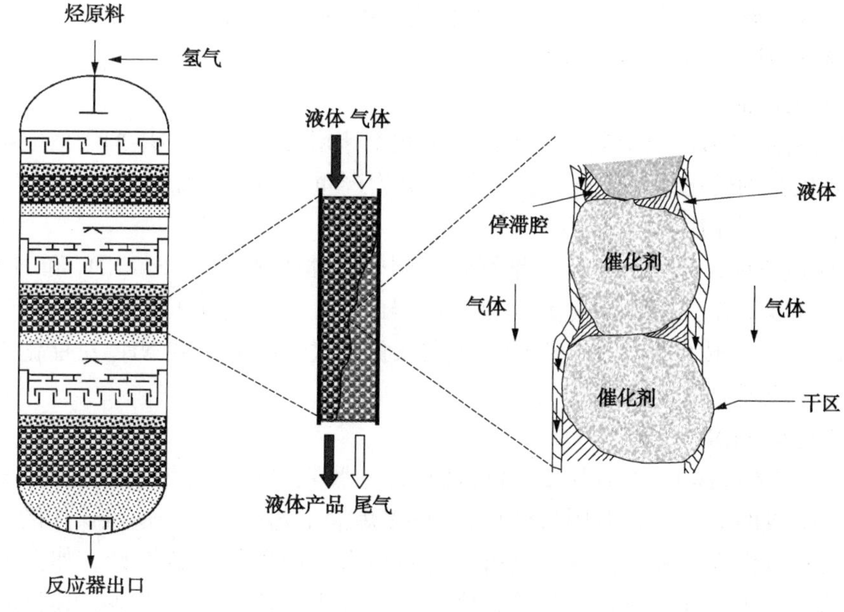

图 2.3　非理想 TBR 中液体的不良分布

⑥ 下流式模式有助于保持催化剂床层固定，但对于较软或易变形的催化剂，该模式可能导致催化剂结块。

⑦ 与逆流操作相比，两相并流操作不易液泛，对处理量没有特殊限制，且存在的相态数量仅取决于上游原料气化而形成的总压。

⑧ 在较高气体负荷下，因气、液摩擦会影响液体的流动，改善液体分布(降低液体壁流)，使压降增大(并流操作压降增加速率低于逆流操作)。

⑨ 绝热固定床易于操作；对于放热反应，可采用气体或液体物流作为急冷剂，或采用液体和/或气体循环方案，以控制反应器温升。

⑩ 可在高温和高压下操作。

⑪ 床层压降相对较低，降低泵投资成本。

⑫ 反应器尺寸较大，通常结构简单，无移动内构件。

⑬ 投资及操作成本低，催化剂损耗少，适合用于催化剂成本昂贵的反应。

(2) 缺点

① 不适用于处理黏度高或易起泡的液体原料。

② 仅限用于快速反应。

③ 因需使用颗粒尺寸较大的催化剂，所以催化剂的利用率较低。

④ 受压降限制，催化剂颗粒尺寸应不小于 1mm；若副反应生成可导致积垢，有增大压降或堵塞催化剂孔道的风险。

⑤ 受反应器规模效应影响较大，在液体流速较低和反应器直径/颗粒尺寸比值较低(<25)的条件下，容易出现沟流和催化剂外表面润湿不完全，甚至无法润湿的情况(接触效率低)。

⑥ 对热效应敏感，可通过循环部分液体产品或注入急冷剂缓解这一不足。

⑦ 难以回收反应热。

⑧ 与气-液并流上流式相比，下流式操作模式的持液量较低。

⑨ 催化剂易因杂质沉积而失活。

⑩ 更换催化剂需拆卸反应器。

⑪ 在加氢精制(HDT)反应器中，大部分催化剂床层受 H_2S 和 NH_3 抑制效应影响，而在难脱硫的含硫化合物转化区域，这种抑制效应最为严重。NH_3 对加氢裂化催化剂的酸功能具有特别强烈的抑制作用。

⑫ 沿反应器方向，压降和氢耗逐渐增加，同时气体中杂质(H_2S，NH_3 和 H_2O)含量增加而导致氢气纯度下降，从而导致在 HDT 反应器出口处的氢气分压最低。

⑬ 炼油工艺使用转化率相对较低的下流式操作模式，因 H_2S 和 NH_3 对催化剂的抑阻效应较强，导致反应器总体性能较差。

2. 气-液逆流 TBR

采用气-液逆流操作的 TBR(图 2.1)可选择性地脱除对反应起抑制作用的副产物(如对于加氢脱硫，生成的 H_2S 会抑制脱硫效果)。许多炼油工艺都引入了逆流操作的固定床反应器技术，该技术可作为一种新技术，也可视为对现有反应器的重新设计。如前节所述，逆流操作的目的不在于改善反应物的传质，因为传质并不是速率控制步骤，其目的在于更有利于脱除对目标反应起抑制作用的副产物，抑或是为了实现产品的原位分离。在未来的炼油工艺中，催化剂将会更严重地受到副产物抑制效应的影响，这也是为何逆流操作模式将成为未来的主流工艺的原因。

若使用单位体积比表面积较大的催化剂，则采用逆流操作的催化填充床作为反应器比采用滴流床更为适宜。然而，逆流操作反应器的工业应用主要受反应器内硬件设备的限制。因此，亟待开发出改进型反应器内构件，以使其可应用小颗粒催化剂，实现气、液相良好接触(Kundu 等，2003)。逆流式 TBR 主要优缺点如下。

(1) 优点

① 若反应热效应较大，逆流操作比并流操作更具优势。

② 逆流操作使轴向温度分布均匀。

③ 具有更大的表面积，利于气-液传质。

④ 单位反应器体积活性中心比例高。

⑤ 催化剂易于处理。

⑥ 用于 HDT 工艺，使大部分催化剂床层位于贫 H_2S 区域，消除 H_2S 的抑制效应。

⑦ 在催化剂床层末端，H_2 分压最高、温度较低、催化剂活性较高，可在床层末端装填抗硫性较差的催化剂，利于可逆反应达到平衡[如加氢脱芳烃(HDA)反应]。逆流模式受反应平衡限制及产品自抑制影响相对较小。

⑧ 大部分催化剂床层位于贫 NH_3 区域[加氢脱氮(HDN)反应的副产物]，有助于降低 NH_3 和 H_2S 对 HDT 反应的抑制作用。逆流操作模式的最大优势在于，可省去 NH_3 和 H_2S 的分离工段。

⑨ 在大部分催化剂床层中，反应生成的气体中杂质含量较低，有利于提高受化学平衡限制的反应转化率，并在加工更劣质原料时获得更高转化率。图 2.4 示出了在加氢精制过程中，采用并流和逆流操作模式时，H_2S 分压沿床层的典型分布趋势。

⑩ 逆流操作模式的气相中氢气纯度最高，有利于转化反应活性较低的反应物。

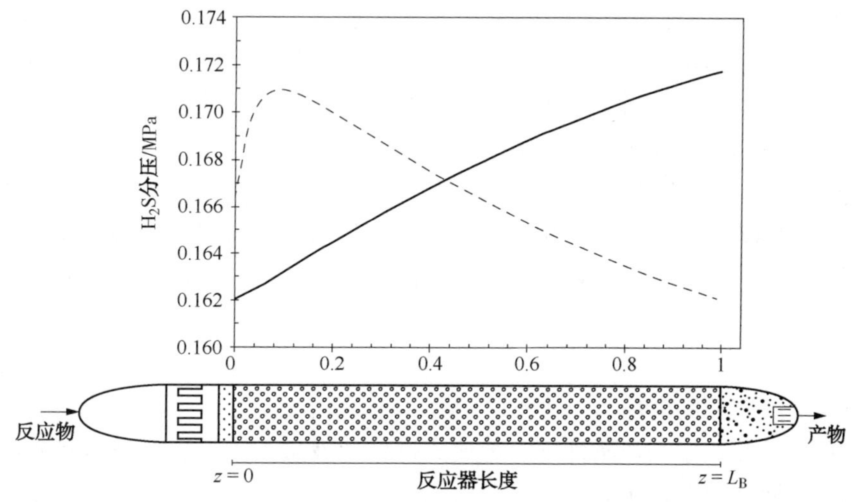

图 2.4 HDT 反应器中 H_2S 分压沿催化剂床层的分布趋势

(—，并流；---，逆流)

(2) 缺点

① 当液体处理量较高时，容易发生液泛。

② 较难估算持液量、压降和传质系数，因为用于计算这些参数的关联式对两相 PBR 使用的小孔催化剂不适用。

③ 由于可能导致过大的压降及容易液泛，该模式仅限于在液体流速远低于工业流速时应用。

④ 并流操作的 TBR 中应用的小颗粒催化剂(1~5mm)不适用于逆流模式。

⑤ 液相中轴向返混效应较大。

3. 气液并流上行的填充鼓泡床反应器

这种类型的反应器包括上流式反应器、并流上行反应器、填充鼓泡床反应器、上流式填充鼓泡床反应器和液泛固定床反应器。对于鼓泡床反应器，液相为连续相，气相为分散相，气、液并流上行通过填充床(图 2.1)。鼓泡床反应器适用于处理气体量相对较小的液相控制反应，如硝基化合物和烯烃的水合反应，或为达到一定转化率而需要液体停留时间较长的反应。使用鼓泡床反应器时，要求催化剂外表面被完全润湿，且持液量较高。在鼓泡床反应器中，通常以液相作为连续相。

在反应器/颗粒直径比相对较小的情况下，鼓泡床反应器比滴流床更具优势，前者的液体-催化剂接触效率更高。同不含填料的鼓泡塔相比，填充鼓泡床可大大降低流动相的返混，抑制气泡聚结。无论何种操作条件，填充鼓泡床的壁面传热系数均高于滴流床(Hofmann，1978)。

对于液相控制反应(单位体积催化剂下，液相反应物负荷较低，气体反应物负荷较高)，上流式反应器应是首选，其可使催化剂表面完全润湿，且液体反应物向催化剂表面的传递速率最快。若催化剂床层长度较低，在相同的反应条件下，上流式操作的转化率远远高于下流式操作。若采用实验室级下流式滴流床 HDS 反应器，常采用气、液流速，而采用并流上行操作时，将出现鼓泡区。

在鼓泡床流体力学条件下操作的反应器，其性能与在滴流床条件下操作的反应器性能相差较大。在上流式操作模式中，反应活性较高的低沸点化合物进入气相，其转化速率远快于高沸点物质。上流式工艺的优异性能归因于重质液相组分的停留时间较长，但其更重要的特征是液体流速较低(Satterfield，1975)。

若气、液均向上通过催化剂床层，特别是在反应器内流体呈鼓泡床流动条件占主导时，液体的不良分布或催化剂不完全润湿将不再是重要因素。上流式反应器(溢流床)中的固、液相接触良好，无需使用高压釜即可获得反应本征动力学。并流上行式 TBR 的主要优缺点如下：

(1) 优点

① 推荐用于液相控制反应。

② 持液量高。在相似操作条件下，上流式操作持液量大于下流式操作持液量。

③ 催化剂表面润湿效果更好。

④ 对于强放热反应，具有良好的热稳定性。

⑤ 液体饱和度高。

⑥ 液体流型分布更为均一(液体在催化剂床层中分布效果好)。

⑦ 上流式操作的气-液和液-固传质系数更高。

⑧ 若流体返混，则气、液流速改变将使转化率随之改变，在相同条件下，上流式操作抗气、液流速干扰性更强。

⑨ 有效停留时间更长。

⑩ 若催化剂因聚合物或胶质沉积而逐渐失活，上流式操作对沉积物的冲刷效果更好，可使催化剂活性维持更长时间。

⑪ 对于快速强放热反应，上流式操作的液、固相间传热效率更高。

(2) 缺点

① 在相同的温度和压力下，HDT 反应的脱硫、脱金属和脱沥青的转化率会随气、液流速的增加而降低。上流式操作的脱硫转化率更高，但其转化率随反应时间增长而下降速率更快。

② 为克服液体自身压力，对泵设备的要求更高。

③ 若催化剂没有被额外重量或其他适宜的机械方法所固定，需要采用一些可避免催化剂呈流态化的特殊设计。

④ 若两相中均匀控制反应的产物，在催化剂颗粒充满液体，反应在很宽的操作条件范围内受扩散限制，因此上流式反应器的反应速率低于下流式滴流床反应器。

⑤ 催化剂床层内容易形成滞留区。

⑥ 同下流式操作相比，上流式操作的轴向返混效应更大。

2.1.2 浆态床反应器

无论是对于上流式还是下流式固定床反应器，其最佳的替代反应器型式都为浆态床或沸腾床，有时也称为三相流化床或悬浮床反应器(图 2.1)。这些反应器使用的催化剂颗粒更小，且处于运动状态。浆态床反应器的主要优缺点如下：

(1) 优点

① 热容高，利于温度控制。

② 若催化剂的本征活性高，则浆态床反应器的单位体积表观反应速率高。

③ 易于回收热量。

④ 既适用于间歇操作，也适用于连续操作。

⑤ 压降较小。

⑥ 催化剂易于泻出和更换。

⑦ 可连续移除反应生成的固态产物。

⑧ 使用小颗粒催化剂，颗粒内扩散速率高，催化剂效率因子接近 1，特别适用于因扩散限制导致催化剂失活或选择性下降的反应。

⑨ 通过高速搅拌，降低外扩散传质阻力。

(2) 缺点

① 停留时间分布与 CSTR 类似，除了采用多段浆态床反应器和/或提高操作温度外，难以达到高转化率。

② 因磨损易产生催化剂粉末。

③ 过滤出的催化剂可能引起诸如过滤器堵塞等一系列问题，随着操作时间增长，其过滤系统操作费用可能成为其主要的投资成本。

④ 相较于固定床反应器，浆态床反应器的催化剂消耗量大。

⑤ 反应器放大较困难。

⑥ 浆态床反应器中的液/固比值较高，更易于诱发均相副反应。

⑦ 若催化剂流态化不佳，会导致反应器内存在局部过热的潜在风险。

⑧ 返混流和反应器体积没有得到充分利用。

2.2 与理想流动模型的偏差

2.2.1 理想流动反应器

平推流和全混流是连续流动反应器中常用的两种理想流动模型(图 2.5)。对于这两种理想流动模型，实验数据易于处理，而且连续流动方程中的径向和轴向传质和传热项可忽略不计，因此可使反应器模型的数学表达式大大简化。反应器内存在宏观的浓度梯度和温度梯度，这是与理想流动模型的最主要偏差所在，可能导致 CSTR 内的不完全混合，或可能导致平推流反应器(PFR)内存在轴向扩散梯度、壁面效应以及催化剂旁路。上述温度梯度和浓度梯度的存在，将影响反应器内发生的化学反应。因此，在解析实验数据时需考虑这一因素，以避免得到错误的结论。

滴流床反应器内流体流动与理想平推流的差别如下：

① 相对于流动主体而言，工业反应器中的液体轴向返混并不显著。

② 相对于降低床层直径而言，减小反应器床层长度对流体偏离平推流的影响更大。

③ 邻近反应器壁区的填料空隙度大，壁流通量较高，导致流体轴向返混。

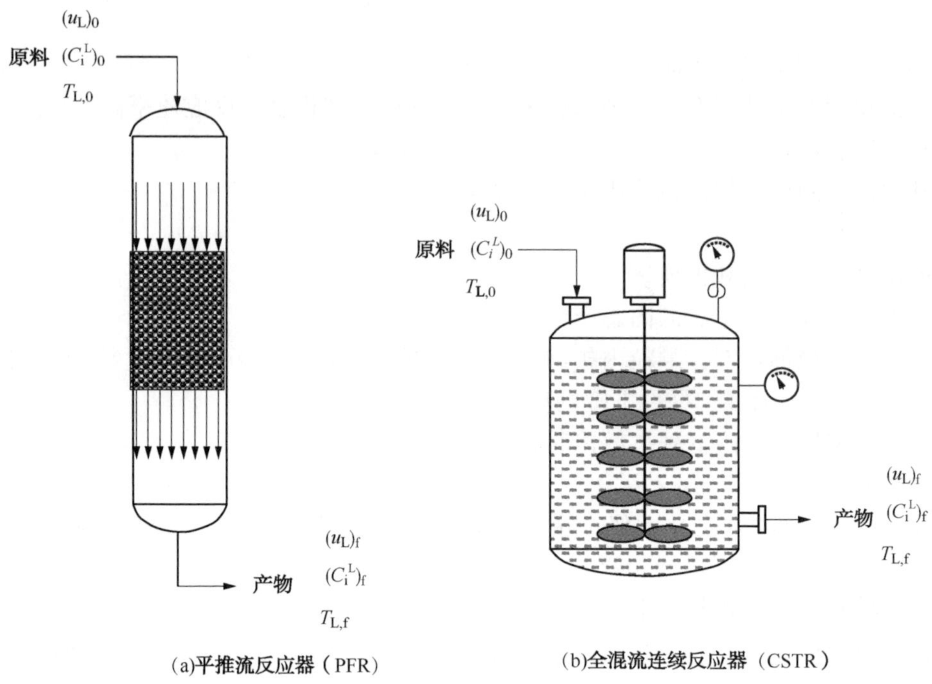

图 2.5　理想流动模型

若可满足消除反应器内传递效应影响的条件，新型催化剂研制及现有 TBR 反应器适用原料研究即可在小型反应器中进行。在实验室和小型反应器上测量本征反应速率时，应保证流体在反应器内呈理想流动，具体操作方法如下。

1. 平推流连续反应器

任意流型的物料衡算方程为：

$$\rho_B \zeta \nu_{i,j} r'_{app,j} = \frac{1}{V}\frac{\partial n_i}{\partial t} + \frac{\partial v_L C_i^L}{\partial V} - \varepsilon_L D_a^L \frac{\partial^2 C_i^L}{\partial z^2} - \varepsilon_L \frac{D_r^L}{r}\frac{\partial}{\partial r}\left(r\frac{\partial C_i^L}{\partial r}\right) \tag{2.1}$$

式中，D_a^L 和 D_r^L 分别为液相总轴向和径向扩散系数，二者均由轴向分子扩散、填料内对流扩散以及反应器中宏观速度分布组成。当反应流体以湍流状态流经 PBR 时，流体流动仿佛是一个平推的“活塞”。在 PFR 中，维持流体呈湍流状态的条件通常可消除径向浓度梯度、温度梯度和速度梯度，即径向充分混合，轴向零混合（Perego 和 Paratello，1999）。因此，理想平推流 PBR 的稳态空时（τ）质量平衡方程表达式为：

$$\bar{\tau} = \frac{V}{v_L} = \frac{-(C_i^L)_0}{\rho_B \zeta v_{i,j}}\int_0^{X_i}\frac{dX}{r'_{app,j}} \tag{2.2}$$

流体呈平推流状态流动，意味着每单位体积流体的停留时间均相同，就如同存在很多串联相接的混合器一样。因此，轴向分子扩散是引起反应器内停留时间存在差异的主要原因；而填料内的轴向对流扩散梯度则是由于对各个通道的宽度、长度和方向的统计误差而引起的（Sie，1996）。

尽管工业 TBR 和实验室级的流体力学条件不同，如果假设工业 TBR 接近理想固定床积分反应器，那么，实验室级反应器中应尽可能满足维持流体呈理想流动的条件，以满足测定反应动力学特征的条件。如满足以下条件，工业 FBR 即可视为理想的积分反应器（Sie，1996）：

① 单位原料体积流体在反应器内的停留时间相同，对总转化率的贡献也相同(如平推流反应器，其液体停留时间分布较窄)。

② 催化剂床层的所有部分均展现了最大的催化性能，对总转化率的贡献也相同(所有催化剂颗粒与反应物流充分接触，如催化剂与液相完全接触)。

因此，流体力学对实验室级和中试反应器性能均有很大影响，其影响程度的高低次序为：平推流，催化剂颗粒完全润湿，压降，传热现象。

2. 全混流连续反应器

全混流反应器包括外循环反应器(循环/原料流量比>25)和 CSTR。对于宏观规模的两种反应器，其反应器内部均不存在浓度梯度和温度梯度。根据理想流动特性，空时速率可通过以流出物转化率表示的简单代数方程计算：

$$\bar{\tau} = \frac{V}{v_{\mathrm{L}}} = \frac{-(C_i^L)_0 X_i}{\rho_{\mathrm{B}} \zeta v_{i,j} r'_{\mathrm{app},j}} \tag{2.3}$$

2.2.2 反应器内部温度梯度

由于存在质量梯度和温度梯度，导致真实反应器内存在温差，不同于理想等温反应器。温度分布不均是反应器的关键特征之一，由于较难由非等温实验数据获得本征反应速率常数，需对实验条件进行适当调整，才能得到本征反应速率。因此，需尽可能减小轴向和径向的温度梯度。由于反应放热或吸热的本质，FBR 中总是存在轴向温度梯度，但可通过增大床层长度与催化剂颗粒直径的比值($L_{\mathrm{B}}/d_{\mathrm{pe}}$)，减小轴向温度梯度。对原料或催化剂进行稀释，并减小反应器直径是减少温度梯度最常用的方法。若减小反应器直径，则颗粒直径也应相应地减小，维持恒定的 $d_{\mathrm{R}}/d_{\mathrm{pe}}$ 比，以满足 PFR 条件，且不引起旁流问题。但若以小颗粒惰性填料稀释催化剂，会增大床层压降，因此，需将催化剂颗粒与适当大小的惰性颗粒进行混合，以保证良好的流体分布和较低的压降。

文献中报道的动力学判据的数学表达式忽略了温度梯度的影响，该表达式通常对比如下两个函数值：一个是代表实际系统参数的测量值，另一个是由理论参数所得的计算值。如果前者大于(或小于)后者，则可认为温度梯度仅仅导致一定的范围内的试验偏差(如反应速率偏差为 5%或 10%)。

1. 径向热返混

反应器内径向和轴向的传递效应难以评价和控制。对于 TBR，存在径向温度梯度会导致得到不可靠的试验数据，这主要归因于催化剂的导热效率低。当反应速率和放热量较大时，将产生较大的径向温度梯度。对于 PFR，若忽略这些梯度，则模型预测的反应速率将比由壁面温度计算的数据高出几个数量级，导致得到不可靠的实验结果(Mears，1971)。

如果反应器不在完全绝热的条件下操作，典型尺寸的实验室级反应器(如小试和中试规模反应器)通常会存在不期望的径向温度分布。据报道，对于实验室级反应器，其热点处的径向传热效应远大于轴向传热效应(Mears，1976)。反应器内的温度梯度几乎总是大于相间温度梯度，而后者又通常大于颗粒内的温度梯度。因此，维持反应器的等温操作，对于获得可靠的实验数据非常重要。动力学判据的数学表达式有助于更好地理解反应器系统的特点，有助于实现反应器的等温操作。为实现反应器的等温操作，建议采用如下方法：

① 降低转化率水平；

② 使用小颗粒催化剂；

③ 采用惰性颗粒稀释催化剂床层，以降低床层空隙率；

④ 采用导热系数较高的催化剂载体；

⑤ 采用导热系数较高的原料稀释剂；

⑥ 提高流速；

⑦ 减小反应器直径。

Mears(1971)指出，对于采用壁面换热的实验室级 FBR，降低反应器/催化剂颗粒直径比对降低颗粒间径向传热限制非常重要，但无法避免壁面效应。Mears(1971)推导出了确定是否存在颗粒间径向传热的近似判据，但该判据与理想的等温平推流模型相差较大。Mears(1971)提出，对于 d_R/d_{pe} 比值较高(>100)且壁面传热阻力可忽略的反应器，若满足方程(2.4)(表 2.1)的条件，则因存在径向温度梯度而引起的反应速率偏差将小于 5%。然而，对于实验室级小型反应器，壁面传热阻力不可忽略。若壁面传热阻力较大，当 $d_R/d_{pe}<100$ 时，采用方程(2.5)作为颗粒间径向传热引起反应速率偏差小于 5%的判据。该判据可能不适用于反应器入口段，但适用于稀释物含量线性降低的任意反应器截面，以及应用于未稀释或稀释不均的床层热点处。

表 2.1 反应器内存在温度梯度的判据方程

判　据	方　程
$\frac{(d_R/2)^2 \mid \Delta H_{Rj} \mid [\rho_B \zeta r'_{app,j}]_z}{\lambda_{er}^S T_W} < 0.4 \frac{RT_W}{E_a}$	(2.4)
$\frac{(d_R/2)^2 \mid \Delta H_{Rj} \mid [\rho_B \zeta r'_{app,j}]_z}{\lambda_{er}^S T_W} < 0.4 \frac{RT_W/E_a}{1 + 8(d_{pe}/d_R)\, \mathrm{Bi}_{hW}}$	(2.5)
$r'\beta'(r'_{app,j})_0 = \frac{\lambda_{ea}^f(-\Delta H_{Rj})\rho_B \zeta}{(G_f Cp_f)^2(T_{f,0} - T_W)}(r'_{app,j})_0 = \frac{(-\Delta H_{Rj})\rho_B \zeta d_{pe}}{(G_f Cp_f)(T_{f,0} - T_W)\, \mathrm{Bo}_{a,h}^f}(r'_{app,j})_0 \ll 1$	(2.6)
$\max_z \left\| \frac{1}{\mathrm{Bo}_{a,h}^f} \frac{dT_f}{d(z/d_{pe})} \right\| \ll 1$	(2.7)
$\mathrm{Da}_I \left\| \frac{n}{\mathrm{Bo}_{a,m}^f} - \frac{\mathrm{Ar} \cdot \omega}{\mathrm{Bo}_{a,h}^f} \right\| < 0.5$	(2.8)

Doraiswamy 和 Tajbl(1974)发现，降低反应器直径，进而减小 d_R/d_{pe} 比，有助于将径向温度梯度降至最低。若使 d_R/d_{pe} 的实际下限降至 4 左右，这样管壁内传热对总径向温度梯度的贡献将不显著。Butt 和 Weekman(1974)研究发现，避免径向温度梯度影响的关键设计因素是反应器直径，即 d_R/d_{pe} 比，只有当反应器直径减小到超过某一极限值后，才会出现显著的壁面效应。目前仍然没有如何选择 d_R/d_{pe} 的分析判据。然而，大多数研究者认为，d_R/d_{pe} 比应在 10~20 之间，可采用方程(2.4)和方程(2.5)估算径向温度梯度的影响。

Carberry(1976)认为，维持反应器等温操作的最大 d_R/d_{pe} 比为 5~6，但这与通常接受的 d_R/d_{pe} 最小比为 8~15，以减小壁面效应影响的 PBR 规则相冲突。这意味着，不论怎样限定 d_R/d_{pe} 比，总会产生一些误差(Tarhan，1983)。虽然稀释催化剂床层的材料[如碳化硅(SiC)、α-Al_2O_3 或石英]具有良好的导热性，但当反应器直径大于 3cm 时，建议对壁面和床层中心温度都进行测量(Gierman，1988)。

2. 轴向热返混

轴向温度梯度为零时，其微分能量平衡可忽略显热项。通常发生在反应器内稀释剂浓度线性降低区域和热点位置。若长径比足够大时($L_B/d_{pe}>30$)，床层轴向传热也可忽略，流体接近平推流。

忽略未填装催化剂颗粒的反应器初始段的轴向热返混后，Young 和 Finlayson(1973)提出了判据方程(2.6)。尽管轴向返混对出口段的影响较小或无影响，如果不满足方程(2.6)条件[方程(2.4)用作轴向质量返混判据]，则反应器入口段将存在显著的轴向质量和热量返混。忽略轴向返混的影响会导致入口段误差较大，进而影响整个反应器。Young 和 Finlayson(1973)还提出了另一个判据[方程(2.7)]，用于确定催化剂床层受轴向热返混影响的显著性。基于 Young 和 Finlayson(1973)判据，Mears(1976)推导出了适用于反应器入口温度等于壁面温度($T_{f,0}=T_W$)或适用于吸热反应的判据[方程(2.8)](图 2.6)。

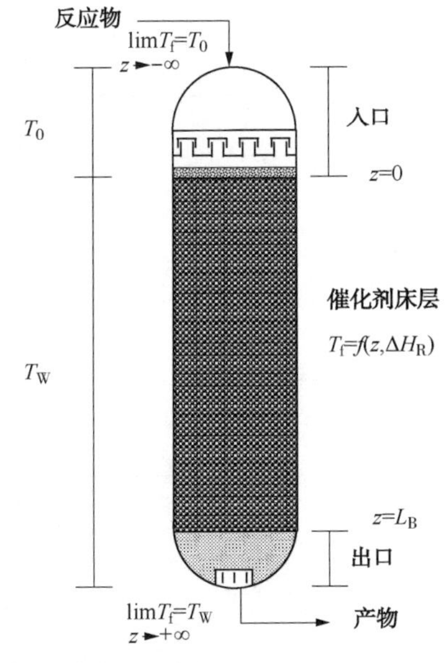

图 2.6　用于推导 Young 和 Finlayson(1973)判据的非等温反应器的几何构型

2.2.3 反应器内部质量梯度

1. 径向质量返混

与其他流体力学参数相比，文献中关于 TBR 内液体径向返混的研究相对较少。经研究证实，反应器与颗粒的直径比(d_R/d_{pe})对径向返混具有显著影响(Saroha 等，1988)。对于较大规模的工业装置，通过采用适当的多点分布器或其他反应器内构件，可以实现径向质量的均一分布(Alvarez 等，2007)。对于实验室规模反应器，为了预先实现径向均一分布，通常采用单点分布器及惰性材料稀释的方法(如 helly 填料)。对于 FBR，若反应物及产物通过催化剂床层的流速足够大，可使床层压降降至最低。

对于填充床，Bischoff 和 Levenspiel(1962)基于催化床层长度与反应器直径比，提出了一种可忽略径向返混影响的判据[方程(2.9)，表 2.2]。当反应器与颗粒直径比较大($d_R/d_{pe}>25$)时，填充床的径向 D_r^L 接近相等。Levenspiel 和 Bischoff(1963)研究发现假设各个搅拌槽内的颗粒尺寸相等，填充床内流体的 $\varepsilon_L D_r^L/u_L d_{pe}=0.21$，其雷诺数($Re$)高于 100。Satterfield(1970)经研究确定，当颗粒 $Re>100$ 时，其液体和气体的径向分布系数可维持恒定；而 $Re>10$ 时，则可保证轴向分布系数不变。根据 Carberry 和 White(1969)的研究结果，采用二维模型预测时，FBR 产品产率对径向传热很敏感，但对径向传质不敏感。若设计的反应器可满足消除径向温度梯度影响的判据条件，可假设径向分布均匀，进而可忽略径向传质的影响。

表 2.2 反应器内存在质量梯度的判据方程

判　据	方程
$\dfrac{L_B}{d_R} > 0.04\dfrac{u_L d_R}{\varepsilon_L D_r^L}$	(2.9)
$Pe_{a,m}^f = \dfrac{L_B u_f}{\varepsilon_f D_a^f}$	(2.10)
$Bo_{a,m}^f = \dfrac{d_{pe} u_f}{\varepsilon_f D_a^f}$	(2.11)
$Pe_{a,m}^f = Bo_{a,m}^f \dfrac{L_B}{d_{pe}}$	(2.12)
$Pe_{a,m}^f = 2N > f(n, X_i)$	(2.13)
$\alpha = \dfrac{\sqrt{\rho_B \zeta k'_{app,j} \varepsilon_L D_a^L}}{u_L} < 1$	(2.14)
$\alpha = \dfrac{\sqrt{\rho_B \zeta k'_{app,j} \varepsilon_L D_a^L}}{u_L} < 0.22$	(2.15)
$\dfrac{V}{V_P} = \dfrac{L_B}{L_{B,P}} = 1 + (\rho_B \zeta k'_{app,j} \bar{\tau}) \dfrac{\varepsilon_L D_a^L}{u_L L_B}$ 用于 $X_i = (X_i)_P$	(2.16)
$\dfrac{(C_i^L)_f}{(C_i^L)_{f,p}} = 1 + (\rho_B \zeta k'_{app,j} \bar{\tau})^2 \dfrac{\varepsilon_L D_a^L}{u_L L_B}$ 用于 $V = V_P$	(2.17)
$\dfrac{(C_i^L)_f}{(C_i^L)_{f,p}} = 1 + \left(\dfrac{\rho_L \rho_B \zeta k'_{app,j}}{G_L}\right)^2 \dfrac{d_{pe} L_B}{Bo_{a,m}^L} < 1.05$	(2.18)
$(X_i)_P - X_i = \dfrac{(C_i^L)_f - (C_i^L)_{f,P}}{(C_i^L)_0} = \left(\dfrac{\rho_L \rho_B \zeta k'_{app,j}}{G_L}\right)^2 \dfrac{d_{pe} L_B}{Bo_{a,m}^L} \exp\left(-\dfrac{\rho_L \rho_B \zeta k'_{app,j} L_B}{G_L}\right) \ll 1$	(2.19)
$Bo_{a,m}^L \dfrac{L_B}{d_{pe}} > 400$，用于高反应速率	(2.20)
$Bo_{a,m}^L \dfrac{L_B}{d_{pe}} > 100$，用于低反应速率	(2.21)
$\dfrac{L_B}{d_{pe}} > \dfrac{20n}{Bo_{a,m}^f} \ln \dfrac{(C_i^f)_0}{(C_i^f)_f}$	(2.22)
$\gamma\beta(r'_{app,j})_0 = \left(\dfrac{\rho_f}{G_f}\right)^2 \dfrac{D_a^f \rho_B \zeta}{(C_i^f)} (r'_{app,j})_0 = \dfrac{\rho_f \rho_B \zeta d_{pe}}{G_f (C_i^f)_0 Bo_{a,m}^f} (r'_{app,j})_0 \ll 1$	(2.23)
$\max\limits_z \left\| \dfrac{1}{Bo_{a,m}^f} \dfrac{dX_i}{d(z/d_{pe})} \right\| \ll 1$	(2.24)
$\left\| \dfrac{n\,Da_I}{Bo_{a,m}^f} - \dfrac{Ar \cdot Da_{III}}{Bo_{a,h}^f} \right\| \ll 0.05$	(2.25)
$\dfrac{L_B}{d_{pe}} > 20\left[\dfrac{\rho_B \zeta (r'_{app,j})_0 \bar{\tau}}{(C_i^f)_0}\right] \left\| \dfrac{n}{Bo_{a,m}^f} - \dfrac{Ar \cdot \omega}{Bo_{a,h}^f} \right\|$	(2.26)

续表

判　　据	方程
$\frac{Da_I}{Bo^f_{a,m}} < \frac{0.05}{n}$	(2.27)
$\frac{L_B}{d_{pe}} > \frac{8n}{Bo^f_{a,m}}\ln\frac{1}{1-X_i}$	(2.28)
$Pe^L_{a,m} \geqslant -(21-20R^*_{CM})+[(21-20R^*_{CM})^2-21+20R^*_{CM}]^{1/2}$	(2.29)
$F_D=\frac{(C^L_i)_{f,A}}{(C^L_i)_{f,P}}=\frac{1+2Pe^L_{a,m}}{(1+Pe^L_{a,m})^2}R_{CM}+\frac{(Pe^L_{a,m})^2}{(1+Pe^L_{a,m})^2}\leqslant 1.05$	(2.30)
$(Pe^L_{a,m})_c \geqslant -(20R^*_{CM}-19)+[(20R^*_{CM}-19)^2-20R^*_{CM}+19]^{1/2}$	(2.31)
$R_{CM}=\frac{(C^L_i)_{f,M}}{(C^L_i)_{f,P}}=\frac{g((C^L_i)_{f,exp})}{(C^L_i)_{f,exp}}$	(2.32)
$Pe^L_{a,m} > 100$	(2.33)
$\frac{L_B}{d_{pe}} > \frac{\sqrt{20}n}{Bo^f_{a,m}}\ln\frac{1}{1-X_i}$	(2.34)

2. 轴向质量返混

与径向质量分布相比，轴向传质差异总是存在的，但可通过选择适当的床层长度与颗粒直径之比(L_B/d_{pe})，最大限度地降低轴向传质的影响，从而避免与平推流的偏差过大。表 2.3 总结了不同研究者提出的可忽略轴向传质影响所需的 L_B/d_{pe} 比。FBR 中反应物的轴向质量返混，也可描述为当量(N 个)CSTR 串联或由方程(2.10)定义的无量纲 Peclet 数(Pe)表示，其中反应器长度(L_B)为特征尺度。对于仅由填料引起的轴向质量返混，可采用方程(2.11)定义的无因次 Bodenstein 数(Bo)描述。在上述描述中，当量颗粒直径(d_{pe})也被选为特征尺度。在方程(2.10)和方程(2.11)中，D^f_a 为总轴向扩散系数，其包括轴向分子扩散、填料床中的对流扩散以及反应器内宏观速率分布(Sie，1996)。联立求解方程(2.10)和方程(2.11)，可推导出如方程(2.12)所示的 Pe 数和 Bo 数间的关联关系。

表 2.3　判断存在轴向质量返混的经验法则

L_B/d_{pe}	应　　用	参考
>15~20	数据来自 Hochman 和 effron(1969)，TBR 的液体质量流速为 $4kg/m^2 \cdot s$	Gianetto 和 Specchia(1992)
>25	最大程度降低填料塔中轴向返混的影响	Scott(1935)
>30	可忽略轴向传质及传热影响的最小长度规则	Mears(1971)
	忽略传质及传热影响，并确保流体接近平推流	Doraiswamy 和 Tajbl(1974)
>50	用于长度较长的等温反应器	Carberry 和 Wendel(1963)
	采用工业生产所用的流速，以忽略轴向传质及传热对转化率的影响	Froment 和 Bischoff(1990)
	用于两相 FBR	Perego 和 Paratello(1999)
	用于可忽略返混效应影响的两相 FBR	Ancheyta 等(2002)

续表

L_B/d_{pe}	应　用	参考
>100	用于 TBR	Perego 和 Paratello(1999)
	避免 TBR 中存在返混	Sie(1991)
>350	对于加工直馏瓦斯油的小试 HDT 装置，可使轴向返混降至最低	Mears(1971，1974)
	最小返混	Kumar 等(2001)

常用的理想平推流判据是 N 或 Pe 应高于某个最小值。该最小值取决于反应级数(n)和转化率(X_i)。最小 Pe 数约是串联的当量 CSTR 个数的 2 倍[方程(2.13)]。Gierman(1988)借鉴了文献中报道的滴流床中轴向返混数据，提出了 Bo 数和液体颗粒 Re 数之间的关联式，当 $Re>10$ 时，Bo 数随 Re 数增加而增加；但当 Re 数较低时，Bo 数值几乎恒定。该规律适用于实验室小型反应器($0.001<Re<0.1$)，也适用于单相流和 Bo 数恒定值较小的滴流。这表明，在相似流速及颗粒尺寸的滴流床反应器中存在显著的轴向返混。实验室 TBR 中低 Re 区域的平均 Bo 数为 0.04。

Székely(1961)和 Petersen(1965)采用渐近法求，得等温一级反应近似方程，它们发现，如果反应速率较低，则可忽略返混的影响($L_{B,P}/L_B \approx 1$)，并提出平推流的判据方程(2.14)。Mears(1971)采用摄动解算法对幂指数动力学方程进行求解，得到保守型设计判据，其结果与目标反应器长度偏差小于 5%[方程(2.15)]。此判据表明，除了在催化剂床层长度较短及转化率较高的情况外，均可忽略返混效应。

对于等温反应器内发生的一级反应，Levenspiel 和 Bischoff(1963)认为可忽略流型与平推流的偏差，提出了判据方程(2.16)和方程(2.17)，用于计算转化率和反应器的尺寸，以及实际反应器的设计。联立方程(2.11)和方程(2.17)，并假设流体平均停留时间($\bar{\tau}$)的最大误差为 5%，可分别得到浓度和转化率的计算方程(2.18)和方程(2.19)。此判据适用于反应器的设计，但可能不适合在 $\varepsilon_L D_a^L/(u_L L_B)$ 值较大的条件下应用(Young 和 Finlayson，1973)。假设 CSTR 尺寸与颗粒直径相等，对于填充床内流体，当其 $Re>100$ 时，$\varepsilon_L D_a^L/u_L d_{pe}=0.5$(Satterfield，1970)。

对于绝热反应器中发生的单一 n 级反应，其流体流型与平推流的偏差为 4%。Mears(1971)首次使用了 Bo 数、反应级数 n 和转化率 X_i 三者间的关联关系，提出了可忽略三相反应器中轴向返混效应影响的最短床层长度判据。Hlavacek 和 Marek(1966)在 Mears 判据基础上，提出了判据方程(2.20)和方程(2.21)，该判据是最常用的设计判据之一。若可以满足方程(2.22)的成立条件，该判据确定的满足平推流条件的理想反应器长度同实际长度的偏差小于 5%(在相同转化率下)。

对于应用幂指数动力学方程的单参数平推流模型，采用摄动解算法可推导出方程(2.22)，该方程仅在如下条件下适用，如液相控制反应(不能用于催化剂外部完全润湿的情况)、n 级不可逆反应动力学、等温 TBR 以及转化率小于 90%。方程(2.22)忽略了因床层最小长度随转化率增加或随 Bo 数减少而增加所引起的误差。正如 Mears(1971)所指出的一样，当 $L_B/d_{pe}>30$ 时，不存在可适用于所有情况的简单判据。

Young 和 Finlayson(1973)考察了轴向和径向返混对非绝热反应器的影响，并推导出了判据[方程(2.23)](图 2.6)，用以确定轴向质量返混对非等温 PRB 入口处影响的显著性。

他们使用的非等温 PBR，采用壁外冷却或加热，且入口和出口区域不装填催化剂。尽管可满足轴向热量返混[方程(2.6)]和轴向质量返混[方程(2.23)]判据，但如果最大轴向温度或转化率梯度出现在 $z\neq0$ 位置，将导致温度和转化率分布与平推流产生偏差。可通过比较轴向返混存在或不存在时的反应器性能差异，以确定轴向返混影响的显著性。若忽略轴向混合，则必须满足两种情况下流体通量的绝对误差也可被忽略的条件[方程(2.24)]。使用轴向热量返混[方程(2.7)]和轴向质量返混[方程(2.24)]判据，以及判断二者对反应器性能影响的显著性时，需要已知最大温度梯度和转化率梯度。

Shah 和 Paraskos(1975)对 Mears(1971)判据进行了扩展，提出了等温 TBR 判据，以预测轴向返混对工业和小试绝热加氢精制 TBR 影响的显著性。该判据适用于可满足幂指数动力学模型($n=1$ 和 2)及 $Bo_{a,m}^{L}>3$ 的不可逆反应。他们发现，在高转化率条件下，绝热操作的轴向返混效应大于等温操作。而在低转化率时，结果恰好相反。对于一级和二级反应，以 $(Pe_{a,m}^{L})_c$ 对 R'_n 作图，可得到 $L_B=0.95L_{B,P}$时的判据。对于气相反应器，这些判据不适用于受外膜传热影响较大的情况。

Mears(1976)将 Young 和 Finlayson(1973)提出的入口速率判据用于评价轴向热量和质量返混，对壁面冷却或加热且器壁温度分布均匀的非等温反应器影响的大小[方程(2.25)]。由该判据预测的反应器入口处反应速率与平推流的偏差为±5%，其准确性优于判据方程(2.6)和方程(2.23)。该判据也可表达为在入口处不受轴向返混效应影响的最小床层长度判据[方程(2.26)]，由此可知，对于在催化剂床层中发生一级反应及在进入床层之前的入口处发生非一级反应的等温反应器[方程(2.27)]，其最小床层长度随转化率、反应级数、反应热以及活化能的增加而增加。

Gierman(1988)对 Mears(1971)提出的忽略轴向返混对 TBR 影响的保守型判据进行了修正。Mears 判据预计的浓度与平推流模型的偏差小于 5%，而 Gierman 提出的修正模型的偏差小于 10%。Gierman 判据对条件要求比较宽松，该判据预计达到相同转化率所需的温度不高于理论值 1℃，其与实际温度的准确度最高。判据方程(2.28)适用于反应活化能介于常规数值范围内的反应(Sie，1996)。

Mears 和 Gierman 提出的判据都仅适用于液相控制反应。他们实验中所需的 L_B/d_{pe}值远远高于经验判据值，即 $L_B/d_{pe}>50$。对于 FBR，若颗粒 Re 数在 10 以上时，采用经验判据即可。但在实验室反应器的通常操作条件下，$Re_L<0.1$，除此之外，还存在很多的限制条件。

Cassanello 等(1994)证明 Mears 模型仅在特定条件下适用。Cassanello 等(1994)在对轴向返混模型进行近似求解基础上，推导出了用于液相或气相控制反应的判据[方程(2.29)]，该判据适用于受液体轴向返混影响的下流式和上流式操作的三相 FBR。Cassanello 判据与平推流模型偏差不大于 5%。

Cassanello 等(1996)提出一个普遍化判据，用以分析实际流体同平推流的偏差对 TBR 性能的影响。该判据假设实际流体满足方程(2.30)后与平推流模型的偏差不大于 5%，在反应器设计中用以确定操作条件和反应器的几何特征，以确保可忽略轴向返混效应。应用轴向返混模型的通用近似解，以及考虑到产品浓度比，可将方程(2.30)表达为方程(2.31)，后者适用于任意类型的动力学反应，非常适用于已确定几何特征和操作条件的反应器。但是，方程(2.31)未涉及动力学常数。与 Cassanello 等(1992)提出的判据类似，临界 Pe 值和出口浓度与平推流的偏差接近0.95。依据全混流($Pe^L_{a,m}\to0$)和平推流($Pe^L_{a,m}\to\infty$)模型，方程(2.31)的主要不足之处在于要求已知反应器出口反应物浓度。但同轴向返混模型相比，测定浓度要简单得多。

采用文献报道的关联式及测量反应物的出口浓度，即可求得$Pe^L_{a,m}$。假设实验遵循平推流模型，并可测定反应物的出口浓度，则由此可近似求得表观动力学常数，并可进一步用于计算全混流模型的反应物出口浓度。由此可确定方程(2.32)中涉及的比值，该比值还可应用于方程(2.30)，以估算实验测量中是否存在轴向返混效应。

Hochman 和 Effron(1969)认为，流体在 TBR 中呈平推流的条件是液体质量流速为 $4kg/(m^2\cdot s)$，而 Gianetto 和 Specchia(1992)则认为，该条件还应包括 $L_B/d_{pe}>15\sim20$。对于在高转化率条件下进行的动力学实验，vanHerk 等(2005)认为 Pe 数更适于作为评判参数，并提出了可忽略轴向质量返混的经验规则(2.33)。由于 Mears(1971)和 Gierman(1988)提出的判据在某些情况下的判定条件过于苛刻[如用于加氢精制反应的 TBR，在生产超低硫柴油时，其转化率非常高(99.5%甚至更高)下]，因此 Chen 等(2009)提出了更灵活的判据，其与平推流的偏差为15%[方程(2.34)]。

2.2.4 润湿效应

如前节所述，满足理想反应器要求的条件是所有催化剂颗粒对总转化率的贡献相同。因此，在 TBR 中，每个催化剂颗粒都应被流动的液膜润湿，在催化剂床层的任一截面上的液体和气体通量都应相同。但在某些特殊情况下，特别是在液体流速较低时，液体将优先通过床层的某一部分，而气体则主要通过未被液体浸润的其余空隙。在这些空隙中，催化剂颗粒与液体反应物的接触不完全，因此对总转化率没有贡献(图2.3)。这会导致催化剂床层利用不充分，称为液体宏观分布不均或不完全润湿。其对反应器性能的影响可由接触效率或催化剂利用率来评价[方程(2.35)，表2.4]。

Satterfield(1975)指出，接触效率(CE)取决于液体质量流速，质量流速可近似由方程(2.36)所示的指数约为三分之二的幂指数函数表示。假设当液体质量流速等于或大于满足平推流判据所需流速时，催化剂可完全利用。虽然“不完全润湿”恰当地描述了一些催化剂颗粒仍保持干燥的状态，但描述为“不均匀灌溉”更加贴切。工业反应器中液体初始分布不均可加剧催化剂的不完全润湿问题(如反应器安装了低效的内构件)，但即使初始液体分布较好，在低流速下同样也会出现不完全润湿问题。

对于单个颗粒，因表面张力的作用，在常规加氢精制条件下不会发生不完全润湿现象，因为烃原料(即稠油)一般容易在多孔催化剂表面铺展。催化剂颗粒完全润湿也并不意味着催化剂的利用率就高，例如，在流体不均匀地流经催化剂颗粒时，部分厚度不同的液膜在高流速下无法更新，以及部分颗粒本应对总转化率实际未贡献的情况下，其催化剂的利用率也不高。如图2.7所示，对于扩散控制反应，催化剂孔内的液体更新是关键。因此，完全润湿并不是理想反应器的充分条件，而达到均匀灌溉则是更加严谨的表述，后者将液体的不良分布现象与动力(与流动有关)相关联，而不是同平衡静力(表面张力)相关联。如图2.3所示，在相邻的催化剂颗粒之间的接触点位置，存在一些使液体滞留的区域，滞留区域内的传质及液体流动都需通过扩散来完成。

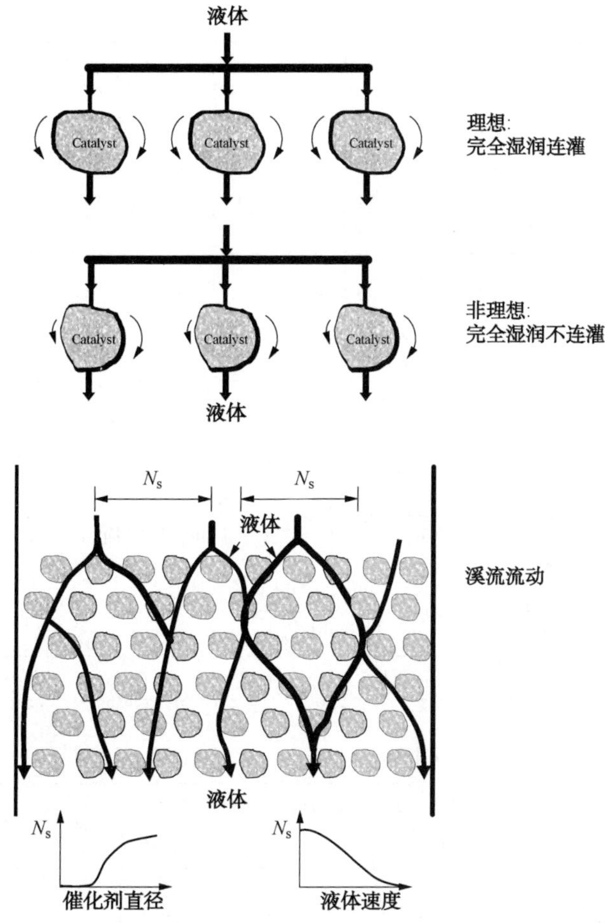

图 2.7　对于孔内扩散控制反应，灌溉对 TBR 中催化剂利用率及形成沟流的影响

Satterfield 和 Ozel(1973)提出了用于判断实验室规模 TBR 中催化剂无效润湿的可视性证据，该证据表明，液体以沟流形式向下的流动途径相对固定，不随时间而发生变化。他们还发现，尽管催化剂颗粒已被润湿，但仅一些催化剂颗粒表面被滴流状液膜覆盖，其他颗粒则没有覆盖。由此，可假设反应速率与被有效润湿(新鲜地)的催化剂外表面所占比例成正比，该比例可表述为有效润湿或催化剂的润湿效率[方程(2.37)]。对于催化剂孔内的润湿效率(f_w)，普遍认为是由于毛细管力的存在，即使催化剂颗粒外表面部分润湿，其孔内仍可完全充满液体。而对于重质原料油，一些研究者发现f_w<1。

表 2.4　存在润湿效应和壁面效应的判据方程

判　　据	方程
$\eta_{CE} = \dfrac{LHSV_{nom}}{LHSV_e}$	(2.35)
$\eta_{CE} = \left(\dfrac{G_L}{G_{L,P}}\right)^{2/3}$，用于 $G_L<G_{L,P}$ $\eta_{CE} = 1.0$，用于 $G_L \geqslant G_{L,P}$	(2.36)

续表

判　据	方程
$f_w = \frac{a_w}{a_S} = \frac{k'_{app,j}}{k'_{in,j}}$	(2.37)
$\frac{(dP/dz)_{flow}}{(dP/dz)_{gravity}} = \frac{180\mu_L(1-\varepsilon_L)^2 u_L}{\rho_L d_{pe}^2 g \varepsilon_L^4} > 1$	(2.38)
$W = \frac{\mu_L u_L}{\rho_L d_{pe}^2 g} > 4 \times 10^{-6}$	(2.39)
$W > 5 \times 10^{-6}$	(2.40)
$\frac{(r'_{app,j})_0 (V_p/S_p)\rho_S}{k_{H_2}^S (C_{H_2}^L)_0} > 1$	(2.41)
$\eta_j(\Phi_j^L)^2 = \left(\frac{(r'_{app,j})_0 (V_p/S_p)^2 \rho_S}{D_{eH_2}^L (C_{H_2}^L)_0}\right) > \frac{\Phi_j^L \tanh(\Phi_j^L)}{1+\Phi_j^L \tanh(\Phi_j^L)/\mathrm{Bi}_{mH_2}^L}$	(2.42)
$R_{exp}^* \geqslant 0.95 \frac{\Phi_j^L \tanh(\Phi_j^L)}{1+\Phi_j^L \tanh(\Phi_j^L)/\mathrm{Bi}_{mi}^S}$	(2.43)
$\frac{R_{exp}^*}{\mathrm{Bi}_{mi}^S} \leqslant \frac{[-b_f-(b_f^2-4a_f c_f)^{1/2}]}{2a_f}$, $a_f = 7.8 - 15.8f_w + 8f_w^2$, $b_f = -0.19 - 7.61f_w + 15.8f_w^2 - 8f_w^3$, $c_f = 0.19(f_w - f_w^2)$	(2.44)
$\overline{C}_i^L = \frac{(C_i^L)_0 + (C_i^L)_f}{2}$	(2.45)
$\bar{r}_{exp} = [(C_i^L)_0 - (C_i^L)_f]\frac{u_L}{L_B}$, $R_{exp}^* = \frac{(V_p/S_p)^2 \bar{r}_{exp}}{(1-\varepsilon_B)D_{ei}^L \overline{C}_i^L}$, $\frac{R_{exp}^*}{\mathrm{Bi}_{mi}^S} = \frac{[1-(C_i^L)_f/(C_i^L)_0]\mathrm{LHSV}}{[1+(C_i^L)_f/(C_i^L)_0]1800k_i^S(S_p/V_p)(1-\varepsilon_B)}$	(2.46)
$\frac{L_B}{d_{pe}} > \frac{250(1-\zeta)}{\zeta\delta}$	(2.47)
$L_B > \frac{0.25d_R^2}{\sqrt{d_{pe}}}$	(2.48)

对于整个催化剂床层，非均相液体流动现象明显，特别是在液体流速较低且使用颗粒较大的催化剂时，液体会以小股沿不同路径通过床层，易形成沟流。如图 2.7 所示，相邻沟流之间的间距(N_S)与催化剂颗粒直径和液体流速有关。液体由旁路通过床层，使得部分催化剂颗粒无法与流动液体直接接触，因此会降低反应器性能，这种非理想状态称为催化剂的不完全润湿。如前文所述，催化剂床层的有效润湿率与反应器顶部液体初始分布及长径比有关。在直径较大的工业反应器中，催化剂的不完全润湿表现得更为明显，出现沟槽及液体不良分布等问题的机率大大增加。Baker 等(1935)指出，为了实现液体初始分布均匀，需要安装一些内构件，因为在 $L_B>5d_R$ 条件下，仅单相流才具有流动均一性。

如果液体主要受重力作用，受摩擦力影响较小，则会持续出现如图 2.3 所示的液体不良分布现象。相反，在较高压降的作用下，压力会驱使液体进入的沟槽间隙，更均匀地通过整个床层截面，促进流体与催化剂表面的接触。因此，对重力的阻力是滴流均匀灌溉(浸润)的首要条件，如方程(2.38)所示。

假设 $\varepsilon_L=0.15$，这可使催化剂充分润湿或均匀灌溉；此时，均匀灌溉的条件方程可表示为方程(2.39)。通过比较摩擦力与重力，润湿数 W 及其最小值与 Gierman(1988)报道的大量实验数据非常吻合[方程(2.40)]。进而可以确定，描述催化剂灌溉均匀性的主要变量是液体表观流速、颗粒直径和液体运动黏度($\nu_L=\mu_L/\rho_L$)，其中颗粒尺寸对均匀性的影响较大。对于黏性较小的原料，对催化剂床层进行适当稀释后，可使用小型反应器进行实验。

对于工业反应器，Henry 和 Gilbert(1973)以及 Sie 和 Krishna(1998)等研究表明，在 $Re<<10$ 时的条件下，催化剂的润湿效果很差。在工业加氢精制反应器中，因质量流速较高(>0.7g/s·cm^2)，因此其催化剂利用率可达到 100%。对于中试反应器，质量流速相对较低(0.007~0.07g/s·cm^2)，其催化剂利用率小于 100%。Gianetto 和 Specchia(1992)的研究表面，当 $u_L<4\sim5$mm/s 时，有效接触因子必定小于 1。

Lee 和 Smith(1982)推导出了判断 TBR 内催化剂颗粒部分润湿($f_w<1$)是否对反应产生影响的判据。该判据由可观测量表示，可用于液相控制反应。若满足方程(2.41)，则可判定催化剂颗粒的外表面被部分液体覆盖($f_w<1$)。对受扩散控制的反应($\Phi_j^L \gg Bi_{mi}^L$)，即 $\eta_j>\eta_j^L$，当 $f_w<1$ 时，上述判据适用于 PBR 中发生的一级反应。如不符合上述条件，可应用基于 Theile 模数的方程(2.42)作为判据。

颗粒外表面部分润湿对液相控制反应和气相控制反应物的影响不同。对于处于液相中的非挥发性反应物控制的一级反应，如加氢精制反应，Cassanello 等(1992)提出了催化剂颗粒润湿程度影响的判据。当外表面润湿率小于 1 时，其效率因子低于被液体完全覆盖的颗粒($\eta_{j,1}<0.95$)。若 $\eta_j/\eta_{j,1}<0.95$，则部分润湿的影响往往大于 5%，基于这一事实，若满足方程(2.43)，则可确定部分润湿的影响小于 5%。Cassanello 等(1992)提出了适用于反应速率常数未知的液相控制反应的判据方程(2.44)。

对于液相控制反应，如果 $f_w\geqslant0.95$，则可判断外表面润湿对反应器性能没有影响。因此，当外表面润湿率小于 0.95 时，可应用方程(2.44)作为判据。尽管方程(2.44)仅考虑了单个催化剂颗粒的可测反应速率，但通过方程(2.45)可计算出 R_{exp}^*，这样可使方程(2.44)扩展用于积分反应器。方程(2.45)可以表示成关于 *LHSV* 的关系式，由方程(2.44)的等式左侧可推导出方程(2.46)。

需要指出的是，若工业 HDT 反应器的分布器设计失当，将导致床层顶部大部分区域未被润湿，而流体的径向返混可对未完全润湿的床层起到一定的补偿作用(Jacobs 和 Milliken，2000)。有研究表明，实验室规模的多相 FBR 中，采用细粉对催化剂进行稀释，可有效排除催化剂颗粒的反应动力学行为与反应器流体力学之间的相互干扰。但 Tsamatsoulis 等(2001)和 Ramírez 等(2004)发现，由惰性细粉稀释催化剂，并不能保证在所有表观液体流速下颗粒外表面被完全润湿(润湿率低)，因为稀释颗粒的不良分布可导致反应物由局部旁路通过催化剂床层，从而对转化率产生负面影响。

有效润湿率与反应器内液体的初始分布、液体表观质量流速以及长/径比有关，特别是在工业反应器中。大量仿真与实验研究结果表明，液体非均匀覆盖颗粒往往发生在液体负荷较低的情况下，如实验室规模反应器。催化剂的完全均匀润湿是期望的理想状态，可提高催化剂的利用率、降低沟槽的潜在影响，还可使反应器能够在较低温度下操作，延长催化剂的运转周期。

2.2.5 壁面效应

流体力学与本征化学动力学均会影响反应速率。这意味着在确定反应器尺寸时，如果减少其长度，则在实验室反应器上得到的动力学数据将失去意义。反应器宽度是唯一可降低的尺寸，但当壁面效应发挥作用时需要特别小心。对于下流式 TBR，液体倾向于沿反应器壁面向下流动，这样无法接触到催化剂，也不会发生反应。过量液体在近壁面处流动，将导致反应物的停留时间显著变宽。

确保液体分布均匀并消除沿催化剂床层形成壁流的最常用判据条件是反应器/颗粒最小直径比，如表 2.5 所示。不同研究者报道最小 d_R/d_{pe} 比值差异较大，可能是由于催化剂装填方式的差异所致(即催化剂的装填方式影响了液体分布)。有研究(Saroha 等，1988)指出，液体的表面张力和密度越小，其壁流量也越小。

表 2.5 判断壁面效应影响的经验规则

d_R/d_{pe}	应　用	参考
>4	液体分布良好，不受沟流、壁面传热效应影响	Kumar 等(2001)
	增强等温性	Mears(1971)
	减小径向温度梯度	Doraiswamy 和 Tajbl(1974)
>10	经验规则，避免倾倒填料位置处受壁面效应影响，降低液体不良分布和壁流等引起的流体力学条件改变	Hoftyzer(1964) Satterfield(1975)
>11.5	直径为 2mm 的颗粒	Larachi 等(1991a，b)
>12	吸收塔内水-气流条件下使用的较大且中空的颗粒	Baker 等(1935)
>12~14	并流滴流床的气-液流动区(0.1~10MPa)	Attou 等(1999)
>10~20	控制径向温度梯度	Butt 和 Weekman(1974)
>16	避免形成壁流	Gierman(1988)
>18	气相为连续相的滴流区，空气-水温度为 25℃，压力为 1atm；d_R/d_{pe}< 30，直径介于 0.26~1.1cm 的片状、球形和圆柱形催化剂颗粒；两柱内径分别为 4.08~11.4cm，小柱 L_B=0~26，大柱 L_B=0~70cm；u_L=0.1~0.5cm/s，u_G=0.1~5.0cm/s；结果再现性为 10%	Herskowitz 和 Smith(1978a，b)
>20	在高压下，最大程度减小液体流动分布的不均匀性	Al-dahhan 和 Dudukovic(1994)
	取决于床层总孔隙率和渗透性	Sie 和 Krishna(1998)
20~25	吸收塔操作下的流体条件，较大中空颗粒	Porter 等(1968；Porter 和 Templemen，1968)
>20~25	避免液体沿壁面由旁路通过催化剂床层	Froment 和 Bischoff(1974)
>23	平衡态液体均匀流动；玻璃床层长度 0.64~0.98cm；滴流区	Specchia 等(1974)
>25	壁流小于 10%；颗粒尺寸 0.64~0.98cm(形状未知)；无气体通过的滴流区	Prchlik 等(1975a，b)

续表

d_R/d_{pe}	应　用	参考
>25	由多孔介质中不可压缩(水)的单相流组成的非反应系统；拟稳流(层流)操作模式；内径在 0.024~0.160cm 的均一球形颗粒，密度 2.5g/cm^3；实验室反应管内径 0.273cm、0.491cm、0.802cm、0.957cm 和 1.89cm；假设床层中存在大量惰性物质，测量径向速度分布获得的实验值	Chu 和 Ng(1989)
>25	避免旁流的显著影响(如壁面效应)	Sie(1991)
>100	忽略壁面处的传热阻力	Mears(1971)

较难确定 d_R/d_{pe} 比的最小值应为多少，因为反应器直径越小，其受壁面效应影响越严重。反应器直径减小后，其填充床的总体特性也会发生变化，因为在壁面处的颗粒填装的“开放度”更高(床层空隙度高)，使得该区域的流体速度较高(沟流)，催化剂堆密度较低。靠近壁面处的流动阻力较低，所以流体流速较大，导致该区域床层的转化率降低，进而降低了整个床层活性，但可通过增强径向传递，以提高转化率。因此，当 d_R/d_{pe} 比低于 4 时，反应器直径缩短对等温性的改善作用超过了其对形成沟流的补偿作用。如果径向扩散足够快，则可降低流速分布效应的影响。由于液体的扩散速度过慢，不足以抵消流体径向分布的影响，另外，HDT 反应器性能是由液相反应控制，而非气相，所以在 d_R/d_{pe} 比较小时，无法确定径向返混是否对反应器性能有利。此外，在滴流床反应器中，壁面效应导致床层活性的下降更为严重，因此满足滴流床操作所需的 d_R/d_{pe} 比更高。

通常在等温条件下进行高度放热的多相催化反应动力学的研究，并使用惰性物质来稀释催化剂。实践表明，宜采用直径不小于 $d_{pe}/10$ 的惰性物质稀释催化剂，这样流体力学可主要描述为小颗粒惰性物质的填装以及活性催化剂颗粒的动力学。Vanden Bleek 等(1969)提出了用以判断惰性稀释剂用量(即过量稀释)对 FBR 转化率影响的普遍化判据，即如果转化率相对实验误差比稀释效应高出一个数量级，则可忽略稀释剂对转化率的影响。该判据可用于确定等温反应器维持均匀稀释时所允许的最大稀释程度，从而避免反应混合物经旁路通过催化剂床层。该判据也可用于不可逆等温反应，以判断是否可忽略稀释剂对转化率的影响[方程(2.47)]。需要注意的是，在估算稀释参数(ζ)真实值时，需谨慎使用方程(2.47)，特别是在惰性颗粒直径小于催化剂颗粒的情况下。

Ross(1965)指出，对于直径大于 1in 的反应器，液体不良分布对其性能具有严重影响。但 Henry 和 Gilbert(1973)经试验研究发现，直到反应器直径放大到 4in，也未发现液体分布状态具有显著影响。若采用等温操作模式，则反应器性能受传热效应比受传质效应影响更显著。若从催化剂颗粒到反应器的传热足够快，可避免产生轴向温度梯度，但必然会产生径向温度梯度，因此反应器直径存在上限。在邻近反应器壁面处的某点，液体流动要比床层中心处流体所受影响更为显著，所以反应器直径也存在一个下限。因此，根据 Doraiswamy 和 Tajbl(1974)的研究结果，如果 $d_R/d_{pe}>4$，可假设液体分布良好，反应器壁面不存在沟流及传热效应。Satterfield(1975)指出，流体力学参数与液体的分布状态有关，若反应器直径与颗粒直径比大于 10，则可抑制液体壁流。对于加工中质石油基原料(°API>20)，Gierman(1988)建议该最小比值应为 16，此时液体的不良分布和壁面效应等影响最小。若用于加工重油(20>°API>10)和沥青(°API<10)原料，即使当反应器与颗粒直径比为 16 时，也可能存在催化剂锥形润湿和不完全润湿问题(Kwak，1994)。

关于近反应器壁面处空隙率变化的研究，现已成为理论与实验研究的主要课题之一。Chu 和 Ng(1989)采用了计算机模拟装填模型，计算出局部床层空隙度与局部比表面积，他们使用的模型是由 Zimmerman 和 Ng(1986)在随机装填有均一球形颗粒的填料塔基础上，开发出的一种计算机仿真填装法。他们的主要发现是，临近反应器壁面处的平均床层空隙率(或床层松散度)趋近于相似。同时，如果考虑壁面的比表面积的话，单位床层体积的颗粒外表面积大于床层内部的平均值。壁面区具有较大的平均渗透性，会增强流体的流动性，而反应器壁面本身会阻滞流体的流动，所以在距离反应器壁面一到几个颗粒直径处，流体的径向速度达到最大值。床层空隙率和比表面积将影响局部液体速度，当 $d_R/d_{pe}<25$ 时，上述物理性质会导致流体与理想平推流产生偏差。

在综合了 Herskowitz 和 Smith(1978a)及其他作者发表的试验数据基础上，Gianetto 和 Specchia(1992)采用了 Hoftyzer(1964)首次提出的无量纲数群($D_r^L L_B/d_R^2$)概念，提出了满足方程(2.48)条件时的液体分布状态。如果流体力学与反应动力学关联性较强，而导致对转化率的影响无法区分，此时唯一的方法就是减小反应器规模，即保持其长度不变，而缩小其直径。当反应器直径小于某一值后，这时因壁面效应会使颗粒装填方式与大直径反应器中使用的无扰填装方式产生显著偏差。只要反应器直径没有降低到该值以下，则应使填装结构、颗粒雷诺数以及流体力学与工业反应器保持一致。该方法是建立在设计良好的工业反应器中床层内同一水平面各点状态相同的基础上发展而来的。因此，小型中试反应器可假想为是由较大催化剂床层切出的很窄的竖直柱。中试反应器的最小直径由催化剂颗粒直径所决定，长度与工业反应器相同，其可视为能够真实代表工业反应器的最小规模反应器。只要足以避免轴向返混，反应器长度可进一步缩短，这意味着，典型的固定床中试反应器尺寸也可以减小：L_B/d_R 比为 50~250。由于径向扩散速度很快，通过测量微型反应器中的气体停留时间分布，可以确定壁面效应的影响，同轴向分子扩散相比，这种壁面效应可以忽略。

总之，壁面效应(沟流)是由催化剂床层的不均匀性引起的，其影响有别于如液体不良分布(如分布器效果差，催化剂床层上杂质沉积)等其他形式造成的影响。如果床层所有区域的性能均相同，发生在床层顶部的液体不良分布，在流入床层一定深度后会逐渐改善。而床层内沟流则对上述校正作用产生不利影响。因此，反应器长度通常介于 457~1067cm，以降低沟流对催化剂利用率的影响。器壁会使部分液体滞留于填料中，使得液体分布的实验数据变得更难以解释，又增加了计算液体分布曲线的复杂性。但幸运地是，对于工业 TBR，因其反应器与颗粒直径比很大，使得其因壁流而引起的液体旁路效应影响很小，可将其影响计入横截面上液体分布的校正项。对于填装有真实催化剂颗粒的窄反应器，在较低线速条件下，仍然存在显著的壁面效应和轴向返混效应。因此，特别是在高转化率下，或对于反应级数较高的反应，显著减小反应器尺寸能否保证试验精确性及获得有意义的试验结果仍值得怀疑。受壁流引起的轴向返混效应仅对单程转化率很高的条件下才变得显著。因返混而引起的误差，将导致反应速率实测值稍低于真实反应速率，这样将导致由此设计的工业反应器尺寸过大。降低壁流的方法有：控制 d_R/d_{pe} 比(见表 2.5)，稀释液体原料以降低其表面张力和密度，以及提高气液流速以改善反应器内的液体分布。

原料中旁流气体分率因气体流型的隔离效应会逐渐增高。在工业条件下这种效应更为显著，气相中的含硫烃所占比例可能高达 75%。因此应保持气体速率在较低水平，以限制其引起液体旁流。另一方面，由在低气速条件下进行的微填充床实验可知，气、液并流通过填充床，流体的蒸发和冷凝并不影响关键组分的停留时间分布，应谨慎处理在气液流速比低于典型的 TBR 试验流速下(0.06~0.1)得到的动力学实验结果。

2.3　动力学建模方法

文献已报道多种可用于炼油过程中发生的各种反应的动力学建模方法。一方面，由于反应涉及多种单体烃原料，针对每种组分及所有可能发生的反应，进行动力学研究将非常复杂。但基于对各种反应机理的掌握，可对其反应动力学进行机理性描述。在大多数情况下，由于受分析复杂性及计算能力所限，对使用真实原料的反应采用此法较为困难。很明显，模型中涉及的本征化合物越多，需要估算的动力学参数也就越多，这样所需的实验信息量也越大。另一方面，将反应物分成若干等价的化合物组，可使问题简化，该种方法称为集总或集总技术，假设每一组化合物可视为独立的个体(Wei 和 Kuo，1969)。上述两种众所周知的方法是复杂混合物动力学建模中的两种极限情况。由于第二种方法较为简单，目前最为常用。还可采用上述两种方法结合的建模方法，其模型的复杂性取决于可以获得的实验信息量。

对炼油过程中涉及的各种反应的动力学建模方法将在下节进行详细介绍，选择加氢裂化作为不同动力学模型的基准反应。对于其他反应的动力学，如加氢精制、重整和催化裂化，将在后续章节中作详细介绍。为便于阐述，本节将动力学建模方法分为：(1)集总模型；(2)连续混合物模型；(3)结构导向集总模型及单一事件模型。

2.3.1　传统集总模型

1. 基于较宽馏程馏分油原料的建模

Qader 和 Hill(1969)在固定床管式连续流动反应器中进行了瓦斯油加氢裂化反应动力学研究。他们发现，加氢裂化反应是对原料浓度的一级反应，其活化能为 21.1kcal/mol。反应动力学试验条件为：压力 10.34MPa，温度 400~500℃，空速 0.5~3.0h^{-1}，氢/油比为 500。液体产品经蒸馏分为汽油(初沸点~200℃)、中间馏分油(200~300℃)和柴油(300℃以上)。这是关于以真实原料进行加氢裂化反应动力学实验研究的首例报道。

Callejas 和 Martínez(1999)研究了 Maya 渣油加氢裂化的反应动力学特性。他们采用了三集总一级反应动力学模型：常压渣油(AR；343℃以上)、轻油(343℃以下)和轻烃。实验在连续搅拌釜式反应器(1L)中进行，催化剂为 $NiMo/\gamma\text{-}Al_2O_3$。动力学试验条件为：氢气压力 12.5MPa，温度 375℃、400℃和 415℃，WHSV 为 1.4~7.1L/(g·h)。各组实验收集的液体产品采用 ASTMD-2887 方法进行模拟蒸馏，该方法用于估算油样的沸点分布。表 2.6 列出了不同温度下的反应速率常数。他们指出，在 375℃和 400℃下获得的实验数据与所用模型模拟的数据一致($r>0.82$)，但在 415℃下的吻合性较差($r<0.70$)。Ancheyta 等(2005)利用非线性回归方法对动力学参数进行重新计算，发现其与 Callejas 和 Martínez(1999)报道的数值不符，主要原因在于 Callejas 和 Martínez(1999)等采用的是线性回归法，对 k_1、k_2 和 k_0 进行了独立估算。采用优化后的 k_i 值计算的产率与实验产率吻合良好，特别是对轻烃集总组分的模拟。表 2.6 也列出了活化能的二次计算值。

表 2.6 各种集总模型的动力学数据

Callejas 和 Martínez(1999)与 Ancheyta 等(2005)报道的动力学数据

	375℃	400℃	415℃	E_A
k_0(L/g_{cat}·h) Callejas 和 Martínez(1999)	1.13	3.26	9.20	45.32
Ancheyta 等(2005)	1.13	3.18	7.22	41.32
k_1(L/g_{cat}·h) Callejas 和 Martínez(1999)	0.07	0.25	1.52	64.40
Ancheyta 等(2005)	0.30	0.46	1.45	32.57
k_2(L/g_{cat}·h) Callejas 和 Martínez(1999)	0.21	1.5	5.12	70.43
Ancheyta 等(2005)	0.79	2.72	5.77	43.90

Aboul-Gheit(1989)报道的动力学数据

	催化剂 1				催化剂 2			
	400℃	425℃	450℃	E_A	400℃	425℃	450℃	E_A
$k_1(h^{-1})$	0.286	0.500	0.688	17.51	0.469	0.612	0.916	13.09
$k_2(h^{-1})$	0.040	0.083	0.140	24.02	0.111	0.216	0.350	22.23
$k_3(h^{-1})$	0.026	0.048	0.069	18.67	0.040	0.074	0.106	18.96
$k_0^*(h^{-1})$	0.352	0.631	0.897	18.14	0.620	0.902	1.375	15.35
	(0.333)	(0.667)	(1.059)	22.51	(0.714)	(1.125)	(1.75)	17.15

Yui 和 Sanford(1989)报道的动力学数据

并行反应($k_3=0$)	焦化原料		加氢裂化原料	
	A	E_A	A	E_A
k_1+k_2	8.754×10^4	17.75	4.274×10^4	17.24
k_1	8.544×10^3	15.02	3.77×10^3	14.32
k_2	1.780×10^8	29.78	6.847×10^8	32.17
连续反应($k_2=0$)				
k_1	8.754×10^4	17.75	4.274×10^4	17.24
k_3	6.206×10^7	26.96	2.711×10^5	20.46

注：括号中的数值为 $k_1+k_2+k_3$。A 单位 h^{-1}，E_A 单位 kcal/mol。

Aboul-Gheit(1989)测定了减压瓦斯油(VGO)加氢裂化反应动力学参数，各组分以摩尔浓度表示。实验条件：温度为 400℃、425℃和 450℃，LHSV 为 0.5~2h^{-1}，压力为 12MPa。所用催化剂为二氧化硅-氧化铝担载的含 HY 分子筛的两种 NiMo 催化剂。Aboul-Gheit 提出，VGO 反应生成轻烃、汽油和中间馏分油。表 2.6 总结了其报道的动力学参数和活化能。Aboul-Gheit 也发现了与其他模型同样的问题，其是由线性回归法孤立地计算各个参数造成的。表 2.6 的括号里示出了 k_0 的精确值，与原始值很接近。因此，由两组 k_0 值计算的活化能数值也相近。

Yui 和 Sanford(1989)提出了另一种瓦斯油加氢裂化动力学模型，他们的实验在滴流床中试反应器中进行，使用了不同的操作条件(350~400℃，7~11MPa，0.7~1.5h^{-1} LHSV，氢油比为 600)。实验原料为 Athabasca 沥青焦化改质和加氢裂化重瓦斯油(HGO)，催化剂为两种不同的 NiMo/Al_2O_3 工业加氢催化剂。他们采用了三集总动力学模型，即 HGO、LGO

（轻瓦斯油）和石脑油，分别遵循平行、连续及复合反应规律。该模型为一级反应，考虑了分压（MPa）、温度（℃）以及空速对总液体产品收率的影响［表 2.7 中所示的方程（2.49）、（2.50）和（2.51）］。对于焦化瓦斯油，该模型的拟合参数为 $Y_0=1.0505$、$a=0.2517$、$b=0.0414$、$c=-0.0163$；对于加氢裂化瓦斯油，该模型的拟合参数为 $Y_0=1.0371$，$a=0.1133$，$b=0.0206$、$c=-0.0134$。动力学参数见表 2.6。作者指出，尚无法拟合出复合反应的动力学参数。

表 2.7　基于传统集总方法的动力学模型方程

表 达 式	方程
$Y=Y_0\left(\frac{T}{400}\right)^a\left(\frac{P_{H_2}}{10}\right)^b \mathrm{LHSV}^c$	(2.49)
$\frac{dC_{HGO}}{dt}=-(k_1+k_2)C_{HGO}$	(2.50)
$\frac{dC_{LGO}}{dt}=k_1C_{HGO}-k_3C_{LGO}$	(2.51)
$\alpha\tau=\ln\frac{1}{1-y}-\beta y$	(2.52)
$z=\frac{(1-y)^{k'}-(1-y)}{1-k'}$	(2.53)
$x=k'\frac{(1-y)^{k''}-(1-y)^{k'}}{(1-k')(k'-k'')}+k'\frac{(1-y)-(1-y)^{k''}}{(1-k')(1-k'')}$	(2.54)
$g=y-(z+x)$	(2.55)
$C_{HGO_{out}}=C_{HGO_{in}}\exp\left(-\frac{k_H}{SV}\right)$	(2.56)
$k_H=d[S]+b[PA]+c(1+d[I])^{-n}$	(2.57)
$k_H=k_{HT}+k_{HC}$	(2.58)
$T^*=\frac{\mathrm{FBP_f}-T}{\mathrm{FBP_f}-T_{50}}$	(2.59)
$f=\frac{1}{2}+\frac{1}{2}\mathrm{erf}\left[\frac{1-T^*}{(2^T*)^{0.5}}\mathrm{Pe}^{0.5}\right]$	(2.60)
$T_{50,\tau}=T_{50,f}\exp(-k_{50}\tau)$	(2.61)
$Pe=20.125-0.175P$	(2.62)
$\frac{d(T_{50,\tau}/T_{50,f})}{d\tau}=-k_{50}(T_{50,\tau}/T_{50,f})^n$	(2.63)
$n=1.9-0.0015P$	(2.64)
$k_{50}=0.4-0.003P$	(2.65)
$k_i(T)=k_{365}K_i$	(2.66)
$K_i=0.494+0.52\times10^{-2}\mathrm{TBP}_i-2.185\times10^{-5}\mathrm{TBP}_i^2+0.312\times10^{-7}\mathrm{TBP}_i^3$	(2.67)
$k_{365}=4.273\times10^3\exp\left(\frac{-2.11\times10^4}{RT}\right)$	(2.68)

Orochko(1970)采用氧化铝担载的钴钼催化剂，在固定床反应器中研究了以 Romashkin 和 Arlan 原油生产的减压馏分油为原料的加氢裂化反应动力学。Orochko 提出的模型为四集总一级反应动力学模型，与 Aboul-Gheit(1989)提出的模型类似。其一级多相催化反应速率方程如表 2.7 中方程(2.52)所示，式中 α 为速率常数，τ 为反应时间，γ 为总转化率，β 为抑制因子，整个多相催化反应过程受催化剂活性表面上生成和吸附的反应产物影响，同时也受上述产物对传质的影响。Orochko 指出，在整个反应过程中，连续反应占主导，并行反应的贡献相对较小，甚至可忽略。试验条件：氢气压力 5～10.13MPa，温度分别为 400℃、425℃和 450℃。对于以 Arlan 石油生产的减压馏分油为原料，试验在 425℃和 10.13MPa 条件下进行，据报道，$\beta=1$。表 2.8 列出了其他研究者基于实验数据计算出的速率常数和反应活化能。柴油、汽油和轻烃的动力学模型分别如方程(2.53)、方程(2.54)和方程(2.55)所示(表 2.7)。在上述方程中，k'和 k''为动力学因子，与速率常数意义相似，由实验数据计算所得，其数值取决于该工艺的当量动力学温度和催化剂活性。对于以 Romashkin 石油生产的减压馏分油为原料，试验采用的操作压力为 10.13MPa，k'和 k''的值分别为 1.3 和 2.0。

表 2.8　基于多种动力学模型计算的反应活化能

Orochko(1970)报道的活化能					
原料		总压/MPa		E_A/(kcal/mol)	
Romashki 原油		5.06		56.7	
减压馏分油		10.13		63.8	
Arla 原油		5.06		63.0	
减压馏分油		10.13		64.8	
Botchwey 报道的活化能(2004)					
	k_1	k_2	k_3	k_4	k_5
低反应苛刻度的温度区间(340～370℃)					
E_A	33.94	40.15	8.84		
$\ln A$	25.2	28.9	5.4		
中反应苛刻度的温度区间(370～400℃)					
E_A	24.14	21.03	16.01	31.79	
$\ln A$	17.3	14.2	10.7	21.9	
高反应苛刻度的温度区间(400～420℃)					
E_A	25.57	26.53	22.46	29.16	28.44
$\ln A$	17.9	18.2	15.4	20.1	19.9
Sánchez 等(2005，2007)报道的活化能					
h^{-1}	400℃	E_A/(kcal/mol)	h^{-1}	400℃	E_A/(kcal/mol)
k_1	0.147	48.5	k_6	0.007	37.1
k_2	0.022	44.2	k_7	0	
k_3	0.020	38.0	k_8	0.003	53.7
k_4	0.098	27.3	k_9	0	
k_5	0.057	39.5	k_{10}	0	

Botchwey 等(2004)以 Athabasca 原油生产的沥青改质重瓦斯油为原料，采用工业 NiMo/Al_2O_3 催化剂，在滴流床反应器中研究了在较窄温度区间下的加氢精制总体转化动力学模型。试验温度为 340~420℃，压力为 8.8MPa，LHSV 为 $1h^{-1}$，氢油比为 $600m^3/m^3$。油样(原料和产品)切成四个不同温度范围馏分，即 D(IBP~300℃)、C(300~400℃)、B(400~500℃)和 A(500~600℃)。沸点分布由气相色谱模拟蒸馏确定。需要注意的是，产品分析仅限于液相，因为根据其质量平衡方程，生成的气态烃产品量可忽略。所述的动力模型包括四集总组分(A、B、C 和 D)和五动力学参数(k_1，…，k_5)。在较低反应条件下的操作温度范围内(340~370℃)，由 A 到 C 及由 C 到 D 的反应可以忽略。而在中等反应条件下的温度范围内(370 到 400℃)，仅可忽略由 A 到 C 的反应。在上述两温度区间内，其动力学参数 k_5 均为零。最高反应条件下的温度范围为 400~420℃。表 2.8 列出了三个温度区间的所有动力学参数。

Aoyagi 等(2003)研究了分别以传统瓦斯油、焦化瓦斯油和由 Athabasca 沥青质生产的瓦斯油为原料的加氢精制及加氢裂化反应动力学。他们研究的重点在于原料性质对产品产量及组成的影响，试验条件如下：温度 380℃，操作压力 13.8MPa，液体空速 $0.75h^{-1}$，氢油比为 $400m^3/m^3$。通过将加氢精制瓦斯油和未经加氢精制的瓦斯油混合，可得到不同性质的反应原料。用于推导动力学模型及其参数的试验数据取自于两个串联反应器，每一反应器装填不同的催化剂。前一反应器采用了工业 NiMo/γ-Al_2O_3 催化剂，后一反应器采用工业 NiMo/B-USY 加氢裂化催化剂。因前一反应器内主要进行加氢脱硫与稠环芳烃加氢反应，考虑到原料关键组分相对分子质量的变化，需对模型进行适当修正。后一反应器内主要发生加氢裂化反应，因此采用一级反应模型描述重瓦斯油的转化，如方程(2.56)所示，式中 k_H 为总加氢裂化反应速率常数，其数值取决于加氢精制和加氢裂化反应，分别由方程(2.57)和方程(2.58)计算。方程(2.56)中最后一项包含了原料中氮含量的抑制作用。HGO_{in} 和 HGO_{out} 分别为重瓦斯油的进、出口浓度；[S]、[PA]和[I]分别代表硫、稠环芳烃和抑制因子。Aoyagi 报道的最佳模型参数：$a=9.5\times10^{-4}$，$b=1.8\times10^{-3}$，$c=0.32$，$d=9.1\times10^{-4}$，$n=2$。图 2.8 所示为已发表的用于推导动力学模型的反应途径，最多含有四个集总组分。

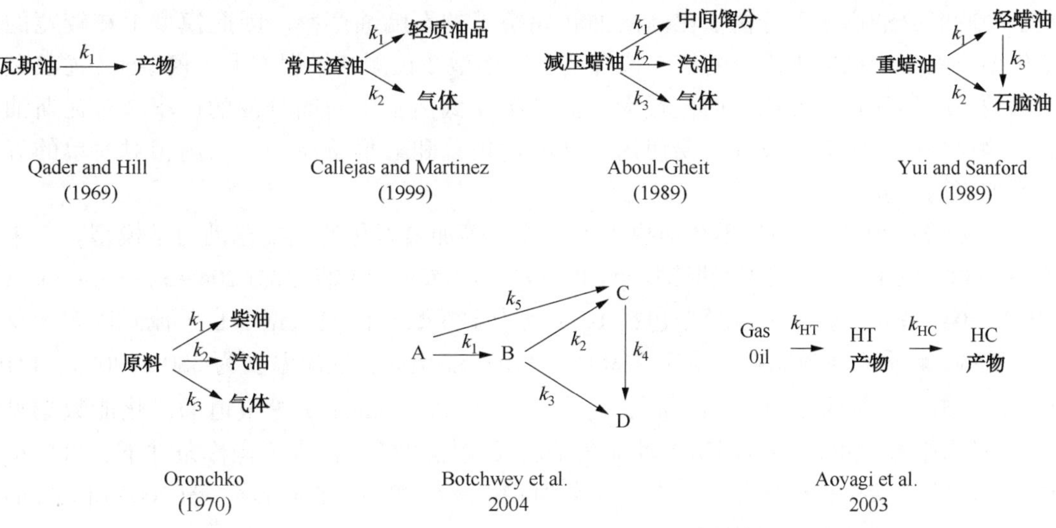

图 2.8　用于推导含二至四个集总组分加氢裂化模型的反应途径

Botchwey 等(2003)提出了描述瓦斯油转化的另一种反应路径，即杂原子脱除、芳烃饱和及加氢裂化。在 Botchwey 等提出的反应途径中，以实线表示典型的加氢精制反应，以虚线表示裂化反应。他们还考虑到不同温度区间内发生不同的反应：将温度为 340~390℃视为加氢精制反应区(反应 1~7)，将 390~420℃视为中等加氢裂化反应区(反应 1~9)。试验在微型滴流床反应器中进行，反应条件为：压力 6.5~11MPa，温度 360℃、380℃和 400℃，液时空速保持恒定在 $1h^{-1}$，氢油比维持在 $600m^3/m^3$。但是，Botchwey 等并未给出相应的动力学表达式和速率常数。

Mosby 等(1986)公开了一种一级集总动力学模型，该模型将渣油集总成容易裂解和较难裂解的两种组分，以描述渣油加氢精制反应器性能。Ayasse 等(1997)采用上述集总模型，对 Athabasca 沥青加氢裂化产品产率数据进行拟合，试验在装填有 NiMo 催化剂的连续流动反应器中进行，反应条件为 430℃和 13.7MPa。模型推导过程应用了复杂反应混合物的化学计量概念，由一次通过加氢裂化反应数据推导得出简化模型，并将其用于预测多次通过的加氢裂化反应试验结果。液体产品经蒸馏切成四个馏分：石脑油(IBP~195℃)、中间馏分油(195~343℃)、瓦斯油(343~524℃)以及渣油(>524℃)。上述渣油馏分采用 ASTM D-1160 所述方法进行减压蒸馏，得到减压瓦斯油。将所有数据都用于估算集总模型参数后，发现模型是由多因素决定的。模型参数数量过多，尽管采用了七个集总组分，也未给出对试验数据进行满意的拟合。因此，Mosby 等提出了三个新的模型，其中两个模型采用六个集总组分，另一个模型采用五个集总组分，均达到了拟合要求。在模型 1 中，硬渣油和软渣油被集总为单一组分，即“硬渣油”。集总组分 2 的初始浓度为零，因此未确定该集总组分的动力学参数(k_2，s_{24}，s_{25}，和 s_{27})。在模型 2 中，所有瓦斯油，不论是来自原料或由渣油裂化生成，均集总为单一组分，即“产品瓦斯油”。集总组分 3 的初始浓度为零，因此未确定该集总组分的动力学参数(k_3，s_{35}，s_{36}，和 s_{37})。综上所述，涵盖所有化学反应的最简单模型为五集总模型(模型 3)，分别为渣油集总组分(硬渣油)、瓦斯油集总组分(产品瓦斯油)、中间馏分油、石脑油和轻烃。上述五集总模型共涉及 7 个独立参数(2 个速率常数和 5 个独立化学计量系数)。将计算的最优参数值代入模型 1，当以沥青为原料时，模型 1 过高预测了中间馏分油产率，低估了在高渣油转化率下的石脑油产率。因此模型 1 在较宽的渣油转化率范围内均能给出满意的产率拟合结果。模型 2 预测结果误差大于模型 1，尤其是前者预测的石脑油和瓦斯油比例误差过大。而模型 3 低估了中间馏分油的产率，对瓦斯油产量的预测过高。实际上，没有必要使用复杂的六集总和七集总模型，采用相对简单的五集总模型即可满足要求。

Sánchez 等(2005，2007)不久前提出了重油中等加氢裂化的五集总动力学模型：①未转化渣油(538℃以上)；②减压瓦斯油(VGO：343~538℃)；③馏分油(204~343℃)；④石脑油(IBP~204℃)；⑤轻烃。该模型包括 10 个动力学参数，试验数据取自下流式固定床反应器，以 Maya 重质原油为原料，采用 $NiMo/\gamma-Al_2O_3$ 催化剂，反应温度为 380~420℃，LHSV 为 $0.33\sim1.5h^{-1}$，氢油比为 $890m^3/m^3$，压力为 6.9MPa。Sánchez 等报道的活化能数据见表 2.8。该动力学模型可进一步用于重油加氢精制反应器建模，在中等操作条件下，可以提高原料质量，同时保持较低转化率。图 2.9 是 Mosby 等(1986)、Botchwey 等(2003)和 Sánchez 等(2005)提出的反应动力学模型。

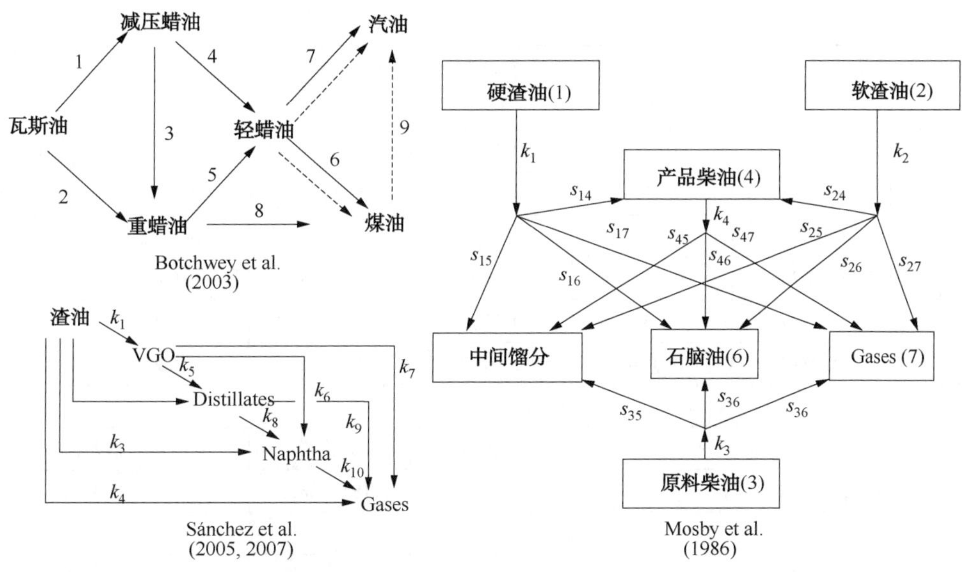

图 2.9 推导四集总以上加氢裂化反应动力学模型的反应途径

2. 基于虚拟组分的动力学模型：离散集总

Krishna 和 Saxena(1989)报道了一种基于不同切割温度的七集总动力学模型。他们设定的集总组分为含硫化合物、重芳烃、轻芳烃、环烷烃和烷烃。若虚拟组分是由沸点低于切割温度(T_{cut})的馏分生成，则认为该虚拟组分为轻质组分。该模型认为含硫化合物是最重的虚拟组分。采用 Bennett 和 Bourne(1972)报道的试验数据对该模型进行检验，计算出 60 个动力学参数，如表 2.9 所示。基于对加氢裂化反应和对流体中示踪物的轴向返混现象的模拟，Krishna 和 Saxena 又提出了一个仅涉及两个参数的动力学模型。图 2.10 示出了上述模型涉及的反应途径，并对试验数据与预测结果进行了对比。该轴向返混模型是建立在对加氢裂化产品的 TBP(实沸点)曲线研究的基础上的。增加停留时间可降低产品的平均相对分子质量，使蒸馏曲线的中馏点(T_{50})下降。根据方程(2.59)对不同停留时间下的 TBP 曲线进行归一化处理，可得到 T^* 值，其中 FBP_f 为原料的终馏点。Krishna 和 Saxena(1989)使用 Bennett 和 Bourne(1972)的中试试验数据推导出上述模型。如图 2.11 所示，原料和产品的归一化温度可由方程(2.60)粗略估算，图中实线代表轴向返混模型，$Pe=14$。假设中馏点温度遵循一级衰减函数，其数值可由方程(2.61)估算。

表 2.9 由 Krishna 和 Saxena(1989)提出的动力学模型计算的一级反应速率常数，以及该模型预测结果与 Mohanty 等(1991)的中试数据的对比

动力学常数/(h^{-1})	切割温度 T_{cut}/℃(Krishna 和 saxena，1989)					
	371	225	191	149	82	0
k_0	8.3000					
k_1	1.2633	0.4943	0.4799	0.4624	0.4345	0.4000
k_2	0.6042	0.1809	0.1105	0.0397	0.0034	0.0000
k_3	0.0421	0.3131	0.2719	0.2593	0.2501	0.2302
k_4	0.5309	0.0211	0.0096	0.0095	0.0095	0.0095

续表

动力学常数/(h^{-1})	切割温度 T_{cut}/℃(Krishna 和 saxena，1989)					
	371	225	191	149	82	0
k_5	0.0397	0.0383	0.0249	0.0131	0.0086	0.0000
k_6	1.1855	0.2772	0.2134	0.1117	0.0073	0.0000
k_7	0.1619	0.0474	0.0275	0.0275	0.0275	0.0275
k_8	0.4070	0.2391	0.1993	0.1518	0.0978	0.0299
k_9	0.2909	0.5434	0.5219	0.4509	0.4391	
k_{10}	0.0818	0.0740	0.0709	0.0618	0.0608	

Mohanty 等(1991)	计算值	试验值	误差,%
二段总进量/(kg/h)	183，236	183，385	-0.08
耗氢量/(kg/h)			
一段	2816	3267	-13.8
二段	1196	1363	-12.2
反应器出口温度/℃			
一段	693.3	714(最大值)	
二段	677.7	700(最大值)	
柴油,%(质量分数)	48.79	50.5	-3.46
航煤,%(质量分数)	30.53	29.4	+3.83
石脑油,%(质量分数)	16.17	15.8	+2.51
丁烷及轻烃,%(质量分数)	4.51	4.5	+0.22

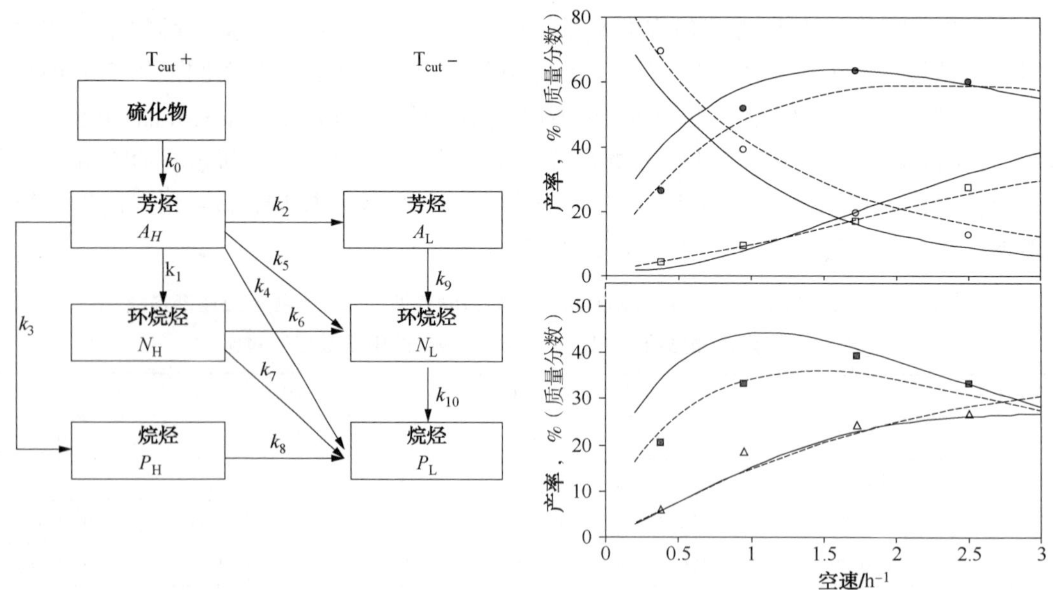

图 2.10 Krishna 和 Saxena(1989)提出的加氢裂化反应途径及产率预测值与试验值的对比

(○，371℃以上；●，149~371℃；□，149℃以下；■，149~225℃；△，225~371℃；—，返混模型；---，动力学模型)

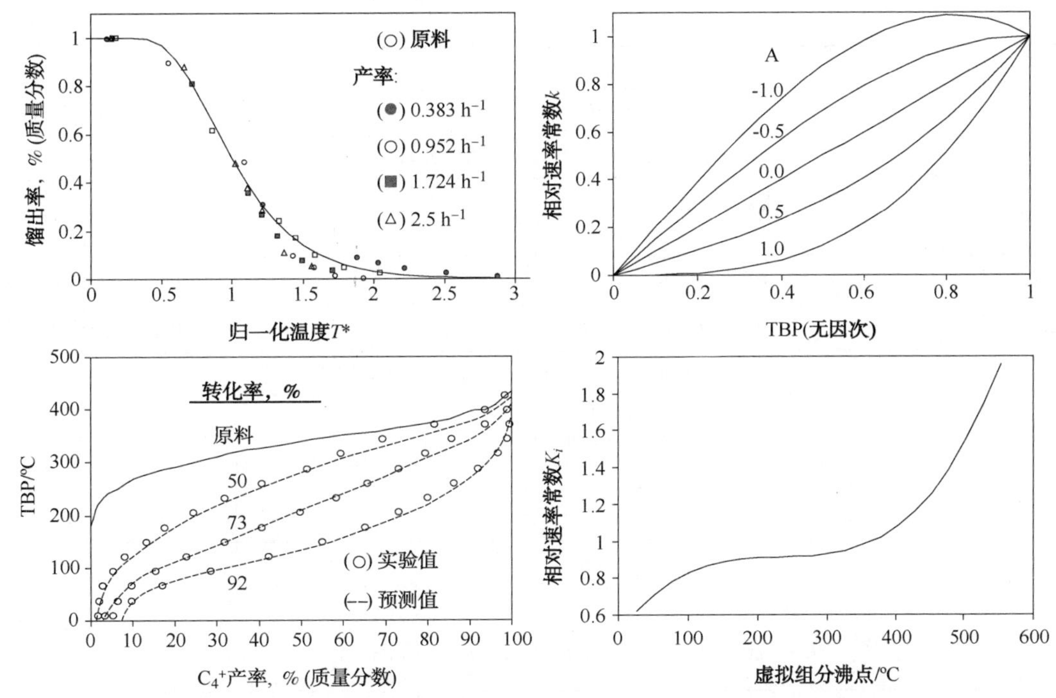

图 2.11　归一化 TBP 曲线、裂解速率函数、一次通过加氢裂化产率对比（Stangeland，1974）及相对速率常数函数（Mohanty 等，1991）

此外，Krishna 和 Saxena（1989）还提出了用于预测 T_{50} 衰减速率随停留时间（τ）和 Peclet 数（Pe）变化的经验关联式。τ 和 Pe 均与原料中烷烃含量有关。考虑到 T_{50} 可能遵循 n 阶衰减函数规律，上述参数值可采用方程（2.62）~方程（2.65）进行估算。

Stangeland（1974）基于经特征切割得到的各虚拟组分沸点间的关联关系，提出了一种可用于预测加氢裂化产率的动力学模型。该模型包括 4 个参数：k_0 和 A 用于量化各虚拟组分的反应速率，C 为丁烷产率的数量级，B 随原料类型（环烷烃或烷烃）和催化工艺类型（随机或选择性）的不同而变化。参数 B 和 C 决定产率曲线的型式。A 通常介于 0~1.0 之间，但也可为负值。参数 A 决定反应速率常数曲线的型式，其型式可由线性变为三次方函数，如图 2.11 所示。表 2.10 列出了完整的动力学模型方程，可用于计算由重组分 j 分解生成的组分 i 的含量。

表 2.10　基于虚拟组分和连续混合物模型的加氢裂化动力学模型方程

方程		动力学模型
Stangeland（1974）模型		
(2.69)	$\frac{d}{dt}F_i(t) = -k_iF_i(t) + \sum_{j-1}^{i-1}P_{ij}k_jF_j(t)$	质量平衡
(2.70)	$k(T)=k_0[T+A(T^3-T)]$	裂解速率常数函数
(2.71)	$PC_{ij}=[y_{ij}^2+B(y_{ij}^3-y_{ij}^2)](1-[C_4]_j)$	液体产品分布函数
(2.72)	$[C_4]_j=C\exp[-0.00693(1.8\ TBP_j-229.5)]$	丁烷重量百分含量
(2.73)	$y_{ij}=\frac{TBP_i-2.5}{(TBP_j-50)-2.5}$	归一化沸点温度（TBP）

续表

方程		动力学模型
(2.74)	$P_{ij}=PC_{ij}-PC_{i-1,j}$	较轻组分的实际分数
经 Dassori 和 Pacheco(2002)修正后的 Stangeland(1974)模型		
(2.75)	$\sum_{i=1}^{j-2} P_{i,j}\,\mathrm{MW}_i = (\mathrm{MW}_j - n_j\,\mathrm{MW}_{\mathrm{H_2}})$	各单独反应的质量平衡
(2.76)	$PC_{ij}=[y_{ij}^2+B_1y_{ij}^3-B_2y_{ij}^2](1-[\mathrm{C_4}]_j)$	修正的产品分布函数(B_2)
(2.77)	$[C_4]_j=C\exp[-\omega(1.8\,\mathrm{TBP}_j-229.5)$	修正的丁烷重量百分数(ω)
Laxminarasimhan 和 Verma(1996)模型		
(2.78)	$\theta=\dfrac{\mathrm{TBP}-\mathrm{TBP}(l)}{\mathrm{TPB}(h)-\mathrm{TBP}(l)}$	
(2.79)	$\dfrac{k}{k_{\max}}=\theta^{1/\alpha}$	
(2.80)	$D(k)=\dfrac{N\alpha}{k_{\max}^{\alpha}}k^{\alpha-1}$	
(2.81)	$\dfrac{\mathrm{d}C(k,t)}{\mathrm{d}t}=-kC(k,t)+\int_k^{k_{\max}}[p(k,K)KC(K,t)D(K)]dK$	
(2.82)	$p(k,K)=\dfrac{1}{\mathrm{So}\sqrt{2\pi}}\left\{\exp\left[-\left(\dfrac{(k/K)^{a_0}-0.5}{a_1}\right)^2\right]-A+B\right\}$	
(2.83)	$A=e^{-(0.5/a_1)^2}$	
(2.84)	$B=\delta\left(1-\dfrac{k}{K}\right)$	
(2.85)	$So=\int_0^K\dfrac{1}{2\pi}\left\{\exp\left[-\left(\dfrac{(k/K)^{a_0}-0.5}{a_1}\right)^2\right]-A+B\right\}D(K)dk$	

图 2.11 给出了在三种不同转化率水平下[50%、73%和 92%(288℃以下)],California 粗瓦斯油经一次通过加氢裂化处理后的产品数据试验值和模型预测值,其中虚线表示产率的预测值。通常模型预测值与试验数据吻合良好,其偏差范围小于试验误差。此模型的主要缺点在于,若加氢裂化产品分类或数量发生变化,则需重新建模和拟合数据。

Mohanty 等(1991)将 Stangeland 提出的动力学模型用于二段 VGO 加氢裂化工业装置的计算机建模。加氢裂化反应原料和产品被集总成 23 个虚拟组分,且假定该反应遵循拟均相一级反应规律。采用方程(2.66)估算组成 VGO 的其他虚拟组分的加氢裂化动力学常数,式中 K_i 使用方程(2.67)对装置数据进行校正(图 2.11)。Qader 和 Hill(1969)应用方程(2.68),计算并报道了平均沸点为 365℃的减压瓦斯油加氢裂化动力学常数。表 2.9 列出了 Mohanty 模型预测的产率、氢耗量和出口温度。经装置数据验证,该模型吻合度良好。需要指出的是,使用 Mohanty 等(1991)报道的参数,并不能满足各单独加氢裂化反应的质量平衡。

Dassori 和 Pacheco(2002)将加氢裂化反应的化学计量系数同 Stangeland 动力学模型参数 P_{ij} 进行了关联,该关联式可作为 P_{ij} 矩阵取值的一个约束条件。该约束条件可通过以各加氢裂化反应的质量平衡形式给出,需要确定参数 B 和 C 的值(表 2.10)。但仅依赖这两个参数，不可能通过调整产品分布来实现各反应的质量平衡。因此，Dassori 和 Pacheco 对 Stangeland 提出的模型进行了修正，添加了两个额外参数，即 B_2 和 ω，这样可使各加氢裂化反应满足质量平衡。他们还利用二级加氢裂化速率常数量化氢气分压对裂解速率的影响，其中动力学常数采用 Qader 和 Hill(1969)报道的拟一级反应常数。该模型可应用于如 Mohanty 等(1991)所述的 VGO 加氢裂化工业反应器的设计。

2.3.2 基于连续混合物的动力学模型

Laxminarasimhan 和 Verma(1996)对于加氢裂化提出了一种基于石油混合物连续集总理论的动力学模型。该模型包括了反应混合物性质、潜在反应途径以及反应选择性，特征参数为 TBP 温度。在特定原料的反应过程中，化合物的蒸馏曲线在反应器内连续变化，并且随着停留时间增加，大部分重组分将转化成轻组分。方程(2.78)(表 2.10)定义了一种归一化 TBP 曲线，该曲线是关于指数 θ 的函数，用以替代 TBP。反应活性变化规律具有单调性，可由简单幂指数型函数表示[方程(2.79)]，式中 k 为特定化合物的反应速率，k_{max} 为高 TBP 化合物的反应速率，α 为模型参数。按照 Chou 和 Ho(1989)提出的方法，可将模型方程表达为反应活性的函数。采用方程(2.80)将原方程近似转换为以 k 值表示各独立反应活性的模型方程。$D(k)$ 可视为不同类型产物的分布函数，N 为混合物中化合物的数量，其值在重油中趋向于无穷大。物种反应活性 k 的质量平衡是该动力模型的核心，可由微积分方程(2.81)表示。

$p(k, K)$ 为理想的产率分布函数，用以描述反应活性为 K 的化合物经加氢裂化反应生成反应活性为 k 的化合物的产率分布。该函数近似于由多个模型化合物反应试验数据计算出的偏高斯分布函数[方程(2.82)~方程(2.85)]。参数 a_0、a_1 和 δ 为各反应系统的特定参数，用于模型校正。

模型与前文所述的试验数据吻合。Bennett 和 Bourne(1972)报道了在 4 个不同停留时间下的 Kuwait 减压瓦斯油加氢裂化产品产率，即 0.0383h、0.952h、1.724h 和 2.5h。采用停留时间为 2.5h 时获得的数据对下述参数进行校正，如 $\alpha=1.35$，$k_{max}=1.35h^{-1}$，$a_0=6.41$，$a_1=28.15$，$\delta=2.6667\times10^{-5}$。图 2.12 示出了经典的 $p(k, K)$ 函数，本例中 $k=k_{max}$。图 2.12 还对试验值和模拟值进行了对比。

El-Kady(1979)报道了另一组在多个反应温度和停留时间条件下进行的减压瓦斯油加氢裂化试验数据。图 2.12 对反应温度为 390℃时的试验数据与估算值进行了对比。Laxminarasimhan 和 Verma(1996)报道了反应温度为 390℃时的一组模型参数，即 $\alpha=0.77$，$k_{max}=0.88h^{-1}$，$a_0=3.67$，$a_1=22.86$，$\delta=0.77\times10^{-9}$。

来自于同一研究团队(Narasimhan 等，1997；Basak 等，2004)的研究人员将反应混合物分成由烷烃、环烷烃和芳香烃组成的连续混合物，对 Laxminarasimhan 和 Verma(1996)模型进行了扩展。除了考虑同族化合物的加氢裂化反应外，还将环烷烃生成烷烃、烷烃生成芳烃以及芳烃生成环烷烃反应考虑在内。因此，除了定义六个不同产品的分布函数外，该模型还需定义浓度函数、反应活性函数以及各同族化合物的物种分布函数。该模型对 Bennett 和 Bourne(1972)报道的中试试验数据进行了校正，但并未公开模型参数。近期，Elizalde 等(2009)将连续集总理论用于重油中度加氢裂化反应建模。该模型参数由在等温固定床反应器上取得的试验数据进行估算，试验条件：温度 380~420℃，恒定压力 9.8MPa，LHSV

0.33～1.5h^{-1}，氢油比 5000ft^3/桶。更详细的试验数据及模型参数估算值请参见文献[Elizalde 等(2009)]。连续集总动力学模型预测值与试验值对比结果表明，二者吻合良好，且平均绝对偏差小于5%。

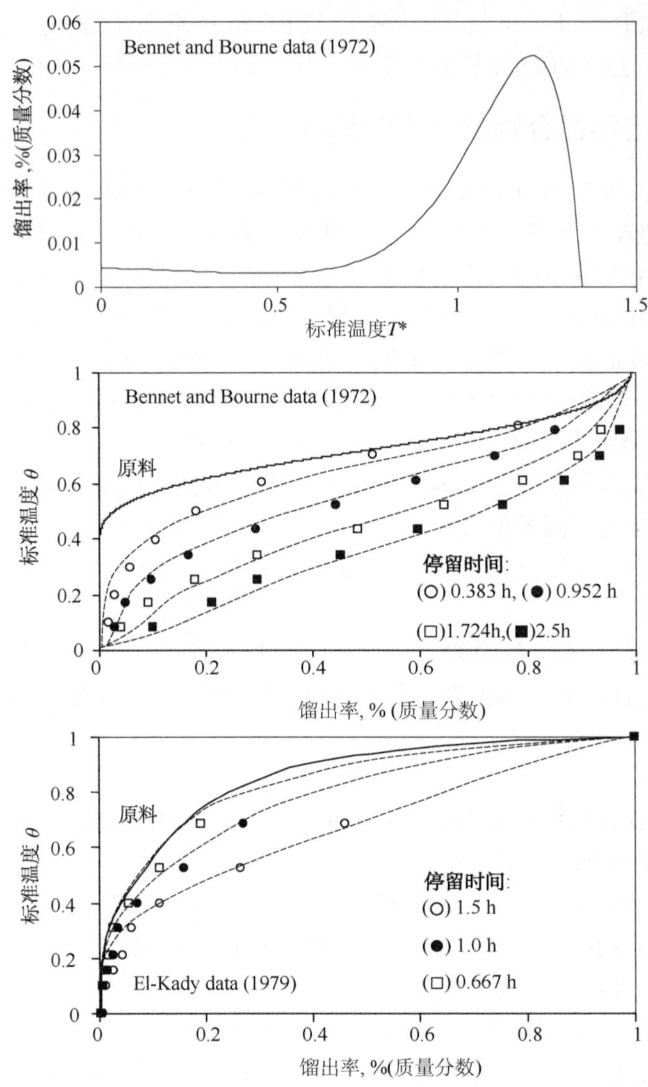

图 2.12 产率分布函数 $p(k, K)$ 及 Laxminarasimhan 和 Verma 模型预测值(线)和试验值(点)对比

2.3.3 结构导向集总模型及单事件模型

结构导向集总动力学模型，是基于分子水平上的模型反应及现代分析技术基础上发展而来的一种动力学模型，可用于多种催化反应。集总组分的划分依据为反应混合物中化合物的结构差异。

Liguras 和 Allen(1989)应用了“基团贡献”概念，提出了一种使用纯化合物数据对复杂反应进行模拟的方法。它们以相对较大量的虚拟组分的转化率来描述减压瓦斯油的转化率，这些虚拟组分是根据自身结构而构成的集总组分。Quann 和 Jaffe(1992)提出了一种附带矢量符号以描述实际发生反应及参与反应分子的方法，且可编程为计算机程序，用以表示反应网络。上述研究者均以典型的分子结构来表述化学反应，不能完全取代由原料组成决定的集总组成项及其相应的速率常数。

Martens 和 Marin(2001)基于理论分析及反应机理，提出了一种加氢减压瓦斯油的加氢裂化模型。反应机理由一组单独事件所描述，每个事件可由一个速率方程或一个简单速率方程组成项表示。该模型考虑了仲碳和叔碳正离子的反应规则，并可使用计算机程序自动生成反应网络。

Froment(2005)综述了单事件模型的建模方法，该方法包括原料各组分个体及反应中间体的全部反应途径。他们选取甲醇制烯烃和馏分油催化裂化反应对单事件建模方法进行了举例说明。需要强调的是，对于处理复杂原料的其他重要工艺，如催化重整、加氢裂化、烷基化及异构化工艺，也可由单一事件法进行建模。该方法已成功应用于一些复杂反应系统。但采用结构导向集总模型或单一事件模型用于重油加氢裂化动力学建模，尚未见公开文献报道。

集总模型应用于复杂反应的动力学建模，已有多年的应用历史。实际上，一些工业化的催化工艺设计仍然采用此方法。集总动力学模型已广泛应用于催化剂筛选、工艺控制、基础工艺研究及动力学建模等领域。集总模型的主要缺点在于用以预测产品产率的模型过于简单，以及动力学参数依赖于原料性质和采用固定不变的产品馏程，一旦二者发生变化，需重新进行试验及估算参数。

连续混合物模型(连续集总理论)因考虑反应混合物性质、潜在反应途径以及反应选择性等因素，因而克服了集总模型存在的一些不足。通常选用的特征参数是实沸点温度，因为在反应过程中，实沸点温度随停留时间的增加而在反应器内连续变化。但该模型参数仍依赖于原料的性质。由于在重质油分析试验中，较难获得初馏点(IBP)和终馏点(FBP)的准确值，无论采用色谱法还是物理法，绘制出蒸馏曲线均存在一定程度的误差。实际上，出于多方面考虑，通常分别采用10%和90%馏出温度代替 IBP 和 FBP。

结构导向集总模型是一类以典型的分子结构来表述化学反应的较为详细的动力学建模方法。该模型以相对较大量的虚拟组分来描述化学反应动力学，其实质仍是某一集总组分。此外，该模型的反应速率参数仍依赖于原料性质。

单事件概念包括了碳正离子基元反应的各个步骤，由一系列均相物种的有限次反应步骤组成。该模型建立在过渡态理论及统计热力学基础之上，因此需由试验测定的速率常数的数量有所减少。该模型涉及的参数值与原料性质无关。尽管参数数量减少，但仍需获得详细且足够的试验数据。

真实原料的组成复杂，这意味着仍需使用集总模型用于研究加氢裂化反应动力学特征。但仍需研究更先进、更精确的建模方法，以更好地理解及表述重油加氢裂化反应动力学特征。

2.4 反应器建模

2.4.1 反应器模型的分类和选择

几十年来，为了更好地理解、设计、模拟或优化石油炼制工业中的反应器性能，人们开发出了多种不同的模型。由于工艺条件的不断变化(如原料性质、反应器和催化剂的新型设计、反应条件等),同时,需要更加详细的预测,共同推进了反应器模型的开发。本节详细描述文献中报道的不同类型的反应器模型。根据复杂程度对反应器模型进行分类。例如,Shinnar(1978)提出了一种简单的分类方法,用于区分学习模型和预测模型。学习模型属于神经网络类型,预测模型属于确定性和随机性模型,如图 2.13 所示。

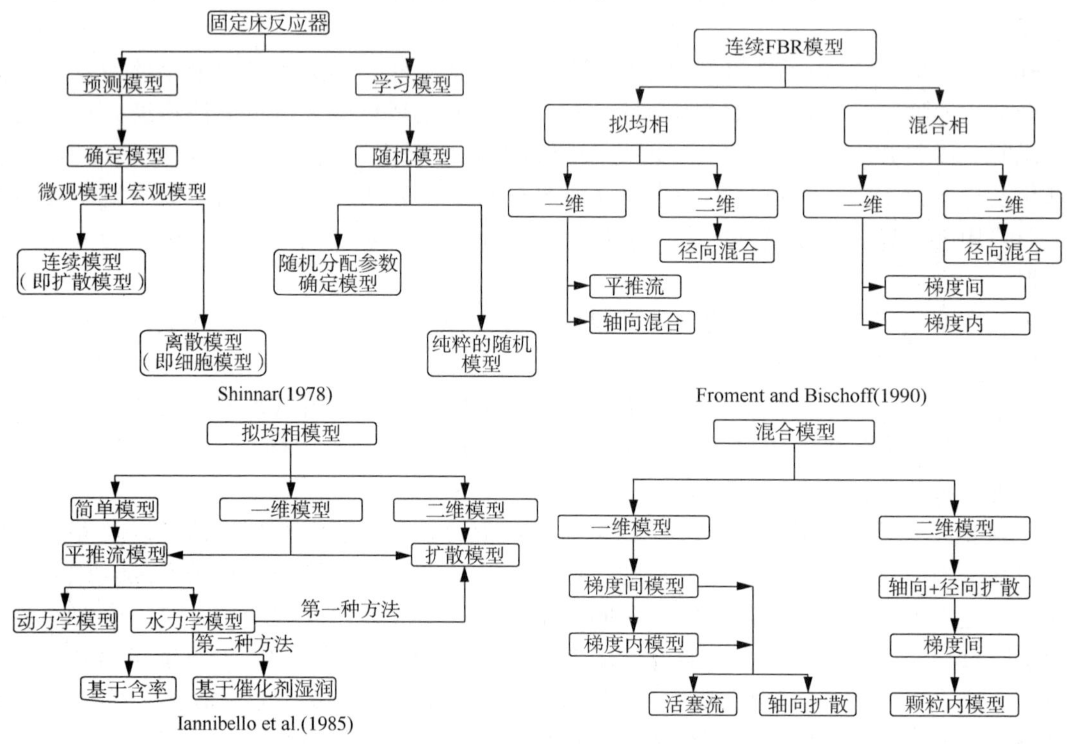

图 2.13 催化反应器模型的不同分类

一方面,在确定性模型中,连续模型(如使用菲克质量扩散定律和傅立叶热分散定律的菲克、分散、扩散或有效传递模型)用微分方程表示,这些方程有一个或者多个独立变量;离散模型由 Deans 和 Lapidus(1960)提出,是有限段模型,主要通过毛细管、球形填料或细胞模型进行描述。为了对分散行为进行表示,作者假设填料处于完全搅拌的容器中,它们之间的空隙完全相同。随机模型的主要特征是,考虑了颗粒的随机排列和随机填料床中的空隙。只有能够得到足够多的关于填料床结构、空隙和流体离散路径统计信息时,纯随机模型才能够采用。例如,为了符合填充床中空隙的尺寸分布,开发其在单元模型中的应用,可改变单元大小和选择单元尺寸。但是,由于计算成本问题,它的使用几乎是不可能的。随机模型的另一种选择是使用基于微分方程的确定性模型,同时考虑作为扰动源的床层中的空隙,并用床层中物料的浓度、温度和流体速度进行表示。在这些模型(即确定性模型和随机扰动)中,整个床层的颗粒和空隙是随机分布的,其统计特征可以计算出来。而纯随机模型改变了扩散模型初始的假设,且在离散模型中引入了随机分布参数,在不改变模型初始特征的基础上产生了大量的模型变量。由于确定性模型是由微分方程描述的,其参数随机分布,因此该模型只适用于可以忽略空隙影响的宏观研究。

Crine 等(1980)在观察不同规模连续模型的基础上,提出了另一种分类方法:

① 微观层面：在分子尺度上是大体积元素，但对于床层颗粒来说是小元素。由连续型微分方程进行其传递过程的理论描述。

② 亚宏观层面：对应于观察到的局部现象，假设局部体积元素足够大，将床层局部看成是均匀的。在这个层面上，可以定义区域变量（例如流体滞留率、润湿率），也可以在填料简化表示法的基础上，用基本传递单元概念描述传递过程。

③ 宏观层面：将整个反应床层看作一个整体，且必须考虑床层中液体的分布不均（由于传递单元的随机聚集）。

Froment 和 Bischoff（1990）提出了绝热和非绝热固定床反应器（fixed-bed reactors，FBRs）连续模型的分类方法，如图 2.13 所示。这种分类可能是应用最广泛的。他们认为，如果不能忽略整个相界面的浓度梯度和温度梯度，则连续相范围可被缩小到反应器中的相内（多相连续模型）；而如果可以将多相流体-颗粒体系看作是一个单一的拟均相，则 FBR 的建模将极大简化为一个单一的、各向同性的连续体的状态变量（拟均相连续模型）。

Iannibello 等（1985）认为，可以将文献中用于预测加氢微滴流床反应器的简单活塞流拟均相模型分成两类：动力学模型和流体动力学模型（图 2.13）。动力学模型一般是本征反应速率的函数，不考虑流体力学的影响和相关的转化现象。流体动力学模型一般假设反应器为活塞流，且通过引入表观动力学常数（k_{app}），试图将流体力学对催化剂的影响纳入进来。在流体动力学模型的开发中，一般遵循两种方法：一种与反应器的整体效率、外部液体混合有关，另一种与液-固接触效率有关，液-固接触效率由持液率和润湿率决定（Crine 等，1980）。

拟均相模型认为反应器床层是拟连续的，而多相模型对气相和催化剂表面的温度和浓度进行了区分。两种类型都可分为一维和二维模型，用较少或较多的细节说明反应器内的温度或浓度梯度分布（图 2.13）。

反应器模型的复杂程度主要取决于研究目的和所需的预测能力。一方面，最简单的模型一般假设为完全混合或活塞流（即众所周知的极端理想情况）。这种理想流动模式的偏差一般来自于轴向扩散系数。另一方面，复杂的模型可解决流体动力学的问题，使用维纳-斯托克斯方程及其上叠加的动力学的直接数值解（如计算流体动力学模型）。

一些关于反应器模型复杂程度通用规则已有报道。例如，Feyo De Azevedo 等（1990）认为，一个模型不应该比它绝对需要的特定目标更详细。Glasscock 和 Hale（1994）报道了 80% 的用途只与模型复杂性的 20% 相关，并得出结论，应避免将建立复杂模型作为正确模拟反应器性能的唯一方法。Duduković等（2002）指出，在定义反应器建模复杂程度时，流动及混合模式应与用于理解动力学的建模水平相称。否则会因为反应器性能从根本上是由动力学驱动的，导致建模工作效率不能最大化。

在确定模型复杂性时，并没有一个魔法法则，但最实用的方法是使用包含了所有主要相关现象的最简单模型，然后加入复杂性，减少试验值和计算值之间的误差（Andrigo 等，1999）。模型方程的复杂性主要由流动状态决定，对于 FBRs，平推流假设（即相对简单的方程）一般满足其复杂性要求（Froment，1986）。一般情况下，为了描述 PBR 中所有的物理和化学现象，建立的模型应具有下列特征：

① 必须是一个封闭体系。

② 不应该预测较大距离内的物质返混。

③ 能得到正确的渐进(定态)解。

2.4.2 反应器模型的描述

对多相催化固定床反应器进行分析是一项挑战性任务，因为在很多情况下，反应器的性能不仅与化学反应速率相关，还与流体动力学和许多传递过程密切相关。为了对这些因子进行定量关联，开发了各种不同复杂程度的反应器模型。解释滴流反应器中流动液体的流体动力学最简单的通用模型是一维扩散模型(PD)。很多学者利用这个模型得到粒子的博登斯坦数(Bo_p)，进而确定与操作条件有关的示踪剂的扩散。一般情况下，用这种定义方式求得的 Bo_p 值，滴流条件下的值明显低于单相流体流经填充床求得值(Gierman，1988)(即在液相中的分散性高)。PD 模型没有将停滞区明确考虑在内，这使得停滞区在示踪试验特别是多孔催化剂中因带标记的拖尾而相当显著。因此，在一个模型中，将液相分为停滞(非活性)区和自由流动(活性)区会在很大程度上更接近现实。这种模型被称为交叉流(PE)或交叉流扩散(PDE)模型。图 2.14 给出了在 TBRs 中，相邻催化剂颗粒间停滞区的存在。在该图的放大区也可以看出，停滞区有助于捕捉颗粒。

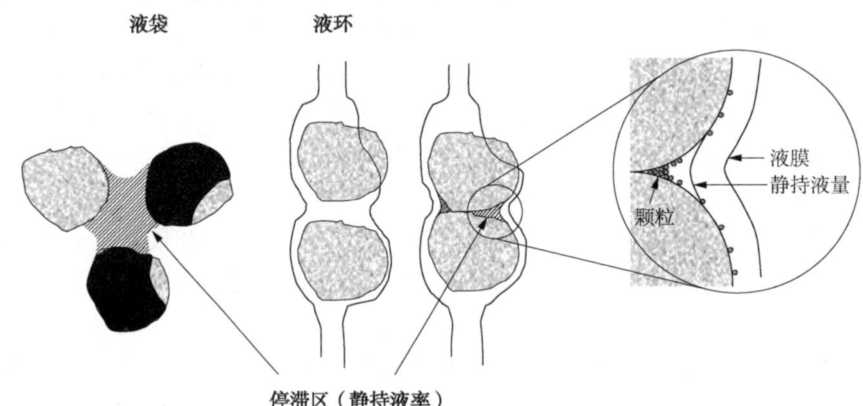

图 2.14 在 TBRs 中催化剂颗粒间的液体滞留区

尽管 TBR 的早期设计可以得到有关流体动力学和传质的所有信息，但距实际化学反应工程设计仍相去甚远。对于稳健模型来说，仍缺乏与操作变量有关的模型参数之间的关联式和能足够准确预测转化率的复杂模型的性能。在这种情况下，为了优化利用可得到的数据，必须广泛采用类比和类似的方法对各种模型进行分析(Hofmann，1978)。

非定态方法允许用更详细的动力学对基本步骤进行分析。通过分析多相反应器的瞬时行为，可确定反应速率常数和机理(Marroquín de la Rosa，2002)。过去，催化剂的发展推动了多相催化反应器类型的合理选择。这种顺序方法逐渐被催化剂和反应器选择的平行方法所代替。这种方法要求对各种多相反应器类型中的流动模式、相接触和传递的模型定量化。反应器类型及其运行效率的合理选择对整个工艺的总投资和操作成本(Dudukovic 等，2002)影响非常大。石油炼制工业中，催化加氢反应器复杂，而且三相的存在使得建模较困难，下面详细介绍加氢处理建模。

1. 简单的拟均相模型

文献中最早报道的加氢处理反应器模型为拟均相模型，由于只考虑了反应器入口和出口数据，这个模型非常简单。当然，除了这些模型，类似反应器的实验和工业经验已经并将继续应用在反应器的建模中。这些模型是基于使关联式大幅简化的各种假设建立的。在某些情况下，这些模型过度简化，以至于现在关于化学反应器设计的著作仅限于学术研究。

拟均相模型可分为两种类型：动力学和流体动力学(Iannibello 等，1985)模型。动力学模型不考虑流体力学和相关现象对转化率的影响，一般是基于本征反应速率(k_{in})建立的。一般采用一级或 n 级动力学描述工艺性能。另一方面，流体动力学模型尝试考虑催化剂利用的流体力学影响。这些模型强调反应器的其他方面，如外部持液率、催化剂润湿和轴向扩散。一般假设为一级反应动力学的活塞流模式，并引入表观动力学速率常数(k_{app})代替本征速率常数，用于解释流体力学的影响。结果表明，在反应速率方程中加入流体力学常数提高了模型数据拟合的准确性，因而，在对 HDT 反应器动力学进行分析时，考虑化学和物理反应复杂性，可为中试装置放大所需数据预测提供一个更适合的基础。Crine 等(1980)假设流体力学模型的发展遵循两种方法：一种与反应器整体效率和外部液体混合(即 D_a^f，D_r^f，λ_a^f，λ_r^f 等)有关；而另一种方法与气-液接触效率(即 ε_{TL}，ε_L，f_w，η_{CE}等)有关。

1)基于动力学的模型

许多作者已经报道，为了对以拟均相为基础的活塞流模型进行规定，可以在有效或表观反应速率常数的范围内(即本征反应速率常数乘以效率因子)考虑孔扩散效应。活塞流模型足以描述 TBR 中液相的化学反应过程(Henry and Gilbert,，1973；Paraskos 等，1975；Satterfi eld，1975；Hofmann，1978)。这个模型的假设如下：

① 液相为活塞流模式；

② 液相没有蒸发，也没有冷凝物进入液相；

③ 气-液和液-固界面之间的传热和传质没有限制；

④ 气体在液体中的溶解一直处于饱和状态；

⑤ 液相反应物的反应为等温、不可逆的一级反应；

⑥ 不存在均相反应；

⑦ 气体反应物大量过剩；

⑧ 反应只发生在催化剂表面。

在理想状态和简单一级幂函数模型假设下，可以用一个表达式很容易地近似分析 TBR 的性能，这个表达式类似于众所周知和广泛使用的具有单一反应相的活塞流反应器设计方程。最终的积分方程由与表观速率常数和平均停留时间或空间-时间($\tau_L=1/LHSV$)有关的转化率的对数进行表示。这个表达式的推导在化学反应工程教科书中(Smith，1960；Hill，1977；Froment andBischoff，1990)通常都有叙述，且可通过反应中有限反应物(如 HDS 反应中的硫)的质量平衡得到，这些反应是在反应体积的微分单元中进行的，其质量平衡如下：

$$\text{流入}=\text{流出}+\text{反应消耗}+\text{累积} \tag{2.86}$$

在稳定状态，累积项等于零，因此：

$$[F_s]=[F_s+\mathrm{d}F_s]+[(-r_s)\mathrm{d}V] \tag{2.87}$$

因为 $F_s=C_S^L\upsilon_L$，

所以在分离变量、积分和包含空间-速率概念($LHSV=\upsilon_L/V$)之后，

$$(-r_s)\mathrm{d}V=-\mathrm{d}C_S^L\upsilon_L \tag{2.88}$$

例如，对一级反应动力学，$-r_s=\eta k_{in}C_S^L$ 的最终表达式为：

$$\ln\frac{(C_{\mathrm{s}}^{\mathrm{L}})_0}{(C_{\mathrm{S}}^{\mathrm{L}})_{\mathrm{f}}}=\frac{\eta k_{\mathrm{in}}}{LHSV} \tag{2.89}$$

当反应动力学为 n 级$[-r_{\mathrm{s}}=\eta k_{\mathrm{in}}(C_{\mathrm{S}}^{\mathrm{L}})^n]$，$n\neq1$ 时，考虑反应的化学复杂性是合理的。这种情况的最终表达式为：

$$\frac{1}{n-1}\left[\frac{1}{(C_{\mathrm{S}}^{\mathrm{L}})_{\mathrm{f}}^{n-1}}-\frac{1}{(C_{\mathrm{S}}^{\mathrm{L}})_{0}^{n-1}}\right]=\frac{\eta k_{\mathrm{in}}}{LHSV} \tag{2.90}$$

Frye 和 Mosby(1967)提出较为宽泛条件下轻催化循环油加氢脱硫的等温反应方程(或动力学方程)。前提假设条件为液体进料蒸发、各类含硫化合物和氢气反应为一阶的相平衡，则方程有一个取决于物理性质以及 H_2S 和芳烃吸附影响的可调变量。通过模型化合物表达式，该模型在可接受精度范围内预测原料总加氢脱硫率。假设集总数大于 1，可以进一步改进这个预测方法。Hoekstra(2007)使用 Frye 和 Mosby(1967)模型，进一步考察了柴油深度 HDS 反应器的气液比对气-液平衡(VLE)的影响。

Papayannakos 和 Georgiou(1988)提出了一个渣油催化 HDS 过程中氢耗量的简单动力学模型，其中包括反应条件影响，以及催化剂类型、尺寸和寿命影响。氢耗量的本征反应速率用二级动力学方程表示，颗粒内扩散的影响用有效率表示。工业尺寸的催化剂颗粒有强烈的孔扩散限制。方程(2.90)给出了氢气剩余需求量和含硫化合物的质量平衡微分方程，其中总氢反应速率的反应级数为 2($n=2$)，而 HDS 反应的反应级数为 2.5。

其他学者使用方程(2.89)或者(2.90)对不同规模的试验规模的等温反应器进行了模拟。其是出于不同的目的，有的用于催化剂筛选，有的用于分析进料性质的影响或评估工业催化剂。Ancheyta 等(1999，2001，2002)总结了其中的一些研究。

动力学模型经常用于实验室规模的催化剂试验，或用于获得各种反应速率的本体参数。为了正确比较不同的催化剂，有必要使用一些试验技巧，如减小催化剂尺寸、改变催化剂装填量、改变流速或者用惰性颗粒填充催化剂床层以保持 LHSV 不变。PBRs 动力学研究的最大缺点是其为积分反应器，也就是说，浓度梯度可能很大。获得动力学信息的唯一方法是对动力学模型进行假设，并通过比较模型结果和试验结果对参数进行调整(Pitault 等，2004)。为了找到最佳设计参数，必须进行迭代计算。获得有效恒定速率之后，可得到特性参数，从而可提供一个精确的有效因子。在动力学研究中发现，虽然很难将动力学模型和失活现象进行解耦，但是这种类型的反应器与间歇式反应器相比的的主要优点是能够预测催化剂的失活(Perego 和 Paratello，1999)。

2) 基于流体力学的模型

为了解释流体力学和其他物理影响，引入了表观动力学速率常数 $k_{\mathrm{app}}=k_{\mathrm{inf}}$(流体力学)。因此，为了得到流体力学模型(例如，对 $n=1$)，方程(2.89)可以改写为(注意：用 k_{app}代替了 ηk_{in})：

$$\ln\frac{(C_{\mathrm{s}}^{\mathrm{L}})_0}{(C_{\mathrm{S}}^{\mathrm{L}})_{\mathrm{f}}}=\frac{k_{\mathrm{app}}}{LHSV} \tag{2.91}$$

其中 k_{app}取决于催化剂的利用率。颗粒间和颗粒内的物理现象可通过下列方程进行解释：

$$k_{\mathrm{app}}=k_{\mathrm{in}}(1-\varepsilon_{\mathrm{B}})\eta\psi(u_{\mathrm{L}}) \tag{2.92}$$

式中，k_{in}是基于催化剂球形体积，因此出现了一个因子$(1-\varepsilon_{\mathrm{B}})$，这个因子是未稀释催化剂占反应器体积的分数；$\eta$ 是催化剂效率因子；$\psi(u_L)$ 是表观液体速度 u_L 的函数，u_L 考虑了由于流体力学现象导致的催化剂利用率的变化(Iannibello et 等，1985)。将方程(2.92)带入方程(2.91)中，可得到如下流体力学动力学模型：

$$\ln\frac{(C_S^L)_0}{(C_S^L)_f}=\frac{k_{in}(1-\varepsilon_B)\eta\psi(u_L)}{LHSV} \tag{2.93}$$

Sctterfield(1975)报道了一个简化的一级动力学模型，用于分析理想条件下进行瓦斯油 HDT 的 TBR 性能。这个模型将液相作为一个单一的均相考虑，同时做出如下假设：液体流速为活塞流类型，没有传质限制，液体反应物发生不可逆反应，无反应热效应，无均相反应，催化剂颗粒完全润湿，以及反应器设计的拟速率常数。对于更接近真实的方法，该作者建议考虑气-液接触效率(f_w 或 η_{CE})的影响，定义为 k_{app}/k_{in}，并采用 Bondi(1971)提出的关联式。结果表明，当液体流速趋近于无限大时，k_{app}增加，与 k_{in}接近。而且，根据试验观察，许多学者给出的方程(2.94)中的指数 α 值在不同流速区域内差别很大。

$$\ln\frac{(C_S^L)_0}{(C_S^L)_f}=\frac{\kappa k_{in}(1-\varepsilon_B)\eta(L_B)^{\alpha}}{(LHSV)^{1-\alpha}}(d_{pe})^{\beta}\left(\frac{\mu_L}{\rho_L}\right)^{\gamma}\left(\frac{\sigma_c}{\sigma}\right)^{\omega} \tag{2.94}$$

当表观液速相当高时，液体基本完全与催化剂接触，且不存在分布不均的问题，指数 α 趋近于 0(Montagna 和 Shah，1975)。方程(2.91)给出了液体反应物入口浓度和出口浓度之间的关系。

(1) 基于持液率的模型

通常假定反应发生在反应器内所有催化剂颗粒内，所以用催化剂总体积计算 LHSV。否则，如果需要确定真实的转化率，就必须用一些方法校正这种低效率。为了解决这个问题，研究者认为，催化剂利用率取决于反应器内的液体体积即持液率(Ross，1965；Henry 和 Gilbert，1973)。

40 多年前，Ross(1965)首先提出了工业反应器的持液率数据。在反应物、催化剂和运行条件相同的情况下，Ross 利用脉冲技术测定了不同尺寸的滴流床加氢反应器内液体的停留时间分布。结果发现，工业反应器的持液率只有中试反应器的 2/3，说明工业反应装置虽然在较高的线性液体和气体速度下运行。但效率比中试反应器低，可能是因为催化剂床层中的液体分布和/或反应物穿过催化剂表面液膜时的传质较差。据报道，当反应器直径大于 1in 时，液体分布是一个大问题(Henry 和 Gilbert，1973)。

增加液体流速可以极大地提高液体分布的均匀性。在工业装置中，液体和气体速率越大，液膜中的扰动越剧烈。反过来，也能加快反应物通过液膜的传递。在这些结果的基础上，研究者认为，可用总的(外部的加上颗粒间的)持液率(ε_{TL})衡量气-液接触效果。因此，分析工业和中试 HDS 反应器数据时，可假定 k_{app}与($k_{in}\varepsilon_{TL}$)成正比，即$(1-\varepsilon_B)=1$、$\eta=1$ 和 $\psi(u_L)=\kappa\varepsilon_{TL}$，如方程(2.93)所示。在方程(2.93)中，液体空时(或液体总停留时间)是反应器性能的基本参数。可以看出，这个模型考虑了催化剂的内部和外部润湿(Duduković，1977；Iannibello 等，1985)。

Henry 和 Gilbert(1973)拓展了 Ross(1965)报道的模型，用(ε_L/LHSV)作为空时来修正中试和全尺寸规模加氢处理。这个改进活塞流模型的建模基础是几乎不受返混影响的外部持液率(ε_L)(假设持液率是可控的)，用该模型对 Mears(1971)得到的未稀释催化剂床层的动力学数据进行分析。外部持液率虽然是一个经验参数，但它反映了球形催化剂的外部有效润湿率。

该模型也称持液模型，将催化剂活性和液体质量速度、液时空速、催化剂尺寸和催化剂床层高度等参数进行了关联。结果表明，液时空速和催化剂床层高度对反应性能影响很大。可用反应器中的液体体积或持液率对这些影响(如液体分布不均)进行解释。例如，增加催化剂床层持液率(提高空时)是提高催化剂利用率的关键。

当反应速率确实与自由流动持液率(或动态持液率)成正比，且该持液率在层膜模型中与 $u_L^{1/3}$ 成正比(Crine 等，1980)时，ε_L 与 $d_{pe}^{-2/3}$ 与 $v^{1/3}$ 成正比，其中 $v=\mu/\rho$；因此，Henry 和 Gilbert(1973)的关联式如方程(2.94)所示，其中 $\alpha=1/3$，$\beta=-2/3$，$\gamma=1/3$，$\omega=0$。根据方程(2.94)，减小催化剂尺寸会增加转化率，但如果催化剂颗粒内存在明显的扩散制约，一般可通过改变催化剂尺寸达到相同的效果。

Henry 和 Gilbert(1973)以及 Satterfield(1975)指出，当液体和气体流速结合时，在特定情况下气体的流动会降低持液率。但是，极高的气体流速可能会降低催化剂的利用率。Henry 和 Gilbert 在模型的开发过程中，没有分析气体流速对催化剂利用率的影响。因此，推导出的表达式只能用于气体流速恒定的情况。而且，这个模型没有考虑高温下孔内扩散限制的影响，因此，它不能准确预测 HDT 反应器在典型工况下的运行结果。

Paraskos 等(1975)预测了在 TBR 中试装置中进行柴油加氢反应时，返混和流动模式(如持液率、催化剂完全润湿)对传质阻力的影响。不同 LHSV 对硫、金属和氮的转化率的影响表明，加氢脱硫率取决于催化剂床层高度、返混程度和持液率。催化剂的不完全润湿降低了 TBR 的效率，因此可以确定，催化剂床层的增高可降低持液率和催化剂不完全润湿的影响。

为了关联 HDT 试验结果，假设建立在经验基础上的函数 $\psi(u_L)$ 与液固接触效率(η_{CE})成正比。液-固接触效率关联式如下所示：

$$\eta_{CE}=\kappa(u_L)^{\alpha} \tag{2.95}$$

方程(2.95)将液-固接触效率和表观液体流速进行了关联。使用方程(2.94)时发现，持液率或催化剂有效润湿率与 LHSV 关联式中的幂律系数(α)可能取决于反应条件(例如温度、LHSV、氢分压)以及进料和反应的性质。考虑持液率或催化剂润湿的影响后，一级动力学方程能很好地模拟 HDS、加氢脱氮(HDN)、加氢脱金属反应(HDN)。但是，如果忽略这些影响，转化率提高时，表观反应级数会发生变化。当活塞流与一级反应的偏差很小时，出口和入口浓度的关系式可表达为：

$$\ln\frac{(C_S^L)_0}{(C_S^L)_f}=\frac{k_{in}(1-\varepsilon_B)\eta}{LHSV}-\frac{[k_{in}(1-\varepsilon_B)\eta]^2}{(LHSV)^2}\frac{\mathrm{d}_{pe}}{L_B\cdot Pe_d} \tag{2.96}$$

用如下经验关联式将 Peclet 数与 LHSV 和 LB 进行关联：

$$Pe_d=\kappa(LHSV)^{\alpha}L_B^{\alpha}\qquad(1>\alpha\geqslant 0.5) \tag{2.97}$$

方程(2.96)变为

$$\ln\frac{(C_S^L)_0}{(C_S^L)_f}=\frac{k_{in}(1-\varepsilon_B)\eta}{LHSV}-\frac{[k_{in}(1-\varepsilon_B)\eta]^2 d_{pe}}{\kappa(LHSV)^{2+\alpha}L_B^{1+\alpha}} \tag{2.98}$$

(2) 基于催化剂润湿的模型

在小试 TBRs 中进行的试验表明，与工业反应器相比，在液时空速较低时，实验室规模的反应器中液体在催化剂床层上分布极不均匀。这种催化剂床层上的液体分布不均会导致催化剂活性位的不完全利用，也就是所谓的催化剂不完全润湿。通过提高表观液速来增强液体分布的均一性和减小催化剂尺寸可大幅降低这种效应。在以催化剂润湿为基础的模型中，假设催化剂的利用率与催化剂外表面被液流有效润湿的分数即催化剂有效润湿成正比。催化剂有效润湿的定义为外部润湿面积与催化剂颗粒总面积之比。

Murphree 等(1964)提出了对液体停留时间分布的应用，即通过计算接触效率，考察 FBRs 中两相为下流式时与活塞流的偏差。这种偏差定义为反应器实际性能与理想活塞流反应器性能的比值。他们还报道了模型预测反应速率常数的能力，在相同的运行条件下，两套装置的转化率不同，作者认为是因为两套装置中的催化剂和流体接触不同。作者提出的这个模型应该是第一次尝试将物理和化学效应对 HDS 转化率的影响分开，且以一种较容易的方式，通过反应器中流体-催化剂外部接触效率来衡量影响程度。

Bondi(1971)提出了一个简单的步骤，这个步骤可将化学动力学从 TBRs 内存在的物理转化阻力中分离出来。据报道，该步骤(即根据小试和中试 TBRs 转化数据计算化学反应速率常数的步骤)也适用于其他反应体系。作者引入了一个只对特定试验有效的经验参数，用于表征与液体和气体速率有关的转化阻力。当试验用反应器的流速较低时，油-催化剂接触不良的效应会被放大，且会导致转化速率较低。

Bondi(1971)开发的经验关联式可用来减少间歇式反应釜和小规模 TBRs(其性能通常较差)之间数据的差距。他用重柴油 HDS 的经验关联式，将转化率达到 50%时的空时(或一半反应物发生转化的时间，$\tau_{1/2}$)和完全润湿时的模拟空时($\tau_{1/2,c}$)以及线性表观液体速率进行了关联：

$$\tau_{1/2}=\tau_{1/2,c}+\frac{A'}{u_{L}^{b'}} \tag{2.99}$$

式中，A'和b'是经验常数。

Satterfield(1975)提出，这个关系式可用反应速率常数的形式进行表示：

$$\frac{1}{k_{app}}=\frac{1}{k_{in}}+\frac{A'}{G_{mL}^{b'}} \tag{2.100}$$

必须指出的是，Bondi(1971)也发现气流会产生一个微小的正面影响，而这在他的模型中被忽略了。

Mears(1974)讨论了在液体滞留的情况下返混以及催化剂不完全润湿的影响，并在催化剂有效润湿影响的基础上，提出了 $\ln[(C_S^L)_0/(C_S^L)_f]$ 和 L_B 的关联式，用于说明在 TBR 小试装置中，液体流速和催化剂床层高度会对反应器性能产生重大影响。也就是说，他提出的假设是，催化剂利用率(k_{app})正比于催化剂完全的润湿真实常数(k_{in})、催化剂效率因子(η)和接触效率 η_{CE}(或者f_w)。接触效率为被液体润湿的催化剂外部面积分数。

$$k_{app}=k_{in}\eta f_w \tag{2.101}$$

式中，f_w(或 a_w/a_s)是球形催化剂被有效润湿的外部面积分数。Puranik 和 Vogelpohl (1974)提出的有效润湿面积(a_w)关联式，适合于模拟具有不同装填尺寸和形状吸收塔的不完全接触，合并关联式(用于)后，Mears(1974)得出了方程(2.94)，其中 $\alpha=0.32$，$\beta=0.18$，$\gamma=-0.15$，$\omega=0.21$。

如果使用 Onda 关联式，可得到如下模型方程(Mears，1974)：

$$-\log\frac{(C_{\mathrm{S}}^{\mathrm{L}})_{\mathrm{f}}}{(C_{\mathrm{S}}^{\mathrm{L}})_{0}}=\frac{k_{\mathrm{in}}\eta}{LHSV}[1-\exp(-\kappa L_{\mathrm{B}}^{0.4}LHSV^{0.4})] \tag{2.102}$$

从物理学角度来看，Mears 的方法比 Henry 和 Gilbert(1973)的方法更适合，因为他认为反应速率与催化剂的有效(新鲜)润湿面积成正比，而非液体体积(Gianetto 等，1978)。Mears 还发现，即使 Henry 和 Gilbert(1973)的滞留模型能满意地解释他的小部分数据(Mears，1971)，但仍无法预测稀释床的数据。

Duduković(1977)提出，当同时考虑外部不完全润湿和部分孔隙填充(或内部部分润湿)时，在液相反应物控制的反应中，与 TBRs 局部现象耦合的催化剂效率因子和表面部分润湿效果与非挥发性液体反应物呈现蒂勒模量的函数关系。孔隙填充分率取决于气-液-固三相反应体系中催化剂的孔结构和物理性质(特别是表面张力)。该滴流床效率因子模型是建立在下列公式(η_{TB})的基础上，该公式适用于 TBR 中的部分润湿球形催化剂，且反应发生在液体填充的孔结构中：

$$\eta_{\mathrm{TB}}=\eta_{\mathrm{i}}\eta^{*} \tag{2.103}$$

式中，η_{i} 代表颗粒内部润湿体积(孔内填充)，η^{*} 代表球形催化剂部分润湿(内部和外部)的效率因子，其定义为：

$$\eta^{*}=\frac{\tanh(\phi_{\mathrm{TB}})}{\phi_{\mathrm{TB}}}=\frac{\tanh[(\eta_{\mathrm{i}}/\eta_{\mathrm{CE}})\phi_{\mathrm{T}}]}{(\eta_{\mathrm{i}}/\eta_{\mathrm{CE}})\phi_{\mathrm{T}}} \tag{2.104}$$

将方程(2.104)代入到方程(2.103)中，可得到 TBR 的效率因子：

$$\eta_{\mathrm{TB}}=\eta_{\mathrm{CE}}\frac{\tanh[(\eta_{\mathrm{i}}/\eta_{\mathrm{CE}})\phi_{\mathrm{T}}]}{\phi_{\mathrm{T}}} \tag{2.105}$$

只有当 $\phi_{\mathrm{T}}\gg1$(反应非常快)或 $\eta_{\mathrm{i}}/\eta_{\mathrm{CE}}\approx1$ 时，方程(2.105)可简化为 Mears(1974)提出的如下方程式：

$$\eta_{\mathrm{TB}}=\eta_{\mathrm{CE}}\eta \tag{2.106}$$

当蒂勒模量的值非常低也就是反应很慢时，通过扩展麦克劳林级数中的双曲正切和去掉级数高于 3 的参数，方程(2.105)可简化为：

$$\eta_{\mathrm{TB}}\approx\eta_{\mathrm{i}}\left[1-\frac{1}{3}\left(\frac{\eta_{\mathrm{i}}}{\eta_{\mathrm{CE}}}\phi_{\mathrm{T}}\right)^{2}\right] \tag{2.107}$$

当 $\eta\psi(u_{\mathrm{L}})=\eta_{\mathrm{TB}}$ 且液体假设为活塞流时，一级反应的反应器设计方程与方程(2.93)是一样的。

对 TBR 中的流体力学和传质过程，Crine 等(1980)采用了唯象描述。模型用于解释填充床随机和不连续性质，已被加氢处理的试验数据所验证。这些数据可用单一润湿参数(L_{m})进行关联。L_{m} 是根据物理现象引入的，且与所研究的反应体系温度和性质无关。只有当流体性质和催化剂尺寸变化时 L_{m} 才会发生变化，且与操作条件存在逻辑依赖性。Crine 模型考虑了床层的不连续和随机性，将 TBR 的总效率(η_{G})和颗粒效率因子(η)关联为((Duduković，1977)：

$$\eta_{\mathrm{G}}=\eta_{\mathrm{E}}\eta_{\mathrm{CE}}\frac{\tanh[\eta_{\mathrm{i}}/\eta_{\mathrm{CE}}\phi_{\mathrm{T}}]}{\phi_{\mathrm{T}}} \tag{2.108}$$

由于液体反应物的毛细作用力和其较大的相对分子质量，一般认为 η_{i} 是单一的(Gianetto 等，1978；Callejas 和 Mart í nez，2002)。在 η_{E} 和 η_{CE} 中考虑了膜和液体粒子接触

的相对作用。当 $\eta\psi(u_L)=\eta_G$ 时，建议反应器设计模型为方程(2.93)。

即使在液体流速非常低、颗粒间持液量非常小以及温度相对高的条件下，Iannibello 等(1983)观察到催化剂的空隙填充可作为一个整体考虑。催化剂只有部分利用，可能是因为颗粒内扩散现象，而不是因为只填充空隙部分。据报道，颗粒内传质现象对含硫和含金属的大分子反应速率有极大影响。表观动力学常数的降低可能是因为颗粒内反应物表观扩散系数降低。这些作者证实了由 Mills 和 Duduković(1981)提出的用于预测接触效果的关联式，并提出该关联式可用于评价流体力学的条件，其中动力学速率常数可能与流体力学无关。

为了解释小型滴流床反应器中的重渣油脱硫和脱金属反应的结果，同样是 Iannibello 团队，他们(Iannibello 等，1985)运用了四种模型，其中均考虑了三相体系中物理和化学的复杂性。用不同的催化剂测试了外部滞留(EH)、总滞留(TH)、表观扩散(AD)和动力学模型，发现 AD 和 EH 模型在数据拟合方面给出的结果几乎相同，且稍好于二级动力学模型。从工程角度看，TH 模型缺乏吸引力，这是因为对于不同的催化剂或不同的反应，计算用的反应级数相差很大。Iannibello 团队得出的结论是，基于接触效率的模型(AD 模型)在理论上强于其他模型。如果氧化铝基催化剂上的试验数据能得到很好的解释，作者还结合有活性的平行反应和难溶分数对一级反应模型进行分析。这个模型如下：

$$\frac{(C_S^L)_f}{(C_S^L)_0}=\alpha e^{k'_\alpha/\mathrm{LHSV}}+\beta e^{-k'_\beta/\mathrm{LHSV}} \tag{2.109}$$

式中，$\beta=1-\alpha$，$k_\alpha'=\eta_{CE}k_\alpha$，$k_\beta'=\eta_{CE}k_\beta$。

最近，这种双集总模型(即活性和难溶分数)更多地用于沥青质的加氢裂化反应，以提供最佳的数据拟合(Trejo 等，2007)。另一方面，由于氧化铝基催化剂微孔有筛分作用，在建立使用这种类型催化剂的加氢反应器合适的模型时，必须考虑与原料处理有关的特定催化剂的孔结构。

Kumar 等(1997)使用市售的 $CoMo/Al_2O_3$ 催化剂，在中试装置上进行了直馏柴油 HDT 试验。用活塞流模型和 Iannibello 等(1985)报道的外部滞留和表观扩散模型对 HDS 和 HDN 动力学进行了研究。Iannibello 等(1985)报道的模型在进行三相体系中的加氢反应动力学分析时，考虑了物理和化学的复杂性。作者通过假设 n 级反应动力学($n>1$)考虑了 HDS 和 HDN 反应的化学复杂性，通过表观动力学速率常数将流体力学和其他物理效应结合起来，且由于在反应体系中考虑了反应总压的影响，反应速率可表示为：

$$-r_s=k_{app}P^m(C_S^L)^n \tag{2.110}$$

因此，流体力学模型为：

$$\frac{1}{n-1}\left[\frac{1}{(C_S^L)_f^{n-1}}-\frac{1}{(C_S^L)_0^{n-1}}\right]=\frac{k_{app}P^m}{\mathrm{LHSV}} \tag{2.111}$$

中试反应结果与活塞流模型预测结果存在偏差。在评估表观动力学参数时，通过考虑外部滞留和催化剂润湿的影响，可以有效解释这种偏差。因此，对于 EH 模型：

$$k_{app}=(k)_{EH}\varepsilon_L \tag{2.112}$$

另一方面，AD 模型使用如下关联式：

$$k_{app}=(k)_{AD}\eta_{CE} \tag{2.113}$$

式中，$(k)_{EH}$和$(k)_{AD}$是拟动力学速率常数，即当采用合适的 n 值时，其与流体力学无关。在采用的三种模型中，EH 模型数据吻合度最高。

(3) 基于轴向返混的模型

因为黏性作用、分子或涡流扩散的作用，总会存在一些轴向混合，因此，完美的活塞流(即理想活塞流模式)不会和牛顿流体一块出现。一般用停留时间分布曲线表征这种由限制的轴向混合引起的与活塞流行为的偏差。一些研究者提出，在滴流床反应器中，与活塞流的偏差是由轴向扩散引起的，并建议过轴向混合适当的考虑流体力学的影响(Danckwerts，1953；Wehner 和 Wilhelm，1956)。

对于采用等温实验室级、小试和中试规模的等温 TBR 装置，Mears(1971)证实了轴向涡流扩散或返混(与活塞流的偏差)可能会对质量流速造成不利影响。为了检验质量速率低时轴向扩散造成反应效率降低的可能性，作者液相中的返混采用一维活塞流模型叠加纵向扩散描述。假设沿催化剂床层的表观液体速度为常数且催化剂的效率因子与温度无关，同时忽略反应器中可能存在的沟流或滞留影响，则等温反应器中描述稳态浓度分布的差分方程为：

$$D_{\mathrm{a}}^{\mathrm{L}} \frac{\mathrm{d}^2 C_{\mathrm{i}}^{\mathrm{L}}}{\mathrm{d}z^2} - u_{\mathrm{L}} \frac{\mathrm{d}C_{\mathrm{i}}^{\mathrm{L}}}{\mathrm{d}z} - r_{\mathrm{j}} = 0 \tag{2.114}$$

Burghardt 和 Zaleski(1968)通过方程(2.114)得到的微分扰动解，用其确定合适的边界条件，考虑与活塞流(Peclet 数大)和一级反应的小偏差，并用 Hochman 和 Effron(1969)以及 Sater 和 Levenspiel(1966)提出的经验关联式代替 Ped 数，可得到方程(2.98)。

Schwartz 和 Roberts(1973)提出利用液体停留时间分布(RTD)确定两相下流式固定床反应器的性能(接触效率和反应速率常数)，这就需要知道外部液体进入催化剂孔内的液体停留时间分布。但是，在使用示踪剂时，有时内部滞留也会有一些影响(Satterfield，1975)。这些研究表明，在相同的运行工况下，小试和工业装置转化率的差异是因为两种装置的气-液接触效率不同，且工业规模的 TBRs 与活塞流的液相偏差对转化率有显著影响(Duduković，1977)。

通过对参数重新进行适当定义，我们发现，错流模型与 Deans 的改进混合单元模型(Schwartz and Roberts，1973)和 Buffham 等(1976)开发的概率性时间延迟模型在数学上是等效的。典型滴流床反应器在一系列条件下的运行结果表明，简单分散模型的预测结果与较复杂交错模型得到的结果稍有不同。只有当返混程度很高(短的反应器)和反应物转化率极高时，这些模型之间才存在显著区别。因此，液体为活塞流的假设能很好地代表 TBR 行为，且当需要考虑液体返混时，可以选择具有充分代表性的扩散模型[方程(2.96)]，一般这种模型较为保守。此外，扩散模型适合做初步估算(即在任何特定的情况下，判断是否偏离活塞流非常重要)(Satterfield，1975)。

Montagna 和 Shah(1975)从试验和理论两方面研究了返混对 HDS 反应器性能的影响。反应器是一个小试装置，原料为常压渣油，气液同时从下往上并流通过反应器。对于上流式操作，由于反应器中存在返混，增加气体和液体流速会降低 HDS、HDN 和加氢脱沥青(HDAsph)反应速率。对于浅的催化剂床层，在相同的反应条件下，上流式操作中所有反应的转化率高于典型下流式操作。用试验数据和 Paraskos 等(1975)报道的返混(轴向扩散)模型对并流上流式(气体和液体)和并流下流式 HDT 反应器性能进行了对比。假设 $Pe_{\mathrm{d}} = \kappa (G_{\mathrm{mL}})^{\beta}$，则分散模型方程(2.96)改写为：

$$\ln\frac{(C_{\mathrm{S}}^{\mathrm{L}})_{\mathrm{f}}}{(C_{\mathrm{S}}^{\mathrm{L}})_{\mathrm{f,P}}}=\frac{\kappa k_{\mathrm{in}}^{2}\eta^{2}(G_{\mathrm{mL}})^{\beta}}{(\mathrm{LHSV})^{2}} \tag{2.115}$$

Montagna 和 Shah(1975)也研究了 LHSV 固定时，催化剂床层高度和液体流速对 TBR 中常压渣油 HDS 性能的影响。在 Mears(1971)的轴向扩散模型、Henry 和 Gilbert(1973)的滞留模型和 Mears(1974)的催化剂有效润湿模型的基础上，对试验数据进行评估，以便验证这些模型在解释催化剂床层高度(或表观液体速度)对常压渣油脱氮、硫、金属和沥青质影响方面的适用性。

对于轴向扩散模型方程(2.96)，首先应确定不同反应的动力学常数和效率因子。根据 Hochman 和 Effron(1969)研究，Peclet 数可表达为 $Pe_{\mathrm{d}}=\kappa L_{\mathrm{B}}^{\alpha}$，其中 $1>\alpha\geqslant0.5$，并且可得到如下方程式：

$$\ln\frac{(C_{\mathrm{S}}^{\mathrm{L}})_{\mathrm{f}}}{(C_{\mathrm{S}}^{\mathrm{L}})_{\mathrm{f,P}}}=\frac{\kappa k_{\mathrm{in}}^{2}\eta^{2}d_{\mathrm{pe}}(L_{\mathrm{B}})^{-(1+\alpha)}}{(LHSV)^{2}} \tag{2.116}$$

发现用 Mears(1971)标准预测的 $L_{\mathrm{B,min}}$ 值明显大于试验值。从试验数据可得出这样的结论：催化剂颗粒尺寸或原料的黏度与返混程度、持液率和催化剂有效润湿因子有明显关联。

在轴向返混效应存在的情况下，Shah 和 Paraskos(1975)给出了绝热加氢处理 TBR 的控制微分方程的近似解。根据这个近似解，可得到判定显著轴向扩散效应的如下标准：①在高转化率时，绝热操作产生的轴向扩散效应大于等温操作的；②在低转化率时结果相反。

由于轴向返混效应会降低转化率，因此中试反应器的设计和运行条件要使这种效应最小化。在这个前提条件下，Shah 和 Paraskos(1975)将 Mears 标准扩展到中试规模的绝热滴流床加氢处理反应器中，针对缓慢移动的液相中进行 n 级不可逆反应的反应物，采用方程(2.116)给出的质量平衡方程。对于绝热中试(a)渣油 HDS、(b)柴油 HCRs、(c)页岩油加氢脱氮反应器，Mears(1971)和 Gierman(1988)及其他研究者提出的标准被用来评估 Peclet 数的数量级，以避免轴向扩散效应。结果表明，与(a)和(b)情况相比，(c)情况中的轴向扩散效应不明显。

3）经验关联式

因为拟均相模型忽略了不同相的存在，且只用液相中的反应物浓度表示催化反应速率，所以如下的经验方法无法区分相之间质量和热量的不同，且只适用于简单的拟均相模型类型。

如今，很多经过脱硫处理后的中间馏分油虽然总含硫量相对较低，但其 β-DBTs[硫原子位于 4 位和 6 位的二苯并噻吩(DBTs)]浓度很高。这意味着 HDS 技术可被看作原中间馏分油的预处理。那么，如何将这些预加氢处理后馏分中的硫含量降低到 10～15μg/g 以下，是一项新的挑战。其解决方法可能是两段处理工艺——一段液体流出物进入二段反应器中，继续脱除剩余 β-DBTs 中的硫。

炼油企业经常面临原料来源不同的问题，因此，在超深度加氢脱硫中最重要的考虑因素是原料的质量，且经过预处理的原料是最有吸引力的。因此，在易测量性质方面发展现象学性质-反应的关联式，可用于指导原料的选择和混合，也可用于设计模型化合物试验、动力学数据解释、流程建模、经济和规划研究。

文献中的各种关联式是原料性质和组成、反应条件等的函数，人们尝试用其预测产品性质(主要是硫含量)，但是这些关联式在本质上是高度经验性的，且并没有在开发适合的、能很好支持试验数据的关联式进行过多的尝试。这里简要描述了原料性质对 HDS 反应速率影响方面最重要的工作。

Tsamatsoulis 等(1991)根据小试 TBRs 中得到的数据开发了一些关联式，其原料为常压重质渣油，催化剂为商用 $CoMo/Al_2O_3$。该项研究给出的经验关联式，称为设计公式，关联了所有考虑到的化学反应(HDS、HCR、氢消耗速率、沥青质馏分脱硫和非沥青质馏分脱硫)，且将产物特征性质(密度、黏度、兰氏残炭、API 和康氏残炭)和 HDS、HCR 反应深度进行了关联。该项研究的一个重要发现是，在试验所用的温度范围内(350～465℃)，HDS 和 HCR 之间的关系不受反应温度和停留时间的影响。

Callejas 和 Martínez(1999)以玛雅原油中的渣油为原料，在典型的反应条件下(压力为 10～10MPa，温度为 375～415℃)研究了 HDT 过程中硫脱除率和金属脱除率的关系。当研究的反应温度最低为 375℃时，加氢脱金属镍(HDNi)和钒(HDV)严重依赖于 HDS 转化率。最终，用经验线性方程组给出了 375℃和 400℃下得到的加氢脱金属反应与 HDS 转化率的依赖关系。其观察到的结果为，在研究压力范围内，压力只影响 HDS 反应速率常数，但应该注意的是，在报道的压力变化范围之外，压力可能影响 HDN 和 HDM 反应。

Ho(2003)开发了一个在低氢压条件下，采用预硫化 $CoMo/Al_2O_3$ 催化剂进行馏分油单段 HDS 关联式，其一般形式为：

$$k_{HDS} \propto (API)^{\alpha} (C_{DBTs}^{L})^{\beta} (C_{N}^{L})^{\gamma} \tag{2.117}$$

这个关联式可能不适用于加氢预处理后的馏分。由于 NiMo 或 NiW 催化剂比 CoMo 催化剂有更高的加氢活性，因此，加氢预处理后的馏分油极有可能在相对高的氢气压力下，在硫化后 NiMo 或 NiW 催化剂上进行脱硫。采用基于 Langmuir 吸附等温线建立的简单竞争吸附模型，可得到预加氢处理后馏分油的性质-反应活性关联式：

$$k_{HDS} \propto k_{app} [1 - \lambda K_N (C_N^L)_0] \tag{2.118}$$

式中，k_{app}是 HDS 的现象学速率常数；λ 是 HDN 反应深度；K_N 是抑制常数，$(C_N^L)_0$ 是原料含氮量。后一个方程式表明原料氮含量应作为原料反应性能的一个近似总指标使用，且用总速率常数 k_{HDS}进行测量。

Ho 和 Markley(2004)也提出了一个用于预测加氢处理后柴油馏分的加氢脱硫反应性质-活性关联式。发现预加氢处理后的原料油的 HDS 活性主要随原料氮含量的增加而呈线性递减。

为了用最少的试验对工艺条件进行优化，Ferdous 等(2006)进行了统计学设计，包含了对 HDS 和 HDN 有重要影响的强度参数，即 LHSV、压力和温度，采用的原料为 Athabasca 沥青中的重质油，催化剂为用硼改性过的 NiMo/氧化铝。研究了微 TBR 中 HDTs 的典型运行工况：340～420℃，6.1～10.2MPa，0.5～2.0h^{-1}。HDN 和 HDS 的表达式为二级多项式模型(即最优条件与转化率之间不存在线性关联)。为了获得一种用于预测催化剂活性对参数变量影响的工具，他们还对动力学进行了研究。利用幂律和 Langmuir-Hinshelwood 模型这两种类型的关联式，可得到与试验数据高度吻合的预测值。这些作者也报道了在重柴油 HDT 中，压力对硫转化率没有任何影响，所用的催化剂为硼改性的 $NiMo/Al_2O_3$。这个结果与 Jiménez 等(2007a，b)报道的结果相矛盾，作者发现，在减压柴油(VGOs)最重组分的 HDT 过程中，高压明显有利于 HDS 和 HDN 反应。但是，其他研究者(Berger 等，1996；Shokri 等，2007)也发现，只有压力范围较窄时，压力对 HDS 反应没有明显影响的这个结论才成立。Shokri 等(2007)指出，当压力增加时液体黏度趋向增大，导致扩散性和传质降低。因此，所有的这些研究报道都提倡在实验设计时重点考虑高压条件对含硫化合物转化率的影响。

2. 连续拟均相模型

1) 定态连续拟均相模型

在各种不同的方法中，定态连续拟均相模型已被文献广泛报道。其原因是该种模型具有可靠性和简单性。虽然拟均相模型有时采用 Langmuir-Hinshelwood 表达式，但一般使用幂律动力学类型。然而，幂律方程中不沿用如反应机理和抑制作用等本质现象，因此对动力学使用幂律方程受到了质疑。但是，在一定的温度和浓度范围内，幂律动力学模型已被成功的用于初步设计和探讨相关现象，如氢耗、催化剂失活、淬火研究以及动态行为等。

对反应器进行建模时，假设相邻两相之间不存在质量或温度梯度。一般而言，文献中已有关于 HDT 反应器的一维分析和为数不多的二维模型的报道。拟均相模型对应用于 HDT 工艺的 TBR 体系建模的主要贡献简要描述如下。

Shah 等(1976)探讨了在放热、催化剂活性与时间有关的体系中，进行骤冷的适宜位置。这个体系研究的反应器为滴流床，原料为渣油。根据中试数据得出了 HDS 和 HDM 催化剂经验性的活性函数。对 HDS 和 HDM 的不可逆一级反应微分质量平衡是建立在理想活塞流假设的基础上的，而能量平衡是在绝热的条件下得到的。他们得出的结论是，最大循环周期和骤冷位置主要取决于反应变量，如进料温度，原料硫和金属浓度、脱硫和脱金属反应的活化能、停留时间和硫的转化深度。这个模型虽然是纯经验性的，但似乎是第一次尝试预测 TBR 体系中 HDT 反应催化剂的失活。尽管这个报道本身很有意义，但是几乎在所有的有骤冷体系的研究中，将最大允许温度(也就是产品不合格时的温度点)作为确定骤冷位置的标准，且提出骤冷位置与催化剂最长寿命有关。

Kodama 等(1980)在催化剂失活模型的基础上开发出了渣油 HDS 反应的模拟模型。为了表示积垢过程，作者提出了一种考虑了导致毛孔堵塞的结焦和脱钒反应的相互影响后的改进模型。脱硫和脱钒的反应速率用二级反应方程表示，并假设它们与液相中的氢浓度成正比。对活塞流反应器中的硫和金属进行了物料衡算和能量衡算。在进行能量衡算时假设反应器为绝热且只有 HDS 反应影响反应热。通过效率因子考虑了多孔催化剂中的传质。这个模型可用于预测小试固定床和移动床反应器的实际运行。该模型已经经过了足够多数据的验证，因此可以认为它的预测是可靠的。

通过使用活塞流反应器模型和幂律动力学，Akgerman 等(1985)给出了液体挥发对转化率的影响，其结论是假设液相挥发和不挥发的模型预测结果有很大的不同。对一级反应，结果相差 24%~38%。在转化率高时，由于有限反应物的消耗，挥发和不挥发模型预测的结果差异减小。这可归因于液相浓度的变化。在 Akgerman 和 Netherland(1986)的另一项研究中，比较了几个预测反应器性能的状态方程，该反应器中的原料存在部分挥发。虽然反应器集成的每个步骤中都存在气液平衡(VLE)，但这些作者都假设入口和出口条件之间存在着平衡常数的线性变化，忽略了气液平衡特征。他们假设几乎完全润湿，且在转化中没有观察到挥发作用的显著影响。进一步研究已经证实，在 HDT 反应中要考虑到轻质原料挥发的重要性，因为它会导致催化剂床层不完全润湿和由此引起性能降低，提高难脱除物质的转化率，以及活性物质转化和相关现象的消失。

Döhler 和 Rupp(1987)用与工业 VGO 加氢装置相同的原料和催化剂进行了实验室规模的试验，并对使用活塞流拟均相一维反应器模型的工业绝热反应器性能进行了模拟。这个模型只用 HDS、HDN 和加氢脱芳烃(HDA)反应的数据进行了校正。作者指出，绝热反应器的加权平均温度(WABT)计算值与等温反应器的试验温度值不能很好的吻合，存在 55℃或者更高的 ΔT 值，其原因是温度和反应速率之间存在着非线性关系。

Skala 等(1991)模拟了中试 TBR 中的二次加工油的加氢反应，采用 LHSV 项为幂级的拟均相模型，并用 HDS、加氢脱氧(HDO)和 HDM 反应对其进行了验证。先用一级幂律动力学模型描述这些反应，然后模拟工业 TBR。根据 Shah 等(1976)的模型，对焦炭和金属导致的催化剂失活进行了模拟，对由床层空隙率下降导致的压降也采用一个相似的模型进行了预测。据报道，模型预测值和工业试验的压降数据能很好吻合。这个预测压降(取决于催化剂活性)的模型可用来分析工业反应器的性能(受催化剂床层连续堵塞的影响)。

Tsamatsoulis 和 Papayannakos(1998)使用真实的原料和反应条件(如重 VGO 加氢处理中使用的)，以及一组四个无空隙的催化剂，推导出了一个预测为床层特性函数的博登斯坦数(Bo)和雷诺数。其中，2/3 的数据在 Gierman(1988)给出的 *Bo* 值范围之内。在作者在另一项工作中，研究了小试 HDT 中液体扩散对本征脱硫动力学的预测性能和对三种不同活性多孔催化剂反应活性的影响。作者使用的催化剂为多孔的，且只在两个反应中考虑了加氢脱硫和氢耗的影响。各种催化剂的 HDS 和 HCON 反应活化能几乎相同，但轴向扩散模型的预测结果高于活塞流的模拟数值，尽管差别微乎其微。作者给出的一些观察结果为：当转化率一直较低时，可用活塞流模型成功的预测 HDS 和氢耗。但当转化率较高，例如深度脱硫(>95%)，且在活塞流模型中考虑轴向扩散效应时，偏差高达 40%。因此，当使用高转化率反应的数据时，必须考虑扩散效应对反应动力学的影响。

Sau 等(1997)用拟均相活塞流模型成功模拟了一个工业煤油-HDS 反应器。在动力学中应用新的集总连续理论，可观察到预测结果很吻合。这项工作很好的说明了如何用一个简单的反应器模型和密切关注的后续化学过程，在模型参数总数大量减少的情况下达到可靠的预测。

Cotta 和 Maciel Filho(1996)用一维拟均相模型，对工业柴油 HDT 反应器中的 HDS/HDN 和烯烃加氢(HGO)反应进行了模拟。结果发现 Langmuir-Hinshelwood 模型预测数值与他们的试验结果不符，因此他们用幂律动力学模型对每个反应都进行了描述。对 HDS 反应，发现试验数值高于计算值，而 HDN 反应的结果正好相反。这种结果可归结为一个事实，即这个模型没有考虑 H_2S 的抑制作用。

Lababidi(1998)等开发出了常压渣油脱硫装置反应部分的确定性准定态模型，用于模拟催化剂床层的长期性能。作者先模拟了单一的固定床反应器，然后模拟工业规模的反应器，并用一个合适的关联式来确定渣油中溶解氢的浓度。单一床层反应器的模拟结果与 Kodama 等(1980)的试验结果完全吻合，这也验证了该模型提出的主要假设是合适的。用验证后的模型对四个工业规模的串联反应器进行了模拟，结果表明，实际工业试验得到的浓度和温度对时间的曲线图与预测的非常相似。该模型预测结果在反应初期(SOR)和反应末期(EOR)存在误差，但能准确预测反应中期(MOR)的结果。作者提出，如果认为产物温度是一个可接受的衡量标准，那么可用开发的模拟方程预测催化剂的寿命。

为了选择最佳的速率表达式预测工业反应器性能，Cotta 等(2000)对装填工业 NiMo 催化剂的绝热柴油加氢处理反应器进行了模拟。在模拟时考虑了 HDS、HDN 和 HDO 反应。该体系采用幂律动力学，并从一个等温下流式中试固定床反应器的试验中得到 HDS 和 HDN 的参数，从文献中得到 HDO 动力学参数。该项工作使用一维拟均相模型。在研究结果的基础上，作者认为很有必要采用最苛刻的处理条件(压力约为 95atm，温度为 390℃)来提高 HDN 反应的转化率，还认为在典型工况下预测 HDN 和 HDS 过程的最佳模型是幂律动力学，而不是 Langmuir-Hinshelwood 动力学。由于不同原料的组成复杂，因此预测 HGO 转化率时假设为本征动力学可能是不适合的，并且该模型的预测结果可能并不可靠。

Mejdell 等(2001)对一个用于石油产品 HDS 试验的活塞流 TBR 反应器进行了模拟，其基础是将整个光谱内的含硫化合物离散化为沸程仅 1℃ 的小虚拟化合物(137 个虚拟组分)，并对反应活性低的可识别组分如 4-甲基-二苯并噻吩和 4，6-二甲基-二苯并噻吩(实际 6 个组分)分别建模。试验原料为轻柴油(LGO)，采用的表达式类型为 Langmuir-Hinshelwood 动力学，并在一个上流式反应器中得到用于预测 277 个动力学常数的试验数据。作者对转化率进行了预测，并与试验结果进行对比，结果发现吻合度很高。这项工作的结果表明，该模型可用于模拟高转化率下的 HDS 过程，因为它允许预测高活性虚拟组分和与 TBR 反应趋势偏差较大的难脱除组分的转化率。如果假设其他石油馏分的集总组分具有相同的反应活性，那么这个方法可能对其他原料具有一定的适用性。虽然作者报道了这个模型是在工业 TBR 中完成的，且能很准确的预测转化率，但并没有提供该研究的任何证据。

Bellos 和 Papayannakos(2003)研究了直馏重柴油在微反中的 HDS 和氢耗动力学，微反中装有稀释后的商用催化剂。作者用两种模型对其进行了模拟，一种是假设没有液相挥发的活塞流拟均相模型，另一种是考虑了原料挥发和沿反应器轴向气相和液相平衡的改进模型。前一种模型只是用于推导出改进模型的动力学参数初始值。在整个催化剂床层对每个反应步骤进行积分，并预测每个步骤中的气相和液相平衡。当将催化剂质量当作一个恒定值处理时，用改进模型进行质量衡算存在错误，其原因是催化剂质量也是床层高度的函数。

Melis 等(2004)采用拟均相轴向扩散反应器模型，解释了柴油 HDT 中的 HAD 反应。该模型只考虑 HDA 反应，采用柴油中芳烃化合物集总网络的方法，并假设加氢和脱氢反应根据 Langmuir-Hinshelwood 机理进行。模型能够预测芳烃浓度不同、原料类型不同的反应试验结果。

Villamil 等(2004)提出了一种通过催化蒸馏进行 LGO HDS 的工艺。在相似的流动状态下，将该工艺与代表工业装置的传统 HDS 优化工艺进行了对比。为了优化传统的 HDS 工艺，在柴油和石脑油生产与运营成本之间建立了一种折中方法。HDS 动力学采用 Langmuir-Hinshelwood 方程描述，用 DBT 代表 HDS 反应中所有的含硫化合物，其中 HDS 是通过两种平行途径——氢解和加氢——进行的。作者开发了一个工业 TBR 的拟均相活塞流模型，并将其合并在利用商业软件进行建模的 HDS 装置中。用等焓平衡对能量平衡和相之间的组分分布进行定义。在描述工业尺寸的催化剂时加入了效率因子，用于解释颗粒内扩散现象。该文中的一些评论是关于催化蒸馏的利用，如在保持固定和操作费用更低的同时，使产品质量高于传统工艺的水平。该项技术在达到将来的柴油硫含量低标准要求方面具有非常明显的优势。

Kam 等(2005)开发了一种多催化体系的简单一维拟均相活塞流反应器模型，用于研究常压渣油脱硫(ARDS)装置中加氢催化剂的失活机理，催化剂的失活是由焦炭和金属沉积引起的。作者考虑了失活的三个不同阶段：SOR、MOR 和 EOR。考虑的反应包括 HDS、HDM（分别考虑了钒和镍的脱除）和 HDAsph，后者也引起了催化剂的失活。由于催化剂失活，质量和热量平衡方程为拟定态。该模型被进一步应用到参数的研究中，用于探讨 LHSV、温度和最大生产能力对催化体系性能的影响。

Sertić-Bionda 等(2005)开发了一个定态拟均相活塞流模型，用于预测 TBR 实验中的 HDS 转化率。用该项工作中提出的简单反应器和动力学模型研究一些反应参数对 HDS 的影响，使用的原料为常压柴油、催化裂化 LCO。

Toulhoat 等(2005)提出了一个活塞流拟均相模型，用于预测固定床渣油加氢处理装置的性能和循环周期。该模型模拟了拟定态区域中的催化剂活性和失活阻力，失活是由金属和积炭沉积引起的。考虑了 HDS 和 HDAsph 反应，并用拟 Langmuir-Hinshelwood 动力学对其进行描述。假设积炭沉积为关于驱动力的一级反应，驱动力等于固相中焦炭实际和平衡浓度之差。

采用 Kam 等(2005)开发的模型并加入用幂律进行表示的水热处理项，Juraidan 等(2006)模拟了催化剂和反应器的长期性能，且考虑的反应与 Kam 等(2005)先前研究的相同。在实验室规模的反应器中进行空白试验(也就是在没有催化剂的惰性材料中进行试验)，得到的数据可用于推导该增加项(系数和指数)的值。作者使用的其他条件与 Kam 等(2005)的相同。用波斯坎(Boscan)原油对 HDM(HDV 和 HDNi)和 Hdasph 反应中的动力学参数进行预测。验证后的模型可用来预测全加速中试装置的试验结果。该模型的模拟结果与中试装置的试验结果吻合的非常好。实现了对 Kam 等(2005)原始模型的一个显著改进。

Botchwey 等(2006)模拟了两段式 HDT 微 TBR，其原料为从阿萨巴斯卡沥青中得到的重柴油，并开发出了一维拟均相传质模型和二维传热模型。模拟用 HDS 和 HDN 反应动力学模型的基础是 Langmuir-Hinshelwood 方法。这篇文章代表了早期两段式 HDT 且段间脱除 H_2S 的微 TBR 建模成果。结果表明在两段间脱除 H_2S 能提高 HDN 和 HDS 水平。

为了优化反应器设计和减少投资，Galiasso(2006)开发出了一种针对等温 TBR 以及气相和液相反应器的简化拟均相活塞流模型。加大已有装置的反应器体积，用以生产低排放柴油燃料，并采用新设计的反应器和常规 TBR 对其效果进行了对比。该模型预测了 HDS、HDA 和 HDN 反应。结果表明，使用新型的气相和液相反应器可以增强芳烃加氢和氢解反应。对气相和液相中发生的简单集总组分的 HDA 反应，使用简单动力学速率模型(Langmuir-Hinshelwood 类型)进行模拟，并通过优化算法预先算出了与动力学和流体力学相关的参数。

2）动态连续拟均相模型

由于反应物组成、入口温度等的变化会造成不同 HDT 过程中的扰动，因此需要一种用于预测这些变化突然发生时反应体系的性能的鲁棒模型。文献中已有一些这个方面的报道，主要的研究进展总结如下。

Chao 和 Chang(1987)给出了一个一维拟均相模型。该模型合并了质量和热扩散的影响、催化剂颗粒内部传热和传质阻力和催化剂失活，用于观测绝热渣油 HDS 滴流床中试反应体系的动力学行为。考虑的反应有 HDS、HDV 和催化剂上的积炭速率。这个动力学模型经过了 Kodama(1980)试验数据的验证，且会随原料组成、原料速率和入口温度的不同而发生反应步骤的变化。该严格模型只适用于非在线研究，因为它包含了大量的方程，因而需要大量的时间求解。

Oh 和 Jang(1997)提出了一个严格模型，对工业石脑油 HDS 反应器的动态区域进行了模拟。该数学模型是两维拟均相的，并用一个 Langmuir-Hinshelwood 类型的动力学模型描述了 HDS 反应。他们还将氢气流速变化了 10%，研究其对转化率和温度的影响。预测和设计数据之所以能够吻合，是因为确立了适宜的气-固体系关联式。

Chen 等(2001)提出了一个拟均相二维反应器模型，用于描述中试固定床加氢反应器的动态和稳态过程；反应器中进行的是部分稳定轻焦化石脑油加氢反应，因而反应体系为气-固体系。在中试试验反应器中可得到反应速率参数，并假定动力学级数为 n。通过改变氢气体积流速推导出动力学行为。该报道的一个最主要结论是，热电偶套管会引起反应器内的热传导。因而热电偶套管测量的温度不是反应床层的真实温度。因此，解释中试数据时必须特别注意这个问题。

3. 非均相模型

1) 定态非均相模型

(1) 连续模型

开发非均相模型(即在滴流床反应器中区分不同相的模型)主要是为了解释抑制作用的影响。在文献中，大部分的报道都假设气相到气-液界面的传质过程中不存在明显的阻力。另一方面，由于缺乏说明这个特性的适当关联式，一些研究人员在等温催化剂床层的基础上，对非均相绝热系统进行了建模。一般来说，虽然物料平衡是将系统视为非均相进行计算的，但能量平衡是通过假设为拟均相行为进行计算的。非均相模型与拟均相模型的不同特征仍待继续探论，如逆流操作下轴向扩散的影响，HDT 反应过程中的挥发程度，液相的饱和度和相平衡，以及其他相关方面。下面对用于 HDT 过程非均相模型的一些重要研究进行综述，这些研究考虑该类模型的不同方面。

Van Parijs 和 Froment(1984)用一维非均相反应器模型、Hougen-Watson 动力学表达式和内部浓度梯度模拟了一个进行石脑油加氢脱硫的绝热反应器性能，并选择噻吩作为 HDS 反应中含硫化合物的模型。Froment(1986)综述了用于解释界面和颗粒内梯度的方程式，并建议用 Hougen-Watson 方法表达催化反应速率，因为幂律方程不能充分说明反应物和催化剂之间的相互作用。他还指出，要成功模拟和设计反应器，必须分开处理动力学和传递现象。这些模型似乎是文献中首次报道的用于 HDT 过程的严格非均相模型。

Trambouze(1990)对并流式和逆流式固定床非均相反应器进行了比较模拟。选择的评判标准为其中一种反应物的转化率，并将催化剂使用量作为参考。发现在不可逆反应、平衡反应或被反应产物抑制的反应(这是芳烃加氢和石油馏分加氢反应的典型情况)中，达到相同转化率时，逆流式反应器需要的催化剂量比并流式反应器少。众所周知，与并流向下反应器模型相比，逆流式模型在运行时轴向扩散效应更明显。虽然在实际体系中，有些情况想考虑或忽略轴向扩散效应的计算误差能对结果产生定量影响，但 Trambouze 忽略了该特征，可能是因为他此项研究的目标仅是表明逆流操作的潜能。

Froment 等(1994)采用一维非均相模型对柴油 HDS 进行了模拟，使用的 DBT 和烷基取代二苯并噻吩的 HDS 动力学模型是基于分子结构开发的。该动力学方法保留了原料各个组分复杂网络结构的细节，极大的减少了关于分子方法的参数量并能预测出令人满意的 HDS 实验数据。作者提出，这个动力学反应也适用于含氮化合物。该方法预测结果准确，但该模型很复杂且包含确定组分的扩展分析工作(Mejdell 等，2001)。

Korsten 和 Hoffmann(1996)求解出了一套一级微分方程组，用于模拟滴流床中试反应器性能。反应器中发生的主要反应是 VGO 脱硫，且假设在床层入口处 VGO 中的溶解氢已达到饱和。用文献中报道的关联式估算传质系数、压降和物理性质，并通过中试试验得到 Langmuir-Hinshelwood 型动力学参数。虽然采用的关联式是为常温常压下的非反应体系开发的，但数学计算结果与试验结果吻合度很高。在观察的基础上，作者指出，将中试数据按比例扩大用于工业滴流床反应器时会产生一些计算误差，这是因为强烈影响流体和催化剂接触效率的质量表观速率存在不同。由于忽略了压力的影响，计算 H_2S 在油中溶解度的关联式似乎不适用于其他条件。

Khadilkar 等(1999)提出了一种尝试，即放宽先前模型中的假设从而达到主要要求。他还报道了三种模型：第一种模型，在颗粒尺度上，假设为幂律动力学；第二种，在反应器尺度上，考虑了干区和湿区，但没有区分球形催化剂内部和外部润湿；第三种，是两种尺度的结合，反应器尺度及扩展到颗粒尺度的严格多组分质量和热量平衡。该模型用一套稳态一维微分方程进行表示，用环己烷加氢数据进行了测试，并在反应器尺度上给出了转化率和温度曲线的准确预测结果。第三种模型也包含了其他特征，如毛细管效应、催化剂不完全润湿和挥发。他们推荐在未来模型中使用第三种严格方法，用于模拟复杂反应体系和挥发物质体系。这个模型可用于柴油大量挥发的 HDS 反应的模拟。

Van Hasselt 等(1999)开发了一种新的模型，用于三种孔隙率尺度的逆流式反应器和内部有翅片的整体反应器，并在 VGO 加氢脱硫反应中与传统并流式反应器模型进行了对比。为了开发模拟，对连续方法和离散单元进行了合并。前者的近似值用来模拟发生在单元包中的反应，后者用来模拟流经填充床作为骤冷液流的气液接触。因此，反应器模拟可被形象化为连续模型和离散模型的组合。作为比较，用一维非均相模型对 TBR 模型进行了模拟，且给出了质量和能量平衡方程。选择的深度转化率为 98%。结果表明，逆流式反应器需要的催化剂体积低于并流式反应器的，但逆流式的主要缺点是存在冷却问题，因为氢气从高温区流向低温区，使得冷却效果较差。由于这种新模型具有很高的自由度，因此传质机理的需求可以通过调整填料来满足。

Vanrysselberghe 和 Froment(2002)用一维非均相模型解释了工业加氢反应器的性能，建立了连续、能量和动量方程，并用合适的关联式确定了物理性质。选择的原料为合成柴油混合物，且使用基于结构贡献的详细 Hougen-Watson 动力学，预测出了许多含硫化合物的含量变化以及液相中的氢气摩尔流速。

Bhaskar 等(2004)用三相非均相模型分析了常压柴油加氢脱硫涓流床中试反应器的性能，用于说明本征动力学和流体力学的影响。在模拟结果的基础上，探讨了压力、温度、空速和氢油比的影响。模拟结果与在广泛范围运行条件下得到的试验结果吻合很好。

Marroquín 等(2002)使用基于前人工作(Korsten 和 Hoffmann，1996；Vanrysselberghe 和 Froment，2002)的滴流床反应器的非均相绝热活塞流反应器模型，对柴油加氢脱硫和氢耗量进行了表示。原料选用模型化合物，动力学参数取自文献，但最终需要一些调整，以吻合小试装置中的单芳香族化合物数据和工业柴油产品中的硫含量数值。

Avraam 和 Vasalos(2003)使用滴流床反应器的定态模型模拟轻质油原料的加氢过程。假定条件为活塞流且球形催化剂均一。对四种化学反应过程进行了建模：HDS、HDN、HGO

和单环、双环和三环芳香烃的加氢反应，并考虑了芳烃平衡和硫化氢、氨和芳烃的抑制作用。这是一个重要的贡献，且似乎是第一个考虑由于轻质油挥发而导致的沿 HDT 反应器持液率和持气率的变化。其预测结果和中试结果吻合度很高。

Chowdhury 等(2002)研究了一个试验型等温滴流床反应器中的柴油脱硫和脱芳烃。开发了一种基于 Korsten 模型的一维反应器模型，用于同时考虑了传质和化学反应的两相流反应器，并建立了 HDS 和三种芳烃化合物的加氢反应动力学。为了模拟氢气从气体到液体中的传质，对装填惰性颗粒的位于催化剂床层(活性区)之前和之后非活性区进行了建模。实验和预测数据之间的相关性高于 0.9。

Pedernera 等(2003)研究了实验室 TBR 装置中石油馏分组成对含硫化合物转化率的影响。在各个石油馏分分开处理时并没有发现什么优势，该反应器模型被用来评估直馏柴油脱硫过程的各种方案。氢气的消耗被归因于硫和氮的转化、芳烃加氢和加氢裂化。此外，用磁共振成像技术确定了液体分布和润湿效率。以上作者使用的模型是 Chowdhury 等(2002)提出的模型中包含工业绝热反应器热量平衡模型的扩展。这篇文章阐述了流型表征新技术的使用，并强调了未来流体力学研究的趋势。

Bhaskar 等(2004)开发了一种一维非均相反应器模型，用于模拟进行柴油馏分 HDS 的中试和工业 TBRs 的反应性能。采用基于双膜理论的三相非均相模型，并对主要的 HDT 反应进行了建模：HDS、HDN、HDA、HGO 和 HCR。动力学参数从中试试验中获得。据作者报道，该模型能成功重复出工业温度和杂质的浓度分布曲线。此项工作属于最早对大部分 HDT 反应进行模拟研究之一。

Cheng 等(2004)研究了用于柴油脱硫和脱芳烃的并流式和逆流式固定床反应器的性能，提出的模型为一维非均相模型，并对 HDS 和 HDA 反应进行了解释，用于模拟气相、液相和固相中的反应物和产物浓度分布。与并流式模式相比，逆流式模式在脱硫反应中表现出更优异的性能。与 Chowdhury 等(2002)和 Bhaskar 等(2004)相比，他们给出了适当的 HDA 反应速率。

Froment(2004)阐述了 HDS 动力学建模的一种基本方法，最大程度上解释了由物理-化学特性提供的信息。该结构贡献模型不仅考虑了原料的详细组成，还考虑了催化剂内部的扩散限制。为了验证该方法，使用合成柴油作为原料，用非均相活塞流模型 HDS 绝热工业反应器进行了模拟。考虑了噻吩、(取代)苯并噻吩和(取代)二苯并噻吩转换的反应速率方程。模拟结果表明，通过中间闪蒸 H_2S 可提高大多数难熔含硫化合物的转化率。

Macías 和 Ancheyta(2004)研究了不同催化剂颗粒性质对 HDS 反应的影响。他们采用非均相等温反应器模型，该模型已用直馏柴油 HDS 小型反应器的试验信息进行了验证。这项研究提出了一系列公式，用于计算反应器模型开发中所涉及到的催化剂床层特征因素。

Rodríguez 和 Ancheyta(2004)拓展了 Korsten 和 Hoffmann(1996)模型，使其包括 HDS、HDN 和 HDA 反应速率的数学表达式。用 Langmuir-Hinshelwood 型动力学方程描述 HDS 反应；将 HDN 看成一个连续反应过程进行建模，即非碱性化合物先加氢为碱性含氮化合物(HDN_{NB})，然后继续反应脱去分子中的氮原子(HDN_B)；用一级不可逆反应表示 HDA。用中试反应器中的 VGO 加氢精制试验信息对该模型进行验证，反应器是在等温条件下运行的。模拟了工业反应器进行并得到了温度和浓度分布曲线。

Yamada 和 Goto(2004)也使用 Korsten 和 Hoffmann(1996)提出的模型，对操作模式为并

流式和逆流式的 TBR 中的 VGO HDS 进行了模拟和比较。模拟了中试和工业规模下的两种操作方式。改变两种规模反应器中的氢气速率，用于观察其对出口硫浓度的影响。假设在气相和液相之间几乎不存在阻力。作者意识到，逆流式操作模式中存在明显的轴向扩散，因而为了对其进行正确模拟，必须进行更多的研究。

利用 Lababidi 等(1998)描述的包含失活模型在内的反应器模型，Al-Adwani 等(2005)对代表 HDT 过程的基本经济参数的费用函数进行了优化。该模型具有时间依赖性，即所有的操作变量都是时间的函数。但由于催化剂失活是一个缓慢的过程，因而假定数学模型是一个准稳态模型。原料采用重渣油，研究重点是转化率、生产量和催化剂寿命。选择工业规模的常压渣油 HDS 过程作为一个典型的 HDT 单元，用于证明优化模型的性能。这项研究表明，催化剂成本和低硫产品的利润强烈影响优化费用。

Jiménez 等(2005、2006、2007a，b)对活塞流和上流式反应器中的气相和液相使用一维稳态非均相模型，在工业数据的基础上，采用商用 CoMo/γ-Al_2O_3 和 NiMo/ Al_2O_3 催化剂，预测了 VGO 和脱金属油加氢精制后的产品质量。这个模型包括 HDS、HDN 和 HDA(单环、双环和三环芳烃)反应，并结合了 Froment 等(1994)以及 Korsten 和 Hoffmann(1996)的模型。用 Broderick 和 Gates(1981)的 DBT 动力学模型描述 HDS 反应，用 Avraam 和 Vasalos(2003)提出的动力学模型描述 HDN 和 HDA 反应。采用了两种类型的序贯实验设计，用于动力学调查中的最优模型筛选和最优参数估值。在最近的文献中，Jiménez 等(2007a，b)用以前开发的数学模型(Jiménez 等，2005、2006)模拟 HDS 过程，并报道了一些动力学模型。用序贯实验设计(sequential design of experiments，SDE)方法选择了最佳动力学模型和其最优参数估值。他们还报道了在 VGOs 最重馏分的 HDT 过程中，水能显著增强脱除含硫和含氮化合物的能力(Jiménez 等，2007a)。

Mostoufi 等(2005)开发了一个一维活塞流非均相模型，用于模拟两段式裂解气油的加氢过程，其目的是为了获得适于芳烃抽提的 $C_6 \sim C_8$ 组分。第一段加氢反应是在装填有 Pd/ Al_2O_3 催化剂的绝热 TBR 的液相中进行的，其中主要反应为二烯烃加氢。第二段加氢反应是在依次装填有 NiMo/Al_2O_3 和 CoMo/ Al_2O_3 催化剂的两段绝热固定床的气相中进行的。单烯烃的加氢反应发生在第一段，硫的脱除在第二段进行。分别用模型化合物如环己烯和噻吩对第二段中发生的 HGO 和 HDS 进行模拟。模型中考虑的流体力学参数有压降、持液率和催化剂润湿效率。

通过实验室等温反应器模拟反应器性能，Stefanidis 等(2005)介绍了一项关于改善工业绝热反应器温度分布曲线中代表性操作温度的研究。为了验证预测温度，采用重瓦斯油到柴油之间的馏分油作为原料，开发了一种忽略传质和传热阻力的稳态拟均相活塞流模型，用来描述硫、硫化氢、氢耗量和氢气的质量平衡，以及绝热 HDT 反应器的热量平衡。这项技术的主要缺点是需要三个实验点：入口、中间和出口，而主要的优点是可准确预测深度脱硫反应。

在具有轴向扩散的稳态区域中，Nguyen 等(2006)开发了一种一维均相模型，用于分析非理想流体动力学对等温实验室反应器中瓦斯油 HDS 性能的影响。用 Langmuir-Hinshelwood 型速率模型表示 HDS 反应速率。最近，Shokri 和 Zarrinpashne(2006)开发了一种计算 HDS 反应效率因子的两相(气-液)非均相模型，用 DBT 作为柴油中含硫化合物的代表。该数学模型仅基于催化剂颗粒内部的质量平衡方程，因此其仅仅在颗粒尺度范围内适用。然而，Shokri 等(2007)最新报道了一个混合模型——先前模型加上活塞流一维非均相模型，并用柴油 HDS 中试试验数据进行了验证。该模型是通过 Fortran 语言代码在 HYSYS 商业软件上进行模拟的。用 Langmuir-Hinshelwood-Hougen-Watson 型动力学对化学反应速率进行描述，用 DBT 代表原料中所有的含硫化合物。

Murali 等(2007)开发了一种一维非均相模型，用于模拟小试和工业规模的 HDT 反应性能。在模型中考虑了 HDS、HDA 和 HGO 反应。用单一集总模型描述所有含硫化合物的 HDS 反应动力学，与 Korsten 和 Hoffmann(1996)应用的 Langmuir-Hinshelwood 型速率方程类似，而用 Chowdhury(2002)的动力学模型描述 HDA 反应。在模拟过程中，发现在正常 HDT 操作条件下存在大量的原料气化(20%~50%)，这说明，在模拟中需要考虑部分原料的气化。用上流式操作模式中(接近极限状态的水平)得到的中试数据对模型进行验证，用于正确的解释热量平衡方程中的原料气化。模拟绝热装置的热量平衡时需重点考虑柴油气化的影响，因为柴油气化会消耗大量的能量，而这个因素一般在文献报道的模型中被忽略了。因此，这些研究最重要的贡献是在 HDT 反应器模拟中考虑了柴油气化和温度-氢油比是否取决于液体比热容。

Verstraete 等(2007)开发了一种一维非均相活塞流模型，用菲克扩散解释了球形化合物在催化剂内部的传质，用于预测固定床加氢装置的性能。这些研究所用原料为减压渣油，且从一个等温固定床反应器装置中获得试验数据。该模型预测了气体、饱和烃、芳烃、树脂和沥青质的浓度分布变化，它们的 C、H、S、N、O、Ni 和 V 的原子组成，以及整个反应器的的加氢性能。作者指出，对渣油加氢处理工艺进行建模时，很有必要考虑粒内扩散的影响。

Alvarez 和 Ancheyta(2008)采用文献中报道的一维非均相模型和关联式，对骤冷滴流床反应器的其他方法进行了分析。为了预测采用骤冷方式的反应器温度分布，对 HDS、HDN 和 HDA 反应进行了建模，并对能量平衡过程进行了研究。

Liu 等(2008)提出了一种新颖的理解加氢精制过程动力学行为的方法。这个新方法被称为系统动力学(SD)模型，可用于预测氢耗量以及操作条件对 HDS、HDN 和 HDA 转换效率的影响。这项研究在 HDT 过程建模中首次应用了 SD 方法，其目的是对各个含硫、含氮和芳烃化合物分别建模并成功模拟。用 LCO 加氢精制试验数据对该方法进行了验证。该方法包括两个步骤；第一步开发一个动态循环图，用以表明一个变量怎样改变其他变量，而其他变量又反过来影响初始变量等等。第二步开发一种数学模型，一般用线流图表示，用以说明模型结构和变量之间的关系。线流图可转化为一组常微分方程，在这种情况下它表示的是一种一维非均相稳态模型。Liu 等(2008)也报道了一个相似的研究，用 SD 方法模拟 LCO 加氢脱硫过程，并考虑了含镍化合物和芳烃化合物对 HDS 活性的抑制作用。

(2) 计算流体动力学模型

在通过经验关联式将流体动力学合并到滴流床反应器建模方面，尽管前人已做出了巨大的努力，但还需更基本的近似值解释合适的预测模型。从严格的角度来说，通过求解守恒方程组(称为 Navier-Stokes 方程组)得到，求出必须的基本近似值，其中 Navier-Stokes 方程组为一组非线性的偏微分方程，其解可能仅适用于简单几何结构中几个简单流体；然而对实际填充床进行流体动力学分析在数学上是很复杂的。此外，支配物质从内部响应到外部效果的本构关系必须引入到守恒定律中。本构关系来源于关联式；因此，对这些关联式进行合适的选择和验证就变得非常重要。由于本构关系是由试验数据确定的，因此试验在流体力学的研究中是最基本的。

通过计算方法(称为 CFD 模型，可求解守恒方程组)和试验信息，可有效解决流体力学的现实问题。为了减少守恒方程组的复杂性，必须进行一些假设，如不考虑黏度的影响。

CFD 模型既可作为实验的竞争对手，也可作为实验的自然补充。对于许多问题，计算流体力学提供了一种节约成本的方法，用于替代试验流体力学。由于可以关闭各种物理效应，因而提供了研究局部现象的机会。模拟流体动力学可帮助我们理解滴流床反应器的流体力学，从而正确的完成对规模放大或缩小的反应器模拟。

Duduković等(1999)报道了使用 CFD 模型对流体力学进行的研究，并强调了两种经常使用的方法：Euler-Euler 公式和 Euler-Lagrange 方法。虽然第二种方法看起来更基本，但它需要对参数进行调整，而这反过来又需要试验信息进行验证。而且，并不能证明该公式比另一种具有明显优势。Gunjal 和 Ranade(2007)报道了 CFD 的一种应用，即对滴流床反应器的流体力学进行模拟，用于了解试验室和工业反应器中化学反应的相互作用。模型被用来模拟孔隙率分布、颗粒特征和规模对反应器整体性能的影响。用于 TBR 的 CFD 模型包含两个主要部分：①床层孔隙率分布的描绘；②基于 Eulerian-Eulerian 多流体模型的各相流动方程(质量和动量方程)。该模型可用于柴油 HDS 和 HDA，且结构和操作条件与 Chowdhury 等(2002)报道的相似。作者指出，经过适当验证的、基于 CFD 的模型能有效降低实验室反应器和工业反应器预测数据之间的差距。另据报道，因为 CFD 模型使用了文献中报道的先将流体力学和本征动力学参数集总在一起的表观动力学参数，所以它预测的转化率较高。因此，当这些表观动力学参数在考虑了流体力学参数预测的 CFD 模型中再次被使用时，流体动力学效应(即持液率影响)被估计了两次。但是，作者提到了 CFD 模型仅被用来了解反应器规模对其性能的影响。CFD 模拟表明孔隙率分布在估计流体力学变量(即压降、持液率、润湿效率等等)时是一个很重要的参数，在正确预测反应器性能时需考虑它的影响(Duduković等 1999；Gunjal 和 Ranade，2007)。作者还认识到，用经验关联式不能正确预测不同操作条件下，H_2S 在石油馏分中的溶解度。为了提高预测的准确度，建议使用状态方程(EoS)。使用 EoS 使同时考虑温度和压力的影响成为可能。然而，合适的相互作用参数可能是它的限制因素。

(3) 离散模型

不采用连续介质理论(即用一组微分方程对 TBR 建模)，而是放宽条件，如假设系统可被当作许多连接的细胞进行处理。这个假设允许简化复杂的反应器系统建模问题，且有利于利用商业模拟软件准确预测轻质石油馏分的反应结果。

a. 细胞模型　Sánchez 等(1995)将滴流床反应器当作一组连续的细胞单元进行模拟，且为了考虑反应器中的蒸汽-液体平衡，将细胞单元看成是由一个 CSTR 反应器和一个分离器串联组成的。用工业模拟软件进行闪蒸计算，用文献中的关联式模拟压降和催化剂润湿部分。选择较低的转化率水平的加氢精制和加氢裂化，假定为一级不可逆反应。将一组中 500 种不同的分子集总为三种化合物类型：烷烃、环烷烃和芳烃，然后通过计算对虚拟组分进行评估。用 25 个细胞单元就可达到活塞流模型。观测可得，增加细胞数对产品分布的模拟结果影响很小。其主要的结论为：使用合适的热力学性质和化合物集总分类方法，是一种建立滴流床反应器模型和评估复杂反应网络动力学参数的有效方法。这项研究表明，在模拟多相催化反应器时，使用现有的商业模拟软件(Aspen、PRO/II、Hysys 等)可节省时间和精力。

Guo 等(2008)开发了一维和二维混合细胞反应网络模型，用于模拟 TBRs 的稳态性能，并用强放热的苯加氢精制反应来验证模型。该模型的建模基础为 CSTRs 网络结构。每个设计的细胞都考虑了相间传质、反应动力学、传热和气化效应的贡献。开发该模型的目的是预测多相流动和反应速率，以及因相变和流量分布不均导致的 TBR 外部润湿效率、持液率和温度的变化。该模型在预测催化剂床层飞温方面是合适且有效的，且可在规模扩大的 FBRs 中应用。

b. 阶段模型　Jakobsson 等(2004)用包含 DBT、4，6-二甲基二苯并噻吩(4，6-DMDBT)、H_2、H_2S 和溶剂二十烷烃的混合物，对并流式和逆流式 HDS 反应操作进行了建模。用以前的模型对并流式(Toppinen 等，1996)和逆流式(Taylor 等，1994)操作模式进行了模拟。对逆流式操作进行了研究，用于证明在 HDS 过程中存在 H_2S 的分离。由于 H_2S 抑制 HDS 反应，因此建议采用逆流式操作保护高活性的催化剂。用基于速率的分段模型对逆流操作进行模拟。在阶段模型中，反应器被当作一系列基于速率的区域(阶段)进行建模，且每个基于速率的区域都可看作填充床的一部分，并直接考虑扩散、热传递、多组分相互作用对计算部分的影响。用质量和热量平衡方程连接这些区域，组成反应器模型。

为了证明 TBR HDS 中，逆流式操作中瓦斯油和氢气的接触效率优于传统的并流式接触效率，Ojeda 和 Krishna(2004)在 HDS 反应的液相中使用 Taylor 和 Krishna(1993)平衡级模型。选择 DBT 代表液体原料正构十六烷烃(代表柴油馏分)中的最难反应的含硫化合物。用 Langmuir-Hinshelwood 类型描述 DBT 反应速率，且假定气相和液相流模式都为活塞流。结果表明，原料中 BT 浓度的增加会引起反应器流出物硫浓度的降低。该现象的原因是反应释放出的较高热量引起了温度的升高，并导致转化率提高。因此，除了考虑逆流气相冷却液相的事实，必须对反应器 HDS 过程中的热效应进行准确建模。但结果表明沿反应器液相中的硫浓度分布与连续模型得到的结果不符。

2）动态非均相模型

动态非均相模型是三相反应器进行可靠建模和模拟的基础。由于动态模型提供了三相反应器过渡状态的真实描述，因此，它不仅可以用于扩大规模、开关、停工和可操作性研究，而且可取得有意义的连续路径，用以达到反应器稳态和研究存在的奇特现象如震荡和稳态的多样性。三相反应器动态行为的研究也为更好设计控制系统提供帮助，从而可以使得操作条件更加安全、有效和高盈利。虽然动态模型的公式和求解更复杂，但它应优先于稳态模型，因为动态模型的数值解策略比稳态模型的更可靠(Wärnå 和 Salmi，1996；Salmi 等，2000)。下面的章节阐述了一些使用这些模型的重要报道。

(1) 连续模型

对气体和液体并流式和逆流式流动的三相滴流床反应器，Wärnå 和 Salmi(1996)用三相反应器动态模型了从甲苯到甲基环己烷的加氢的反应。气相、液相和催化剂中的模型方程包括 ODEs 和抛物线型 PDEs，并用数值方法对其进行求解。假设反应器在绝热和非等温条件下运行。甲苯的加氢反应速率级数为一级，并在总压为 4MPa、温度范围为 65-125℃ 的实验室等温并流式滴流床反应器中获得其动力学参数。结果表明逆流操作的甲苯转化率略高于并流操作的。该项研究表明动力学方法提供了一条有意义的到达反应器稳态的路径，并给出了有关反应动力学的重要信息。由于没有考虑催化剂内部的传质阻力，该模型只适用于无孔颗粒。

Salmi 等(2000)描述了固定床(涓流床)动力学的建模原则。采用轴向动力学非均相模型模拟芳烃加氢反应，可在实验室规模的反应釜中方便的测出动力学。结果表明动态模型优于稳态模型，因为前者提供了三相反应器过渡状态的真实描述，且动态模型的数值解比稳态模型的数值解更可靠。该研究案例介绍了催化剂颗粒内部传质阻力的重要性和三相反应器中不同阶段的动力学。该项研究证实了 Wärnå 和 Salmi(1996)模型的缺点，即没有考虑颗粒内的传质阻力。Hastaoglu 和 Jibril(2003)用温度和浓度的二维模型模拟固定床脱硫反应器中的气-固反应。使用的三种过程空间尺度为：床层、颗粒、晶粒。用固定床反应器中的石脑油 HDS 稳态试验数据验证床层浓度模型，而对热行为进行瞬时验证。用各组分生成的瞬时浓度对该模型进行测试，并得到了系统参数分布曲线，用于深刻理解系统变量的行为。但由于该模型是针对气-液体系开发的，因此它并没有包括质量和能量传递项，而这两项应该在模拟 TBR 的三相反应器模型中存在。

Vogelaar 等(2006)推导出了一个活塞流模型，用于描述加氢处理过程中发现的、与反应器位置有关的球形催化剂中的结焦和金属沉积分布，并在反应器尺度上预测了孔堵塞造成的催化剂失活行为。作者模拟了实验室规模的 HDM 反应并作为案例进行研究。该模型是建立在三种规模的尺度上：反应器尺度、催化剂颗粒尺度和催化剂活性相。这个过程的模型提供了更好的洞察加氢催化剂失活机理的机会，并能被用来预测催化剂在工业反应器中的失活行为。在颗粒尺度上，估计了孔结构中的分子有效菲克扩散效率(D_{ei}^{f})，并用限制因子表示溶质与孔壁之间的摩擦力。

Iliuta 等(2006)用动力学多相流体深床过滤模型耦合气、液、固(催化剂+固体沉积)相中的热量和质量物种平衡方程，理论分析了高压高温 TBR 反应器在化学反应条件下细颗粒的沉积过程。该深床过滤模型结合了孔隙率和因细颗粒沉积和分离导致的有效比表面积变化的物理效应、气体和悬浮惯性效应以及过滤参数和界面动量交换力方面之间的耦合效应。这项工作中开发的三相非均相模型结合了颗粒内传质阻力和导致孔隙率降低和床层堵塞的细颗粒沉积，被用来模拟 TBR 性能。结果表明细颗粒沉积并不明显影响 TBR 性能。细颗粒沉积过程的唯一不良影响表现为几乎专属的床层堵塞液压作用和气-液流动阻力的增加。

Ho 和 Nguyen(2006)开发了一种四参数活塞流一维非均相模型，提供了一种从量化角度理解硫、氮和催化剂表面如何在不同的时间尺度上相互作用的可能。建立该模型的理论基础适用于催化剂中毒动力学是由非平衡吸附驱动的的反应体系。在催化剂表面尺度，解决了柴油馏分 HDS 反应中氮竞争吸附现象影响的建模问题，其中要特别注意中间馏分油深度 HDS 反应中的催化剂失活补偿操作策略的稳定设计。该试验是在一个并流式固定床反应器中进行的，操作模式为等温上流式。该模型能再现含氮化物对有杂环位阻的含硫化合物 HDS 的影响。

Mederos 等(2006)开发了一种动态非均相一维模型，用于模拟中试和工业规模的馏分油催化加氢精制的 TBR 性能。模型考虑了 HDS、HDN 和 HDA(总芳烃)等馏分油加氢精制过程中存在的主要反应。用中试等温反应器、商用 NiMo 催化剂上得到的 VGO 加氢精制数据对该模型进行了验证。动力学模型经过中试数据验证后，被用来预测工业加氢精制反应器的动力学行为。早期的文献报道了这样一个现象：在工业 HDT 反应器开工初期，稳态之前的温度轴向分布曲线模拟结果是错误的。据 Rodríguez 和 Ancheyta(2004)报道，非均相质量平衡和拟均相热量平衡的结合似乎很不方便。但是，Mederos 等(2006)证明，只有在必须预测稳态下的浓度和温度分布时，这个假设才是正确的。Mederos 和 Ancheyta(2007)还做出了其他贡献，即用相同的模型(Mederos 等，2006)分析了并流向下和逆流流动操作模式对 HDS、HDN 和 HDA 的影响。一个重要的发现是，逆流操作模式的加氢精制转化率比并流模式高，这说明了新型反应器内构件的发展提高了逆流式 TBR 的性能。

(2) 错流模型

错流模型似乎比其他模型更接近现实，因为它对滴流床反应器进行了合理的假设，即假设存在滞留区和动态区。只有一篇文献报道了用该假设进行 HDT 过程模拟。

Tsamatsoulis 和 Papayannakos(1995)用错流模型研究了 HDT 操作条件下，实验室规模的 TBR 动态区液体流动的非理想行为。开发过程包括用两个一级偏微分方程对稳态区和动态区进行建模，并求出方程的解析解。这项研究提供了如何用惰性颗粒稀释催化剂的信息，从而使试验性的滴流床加氢反应器可用活塞流模式进行描述，进而推导出动力学。该模型的主要缺点是使用了无孔颗粒进行模拟。

4. 学习模型

人工神经网络(ANN)建立了一个管理关联的内部模型，这些关联存在于用于学习的数据库中。神经网络的基本方法是在计算机中完成的，用软件或包含处理神经元和节点的特殊硬件处理，这些神经元和节点通过强度变异连接权重彼此相连。每个模型输入和输出之间的因果关系，可从 ANN 训练结构的分析中计算得到。

ANN 必须学习所研究的问题，这个学习阶段一般称为训练过程。ANN 经过训练后，可用来正确模拟 HDT 装置、催化剂评价类型和原料对装置性能的影响，还可用来控制操作、优化装置等等。由于 ANN 方法显示出了用户友好性和简易性，降低了与第一原则模型相关的困难和复杂性，所以制定复杂的目标函数和约束条件时并不需要有足够的数学和编程知识。

Berger 等使用(1996)ANNs 对微型中试滴流床反应器中的常压瓦斯油加氢脱硫反应进行了建模，加氢脱硫反应是温度、压力、LHSV、入口硫浓度和阶段的函数。隐藏层包含三个神经元。对输入进行归一化，使每个输入具有同等的重要性，同时降低了数据库中异常值的影响。数据库中有 25 组数据，被随机分为有 17 组数据的学习组和有 8 组数据的测试组。将 ANN 模型计算得到的结果和试验数据进行比较，其平均相对偏差为 10%。因果指数(CI)决定了每个输入变量对模型输出的相对影响，将其应用到 HDS 体系的五个变量测试中，并研究了 LHSV 和温度对 HDS 的相对重要性。观察到出口硫含量与 LHSV 呈线性关系，但这种行为不符合试验数据趋势。可能需要在模型输入更多的数据，使模型在低空速时能进行更好的学习。

在工业 VGO 加氢处理单元数据处理和实验室分析的基础上，Lopez 等(2001)提出了不同的结构和训练模型。作者展示了用三层感知器 ANN 作为分析工具，优化现有的几种控制 VGO 装置连续操作的、重要过程变量等函数的能力。这些不同的 ANN 模型被用来预测下列操作条件：原料组成(烷烃、环烷烃、总芳烃、和单环、双环、三环以及四环芳烃化合物)、原料和液体产品质量特性(硫和金属含量、API 比重指数、50%TBP 和折光指数)和过程操作变量(产品流速和平均反应温度)。将关联式模型和 ANN 的预测结果进行比较，发现

ANN 数据拟合的较好。该特征可归因于 ANN 模型全面考虑了反应器中的所有影响因素，而关联式只允许预测特定参数，并忽略了一些影响因素，如反应器内部的扩散问题。Bollas 等(2004)利用工业数据，开发了 HDS 和 FCC 两个联合装置的预测模型，用于考察最优化时的经济效益。350 套数据系列被随机分为训练组和验证组。从中试研究得到的动力学先用预测模型对其进行模拟，然后指导工业装置的运行。HDS 反应的原料为减压柴油，并将其液体产品送入 FCC 装置。主要产品(汽油馏分)应有一个最大限制值。神经网络是一个多层感知器(MLP)，包括三层：一个输入层，许多节点作为输入变量；一个隐藏层，节点数范围为 1~5；一个输出层，许多节点作为输出变量。虽然在预测汽油馏分中的硫含量时，模型性能较差，但预测的趋势和现有经验相当一致。

Bellos 等(2005)提出了一种混合神经网络模型——确定性的拟均相数学代码与神经网络的耦合。该模型用于预测催化剂失活速率和催化剂活性对液体原料质量的依赖性。用 HDS 和 HCON 反应验证工业加氢精制反应器模型。部分动力学参数来源于工业反应器操作数据和使用工业催化剂和典型原料的小规模反应器的试验结果。

Salvatore 等(2005)用一种基于 ANNs 和后处理分类算法的混合方法，检测加氢精制模拟装置的故障。还开发了一种代表真实装置的加氢精制模型。借助于沿催化剂床层的浓度和温度分布曲线，选择模型方程，使模拟工艺的动力学与现有装置类似。建立该模型的假设为：反应器是由 n 个串联 CSTR 单元(12 段)组成，每段均用方程描述质量和能量平衡。

Zahedi 等(2006)在装置测量数据的基础上，提出了一个用于模拟工业加氢精制装置的 ANN 模型。该模型可预测 HDS 反应的氢需求量、出口 API 和硫含量，这 3 个变量是入口 API、7 种不同原料(煤油，燃料油，柴油，焦化柴油、催化循环油、热循环有和未加工柴油)中硫含量的质量百分比的函数。用 83 组数据训练模型，然后用 40 组数据进行预测并与操作装置收集到的数据进行比较。最佳 ANN 结构具有良好的通用性。将 ANN 模型结果和传统模拟软件的预测结果进行比较，发现 ANN 模型的精度优于传统的模拟软件。

最近，Lukec 等(2008)开发出了用于确定 LGO 和 VGO 加氢产品硫含量的 ANN 模型。用常规炼厂的工艺和试验数据对该模型进行了训练。由于该模型已被证明简单、易于使用、且具有良好的预测性，因此他们在实际中用于连续过程精确监测、连续在线预测、工艺故障检测、估计不可测状态和参数、指出硬件分线器的测量错误、过程调整和自适应控制。这些工作强调了神经网络模型的主要优点，因为他们能估算出不同原料的动力学参数，而这主要取决于训练过程中使用的数据组数。

5. 反应器模型的优缺点

基于详细描述的动力学模型只能用微分和代数方程组的一个大系统来描述，这意味着存在大量的物理和物化参数。针对此特征提出了一些简化方法。在过去 20 年用于石油馏分动力学的各种不同方法中，最常用的表达公式是基于简单的一集总模型的幂律或 Langmuir-Hinshelwood 表达式，虽然似乎将反应混合物分为两个集总(易于转化和难反应)最为合适。这个方法已被采用，因为它易于数值实现且依赖于全局参数，反过来也很容易测定全局参数。但是，单一集总对于高转化率的反应是无效的，因为它没有考虑不同原料组成的变化；而且，由于将来要求燃料油的杂质含量低，因此幂律模型不再可靠。根据不同的标准已提出了其他不同的方法，其中被广泛引用的 Froment 的结构方法是一种将真实原料中数量庞大的含硫物种进行更合理集总的新方法，虽然需进行大量的分析工作以得到相关参数。最近，

Froment 等(2008)报道了这个理论在不同原料中的应用，其中参数可通过采用相同的催化剂体系的几个试验结果得到。因此，利用得到的数据和先前研究中的数值参数，可以算出一下化合物的总转化率。为了将这种方法用于常规分析，Froment 等(2008)强调了对不同工业催化剂建立原料中不变元素的目录。Te 等(2003)提出了另一种基于计算量子化学的方法，假设反应速率和平衡常数呈线性关系。文献中关于使用这种方法的报道很少；但是，随着更高效的计算机和用户友好的量子化学软件的飞速发展，这种方法可能是未来几年探索真实原料动力学的一个重要趋势。

虽然这些方法看起来很精确，但是因为它们需要大量的分析工作，所有并没有用于探索性研究。将来必须对它们进行广泛研究，以解释更多的基本原理和原料不变量。最新采用的通用方法是连续动力学集总方法。这个理论假定混合物为一个整体，反应物分布在整个混合物中，分子聚集体的反应活性随相对分子质量和其他指标单调递减。在相同的研究方向上，Inoue 等(2000)提出了一种新的 γ 函数分布方法，用于准确预测柴油深度加氢脱硫。连续动力学方法看起来是准确的，且只涉及几个参数。而且，它已经被应用到真实的原料体系中，且预测结果和试验数据相当一致(Sau 等，1997)。连续动力学模型似乎足以描述工业过程，因为它能够准确的预测反应表观级数并通过反应器高度提供预测物理性质的工具，从而用来预测传递和热力学性质。易改编的幂律方程和 Langmuir-Hinshelwood 表达式可引入到混合物的连续理论中。Mejdell 等(2001)观察到连续方法的一个缺点，即一些化合物如取代苯并噻吩与实际 TBP——反应倾向有较大偏差。因此，这些作者建议将这些化合物从其他化合物中分离出来，对它们单独建模，特别是高转化的动力学。Hu 等(2002)使用离散集总，得到了相同的结论：用于解释产物硫含量超低脱硫反应的动力学应采用基于含硫化合物类型的多个集总。Murali 等(2007)指出，在低 LHSV 下，考虑了硫类型可得更好的吻合结果，这个观察结果与 Hu 等(2002)的是一致的。但是，这个方法需要先进的分析工具的支持，这些工具可以确定原料中存在的各种含硫化合物。

重质原油生产的最新趋势和炼制重质原油及其馏分的需求要求开发合适反应器模型，以用于新炼油装置工艺设计的初步计算。目前，由于原料组成的不断变化，只能得到其平均性质，且只是用最简单的表达式(即具有可调参数和单一集总的幂律或 Langmuir-Hinshelwood 方法)进行动力学研究。由于没有重质原油和渣油的表征技术，因此一般没有更好的动力学方法。对于反应器体系也同样如此，即没有合适的关联式预测详细模型所有的参数。对于这种情况，使用简单的动力学和反应器模型更好更方便。但是，这些模型不能模拟 HDT 反应中存在的复杂流体动力学。最近，Guo 等(2008)在细胞网络模型的基础上提出了一个序贯方法，用于减少 CFD 模拟和复杂反应体系之间的差距。即使使用及其简单的反应器模型，详细动力学与这样的反应器模型耦合也不是特别适合于在线分析和控制。再次，与研究目的有关，为了用 CFD 模型而不是冷模试验分析流体动力学，人们可以忽略化学反应如发生在反应器中的简单(集总)反应来研究更现实的体系。即使现在有功能强大的计算机，复杂体系的流体动力学只能用简单的动力学模型进行建模(Ho，2008)。

本综述没有涵盖动力学模型选择的深度讨论。Te 等(2003)总结了这些动力学模型更详细的处理方法。Ho(2008)概括了连续集总更全面的细节和局限性。

对于相平衡计算，文献中提到了两种不同的方法：一种将所有相看为一个单一化合物，采用 EoS 测量整体性能；另一种是基于在实际体系如石油蒸馏中很少使用的连续热力学。

Akgerman 等(1985)报道了 TBRs 中原料挥发对转化率的影响，得到的结论是：与不考虑原料挥发的情况相比，考虑挥发时预测的转化率大不相同。Frye 和 Mosby(1967)将轻催化循环油的 HDS 程度和反应器入口处液体挥发率进行了关联，假定提供了合适的反应速率常数。Hoekstra(2007)解释了物种挥发对柴油深度脱硫的影响，提出轻质化合物从液相中挥发且留下的含硫化合物浓度增加，促进了反应速度。Avraam 和 Vasalos(2003)通过绘制持液率和持气率沿反应器无因次位置的 变化，给出了沿反应器方向挥发的影响，同时强调了挥发对能量平衡的重要性。Murali 等(2007)得出了同样的结论，但是他只计算了反应器入口处的蒸发。这些作者也意识到需要一个更准确的动力学模型耦合蒸发效应来预测深度脱硫反应器的性能。Chen 等(2009)进行了一个 LCO VLE 的研究，用以探讨原料挥发对中试加氢反应器运行工况的影响，但是他们强调这个观察到的小规模结果不能直接外推到工业装置。

很有必要对这方面特别是石油轻馏分的 HDT 继续进行研究，也有必要与连续热力学方法相耦合，因为连续热力学可以描述真实体系，如石油馏分，可被认为是一个由无限数量组分组成的混合物(Cotterman 和 Prausnitz，1985；Cotterman 等，1985)。可以推断，连续描述和一些可识别化合物的单独建模，可以给出动力学或热力学的精确解释，虽然由这些方法描述的体系可能太复杂。

在重质原油和渣油的加氢反应建模中，并不严格要求必须考虑到挥发的影响，因为在最近的研究中发现，即使在高温下采用这些方法，几乎所有的有反应活性的化合物都保留在液相中(即在典型的反应条件下，气相中 VGO 的摩尔分散小于 1%)(Alvarez 和 Ancheyta，2008)。这种简化有助于减少此类模型的复杂性，并有利于其他特征(如化学或相关现象)的探索。

一些研究人员已经确定，概率模型比确定性模型更灵活，且预测结果与 TBRs 的试验数据相吻合，这说明 TBRs 的概率模型比确定性描述能更准确预测真实体系。(Hofmann，1977)。但是，仍需进一步的研究以得到一个最终结论：这种复杂模型是有用的。文献中报道的 HDT 反应器各种模型的优缺点如下所述。

6. 拟均相模型

1）基于动力学

(1）优点

① 目前用于测试和评估实验室规模反应器中的催化剂。

② 当所研究的反应为一级或拟一级时，可用停留时间分布曲线计算本征反应速率常数，从而可以确定接触效率。

③ 能简单且快速地应用于反应速率只受本征反应动力学限制的体系中。

(2）缺点

① 基于合适的动力学和薄弱的基本理论的先验假设。

② 没有考虑流体动力学和相关现象(即传质)对转化率的影响。

③ 由于动力学和流体力学效应的叠加，对比不同催化剂可能不确定是否使用这些模型。

④ 动力学模型在深度脱硫计算中的应用非常有限。

⑤ k_{in}有时常被传递限制所掩盖，所以从动力学模型得到的 k_{in}并不是真正的来自于从本

征动力学，因此 k_{in} 也称为“有效”速率常数($k_{e,j}$)。

2）基于流体力学

（1）优点

① 在流动区域考虑发生的反应。

② 同时考虑接触效率因子和持液率。

③ 试验性反应器结果和工业装置结果可进行关联。

④ 在低转化率时，用这些模型进行预测具有优越性。

（2）缺点

① 用几个参数集中表示各种现象。

② 对于反应速率正比于总持液率的理论证明并没有找到。

③ 不能用流体动力学模型表示深度 HDS 反应的转化率。

④ 由于停滞区的存在，可能对 TBRs 性能的解释无法令人满意。

⑤ 由于催化剂效率因子和不完全润湿是强耦合现象，因此不能通过这类模型所建议的方式，即完全润湿颗粒对单个产品的催化效率和外部润湿区域分数表示所感兴趣的区域。

⑥ 经验描述与实际物理现象相差很远，它不能解释如沟流和热点这样的特征现象；沟流主要是由固-液接触不良造成的。

⑦ 不同流速区域的参数可能有很大差别。

⑧ 假设反应级数是推导出的。

3）连续模型

（1）优点

① 假设存在一个独特的相，减少参数的量，能较容易得到平衡方程的解。

② 与单个颗粒相比，当反应器体积足够大时，可用于模拟工业规模的装置。

③ 能快速预测出达到任何给定转化率时反应器大小和研究几个设计变量对反应器行为的影响。

④ 特别适合于定态分析。

（2）缺点

① 该模型忽略了界面阻力，因此会导致预测浓度和催化剂实际接触浓度不同。

② 气体组分如氨和硫化氢引起的抑制作用被忽略了。

③ 没有考虑氢气压力的变化。

④ 不能预测挥发组分的影响。

⑤ 一维均相模型不能提供在反应器中心的同一纵向位置上达到与平均温度明显不同的超高温温度可能性的信息。

4）经验关联式

（1）优点

① 从原料特征数据和工艺条件，能很容易地预测出 HDT 产品的质量性质。

② 统计回归得到的多项表达式可用来进行优化研究。

（2）缺点

① 关联式只在用于其开发的试验结果范围内有效；外推法只能在试验范围的极端值之外一个很窄的范围内应用。

② 即使反应体系类似(反应器的尺度、大小、催化剂性质和类型、原料、操作条件等)，也没有通用的公式。

7. 非均相模型

1）连续模型

(1）优点

① 在三相中考虑质量和热量传递，对各种现象效应分别建模且可将其加入到反应器模型中用于提高预测的准确度。

② 可用于规模扩大或缩小的反应器建模。

③ 适用于动力学研究和热量、质量参数的估计。

④ 考虑了催化剂不完全润湿和液相壁流。

⑤ 考虑了颗粒内扩散。

(2）缺点

① 缺乏用于不同反应器和反应体系的验证数据。

② 在文献报道的关联式特别是质量和能量传递系数中，有太多未知和不确定的参数，这些参数是在低压低温下得到的，与 HDT 过程中采用的典型条件不同。

③ 文献中没有小型滴流床反应器(雷诺数小)的气-液传质系数。

④ 使用模型解释挥发现象的主要难点是，很难将模型合并到包含大量组分的石油馏分的 VLE 的反应器模拟代码中。

⑤ 当发生化学反应时，不能用于表示固相内的径向温度分布。

⑥ 模型的相应速度慢，限制了它在工业实践中作为控制工具在线使用。

2）CFD

(1）优点

① 在规模扩大或降低时可用来降低经验主义，优化 TBRs。

② 减少了编程和精确求解的时间。

③ 由于考虑了填充床结构的不均匀性，所以能得到详细信息，如局部速率和局部热点信息。

④ 在流体分布受复杂反应显著影响的规模扩大反应器或填充床反应器中，可使用 CFD 进行模拟，因为非反应 CFD 模型可和其他模型如单元反应网络模型相结合。

(2）缺点

① 采用用户关联式解释特定反应体系的现象(流体动力学、能量和质量传递)，所以经验主义仍然存在。

② CFD 模型计算成本通常很高，特别是需考虑大量的几何细节或小规模空间变量时。

③ 由于一般的反应模拟是用 CFD 模型在宏观反应器尺度进行的，且趋向于用同步方法追踪所有的催化反应和流体动力学现象，在多个反应动力学高度耦合和非线性和/或在反应高度放热时，存在任何数值困难都很难辨别起源。

3）错流模型

(1）优点

① 该模型中定义的轴向扩散几乎与液体负荷无关。

② 在 TBR 中考虑了停滞区和自由流动区，这是相当接近实际的。

③ 能很好地重现试验响应曲线，即使是那些有强大尾巴的曲线。

(2) 缺点

不确定性与用于计算参数的第三高阶矩的求解有关。

4) 单元模型

(1) 优点

① 由于每个单元都可用理想反应器进行模拟，且闪蒸计算可用包括商用模拟软件在内的工具完成，因此，用这种方法对 TBR 建模可节省大量的时间。

② 是一种模拟 TBR 中蒸发的简单方法。

③ 该模型保留了轻馏分的化学组成信息。

④ 建议进行传质分析，因为只预测了一个定态解。

⑤ 当其他模型无法模拟具有复杂动力学和大量反应热放出的两维系统时，该模型类型提供了一种选择。

⑥ 由于单元模型的序贯方法及其一次只在一个几何位置上进行收敛，所以收敛更快。

(2) 缺点

① 该模型能否用于重质石油馏分取决于关联式的准确性，关联式用来计算模拟软件中所用参数。

② 计算量大。

③ 无法重现返混行为。

5) 阶段模型

(1) 优点

文献中报道了大量的关于相平衡的研究工作，而相平衡是阶段模型的一个假设。

(2) 缺点

① 不能正确解释化学平衡对 VLE 的影响，反之亦然。

② 没有快捷程序可用于平衡阶段模型反应器的建模。

6) 学习模型

(1) 优点

① 可用学习模型描述确定性模型无法充分描述的体系。

② 能轻松创建用于优化的情境。

③ 可以进行非线性过程分析。

④ 能成功进行检测和诊断过程。

⑤ 噪音容许量。

⑥ 工业试验中的在线适应性。

⑦ 适应和继续学习(持续更新)提高性能和扩展其适应性的能力。

⑧ 导读的稳定性和容错性。

⑨ 与传统的计算时间相比，ANN 比传统模型收敛更快。

⑩ 能得出概括性的答案。

⑪ 对未知样品结果，结果可以接受。

⑫ 这种类型的模型可选用非均相模型作为补充，以完成商用 HDT 装置的优化和在线控制。

⑬ 与确定性模型进行耦合，可预测处理不同原料的 HDT 装置中的催化剂失活速率。

（2）缺点

① 需要大量的从试验或从确定性模拟软件中得到的数据进行训练。

② ANN 模型能否成功取决于过程的质量和使用的试验数据。

③ 不能在训练的数据范围之外外推得到操作条件。

④ 没有使用 ANN 作为 HDT 反应器规模扩大或缩小依据的报道。

⑤ 由于 ANN 是经验模型，所以不可能包括 HDT 复杂体系的所有影响。

2.4.3 广义反应器模型

当开发一种广义模型时，不能根据经验忽略任何影响因素，而应在质量和热量平衡方程中包括所有的抑制和其他影响因素项(Wärnå 和 Salmi，1996)。但即使模型中用到的所有参数都是已知的，该假设也非常复杂且难于求解，因此仍需进行一些假设。当然，必须通过试验数据得到很好的支持和适宜地验证这些假设。表 2.11 和表 2.12 分别详细列出加氢处理广义反应器模型中的质量和热量平衡方程，它们是基于如下假设开发的：液体和气体特征(表观速率、质量和热量扩散系数、比热、滞留率和密度)、催化剂属性(空隙率、大小、活性、有效性等)、润湿效率和沿整个催化剂床层的床层空隙率都为常数。同时，假设催化剂颗粒内部的质量和热量有效扩散系数也是常数。在这些前提下，模型中的参数可以表示为轴向和径向空间坐标的偏导函数。对于非等温反应器模型，必须评估数学模型中每个离散温度点的物化和热力学性质。

表 2.11　广义质量平衡方法(M)

项目 / 质量平衡	累积 (1)	对流 (2)	轴向扩散 (3)	径向扩散 (4)
(A) 气相($i=H_2$、H_2S、NH_3、LHC)	$\frac{\varepsilon_G}{RT_G Z}=\pm\frac{u_G}{RT_G Z}\frac{\partial p_i^G}{\partial z}+\frac{\varepsilon_G D_a^G}{RT_G Z}\frac{\partial^2 p_i^G}{\partial z^2}+\frac{\varepsilon_G D_r^G}{RT_G Z}\left(\frac{\partial^2 p_i^G}{\partial r^2}+\frac{1}{r}\frac{\partial p_i^G}{\partial r}\right)$			
(B) 液相($i=H_2$、H_2S、NH_3、LHC)	$(1-f_{st})\varepsilon_L\frac{\partial C_t^L}{\partial t}=-u_L\frac{\partial C_i^L}{\partial z}+\varepsilon_L D_a^L\frac{\partial^2 C_i^L}{\partial z^2}+\varepsilon_L D_r^L\left(\frac{\partial^2 C_i^L}{\partial r^2}+\frac{1}{r}\frac{\partial C_i^L}{\partial r}\right)$			
(C) 液相($i=H_2$、S、N、A、O、GO、WN、Ni、V)	$(1-f_{st})\varepsilon_L\frac{\partial C_t^L}{\partial t}=-u_L\frac{\partial C_i^L}{\partial z}+\varepsilon_L D_a^L\frac{\partial^2 C_i^L}{\partial z^2}+\varepsilon_L D_r^L\left(\frac{\partial^2 C_i^L}{\partial r^2}+\frac{1}{r}\frac{\partial C_i^L}{\partial r}\right)$			
(D) 液相滞留区($i=H_2$、H_2S、NH_3、LHC、S、N、A、O、GO、WN、Ni、V)	$f_{st}\varepsilon_L\frac{\partial C_{sti}^L}{\partial t}=$			
项目 / 质量平衡	累积 (1)			界面扩散 (9)
(E) 固相，润湿表面($i=H_2$、H_2S、NH_3、LHC、S、N、A、O、GO、WN、Ni、V)	$\varepsilon_{pL}(1-\varepsilon_B)\frac{\partial C_{sLi}^s}{\partial t}=$			

续表

项目 / 质量平衡	累积 (1)			界面扩散 (9)
(**E**) 固相，干表面 ($i=H_2$、H_2S、NH_3、LHC、S、N、A、O、GO、WN、Ni、V)	$\varepsilon_{pG}(1-\varepsilon_B)\dfrac{\partial C^s_{sGi}}{\partial t}=$			
(**G**) 固相，颗粒内润湿部分 ($i=H_2$、H_2S、NH_3、LHC、S、N、A、O、GO、WN、Ni、V)	$\varepsilon_{pL}\dfrac{\partial C^S_{Li}}{\partial t}=$			$+\dfrac{D^L_i}{\xi^2}\dfrac{\partial}{\partial\xi}\left(\xi^2\dfrac{\partial C^S_{Li}}{\partial\xi}\right)$
(**H**) 固相，颗粒内干燥部分 ($i=H_2$、H_2S、NH_3、LHC、S、N、A、O、GO、WN、Ni、V)	$\varepsilon_{pG}\dfrac{\partial C^S_{Gi}}{\partial t}=$			$+\dfrac{D^G_i}{\xi^2}\dfrac{\partial}{\partial\xi}\left(\xi^2\dfrac{\partial C^S_{Gi}}{\partial\xi}\right)$

G-L 传质 (5)	G-S 传质 (6)	L-S 传质 (7)	流动相液体传质 (8)
$-K_{Li}a_L\left(\dfrac{p^G_i}{H_i}-C^L_i\right)$ $+K_{Li}\alpha_L\left(\dfrac{p^G_t}{H_i}-C^L_i\right)$	$-(1-f_w)k^{GS}_i a_s\left(\dfrac{p^G_i}{RT_GZ}-C^S_{SGi}\right)$	$-f_w k^s_i a_S(C^L_i-C^S_{SLi})$ $-f_w k^s_i a_S(C^L_i-C^S_{SLi})$	$-k^m_i a_S(C^L_i-C^L_{Sti})$ $-k^m_i a_S(C^L_i-C^L_{Sti})$ $+k^m_i a_S(C^L_i-C^L_{Sti})-k^{tS}_i(C^L_{Sti}-C^S_{SLi})$
	G-S 传质 (6)	L-S 传质 (7)	生成 (10)
		$+f_w k^S_i a_S(C^L_i-C^S_{SLi})+$ $k'^S_i(C^L_{Sii}-C^S_{SLi})$	$+\rho_B\xi\sum_{j=1}^{N_{RL}}\upsilon^L_{ij}\eta^L_j r'^L_j(C^S_{SLi},\ T^S_S)$
	$+(1-f_w)k^{GS}_i a_S\left(\dfrac{p^G_i}{RT_GZ}-C^S_{SGi}\right)$		$+\rho_B\xi\sum_{j=1}^{N_{RG}}\upsilon^G_{ij}\eta^G_j r'^G_j(C^S_{SGi},\ T^S_S)$
			$+\rho_S\sum_{j=1}^{N_{RL}}\upsilon^L_{ij}r'^L_j(C^S_{Li},\ T_S)$
			$+\rho_s\sum_{j=1}^{N_{RG}}\upsilon^G_{ij}r'^G_j(C^S_{Gi},\ T_S)$

表 2.12　广义热平衡方程

方面 / 质量平衡	累积 (1)	对流 (2)	轴向扩散 (3)	径向扩散 (4)
(**A**) 气相	$\varepsilon_G\rho_G Cp_G\dfrac{\partial T_G}{\partial t}=$	$\pm u_G\rho_G Cp_G\dfrac{\partial T_G}{\partial z}$	$+\varepsilon_G\lambda^G_a\dfrac{\partial^2 T_G}{\partial z^2}$	$+\varepsilon_G\lambda^G_r\left(\dfrac{\partial^2 T_G}{\partial r^2}+\dfrac{1}{r}\dfrac{\partial T_G}{\partial r}\right)$
(**B**) 固相	$\varepsilon_L\rho_L Cp_L\dfrac{\partial T_L}{\partial t}=$	$-u_L\rho_L Cp_L\dfrac{\partial T_L}{\partial z}$	$+\varepsilon_L\lambda^L_a\dfrac{\partial^2 T_L}{\partial z^2}$	$+\varepsilon_L\lambda^L_r\left(\dfrac{\partial^2 T_L}{\partial r^2}+\dfrac{1}{r}\dfrac{\partial T_L}{\partial r}\right)$

续表

方面 质量平衡	累积 (1)	对流 (2)	轴向扩散 (3)	径向扩散 (4)
(**C**)固相，等温	$\varepsilon_S\rho_S Cp_S\frac{\partial T_S^S}{\partial t}=$		$+\varepsilon_S\lambda_a^S\frac{\partial^2 T_S^S}{\partial z^2}$	$+\varepsilon_S\lambda_r^S\left(\frac{\partial^2 T_S^S}{\partial r^2}+\frac{1}{r}\frac{\partial T_S^S}{\partial r}\right)$
(**D**)热电偶套管	$\rho_W Cp_W\frac{\partial T_{TW}}{\partial t}=$		$+\lambda_{TW}\frac{\partial^2 T_{TW}}{\partial z^2}$	$+\lambda_{TW}\left(\frac{\partial^2 T_{TW}}{\partial r^2}+\frac{1}{r}\frac{\partial T_{TW}}{\partial r}\right)$

方面 质量平衡	累积 (1)		颗粒内传热 (12)
(**E**)固相，非等温	$\rho_S Cp_S\frac{\partial T_S}{\partial t}$	+	$\lambda_e^S\left(\frac{\partial^2 T_S}{\partial \xi^2}+\frac{2}{\xi}\frac{\partial T_S}{\partial \xi}\right)$

f-L 传热(5)	热传导(6)	f-S 传热(7)	f-W 传热(8)
$h_{GI}a_I(T_G-T_I)$	$\sum_{i=1}^{N_{CG}}\left\{K_{Li}a_L\left(\frac{p_i^G}{H_i}\right)-G_i^L\right.$ $+\left.[Cp_{Gi}(T_I-T_G)-\Delta H_{vi}]\right\}$	$-(1-f_w)h_{GS}a_S(T_G-T_S^S)$	$-(1-f_W)h_{GW}\frac{A_W}{V}(T_G-T_W)$
$h_{IL}a_L(T_I-T_L)$	$\sum_{i=1}^{N_{CG}}\left\{K_{Li}a_L\left(\frac{p_i^G}{H_i}\right)-G_i^L\right.$ $+\left.[Cp_{Li}(T_I-T_G)-\Delta H_{vi}]\right\}$	$-f_w h_{LS}a_S(T_L-T_S^S)$	$-f_W h_{LW}\frac{A_W}{V}(T_L-T_W)$
G-S 传热(9)		L-S 传热(10)	生成热(11)
$(1-f_w)h_{GS}a_S$ $(T_G-T_S^S)$		$+f_w h_{LS}a_S(T_L-T_S^S)$	$+\rho_B\xi\left[\sum_{j=1}^{N_{RL}}(-\Delta H_{Rj}^L)\eta_j^L r'^L_j(C_{SLi}^S,\ T_S^S)\right.$ $\left.+\sum_{i=1}^{N_{RG}}(-\Delta H_{Rj}^G)\eta_j^G r'^G_j(C_{SGi}^S,\ T_S^S)\right]$
			生成热(11)
			$\rho_S\left[\sum_{j=1}^{N_{RL}}(-\Delta H_{Rj}^L)r'^L_j(C_{Li}^S,\ T_S)\right.$ $\left.+\sum_{j=1}^{N_{RG}}(-\Delta H_{Rj}^G)r'^G_j(C_{Gi}^S,\ T_S)\right]$

虽然文献中已报道了一些用于预测床层孔隙率的变化(径向和轴向)(Cotterman 和 Prausnitz，1985；Stefanidis 等，2005)的关联式，但很难将它们合并到常规的连续模型中。因此，常规模型也忽略了孔隙率分布和随后的局部速率变化影响。这种处理方法导致任何反应器模型都不能进行准确预测，如 Gunjal 和 Ranade(2007)用 CFD 模型给出的结果一样。这些作者报道了 HDS 转化率的预测结果存在差异，与假设床层分布不均时的转化率相比，当假设床层孔隙率分布均匀时，转化率预测结果要高出约 15%。这个结果表明，必须将连

续模型和严格流体力学模型进行耦合，用于考虑床层孔隙率对 PBRs 流体动力学的强烈影响。

1. 广义质量平衡方程(M)

在表 2.11 所示的质量平衡方程中，假设各个阶段是连续的，且用 Eulerian-Eulerian 对其框架模型进行表示(Duduković等，1999)。图 2.15 给出了 TBR 中反应相间(气相-界面、界面-液相和液-固)和相内的浓度分布图，并用广义质量平衡方程中的数学项进行了描述。在下面的章节中，我们将阐述这些方程中的所有项以及得出它们的假设。

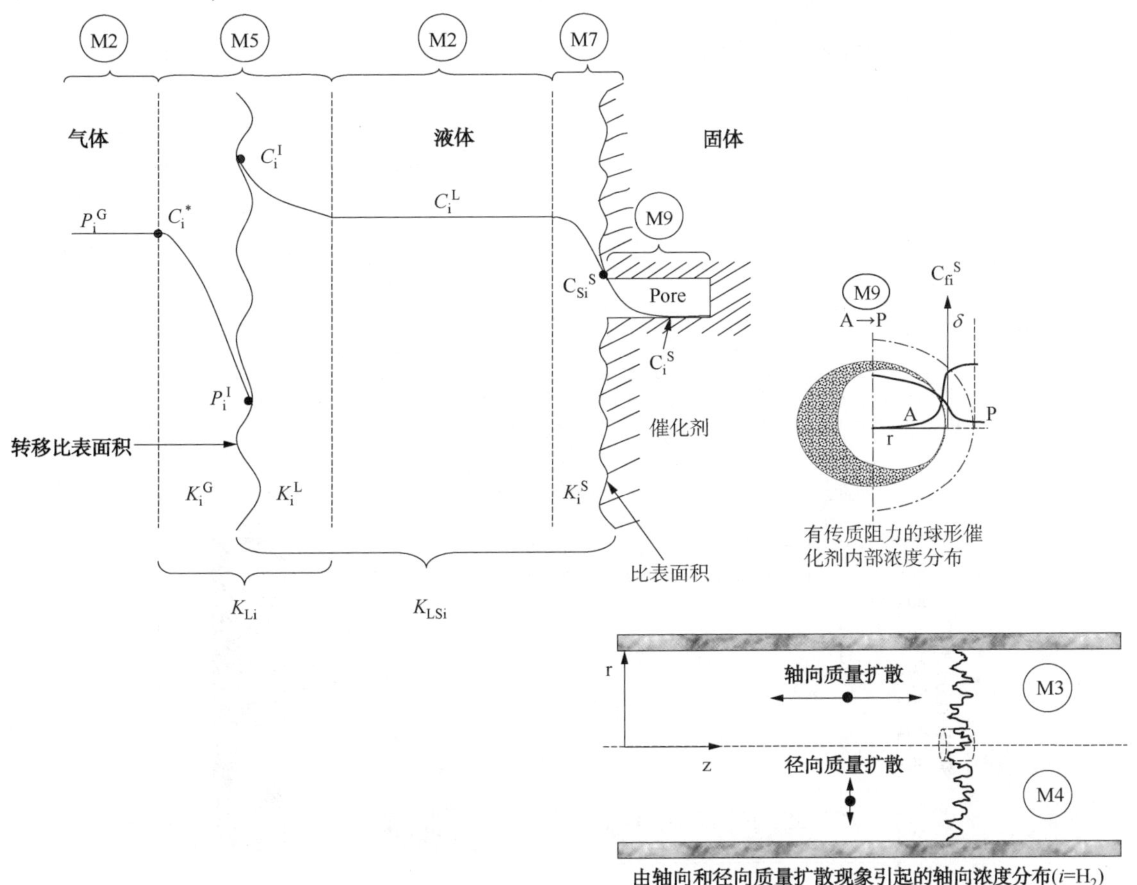

图 2.15　质量平衡方程中一些项目的图形表示

1）气相(MA)

由于气相质量平衡方程忽略了非挥发组分的影响，因此这些具有可忽略蒸气压的组分(即 i+S、N、A、O、GO、WN、Ni 和 V)没有被 MA 方程包含在内。M 代表表 2.11 中给出的质量平衡方程，A 代表同一表中的 A 行(Sater 和 Levenspiel，1966；Wärnå 和 Salmi，1996；Duduković等，1999)。累积项 M1(表 2.11，列 1)给出了 TBR 反应器的动态(非稳态或瞬时)行为。在馏分油 HDT 的 TBRs 建模和模拟中，该项十分有趣(Ho 和 Nguyen，2006)，和其他作者报道的一样。

Lopez 和 Dassori(2001)认为，要建立一种可靠的 HDS 反应过程动力学方法，必须对原料中各种含硫化合物的反应活性、动力学机理和升级换代产品对催化剂性能的整体影响进行深入研究。完成了这些研究工作和建立了反应体系的动力学模型后，就可以提出一个反应器模型。

M2 项代表活塞流模型的对流流动。使用该项意味着只在轴向上存在浓度和温度梯度变化。MA2 项中的符号“-”和“+”分别代表了并流和逆流。在并流和逆流操作模式下，TBRs 中反应物和产物的轴向浓度分布如图 2.16 所示。

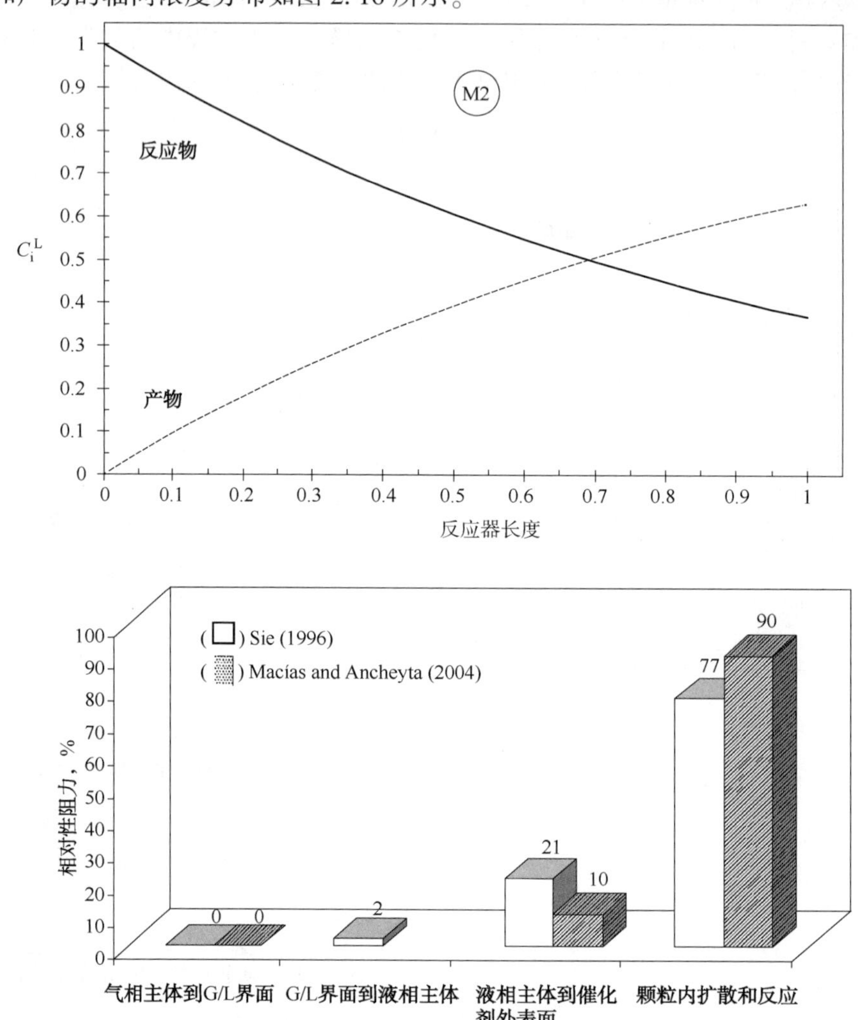

图 2.16 典型馏分油 HDT 过程中，轴向液体平均摩尔浓度分布和相对传质阻力

列 M3 项为轴向方向上的有效扩散。根据 Mears(1971)和 Gierman(1988)报道的标准，该项在等温［按照 Mears(1971)和 Gierman(1988)报道的标准］以及中试和工业绝热［Shah 和 Paraskos(1975)报道］TBRs 建模中可以忽略。在工业反应器中，由于采用较高的气体和液体流速，因此可保证其流体流动扩散最小。Mears(1971)研究表明，TBRs 中的轴向扩散效应比单一气相反应器中的要重要得多；因此，该项可以被省略，如对于石脑油 HDS。Salmi 等(2000)认为，MA3 项可以忽略不计，因为气相接近于活塞流模型，这意味着其轴向扩散效应可以被舍弃($D_a^G=0$)。

列 M4 项中给出了有效质量轴向(或径向)扩散的项。当该项和 M2 项一起使用时，有时候和 M3 一块使用，模型被称为 2D；如果忽略了 M4 项，模型为 1D。据报道，当 d_R/d_{pe} 的比值大于 2.5 时，可以忽略 M4 项，因为可以忽略反应器内部径向孔隙率变化。图 2.15 给出了轴向和径向质量传递现象的一个基本图示和由此产生的 TBR 内部浓度分布。当进行液体分布研究时，会发现径向质量扩散项非常有意思，因为它定义了为了有充足的液体分布，冷凝点的必要密度，并描述了一个设计较差的分布器如何影响床层。对于工业 TBRs，如果不存在液体分布不良现象，可用活塞流（径向混合均匀）令人满意的描述涓流区的两相（Froment，2004）。总之，如果可以忽略沿 TBR 轴向和径向的质量扩散影响，建议在气相和液相的建模中使用一维活塞流模型（Jiménez 等，2007b）。

基于上述假设，对工业反应器进行建模时，因为 L_B/d_{pe} 和 d_R/d_{pe} 的比值高，所以所有 MA 方程中的 MA3 和 MA4 项一般都可以忽略。由于气相温度（T_G）是一个与 z 坐标有关的变量，所以 MA 方程可表示为：

$$\frac{\varepsilon_G}{RZ}\frac{\partial}{\partial t}\left(\frac{p_i^G}{T_G}\right)=\pm\frac{u_G}{RZ}\frac{\partial}{\partial z}\left(\frac{p_i^G}{T_G}\right)-K_{Li}a_L\left(\frac{p_i^G}{H_i}-C_i^L\right)-(1-f_w)k_i^{GS}a_S\left(\frac{p_i^G}{RT_GZ}-C_{SGi}^S\right) \quad (2.119)$$

对方程（2.119）两边的偏导数进行变形，可得如下表达式：

$$\frac{\varepsilon_G}{RT_GZ}\frac{\partial p_i^G}{\partial t}-\frac{\varepsilon_G p_i^G}{RT_G^2Z}\frac{\partial T_G}{\partial t}=\pm\frac{u_G}{RZ}\left(\frac{1}{T_G}\frac{\partial p_i^G}{\partial z}-\frac{p_i^G}{T_G^2}\frac{\partial T_G}{\partial z}\right)-K_{Li}a_L\left(\frac{p_i^G}{H_i}-C_i^L\right)-(1-f_w)k_i^{GS}a_S\left(\frac{p_i^G}{RT_GZ}-C_{SGi}^S\right) \quad (2.120)$$

但将该表达式与一套完整的偏微分方程组（PDEs）进行合并时，该表达式很难求解。因此，只推荐在稳态模拟中使用这个表达式，如 Murali 等（2007）对它的使用一样。

列 M5 项代表从气相到液相的质量传递。用双膜理论描述传质阻力。在双膜理论中，假设界面热力学平衡且在传质中不存在任何额外的阻力。当使用液相中的气-液传质系数时（K_{Li}），使用虚拟的液相浓度，即对于气体化合物（H_2、H_2S、NH_3 和轻烃）来说，其浓度为相应体积分压下的平衡浓度，如下列关系式所示：

$$C_i^*=\frac{p_i^G}{H_i} \quad (2.121)$$

式中，H_i（亨利常数）是一个平衡关系式，在某种程度上代表了石油馏分中气体化合物 i 的溶解度。M5 项中传质速率的增加，只是因为气相和液相传质面积（a_L）的增大，而与湍流程度的增强无关（Hofmann，1977）。

当润湿效率等于 1（$f_w=1$）时可以忽略气-液传质项。因为气体和固体之间不接触，所以，只有在气相中的 i 组分从液相或到液相中传递时，其摩尔流速才会发生改变（Froment 等，1994）。

2）气相中气体化合物（MB）

由于轻质石油馏分的部分挥发，液相质量平衡方程（表 2.11 中的行 MB）中的动态持液率沿反应器严格变化。据 Avraam 和 Vasalos（2003）报道，因轻质石油原料的挥发，持液率沿催化剂床层降低，而动态持气率增加。

在小型 TBRs 的建模中，当为了防止轴向扩散，使用较小尺寸的惰性材料稀释催化剂床层时，如果能满足 Mears（1971）和/或 Gierman（1988）标准，列 M3 项可以忽略。Gierman

(1988)标准中惰性粒子的平均直径较小，和设计参数一样。由于稀释了催化剂床层，因此假设沿催化剂径向无浓度梯度也是合理的，由此也可以忽略列 M4 中的径向扩散项(Botchwey 等，2006)。

列 M7 中的项对应的是液-固界面静止液膜中的传质。观察可得，在较小的反应器中，质量表观速度较低，进而导致催化剂不完全润湿($f_w=1$)。这可能是工业反应器中杂质脱除率低于期望值的原因(Bhaskar 等，2004)。在工业反应器中，由于分布器设计优良且表观速率高，所以一般假定催化剂颗粒完全润湿。因此，液相和固相之间的传质是液体流动与催化剂颗粒外表面积接触的函数，是由两相中的浓度差引起的($C_i^L-C_{SLi}^S$)。浓度差的增大表明反应物没有完全扩散到颗粒外表面，而反应物扩散不仅取决于液体流动，还取决于颗粒的形状和尺寸。由于具有更大的固体比表面积和更高的传质系数，小颗粒可以使这些外部浓度梯度分布差别最小(Hofmann，1977；Macías 和 Ancheyta，2004)。

3）液相中非挥发化合物(MC)

对于非挥发化合物的质量平衡方程，在 HDT 条件下，假设可忽略原料的部分挥发。在这些条件下，有机硫化合物、含氮化合物、芳烃、烯烃、瓦斯油、粗石脑油、含镍和钒的化合物都可以认为是不挥发的(Bhaskar 等，2004)。

4）滞留液相(MD)

流动区滞留液的质量平衡方程(行 MD)假定传质可以在催化剂床层液体中的停滞区和流动区之间进行。当滞留流体趋近于零时($f_{st}\to 0$)，TBR 流动模式变为平推流(Schwartz 和 Roberts，1973)。列 M8 给出了流动和停滞液体区的传质项。观察可得，即使 TBR 中的液体进料被中断且填充床中的液体能自由流出，也不是所有的外部滞留液体(催化剂孔道外液体)都能自由排出，总有一定比例的外部液体在盲区保持停滞不动。大部分的滞留液体区存在于颗粒之间的接触点上，主要在反应器顶部(Hofmann，1977)。当忽略停滞区的影响时($f_{st}\to 0$)，必须从广义模型中去掉下面的项：MB8、MC8、行 MD 和 ME7 中的第二项。

5）固相表面(ME-MF)

考虑部分润湿的固相外表面质量平衡如行 ME 所示，而对干燥催化剂外表面的质量平衡则在行 MF 中给出。在行 ME 和 MF 给出的方程中，用各自生成项中(ME10 和 MF10)的催化剂效率因子评价了固相中的内部质量梯度。这些颗粒内部梯度是一种有效扩散的产物，主要取决于催化剂的孔隙率和通过孔道扩散的分子大小。据报道，工业 HDS 催化剂(大小约为 1/20~1/8 in)中的效率因子(η_j^f)为 0.4~0.6。当 η_j^f 值很小时 $\phi_j^f>1$，这说明在工业应用的 HDS 反应中存在强烈的内部扩散限制。由于内部扩散也取决于外部扩散，而外部扩散又取决于流速，因此，为了使催化剂效率达到最大，反应器应在没有液-固界面传质限制的条件下进行操作。当存在外部梯度(气-液和液-固)时，颗粒尺寸的减少使得颗粒内部的路径长度缩短，从而造成颗粒效率因子的增加。如果将颗粒粉碎，可假设颗粒是均匀分布且效率因子一样($\eta_j^f=1$)。但是，在工业反应器中装填较小尺寸的催化剂会增加 ΔP，因此，必须注重催化剂尺寸大小的设计(Marroquín de la Rosa 等，2002；Macías 和 Ancheyta，2004)。

使用 ME 和 MF 方程模拟的动力学结果，可能受模型参数值估计不准确的影响，例如对于床层空隙率的计算，读者可能选择一个用于未稀释床层空隙率的关联式，对真实稀释的体系进行计算。这个参数需要估计具体的固相分率($\varepsilon_S=1-\varepsilon_B$)(Chen 等，2001)。

6）固相内部（MG-MH）

传质的主要阻力存在于催化剂颗粒内部。据报道，当使用如图 2.16 所示的工业成形催化剂时，各种传质阻力的相对百分比通常存在于馏分油 HDT 中（Sie，1991；Macías 和 Ancheyta，2004）。因此，使用影响过程动力学的质量平衡方程 MG 和 MH 解释内部传质限制（Hofmann，1977；Botchwey 等，2006）。图 2.15 给出了有传质阻力的颗粒内部浓度分布。

假设发生在固体催化剂内表面（即催化剂孔道内）的化学反应导致了催化剂颗粒内部浓度梯度，并用有效扩散表示的颗粒内扩散项进行解释。假设这些孔道结构是均一的且被气体（$\eta_i=0$）或液体（$\eta_i=1$）完全填充（Froment 等，1994；Jiménez 等，2005；Iliuta 等，2006）。

对于固体催化剂颗粒内部的方程，假设在多孔催化剂颗粒的无穷小体积单元里存在质量平衡，其方程可表达为：

$$\varepsilon_{pf}\frac{\partial C_{fi}^{S}}{\partial t}=-\xi^{-S}\frac{\partial N_i^f\xi^S}{\partial \xi}+\rho_S\sum_{j=1}^{N_{Rf}}\upsilon_{ij}^{f}r'^f_j(C_{fi}^{S},\ T_S) \tag{2.122}$$

式中，N_i^f 为组分 i 的摩尔通量；ξ^s 中的 s 为形状因子，即 ξ 的空间径向坐标（板型 $s=0$，无限长圆柱体 $s=1$，球体 $s=2$）。非理想的催化剂形状用非整数进行表示。方程（2.122）的进一步发展取决于所用的扩散模型。严格的说，应该用 Stefan-Maxwell 方程描述多组分扩散，其中所有的通量与所有的浓度梯度有关（Salmi 等，2000）：

$$N^f=-F\frac{kC_f^s}{d\xi} \tag{2.123}$$

式中，F 是包含二元扩散系数的系数矩阵（Fott 和 Schneider，1984）。然而，不同扩散模型的比较结果表明，如果用近似的方法表示扩散系数（例如，用 Tyn-Calus 关联式表达液相分子扩散系数），则完全可以用一个基于 Fick 定律的更简单方法描述该方程。因此，通过使用 Fick 定律和假设催化剂为球形颗粒，方程（2.123）可改写为表 2.11 中报道的行 MG 和 MH 中的形式（Salmi 等，2000）。

生成项 MG10 和 MH10 代表催化反应中产物和反应物的生成和消失，这些反应只发生在催化剂颗粒孔道内的活性位上。因为反应体系中存在着质量、热力学和动力学过程之间的非线性相互作用，所以这些项给出了加氢精制反应中的非线性行为（Jiménez 等，2005）。

2. 广义热平衡方程（H）

工业加氢精制反应器是在非等温绝热条件下运行，且大部分反应为放热反应，因此，平均反应温度沿催化剂床层应一直增加（图 2.17）（Lopez 和 Dassori，2001；Bhaskar 等，2004）。另一方面，用于催化剂筛选和过程研究的试验一般在实验室和中试规模的微反应器中进行。这些体系运行条件一般与工业装置报道的相同，但反应温度基本保持恒定（在等温模式下操作），因此，在小的反应器建模中可以忽略热量平衡。然而，工业加氢精制反应器不在等温条件下操作，因此，这些小反应器得到的试验信息不能准确代表工业反应器运行情况。因此，用小反应器的试验数据预测工业反应器的实际性能时，需在工业加氢精制反应器模型中加入能量平衡计算（Rodríguez 和 Ancheyta，2004）。

在重质油加氢精制中，反应温度是最重要的运行参数。一般通过调节温度弥补催化剂的失活，用以达到所需的 HDS 深度，并因此作为催化剂寿命的判据。合理确定该过程中反应器入口的最佳温度，保证在 SOR 或 EOR 条件下达到所需的转化率至关重要。这个最佳温度称为定点温度，是过程控制中最重要的变量（Al-Adwani 等，2005）。

对反应器进行建模时，通常只考虑液相和固相就足够了(表 2.12 中的行 HB 或 HE)，因为气相的热容比固相和液相的热容小得多(Salmi 等，2000)。

1) 气相(HA)

表 2.12 报道了能量平衡方程中需包含的所有项。HA2 项中的符号“-”和“+”分别代表逆流和并流。一般认为工业加氢精制反应器在绝热条件下运行，因为与反应产生的能量相比，反应器向周围环境中散发的能量一般可以忽略不计(Shah 和 Paraskos，1975；Froment 等，1994；Vanrysselberghe 和 Froment，2002；Froment，2004)。因此，列 H4 中的项可以忽略，因为工业反应器只在径向是等温的($\lambda_r^G=0$)；列 H8 中的项一定要去掉，因为从流体相到反应器壁不存在传热(Jiménez 等，2005；Kam 等，2005)。

在非绝热操作中，列 H3 中的项(HD3 项除外)可以忽略，因为与径向热传导相比，这项无关紧要(Botchwey 等，2006)。图 2.17 给出了一个非绝热 TBR 反应器径向温度分布图。

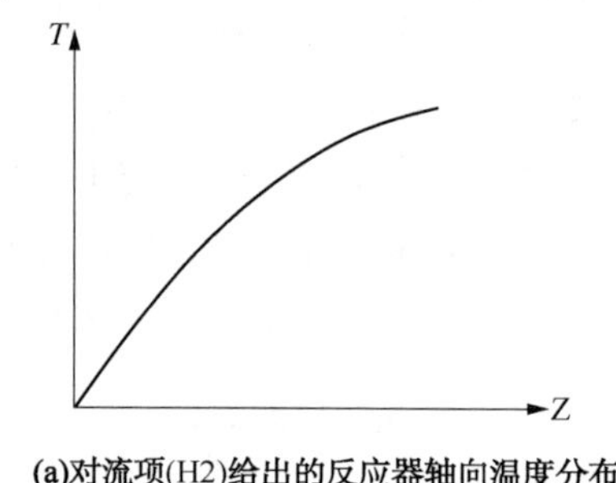

(a)对流项(H2)给出的反应器轴向温度分布

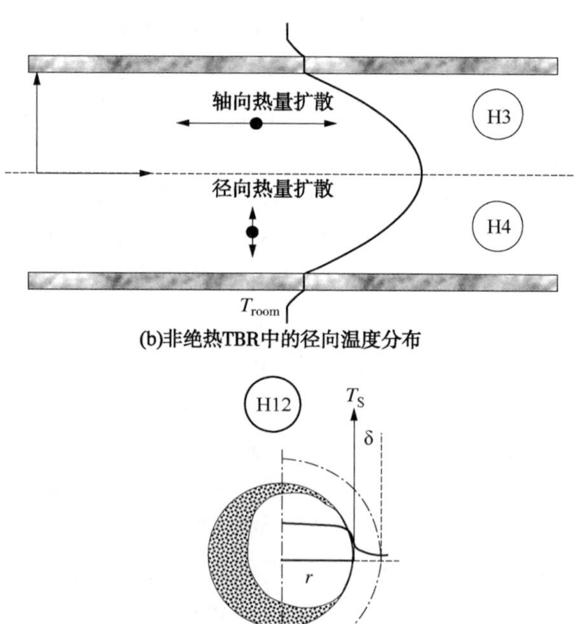

(b)非绝热TBR中的径向温度分布

(c)具有传热阻力的球形催化剂内部温度分布

图 2.17　广义热平衡方程中一些项的代表图形

列 H5 中的项目给出了对流流体相界面的能量传递，HA5 项中的驱动力为气相主体和界面的温度差(T_I)，HB5 项中的驱动力为液相主体和界面的温度差(Froment 等，1994；

Marroquín de la Rosa，2002；Vanrysselberghe 和 Froment，2002）。

项 HA6 对应的是气-液相界面气体膜侧的热传导通量，其成因是通过颗粒内传质进行的焓传递。热传导通量的驱动力也为气相气体和界面的温度差（Froment 等，1994；Marroquín de la Rosa，2002；Vanrysselberghe 和 Froment，2002）。该项还通过液相和气相之间的蒸发和冷凝考虑了热通量。在典型 HDT 工艺条件下，有时可忽略馏分油的部分气化，也可以忽略气-液界面非挥发组分的传质（Bhaskar 等，2004）。

列 H7 中的项包括气体到固体外表面的热对流通量（HA7 项）和液体到固体外表面的对流传热（HB7 项）（Froment 等，1994；Vanrysselberghe 和 Froment，2002）。

2）液相（HB）

如果认为反应器是绝热的，那么 HB4 和 HB8 项如气相一样，是可以忽略的。通过 HB6 项也考虑了液相热量平衡方程中的气化热或冷凝热。潜热（ΔH_{vi}）只代表反应产物气化消耗热，其中负号表示以浓度梯度形式给出的热排出，因为当 $i=H_2S$、NH_3 和轻烃（LHCs）时，$C_i^L>C_i^*$。另一方面，潜热只代表 H_2 冷凝得到的热量（Vanrysselberghe 和 Froment，2002）。

表 2.12 中方程 HA、HB 和 HC 给出的能量平衡考虑了固体表面的生成热和生成热向液相的传递，最后通过对流和传质从液相传递到气相，这意味着 $T_S^S>T_L>T_I>T_G$。

3）等温固相（HC）

在入口气液混合物中，石油馏分的浓度通常很低，所以可以假设催化剂颗粒是等温的（Sertić-Bionda 等，2005）。如果假设催化剂颗粒是等温的（内部能量传递没有阻力），则方程 HC 可用于模拟 TBR，但应使用固体表面的浓度和温度（Froment 等，1994；Vanrysselberghe 和 Froment，2002）。

在生成项（HC11）中，反应热的符号是负的（$-\Delta H_{Rj}^f$），因为主要的 HDT 反应是放热的。但在温度高于 420℃时，主要发生吸热的热裂化反应，这时反应热的符号变为正号（$+\Delta H_{Rj}^f$）（Chen 等，2001）。

4）热电偶套管（HD）

Chen 等（2001）报道了在催化剂床层的出口处，热电偶套管和催化剂床层之间的温度差高达 60K。在这种情况下，热电偶测量的温度不能代表床层的温度。因此，如果忽略这个现象，将不能正确解释中试数据。导致该差异的原因是热电偶套管是不锈钢的，其热导率明显高于床层中催化剂颗粒的热导率。因此，与催化剂床层相比，热量能更容易沿热电偶套管从高温区传递到低温区。热量沿热电偶套管和反应器壁传递回反应器入口，增强了催化剂床层中的热散射，使轴向温度分布曲线呈扁平状。在能维持高度放热反应发生的中试反应器中，这种影响是相当显著的，因此，催化剂床层直径相对较小且使用热电偶测量催化剂床层温度。

5）非等温固相（HE）

通常固体颗粒内的传热速度很快，而膜阻力对传热非常重要。可用 Fourier 定律描述多孔颗粒内的传热，因此对非等温催化剂，PDE 是关于温度的一个方程，如表 2.12 中的行 HE 所示（Salmi 等，2000）。图 2.17 给出了催化剂颗粒内部和厚度为 δ 的外边界层的温度分布。

3. 边界条件

质量和能量平衡方程具有边界条件，将反应体系主体性质与表面性质进行了关联。对这些平衡方程，特别是对考虑轴向扩散的模型(Wärnå 和 Salmi，1996)，一般使用 Danckwerts 边界条件(Danckwerts，1953)，但当反应器出口附近难于用数值表示时，可用 Salmi 和 Romanainen(1995)提出的修正半经验边界条件。对于反应器入口、出口以及催化剂和反应器壁的传热，文献中提出了很多替代性的边界条件。对于表 2.11 和表 2.12 中给出的 PDEs 体系的广义模型，一般很有必要定义每个方程的初始($t=0$)和边界($t>0$)条件，如表 2.13 和表 2.14 所示。因此，为了固定反应器入口和出口处的边界条件，一般假设反应器入口和出口处的轴向坐标分别为 $z=0$ 和 $z=L_B$(Lopez 和 Dassori，2001)。

表 2.13　广义质量和热量平衡方程中的初始条件($t=0$)

条件	操作模式	气相	液相		固相		停滞区
		(i=H_2、H_2S、NH_3、LHC)	(i=H_2、H_2S、NH_3、LHC)	(i=S、N、A、O、GO、WN、Ni、V)	表面(i=所有组分)	内部(i=所有组分)	(i=所有组分)
$Z=0$，$0\leqslant r\leqslant R$	并流	$p_i^G=(p_i^G)_0$	—	$C_i^L=(C_i^L)_0$	$C_{Sfi}^S=(C_{Sfi}^S)_0$	$C_{fi}^S=(C_{fi}^S)_0$	
	逆流	$p_i^G=0$	$C_i^L=0$	$C_i^L=(C_i^L)_0$	$C_{Sfi}^S=(C_{Sfi}^S)_0$	$C_{fi}^S=(C_{fi}^S)_0$	
	并流/逆流	$T_G=(T_G)_0=T_0$	—	$T_L=(T_L)_0=T_0$	$T_S^S=(T_S^S)_0=T_0$	$T_S=(T_S)_0=T_0$	$C_{Sti}^S=0$
$0\leqslant z\leqslant L_B$，$0\leqslant r\leqslant R$	并流/逆流	$p_i^G=0$	—	$C_i^L=0$	$C_{Sfi}^S=0$	$C_{fi}^S=0$	$C_{Sti}^S=0$
		$T_G=T_0$	—	$T_L=T_0$	$T_S^S=T_0$	$T_S=T_0$	
$Z=L_B$，$0\leqslant r\leqslant R$	并流	$p_i^G=0$	—	$C_i^L=0$	$C_{Sfi}^S=0$	$C_{fi}^S=0$	
	逆流	$p_i^G=(p_i^G)_{L_B}$	—	$C_i^L=0$	$C_{Sfi}^S=0$	$C_{fi}^S=0$	
	并流/逆流	$T_G=(T_G)_{L_B}=T_0$	—	$T_L=(T_L)_{L_B}=T_0$	$T_S^S=(T_S^S)_{L_B}=T_0$	$T_S=(T_S)_{L_B}=T_0$	$C_{Sti}^S=0$
$0\leqslant\xi\leqslant d_{pe}/2$，$0\leqslant z\leqslant L_B$，$0\leqslant r\leqslant R$	并流/逆流	—	—	—	—	$C_{fi}^S=0$ $T_S=T_0$	

在边界条件 $z=0$ 处，一些作者通常假设在反应器入口温度和压力下，气体和液体摩尔流处于物理平衡状态(石油馏分中气相组分饱和)，并使用如下的表达式(Korsten 和 Hoffmann，1996；Pedernera 等，2003；Kumar 和 Froment，2007)：

$$C_i^f=(C_i^f)_0=\frac{(p_i^G)_0}{H_i} \tag{2.124}$$

为了模拟中试 TBR 中石油馏分的并流和逆流操作，其他研究者认为，石油馏分中 H_2 并没有达到饱和；也就是说，在 $z=0$、$t\geqslant 0$ 时，石油馏分中 H_2 初始浓度为 0[$(C_{H_2}^L)_0=0$](Yamada 和 Goto，2004；Mederos 和 Ancheyta，2007)。

当使用没有气体循环的高纯氢气流时，如一些实验室和小试规模 HDT 反应器，或者在工业装置中循环气经过净化处理时，H_2S、NH_3 和 LHC 的分压(p_i^G)和液体摩尔浓度(C_{Li})在催化剂床层接口处的值(逆流和并流操作条件下，$z=0$ 和 $z=L_B$)等于或非常接近于 0。对于循环气没有高度净化的工业 HDT 反应器，H_2S、NH_3 和 LHC 的分压(p_i^G)和液体摩尔浓度(C_i^L)在催化剂床层入口处($z=0$)的值不等于 0(Mederos 等，2006)。

在轴向和径向上的质量和热量扩散项导致了所有相中的方程都是二级微分形式；因此，需要定义两个边界条件。根据 Danckwerts (Wehner 和 Wilhelm, 1956)，在 z = 0 处，Danckwerts 边界条件为：

$$-\varepsilon_f D_a^f \frac{\partial(C_i^f)}{\partial z}\bigg|_{z=0^+} = u_f[(C_i^f)_0 - (C_i^f)_{z=0^+}] \tag{2.125}$$

$$-\varepsilon_f \lambda_a^f \frac{\partial T_f}{\partial z}\bigg|_{z=0^+} = u_f \rho_f Cp_f[(T_f)_0 - (T_f)_{z=0^+}] \tag{2.126}$$

可以简化为：

$$C_i^f = (C_i^f)_{0'} \qquad T_f = (T_f)_0 \tag{2.127}$$

因为质量和热量的轴向扩散相对较小，且在反应器入口处的浓度和温度梯度分布相当平缓(Chen 等，2001)，所以这些边界条件是正确的。

$z=L_B$ 时，Danckwerts 边界条件为：

$$\frac{\partial C_i^f}{\partial z} = \frac{\partial T_f}{\partial z} = 0 \tag{2.128}$$

边界条件：

$$z \to \infty\ ,\ T_f \to T_W \tag{2.129}$$

式(2.129)是反应器出口的真实条件，但由于它是一个无限大类型的边界条件，在大多数值方法中很难应用。因此，很多研究人员喜欢用 Danckwerts 边界条件，它在反应器出口处的温度梯度分布为 0。必须注意的是，除非反应器无限长，否则这种出口条件是不真实的，因为流体不能与周围介质达到平衡。在频繁处于高温操作的 TBRs 中，出口处的非平衡状态更明显。Young 和 Finlayson(1973)提出的边界条件避开了这种异常。他们得到的出口和入口条件与 Danckwerts 的相似，都考虑了轴向和径向扩散的影响。但是，报道的出口条件为一个非零梯度，当径向扩散可以忽略时，可简化为 Danckwerts 形式。当 $z \geq L_B$ 时，边界条件 $\partial T_S^S/\partial z=0$ 也为 Danckwerts 形式，但由于 $z \geq L_B$ 通常不存在固相，因此一般认为这个出口条件是有效的。同样的，由于没有固体催化剂时不会发生反应，因此可以假设出口处浓度梯度为 0。当反应器外部不存在质量(或热量)的扩散时，可以使用 Danckwerts 边界条件(Chao 和 Chang，1987；Feyo De Azevedo 等，1990)。

表 2.14　广义质量和热量平衡方程中的边界条件(t>0)

条件	运行模式	气相		液相	
		($i=H_2$、H_2S、NH_3、LHC)		($i=H_2$、H_2S、NH_3、LHC)	
		扩散	无扩散	扩散	无扩散
$Z=0,\ 0\leq r\leq R$	并流	— —	$p_i^G=(p_i^G)_0$ $T_G=(T_G)_0$	— —	$C_i^L=(C_i^L)_0$ $T_L=(T_L)_0$
	逆流	$\frac{\partial p_i^G}{\partial z}=\frac{\partial T_G}{\partial z}=0$	—	—	$C_i^L=0$

续表

条件	运行模式	气相 ($i=H_2$、H_2S、NH_3、LHC)		液相 ($i=H_2$、H_2S、NH_3、LHC)	
		扩散	无扩散	扩散	无扩散
$Z=L_B$，$0\leqslant r\leqslant R$	并流	$\frac{\partial p_i^G}{\partial z}=\frac{\partial T_G}{\partial z}=0$	—	$\frac{\partial C_i^L}{\partial z}=\frac{\partial T_L}{\partial z}=0$	—
	逆流		$p_i^G=(p_i^G)_{L_B}$ $p_G=(T_G)_{L_B}$	$\frac{\partial C_i^L}{\partial z}=\frac{\partial T_L}{\partial z}=0$	—
$r=0$，$0<z<L_B$	并流	$\frac{\partial p_i^G}{\partial r}=\frac{\partial T_G}{\partial r}=0$	—	$\frac{\partial C_i^L}{\partial r}=\frac{\partial T_L}{\partial r}=0$	—
	逆流	$\frac{\partial p_i^G}{\partial r}=0$ $-\lambda_r^G\frac{\partial T_G}{\partial r}=h_{GW}(T_G-T_W)$	—	$\frac{\partial C_i^L}{\partial r}=0$ $-\lambda_r^L\frac{\partial T_L}{\partial r}=h_{LW}(T_L-T_W)$	—
$\xi=0$，$0\leqslant z\leqslant L_B$，$0\leqslant r\leqslant R$	并流/逆流	—	—	—	—
$\xi=d_{pe}/2$，$0\leqslant z\leqslant L_B$，$0\leqslant r\leqslant R$	并流/逆流	—	—	—	—

($i=$S、N、A、O、GO、WN、Ni、V)		固相	
扩散	无扩散	表面($i=$所有组分)	内部($i=$所有组分)
—	—	$C_{Sfi}^S=(C_{Sfi}^S)_0$	
—	—	$T_S^S=(T_S^S)_0$	
—	$C_i^L=(C_i^L)_0$	$C_{Sfi}^S=(C_{Sfi}^S)_0$	
—	—	$T_S^S=(T_S^S)_0$	
$\frac{\partial C_i^L}{\partial z}=\frac{\partial T_L}{\partial z}=0$	—	$\frac{\partial T_S^S}{\partial z}=0$	
$\frac{\partial C_i^L}{\partial z}=\frac{\partial T_L}{\partial z}=0$	—	$\frac{\partial T_S^S}{\partial z}=0$	
$\frac{\partial C_i^L}{\partial r}=\frac{\partial T_L}{\partial r}=0$	—	$\frac{\partial T_S^S}{\partial z}=0$	
$\frac{\partial C_i^L}{\partial r}=0$	—	$-\lambda_r^s\frac{\partial T_s^s}{\partial r}=h_{sw}(T_s^s-T_w)$	
$-\lambda_r^L\frac{\partial T_L}{\partial r}=h_{LW}(T_L-T_W)$			
—	—	—	$\frac{\partial C_{fi}^S}{\partial \xi}=\frac{\partial T_S}{\partial \xi}=0$

续表

(i=S、N、A、O、GO、WN、Ni、V)		固相	
			$-D_{ei}^{L}\frac{\partial C_{fi}^{S}}{\partial \xi}=f_w k_i^S a_S(C_{SLi}^{S}-C_i^{L})k'^{S}_i(C_{SLi}^{S}-C_{SLi}^{L})$ $=\rho_B \xi \sum_{j=1}^{N_{RL}} \upsilon_{ij}^{L}\eta_j^{L}r'^{L}_j(C_{SLi}^{S},\ T_S^S)$
—	—	—	$-D_{ei}^{G}\frac{\partial C_{Gi}^{S}}{\partial \xi}=(1-f_w)k_i^{GS}a_S(C_{SGi}^{S}-C_i^{G})$ $=\rho_B \xi \sum_{j=1}^{N_{RG}} \upsilon_{ij}^{G}\eta_j^{G}r'^{G}_j(C_{SGi}^{S},\ T_S^S)$
			$(1-f_w)h_{GS}a_S(T_S^S-T_G)+$ $f_W h_{LS}a_S(T_S^S-T_L)=-\lambda_e^S\frac{\partial T_S}{\partial \xi}$

有时可认为 $\xi=d_{pe}/2$ 处的边界条件为 $C_{fi}^{S}=C_{Sfi}^{S}$(Shokri 和 Zarrinpashne，2006；Shokri 等，2007)。Chen 等(2001)报道了热电偶套管内的传热边界条件，如下所示：

$$Z=0\ 时,\qquad \lambda_{TW}=\frac{\partial T_{TW}}{\partial z}=h_{air}[(T_{TW})_0-T_{room}] \tag{2.130}$$

$$Z=L_B\ 时,\qquad -\lambda_{TW}=\frac{\partial T_{TW}}{\partial z}=h_{air}[(T_{TW})_f-T_{room}] \tag{2.131}$$

$$Z=0\ 时,\qquad \frac{\partial T_{TW}}{\partial r}=0 \tag{2.132}$$

$$R=R_{TW}时,\qquad \lambda_{TW}\frac{\partial T_{TW}}{\partial r}=h_{TW}(T_f-T_{TW}) \tag{2.133}$$

用合适的数值方法可同时求解由此产生的具有相应初始和边界条件的 PDEs 组(Melis 等，2004)。

4. 广义模型简化实例

有时，为了简化加氢精制反应器中的传热建模，将相关的三个过程(固、液、气相的传热)集总为一个单一的拟均相热平衡方程。下面给出了一个实例——如何从表 2.12 中给出的广义热量平衡得到一个拟均相热量平衡。

气相的广义热平衡方程为：

$$HA1=HA2+HA3+HA4+HA5+HA6+HA7+HA8 \tag{2.134}$$

液相的广义热平衡方程为：

$$HB1=HB2+HB3+HB4+HB5+HB6+HB7+HB8 \tag{2.135}$$

假设催化剂颗粒内不存在温度梯度(等温催化剂)，固相的广义热平衡方程为：

$$HC1=HC3+HC4+HC9+HC10+HC11 \tag{2.136}$$

对工业 HDT 反应器进行建模时，一般可以忽略轴向扩散的影响，则可得 HA3 = HB3 = HC3 = 0。如果为绝热操作，那么 HA4 = HB4 = HC4 = 0(径向方向为等温反应器)，且 HA8 = HB8 = 0(在流体相和反应器壁间没有传热)。

拟均相模型建模的基础是：在反应器轴向的任何位置上，气体、液体和催化剂之间的温度差是可以忽略的。因此，$T_G=T_I=T_L=T_S^S=T$，于是可以忽略如下项目：HA5=HA7=HB5=HB7=HC9=HC10=0。HA6 和 HB6 中的温度梯度 T_G-T_I 和 T_I-T_L 也可以忽略。气相、液相和固相的最终热平衡方程为：

$$\text{HA1}+\text{HB1}+\text{HC1}=\text{HA2}+\text{HB2}+\text{HC6}'+\text{HB6}'+\text{HC11} \tag{2.137}$$

根据并流操作中的模型参数，方程(2.137)可改写为：

$$\varepsilon_G\rho_G C_{pG}\frac{\partial T}{\partial t}+\varepsilon_I\rho_L C_{pL}\frac{\partial T}{\partial t}+\varepsilon_S\rho_S C_{ps}\frac{\partial T}{\partial t}=-u_G\rho_G C_{pG}\frac{\partial T}{\partial z}-u_I\rho_L C_{pL}\frac{\partial T}{\partial z}$$
$$+\sum_{i=1}^{N_{CG}}\left\{K_{Li}a_L\left(\frac{p_i^G}{H_i}-C_i^L\right)(-\Delta H_{vi})\right\}+\sum_{i=1}^{N_{CG}}\left\{K_{Li}a_L\left(\frac{p_i^G}{H_i}-C_i^L\right)(\Delta H_{vi})\right\}$$
$$+\rho_B\xi\left[\sum_{j=1}^{N_{RL}}(-\Delta H_{Rj}^L)\eta_j^L r'^L_j(C_{SLi}^S,\ T)+\sum_{j=1}^{N_{RG}}(-\Delta H_{Rj}^G)\eta_j^G r'^G_j(C_{SGi}^S,\ T)\right] \tag{2.138}$$

拟均相热平衡方程最终简化形式为：

$$(\varepsilon_G\rho_G C_{pG}+\varepsilon_I\rho_L C_{pL}+\varepsilon_S\rho_S C_{ps})\frac{\partial T}{\partial t}=-(u_G\rho_G C_{pG}+u_I\rho_L C_{pL})\frac{\partial T}{\partial z}$$
$$+\rho_B\xi\left[\sum_{j=1}^{N_{RL}}(-\Delta H_{Rj}^L)\eta_j^L r'^L_j(C_{SLi}^S,\ T)+\sum_{j=1}^{N_{RG}}(-\Delta H_{Rj}^G)\eta_j^G r'^G_j(C_{SGi}^S,\ T)\right] \tag{2.139}$$

如果也可以假设催化剂润湿效率等于 1，即 $f_w=1$(例如，在工业反应器中使用设计合理的液体分布器和高的液体流速时)，那么，反应只发生在液相，则方程(2.139)可改写为：

$$(\varepsilon_G\rho_G C_{pG}+\varepsilon_I\rho_L C_{pL}+\varepsilon_S\rho_S C_{ps})\frac{\partial T}{\partial t}=$$
$$-(u_G\rho_G C_{pG}+u_I\rho_L C_{pL})\frac{\partial T}{\partial z}+\rho_B\xi\sum_{j=1}^{N_{RL}}(-\Delta H_{Rj}^L)\eta_j^L r'^L_j(C_{SLi}^S,\ T) \tag{2.140}$$

据 Feyo De Azevedo 等(1990)报道，一些研究人员通过有效径向热传导的方式，考虑了非等温反应器径向方向上的辐射效应(HA4=HB4=HC4≠0)。

$$\lambda_{er}=(\varepsilon_S\lambda_r^S+\varepsilon_L\lambda_r^L+\varepsilon_G\lambda_r^G)=(\lambda_{er})_0+\lambda_{rad} \tag{2.141}$$

$$\lambda_{rad}=4\psi_r\sigma d_{pe}T^3 \tag{2.142}$$

其中有效径向传导率$(\lambda_{er})_0$是由传导和对流引起的，λ_{rad}为辐射的贡献，σ 是 Stephan-Boltzmann 常数，ψ_r 为辐射转移因子，定义为：

$$\psi_r=\frac{2}{(2/e)-0.264} \tag{2.143}$$

其中，e 为颗粒辐射系数。因此，方程(2.141)可重新排列为 $\lambda_{er}(r)=(\lambda_{er})_0+K_1[T(r)]^3$(其中 $K_1=4\psi_r\sigma d_{pe}$)，拟均相径向热散射项(HA4+HB4+HC4 且 $T_S^S=T_L=T_G=T$)可表示为：

$$\lambda_{er}\left(\frac{\partial^2 T}{\partial r^2}+\frac{1}{r}\frac{\partial T}{\partial r}\right)=\frac{1}{r}\frac{\partial}{\partial r}\left(r\lambda_{er}(r)\frac{\partial T}{\partial r}\right)=\lambda_{er}(r)\left(\frac{1}{r}\frac{\partial T}{\partial r}+\frac{\partial^2 T}{\partial r^2}\right)+\frac{\partial\lambda_{er}(r)}{\partial r}\frac{\partial T}{\partial r}$$
$$=\lambda_{er}(r)\left(\frac{1}{r}\frac{\partial T}{\partial r}+\frac{\partial^2 T}{\partial r^2}\right)+3K_1T^2\left(\frac{\partial T}{\partial r}\right)^2 \tag{2.144}$$

方程(2.144)中右边最后一项为辐射传热，如果去掉这项，可能会在估计其他传热参数时产生错误。

2.4.4　模型参数的估计

为了求解常微分方程(ODEs)组(对稳态区域)或 PDEs 组(对动态区域)，必须估计一些参数值和系统的化学性质。这些参数可用已有的关联式进行估计，因而关联式的准确性对反应器模型整体的稳定状态至关重要。

1. 有效扩散系数

为了描述稳态扩散和多组分液体混合物在多孔催化剂颗粒中的反应，需对进入颗粒的组分流量进行适当定义。Fick 定律给出了一个理想圆柱形孔中的等摩尔逆流扩散公式：

$$N_i^f = -D_{ei}^f \quad C_{fi}^s \tag{2.145}$$

式中，D_{ei}^f是有效扩散系数，在建模中通过这个参数考虑了颗粒内部孔道网络结构的影响。Bosanquet 公式用于估计催化剂颗粒内有效扩散系数(Bosanquet，1944)，它包含两种扩散的影响，努森扩散(D_{Ki}^f)和分子扩散(D_{Mi}^f)，如表 2.15 所示。Bosanquet 公式和 Fick 定律都可对包括较窄均一模型的孔径分布和充分稀释后混合物的情况进行足够准确的预测。限制因子 $F(\lambda_g)$ 为溶质和孔壁之间的附加摩擦。当 $\lambda_g<0.2$ 时，指数 $\hat{Z}$ 等于 4(Iliuta 等，2006)。在计算 D_{ei}^f时要用到孔道网络的弯曲系数 τ，这是因为孔道一般并不是沿着催化剂颗粒表面指向中心。τ 值变化范围一般为 3~7，但对于 HDT 过程，通常假定 τ 值等于 4(Satterfield，1970、1975；Macías 和 Ancheyta，2004；Ancheyta 等，2005；Iliuta 等，2006)。也可通过假定 Weissberg(1963)给出的一堆随机球体的上限关联式是有效的，从而估计出弯曲系数，如表 2.15 所示。

表 2.15　有效扩散系数的估计

参数	气相	液相
分子扩散系数	$\frac{1}{D_{Mi}^G}=\frac{1}{1-y_i}\sum_{k\neq 1}^{N_{CG}}\frac{y_k}{D_{i,k}}$	$D_{Mi}^L=8.93\times10^{-8}\frac{v_L^{0.267}T_L}{v_i^{0.433}\mu_L}$
努森扩散系数	$D_{Ki}^G=9700r_g\left(\frac{T_G}{MW_i}\right)^{0.5}$	$\frac{1}{D_{Ki}^L}\approx 0$
有效扩散系数	$D_{ei}^f=\frac{\varepsilon_S}{\tau}\frac{1}{1/D_{Mi}^f+1/D_{Ki}^f}F(\lambda_g)$	
限制因子	$F(\lambda_g)=(1-\lambda_g)^{\hat{z}}$	
回转半径与空隙半径之比	$\lambda_g=\frac{r_{solute}}{r_g}$	
平均孔半径		
弯曲系数		
双向扩散系数(p 为常压)		
动态液体黏度		
液相中溶质(i)和液体溶剂(L)摩尔体积		
溶剂临界比容		

2. 效率因子

独立反应效率因子的定义为颗粒内反应速率与颗粒表面反应速率的平均体积比，如 Thiele(1939)和 Zeldovich(1939)提出的一样：

$$\eta_i^f = \frac{(1/V_p)\int r'^f_j(C_{fi}^S,\ T_S)\mathrm{d}V_p}{r'^f_i(C_{Sfi}^S,\ T_S^S)} \tag{2.146}$$

$$\eta_i^f = \frac{r'^f_j(C^S_{fi},\ T_S)}{r'^f_j(C^S_{Sfi},\ T^S_S)} = \frac{(r'^f_j)_{obs}}{(r'^f_j)_{in}} \tag{2.147}$$

方程(2.146)和方程(2.147)的解析解可能只适合于单一反应以及零级和一级反应速率表达式。文献中给出的用于估计等温和不可逆反应的催化剂有效因子的各种表达式如表2.16所示。

表2.16 催化剂效率因子的估计

动力学模型	反应级数	形状	Thiele Modulus	效率因子
幂律	$n=1$	球形和破碎的	$\phi_j^f = \frac{V_P}{S_P}\sqrt{\frac{k'_{in,j}\rho_S}{D^f_{ei}}}$	$\eta_j^f = \frac{3\phi_j^f \coth(3\phi_j^f)-1}{3(\phi_j^f)^2}$
	$n=1$	小球、圆柱形、2叶型、3叶型等	$0.5>\phi_j^f>10$	$\eta_j^f = \frac{\tanh(\phi_j^f)}{\phi_j^f}$
	$2\leqslant n\leqslant 3$	任何形状	$\phi_i^f = \frac{1}{\phi_S}\frac{V_p}{S_p}\sqrt{\left(\frac{n+1}{2}\right)\frac{k'_{in,j}(C^S_{Sfi})^{n-1}\rho_S}{D^f_{ei}}}$	$\eta_j^f = \frac{1}{\sqrt{(\phi_j^f)^2+1}}$
	$n\geqslant 0$	任何形状	$\phi_i^f>3$	$\eta_j^f = 1/\phi_j^f$
	$n\geqslant 0$	任何形状	Supposed to be $\phi_i^f>3$	$\eta_i^f = \frac{2D^f_{ei}(S_p/V_p)^2}{(n+1)k'_{app,j}(C^S_{Sfi})^{n-1}\rho_S}$
LHHW	—	球形和破碎的	$\phi_i^f = \frac{V_p\rho_S r'^f_j(C^S_{Sfi},\ T^S_S)}{S_p\sqrt{2}}$ $\left[\int_{C_{i,\ eq}}^{C^S_{Sfi}} D^f_{ei}\rho_S r'^f_j(C^S_{fi},\ T^S_S)dC_i\right]^{1/2}$	$\eta_j^f = \frac{3\phi_j^f \coth(3\phi_j^f)-1}{3(\phi_j^f)^2}$
	—	小球、圆柱形、2叶型、3叶型等	$\phi_i^f = \frac{V_p\rho_S r'^f_j(C^S_{Sfi},\ T^S_S)}{S_p\sqrt{2}}$ $\left[\int_{C_{i,\ eq}}^{C^S_{Sfi}} D^f_{ei}\rho_S r'^f_j(C^S_{fi},\ T^S_S)dC_i\right]^{1/2}$	$\eta_j^f = \frac{\tanh(\phi_j^f)}{\phi_j^f}$

对幂律方法之外的动力学模型，如 Langmuir-Hinshelwood-Hougen-Watson(LHHW)型动力学表达式，方程(2.146)没有解析解。因此，广义模量方法(Bischoff，1965)是一种避免方程(2.146)数值积分的替代方法，它能求出任一速率方程和单一反应的解析解。

如前所述，报道的工业 HDS 催化剂的有效因子变化范围为 0.4~0.8(Satterfield，1970、1975；Duduković，1977；Hofmann，1977；Glasscock 和 Hale，1994；Korsten 和 Hoffmann，1996；Macías 和 Ancheyta，2004；Marroquín 等，2005)。对不规则形状的催化剂，稳态条件下等温一级反应表达式的误差不超过 20%，在可接受范围内(Aris，1975；Duduković，1977)。Bischoff(1965)提出了一个广义模量，用于预测相对较窄区域内任何反应类型的有效因子。如果不包括反应级数小于 1/2 的反应，所有各种曲线之间的价差约为 15%。与用 Froment 和 Bischoff(1990)提出的用于简单级数反应的归一化模量预测的 η 值($0.05<\eta<0.99$)相比，根据 Papayannakos 和 Georgiou(1988)提出的经验关联式计算的的平均偏差小了 2.4%。

3. 整体气–液传质

用简单的双膜理论描述气液界面传质通量：

$$\frac{1}{K_{Li}}=\frac{RT_G Z_{(p,TG)}}{k_i^G H_i}+\frac{1}{k_i^L} \tag{2.148}$$

外部整体传质阻力(K_{Li})是由气膜(k_i^G)和液膜(k_i^L)传质阻力组成。有时压缩因子 Z 的估计值会接近于 1，此时可使用理想气体定律(Mejdell 等，2001)。

对微溶气体如 H_2，其亨利常数(H_i)的值超过了其他值的总和，于是可忽略气膜的传质阻力(Zhukova 等，1990)。因此，总的传质系数约等于液体一侧的传质系数：

$$\frac{1}{K_{Li}}=\frac{1}{k_i^L} \tag{2.149}$$

用表 2.17 中报道的关联式计算液膜的传质系数。

表 2.17 估计模型参数的关联式

参数	符号	参考文献	参数	符号	参考文献
持气率	ε_G	根据 $\varepsilon_B=\varepsilon_L+\varepsilon_G$ 计算	液相密度	ρ_L	Ahmed(1989)
持液率	ε_L	Charpentier 和 Favier(1975)，Satterfi eld(1969)，Specchia 和 Baldi(1977)，Ellman 等(1990)	催化剂堆积密度	ρ_B	ASTM(2003)
床层孔隙率	ε_B	Haughey 和 Beveridge(1969)，Carberry 和 Varma(1987)，Froment 和 Bischoff(1990)	液体动态黏度	μ_L	Glaso(1980)，Ahmed(1989)，Brulé 和 Starling(1984)
催化剂润湿率(或接触效率)	$f_w(\eta_{CE})$	Ring 和 Missen(1991)，Al-Dahhan 和 Duduković(1995)	气体动态黏度	μ_G	Ahmed (1989)，Brulé 和 Starling(1984)
两相压降	ΔP	Larkins 等(1961)，Ellman 等(1988)	气体扩散系数	D_{Mi}^G	Wilke 和 Chang(1955)
气-液界面面积	a_L	Iliuta 等(1999)	液体扩散系数	D_{Mi}^L	Tyn 和 Calus(1975)
气-固界面面积	a_S	Puranik 和 Vogelpohl(1974)，Onda 等(1967)	气相比热容	C_{PG}	Lee 和 Kesler(1975)，Perry 等(2004)
气-固传质系数	k_i^{GS}	Petrovic 和 Thodos(1968)，Dwivedi 和 Upadhyay(1977)	液相比热容	C_{PL}	Lee 和 Kesler(1975，1976)，Perry 等(2004)
液-固传质系数	k_i^S	Duduković等(2002)，Dwivedi 和 Upadhyay(1977)，Bird 等(2002)，Evans 和 Gerald(1953)，Wilson 和 Geankoplis(1966)，Goto 和 Smith(1975)，Satterfield 等(1978)，Specchia 等(1974)	固相比热容	C_{PS}	Perry 等(2004)
G-L 界面液体侧的传质系数	k_i^L	Goto 和 Smith(1975)	气-液传热系数	h_{GL}	Marroquín de la Rosa 等(2002)，Chilton 和 Colburn(1939)

续表

参　数	符号	参考文献	参　数	符号	参考文献
G-L界面气体侧的传质系数	k_i^G	Goto 和 Smith(1975)，Reiss(1967)，Yaïci 等(1988)	液-固传热系数	h_{LS}	Chilton 和 Colburn(1939)
气体轴向扩散系数	D_a^G	Hochman 和 Effron(1969)，Sater 和 Levenspiel(1966)，Demaria 和 White(1960)	能量传递Chilton-Colburn j因子	j_H	Froment 和 Bischoff(1990)，Hill(1977)，Bird 等(2002)，Gupta 等(1974)
液体轴向扩散系数	D_a^L	Gierman(1988)，Hochman 和 Effron(1969)，Sater 和 Levenspiel(1966)，Tsamatsoulis 和 Papayannakos(1998)	径向有效传热系数	λ_{er}^f	Hashimoto 等(1976)
气体径向扩散系数	D_r^G	Fahien 和 Smith(1955)	轴向有效传热系数	λ_{ea}^f	Tarhan(1983)，Dixon(1985)
液体径向扩散系数	D_r^L	Fahien 和 Smith(1955)，De Ligny(1970)，Herskowitz 和 Smith(1978a，b)	f相传热系数	k_f	API(1997)，Chung 等(1988)
使用 PR EoS 的 H_2-油二元相互作用参数	$k_{H_2,oil}$	Moysan 等(1983)，Ronze 等(2002)，Riazi(2005)，Lal 等(1999)，Magoulas 和 Tassios(1990)	反应热	ΔH_R	Tarhan(1983)
使用 PR EoS 的 H_2S-油二元相互作用参数	$k_{H_2S,oil}$	Feng 和 Mather(1993a，b)，Carroll 和 Mather(1995)	气化/冷凝热	ΔH_v	Soave(1972)，Peng 和 Robinson(1976)
使用 PR EoS 的 NH_3-油二元相互作用参数	$k_{NH_3,oil}$	API(1997)	蒂勒模数	ϕ	Bischoff(1965)
气相密度	ρ_G	Soave(1972)，Peng 和 Robinson(1976)	有效因子	η	Froment 和 Bischoff(1990)，Aris(1975)

4. 气-液平衡

沿催化剂床层的气-液平衡由质量平衡方程中的亨利定律常数表示。系统中不同化学物质与此定律相关的常数可用两种方式进行定义，如下所示：

1）溶度系数

采用溶度系数，用下列表达式估计亨利常数：

$$H_i = \frac{v_n}{\lambda_i \rho_L} \tag{2.150}$$

式中，λ_i代表组分 i 的溶解度；v_n 为标准条件下的摩尔体积。此表达式给出了液膜中气体组分溶解度的相关信息，并考虑了过程温度的影响。Korsten 和 Hoffmann(1996)报道了下一个关联式，仅用于评估 H_2 和 H_2S 的这个参数：

对于 H_2：

$$\lambda_{H_2}=-0.559729-0.42947\times10^{-3}T_L+3.07539\times10^{-3}\frac{T_L}{\rho_L}+1.94593\times10^{-6}T_L^2+0.835783\frac{1}{\rho_L^2} \tag{2.151}$$

对于 H_2S：

$$\lambda_{H_2S}=\exp(3.3670-0.008470T_L) \tag{2.152}$$

但是，对工业装置中使用的整个温度范围，最后一个关联式未必能充分预测石油馏分中 H_2S 的溶解度。在这种情况下，有可能使用 EoS 预测亨利常数。

2）状态方程

通过假定液-气界面局部平衡也可能得到亨利常数：

$$H_i=\frac{Py_i}{C_{tot}^L x_i}=\frac{P}{C_{tot}^L}K_{eq,i}(x_i,\ y_i,\ T_I,\ P) \tag{2.153}$$

用适当的 EoS（例如，Peng-Robinson（PR），Soave-Redlich-Kwong（SRK），t-van der Waals，Grayson-Streed）计算平衡常数（$K_{eq,i}$）。对于这个表达式，很有必要先计算出沿催化剂床层局部各点的两相热力学平衡，用于估计界面温度和液相和气相中的摩尔组成。该表达式的主要优点是它考虑了进料的波动；但是，它也大幅增加了计算时间。

另一种计算溶剂中气体溶质亨利常数的方法是使用下一个热力学假设：

$$H_i=\lim_{x_i\to0}\frac{f_i^L}{x_i}=\lim_{x_i\to0}P\varphi_i^L \tag{2.154}$$

式中，φ_i^L是气体化合物 i（溶质）在液相（溶剂）中的逸度系数，用 EoS 对其进行计算，如下所示。在 HDT 工艺建模中，使用最广泛的状态方程为 SRK 和 PR 方程，用广义表达式进行定义：

$$P=\frac{RT_f}{v^f-b}-\frac{a}{(v^f+\delta_1 b)(v^f+\delta_2 b)} \tag{2.155}$$

对于纯化合物，参数 a 和 b 的值为：

$$a=a_{ii}=a_i=a_{c,i}\alpha_i(T_f) \tag{2.156}$$

其中：

$$a_{c,i}=\Omega_a\frac{R^2T_{c,i}^2}{P_{c,i}} \tag{2.157}$$

$$b=b_i=\Omega_b\frac{RC_{c,i}}{P_{c,i}} \tag{2.158}$$

Soave（1972）提出的广义温度函数 $\alpha_i(T_f)$ 为方程形式：

$$\alpha_i(T_f)=\left[1+m_i\left(1-\sqrt{\frac{T_f}{T_{c,i}}}\right)\right]^2 \tag{2.159}$$

其中：

$$m_i=M_0+M_1\omega_i+M_2\omega_i^2 \tag{2.160}$$

当用于混合物时，可用经典混合规则估计参数 a 和 b：

$$a=a_m=\sum_{i=1}^{N_{CL}}\sum_{k=1}^{N_{CL}}x_i x_k a_{ik} \tag{2.161}$$

$$a_{ik}=a_{ki}=\sqrt{a_{ii}a_{kk}}(1-k_{ik}) \quad (2.162)$$

$$b=b_m=\sum_{i=1}^{N_{CL}}x_ib_i \quad (2.163)$$

式中，k_{lk}是二元相互作用参数，可从表 2.17 中报道的参考文献中获得。重要的是，亨利常数计算值的质量极大的依赖于这些相互作用参数的准确性。液相逸度系数可从方程(2.155)中得出，为：

$$\ln\varphi_i^L=\frac{b_i}{b}(Z^L-1)-\ln(Z^L-B)-\frac{A}{B(\delta_2-\delta_1)}\left(\frac{2\sum_{k=1}^{N_{CL}}x_k a_{ik}}{a}-\frac{b_i}{b}\right)\ln\frac{Z^L+\delta_2 B}{Z^L+\delta_1 B} \quad (2.164)$$

其中：

$$A=\frac{aP}{(RT_L)^2} \quad (2.165)$$

$$B=\frac{bP}{RT_L} \quad (2.166)$$

式中，Z^L是饱和液相的压缩因子，从方程(2.155)的解得到，用其压缩因子的立方形式表示：

$$A_Z(Z^L)^3+B_Z(Z^L)^2+C_Z(Z^L)+D_Z=0 \quad (2.167)$$

表 2.18 给出了通用参数(δ_1、δ_2、Ω_a、Ω_b、M_0、M_1、M_2、A_Z、B_Z、C_Z 和 D_Z)的值。

表 2.18 Soave-Redlich-Kwong 和 Peng-Robinson 状态方程参数

参数	EoS	
	SRK	PR
δ_1	1	$1+\sqrt{2}$
δ_2	0	$1-\sqrt{2}$
Ω_a	0.42748	0.457236
Ω_b	0.08664	0.077796
M_0	0.48	0.37464
M_1	1.574	1.54226
M_2	-0.176	-0.26992
A_Z	1	1
B_Z	-1	$-(1-B)$
C_Z	$A-B-B^2$	$A-2B-3B^2$
D_Z	$-AB$	$-(AB-B^2-B^3)$

5. 换热系数

通过使用 Chilton 和 Colburn(1939)类推，可用传质关联式计算相间能量传递的参数。下式给出了传质 Chilton-Colburn j 因子(j_D)：

$$j_D=\frac{Sh}{Re_f Sc^{1/3}}=f(Re_f,\text{几何形状，边界条件}) \quad (2.168)$$

例如，为了估计液-固传质系数，方程(2.168)必须表示为：

$$j_D = \frac{k_i^S}{C_i^L u_L}\left(\frac{\mu_L}{\rho_L D_{M,i}^L}\right)^{2/3} \tag{2.169}$$

另一方面，能量传递 Chilton-Colburn j 因子(j_H)可表达为：

$$j_H = \frac{Nu}{Re_f Pr^{1/3}} = g(Re_f，几何形状，边界条件) \tag{2.170}$$

式中，$g(Re_f)$需估计的相应相 f 雷诺数的函数；表 2.17 给出了这些关联式中的一些。例如，如需估计液固传热系数，则方程(2.169)可改写为如下表达式：

$$j_H = \frac{h_{LS}}{C_{pL} u_l \rho_L}\left(\frac{C_{pL}\mu_L}{k_L}\right)^{2/3} \tag{2.171}$$

很多种关联式都可用来预测传质系数，但一般不用 Chilton-Colburn 类推法预测传质系数；然而由于缺乏预测气-液界面的气膜或液膜一侧和液-固界面的液膜中传热系数的关联式，一般使用 Chilton-Colburn 类推法，通过方程(2.168)和方程(2.170)($j_D = j_H$)预测这些传热系数。必须预测反应条件下非均相反应器中各相与维数有关的物理和形状性质。

要使用 Chilton-Colburn 类推法，需考虑下列条件(Bird et al.，2002)：

① 物理性质恒定；

② 纯传质速率小；

③ 无化学反应；

④ 无黏性扩散加热；

⑤ 无辐射能吸收或排放；

⑥ 无压力扩散、热扩散或强制扩散。

6. 与催化剂床层有关的一些参数的理论计算

在实验室规模 HDT 反应器中，用惰性物质稀释催化剂床层是一种常见的做法(Sie，1996)。可用下面简单的公式计算稀释因子：

$$\xi = \frac{V_c}{V_c + V_i} \tag{2.172}$$

式中，V_c 是催化剂体积，V_i 是惰性颗粒的体积。这两个都是通过实验获得。

等效粒径(d_{pe})的定义为与实际催化剂颗粒外表面(或体积)相同的球形催化剂的直径，是一种重要的颗粒特性，与催化剂的尺寸和形状有关。当固定床层装填的挤出催化剂大小为工业尺寸时，可用 Cooper 等(1986)提出的公式计算其等效粒径：

$$d_{pe} = \frac{6(V_p/S_p)}{\phi_S} \tag{2.173}$$

未稀释床层的床层孔隙率(或床层孔隙率)可用 Froment 和 Bischoff(1990)、Haughey 和 Beveridge(1969)、以及 Carberry 和 Varma(1987)报道的下列关系式进行计算：

$$\varepsilon_B = 0.38 + 0.073\left[1 + \frac{(d_t/d_{pe} - 2)^2}{(d_t/d_{pe})^2}\right] \tag{2.174}$$

此关联式是为未稀释的球形催化剂床层开发的；但是，如果使用等效颗粒直径，它也适用于非球形颗粒。一旦床层孔隙率确定了，可用如下关联式计算颗粒密度(Tarhan，1983)：

$$\rho_S = \frac{\rho_B}{1-\varepsilon_B} \tag{2.175}$$

由于连续模型的建模基础是多相体系传输方程的体积-平均形式，体积守恒的方程表达式为(Whitaker，1973)

$$\varepsilon_B = \varepsilon_L + \varepsilon_G \tag{2.176}$$

$$\varepsilon_L + \varepsilon_G + \varepsilon_S = 1 \tag{2.177}$$

固体催化剂各相滞留率的关系如下所示：

$$\varepsilon_S + = \varepsilon_{pL} + \varepsilon_{pG} \tag{2.178}$$

$$\varepsilon_{pL} + \varepsilon_{pG} + \varepsilon_{pS} = 1 \tag{2.179}$$

PBRs 中每单位反应器体积的催化剂颗粒外比表面积可用下式计算：

$$a_S = \frac{6(1-\varepsilon_B)}{d_{pe}} \tag{2.180}$$

催化剂的孔隙率(ε_S)可用下列公式计算，这个公式是用总孔容(V_g)的实验数据得到的：

$$\varepsilon_S = \rho_S V_g \tag{2.181}$$

在不能得到实验 S_g 参数的极端情况下，可用 Macé 和 Wei(1991)提出的关联式估计平均孔半径：

$$r_g = \frac{4\varepsilon_S}{S'_g} \tag{2.182}$$

其中：

$$S'_g = 4\pi\rho_S\left(\frac{d_{pe}}{2}\right)^2\varepsilon_S \tag{2.183}$$

一些解释床层特征的参数可用实验测量，一些是实验性的或可通过模拟得到，其他的是经验性的。当然，最好是用实验获得局部孔隙率，但测量时要求使用先进的技术。要做到这点，计算机计算是首选。

大多数预测液体饱和度、压降和流动状态的经验关联式是基于常压下的实验结果建立的。由于工业滴流床反应器是在高压、高温下运行的，所以需要考察这些关联式对此种运行条件的适用性。大多数关联式是在实验室开发的，可能不适用于大规模的反应器(在高温、高压下运行)，原因是反应器规模不同，流体力学特性发生了明显的变化(Gunjal 和 Ranade，2007)。虽然在文献中可以看到对流体力学关联式进行的广泛研究(Duduković等，2002)，但大多数石油馏分的反应器建模仍使用经典的关联性(即那些建立在合理假设上的简单表达式)。一些研究人员使用先前文献中的关联式，但并没有检查这些表达式的准确性或它们的适用范围。另一方面，虽然报道了许多基于神经网络关联式的优点，但使用该方法需要许多数据。克服这个难题的另一种办法是对不同类型的原油和石油馏分建立一个数据库，从而开发一种在线程序，可以预测 HDT 反应器建模中所需的各种参数。目前还没有建立这种方法。唯一有价值的似乎是 Larachi 等(1999)进行的研究，他们在神经网络的基础上开发了一种模拟软件，用于预测滑流床反应器的一些动力学参数。虽然神经网络不断的更新，有利于它在参数预测方面的使用，但有必要开发一种采用了新技术的基本关联式，用于表征流体力学参数。

技术文献中报道的各种模型的局限性与有关参数的数目和可用数据的可靠性密切相关。

因此，为了计算模型反应器中的各个项目，应使用适合的传质和传热关联式（即相似条件下开发的关联式，例如流动状态、压力和温度相同，假设液体体系和多孔颗粒相似）。当建立详细的 TBR 模型时，应避免使用变化范围较宽的预测性质的通用关联式，因为它们会产生计算误差。假设恒定值是先验的，如曲折因子，二元相互作用参数，反应热和比热容，当能得到实验数据时，应作为一个参考值。为了简化 TBR 模型，一下研究者忽略了一些反应热较低的反应，因为它们对能量平衡的影响不大，这看起来是一个合理的假设。

在预测反应器性能时，使用不同的流体动力学、动力学或热力学方法会得到差异很大的结果。例如，Gunjal 和 Ranade（2007）认为所有的参数是恒定的，且假设孔隙率是均一的（即每月不均匀的孔隙率），其预测的转化率多了 15%。Akgerman 等（1985）考虑挥发时的转化率比不考虑挥发的转化率要高 24%～38%。Inoue 等（2000）使用更精确的动力学表达式，采用 n 级动力学模型预测了大型反应器的性能。另一个重要的发现是 Chen 等（2001）在中试装置的能量平衡重考虑了热电偶套管的影响。这些都是开发详细模型的原因，因为详细模型既能对化学现象做出准确描述，也能在设计 TBR 反应器时进行可靠的初步计算。

参 考 文 献

Aboul-Gheit, K. (1989) Hydrocracking of vacuum gas oil (VGO) for fuels: production-reaction kinetics. *Erdoel Erdgas Kohle* 105: 319-320.

Ahmed, T. (1989) *Hydrocarbon Phase Behavior*. Gulf Publishing, Houston, TX.

Al-Adwani, H. A. H., Lababidi, H. M. S., Alatiqi, I. M., Al-Dafferi, F. S. (2005) Optimization study of residuum hydrotreating processes. *Can. J. Chem. Eng.* 83(2): 281-290.

Al-Dahhan, M. H., Duduković, M. P. (1994) Pressure drop and liquid holdup in high pressure trickle-bed reactors. *Chem. Eng. Sci.* 49(24): 5681-5698.

Al-Dahhan, M. H., Duduković, M. P. (1995) Catalyst wetting efficiency in trickle-bed reactors at high pressure. *Chem. Eng. Sci.* 50(15): 2377-2389.

Akgerman, A., Netherland, D. W. (1986) Effect of equation of state on prediction of trickle bed reactor model performance. *Chem. Eng. Commun.* 49(1): 133-143.

Akgerman, A., Collins, G. M., Hook, B. D. (1985) Effect of feed volatility on conversion in trickle bed reactors. *Ind. Eng. Chem. Fundam.* 24(3): 398-401.

Alvarez, A., Ancheyta, J. (2008) Simulation and analysis of different quenching alternatives for an industrial vacuum gasoil hydrotreater. *Chem. Eng. Sci.* 63: 662-673.

Alvarez, A., Ramírez, S., Ancheyta, J., Rodríguez, L. M. (2007) Key role of reactor internals in hydroprocessing of oil fractions. *Energy Fuels* 21(3): 1731-1740.

Ancheyta, J., Aguilar, E., Salazar, D., Betancourt, G., Leiva, M. (1999) Hydrotreating of straight run gas oil-light cycle oil blends. *Appl. Catal. A* 180(1-2): 195-205.

Ancheyta, J., Maity, S. K., Betancourt, G., Centeno, G., Rayo, P., Gómez, M. T. (2001) Comparison of different Ni-Mo/alumina catalysts on hydrodemetallization of Maya crude oil. *Appl. Catal. A* 216(1-2): 195-208.

Ancheyta, J., Angeles, M. J., Macías, M. J., Marroquín, G., Morales, R. (2002) Changes in apparent reaction order and activation energy in the hydrodesulfurization of real feedstocks. *Energy Fuels* 16(1): 189-193.

Ancheyta, J., Rodríguez, M. A., Sánchez, S. (2005) Kinetic modeling of hydrocracking of heavy oil fractions: a review. *Catal. Today* 109: 76-92.

Andrigo, P., Bagatin, R., Pagani, G. (1999) Fixed bed reactors. *Catal. Today* 52(2-3): 197-221.

API (1997) *Technical Data Book: Petroleum Refining*. American Petroleum Institute, Washington, DC, Chap. 8, pp. 8-56.

Aoyagi, McCaffrey, W. C., Gray, M. R. (2003) Kinetics of hydrocracking and hydrotreating of coker and oilsands gas oils. *Pet. Sci. Technol.* 21: 997-1015.

Aris, R. (1975) *The Mathematical Theory of Diffusion and Reaction in Permeable Catalysts*, Vol. 1, *The Theory of the Steady State* . Clarendon Press, Oxford, UK.

ASTM(2003) *Test Method Bulk Density(" Unit Weight ") and Voids in Aggregate* . Test Method c-29. ASTM, Philadelphia.

Attou, A., Boyer, C., Ferschneider, G. (1999) Modelling of the hydrodynamics of the cocurrent gas-liquid trickle flow through a trickle-bed reactor. *Chem. Eng. Sci.* 54(6): 785-802.

Avraam, D. G., Vasalos, I. A. (2003) HdPro: a mathematical model of trickle-bed reactors for the catalytic hydroprocessing of oil feedstocks. *Catal. Today* 79-80(1-4): 275-283.

Ayasse, R., Nagaishi, H., Chan, E. W., Gray, M. R. (1997) Lumped kinetics of hydrocracking of bitumen. *Fuel* 76: 1025-1033.

Baker, T., Chilton, T. H., Vernon, H. C. (1935) The course of liquor flow in packed towers. *Trans. Am. Inst. Chem. Eng.* 31: 296-315.

Basak, K., Sau, M., Manna, U., Verma, R. P. (2004) Hydrocracker model based on novel continuum lumping approach for optimization in petroleum refi nery. *Catal. Today* 98: 253-264.

Bellos, G. D., Papayannakos, N. G. (2003) The use of a three phase microreactor to investigate HDS kinetics. *Catal. Today* 79-80(1-4): 349-355.

Bellos, G. D., Kallinikos, L. E., Gounaris, C. E., Papayannakos, N. G. (2005) Modelling of the performance of industrial HDS reactors using a hybrid neural network approach. *Chem. Eng. Process.* 44: 505-515.

Bennett, R. N., Bourne, K. H. (1972) Hydrocracking for middle distillate: a study of process reactions and corresponding product yields and qualities. In: *Proceedings of the ACS Symposium on Advances in Distillate and Residual Oil Technology*, New York, pp. G45-G62.

Berger, D., Landau, M. V., Herskowitz, M., Boger, Z. (1996) Deep hydrodesulfurization of atmospheric gas oil: effects of operating conditions and modelling by artifi cial neural network techniques. *Fuel* 75(7): 907-911.

Bhaskar, M., Valavarasu, G., Sairam, B., Balaraman, K. S., Balu, K. (2004) Three-phase reactor model to simulate the performance of pilot-plant and industrial trickle-bed reactors sustaining hydrotreating reactions. *Ind. Eng. Chem. Res.* 43(21): 6654-6669.

Bird, R. B., Stewart, W. E., Lightfoot, E. N. (2002) *Transport Phenomena* . Wiley, Hoboken, NJ.

Bischoff, K. B. (1965) Effectiveness factors for general reaction rate forms. *AIChE J.* 11(2): 351-355.

Bischoff, K. B., Levenspiel, O. (1962) Fluid dispersion — generalization and comparison of mathematical models: II. Comparison of models. *Chem. Eng. Sci.* 17: 257-264.

Bollas, G. M., Papadokonstantakis, S., Michalopoulos, J., Arampatzis, G., Lappas, A. A., Vasalos, I. A., Lygeros, A. (2004) A computer-aided tool for the simulation and optimization of the combined HDS-FCC processes. *Trans. IChemE A* 82(A7): 881-894.

Bondi, A. (1971) Handling kinetics from trickle-phase reactors. *Chem. Technol.* 1: 185-188.

Bosanquet, C. H. (1944) British TA Report BR-507. Sept. 27.

Botchwey, C., Dalai, A. K., Adjaye, J. (2003) Product selectivity during hydrotreating and mild hydrocracking of bitumen-derived gas oil. *Energy Fuels* 17: 1372-1381.

Botchwey, C., Dalai, A. K., Adjaye, J. (2004) Kinetics of bitumen-derived gas oil using a commercial NiMo/Al_2O_3 catalyst. *Can. J. Chem. Eng.* 82: 478-487.

Botchwey, C., Dalai, A. K., Adjaye, J. (2006) Simulation of a two-stage micro trickle-bed hydrotreating reactor using Athabasca bitumen-derived heavy gas oil over commercial NiMo/Al_2O_3 catalyst: effect of H_2S on hydrodesulfurization and hydrodenitrogenation. *Int. J. Chem. Reactor Eng.* 4(A20): 1-15.

Broderick, D. H., Gates, B. C. (1981) Hydrogenolysis and hydrogenation of dibenzothiophene catalyzed by sulfi ded CoO-MoO_3/γ-Al_2O_3: the reaction kinetics. *AIChE J.* 27(4): 663-673.

Brulé, M. R., Starling, K. E. (1984) Thermophysical properties of complex systems: applications of multiproperty analysis. *Ind. Eng. Chem. Process Des. Dev.* 23(4): 833-845.

Buffham, B. A., Gibilaro, L. G., Rathor, M. N. (1976) A probabilistic time delay description of flow in packed beds. *AIChE J.* 16(2): 218-223.

Burghardt, A., Zaleski, T. (1968) Longitudinal dispersion at small and large Peclet numbers in chemical flow reactors. *Chem. Eng. Sci.* 23(6): 575-591.

Butt, J. B., Weekman Jr., V. W. (1974) Characterization of the activity, selectivity and aging properties of heterogeneous catalysts. *AIChE Symp. Ser.* 70(143): 27-41.

Callejas, M. A., Martínez, M. T. (1999) Hydroprocessing of a Maya residue: intrinsic kinetics of sulfur-, nitrogen-, nickel-, and vanadium-removal reactions. *Energy Fuels* 13(3): 629–636.

Callejas, M. A., Martínez, M. T. (2002) Evaluation of kinetic and hydrodynamic models in the hydroprocessing of a trickle-bed reactor. *Energy Fuels* 16(3): 647–652.

Carberry, J. J. (1976) *Chemical and Catalytic Reaction Engineering*. McGraw-Hill, New York.

Carberry, J. J., Wendel, M. M. (1963) A computer model of the fixed bed catalytic reactor: the adiabatic and quasi-adiabatic cases. *AIChE J.* 9(1): 129–133.

Carberry, J. J., White, D. (1969) On the role of transport phenomena in catalytic reactor behavior. *Ind. Eng. Chem.* 61(7): 27–35.

Carberry, J., Varma, A. (1987) *Chemical Reaction and Reactor Engineering*. Chemical Industries Series, Vol. 26. Marcel Dekker, New York.

Carroll, J. J., Mather, A. E. (1995) A Generalized correlation for the Peng-Robinson interaction coeffi cients for paraffi n-hydrogen sulfi de binary systems. *Fluid Phase Equilib.* 105(2): 221–228.

Cassanello, M. C., Martinez, O. M., Cukierman, A. L. (1992) Effect of the liquid axial dispersion on the behavior of fixed bed three phase reactors. *Chem. Eng. Sci.* 47(13–14): 3331–3338.

Cassanello, M. C., Cukierman, A. L., Martinez, O. M. (1994) Actas del V Congreso Latinoamericano de Transferencia de Calor y Materia, IID-5. 1.

Cassanello, M. C., Cukierman, A. L., Martinez, O. M. (1996) General criteria to analyze the role of mass transfer and hydrodynamics in trickle-bed reactors. *Chem. Eng. Technol.* 19(5): 410–419.

Chao, Y. C., Chang, J. S. (1987) Dynamics of a residue hydrodesulfurization trickle bed reactor system. *Chem. Eng. Commun.* 56(1–6): 285–309.

Charpentier, J. C., Favier, M. (1975) Some liquid holdup experimental data in trickle-bed reactors for foaming and nonfoaming hydrocarbons. *AIChE J.* 21(6): 1213–1218.

Chen, J., Ring, Z., Dabros, T. (2001) Modeling and simulation of a fi xed-bed pilot-plant hydrotreater. *Ind. Eng. Chem. Res.* 40(15): 3294–3300.

Chen, J., Wang, N., Mederos, F., Ancheyta, J. (2009) Vapor-liquid equilibrium study in trickle-bed reactors. *Ind. Eng. Chem. Res.* 48: 1096–1106.

Cheng, Z. -M., Fang, X. -C., Zeng, R. -H., Han, B. -P., Huang, L., Yuan, W. -K. (2004) Deep removal of sulfur and aromatics from diesel through two-stage concurrently and countercurrently operated fi xed-bed reactors. *Chem. Eng. Sci.* 59(22–23): 5465–5472.

Chilton, T. H., Colburn, A. P. (1939) Mass transfer(absorption) coeffi cients. *Ind. Eng. Chem.* 26(11): 1183–1187.

Chou, Y., Ho, T. C. (1989) Lumping coupled nonlinear reactions in continuous mixtures. *AIChE J.* 35: 533–538.

Chowdhury, R., Pedernera, E., Reimert, R. (2002) Trickle-bed reactor model for desulfurization and dearomatization of diesel. *AIChE J.* 48(1): 126–135.

Chu, C. F., Ng, K. M. (1989) Flow in packed tubes with a small tube to particle diameter ratio. *AIChE J.* 35 (1): 148–158.

Chung, T. -H., Ajlan, M., Lee, L. L., Starling, K. E. (1988) Generalized multiparameter correlation for nonpolar and polar fluid transport properties. *Ind. Eng. Chem. Res.* 27(4): 671–679.

Cooper, B. H., Donnis, B. B. L., Moyse, B. (1986) Hydroprocessing conditions affect catalyst shape selection. *Oil Gas J.* 84(49): 39–44.

Cotta, R. M., Maciel Filho, R. (1996) Kinetic and reactor models for HDT of middle distillates. Presented at the 5th World Congress of Chemical Engineers, San Diego, CA.

Cotta, R. M., Wolf-Maciel, M. R., Maciel Filho, R. (2000) A cape of HDT industrial reactor for middle distillates. *Comput. Chem. Eng.* 24(2–7): 1731–1735.

Cotterman, R. L., Prausnitz, J. M. (1985) Flash calculations for continuous mixtures using an equation of state. *Ind. Eng. Chem. Process Des. Dev.* 24(2): 434–443.

Cotterman, R. L., Bender, R., Prausnitz, J. M. (1985) Phase equilibria for mixtures containing very many components: development and application of continuous thermodynamics for chemical process design. *Ind. Eng. Chem. Process Des. Dev.* 24(1): 194–203.

Crine, M., Marchot, P., L'Homme, G. A. (1980) A phenomenological description of trickle-bed reactors application to the hydrotreating of petroleum fractions. *Chem. Eng. Sci.* 35(1-2): 51-58.

Danckwerts, P. V. (1953) Continuous flow systems: distribution of residence times. *Chem. Eng. Sci.* 2(1): 1-13.

Dassori, C. G., Pacheco, M. A. (2002) Hydrocracking: an improved kinetic model and reactor modeling. *Chem. Eng. Commun.* 189: 1684-1704.

Deans, H. A., Lapidus, L. A. (1960) Computational model for predicting and correlating the behavior of fi xed-bed reactors: I. Derivation of model for nonreactive systems. *AIChE J.* 6(4): 656-663.

De Ligny, C. L. (1970) Coupling between diffusion and convection in radial dispersion of matter by fluid flow through packed beds. *Chem. Eng. Sci.* 25(7): 1177-1181.

Demaria, F., White, R. R. (1960) Transient response study of gas flowing through irrigated packing. *AIChE J.* 6(3): 473-481.

Dixon, A. G. (1985) Thermal resistance models of packed-bed effective heat transfer parameters. *AIChE J.* 31(5): 826-834.

D ö hler, W., Rupp, M. (1987) Comparison of performance of an industrial VGO-treater with reactor model predictions. *Chem. Eng. Technol.* 10(1): 349-352.

Doraiswamy, L. K., Tajbl, D. G. (1974) Laboratory catalytic reactors. *Catal. Rev. Sci. Eng.* 10(1): 177-219.

Duduković, M. P. (1977) Catalyst effectiveness factor and contacting effi ciency in trickle-bed reactors. *AIChE J.* 23(6): 940-944.

Duduković, M. P., Larachi, F., Mills, P. L. (1999) Multiphase reactors: revisited. *Chem. Eng. Sci.* 54(13-14): 1975-1995.

Duduković, M. P., Larachi, F., Mills, P. L. (2002) Multiphase catalytic reactors: a perspective on current knowledge and future trends. *Catal. Rev. Sci. Eng.* 44(1): 123-246.

Dwivedi, P. N., Upadhyay, S. N. (1977) Particle-fluid mass transfer in fi xed and fluidized beds. *Ind. Eng. Chem. Process Des. Dev.* 16(2): 157-165.

Elizalde, I., Rodríguez, M. A., Ancheyta, J. (2009) Application of continuous kinetic lumping modeling to moderate hydrocracking of heavy oil. *Appl. Catal. A*365: 237-242.

El-Kady, F. Y. (1979) Hydrocracking of vacuum distillate fraction over bifunctional molybdenum-nickel/silica-alumina catalyst. *Indian J. Technol.* 17: 176-183.

Ellman, M. J., Midoux, N., Laurent, A., Charpentier, J. C. (1988) A new, improved pressure drop correlation for trickle-bed reactors. *Chem. Eng. Sci.* 43(8): 2201-2206.

Ellman, M. J., Midoux, N., Wild, G., Laurent, A., Charpentier, J. C. (1990) A new, improved liquid hold-up correlation for trickle-bed reactors. *Chem. Eng. Sci.* 45(7): 1677-1684.

Evans, G. C., Gerald, C. F. (1953) Mass transfer from benzoic acid granules to water in fi xed and fluidized beds at low Reynolds numbers. *Chem. Eng. Prog.* 49(3): 135-140.

Fahien, R. W., Smith, J. M. (1955) Mass transfer in packed beds. *AIChE J.* 1(1): 28-37.

Feng, G. X., Mather, A. E. (1993a) Solubility of H_2S in *n* -hexadecane at elevated pressure. *Can. J. Chem. Eng.* 71(2): 327-328.

Feng, G. X., Mather, A. E. (1993b) Solubility of H_2S in *n* -dodecane. *Fluid Phase Equilib.* 87(2): 341-346.

Ferdous, D., Dalai, A. K., Adjaye, J. (2006) Hydrodenitrogenation and hydrodesulfurization of heavy gas oil using NiMo/Al_2O_3 catalyst containing boron: experimental and kinetic studies. *Ind. Eng. Chem. Res.* 45(2): 544-552.

Feyo De Azevedo, S., Romero-Ogawa, M. A., Wardle, A. P. (1990) Modelling of tubular fi xed-bed catalytic reactors: a brief review. *Trans. Inst. Chem. Eng.* 68(A): 483-502.

Fott, P., Schneider, P. (1984) Multicomponent mass transport with complex reaction in porous catalyst. In: *Recent Advances in the Engineering Analysis of Chemically Reacting Systems*, Doraiswamy, L. K. (ed.). Wiley Eastern, New Delhi, India.

Froment, G. F. (1986) The kinetics of catalytic processes: importance in reactor simulation and design. *Appl. Catal.* 22(1): 3-20.

Froment, G. F. (2004) Modeling in the development of hydrotreatment processes. *Catal. Today*98(1-2): 43-54.

Froment, G. F. (2005) Single event kinetic modeling of complex catalytic processes. *Catal. Rev. Sci. Eng.* 47: 83-124.

Froment, G. F., Bischoff, K. B. (1990) *Chemical Reactor Analysis and Design* , 2nd ed. Wiley, New York.

Froment, G. F., Depauw, G. A., Vanrysselberghe, V. (1994) Kinetic modeling and reactor simulation in hydrodesulfurization of oil fractions. *Ind. Eng. Chem. Res.* 33(12): 2975–2988.

Froment, G. F., Castaneda-Lopez, L. C., Marin-Rosas, C. (2008) Kinetic modeling of the hydrotreatment of light cycle oil and heavy gas oil using the structural contributions approach. *Catal. Today* 130(2–4): 446–454.

Frye, C. G., Mosby, J. F. (1967) Kinetics of hydrodesulfurization. *Chem. Eng. Prog.* 63(9): 66–70.

Galiasso, T. R. (2006) Diesel upgrading into a low emissions fuel. *Fuel Process. Tech.* 87(9): 759–767.

Gianetto, A., Specchia, V. (1992) Trickle-bed reactors: state of art and perspectives. *Chem. Eng. Sci.* 47(13–14): 3197–3213.

Gianetto, A., Baldi, G., Specchia, V., Sicardi, S. (1978) Hydrodynamics and solid-liquid contacting effectiveness in trickle-bed reactors. *AIChE J.* 24(6): 1087–1104.

Gierman, H. (1988) Design of laboratory hydrotreating reactors scaling down of trickle-flow reactors. *Appl. Catal.* 43(2): 277–286.

Glaso, O. (1980) Generalized pressure-volume-temperature correlations. *J. Pet. Technol.* 32(5): 785–795.

Glasscock, D. A., Hale, J. C. (1994) Process simulation: the art and science of modeling. *Chem. Eng.* 101 (11): 82–89.

Goto, S., Smith, J. M. (1975) Trickle-bed reactor performance: I. Holdup and mass transfer effects. *AIChE J.* 21(4): 706–713.

Gunjal, P. R., Ranade, V. V. (2007) Modeling of laboratory and commercial scale hydroprocessing reactors using CFD. *Chem. Eng. Sci.* 62(18–20): 5512–5526.

Guo, J., Jiang, Y., Al-Dahhan, M. H. (2008) Modeling of trickle-bed reactors with exothermic reactions using a cell network approach. *Chem. Eng. Sci.* 63(3): 751–764.

Gupta, S. N., Chaube, R. B., Upadhyay, S. N. (1974) Fluid-particle heat transfer in fi xed bed and fluidized beds. *Chem. Eng. Sci.* 29(3): 839–843.

Hashimoto, K., Muroyama, K., Fujiyoshi, K., Nagata, S. (1976) Effective radial thermal conductivity in cocurrent flow of gas and liquid through packed bed. *Int. Chem. Eng.* 16(4): 720–727.

Hastaoglu, M. A., Jibril, B. E. (2003) Transient modeling of hydrodesulfurization in a fi xed-bed reactor. *Chem. Eng. Commun.* 190(2): 151–170.

Haughey, D. P., Beveridge, G. S. (1969) Structural properties of packed beds: a review. *Can. J. Chem. Eng.* 47(2): 130–140.

Henry, H. C., Gilbert, J. B. (1973) Scale up of pilot data for catalytic hydroprocessing. *Ind. Eng. Chem. Process Des. Dev.* 12(3): 328–334.

Herskowitz, M., Smith, J. M. (1978a) Liquid distribution in trickle-bed reactors: I. Flow measurements. *AIChE J.* 24: 439–450.

Herskowitz, M., Smith, J. M. (1978b) Liquid distribution in trickle-bed reactors: II. Tracer studies. *AIChE J.* 24: 450–454.

Hill, C. G. (1977) *An Introduction to Chemical Engineering Kinetics and Reactor Design* . Wiley, New York.

Hlavacek, V., Marek, M. (1966) Axialer stoff-und wärmetransport im adiabatischen rohrreaktor: II. Numerische untersuchung-ablauf einer einfachen reaktion bezw. einer folgereaktion. *Chem. Eng. Sci.* 21: 501–513.

Ho, T. C. (2003) Property-reactivity correlation for HDS of middle distillates. *Appl. Catal.* A244(1): 115–128.

Ho, T. C. (2008) Kinetic modeling of large-scale reaction systems. *Catal. Rev.* 50(3): 287–378.

Ho, T. C., Markley, G. E. (2004) Property-reactivity correlation for hydrodesulfurization of prehydrotreated distillates. *Appl. Catal. A* 267(1–2): 245–250.

Ho, T. C., Nguyen, D. (2006) Modeling of competitive adsorption of nitrogen species in hydrodesulfurization. *Chem. Eng. Commun.* 193(4): 460–477.

Hochman, J. M., Effron, E. (1969) Two-phase cocurrent downflow in packed beds. *Ind. Eng. Chem. Fundam.* 8(1): 63–71.

Hoekstra, G. (2007) The effects of gas-to-oil rate in ultra low sulfur diesel hydrotreating. *Catal. Today*127(1–4): 99–102.

Hofmann, H. (1977) Hydrodynamics, transport phenomena, and mathematical models in trickle-bed reactors. *Int. Chem. Eng.* 17(1): 19–28.

Hofmann, H. P. (1978) Multiphase catalytic packed-bed reactors. *Catal. Rev. Sci. Eng.* 17(1): 71–117.

Hoftyzer, P. J. (1964) Liquid distribution in a column with dumped packing. *Trans. Inst. Chem. Eng.* 42: T109–T117.

Hu, M. C., Ring, Z., Briker, J., Te, M. (2002) Rigorous hydrotreater simulation. *Pet. Tech. Q.* Spring, pp. 85–91.

Iannibello, A., Marengo, S., Guerci, A., Baldi, G., Sicardi, S. (1983) Performance of a pilot trickle-bed reactor for hydrotreating of petroleum fractions: dynamic analysis. *Ind. Eng. Chem. Process Des. Dev.* 22(4): 594–598.

Iannibello, A., Marengo, S., Burgio, G., Baldi, G., Sicardi, S., Specchia, V. (1985) Modeling the hydrotreating reactions of a heavy residual oil in a pilot trickle-bed reactor. *Ind. Eng. Chem. Process Des. Dev.* 24(3): 531–537.

Iliuta, I., Ortiz-Arroyo, A., Larachi, F., Grandjean, B. P. A., Wild, G. (1999) Hydrodynamics and mass transfer in trickle-bed reactors: an overview. *Chem. Eng. Sci.* 54(21): 5329–5337.

Iliuta, I., Ring, Z., Larachi, F. (2006) Simulating simultaneous fines deposition under catalytic hydrodesulfurization in hydrotreating trickle beds: Does bed plugging affect HDS performance? *Chem. Eng. Sci.* 61(4): 1321–1333.

Inoue, S., Takatsuka, T., Wada, Y., Hirohama, S., Ushida, T. (2000) Distribution function model for deep desulfurization of diesel fuel. *Fuel* 79(7): 843–849.

Jacobs, G. E., Milliken, A. S. (2000) Evaluating liquid distributors in hydroprocessing reactors. *Hydrocarbon Process.* Nov., pp. 76–84.

Jakobsson, K., Hasanen, A., Aittamaa, J. (2004) Modelling of a countercurrent hydrogenation process. *Trans. IChemE A* 82(A2): 203–207.

Jiménez, F., Núñ ez, M., Kafarov, V. (2005) Study and modeling of simultaneous hydrodesulfurization, hydrodenitrogenation and hydrodearomatization on vacuum gas oil hydrotreatment. *Comput. -Aided Chem. Eng.* 20(1): 619–624.

Jiménez, F., Kafarov, V., Nuñez, M. (2006) Computer-aided modeling for hydrodesulfurization, hydrodenitrogenation and hydrodearomatization simultaneous reactions in a hydrotreating industrial process. *Comput. -Aided Chem. Eng.* 21(1): 651–657.

Jiménez, F., Ojeda, K., Sánchez, E., Karafov, V., Maciel Filho, R. (2007a) Modeling of trickle bed reactor for hydrotreating of vacuum gas oils: effect of kinetic type on reactor modeling. *Comput. Aided Process Eng.* ESCAPE17, 1–6.

Jiménez, F., Kafarov, V., Nuñez, M. (2007b) Modeling of industrial reactor for hydrotreating of vacuum gas oils: simultaneous hydrodesulfurization, hydrodenitrogenation and hydrodearomatization reactions. *Chem. Eng. J.* 134(1–3): 200–208.

Juraidan, M., Al-Shamali, M., Qabazard, H., Kam, E. K. T. (2006) A refined hydroprocessing multicatalyst deactivation and reactor performance model-pilot-plant accelerated test applications. *Energy Fuels* 20(4): 1354–1364.

Kam, E. K. T., Al-Shamali, M., Juraidan, M., Qabazard, H. (2005) A hydroprocessing multicatalyst deactivation and reactor performance model-pilot-plant life test applications . *Energy Fuels* 19(3): 753–764.

Khadilkar, M. R., Mills, P. L., Dudukovic, M. P. (1999) Trickle-bed reactor models for systems with a volatile liquid phase. *Chem. Eng. Sci.* 54(13–14): 2421–2431.

Kodama, S., Nitta, H., Takatsuka, T., Yokoyama, T. (1980) Simulation of residue hydrodesulfurization reaction based on catalyst deactivation nodel. *J. Jpn. Pet. Inst.* 23(5): 310–320.

Korsten, H., Hoffmann, U. (1996) Three-phase reactor model for hydrotreating in pilot trickle-bed reactors. *AIChE J.* 42(5): 1350–1360.

Krishna, R., Saxena, A. K. (1989) Use of an axial-dispersion model for kinetic description of hydrocracking. *Chem. Eng. Sci.* 44: 703–712.

Kumar, H., Froment, G. F. (2007) Mechanistic kinetic modeling of the hydrocracking of complex feedstocks, such as vacuum gas oils. *Ind. Eng. Chem. Res.* 46(18): 5881–5897.

Kumar, V. R., Balaraman, K. S., Rao, V. S. R., Ananth, M. S. (1997) Modelling of hydrotreating process in a trickle-bed reactor. *Pet. Sci. Technol.* 15(1–2): 283–295.

Kumar, V. R., Balaraman, K. S., Rao, V. S. R., Ananth, M. S. (2001) Performance study of certain commercial catalysts in hydrodesulfurization of diesel oils. *Pet. Sci. Technol.* 19(9-10): 1029-1038.

Kundu, A., Nigam, K. D. P., Duquenne, A. M., Delmas, H. (2003) Recent developments on hydroprocessing reactors. *Rev. Chem. Eng.* 19(6): 531-605.

Kwak, S. (1994) Hydrotreating heavy oils over a commercial hydrodemetallation catalyst . Ph. D. dissertation, University of Utah, Aug.

Lababidi, H. M. S., Shaban, H. I., Al-Radwan, S., Alper, E. (1998) Simulation of an atmospheric residue desulfurization unit by quasi-steady state modeling. *Chem. Eng. Technol.* 21(2): 193-200.

Lal, D., Otto, F. D., Mather, A. E. (1999) Solubility of hydrogen in Athabasca bitumen. *Fuel*78(12): 1437-1441.

Larachi, F., Laurent, A., Midoux, N., Wild, G. (1991a) Experimental study of a trickle-bed reactor operating at high pressure: two-phase pressure drop and liquid saturation. *Chem. Eng. Sci.* 46(5-6): 1233-1246.

Larachi, F., Laurent, A., Wild, G., Midoux, N. (1991b) Some experimental liquid saturation results in fi xed-bed reactors operated under elevated pressure in cocurrent upflow and downflow of the gas and the liquid. *Ind. Eng. Chem. Res.* 30(11): 2404-2410.

Larachi, F., Grandjean, B., Iliuta, I., Bensetiti, Z., André, E., Wild, G., Chen, M. (1999) Excel worksheet simulator for trickle-bed reactors. http: //www. gch. ulaval. ca/bgrandjean/pbrsimul/pbrsimul. html.

Larkins, R. P., White, R. R., Jeffrey, D. W. (1961) Two-phase concurrent flow in packed beds. *AIChE J.* 7 (2): 231-239.

Laxminarasimhan, C. S., Verma, R. P. (1996) Continuous lumping model for simulation of hydrocracking. *AIChE J.* 42: 2645-2653.

Lee, B. I., Kesler, M. G. (1975) A generalized thermodynamic correlation based on three-parameter corresponding states. *AIChE J.* 21(3): 510-527.

Lee, B. I., Kesler, M. G. (1976) Improve prediction of enthalpy of fractions. *Hydrocarbon Process*3 (Mar.): 153-158.

Lee, H. H., Smith, J. M. (1982) Trickle-bed reactors: criteria of negligible transport effects and of partial wetting. *Chem. Eng. Sci.* 37: 223.

Levenspiel, O., Bischoff, K. B. (1963) Patterns of flow in chemical process vessels. *Adv. Chem. Eng.* 4: 95-198.

Liguras, D. K., Allen, D. T. (1989) Structural models for catalytic cracking: model compound reactions. *Ind. Eng. Chem. Res.* 28: 665-673.

Liu, Z., Zheng, Y., Wang, W., Zhang, Q., Jia, L. (2008) Simulation of hydrotreating of light cycle oil with a system dynamics model. *Appl. Catal. A* 339: 209-220.

Lopez, R., Dassori, C. G. (2001) Mathematical modeling of a VGO hydrotreating reactor. *SPE Int.* SPE 69499: 1-14.

Lopez, R., Perez, J. R., Dassori, C. G., Ranson, A. (2001) Artifi cial neural networks applied to the operation of VGO hydrotreaters. *SPE Int.* SPE 69500: 1-10.

Lukec, I., Sertić-Bionda, K., Lukec, D. (2008) Prediction of sulphur content in the industrial hydrotreatment process. *Fuel Process Tech.* 89(3): 292-300.

Mac é, O., Wei, J. (1991) Diffusion in random particle models for hydrodemetalation catalysts. *Ind. Eng. Chem. Res.* 30(5): 909-918.

Macías, M. J., Ancheyta, J. (2004) Simulation of an isothermal hydrodesulfurization small reactor with different catalyst particle shapes. *Catal. Today* 98(1-2): 243-252.

Magoulas, K., Tassios, D. (1990) Thermophysical properties of *n*-alkanes from C_1 to C_{20} and their prediction for higher ones. *Fluid Phase Equilib.* 56: 119-140.

Marroquín de la Rosa, J. O., Valencia-López, J. J., Ochoa-Tapia, J. A., Viveros-García, T. (2002) Trickle-bed reactor modeling for diesel hydrotreatment. *Proceedings of ISCRE*-17, Hong Kong, China, Aug. 25-28.

Marroquín, G., Ancheyta, J., Esteban, C. (2005) A batch reactor study to determine effectiveness factors of commercial HDS catalyst. *Catal. Today* 104(1): 70-75.

Martens, G. G., Marin, G. B. (2001) Kinetics for hydrocracking based on structural classes: model development and application. *AIChE J.* 47: 1607-1622.

Mears, D. E. (1971) The role of axial dispersion in trickle-flow laboratory reactors. *Chem. Eng. Sci.* 26(9): 1361-1366.

Mears, D. E. (1974) The role of liquid holdup and effective wetting in the performance of trickle-bed reactors. In: *Proceedings of the 3rd International Symposium or Chemical Reaction Engineering II*, Hulburt, H. M. (ed.) ACS Monograph Series No. 133. American Chemical Society, Washington, DC, p. 218.

Mears, D. E. (1976) On criteria for axial dispersion in nonisothermal packed-bed catalytic reactors. *Ind. Eng. Chem. Fundam.* 15(1): 20–23.

Mederos, F. S., Ancheyta, J. (2007) Mathematical modeling and simulation of hydrotreating reactors: cocurrent versus countercurrent operations. *Appl. Catal. A* 332(1): 8–21.

Mederos, F. S., Rodríguez, M. A., Ancheyta, J., Arce, E. (2006) Dynamic modeling and simulation of catalytic hydrotreating reactors. *Energy Fuels* 20(3): 936–945.

Mejdell, T., Myrstad, R., Morud, J., Rosvoll, J. S., Steiner, P., Blekkan, E. A. (2001) *A New Kinetic Model for Hydrodesurfurization of Oil Products*. Studies in Surface Science Catalysis, Vol. 133, Froment, G. F., Waugh, K. C. (eds.). Elsevier Science Amsterdam, p. 189.

Melis, S., Erby, L., Sassu, L., Baratti, R. (2004) A model for the hydrogenation of aromatic compounds during gasoil hydroprocessing. *Chem. Eng. Sci.* 59(22–23): 5671–5677.

Mills, P. L., Duduković, M. P. (1981) Evaluation of liquid-solid contacting in trickle-bed reactors by tracer methods. *AIChE J.* 27(6): 893–904.

Mohanty, S., Saraf, D. N., Kunzru, D. (1991) Modeling of a hydrocracking reactor. *Fuel Process. Tech.* 29: 1–17.

Montagna, A. A., Shah, Y. T. (1975) The role of liquid holdup, effective catalyst weetting, and backmixing on the performance of a trickle bed reactor for residue hydrodesulfurization. *Ind. Eng. Chem. Process Des. Dev.* 14(4): 479–483.

Mosby, F., Buttke, R. D., Cox, J. A., Nikolaides, C. (1986) Process characterization of expanded-reactors in series. *Chem. Eng. Sci.* 41: 989–995.

Mostoufi, N., Sotudeh-Gharebagh, R., Ahmadpour, M., Eyvani, J. (2005) Simulation of an industrial pyrolysis gasoline hydrogenation unit. *Chem. Eng. Technol.* 28(2): 174–181.

Moysan, J. M., Huron, M. J., Paradowski, H., Vidal, J. (1983) Prediction of the solubility of hydrogen in hydrocarbon solvents through cubic equations of state. *Chem. Eng. Sci.* 38(7): 1085–1092.

Mu ñ oz, J. A. D., Alvarez, A., Ancheyta, J., Rodríguez, M. A., Marroquín, G. (2005) Process heat integration of a heavy crude hydrotreatment plant. *Catal. Today* 109(1–4): 214–218.

Murali, C., Voolapalli, R. K., Ravichander, N., Gokak, D. T., Choudary, N. V. (2007) Trickle bed reactor model to simulate the performance of a commercial diesel hydrotreating unit. *Fuel* 86(7–8): 1176–1184.

Murphree, E. V., Voorhies, A., Jr., Mayer, F. X. (1964) Application of contacting studies to the analysis of reactor performance. *Ind. Eng. Chem. Proc. Des. Dev.* 3(4): 381–386.

Narasimhan, C. S. L., Sau, M., Verma, R. P. (1997) *An Integrated Approach for Hydrocracker Modeling*. Studies in Surface Science Catalysis, Vol. 127. Elsevier Science, Amsterdam.

Nguyen, N. L., Reimert, R., Hardy, E. H. (2006) Application of magnetic resonance imaging(MRI) to determine the influence of fluid dynamics on desulfurization in bench scale reactors. *Chem. Eng. Technol.* 29(7): 820–827.

Oh, M., Jang, E. J. (1997) Rigorous modelling and dynamic simulation of an industrial naphtha hydrodesulfurization process. *J. Korean Inst. Chem. Eng.* (in Korean)35(5): 791–798.

Ojeda, J. A., Krishna, R. (2004) In-situ stripping of H_2S in gasoil hydrodesulphurization: reactor design considerations. *Trans. IChemE A* 82(A2): 208–214.

Onda, K., Takeuchi, H., Koyama, Y. (1967) Effect of packing materials on the wetted surface area. *Kagaku Kogaku* (in Japanese) 31(2): 126–134.

Orochko, D. I. (1970) Applied over-all kinetics of hydrocracking of heavy petroleum distillates. *Khim. Tekhnol. Topliv Masel* 8: 2–6.

Papayannakos, N., Georgiou, G. (1988) Kinetics of hydrogen consumption during catalytic hydrodesulphurization of a residue in a trickle-bed reactor. *J. Chem. Eng. Jpn.* 21(3): 244–249.

Paraskos, J. A., Frayer, J. A., Shah, Y. T. (1975) Effect of holdup incomplete catalyst wetting and backmixing during hydroprocessing in trickle bed reactors. *Ind. Eng. Chem. Process Des. Dev.* 14(3): 315–322.

Pedernera, E., Reimert, R., Nguyen, N. L., van Buren, V. (2003) Deep desulfurization of middle distillates: process adaptation to oil fractions' compositions. *Catal. Today* 79–80: 371–381.

Peng, D. Y., Robinson, D. B. (1976) A new two-constant equation of state. *Ind. Eng. Chem. Fundam.* 15 (1): 59–64.

Perego, C., Paratello, S. (1999) Experimental methods in catalytic kinetics. *Catal. Today* 52(2–3): 133–145.

Perry, R. H., Green, D. W., Maloney, J. O. (2004) *Perry's Chemical Engineers' Handbook*. McGraw-Hill, New York, p. 2–193.

Petersen, E. E. (1965) *Chemical Reaction Analysis*. Prentice-Hall, Englewood Cliffs, NJ. Petrovic, L. J., Thodos, G. (1968) Mass transfer in the flow of gases through packed beds. *Ind. Eng. Chem. Fundam.* 7(2): 274–280.

Pitault, I., Fongarland, P., Mitrovic, M., Ronze, D., Forissier, M. (2004) Choice of laboratory scale reactors for HDT kinetic studies or catalyst tests. *Catal. Today* 98(1–2): 31–42.

Porter, K. E., Templeman, J. J. (1968) Wall flow: III. *Trans. Inst. Chem. Eng.* 46: T86.

Porter, K. E., Templeman, J. J., Barnett, V. D. (1968) The spread of liquid over random packings: II. *Trans. Inst. Chem. Eng.* 46: T74.

Prchlik, J., Soukup, J., Zapletal, V., Ruzicka, V. (1975a) Liquid distribution in reactors with randomly packed porous beds. *Collect. Czech. Chem. Commun.* 40: 845.

Prchlik, J., Soukup, J., Zapletal, V., Ruzicka, V. (1975b) Wall flow in trickle bed reactors. *Collect. Czech. Chem. Commun.* 40: 3145.

Puranik, S. S., Vogelpohl, A. (1974) Effective interfacial area in irrigated packed columns. *Chem. Eng. Sci.* 29(2): 501–507.

Qader, S. A., Hill, G. R. (1969) Hydrocracking of gasoil. *I nd. Eng. Chem. Process Des. Dev.* 8: 98–105.

Quann, R. J., Jaffe, S. B. (1992) Structure-oriented lumping: describing the chemistry of complex mixtures. *Ind. Eng. Chem. Res.* 31(11): 2483–2497.

Ramírez, L. F., Escobar, J., Galván, E., Vaca, H., Murrieta, F. R., Luna, M. R. S. (2004) Evaluation of diluted and undiluted trickle-bed hydrotreating reactor with different catalyst volume. *Pet. Sci. Technol.* 22(1–2): 157–175.

Reiss, L. P. (1967) Cocurrent gas-liquid contacting in packed columns. *Ind. Eng. Chem. Proccess Des. Dev.* 6 (4): 486–499.

Riazi, M. R. (2005) *Characterization and Properties of Petroleum Fractions*. ASTM International Standards Worldwide, Philadelphia.

Ring, Z. E., Missen, R. W. (1991) Trickle-bed reactors: tracer study of liquid holdup and wetting effi ciency at high temperature and pressure. *Can. J. Chem. Eng.* 69(4): 1016–1020.

Rodríguez, M. A., Ancheyta, J. (2004) Modeling of hydrodesulfurization(HDS), hydrodenitrogenation(HDN), and the hydrogenation of aromatics(HDA) in a vacuum gas oil hydrotreater. *Energy Fuels* 18(3): 789–794.

Ronze, D., Fongarland, P., Pitault, I., Forissier, M. (2002) Hydrogen solubility in straight run gasoil. *Chem. Eng. Sci.* 57: 547–553.

Ross, L. D. (1965) Performance of trickle bed reactors. *Chem. Eng. Prog.* 61(10): 77–82.

Salmi, T., Romanainen, J. (1995) A novel exit boundary condition for the axial dispersion model. *Chem. Eng. Process.* 34(4): 359–366.

Salmi, T., W ä rn å, J., Toppinen, S., R ö nnholm, M., Mikkola, J. P. (2000) Dynamic modelling of catalytic three-phase reactors for hydrogenation and oxidation processes. *Braz. J. Chem. Eng.* 17(4–7): 1023–1035.

Salvatore, L., Pires, B., Campos, M. C. M., De Souza, M. B., Jr. (2005) A hybrid approach to fault detection and diagnosis in a diesel fuel hydrotreatment process. *Trans. Eng. Comput. Technol.* 7: 379–384.

Súnchez, M., Shah, Y. T., Dassori, C. G. (1995) Multiphase hydrotreating reactor modeling. Presented at the AIChE Spring Meeting, Houston, TX, Mar. 19–24(42b).

Sánchez, S., Ancheyta, J. (2007) Effect of pressure on the kinetics of moderate hydrocracking of Maya crude oil. *Energy Fuels* 21: 653–661.

Súnchez, S., Rodríguez, M. A., Ancheyta, J. (2005) Kinetic model for moderate hydrocracking of heavy oils. *Ind. Eng. Chem. Res.* 44: 9409–9413.

Saroha, A. K., Nigam, K. D. P., Saxena, A. K., Kapoor, V. K. (1988) Liquid distribution in trickle-bed reactors. *AIChE J.* 44(9): 2044–2052.

Sater, V. E., Levenspiel, O. (1966) Two-phase flow in packed beds: evaluation of axial dispersion and holdup by moment analysis. *Ind. Eng. Chem. Fundam.* 5(1): 86-92.

Satterfi eld, C. N. (1969) Mass transfer limitations in trickle-bed reactor. *AIChE J.* 15(2): 226-234.

Satterfi eld, C. N. (1970) *Mass Transfer in Heterogeneous Catalysis* . MIT Press, Cambridge, MA.

Satterfi eld, C. N. (1975) Trickle-bed reactors. *AIChE J.* 21(2): 209-228.

Satterfi eld, C. N., Ozel, F. (1973) Direct solid-catalyzed reaction of a vapor in an apparently completely wetted trickle bed reactor. *AIChE J.* 19(6): 1259-1261.

Satterfi eld, C. N., Van Eek, M. W., Bliss, G. S. (1978) Solid mass transfer in packed beds with downward concurrent gas-liquid flow. *AIChE J.* 24(4): 709-717.

Sau, M., Narasimhan, C. S. L., Verma, R. P. (1997) A kinetic model for hydrodesulfurisation . In: *Hydrotreatment and Hydrocracking of Oil Fractions* . Studies in Surface Science Catalysis, Vol. 106, Froment, G. F., Delmon, B., Grange, P. (eds.). Elsevier Science, Amsterdam, p. 421.

Schwartz, J. G., Roberts, G. W. (1973) An evaluation of models for liquid backmixing in trickle-bed reactors. *Ind. Eng. Chem. Process Des. Dev.* 12(3): 262-271.

Scott, A. H. (1935) Liquid distribution in packed towers. *Trans. Inst. Chem. Eng.* 13: 211-217.

Sertić-Bionda, K., Gomzi, Z., Š arić, T. (2005) Testing of hydrodesulfurization process in small trickle-bed reactor. *Chem. Eng. J.* 106: 105-110.

Shah, Y. T., Paraskos, J. A. (1975) Criteria for axial dispersion effects in adiabatic trickle bed hydroprocessing reactors. *Chem. Eng. Sci.* 30(9): 1169-1176.

Shah, Y. T., Mhaskar, R. D., Paraskos, J. A. (1976) Optimum quench location for a hydrodesulfurization reactor with time varying catalyst activity. *I nd . Eng. Chem. Process Des. Dev.* 15(3): 400-406.

Shinnar, R. (1978) Process control research. In: *An Evaluation of Present Status and Research Needs*. ACS Symposium Series, Vol. 72. American Chemical Society, Washington, DC, p. 1.

Shokri, S., Zarrinpashne, S. (2006) A mathematical model for calculation of effectiveness factor in catalyst pellets of hydrotreating process. *Pet. Coal* 48(1): 27-33.

Shokri, S., Marvast, M. A., Tajerian, M. (2007) Production of ultra low sulfur diesel: simulation and software development. *Pet. Coal* 49(2): 48-59.

Sie, S. T. (1991) Scale effects in laboratory and pilot-plant reactors for trickle-flow processes. *Rev. Inst. Fr. Pet.* 46(4): 501-515.

Sie, S. T. (1996) Miniaturization of hydroprocessing catalyst testing systems: theory and practice. *AIChE J.* 42 (12): 3498-3507.

Sie, S. T., Krishna, R. (1998) Process development and scale up: III. Scale-up and scale-down of trickle bed processes. *Rev. Chem. Eng.* 14(3): 203-252.

Skala, D. U., Š aban, M. D., Orlovi ć, A. M., Meyn, V. W., Severin, D. K., Rahimian, I. G. -H., Marjanović, M. V. (1991) Hydrotreating of used oil: prediction of industrial trickle-bed operation from pilot-plant data. *Ind. Eng. Chem. Res.* 30(9): 2059-2065.

Smith, J. M. (1960) *Chemical Engineering Kinetics* . McGraw-Hill, New York.

Soave, G. (1972) Equilibrium constants for a modifi ed Redlich-Kwong equation of state. *Chem. Eng. Sci.* 27 (6): 1197-1203.

Specchia, V., Baldi, G. (1977) pressure drop and liquid holdup for two phase concurrent flow in packed beds. *Chem. Eng. Sci.* 32(5): 515-523.

Specchia, V., Rossini, A., Baldi, G. (1974) Distribution and radial spread of liquid in two-phase concurrent flows in a packed bed. *Quad. Ing. Chim. Ital.* 10(11): 171-176.

Stangeland, B. E. (1974) Kinetic model for the prediction of hydrocracking yields. *Ind. Eng. Chem. Process Des. Dev.* 13: 71-75.

Stefanidis, G. D., Bellos, G. D., Papayannakos, N. G. (2005) An improved weighted average reactor temperature estimation for simulation of adiabatic industrial hydrotreaters. *Fuel Process. Tech.* 86(16): 1761-1775.

Székely, J. (1961) Reaction rate constant may modify the effects of backmixing. *Ind. Eng. Chem.* 53: 313-318.

Tarhan, M. O. (1983) *Catalytic Reactor Design* . McGraw-Hill, New York.

Taylor, R., Krishna, R. (1993) *Multicomponent Mass Transfer* . Wiley Series in Chemical Engineering. Wiley, New York.

Taylor, R., Kooijman, H. A., Hung, J. S. (1994) A second generation nonequilibrium model for computer simulation of multicomponent separation processes. *Comput. Chem. Eng.* 18: 205-217.

Te, M., Fairbridge, C., Ring, Z. (2003) Various approaches in kinetics modeling of real feedstock hydrodesulfurization. *Pet. Sci. Technol.* 21(1-2): 157-181.

Thiele, E. W. (1939) Relation between catalytic activity and size of particle. *Ind. Eng. Chem.* 31(7): 916-920.

Toppinen, S., Aittamaa, J., Salmi, T. (1996) Interfacial mass transfer in trickle-bed reactor modelling. *Chem. Eng. Sci.* 51(18): 4335-4345.

Toulhoat, H., Hudebine, D., Raybaud, P., Guillaume, D., Kressmann, S. (2005) Thermidor: a new model for combined simulation of operations and optimization of catalysts in residues hydroprocessing units. *Catal. Today* 109(1-4): 135-153.

Trambouze, P. (1990) Countercurrent two-phase flow fi xed bed catalytic reactors. *Chem. Eng. Sci.* 45(8): 2269-2275.

Trejo, F., Ancheyta, J., Sánchez, S., Rodríguez, M. A. (2007) Comparison of different power-law kinetic models for hydrocracking of asphalthenes. *Pet. Sci. Technol.* 25(1): 263-275.

Tsamatsoulis, D., Papayannakos, N. (1995) Simulation of non-ideal flow in a trickle bed hydrotreater by the cross-flow model. *Chem. Eng. Sci.* 50(23): 3685-3691.

Tsamatsoulis, D., Papayannakos, N. (1998) Investigation of intrinsic hydrodesulphurization kinetics of a VGO in a trickle bed reactor with backmixing effects. *Chem. Eng. Sci.* 53(19): 3449-3458.

Tsamatsoulis, D., Koutoulas, E., Papayannakos, N. (1991) Improvement of characteristic reactions and properties of a heavy residue by catalytic hydrotreatment. *Fuel* 70(6): 741-746.

Tsamatsoulis, D., Al-Dahhan, M. H., Larachi, F., Papayannakos, N. (2001) The effect of particle dilution on wetting effi ciency and liquid fi lm thickness in small trickle beds. *Chem. Eng. Commun.* 185(1): 67-77.

Tyn, M. T., Calus, W. F. (1975) Diffusion coeffi cients in dilute binary liquid mixtures. *J. Chem. Eng. Data*20(1): 106-109.

Van den Bleek, C. M., Van Der Wiele, K., Van Den Berg, P. J. (1969) Effect of dilution on the degree of conversion in fi xed bed catalytic reactors. *Chem. Eng. Sci.* 24: 681-694.

Van Hasselt, B. W., Lebens, P. J. M., Calis, H. P. A., Kapteijn, F., Sie, S. T., Moulijn, J. A., van den Bleek, C. M. (1999) A numerical comparison of alternative three-phase reactors with a conventional trickle-bed reactor: the advantages of countercurrent flow for hydrodesulfurization. *Chem. Eng. Sci.* 54(21): 4791-4799.

van Herk, D., Kreutzer, M. T., Makkee, M., Moulijn, J. A. (2005) Scaling down trickle bed reactors. *Catal. Today* 106(1-4): 227-232.

Van Parijs, I. A., Froment, G. F. (1984) The influence of intraparticle diffusional limitations in naphtha hydrodesulfurization. *Inst. Chem. Eng. Symp. Ser.* 87: 319-327.

Vanrysselberghe, V., Froment, G. F. (2002) Hydrodesulfurization-heterogeneous, simulation of hydrodesulfurization reactors. In: *Encyclopedia of Catalysis* . Wiley, Hoboken, NJ.

Vargas-Villamil, F. D., Marroquín, J. O., de la Paz, C., Rodríguez, E. (2004) A catalytic distilliation process for light gas oil hydrodesulfurization. *Chem. Eng. Process.* 43: 1309-1316.

Verstraete, J. J., Le Lannic, K., Guibard, I. (2007) Modeling fi xed-bed residue hydrotreatment processes. *Chem. Eng. Sci.* 62(18-20): 5402-5408.

Vogelaar, B. M., Berger, R. J., Bezemer, B., Janssens, J. -P., van Langeveld, A. D., Eijsbouts, S., Moulijn, J. A. (2006) Simulation of coke and metal deposition in catalyst pellets using a non-steady state fi xed bed reactor model. *Chem. Eng. Sci.* 61(22): 7463-7478.

Wärnå, J., Salmi, T. (1996) Dynamic modelling of catalytic three phase reactors. *Comput. Chem. Eng.* 20(1): 39-47.

Wehner, J. F., Wilhelm, R. H. (1956) Boundary conditions of flow reactor. *Chem. Eng. Sci.* 6(2): 89-93.

Wei, J., Kuo, J. C. W. (1969) Lumping analysis in monomolecular reaction systems: analysis of the exactly lumpable system. *Ind. Eng. Chem. Res.* 8: 114-123.

Weissberg, H. (1963) Effective difusión coeffi cient in porous media. *J. Appl. Phys.* 34: 2636-2639.

Whitaker, S. (1973) The transport equations for multi-phase systems. *Chem. Eng. Sci.* 28(1): 139-147.

Wilke, C. R., Chang, P. (1955) Correlation for diffusion coeffi cients in dilute solutions. *AIChE J.* 1(2): 264-270.

Wilson, E. J., Geankoplis, C. J. (1966) Liquid mass transfer at very low Reynolds numbers in packed beds.

Ind. Eng. Chem. Fundam. 5(10): 9–14.

Yaïci, W., Laurent, A., Midoux, N., Charpentier, J. C. (1988) Determination of gas-side mass transfer coeffi cient in trickle-bed reactors in presence of an aqueous or an organic liquid phase. *Int. Chem. Eng.* 28(2): 299–305.

Yamada, H., Goto, S. (2004) Advantages of counter-current operation for hydrodesulfurization in trickle bed reactors. *Korean J. Chem. Eng.* 21(4): 773–776.

Young, L. C., Finlayson, B. A. (1973) Axial dispersion in nonisothermal packed bed chemical reactors. *Ind. Eng. Chem. Fundam.* 12(4): 412–422.

Yui, S. M., Sanford, E. C. (1989) Mild hydrocracking of bitumen-derived coker and hydrocracker heavy gas oils: kinetics, product yields and product properties. *Ind. Eng. Chem. Res.* 28: 1278–1284.

Zahedi, G., Fgaier, H., Jahanmiri, A., Al-Enezi, G. (2006) Artifi cial neural network identifi cation and evaluation of hydrotreater plant. *Pet. Sci. Technol.* 24(12): 1447–1456.

Zeldovich, Y. B. (1939) On the theory on powders and porous substances. *Acta Phys. Chim.* 10: 583.

Zhukova, T. B., Pisarenko, V. N., Kafarov, V. V. (1990) Modeling and design of industrial reactors with a stationary bed of catalyst and two-phase gas-liquid flow: a review. *Int. Chem. Eng.* 30(1): 57–102.

Zimmerman, S. P., Ng, K. M. (1986) Liquid distribution in trickling flow trickle-bed reactors. *Chem. Eng. Sci.* 41(4): 861–866.

第3章　加氢处理反应器建模

3.1　加氢处理工艺

加氢处理(HDT)广泛用于炼油工业中的脱除杂质过程，如杂原子(硫、氮、氧)，稠环芳烃(PNAs)，以及含金属化合物(主要为V和Ni)。随着原料油沸点的增加，杂质含量也随之增加。含硫、氮、氧和PNA化合物既存在于低相对分子质量的原料油中，如直馏馏分油(石脑油、煤油、瓦斯油)，也存在于高相对分子质量的原料油(减压瓦斯油、常压渣油和减压渣油)中，但后者的杂质含量更高，还含有复杂的含矾、镍化合物和沥青质(Mochida and Choi，2004)。

针对原料自身性质的差异，以及杂质含量和种类的不同(如具有不同反应活性的化合物)，已开发出了不同的加氢处理工艺。加氢处理过程中发生的反应包括：加氢脱硫(HDS)、加氢脱氮(HDN)、加氢脱氧(HDO)、加氢脱芳烃(HDA)、加氢脱金属(HDM)和加氢脱沥青(HDAs)。此外，加氢裂化(HDC)可降低原料的平均相对分子质量，但用于轻馏分油的加氢处理时，并未显著降低产品液收，而当加氢裂化用于加工重质原料时，将会中等程度或严重降低原料的平均相对分子质量。为了满足生产符合目前及今后日益严格环境法规要求的清洁燃料(如超低硫燃料)，需要使每一个反应都进行完全，以最大限度生产产品或为后续工序提供原料。为了实现上述目标，研究者们长期以来一直致力于优化催化剂的性能及组成和加氢反应器及其工艺设计(Rana et al.，2007)。对反应器和工艺设计，每种工艺都根据原料的自身性质(比如物理化学性质)和沸程进行单独地优化，使之适于进行加氢处理反应，而反应条件、反应器类型及其结构，也是需要考虑的重要特征。反应条件的苛刻程度取决于原料的自身性质和所需产品的质量要求。总体而言，原料沸点越高，反应条件越苛刻。

首先应注意的是，用于重质原料油加氢处理的反应器(还包括催化剂和反应条件)类型和结构不同于处理轻质原料油所用的加氢处理反应器(Ancheyta et al.，2002b)。通常加氢处理可以采用固定床(FBRs)、移动床(MBRs)、膨胀床或沸腾床(EBRs)以及浆态床(SBRs)反应器。这三组反应器的操作原理十分相似，但是在一些技术细节上存在差异(Furimsky，1998)。图3.1是加氢处理反应器的原则示意图。

固定床反应器过去往往只能用于轻质原料的加氢处理，如石脑油和中间馏分油，现在固定床反应器也可以用于重质原料的加氢处理，如渣油加氢处理。但若原料中含有大量金属及其他杂质(例如沥青质)，使用固定床反应器时，需根据催化剂寿命对反应器进行仔细考察。另一方面，移动床和沸腾床反应器在加工劣质原料(如减压渣油)方面已经展现了可靠的操作性能。对于石油基原料的加氢处理，催化剂寿命对维持催化剂活性和选择性至关重要。根据原料的自身性质，催化剂寿命长短可在几个月到几年不等。反应器的选择取决于催化剂失活速率的快慢(Moulijn et al.，2001)。

3.1.1　HDT 反应器特点

图3.2示出了用于加氢处理过程的主要反应器类型，下面将对每种反应器进行详细介绍。

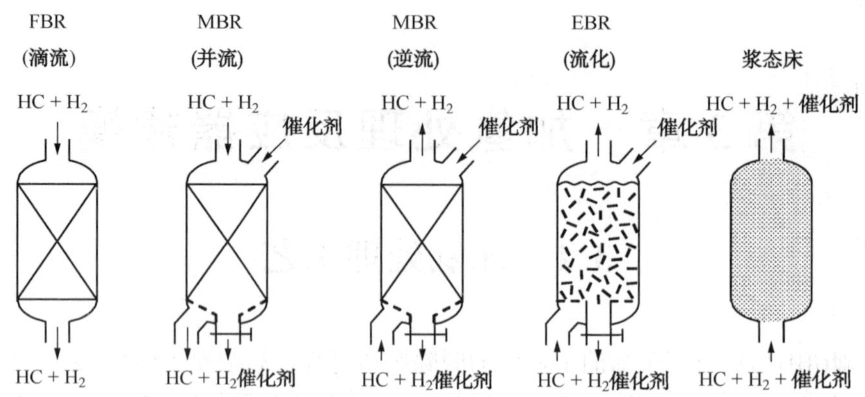

图 3.1 用于加氢处理的各种类型反应器

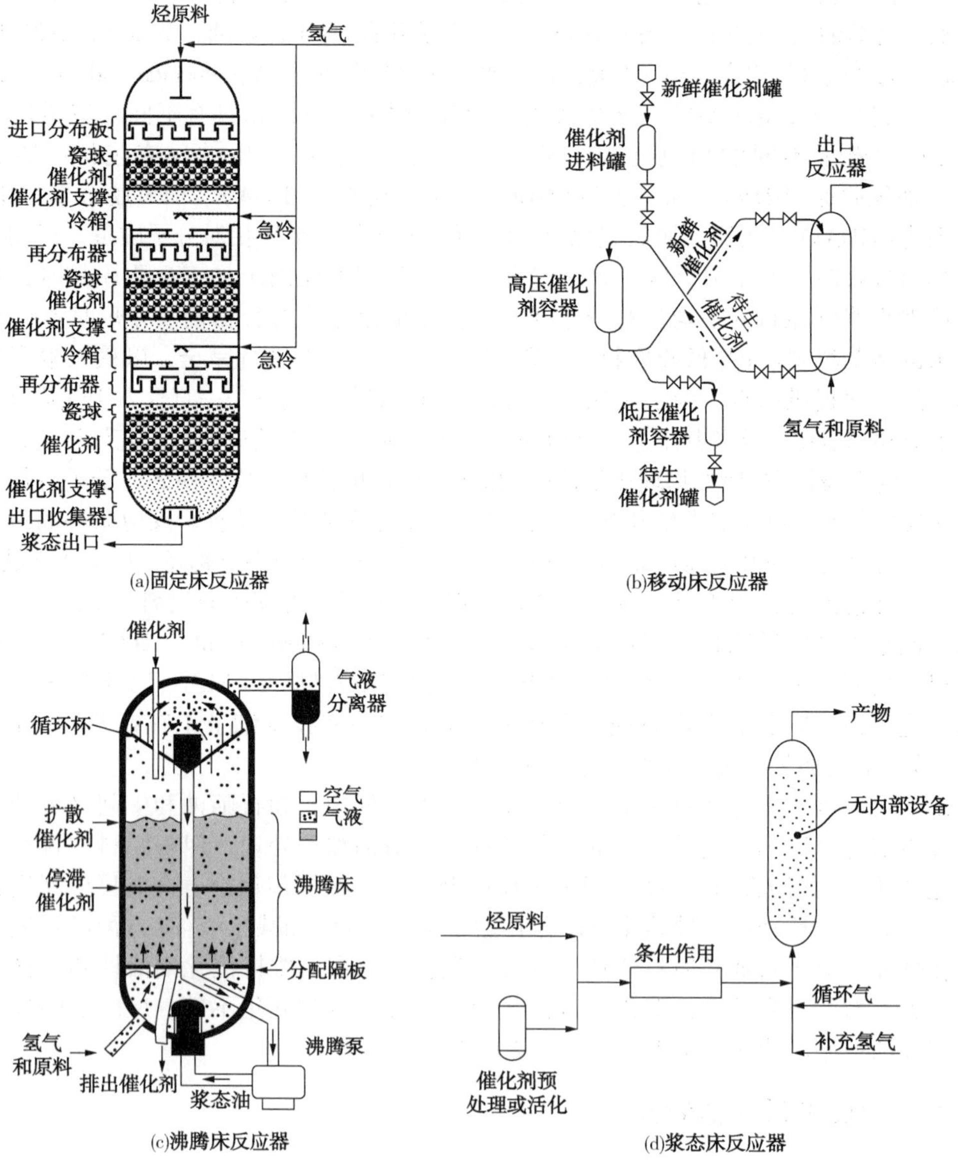

(a)固定床反应器

(b)移动床反应器

(c)沸腾床反应器

(d)浆态床反应器

图 3.2 加氢处理反应器类型

1. 固定床反应器(FBR)

固定床反应器是工业化加氢反应工艺中最常用的反应器类型，易于操作。然而，固定床反应器操作的单一性限制了其仅可用于轻质原料的加氢脱硫。以石脑油加氢脱硫为例，在反应条件下，石脑油可完全气化，因此反应实际在两相(气相-固相)固定床反应器中进行。这与重质原料的加氢脱硫正好相反，该反应通常在三相中进行：气态的氢气，部分原料气化形成的液-气混合物，以及固态催化剂。这种反应器常被称为滴流床反应器(TBR)，在该反应体系中，液相和气相并流向下通过由催化剂颗粒组成的固定床层，进而发生反应(Rodríguez and Ancheyta，2004)。在滴流床反应器中，气相为连续相，液相为分散相(Quann et al.，1988)。图 3.3 示出了在滴流床反应器中基于三膜理论的原理示意图(Korsten and Hoffmann，1996；Bhaskar et al.，2004)。通常假定气膜中的传质阻力可以忽略不计，且气相中不发生反应，因此氢气必须从气相中转移到液相中才能发生反应，当液相中氢气含量同气相中氢气分压达到平衡时，吸附在催化剂表面的氢气与其他反应物发生反应。然后，气态反应产物再转移进入气相中，而液相加氢精制的主产物则转移到液相中。

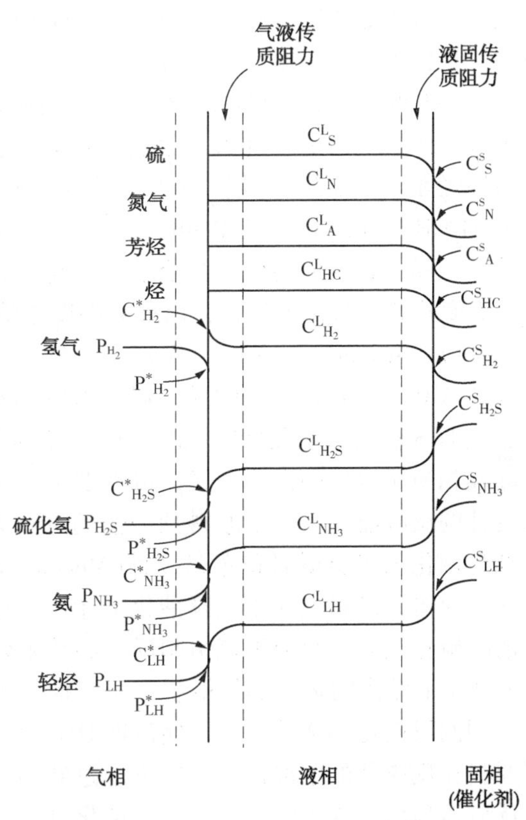

图 3.3 HDT 反应器中的浓度梯度

(修改自 Korsten and Hoffmann，1996，Bhaskar et al.，2004)

对于滴流床反应器，试验装置的液相、气相的宏观质量流速和雷诺数均低于工业加氢处理装置。为了与工业装置的液时空速(LHSV)相匹配，在小型试验装置上，通常采用较低的液相流速，这意味着气-液和液-固相间的传质效率要优于工业反应器。此外，由于壁面处的液体流动阻力更小，靠近壁面处的线速度要大于反应器中心处。这种线速度的差异导致了轴向扩散梯度的增加。对轴向扩散的影响程度主要取决于床层高度和转化率(Ancheyta et al.，2002a)。

石脑油中的主要杂质是硫，然而石脑油中的含硫化合物很容易被脱除。这也是石脑油脱硫仅需使用一种加氢脱硫催化剂的原因。但对于直馏瓦斯油(SRGO)原料，原料中含有难脱除的含硫化合物[4,6-DMDBT 和 4(或 6)-MDBT]，因此生产超低硫柴油(ULSD)而进行深度加氢脱硫反应难以进行完全。此外，在大多数情况下，SRGO 原料中常混有来自催化裂化装置(FCC)的轻循环油(LCO)，二者一同作为加氢处理的原料。除含硫外，LCO 中的氮和芳烃含量较高，这些杂质会竞争催化活性中心或者消耗大量氢气，从而增加 LCO 加氢处理的难度(Ancheyta et al.，1999a)。为了解决这一问题，开发了装填有不同类型催化剂的多段固定床反应器。由于反应放热，在不同床层中注入冷氢，以取出反应热。轻质原料的加氢精制反应放热量相对较低，并不必进行床层间冷却，因此加氢精制装置设计仅为装填有单段催化剂的单一反应器。但对于重质原料，则需采用配有床层间急冷的多段催化剂床层的装填技术(Robinson and Dolbear，2006)。带有氢气床层间急冷系统的多段催化剂床层结构固定床反应器，通常用于 FCC 原料(混有重常压瓦斯油和轻、重减压瓦斯油)和更重质原料的加氢处理工艺。

在固定床反应器中，液相与气相自上而下并流通过催化剂床层，这样在反应器内形成的氢气及硫化氢浓度分布对反应不利(如在反应器出口处，H_2S 浓度较高)，由于硫化氢自身的位阻作用，使得原料中最后残留的、仅为 ppm 级的含硫化合物难以实现脱硫(Ancheyta et al.，1999b)。采用逆流操作模式可以得到比较理想的 H_2S 浓度分布，如原料由反应器顶部进入，而氢气由底部进入。通过这种方法，H_2S 可以在反应器顶端移除，可以避免硫化氢与烯烃在反应器出口处反应生成的少量硫醇(含硫分子的重构反应：$H_2C=CH_2+H_2S \leftrightarrow HS-CH_2CH_3$)(Babich and Moulijn，2003)。例如，如果 H_2S 没有在汽油加氢脱硫装置中脱除的话，那么其生成的硫醇会给下游催化重整装置带来很多麻烦。深度加氢脱硫反应需在 H_2S 浓度较低的条件下进行，以最大限度地消除 H_2S 对加氢精制反应(如加氢脱硫反应)的抑阻效应。SynSat 工艺是一个极好的范例，该工艺同时使用了 Criterion 公司开发 SynSat 催化剂和 ABB Lummus 开发的反应器技术(Langston et al.，1999)。在 SynSat 反应器内，第一段产生 H_2S 在两反应段之间脱除，以避免其进入第二段。采用反应器底部通入新鲜氢气及气、液相逆流接触的操作模式，可在低 H_2S 分压下实现低温加氢反应。另一种采用相同概念设计的反应器，采用了原料预分馏的进料方式，原料经分馏塔分离出轻、重组分，然后分别与催化剂床层顶部和底部接触(Mochida et al.，1996)。原料在反应器床层高度 2/3 处进入反应器，进料点介于上段催化剂床层和中段床层之间。氢气自反应器底部进入，这样可消除硫化氢对重组分加氢精制反应的禁阻效应(Mochida and Choi，2006)。该反应器集低 H_2S 分压下操作的末段加氢精制、逆流操作及催化精馏等特征于一身。该方法的另一应用是采用两段催化剂装填方式，使深度 HDS 和/或深度加氢反应在低 H_2S、高 H_2 分压下进行。烃原料在反应器的中部进入，向下通过装填有传统加氢脱硫催化剂的下段床层，而氢气则由反应器顶部进入，向下通过上段催化剂床层。下段催化剂在高 H_2S 分压下使原料部分脱硫，部分脱硫原料在分离出气相产物后，与氢气共同作为原料通过上段催化剂床层，在低 H_2S、高 H_2 分压下发生深度加氢脱硫和/或深度加氢反应(Sie 和 de Vries，1993)。上述反应器的具体型式见图 3.4。

当使用固定床反应器对重油和渣油进行加氢处理时，通常在反应器上段或进入主加氢处理反应器前的分离管线中使用保护剂，以捕获原料中的杂质。原料中夹带的颗粒也同样会在催化剂上积累，导致催化剂床层堵塞。进而导致压降增大，反应器性能下降，甚至使整套加氢处理装置停工。加氢处理装置的压降通常是由颗粒致密装填积累所致，或是原料中反应活性组分成胶所致。换言之，随着反应的进行，催化剂床层的孔隙率降低，而 Δp 也随之而增大。通常，采用过滤器对原料进行过滤，以保护催化剂床层，避免压降增大。但该方法只能起到部分作用，因为无法由硫化铁聚合所组成的胶质(由可溶性含铁化合物的反应生成，如原料中含硫的卟啉铁化合物，或者溶解在环烷酸中的卟啉铁化合物)和粒径小于 5~20μm 的微粒，所以二者均有可能进入催化剂床层。另一种解决方法是在固定床反应器上段装填多层大孔性材料，主要目的是为保护催化剂床层不受上述杂质的污染。对于重质原料和超重质原料的加氢处理过程，保护床的使用将变得更为复杂。为此，可使用适当的

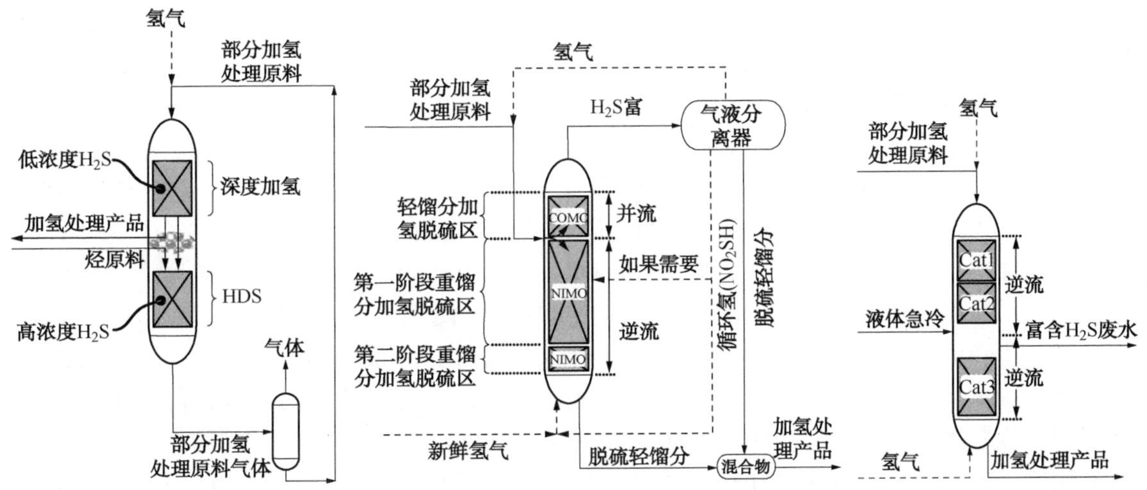

图 3.4　降低加氢处理反应器末段 H_2S 分压的工艺流程

（Sie 和 de Vries，1993；Mochida et al.，1996；Langston et al.，1999.）

保护床来增加催化剂循环寿命，以避免装置过早停工。将大粒径、高孔隙率的催化剂装填在颗粒沉积区，是控制原料中颗粒在催化剂床层中积累的主要方法。每层催化剂具有独特的形状和尺寸，可收集某一确定粒径范围内的颗粒，从而避免因颗粒堆积成焦导致的压降增大。选用大孔性催化剂及采用保护床技术可显著缓解压降问题，延长催化剂床层的使用寿命，减少装置打开反应器顶盖的次数。打开床层顶盖通常是未来清除硬化、堵塞和团聚的催化剂颗粒及更换失活催化剂。床层级配装填的主要缺点是一些保护剂是催化惰性，从而将损失反应器的有效体积。为此，采用具有一定催化活性保护剂，可以减少这种效应。因此，在阻止污染物沉积和维持总体催化活性之间选择一个适当的平衡点，是优化催化剂级配装填技术的关键。(Minderhoud et al.，1999)。

催化剂的循环寿命短是固定床反应器存在的主要问题。当原料中含有大量金属时，采用适当的 HDM 和 HDS 催化剂级配装填方案，同时选用适当的反应条件，可大大提高渣油炼制工艺性能(Ancheyta et al.，2006)。

2. 移动床反应器(MBR)

同固定床反应器相比，移动床反应器中的催化剂受重力作用自上而下流过反应器。新鲜催化剂在反应器顶端加入失活的催化剂则从反应器底部流出，烃原料可以采用逆流或并流的方式通过反应器。在移动床反应系统中，催化剂可连续更换，也可采取间歇的更换方式(Gosselink，1998)。采用移动床反应器用于重油和渣油加氢处理一个典型实例，是 Shell 公司开发的用于 Hycon 工艺的料仓式反应器(Van Ginneken et al.，1975；Scheffer et al.，1998)。催化剂在线再生(OCR)工艺是含有大量金属的重油和渣油加氢处理的另一选择。OCR 工艺采用高温、高压的反应条件，使用了逆流操作模式的移动床反应器(Scheuerman et al.，1993)。另一种移动床工艺为 Hyvahl-M 工艺，该工艺采用原料和催化剂逆流接触模式(Euzen，1991)。该工艺是 IFP/Asvahl 开发的系列渣油加氢精制工艺之一，该系列工艺有 Hyvahl-F、Hyvahl-S、Hyvahl-M(Billon et al.，1991)。

通常，MBR 中采用间歇式更换催化剂，典型的更换周期为每周 1~2 次。催化剂的移动(如加入和泻出)最为关键。逆流模式是移动床工艺的最佳选择，因为在该种模式下，废催化剂在反应器底部与新鲜原料反应，而新鲜催化剂在反应器顶部同已经完全脱金属的原料反应，这样可降低催化剂的消耗量。

3. 沸腾床反应器(EBR)

与移动床反应器类似，对于处理含大量金属和沥青质的重质原料，如减压渣油，沸腾床技术可以克服固定床反应器存在的某些不足。采用沸腾床反应器的工业化技术有 H-Oil、T-star(H-Oil 的衍生工艺)以及 LC-Fining 工艺。上述加氢精制工艺非常类似(工艺参数和反应器设计)，差异主要在于设计细节(Daniel et al.，1988)。在沸腾床反应器中，烃原料和氢气自反应器底部进入，自下向上通过催化剂床层，使床层膨胀、返混，减少床层堵塞，使得床层压降最小。气(补充及循环氢气)和液(原料及循环油)混合物进入反应器的储气室，通过特殊设计的气液混合器、分布器及催化剂格栅，实现良好的混合，使得重油加氢处理和加氢裂化反应在近似均相的条件下进行(Kam et al.，1999)。通过间歇性地补充和移除催化剂，可使产品质量始终保持在较高水平。反应器的特征包括，不需像固定床反应器需要关停整套装置才能完成催化剂的更换，EBR 工艺可以在线补充和泻出。

在沸腾床反应器中，存在三相反应体系[气、液、固(催化剂)]，其中，原料油在反应器顶部与催化剂分离，部分循环回床层底部与新鲜原料混合。液相大量循环，使得反应器类似于连续搅拌釜式反应器。沸腾床反应器设有一个沸腾泵，H-Oil 工艺采用的沸腾泵位于反应器外部，而 LC-Fining 工艺的沸腾泵则位于在反应器内，以维持液相在反应器内循环。液相循环可使反应器维持在等温条件下运行，无需进行反应器内冷却。液相循环速率可以通过改变沸腾泵进料速率来调节。未转化重油循环回反应器前，需加入少量稀释剂，以改善其流动性，提高其总体转化率。催化剂呈流态化，也能导致固相的返混，这就意味着移出的催化剂中也包含有新鲜的催化剂颗粒。这就是为什么把从反应器中移除的由废催化剂与新催化剂组成的混合物称为平衡催化剂或简单平衡催化剂的原因。新鲜催化剂自反应器顶端加入，废催化剂从反应器底部流出。调节催化剂的加入速率，使之与流出速率和损失速率相等，可使反应器中的催化剂存量维持在理想水平。通过调节催化剂的更换速度，以适应不同原料性质、满足不同产品质量要求。沸腾床反应器通常设计有一个催化剂膨胀区，其体积是固定催化剂床层的 130%~150%，已经证实，催化剂在上述膨胀区内可实现均匀的流态化，实现氢气、油和催化剂的良好接触。

4. 浆态床反应器(SPRs)

浆态床反应器也可用作重金属含量较高原料加氢处理生产低沸点产品工艺的反应器。浆态床反应器兼具脱碳工艺的灵活性和加氢工艺的高效性(Panariti et al.，2000)。反应器中的油、剂接触方式与沸腾床反应器相似，前者也可在低返混工况下操作。同固定床和沸腾床反应器不同，浆态床反应器中需加入少量的精细粉末(典型的加入量为 0.1%~3.0%，质量分数)，这些粉末既可视为添加剂，也可视为催化剂(或催化剂前驱体)。催化剂与原料(重油)混合后，二者同氢气共同从底部进入反应器，自下向上通过空的反应器。浆态床反应器采用三相操作模式，反应器内无内构件。固体添加剂颗粒悬浮于液态烃相中，氢气和产品气以鼓泡形式快速通过上述液相。由于油和催化剂并流接触，因而油、剂混合物呈近似平推流的流动状态(Quann et al.，1988；Speight，2000)。

在 SPR 中，新鲜催化剂在进入反应器之前与重油混合形成淤浆。当反应完成时，废催化剂与重馏分一起离开 SPR，并在未转化的渣油中保持良性形式(Furimsky，1998)。在反应器内，由于催化剂和添加剂颗粒的尺寸较小，液体-粉末混合物表现为单相(即均相)。据报道，粉末主要用作少量焦炭沉积的位点，以保持壁、阀门和热交换器清洁，从而保持良好的可操作性(Schulman，Dickenson1991)。换句话说，将选定催化剂分散在进料中，可抑制焦炭形成。

3.1.2　工艺变量

对于不同规模的加氢处理装置(实验室装置、微反、小试、中试和工业化装置)，主要的工艺变量有四个，它们对反应的转化率、选择性以及催化剂的活性和稳定性都有很大影响，这四个变量分别为：①总压及氢气分压；②反应温度；③氢/油比和循环气流速；④空时和进料速度。表 3.1 列出了不同石油馏分加氢精制的典型操作条件。

表 3.1　不同石油馏分加氢处理的典型操作条件

原料类型	温度/℃	压力/psi	LHSV
石脑油	280~425	200~800	1.5~5.0
蜡油	340~425	800~1600	0.5~1.5
渣油	340~450	2000~3000	0.2~1.0
	产地	API 比重指数	H_2 耗/(scf/bbl)
石脑油	—	—	100~700
蜡油	—	—	300~800
渣油	—	—	500~2000
AR	委内瑞拉	15.3~17.2	425~730
VR	委内瑞拉	4.5~7.5	825~950
AR	西德克萨斯	17.7~17.9	520~670
VR	西德克萨斯	10.0~13.8	675~1200
AR	哈夫吉	15.1~15.7	725~800
VR	哈夫吉	5.0	1000~1100
AR	科威特	15.7~17.2	470~815
VR	科威特	5.5~8.0	290~1200

1. 总压和氢气分压

加氢处理装置的总压是由反应器的设计要求所决定的，通过高压分离器(HPS)的维持压力控制。入口或出口的氢气分压由总压乘以循环气中的氢气纯度(氢气摩尔分率)计算所得。反应器的总压主要取决于原料的自身性质和需脱除的杂质量(如原料和产品质量)。加氢处理装置通常在高氢气分压下操作，具有如下优势(Mehra and Al-Abdulal，2005；Gruia，2006)：

① 延长催化剂的循环寿命；

② 提升重质原料的处理能力；

③ 提高装置处理量；

④ 提高转化率；

⑤ 提高馏分油产品质量；

⑥ 省去气体净化处理单元。

在低反应压力下，催化剂结焦失活速率明显增加，而催化剂的循环寿命将大幅缩短，因此加氢处理反应器必须在氢气分压接近于设计值条件下操作。尽管非常希望反应器能在最高允许压力下操作，但受设备材质所限，仅限于反应器在接近设计值或是比设计值略高的压力下的操作。正因如此，增加氢气分压的唯一方法就是提高循环气中的氢气纯度，这可以通过以下三种方式实现，即增加补充氢中的氢气纯度，或是从高压分离器排出尾气，或是降低高压分离器的操作温度(Gruia，2006)。

在高氢气分压下，杂质的脱除比较容易实现；但反应器的造价更贵，氢耗增加，这些是炼厂生产成本的主要构成因素。对于新建装置，都采用提高总压的方法满足其在高氢气分压下操作的要求。

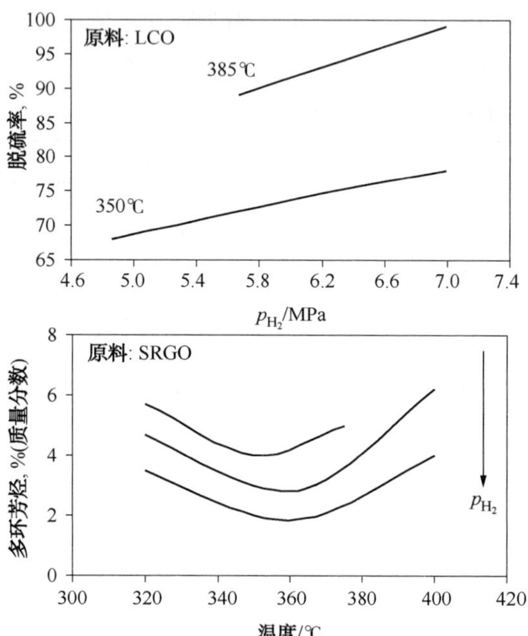

图 3.5　氢气分压对脱硫和芳烃饱和反应的影响
(Bingham 和 Christensen，2000；Chen et al.，2003)

任何加氢处理反应器及其工艺性能都受反应器入口处氢气分压的影响。氢气分压越高，加氢反应器的性能越好。增加氢气分压会提高反应的转化程度(Speight，2000)，这一点已被大量模型化合物的加氢脱硫、加氢脱氮和加氢脱芳等反应研究所证实，也经过了真实原料(轻馏分油、中间馏分油、重馏分油等)在微反、小试和中试装置的验证。图 3.5 示出了氢气分压和反应温度对脱硫和芳烃(PAHs)饱和反应的影响(Binghan and Christensen，2000；Chen et al.，2003)。如图 3.5 所示，多环芳烃非常容易反应，但由于受热力学平衡限制，无论是升温还是增加氢气分压，都不能将多环芳烃含量降到 2%(质量浓度)以下。

原料中存在反应活性不同的含杂原子化合物，这给加氢处理反应增加了难度。例如，对于含多环含硫化合物的加氢脱硫反应，因需将反应物分子中的一个芳环进行预加氢才能脱硫，因此，其氢耗较大。如果氢气分压没有达到要求值，将会给加氢精制过程中带来如下问题(Ho，2003)：

① 含氮化合物的加氢脱氮速率降低会堵塞包括加氢脱硫活性中心在内的几乎所有的活性中心。

② 可能受低氢压下加氢热力学平衡限制影响，使难脱硫的含硫化合物的加氢脱硫速率降低。

③ 催化剂表面可能出现空位或吸附氢气。

在工业装置中，氢气分压通常采用在原料中混入适当补充气的方式实现。提高催化剂活性可提高杂质的脱除率。为获得更高的转化速率，需要对加氢处理反应器进行显著的调整，主要调整措施包括：采用更高的操作压力，增加供氢速率和氢气纯度，降低空速，选择适当的催化剂。反应压力的高低取决于原料自身性质和炼厂对产品质量控制指标。同传统操作模式相比，如果需将原料中所有芳烃加氢的话，则需采用更高的压力。达到某种产品指标所需的压力，还要受到现有技术的成本及可用性限制。

2. 反应温度

通常反应器温度决定了石油基原料中哪些化合物可以被脱除，并且决定了催化剂的工作寿命。升高温度，反应速率增大，有利于杂质的脱除。但与反应压力类似，反应温度也受最大允许温度的限制，最大允许温度取决于原料中烃组分的热裂解水平，这将导致生成大量的低相对分子质量液态和气态烃产品，并且会加快催化剂的失活。热裂解也会产生烯烃，生成的烯烃会被加氢，放出大量的热，又会进一步使温度升高，进而增加热裂解反应速率(热点)。最终使反应器内温度远高于反应器壁温度的安全上限值(Speight，2000)。图3.5示出了反应温度和压力对杂质脱除率的影响。

大部分的加氢精制反应都是放热反应，当原料通过催化剂床层时，工业反应器温度会升高。对于实验级反应装置(如微反和小型试验装置)，很容易实现等温操作，但是对于绝热(工业)反应器，反应器出口温度要比反应器进口温度高。通常使用重量平均床层温度(*WABT*)来代表绝热反应器的平均温度。如果在反应器内催化剂床层的不同区域安装有多种温度指示器(Tis)，可采用(3.1)式计算 *WABT*(Stefanidis et al.，2005)：

$$WABT_i = \frac{T_i^{in} + 2T_i^{out}}{3} \tag{3.1}$$

式中，$WABT_i$ 表示介于两个测温点之间的催化剂床层的平均温度；T_i^{in} 和 T_i^{out} 分别表示每段催化剂床层的入口和出口温度。总的 *WABT* 计算式如下：

$$WABT = \sum_{i=1}^{N} (WABT_i)(Wc_i) \tag{3.2}$$

式中，N 表示催化剂床层数量；Wc_i 表示每段床层催化剂的质量占总催化剂的质量分数。

考虑到在加氢精制反应中通常所观察到的温度非线性分布趋势，因此使用式(3.1)代替通常的算术平均值。在式(3.1)中，假设反应器末段2/3总反应器长度处的温度接近于出口温度 T_{out}，而起始1/3总反应器长度处的温度接近于入口温度 T_{in}。在装置的实际操作中，经常使用 *WABT* 来实现工艺控制的目的；这种情况下，式(3.1)和式(3.2)可表达为相同的以 *TI* 值为变量的线性方程，其表达式如下：

$$WABT = \sum_{i+1}^{N} (a_i)(TI_i) \tag{3.3}$$

式中，a_i 是通过对式(3.1)和式(3.2)求解而确定的常数。所有 a_i 值之和必等于1。式(3.3)很容易编入流程控制系统，获得 *WABT* 实时值。

在工业加氢处理装置的操作过程中，常采用反应器逐渐提温补偿催化剂的失活的操作方法，以维持产品质量稳定。这种生产策略要求装置能在不同的 *WABT* 值下操作，即所谓的平均反应起始温度($WABT_{SOR}$)和平均反应终温($WABT_{EOR}$)。在加氢处理反应器的实际设计中，至少要在SOR和EOR两种条件下进行模拟。原料性质、所需产品的质量以及反应器设计是决定 $WABT_{SOR}$、$WABT_{EOR}$ 和反应温升的主要因素。初、终温的典型差值($WABT_{EOR}-WABT_{SOR}$)为30℃。当然，对于金属含量较高的原料，需要更为频繁提高反应温度。当 *WABT* 值接近最大设计值时，则需要更换催化剂。图3.6总结了典型的 *WABT* 温升、催化剂寿命与原料性质的关系。对于石脑油加氢脱硫，催化剂寿命较长，因此提温操作就显得不十分重要。但对于重油加氢精制，则需不断提温，这样才能补偿催化剂的失活，保证产品质量稳定。

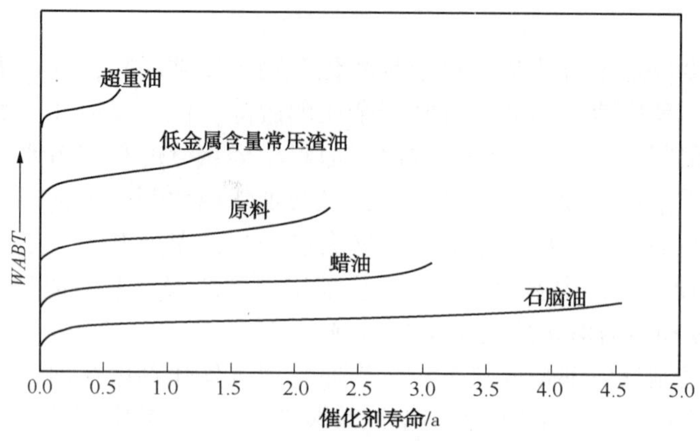

图 3.6 不同原料加氢精制时催化剂寿命和所需温升

3. 氢/油比和循环气速率

氢/油比单位为标准立方英尺(scf)/桶，其计算方法如下：

$$\frac{\text{氢}}{\text{油}}=\frac{\text{进入反应器的氢气总量，scf/day}}{\text{进入反应器的原料油总量，bbl/day}}[=]\frac{\text{scf}}{\text{bbl}} \tag{3.4}$$

另一种表示氢/油比的常用单位是 m^3/bbl，可以由 scf/bbl 单位下的数值乘以转换系数(0.028317)求得。H_2/油摩尔比也可通过 H_2/油体积比计算，计算公式如下：

$$\frac{\text{氢}}{\text{油}}(\text{摩尔})=1.78093\times10^{-7}\left(\frac{\text{氢气}}{\text{油}}\text{scf/bbl}\right)\frac{MW_{\text{油}}}{MW_{\text{氢气}}}\frac{\rho_{\text{氢气}}}{\rho_{\text{油}}} \tag{3.5}$$

式中，$MW_{\text{油}}$ 和 $MW_{\text{氢气}}$ 分别表示加氢处理油和氢气的相对分子质量；$\rho_{\text{油}}$ 和 $\rho_{\text{氢气}}$ 分别表示油和氢气的密度(15℃，1atm 下，$\rho_{\text{氢气}}$ 为 0.0898kg/cm^2)。

除经济性考虑外，采用气体循环操作模式，可补偿氢耗，维持反应器内的氢气分压。使用过量氢气(例如高氢/油比)，可使氢气与催化剂和油的物理接触更充分，这样可保证足够的转化率，以脱除大量的杂质；此外，使用过量氢气，可将结焦抑制到最低程度，降低催化剂的失活速率。实际上，后者是采用高氢气分压操作模式的主要原因；此外，由于结焦，可导致催化剂失活速率加快。在高氢气分压下操作的另外一个好处在于，降低了反应器终温，这便增加了催化剂的循环寿命。然而，氢/油比存在上限，当气体速率高于某确定值后，对氢气分压的改变量相当小，并无明显的益处。若气体速率高于实际需要值，会增加额外加热和冷却设备的负荷。

增大循环气速率，会增加氢/油比和反应器内的氢气分压。除此之外，增加气速的另一目的是从反应器内液相产品中汽提出挥发性组分，这将影响不同组分在液相中的相对含量。氢气分压和氢/油比必须保持与设计值相近，否则将对催化剂寿命产生不利的影响。

如图 3.7 所示，加氢精制装置中的氢气回路包括多股物料。反应流出物进入高压分离器(HPS)，分离出液相加氢精制产品和富 H_2 的不凝气[典型的不凝气组成为 78%~83%(摩尔量)的 H_2，余量为 H_2S 和轻烃气，如 CH_4、C_2H_6、C_3H_8、丁烷，以及痕量戊烷]。加氢脱硫反应生成的硫化氢或原料中含有的硫化氢，通常采用胺洗接触器脱硫，以提高氢气纯度。经胺洗处理后，轻烃气仍然存在于循环气中；部分循环氢(10%~15%)经净化后送入燃气管网或氢气净化系统(例如，PSA)，而在净化系统中将有约 20% 的气体在燃气管网中损失。离开胺洗接触器的其余气体(氢气摩尔分数为 80%~85%)，经压缩后循环回反应器顶部，可用作冷氢。从氢气净化系统分离出的富氢气体，同补充氢混合后，再循环回反应器顶部。补充氢的来源不同，典型的氢气纯度为 96%～99.9%（摩尔分数）。将高压分离器中分离出来的加氢液体产品送入其他工艺界区，以待进一步加工（Mehra and Al-Abdulal，2005）。

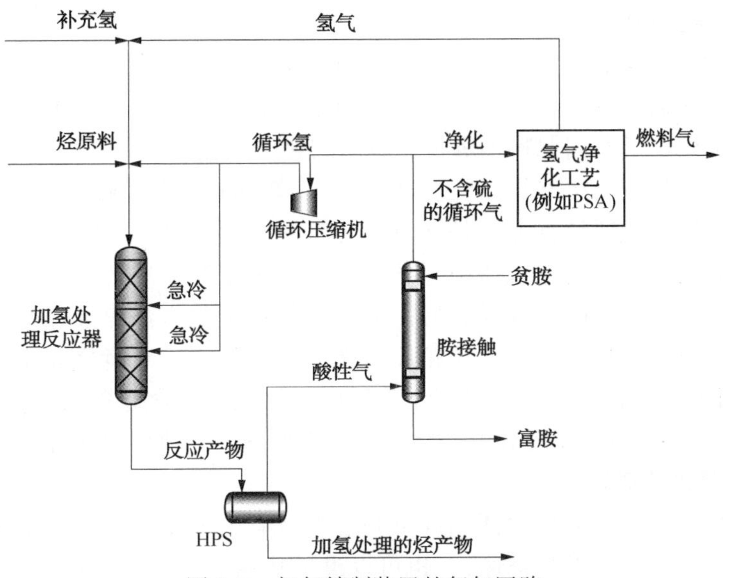

图 3.7　加氢精制装置的氢气回路

当采用生产超低硫燃料生产模式时，或加工高硫原料时，循环气中 H_2S 的浓度很高，这将导致循环气中氢气纯度以及氢气分压降低。如图 3.8 所示，高浓度的 H_2S 氛围将抑制加氢脱硫反应。经研究发现，循环气中硫化氢的体积分数每增加 1 个百分点，加氢脱硫的活性将下降约 3%～5%，这就意味着，大致要增加 3%～5%催化剂以维持相同的加氢脱硫活性。即使 H_2S 含量较低，也会导致催化剂的装填量增加（例如，循环气中含体积分数为 0.3%的硫化氢，将会使反应速率降低约 5%）。对于循环氢中含 9% H_2S 的加氢脱硫装置，需增加 15%～20%的催化剂用量，才能达到与不含 H_2S 时相同的活性。此外，若提高氢气纯度，则 SOR 温度可以降低约 9℃，运转周期可延长约 30%。

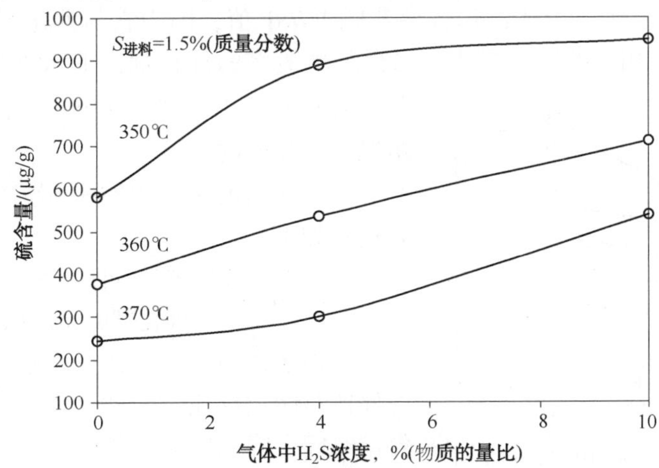

图 3.8　H_2S 含量对中间馏分油加氢精制产品硫含量的影响

（p=54kg/cm^2，H_2/油=2000scf/bbl，$LHSV$=2h^{-1}；催化剂：CoMo/γ-Al_2O_3）

从高压分离器分离出循环气通常采用水洗处理以脱除氨，防止生成硫化铵，因为硫化铵可能导致反应器流出物冷却器堵塞，脱氨废水送入酸性污水车间以脱除 H_2S。如果没有配备循环气清洗设备，那么需提高反应器温度，以补偿 H_2S 的位阻效应，反应器总压越高，H_2S 的禁阻效应就越明显。

另一个重要的工艺参数是氢耗，其决定了氢气的补充量。在加氢精制过程，氢耗取决于原料及待脱除杂质的自身性质。随着原料的重质化，需要加入更多的氢才能满足产品的质量要求。表 3.1 列出了不同原料加氢精制所需的典型氢耗。

总氢耗是化学消耗氢与溶解氢(通过气液平衡计算而得)的总和，这里假设任何氢气损失均可忽略。最常用的氢耗计算方法是通过计算气相物料中的平衡氢气量而求得的，该方法不仅适用于工业化装置，同样也适用于各种实验室规模装置。装置的氢耗量为进入反应器的氢气量减去离开反应器的氢气量。另一种计算氢耗量的方法是液相进料和液相产物中的氢含量之差。加氢的液相产物要比液相原料含有更多的氢，二者之差即为原料的加氢量(如氢耗量)。我们也可采用经验法快速计算氢耗量，也可采用文献中的报道值(Edgar，1993；Speight，1999)，但上述经验值必须进行仔细处理，其值仅为实际耗氢量近似值。

4. 空速和新鲜进料速率

空速是一个与反应器内填装的催化剂量和进料量有关的工艺变量。通常情况下，空速以体积基准来表达(*LHSV* 为液时空速)，也可以重量基准来表达(*WHSV* 为重时空速)。*LHSV* 和 *WHSV* 的计算式如下：

$$LHSV=\frac{\text{反应器的进料总体积流量}}{\text{催化剂的总体积}}[=]h^{-1} \tag{3.6}$$

$$WHSV=\frac{\text{反应器的进料的总质量流量}}{\text{催化剂的总质量}}[=]h^{-1} \tag{3.7}$$

LHSV 和 *WHSV* 之间的换算关系如下：

$$WHSV=\frac{\rho_{\text{油}}}{\rho_{\text{催化剂}}}LHSV \tag{3.8}$$

$\rho_{\text{油}}$ 和 $\rho_{\text{催化剂}}$ 分别代表原料油和催化剂的密度。当采用 *LHSV* 作为工艺变量时，无需知道催化剂的密度。但若采用 *WHSV*，$\rho_{\text{催化剂}}$ 将影响 *WHSV* 值，因为它与催化剂的装填方式有关。例如，紧密填装时，相同的反应器体积内会装填更多的催化剂，那么 *WHSV* 值就与非紧密装填时有所差别，然而 *LHSV* 值也可能在上述两种情况下是相同的。

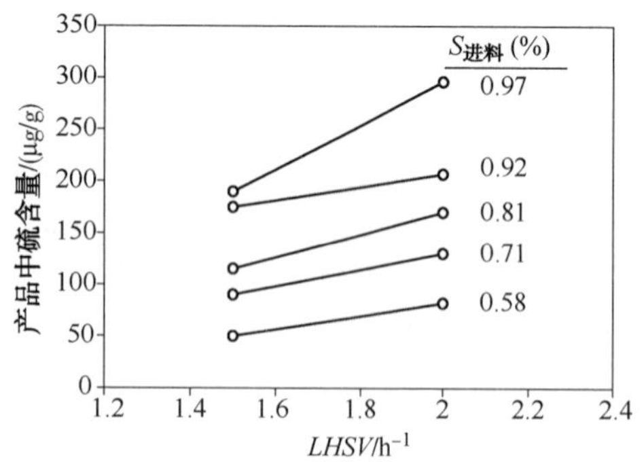

图 3.9 LHSV 对不同中间馏分油加氢精制产品含硫量的影响

(p=54kg/cm^2，H_2/油=2000scf/bbl，T=360℃)

在某些情况下，也可采用 *GHSV* 表示空速，其表达式如下：

$$GHSV=\frac{\text{反应器的气体总体积流量}}{\text{催化剂的总体积}}[=]h^{-1} \tag{3.9}$$

在加氢精制过程中，空速通常采用 *LHSV*。空速与停留时间成反比。因此，增加空速就意味着降低停留时间，降低反应的苛刻度。图 3.9 示出了 *LHSV* 对不同中间馏分油加氢精制产品硫含量的影响。从图中可以清楚地看出，降低 *LHSV* 可使产品中的硫含量降低。在较高空速(催化剂量恒定下采用更高的进料速度)下操作时，需提高反应器温度，以达到相同的杂质脱除率(如产品质量)，但同时也会使催化剂失活速率加快，导致催化剂寿命下降。

3.1.3　其他过程因素

加氢处理过程中，与反应放出的热量相比，反应器损失的热量通常可忽略不计，因此反应器可视为在绝热反应。加氢精制是放热反应，热量主要来自于加氢脱硫和芳烃的加氢反应，这些热量可以使反应器温度超过其设计极限值。当然，温升的高低取决于转化程度、反应条件和原料性质，这也是为何需要温度控制系统的原因。控制反应温度是满足经济上可接受的催化剂寿命和产品所需质量要求的关键因素。对于多段催化剂床层的温度控制，可通过采用注入急冷液体和/或各床层流出物热耦合的流程方案实现(Alvarez 和 Ancheyta，2008)。

急冷系统是根据反应器温度分布进行设计的。反应器温度分布由所需的催化剂床层数量和各床层的长度决定，合适的床层数量和床层长度可以保证产品质量满足要求，并且达到经济上可接受的催化剂循环寿命。通过同时对反应器的质量平衡和能量平衡方程进行求解，直到获得系统的最优配置为止。在设计急冷系统时需考虑的一个重要因素是，最大允许温度不能比反应器的入口温度高出 30℃。图 3.10 示出了一种配有多级急冷系统的固定床反应器(Alvarez et al.，2007a)。

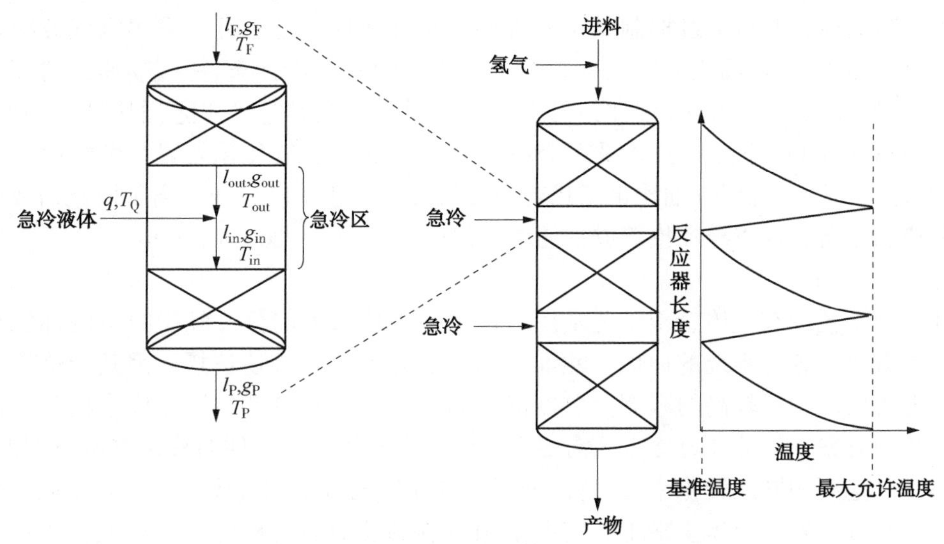

图 3.10　加氢处理反应器的常规急冷系统示意图

通常情况下，加氢处理反应器在催化剂床层之间引入部分循环氢实现温度控制，即所谓的急冷或冷点冷却。关于采用急冷液体取热的也有报道。在反应器的急冷段或急冷箱中注入急冷流体，流出物与冷却介质在其上段催化剂床层进行混合。调节每个注入点的急冷流体流量，以获得理想的温度梯度，使反应器温度控制在最大允许温度之下。

影响固定床加氢处理反应器性能的另一个重要因素是反应器内构件的设计。采用适当设计的反应器内构件，可优化反应物分布和急冷性能，并可防止污染物沉积，进而提高催化剂的使用效率。目前，世界范围内绝大多数炼厂都采用固定床加氢精制反应器，该种类型反应器已有超过30年的应用历史。当前，原料油越来越重质化、环保法规日益苛刻，同时内构件设计也相对落后，从而造成其普遍运行效率不高。虽然上述问题可通过增加反应苛刻度的方式解决，但增加反应苛刻度会加快催化剂的失活，进而导致催化剂寿命大大降低。由于面对反应器设计和产品质量等诸多限制因素，采用增加反应温度和降低进料速率(如降低空速)等措施在实际操作过程中并不可行。此外，因原料中含有的固体颗粒(铁、盐、焦炭粉末等)及其反应产物(焦炭和金属)的沉积，将会使反应器压降显著增大。

近年来，已开发出多种既可满足产品要求，又可使催化剂寿命维持在可接受水平的加氢处理工艺。这些工艺都建立在使用新型高活性催化剂基础上开发成功的，并采用了反应条件优化(如温度、*LHSV*、氢气分压)和新型反应器设计理念(如配备层间急冷的多段床层反应器、串联反应器、逆流接触反应器)；此外，新工艺还改进了催化剂的填装方式，采用低活性的介孔材料作为保护剂，并开发了催化剂级配装填技术。经实践验证，提高催化剂活性，并在现有反应器催化剂床层中装填尽量多的催化剂，是提升装置性能的最经济有效方案。解决上述问题的两个重要参数为：①增加催化剂活性；②采用恰当设计的内构件，使反应物在催化剂床层中高效分布(Patel et al.，1998)。

1. 急冷系统

1）传统式急冷工艺

氢气急冷工艺已在加氢精制装置上广泛使用。氢气作为加氢精制的主要反应原料，其优点在于其可弥补一些化学消耗氢，降低反应器中硫化氢和氨的分压，降低它们对加氢精制反应的禁阻效应，并可通过抑制结焦而维持催化剂活性。是否可以采用氢气急冷工艺主要取决于反应器内的氢/油比，这也是影响产品质量的一个设计条件。氢/油比的高低主要由压缩机容量所决定。提高氢/油比，可提高产品质量，提升急冷工艺适用性；例如在氢/油比约为10000scf/bbl下操作，并采用分段装填催化剂的加氢裂化装置，可能设计有五个急冷氢注入点。然而，高氢/油比也意味着增加氢气循环速率，这样分离工段就需要采用更大的压缩机和设备，这将导致投资成本的增加(Muñoz et al.，2005)。

2）液体急冷工艺

液体急冷工艺没有气体急冷工艺常用。这也是为什么大部分文献中报道的加氢精制反应器都配备有氢气急冷系统的原因。然而，急冷氢并不总是最佳选择，因其受炼厂现有条件及对压缩机要求相对较高的限制。急冷液体高热容和相对较低的压缩成本使其可能成为更优选的急冷方案；但液体急冷工艺需要更大的反应器体积或更低的液时空速(例如，增大反应器体积以达到相同的转化率)。急冷液引入反应器的方式与气体急冷工艺不同，为使反应器内气液有效接触，液体急冷工艺需要采用特制的反应器内构件和急冷液注入设备。液体急冷工艺总体上可分为如下两类：

(1) 多段进料工艺

多段进料工艺特征是，在反应器顶部和床层之间引入多股不同组成和性质的液态烃。通常，烃原料先经分馏，分馏出的重组分从顶部进入反应器，轻组分则通过侧线进入反应器[图3.11(a)]。采用上述方法，侧线进料作为急冷剂，而同时其也与上段催化剂床层中的反应流出物混合，共同作为下段催化剂床层的反应原料。

(2) 产品循环工艺

在产品的循环工艺中，部分反应流出物经分离、换热冷却后，作为床层间的急冷剂。

如图 3.11(b)所示，通常采用高、低压分离器的底部流出物作为急冷剂。采用上述工艺，部分重组分获得了通过反应系统的第二次机会。

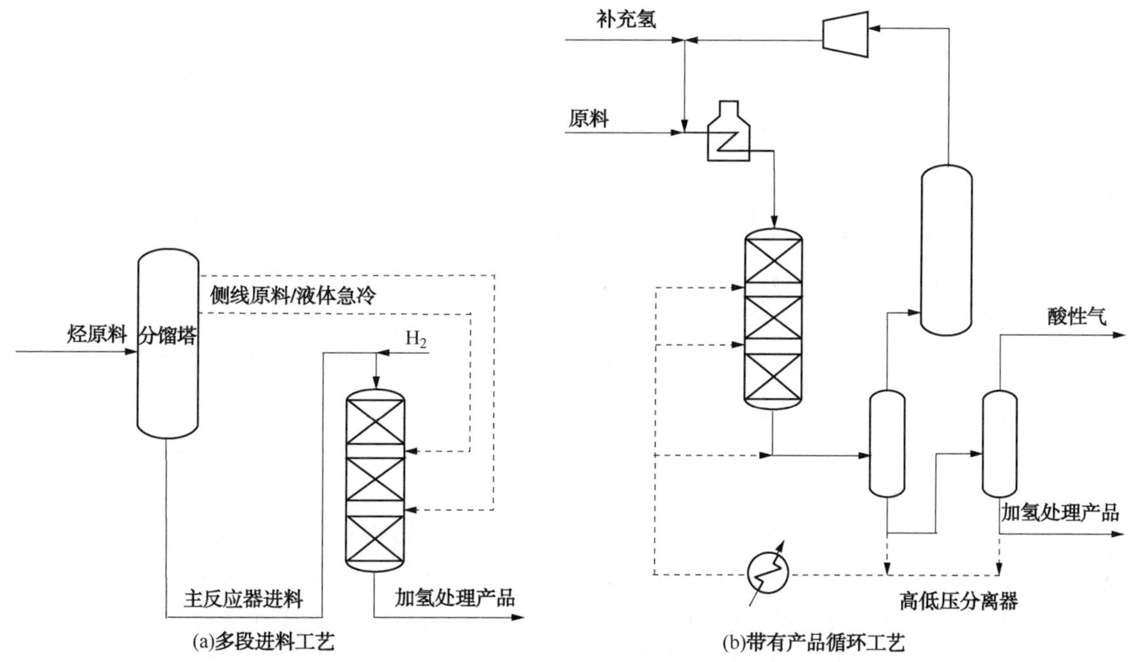

图 3.11　液体急冷工艺

3）急冷工艺对比

急冷工艺对工艺流程和产品质量既有正面影响，也有负面影响，这要取决于以下几个因素：急冷流体的自身性质、流速、温度和注入点。表 3.2 总结了急冷工艺的优、缺点。采用循环氢作为急冷剂，对产品质量的影响总是正面的，但需付出高昂的压缩费用。采用液体急冷剂，可以减少压缩费用，但是为了达到相同的转化率水平，需要采用更大体积的反应器或是降低 *LHSV*。选用那种工艺要进行详细的工艺研究，之后才能确定经济效益最优的工艺方案。例如，Bingham 和 Christensen(2000)采用了液体急冷和循环氢急冷工艺对两段式加氢脱硫/加氢脱芳烃装置进行改造，改造中还采用了其他工艺改进技术。对于上述特定的装置而言，他们认为经济效益最优的选择是：以高压分离器分离出的加氢精制产品作为液体急冷剂，同时使用最先进的反应器内构件。但对于其他类型加氢装置，如加氢裂化装置，氢气还具有影响产品组成、质量以及抑制结焦的优点，因此采用氢气作为急冷剂将是更好的选择。

表 3.2　急冷工艺的优、缺点

急冷流体的类型	优　点	缺　点
氢气	补充化学消耗氢	比热容低
	降低 H_2S 和 NH_3 的分压	因需氢气循环，对设备要求增高
	抑制结焦	压降大
	增加气速可提高分布器性能	增加了反应器高度

续表

急冷流体的类型	优　　点	缺　　点
液体	比热容大 降低了对设备的要求 降低了混合物的黏度 液体急冷剂的预处理 可调节产品组分的氢分布 增加了未反应物质的二次反应机会	增加 *LHSV* 值，降低反应苛刻度 增加反应器高度和直径 液体蒸发，降低氢气分压 因需对原料分馏，而增加成本 反应热可能增加

根据 Bradway 和 Tsao(2001)所述，在某些情况下，反应体系可能会同时采用液体急冷和气体急冷工艺，他们提出了一种用于加氢精制反应器的循环氢和液态烃联合急冷工艺。该工艺集成了多段进料及产品循环和氢气循环急冷方案，以降低反应器中因需急冷增大反应器容积进而产生的高压降。因此，上述工艺联合了两种急冷工艺的优点，并抑制了二者的缺点。

2. 反应器内构件

20 世纪末，大多数的加氢处理装置都采用了初级反应器内构件，比如筛板塔塔板、烟囱塔板、传统的泡罩板以及喷射式急冷箱等；在某些情况下，反应器可能未采用上述的任何一种内构件。分布塔板的设计受分馏塔硬件设施的影响较大，而这种设计并非滴流床反应器的必备结构。反应器内构件设计失当会引起反应物在催化剂床层入口处流动分布不均，将导致催化剂的利用率下降。增加反应苛刻度也会引起流体的非均匀分布，最终导致催化剂床层出口处径向温差增大。流动分布不均带来的最主要问题是，部分催化剂被过度使用，形成热点；与此同时，部分催化剂则没有充分利用，进而导致产品质量下降和催化剂循环寿命缩短。上述事实使人们意识到反应器内构件设计对催化剂利用率影响的重要性(Alvarez et al.，2007b)。

基于反应器内构件会影响催化剂利用率的理念，一个好的内构件设计必须具备如下特征(Ouwerkerk et al.，1999)：

① 气、液反应物在催化剂床层截面上的体积分布和热量分布均一；

② 相间、相内混合；

③ 提高急冷性能；

④ 抗积垢；

⑤ 空间效率；

⑥ 易于维修和安装。

反应器内构件可以安装在反应器入口、催化剂床层间或反应器出口处。安装在反应器入口处的内构件，对反应物进行初始分布，并阻止催化剂床层积垢；内构件与分布塔板、防积垢塔板和/或填充保护剂介质等方式共同实现防积垢。对于耗氢量较高的原料而言，因反应大量放热将导致温升 ΔT 较高，使用带有段间急冷的多段反应器可限制温升；位于催化剂床层之间的急冷段由反应物收集系统、急冷剂注入设备、用于混合冷媒和热反应物的混合室和反应物再分布塔板组成。反应器出口处内构件的作用是收集流体和支撑催化剂床层。

图 3.12 示出了含两段催化剂床层和一段急冷的加氢处理反应器的内构件原理示意图（Ancheyta and Speight，2007），图中也描述了反应器内的轴向和径向温差 ΔT。轴向 ΔT 代表了由催化剂床层内因加氢精制反应放热而引起的温升。根据轴向 ΔT，可确定当反应器温度达到最大允许温度时的催化剂床层的长度，以及满足杂质脱除率所需的催化剂床层数量。而径向 ΔT 则反映了内构件性能。图 3.12 还示出了反应器内部性能好坏所对应的径向 ΔT 值：性能优良的内构件使得分布塔板和急冷段之后的径向温差较低，而性能较差的内构件使得径向温差则逐渐变大，这充分表明流体流动的非均一性。值得一提的是，如果分布塔板和急冷箱设计失当的话，流体分布不均则具有累积性；因此，在多床层反应器中，末段床层的催化剂利用率最低，其径向温差也最大。

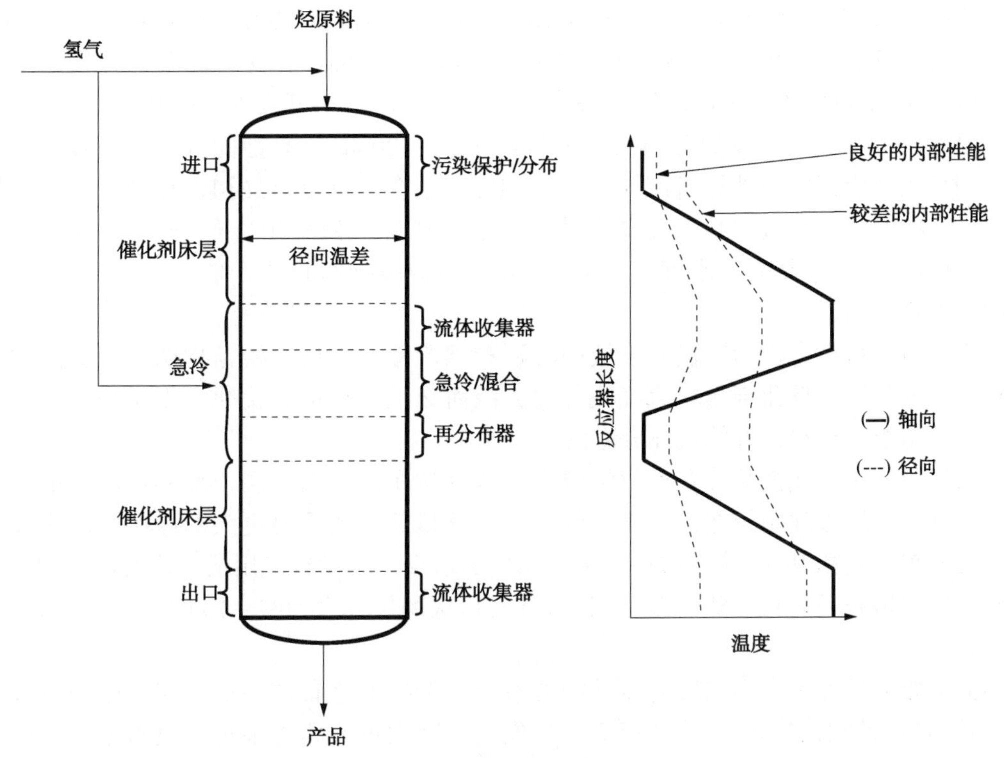

图 3.12　加氢处理反应器内构件原理示意图

1）分配塔盘

决定反应器内构件性能最重要的设备为分布系统，其目的在于沿催化剂床层使液体原料径向分布均匀，因此其设计的好坏直接影响滴流床反应器性能。到目前为止，绝大多数加氢精制装置仍沿用早期的分布器设计理念，如筛板式塔盘、升气管塔盘和泡罩塔盘，后两种是应用最为成功的两种分布器。

筛板式塔盘因其结构简单和廉价而成为最基本的分布器类型，筛板式塔盘由大量的降液管（塔盘上的孔）组成，有时还设计有升气管以供气液分离。这种塔盘更多地被用作预分布系统，而采用升气管塔盘和泡罩塔盘作为主分布器。升气管塔盘基本上是筛板式塔盘的升级，其主要的特点是升气管均匀分布，并设计有供液体通过的侧孔和气体通过的顶孔，因此两种流体都能独立通过。升气管数量很多，主要差别在于侧孔的数量或类型。例如传统的升气管分布器，设计有三角形缺口的升气管以及多孔升气管。另一种升气管塔板的设计采用了气体升气管和三角形开口的降液管的组合方案。泡罩塔盘在本质上与用于精馏塔的泡罩塔盘非常相似，但作用却不尽相同。泡罩塔盘的特点在于使气、液体反应物接触并混合，以混合相流过泡罩。从最初的设计理念到目前高性能设计理念，泡罩塔盘应用范围日渐广泛。上述的多种类型的分布系统都已获得专利权；但是，这些系统与其最初的设计方案仅有微小差异，性能略有改善，在许多情况下会使液体的分布更加不均(Patel et al.，1998)。即便是这些设计方案涉及的技术信息早已公开，但到目前为止，依然无法完全解释其性能欠佳的原因。

各大石油公司都对分布系统的研发充满了浓厚兴趣，目前最先进的分布器包括 Shell GSI 公司开发的 HD(高分散)塔盘(Den Hartog 和 van Vliet，1997；Altrichter 等，2004)、Topsøe 公司开发的汽提塔板(Yeary 等，1997；Seidel 等，2002)、Exxon 公司开发的蜘蛛漩涡技术(Davis，2002；McDougald 等，2006)、Akzo Nobel 公司开发的双面塔板(Akzo Nobel，2003)，以及 Fluor 公司开发的漩涡帽塔盘(Jacobs 等，2000)。高性能分布塔板技术的开发将复杂的高压冷模试验与计算机流体力学(CFD)相结合，可以对最初设计的缺陷有更好的理解。对这些设计的细致评估突显了具体参数的重要性，如液相分布(如塔板间距和挡流板)、流体喷射形式、塔板水平度、对堵塞的敏感度以及操作的灵活性。

(1) 液相分布

液相分布的特征参数为塔板或塔板中心距和挡流板。塔板间距是指两个滴流点中心的相隔距离。该参数与催化剂颗粒直径成正比，因而必须进行适当优化，以实现良好的径向混合，可采用级配材料以补偿流体分布的不均性。

塔板间距越窄，或液相分布点数量越多，越容易在催化剂床层顶部实现流体的均匀分布。另一方面，塔板间距越宽，催化剂的利用率就越低，就需要更大的床层高度来校正液体的径向分布。正如 Patel 等(1998)所述，初始的塔板设计没有采用最优化的塔板间距。众所周知，泡罩塔板因其尺寸相对较大(比升气管塔板的尺寸大 50%～100%)，其塔板间距最不合理。

挡流板能力是另一个影响反应器性能的参数。传统的分布器在反应器器壁附近存在无液体的死体积，例如泡罩塔。若挡流板设计失当，则大量流体将很难通过器壁附近的催化剂床层，导致这部分催化剂未充分利用，从而将很容易形成热点。

(2) 流体喷射形式

分布塔板的最重要设计参数是流体喷射形式。流体喷射形式与塔板间距共同决定了催化剂床层顶部被润湿的催化剂所占百分比，进而决定了催化剂的总利用率。在过去的十几年间，分布器塔板的研发主要专注于提供一个有效的流型分布，在本文中指的是在催化剂床层顶部近似的均匀分布。传统的分布器，如升气管塔板和泡罩塔板，可产生一种磁盘式流体喷射形式，仅能润湿喷射点正下方的催化剂表面。这种流体喷射形式的效率较差，使得床层顶部大部分催化剂未被利用。然而，商业化的高性能塔板提供了分布更宽的喷射形式，基本上可 100%覆盖催化剂床层。流体喷射形式由喷射点处的流体力学所控制。在筛板式塔板和升气管塔板上的流体喷射形式由溢流原理决定，塔板上积累的液体从筛孔或是升气管上开孔中滴落，产生一种磁盘式的喷射形式，而气体从升气管顶部通过。除了喷射形式效率较低外，上述两种塔板设计会使气液接触不良，还会导致较大的温度梯度。利用气体辅助原理，在高气速下可使液体保留在塔板上，形成了分散的液相，并在中心降液管中滴落，上述设计理念可用于泡罩塔板和高级分布器的设计。然而采用该理念设计泡罩塔板不能提供有效的流体喷射，但可提供有效的气、液接触，使相间温差降低 90%以上(Ballard 和 Hines，1965)。

(3) 塔板水平度

塔板倾斜度或水平度是内构件安装过程中必须要考虑的另一个重要因素。当塔板的水平度不佳时，液体受重力作用会向塔板较低处聚集，这就会使得液体流动有倾向性，导致流体分布不均。

(4) 液相负荷灵敏度

一个设计适当的分布器必须可在较宽的液相负荷变化范围内发挥作用。液相负荷的波动，例如在装置开、停车时，可能会影响分布塔板的性能。

2) 急冷段

固定床加氢处理反应器需采用急冷系统以控制因反应放热而引起的温升。飞温的最主要后果是形成热点，这将导致催化剂结焦和烧结速度加快。飞温还会导致原料过度裂解而使产品收率下降，有时也会对反应器产生破坏。如前所述，可通过在催化剂床层间的急冷段引入液体急冷剂，以控制加氢精制反应器温度。床层间区域为注入的急冷介质与来自上段床层热反应流出物提供了混合“场所”，并使气、液反应物在进入下段催化剂床层前进行了重新分布(Ouwerkerk，1999)。

早期的床层间硬件设计包括碰撞式急冷箱和如前所述的再分布塔板(Ballard 和 Hines，1970；Peyrot，1987)。碰撞式急冷箱是由急冷氢注入管、液相收集器塔板、用于流体碰撞的混合箱、收集来自混合箱液体的多孔塔板和泡罩再分布器塔板组成。急冷箱的操作原理如下：

① 将上段流出物(热反应物和急冷气体)分成两股物料，使之通过收集塔板的孔洞流入混合箱中的分离室。

② 通过分离室中的折流板引导物料的流动，使之在湍流混合区内进行碰撞。

③ 将混合物料喷射进入再分布系统。

众所周知，喷射混合因相间接触较差，其气、液混合效率不佳，将导致较大的气液温差。气液温差大，再加上再分布塔板设计失当，将会导致急冷段性能变差。若采用下流式反应器的操作模式，将会产生更大的床层间径向温差。

然而，采用新型床层间设计理念，包括涡流类型混合器和高效分布器(如 Shell GSI 公司的 UFQ 技术，ExxonMobil 公司的蜘蛛涡旋急冷段技术，Chevron-Lummus 公司的鹦鹉螺反应器技术，Isomix 公司的内构件技术，Fluor 公司的漩涡流混合器)，可弥补传统设计方案中存在的缺陷。上述设计的主要特点是流体在混合箱中以漩涡形式流动，这样增强了气液接触。Litchfield 等(1996)和 Pedersen 等(1995)在描述其他们开发的急冷区设计理念时，很好地解释了漩涡混合器的性能。他们强调因急冷气和工艺气的密度相差较大，难以达到高效混合，在急冷段采用喷射混合方式可使相间和相内接触达到最大化。急冷段的最主要组成部分是液体急冷剂的注射设备，其将影响径向和轴向方向上工艺气和急冷气的混合，而采用涡流混合器，可使流体以湍流流动方式进行混合。注射设备可采用传统的直接注射管，也可采用位于混合器沿径向向内注射的带喷嘴的同心管(如 UFQ 急冷环)，还可采用位于急冷段中心沿径向向外的蜘蛛注射器。涡流混合器的差异在于急冷箱内叶片和挡板位置不同，叶片和挡板限定了流体流动途径，影响流体湍动状态。另一种型式的涡流混合器是Albermarle公司开发的Q-Plex急冷混合器(Albermarle，2006)，在该混合器中，急冷气和工艺流体通过一个结构简单的缩颈，以实现良好的相间和相内混合。上述操作需在三个串联的混合器中完成。

与传统内构件相比，上述设计的重要方面之一是降低了设计高度。在工业加氢处理装置中，减小床层间内构件的垂直高度非常重要，因为这样可以降低反应器高度，尤其对于可能设计有两个以上急冷段的加氢裂化装置，这种促进效应将更加明显。壁厚为20~40cm的高压反应器是重型反应容器的典型代表，由于需要更大的支撑结构以及难以运输和安装，将使其设备成本显著增加。在所有的工业技术中，可能只有Shell公司的技术报告更重视这一点。例如，Shell公司在传统的加氢裂化反应器上安装了UFQ和HD内构件，催化剂的装填体积占反应器容积的67%。采用了UFQ(1~1.4m)内构件降低了催化剂床层间距离，采用HD高效塔板而无需装填级配填料，从而使催化剂的利用率增加到86%左右(Swain和Zonnevylle，2000)。另据报道，Albermarle公司开发的Q-Plex内构件高度约为0.5m，其尺寸远小于现已使用的大多数涡流混合器(约为1m)。

但是，降低内构件高度意味着牺牲部分处理气、液负荷波动时的操作灵活性，尤其是在高负荷下，可能会导致液泛，或因混合器内停留时间不足，以致影响流体混合效率(Litchfield等，1996)。近期已有关于改进型流体混合器的报道，其气、液负荷的变化范围为33%~200%，涡流混合器直径是反应器内径的35%~65%，总急冷段长度比反应器内径小1.5倍(Van Vliet et al.，2006)。

3.2 加氢过程基本原理

3.2.1 反应化学

在各种石油基馏分油中，可通过加氢精制脱除的杂质种类和数量主要取决于原料的类型及产地。通常轻质原料(如石脑油)所含的杂质种类和数量都非常少，而重质原料(如渣油)则含有了原油中绝大多数的重质化合物。相较轻质原料而言，重质原料中的重质化合物除含量较高外，其组成更为复杂，也更难以脱除(反应活性低)。这也是为何轻馏分油加氢精制的反应苛刻度较低，而重质原料油加氢精制则需要在高压、高温条件下操作的原因所在。

在加氢处理过程中发生的反应可分为两类：氢解反应和加氢反应。在氢解反应中，一个C—杂原子单键被H_2分解形成两个新的化学键。石油中存在杂原子是指除H和C原子之外的任何原子，如S、N、O和金属原子。在加氢反应中，H_2被加成到分子结构中，而不发生断键。加氢精制过程中的氢解和加氢反应原理将会在下面进行介绍。

1. 氢解反应

1）加氢脱硫(HDS)

加氢脱硫是使有机含硫化合物从石油馏分中脱除，并将硫原子转化成硫化氢(H_2S)的过程。脱硫难度按如下顺序增大：烷烃<环烷烃<芳烃。含硫化合物的种类可分为：硫醇、硫化物、二硫化物、噻吩、苯并噻吩、二苯并噻吩和烷基取代的二苯并噻吩。这些含硫化合物脱硫难度依次增加，硫醇最易脱硫，而二苯并噻吩最难脱硫。

2）加氢脱氮(HDN)

加氢脱氮是使有机含氮化合物脱氮，并使氮原子转化成氨(NH_3)的过程。加氢脱氮比加氢脱硫需要在更苛刻的反应条件下进行。含氮化合物分子结构的复杂性(具有五元和六元芳环结构)、脱除量以及脱氮难度都随着馏分油的沸程增加而增大。含氮化合物分为碱性和非碱性两种。吡啶和含饱和环的含氮化合物(吲哚、六氢咔唑)通常是碱性的，而吡咯则是非碱性的。

3）加氢脱氧(HDO)

加氢脱氧是使有机含氧化合物脱氧，并使氧原子转化成水的过程。与加氢脱硫和加氢脱氮类似，低相对分子质量的含氧化合物比较容易脱氧，而高相对分子质量的含氧化合物则较难脱氧。苯酚就是一种最难以转化的含氧化合物。

4）加氢脱金属(HDM)

加氢脱金属是使有机金属化合物脱氧，并使金属原子转化成相应的金属硫化物的过程。镍和钒是石油中最常见的金属，因此加氢脱金属经常被分为加氢脱镍(HDNi)和加氢脱钒(HDV)。一旦形成金属硫化物，它们就将沉积在催化剂上，导致催化剂的不可逆失活。

2. 加氢反应

1）烯烃饱和

该工艺可使含双键有机物转化成相应的饱和同系物。

2）芳烃饱和

也称为加氢脱芳(HDA)。该工艺可将芳烃转化为相应的环烷烃。存在与石油馏分中的芳烃，可分为单环、双环、三环和多环芳烃。单环芳烃的饱和需要更多的能量，因此其饱和难度最高。

3）加氢裂化(HYC)

在轻质和中间馏分油的加氢精制过程中，也会发生一定的加氢裂化反应，但其反应程度通常很低。但当加工重质原料时，加氢裂化反应程度就会很高。加氢裂化也可视作是一种 C-C 键断裂的氢解反应。

在实际的反应条件下，沥青质可发生两种反应(加氢裂化和加氢反应)。在相对较低或中等温度条件下，重质渣油加氢裂化的反应主要以加氢反应为主；但在高温条件下，加氢裂化反应将成为主导。沥青质的转化反应被称为加氢脱沥青(HDAsp)。图 3.13 示出了在加氢处理过程中发生的一些典型反应。

3.2.2 热力学

脱除不同杂质时存在着根本差异，主要原因是含杂质化合物的分子结构不同。加氢脱硫和烯烃饱和的反应速率最快，而加氢脱氮和加氢脱芳则较难发生。同加氢脱硫相比，加氢脱氮时，含氮的芳烃化合物必须首先将芳烃饱和，然后才能脱氮。大部分反应都是不可逆反应，只有加氢脱芳烃反应例外。高温下加氢脱芳烃反应受热力学平衡的限制，因为高温对环烷烃脱氢反应更为有利。

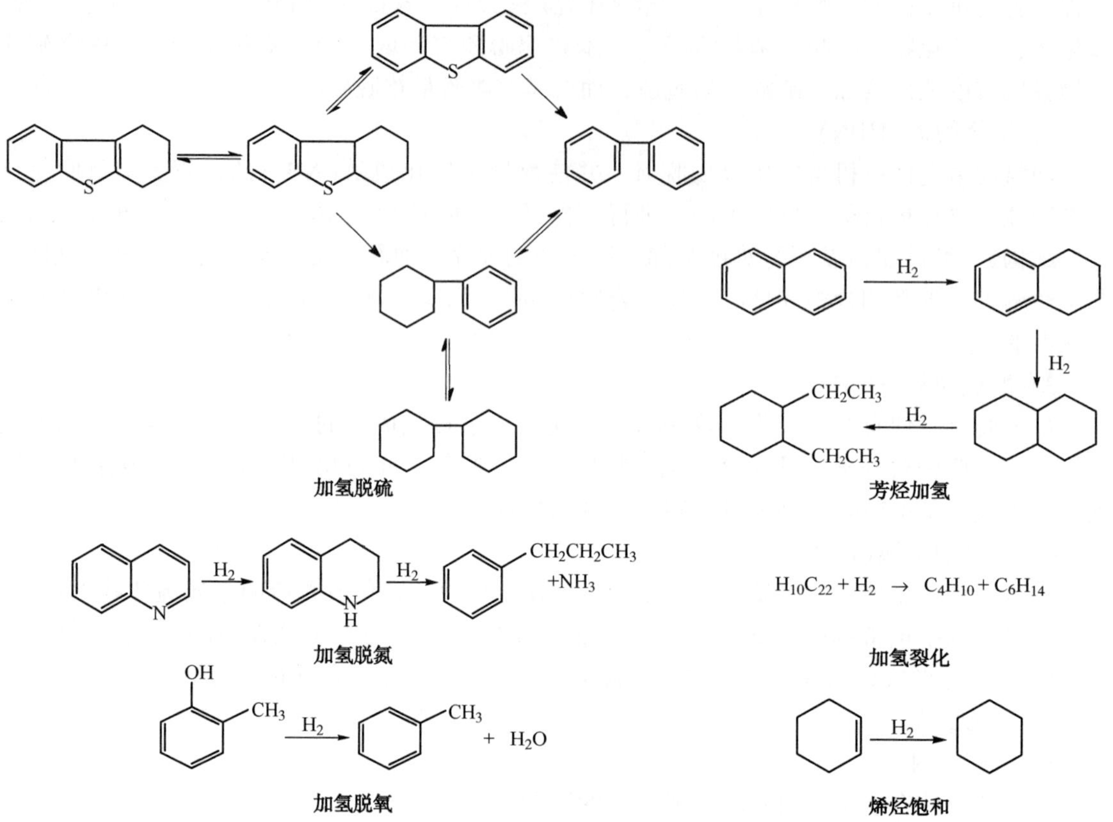

H_2

加氢脱硫

芳烃加氢

$CH_2CH_2CH_3$ $+NH_3$

$H_{10}C_{22} + H_2 \rightarrow C_4H_{10} + C_6H_{14}$

加氢脱氮

加氢裂化

$+ H_2O$

加氢脱氧

烯烃饱和

图 3.13　加氢处理过程中发生的典型反应

所有的加氢精制反应都是放热反应，因此当原料通过催化剂床层时会使反应器温度升高。反应器温差 ΔT 取决于各种杂原子的浓度及其在加氢精制过程中的反应程度。如表 3.3 所示，反应物不同，其生成的反应热相差较大(Ali，2007)。每脱除一种有机化合物，耗氢量和放热量也将随之增加。

表 3.3　不同加氢精制反应的平衡常数和标准焓变

反　应	下列各温度下的 $\log_{10}K_{eq}$ 值					ΔH^{o}①
	25℃	100℃	200℃	300℃	400℃	
加氢脱硫						
$C_3H_7-SH+H_2 \rightleftharpoons C_3H_8+H_2S$	10.57	8.47	6.92	5.87	5.15	-57
噻吩$+3H_2 \rightleftharpoons n-C_4H_{10}+H_2S$	30.84	21.68	14.13	9.33	6.04	-262
苯并噻吩$+H_2 \rightleftharpoons$乙苯$+H_2S$	29.68	22.56	16.65	12.85	10.20	-203
二苯并噻吩$+2H_2 \rightleftharpoons$联苯$+H_2S$	24.70	19.52	15.23	12.50	10.61	-148
加氢脱氮						
吲哚$+3H_2 \rightleftharpoons$乙苯$+NH_3$	—	—	—	7.8	5.0	-49
咔唑$+2H_2 \rightleftharpoons$联苯$+NH_3$	—	—	—	6.8	5.1	-126
吡啶$+5H_2 \rightleftharpoons$正戊烷$+NH_3$	—	—	—	8.9	4.4	-362
喹啉$+4H_2 \rightleftharpoons$丙苯$+NH_3$	—	—	—	7.0	3.3	-272

续表

反　应	下列各温度下的 $\log_{10}K_{eq}$ 值					ΔH^{o}①
	25℃	100℃	200℃	300℃	400℃	
加氢脱芳						
萘+$2H_2$ ⇌ 四氢萘	—	—	1.26	-1.13	-2.80	-140
四氢萘+$3H_2$ ⇌ 反式十氢萘	—	—	0.74	-2.95	-5.56	-193
环己烷基苯+$3H_2$ ⇌ 联环己烷	—	—	2.47	-1.86	-4.91	-295
菲+$4H_2$ ⇌ 八氢菲	—	—	1.16	-3.64	-7.12	-251

注：①有机反应物的反应标准焓值单位为 kJ/mol。

表 3.3 列出了不同加氢精制反应的平衡常数。由上述平衡常数可知：

① 加氢脱硫和加氢脱氮的平衡常数 K_{eq} 值在很大的温度范围内都是正值（常见于工业规模装置的报道值），这表明这些反应是不可逆的，如果存在满足化学计量比要求的氢气，那么这些反应可进行完全。

② 通常 K_{eq} 值随温度升高而降低，这与反应的放热本质相一致。

大部分的加氢脱硫反应都通过直接脱硫途径转化，而对于含硫的芳烃化合物，必须要先开环再脱硫，然后对生成的烯烃进行加氢饱和。二苯并噻吩的加氢脱硫反应可通过两条途径进行：直接脱硫途径，即硫原子被直接从结构中脱去，以氢替代硫原子，不发生 C—C 双键的加氢反应；加氢途径，邻近含硫原子杂环的至少一个芳环先被加氢，然后再发生脱硫反应。加氢途径受热力学平衡限制。因此，部分加氢中间产物在高温下的平衡浓度较低，低压、高温将限制加氢脱硫反应通过其加氢途径进行转化。

芳烃加氢也是一个放热反应，低温有利于提高产品的平衡产率。芳烃的最大脱除量（如最佳反应温度）主要与原料中芳烃种类和数量、空速、氢气分压和催化剂类型有关。由于在典型的加氢精制条件下，芳烃加氢反应是受热力学平衡所限，该反应是无法进行完全的。

加氢脱芳反应按如下次序进行：稠环芳烃先被加氢生成三环芳烃，再被加氢生成双环芳烃，然后再被加氢生成单环芳烃，最终被加氢生成相应的环烷烃。由于单环芳烃的共振稳定性，最后一个芳环的加氢饱和是非常困难的。

烯烃加氢反应速率非常快，且反应高度放热。例如，同样反应放出 1 英热单位/桶原料热量，加氢脱氮反应需消耗 $100ft^3$ 的氢气，加氢脱硫反应需消耗 $10ft^3$ 的氢气，而烯烃饱和反应仅消耗 $2ft^3$ 的氢气。二烯烃在低温下很容易发生加氢反应，生成单烯烃（Gary and Handwerk，2001）。

为了进行反应器建模，文献中已报道了多种加氢精制反应的放热量。例如，Tarhan（1983）推荐直馏瓦斯油加氢精制采用如下放热量数据：

加氢脱硫　　-251,000kJ/kmol
加氢脱氧　　-68,200kJ/kmol
加氢脱氮　　-64,850kJ/kmol
加氢裂化　　-41,000kJ/kmol
加氢　　-125,520kJ/kmol

有研究者倾向于采用总反应热，如常压渣油加氢脱硫（$\Delta H_R = -7820$kJ/kg，$S = -250748$kJ/kmol）。总反应热是加氢精制过程发生的各种反应放热量的平均值（Shah 和 Paraskos，1975；Döhler 和 Rupp，1987）。

3.2.3 动力学

文献中关于加氢精制反应动力学的大部分研究都使用单一纯组分(如模型化合物)、二元和多组分为反应原料(Girgis and Gates, 1991)。对于模型化合物的加氢精制反应动力学通常以拟一级反应速率方程或 Langmuir - Hinshelwood 速率方程来表示。然而,对于混合原料,所发生独立反应的复杂性,以及各种产物同反应原料中其他组分的相互干扰均难以预测。换言之,反应进程对二级和三级产物的干扰,对初级产品生成的影响,也是值得考虑的因素。因此,将在模型化合物动力学研究中获得的数据应用于真实石油基馏分油时,应特别小心。不能期望研究模型化合物时获得的动力学数据会考虑到含三维空间结构的复杂分子的空间位阻效应对动力学数据的影响。实际上,这种空间位阻效应导致的结果是,反应动力学数据需增加可代表各种杂原子脱除过程的额外催化剂和工艺参数。

对真实原料的加氢精制反应,其动力学为原料中杂原子总浓度的 n 级动力学方程,其中 n 值取决于杂原子的类型及浓度、催化剂性质、原料类型、操作条件和实验体系等因素。

1. 加氢脱硫

由于不同含硫化合物的结构差异,加氢脱硫反应都采用相同的简单速率方程并不实际。每一种含硫化合物氢解反应动力学通常都十分复杂,且各不相同。

原料油中的含硫化合物结构复杂,使得其反应活性相差较大,加之原料中存在的含氮化合物(碱性和非碱性)和芳烃等分子同含硫化合物竞争反应活性中心,以及加氢脱硫副产物(例如硫化氢)也对该反应具有禁阻效应,因此,上述诸多因素使得加氢脱硫反应动力学研究仅限于采用模型化合物,这些模型化合物包括容易脱硫的噻吩,也包括不易脱硫的4,6-二甲基-二苯并噻吩。这些也是为何鲜有关于在工业条件下采用真实原料进行动力学研究报道的原因,因为很难提取出某一种化合物并判定其对总反应的影响,也很难确定应该提取哪一种化合物作为代表。但当催化剂组成确定后,必须采用真实原料,对其进行工业应用试验。这不仅有益于新型催化剂的工业应用,而且这也是新技术工艺流程设计和优化研究的重要组成部分。后者更需要采用真实原料来获得所需的动力学数据,以用于反应器的建模、仿真和优化。

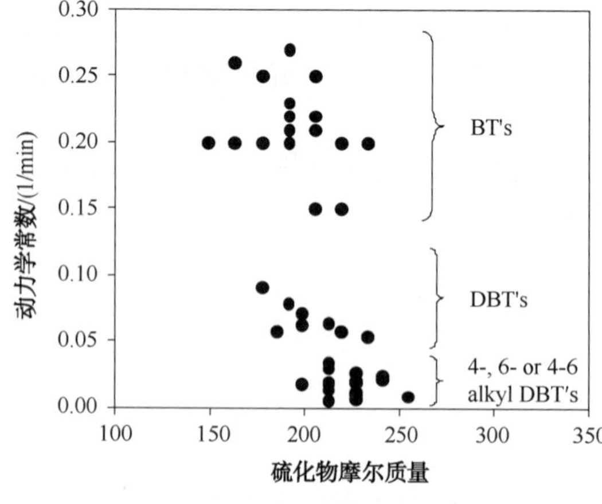

图 3.14 柴油中不同含硫化合物加氢脱硫一级动力学常数

对于直馏瓦斯油和其他轻质馏分油的加氢脱硫,可采用配备硫化学发光探测器的气相色谱对真实原料及其加氢精制产品中的化合物进行准确定量。研究结果表明,硫原子是通过简单一级动力学反应机理从含硫化合物中脱除的。然而不同含硫化合物的反应活性差异很大,如图 3.14 所示柴油中的几种含硫化合物,其加氢脱硫反应活性差别非常显著。众所周知,4 位或 6 位烷基取代的,或 4 位和 6 位同时有烷基取代的二苯并噻吩,是最难脱硫的含硫化合物。

杂原子脱除是对杂原子总含量的 n 级反应,因此需要对原料中的杂原子总含量(如总硫含量、总氮含量)进行分析。对于大多数的加氢精制反应而言，反应级数均大于 1。表 3.4 列出了不同真实原料加氢脱硫反应级数和活化能。表 3.4 包含两部分内容：一部分是采用实验数据计算得出的反应级数，另一部分是反应级数的假定值。随着原料硫含量的增加，反应级数计算值由 1.5 增加到 2.5。也有一些数据例外，可能是由于实验条件差异所致。反应活化能并不存在这种随原料中硫含量增加而增加的趋势。对于硫含量(质量分数)分别为 3.72%和 5.68%的两种反应原料，二者的反应级数和活化能相同($n_S=2$ 和 $E_A=29$kcal/mol)；而对于两种硫含量几乎相同的原料(3.45%和 3.72%)，二者的反应级数相同($n_S=2$)，但二者的活化能(68.6kcal/mol 和 29kcal/mol)却相差很大。由此可见，反应级数和活化能主要与原料油中含杂原子化合物的种类和分布有关，还与催化剂和反应条件有关。图 3.15 表明，在总硫含量相同的条件下，对于不同来源的中间馏分油，其加氢脱硫反应级数可能也不尽相同。由于原料中存在多种含硫化合物，且每种含硫化合物的结构和相对分子质量也不相同，它们的反应速率也存在差别，因此不同原料的加氢脱硫通用动力学方程表达式往往非常复杂。

表 3.4　不同原料的加氢脱硫反应级数和活化能

原料[①]	相对密度(15℃)	硫,%(质量分数)	分馏范围/℃	n	E_A/(kcal/mol)
由实验数据计算出的反应级数					
SRGO	0.861	1.31	213~368	1.57	20.3
SRGO	0.843	1.32	188~345	1.53	
HSRGO	0.862	1.33	142~390	1.65	
SRGO-LCO	0.879	1.78	209~369	1.63	16.5
VGO	0.907	2.14	243~514	2.09	33.1
SRGO-LCO	0.909	2.44	199~370	1.78	16.37
渣油	0.910	3.45	—	2.0	68.6
渣油	0.950	3.72	281~538	2.0	29.0
渣油	1.007	5.30	—	2.5	36.1
常压渣油	0.995	5.86	—	2.0	29.0
反应级数的假定值					
废油	0.900	0.70	—	1.0	19.6
渣油	0.969	1.45	—	1.0	24.0
直馏蜡油	—	1.47	—	1.65	25.0
渣油	0.964	2.90	—	1.0	18.3
RGO	0.984	4.27	196~515	1.5	33.0

注：①SRGO：直馏蜡油；HSRGO：直馏重蜡油；LCO：轻循环油；VGO：减压瓦斯油；AR：常压渣油；CGO：焦化蜡油。

一种已被广为接受的描述加氢脱硫反应的方法，是将所有的含硫化合物归纳为一个简单的化学计量方程表达：

$$v_S S_{(lig)} + v_{H_2} H_{2(gas)} \longrightarrow v_{HC} HC_{(lig)} + v_{H_2S} H_2S_{(lig)} \tag{3.10}$$

式中，v_S、v_{H_2}、v_{HC}、v_{H_2S}分别代表含硫化合物、氢气、脱硫烃和硫化氢的化学计量系数。

用来描述加氢脱硫动力学的最简单模型为指数模型，该模型考虑了硫化氢对反应的抑制作用(Cotta 等，2000)：

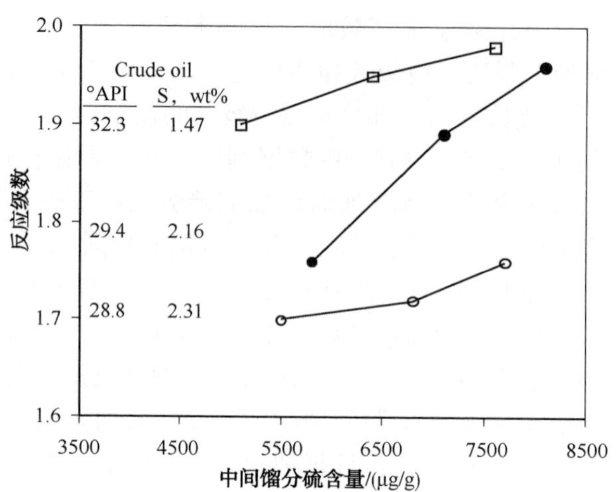

图 3.15　由不同原油生产的中间馏分油加氢脱硫反应级数

（催化剂：CoMo/γ-Al_2O_3；反应温度：340~360℃；*LHSV*：1.5~2.0h^{-1}；氢油比：2000ft^3/bbl）

$$r_{HDS}=k_{HDS}C_S^{nS}p_{H_2}^m \tag{3.11}$$

另一种简单的动力学模型仅考虑了原料中存在两种含硫化合物的情况，该模型采用的一级速率方程如下(Gates 等，1979)：

$$r_{HDS}=\gamma k_1C_S+(1-\gamma)k_2C_S \tag{3.12}$$

式中，γ、k_1 和 k_2 均为可调参数。参数 γ 表示容易脱硫的含硫化合物所占比率，而 $1-\gamma$ 则代表了较难脱硫的含硫化合物所占比率。上述两种简单动力学模型[式(3.11)和式(3.12)]只有在氢气和硫化氢分压保持恒定时，并将在这种条件下测定的 k_{HDS}、k_1 和 k_2 才可有效使用。

最常用的加氢脱硫动力学模型是 Langmuir-Hinshelwood 模型，其表达式如下：

$$r_{HDS}=\frac{k_{HDS}C_S^{nS}p_{H_2}^m}{(1+K_{ads}^{H_2S}C_{H_2S})^2} \tag{3.13}$$

方程(3.13)中分母指数 2 代表硫化氢的吸附中心数量。

当同时发生加氢脱硫和加氢脱芳反应时，采用如下的反应表达式，并假设两种反应在常规的加氢精制条件下是不可逆的(Chowdhury 等，2002)：

$$A—S+2H_2\rightarrow A+H_2S \tag{3.14}$$

式中，A 代表芳烃。对于加氢脱硫反应而言，采用如下的 Langmuir-Hinshelwood 速率方程表示加氢脱硫反应：

$$r_{HDS}=\frac{k_{HDS}C_{A-S}^{nS}p_{H_2}^m}{1+K_{ads}^{H_2S}C_{H_2S}} \tag{3.15}$$

方程(3.13)和方程(3.15)都含有硫化氢吸附平衡常数 K_{ads}，该平衡常数是与温度有关的函数，可采用 van't Hoff 方程估算：

$$K_{ads}(T)=K_0\exp\left(\frac{\Delta H_{ads}}{RT}\right) \tag{3.16}$$

分别以 n_S 和 m 代表反应对硫和氢气的反应级数，前者的报道值介于 1.5~2.5 之间，主要与原料种类、含硫化合物含量和种类有关，而后者数值介于 0.5~1.0 之间。考虑到氢气分子在催化剂表面上发生解离吸附，m 的理论值应为 0.5。而如果氢气的传质速率成为反应控制步骤，那么 m 值将接近于 1(Cheng et al.，2004)。

除 H_2S 外，其他化合物也可能对加氢脱硫反应具有禁阻效应，可采用下式表示竞争吸附项的影响：

$$r_{HDS} = \frac{k_{HDS} C_S^{nS} C_{H_2}^m}{\left(1 + \sum_{i=1}^{N} K_{ads}^i C_i\right)^2} \tag{3.17}$$

例如，当芳烃和硫化氢起抑制作用时，方程(3.17)变为：

$$r_{HDS} = \frac{k_{HDS} C_S^{nS} C_{H_2}^m}{(1+K_{ads}^A C_A + K_{ads}^{H_2S} C_{H_2S})^2} \tag{3.18}$$

当原料中含有两种反应活性硫化物，且考虑硫化氢和芳烃的禁阻作用，得到如下动力学模型(Avraam 和 Vasalos，2003)：

$$r_{HDS} = \frac{\gamma k_1 C_S^{nS} C_{H_2}^m}{(1+K_{ads_1}^A C_A + K_{ads_1}^{H_2S} C_{H_2S})^2} + \frac{(1-\gamma) k_2 C_S^{nS} C_{H_2}^m}{(1+K_{ads_2}^A C_A + K_{ads_2}^{H_2S} C_{H_2S})^2} \tag{3.19}$$

方程(3.18)和(3.19)中的反应级数 n_S 和 m 均为 1。

加氢脱硫分为两条反应途径：直接脱硫途径，即反应物直接氢解脱硫(DD)，以及预加氢脱硫途径(ID)，即一个芳环先加氢，然后其加氢中间体的 C—S 键断裂。含氮化合物和芳烃抑制了含硫化合物的深度脱硫，这主要是因为二者同含硫化合物竞争加氢活性中心，抑制含硫化合物的预加氢脱硫途径。基于上述考虑，假设硫化氢的禁阻效应可忽略不计，且氢气过量，脱硫反应遵循拟一级反应规律，其动力学方程表达式如下(Liu 等，2008)：

$$r_{HDS} = k_{HDS}^{DD} C_S + \frac{k_{HDS}^{ID} C_S}{1+K_{ads}^A C_A^{nA} + K_{ads}^N C_N^{nN}} \tag{3.20}$$

式中，k_{HDS}^{DD} 和 k_{HDS}^{ID} 分别代表直接脱硫途径和预加氢脱硫途径的反应速率常数。

2. 加氢脱氮

同加氢脱硫类似，原料中所有的含氮化合物的脱氮反应有时采用下式表示：

$$R—N + 2H_2 \rightarrow R—H + NH_3 \tag{3.21}$$

式中，R—N 表示含氮化合物；R—H 表示不含氮的烃类化合物。

可采用幂指数和 Langmuir-Hinshelwood 方程表示脱氮反应速率：

$$r_{HDN} = k_{HDN} C_N^{nN} p_{H_2}^m \tag{3.22}$$

$$r_{HDN} = \frac{k_{HDN} C_N^{nN} C_{H_2}^m}{(1+K_{ads}^{NH_3} C_{NH_3})^2} \tag{3.23}$$

式中，n_N 代表对含氮化合物的反应级数。当无法通过实验方法测定出口气相中氨含量时，通常采用关联式(3.21)计算。

不仅氨会抑制加氢脱氮反应，其他物质也会抑制加氢脱氮反应，如硫化氢和芳烃。同加氢脱硫类似的，也要考虑其他物质的抑制作用，这样加氢脱氮反应速率方程可表示如下：

$$r_{HDN} = \frac{k_{HDN} C_N^{nN} C_{H_2}^m}{\left(1 + \sum_{i=1}^{N} K_{ads}^i C_i\right)^2} \tag{3.24}$$

石油基原料中的含氮化合物可分为碱性(N_B)和非碱性(N_{NB})两类，脱氮反应通常为连续反应，即非碱氮首先加氢成为碱氮，然后再发生脱氮反应：

$$N_{NB}\xrightarrow{k_{HDN_{NB}}}N_B\xrightarrow{k_{HDN_B}}HC+NH_3 \tag{3.25}$$

据报道，加氢脱氮的动力学表达式为幂指数型，其 n_N 值为 1.5(Bej 等，2001)。非碱氮的脱氮反应速率方程可表示为：

$$r_{HDN_{NB}}=k_{HDN_{NB}}C_{N_{NB}}^{nN} \tag{3.26}$$

碱氮的脱氮反应速率方程可表示为：

$$r_{HDN_B}=k_{HDN_{NB}}C_{N_{NB}}^{nN}-k_{HDN_B}C_{NB}^{nN} \tag{3.27}$$

3. 加氢脱芳烃

在加氢精制反应条件下，加氢脱芳烃反应在低温下受动力学控制，但在高温下则受热力学控制。这就意味着，当反应温度升高时，芳烃加氢活性先增加，在经历极大值后开始下降。加氢脱芳反应行为可采用如下的可逆反应和一级速率方程表示：

$$\text{芳烃(A)}+H_2\underset{k_r}{\overset{k_f}{\rightleftharpoons}}\text{环烷烃(naph)} \tag{3.28}$$

$$r_{HDA}=k_f p_{H_2}^m C_A-k_r C_{naph} \tag{3.29}$$

式中，C_A 和 C_{naph} 分别代表芳烃和环烷烃的含量；k_f 和 k_r 代表正向(加氢)和逆向(脱氢)反应速率常数。在加氢精制条件下，氢气过量，这样氢气分压及 $k_f p_{H_2}^m$ 可假定为常数。

另一种加氢脱芳的建模方法是将所有芳烃分为三组：单环芳烃(结构中只含有一个芳环)、双环芳烃(结构中含有两个芳环)和多环芳烃(结构中含有三个或三个以上芳环)。基于上述考虑，可建立如下的化学计量方程(Chowdhury et al.，2002)：

$$\text{多环芳烃(PA)}+H_2\underset{k_{PA}^r}{\overset{k_{PA}^f}{\rightleftharpoons}}\text{双环芳烃(DA)} \tag{3.30}$$

$$\text{双环芳烃(DA)}+H_2\underset{k_{DA}^r}{\overset{k_{DA}^f}{\rightleftharpoons}}\text{单环芳烃(MA)} \tag{3.31}$$

$$\text{单环芳烃(MA)}+H_2\underset{k_{MA}^r}{\overset{k_{MA}^f}{\rightleftharpoons}}\text{环烷烃(naph)} \tag{3.32}$$

环烷烃是加氢脱芳烃反应的最终产物，它主要是由含烷基取代的单环和烷基取代环己基环烷烃组成。加氢脱芳烃反应速率方程表达式如下(Cheng et al.，2004)：

$$r_{HDA_{PA}}=k_{PA}^f p_{H_2}^{m_1}C_{PA}-k_{PA}^r C_{DA} \tag{3.33}$$

$$r_{HDA_{DA}}=-k_{PA}^f p_{H_2}^{m_1}C_{PA}+k_{PA}^r C_{DA}+k_{DA}^f p_{H_2}^{m_2}C_{DA}-k_{DA}^r C_{MA} \tag{3.34}$$

$$r_{HDA_{MA}}=-k_{DA}^f p_{H_2}^{m_2}C_{DA}+k_{DA}^r C_{MA}+k_{MA}^f p_{H_2}^{m_3}C_{MA}-k_{MA}^r C_{naph} \tag{3.35}$$

$$r_{HDA_{naph}}=-k_{MA}^f p_{H_2}^{m_3}C_{MA}+k_{MA}^r C_{naph} \tag{3.36}$$

芳烃首环加氢反应级数一般取决于其在催化剂表面的强吸附情况。多环芳烃首环加氢最容易进行，因为双环芳烃(萘)的首环加氢要比单环芳烃(包括联苯、四氢萘和环己烷基苯)加氢速率要快很多(通常为 20~40 倍)(Cooper and Donnis，1996)。此外，DA↔MA 反应比 PA↔DA 反应更强烈地受反应平衡限制。因此，上述方程组可简化为(Chowdhury et al.，2002；Bhaskar et al.，2004)：

$$r_{HDA_{PA}}=k_{PA}^f p_{H_2}^{m_1}C_{PA}-k_{PA}^r C_{DA} \tag{3.37}$$

$$r_{\mathrm{HDA_{DA}}}=k_{\mathrm{DA}}^{f}p_{\mathrm{H_2}}^{m_2}C_{\mathrm{DA}}-k_{\mathrm{DA}}^{r}C_{\mathrm{MA}} \tag{3.38}$$

$$r_{\mathrm{HDA_{MA}}}=k_{\mathrm{MA}}^{f}p_{\mathrm{H_2}}^{m_3}C_{\mathrm{MA}}-k_{\mathrm{MA}}^{r}C_{\mathrm{naph}} \tag{3.39}$$

$$r_{\mathrm{HDA_{Naph}}}=-r_{\mathrm{HDA_{MA}}}=-k_{\mathrm{MA}}^{f}p_{\mathrm{H_2}}^{m_3}C_{\mathrm{MA}}+k_{\mathrm{MA}}^{r}C_{\mathrm{naph}} \tag{3.40}$$

在近似于恒定氢气分压下操作，$p_{\mathrm{H_2}}^{m_i}$可集总到如下的速率常数(k_i^f 和 k_i^r)中：

$$k_{\mathrm{PA}}^{f^*}=k_{\mathrm{PA}}^{f}p_{\mathrm{H_2}}^{m_1} \tag{3.41}$$

$$k_{\mathrm{DA}}^{f^*}=k_{\mathrm{DA}}^{f}p_{\mathrm{H_2}}^{m_2} \tag{3.42}$$

$$k_{\mathrm{MA}}^{f^*}=k_{\mathrm{MA}}^{f}p_{\mathrm{H_2}}^{m_3} \tag{3.43}$$

将上述方程组代入方程(3.37)～方程(3.40)，可得：

$$r_{\mathrm{HDA_{PA}}}=k_{\mathrm{PA}}^{f^*}C_{\mathrm{PA}}-k_{\mathrm{PA}}^{r}C_{\mathrm{DA}} \tag{3.44}$$

$$r_{\mathrm{HDA_{DA}}}=k_{\mathrm{DA}}^{f^*}C_{\mathrm{DA}}-k_{\mathrm{DA}}^{r}C_{\mathrm{MA}} \tag{3.45}$$

$$r_{\mathrm{HDA_{MA}}}=k_{\mathrm{MA}}^{f^*}C_{\mathrm{MA}}-k_{\mathrm{MA}}^{r}C_{\mathrm{naph}} \tag{3.46}$$

$$r_{\mathrm{HDA_{Naph}}}=-k_{\mathrm{MA}}^{f^*}C_{\mathrm{MA}}+k_{\mathrm{MA}}^{r}C_{\mathrm{naph}} \tag{3.47}$$

为了确定正向反应和逆向反应的速率常数，按下式定义如下的平衡常数：

$$K_{\mathrm{PA}}=\frac{k_{\mathrm{PA}}^{f^*}}{k_{\mathrm{PA}}^{r}} \tag{3.48}$$

$$K_{\mathrm{DA}}=\frac{k_{\mathrm{DA}}^{f^*}}{k_{\mathrm{DA}}^{r}} \tag{3.49}$$

$$K_{\mathrm{MA}}=\frac{k_{\mathrm{MA}}^{f^*}}{k_{\mathrm{MA}}^{r}} \tag{3.50}$$

可通过 van't Hoff 关联式测定不同温度下可逆反应的平衡常数：

$$K_i=K_i^{\circ}(T_0)\exp\left[\frac{-\Delta H_{\mathrm{HDA}_i}^{R}}{R}\left(\frac{1}{T_0}-\frac{1}{T}\right)\right] \tag{3.51}$$

随着支链数及支链上的碳原子数的增加，平衡常数值随之减小，这种变化趋势仅在达到最大温度以前成立，当温度超过该最大温度时，变化趋势将发生逆转。对于任意一个芳烃加氢反应，其平衡常数数值随反应温度的升高而降低，且在高温下芳烃的平衡浓度更高。低温(<443℃)时，平衡常数值的变化顺序为 $K_{\mathrm{MA}}>K_{\mathrm{DA}}>K_{\mathrm{PA}}$，而在高温(>443℃)时的变化顺序则变为 $K_{\mathrm{PA}}>K_{\mathrm{DA}}>K_{\mathrm{MA}}$(Chowdhury et al.，2002；Bhaskar et al.，2004)。

为了简化加氢脱芳反应动力学模型，也假设该反应及其反应速率动力学可按如下连续、不可逆反应处理：

$$\mathrm{PA}\xrightarrow{k_{\mathrm{PA}}}\mathrm{DA}\xrightarrow{k_{\mathrm{DA}}}\mathrm{MA}\xrightarrow{k_{\mathrm{MA}}}\mathrm{naph} \tag{3.52}$$

$$-r_{\mathrm{PA}}=k_{\mathrm{PA}}C_{\mathrm{PA}} \tag{3.53}$$

$$-r_{\mathrm{DA}}=k_{\mathrm{DA}}C_{\mathrm{DA}}-k_{\mathrm{PA}}C_{\mathrm{PA}} \tag{3.54}$$

$$-r_{\mathrm{MA}}=k_{\mathrm{MA}}C_{\mathrm{MA}}-k_{\mathrm{DA}}C_{\mathrm{DA}} \tag{3.55}$$

$$-r_{\mathrm{naph}}=k_{\mathrm{MA}}C_{\mathrm{MA}} \tag{3.56}$$

含硫化合物和含氮化合物对芳烃加氢反应具有可逆并缓慢的抑制作用，而各种含氮化合物对芳烃加氢的中毒趋势似乎不仅与其碱性有关，可能与其分子结构也有关。

4. 烯烃加氢

烯烃与氢气发生加氢反应生成饱和烷烃。采用如下的化学计量方程式来代表烯烃加氢反应：

$$R—CH=CH—R'+H_2 \xrightarrow{k_{HGO}} R—CH_2—CH_2—R' \tag{3.57}$$

烯烃加氢(HGO)是对烯烃总含量为拟一级反应：

$$r_{HGO}=k_{HGO}C_{olef} \tag{3.58}$$

5. 加氢脱沥青质

在加氢精制过程中，沥青质的转化途径非常重要。由于沥青质是导致催化剂孔堵塞进而失活的结焦前驱体，其可降低其他加氢精制反应的反应速率(Ancheyta et al., 2003a, b)。已建立了可描述沥青质反应多种近似模型，并根据这些模型可获得其动力学参数(如反应级数和反应速率常数)。

幂指数模型是目前为止描述加氢脱沥青反应的最简单模型。采用该方法，则无需考虑不同种类沥青质的反应活性差异，而只需将所有沥青质分子视作在平均反应速率常数下进行的反应。对于加氢脱沥青质反应：

$$沥青质+H_2 \xrightarrow{k_{HD_{asp}}} 产品 \tag{3.59}$$

幂指数动力学表达式如下：

$$-r_{HD_{asp}}=k_{HD_{asp}}C_{asp}^{n_{asp}}C_{H_2}^{m} \tag{3.60}$$

式中，C_{asp}表示沥青质的浓度；n_{asp}表示沥青质的反应级数。

另一种基于幂指数模型的表示方法是将加氢脱沥青质反应分成两个平行反应：

$$沥青质\left\{\begin{array}{l} asp_1=\gamma_{asp}+H_2 \xrightarrow{k_{HD_{asp1}}} \\ asp_2=(1-\gamma)\,asp+H_2 \xrightarrow{k_{HD_{asp2}}} \end{array}\right\}产品 \tag{3.61}$$

其中，γ 表示反应活性较低的沥青质所占比例(asp_1)，而$(1-\gamma)$则表示易于反应的沥青质所占比例(asp_2)。根据 Kwak 等(1992)提出的假设，即两种类型沥青质的反应级数均为1。其动力学模型为：

$$-r_{HD_{asp}}=\gamma k_{HD_{asp1}}C_{asp}^{n_{asp1}}C_{H_2}^{m}+(1-\gamma)k_{HD_{asp2}}C_{asp}^{n_{asp2}}C_{H_2}^{m} \tag{3.62}$$

6. 加氢脱金属

对采用金属卟啉化合物为模型化合物的研究表明，加氢脱金属机理包括先经历 Ni(或 V)-EP 可逆加氢成 Ni(或 V)-EPH_2 的过程，然后再经过不可逆氢解的过程，最终将形成含卟啉环的烃和沉积在催化剂上的金属，其反应网络如下：

$$M-EP+H_2 \rightleftharpoons M-EP_2+nH_2 \longrightarrow 沉淀+烃 \tag{3.63}$$

式中，M 代表 Ni 或 V。

脱金属主要存在于重质石油加工过程，如渣油，因为其中既含有卟啉型金属化合物，也含有非卟啉型金属化合物，因此不能使用同一个反应网络表示。加氢脱金属通常采用幂指数动力学模型：

$$r_{HDNi}=k_{HDNi}C_{Ni}^{n_{Ni}} \tag{3.64}$$

$$r_{HDV}=k_{HDV}C_{V}^{n_{V}} \tag{3.65}$$

7. 加氢裂化

加氢裂化的反应程度主要取决于反应条件。一般而言，在加氢处理反应条件下，轻质和中间馏分油的加氢裂化反应活性较低，而重质原料则容易发生加氢裂化反应。加氢裂化动力学模型，尤其是重质原料的反应动力学模型，已在前文中进行了详细讨论，因此本节只讨论在加氢处理反应条件下轻质原料的加氢裂化反应动力学。

典型的加氢处理催化剂载体为γ-氧化铝(γ-Al_2O_3)，其酸中心可催化温和加氢裂化反应，并生成轻烃气和轻质液相产品。不同原料的加氢裂化产物为：

重质蜡油：柴油和轻烃

轻质蜡油：石脑油和轻烃

石脑油：$C_5 \sim C_6$ 和轻烃

在加氢处理过程中发生的加氢裂化反应，其反应动力学可以表示为三元集总模型，如图 3.16 所示。从该图中可以推导出如下的拟一级反应动力学方程。例如，当采用轻质瓦斯油(LGO)为原料时，加氢裂化产物是石脑油和轻烃：

$$r_{\mathrm{LGO}}=k_1 C_{\mathrm{LGO}}+k_2 C_{\mathrm{LGO}} \tag{3.66}$$

$$r_{\mathrm{NT}}=-k_2 C_{\mathrm{LGO}}+k_2 C_{\mathrm{NT}} \tag{3.67}$$

$$r_{\mathrm{Gas}}=-k_1 C_{\mathrm{LGO}}-k_3 C_{\mathrm{NT}} \tag{3.68}$$

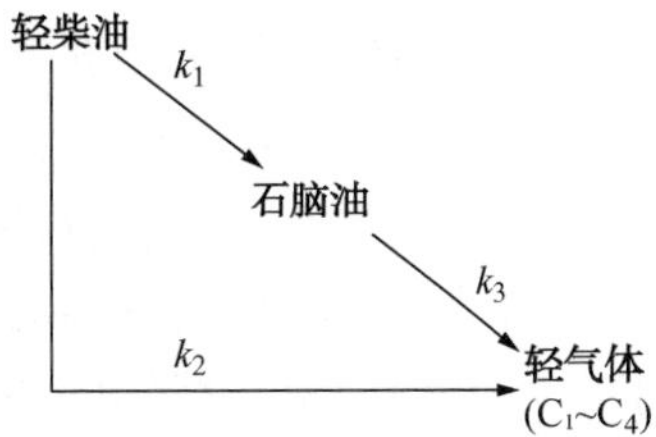

图 3.16 在加氢精制过程中发生的加氢裂化反应三元集总动力学模型

石油馏分油中的杂原子(S、N、O、金属)和沥青质的含量通常以质量分数表示。为了便于建立其反应动力学和反应器模型，需要将质量分数转换为摩尔分数，二者之间的相互转换可采用如下方程：

$$C_i=\frac{(\text{质量分数})_i}{100}\frac{\rho_{\mathrm{oil}}}{PM_i} \tag{3.69}$$

对于烯烃，通常采用溴价(Br No.)分析来测定其不饱和度。因此，双键的摩尔浓度可以表示为：

$$C_{\mathrm{olef}}=\frac{\mathrm{Br\ No.}}{100}\frac{\rho_{\mathrm{oil}}}{PM_{\mathrm{Br}}} \tag{3.70}$$

可以发生加氢裂化反应的化合物(C_{hyc})含量可通过下式计算：

$$C_{\mathrm{hyc}}=\frac{\rho_{\mathrm{oil}}}{PM_{\mathrm{oil}}} \tag{3.71}$$

式中，ρ_{oil}表示烃的密度，其值会因原料通过催化剂床层而改变，而PM_i、PM_{Br}和PM_{oil}分别表示杂原子、溴和烃类的相对分子质量。

3.2.4 催化剂

大部分工业加氢精制催化剂都采用γ-氧化铝(γ-Al_2O_3)作为载体，有时也在载体中掺入少量的二氧化硅(SiO_2)或磷(P)。在催化剂生产过程中，载体的制备对于获得高比表面积和合适孔结构的催化剂非常重要。高比表面积可使活性金属和助剂分散均匀。典型的活性金属组分为钼(Mo)和钨(W)的硫化物，典型的助剂为钴(Co)或镍(Ni)的硫化物。助剂的主要作用是大幅度提高金属硫化物的活性。工业催化剂中每种组分的含量取决于其应用目的。通常，原料的规格及产品的要求质量将决定需选用何种催化剂(或是催化剂组合)。

加氢处理首选 CoMo 和 NiMo/γ-Al_2O_3 催化剂，这两种催化剂具有价廉、选择性高、易再生及抗中毒等优点。尽管 NiW 催化剂的加氢脱氮和加氢脱芳烃活性更高，但其价格比 NiMo 催化剂高出很多，因此，NiW 催化剂很少在加氢处理过程中应用。加氢脱硫推荐使用 CoMo/γ-Al_2O_3 催化剂，而加氢脱氮则推荐使用 NiMo/γ-Al_2O_3 或 NiCoMo/γ-Al_2O_3 催化剂。尽管 NiMo 和 CoMo 催化剂都具有脱硫和脱氮活性，但是 NiMo 催化剂具有更高的加氢活性，因此其更适合用于芳烃饱和。

石油及其分离出的各种馏分油的物理化学性质因其“产地”而异，因此不可能存在一种普适型催化剂满足所有原料加氢精制，而达到所需的脱除率和转化率要求。因此，轻质和中间馏分油加氢精制催化剂与重油加氢精制催化剂的性能差异较大。对于轻质馏分油加氢处理，催化剂表面化学组成和比表面积是最重要的参数，因为在轻质馏分油加氢精制反应条件下，金属和焦炭的沉积并不是导致催化剂失活的主要因素。而对于重质原料的加氢处理，催化剂的孔结构则是影响催化剂活性和寿命的决定性因素。在上述两种加氢精制过程，载体的作用至关重要。对于重油加氢精制催化剂，为了使其性能最优，载体的酸性和孔结构需经仔细设计。催化剂酸性必须严格地调控，以达到加氢裂化所需的反应程度，同时又不致于导致过量生焦。载体的酸性主要来自于二氧化硅、分子筛和/或磷。对于轻质和中间馏分油加氢精制，要求催化剂的最小孔尺寸以能够满足原料中扩散阻力最大的分子通过即可。但对于重质原料的加氢精制，催化剂的孔尺寸则需要设计适当，以可满足原料中含有的复杂大分子(如沥青质)通过为宜。调节催化剂孔尺寸，使之在以某特定直径为中心的较窄范围内变化，这将对加氢精制催化剂的活性产生重要影响，其会影响催化剂在反应初期(开车)、中期或者末期的活性。

通常，制备出的加氢精制催化剂均为氧化态前驱体(如 $CoOMoO_3/\gamma$-Al_2O_3)，它们必须经过活化处理，使金属从氧化态转化为硫化态，进而达到最大反应活性。上述活化过程称为预硫化，可通过以下四种途径实现(Marroquín et al.，2004)：

① 对于未添加硫化试剂的原料，以常规原料中的硫对催化剂进行硫化；

② 采用 H_2/H_2S 混合物气相硫化，该方法主要在实验室中使用；

③ 对于加入硫化试剂的原料，以加入的硫化试剂对催化剂进行硫化；

④ 反应器外硫化，据报道经器外硫化的催化剂与原位硫化催化剂的活性和稳定性相当或更好。

在液相硫化过程中，烃相的存在有利于催化剂的润湿，因此有助于硫沿床层分布均匀，并使催化剂硫化均匀。烃相也起到吸热槽的作用，有利于更好地控制硫和催化剂金属间发生的放热反应。这样可使预硫化快速完成。预硫化反应是强放热反应，因此必须对其进行小心控制，以免活化过程飞温，进而导致催化剂永久失活。

硫化试剂是一种有机含硫化合物，同原料中所含的常规含硫化合物相比，硫化试剂可在更低温度下释放出 H_2S。据文献报道，可用于活化加氢脱硫催化剂硫化试剂有二硫化碳(CS_2)、二甲基硫醚(DMS)、二甲基二硫(DMDS)、丁硫醇、三壬基多硫化物(TNPS)、乙硫醇(EM)、二甲基亚砜(DMSO)和正丁基硫醇(NBM)。已经实践证实，无论在实验室，还是在工业预硫化过程中，DMDS 的硫化效果最佳。

预硫化前，为使催化剂活性达到最优化，建议采用如下两个预处理步骤：

① 催化剂干燥，由于氧化铝载体吸湿性本质，催化剂可能会带有水分，而在潮湿条件

下加热并与油接触的条件下，催化剂会遭受机械性破坏。

② 催化剂浸湿，适当地将催化剂颗粒润湿以免在催化剂床层中出现干区，否则，将会导致催化剂总体活性降低。

不同催化剂制造商生产的加氢精制催化剂的形状和尺寸存在差异。这些参数对于催化性能的表现非常重要，同时必须与原料性质、工艺技术和反应器类型相匹配。催化剂颗粒尺寸存在一个下限(如 0.8mm)，低于该尺寸颗粒将不易粘合。此外，在固定床反应器中，催化剂颗粒尺寸过小会引起压降问题。工业加氢精制催化剂的常见形状有球形、片型、柱形、双叶草、三叶草和四叶草。选择适宜尺寸和形状的催化剂颗粒，可减小催化剂颗粒内扩散效应和沿反应器的压降。

在加氢精制过程中，催化剂性能主要通过以下标准来测定：

① 催化剂初始活性：在反应初期测定，为了达到产品设计质量要求必须与反应器温度相匹配。

② 催化剂稳定性：在反应中期和末期，为保证产品质量，测定催化剂的升温速率。

③ 产品质量：在整个催化剂运转周期内都需控制产品质量，并以此作为催化剂是否能生产出设计要求产品的评判标准。

因原料自身性质、反应器类型和反应条件等原因，重质原料加氢精制催化剂较容易失活。导致催化剂失活的两个主要因素是结焦和金属沉积。焦炭通常是由于发生热缩合、催化脱氢和聚合反应而形成的，沥青质是其主要前驱体。反应初期的结焦速率较快，随后升高到平衡水平。在反应中期，积炭量几乎保持不变。最大积炭量通常约为 20%(质量分数)。催化剂积炭失活属于暂时性失活，因为可以通过再生而恢复活性。原位再生可使催化剂恢复约 90%的活性，非原位再生则能使催化剂活性恢复 95%~97%。相反，金属(主要是 Ni 和 V)沉积失活则属于不可逆失活，一旦催化剂失活，则需要更换新催化剂。金属主要沉积在催化剂孔入口或邻近外表面处。

为了保持所需产品质量，需要连续提高反应器温度，以补偿催化剂的失活。但若使催化剂床层暴露在高温下，将导致催化剂载体烧结，这是导致催化剂不可逆失活的另一原因。

3.3 反应器建模

3.3.1 催化剂颗粒形状的影响

1. 催化剂颗粒外表面体积和比表面积

催化剂颗粒尺寸的定义为颗粒总几何体积与外比表面积的比值($L_p = V_p/S_p$)。当量颗粒直径(d_{pe})的定义为与实际形状催化剂颗粒具有相同外比表面积(或体积)球体的直径。L_p 和 d_{pe}是催化剂的两个重要参数，二者可用于计算其他参数，如床层空隙率、床层密度、单位体积床层颗粒的比表面积、压力降、雷诺数 Re 以及效率因子，这些参数广泛地用于反应器和催化剂的设计。

对于形状规则的催化剂，如球形、片状或圆柱形，V_p 和 S_p 的计算比较容易。而对于形状不规则的催化剂，如多叶草，V_p 和 S_p 的计算则要考虑叶数及其排列方式。尽管 V_p 可以通过实验测定，但 S_p 则需计算求得。

表 3.5 列出了不同形状颗粒的外表面体积和比表面积的计算方法，关于这些表达式的详细推导过程请参考相关资料(Macías 和 Ancheyta，2004)。对于片状颗粒，值得注意的是其长度和当量直径相等($L=d_p$)，而其截面半径同颗粒半径相等($r_c=r_p$)。对于圆柱形颗粒，其截面半径也同样是其颗粒的半径，但是 $L\neq d_p$。图 3.17 示出了不同颗粒形状及其主要的几何参数。

表 3.5 不同形状颗粒的 V_p 和 S_p 计算公式①

形状	V_p			S_p	
球形	$\frac{4}{3}\pi r^3$			$4\pi r^2$	
片状	$\pi r_c^2 d_p$			$2\pi r_c^2+2\pi r_c d_p$	
圆柱	$\pi r_c^2 L$			$2\pi r_c^2+2\pi r_c L$	
多叶草	$n_L(\pi r_c^2 L)-A_1 L$			$n_L(2\pi r_c^2+2\pi r_c L)\pm 2A_1-n_L A_2$	
	n_L	θ	r_c	A_1	A_2
双叶草	2	45°	$\frac{d_p}{3.4142}$	$\frac{d_p^2}{8}\frac{\sin\theta-\sin^2\theta}{(1+\sin\theta)^2}=8.88348\times10^{-3}d_p^2$	$\frac{\pi}{2}r_c L$
三叶草	3	60°	$\frac{d_p}{4}$	$\frac{d_p^2}{8}\frac{(2\sin\theta-1)^2}{\tan\theta}=3.86751\times10^{-2}d_p^2$	$\frac{\pi}{3}r_c L$
四叶草	4	45°	$\frac{d_p}{4.8284}$	$d_p^2\left[\frac{2\cos\theta-1}{1+2\cos\theta}\right]^2=2.94373\times10^{-2}d_p^2$	$\frac{\pi}{2}r_c L$

注：①n_L，叶片数；A_1，叶片几何形状侧面积(双叶：菱形，三叶：三角形，四叶：方形)；A_2，叶片间的公共面积。对于双叶草形颗粒，A_1 取“-”号；对于三叶草和四叶草形颗粒，A_1 取“+”号。

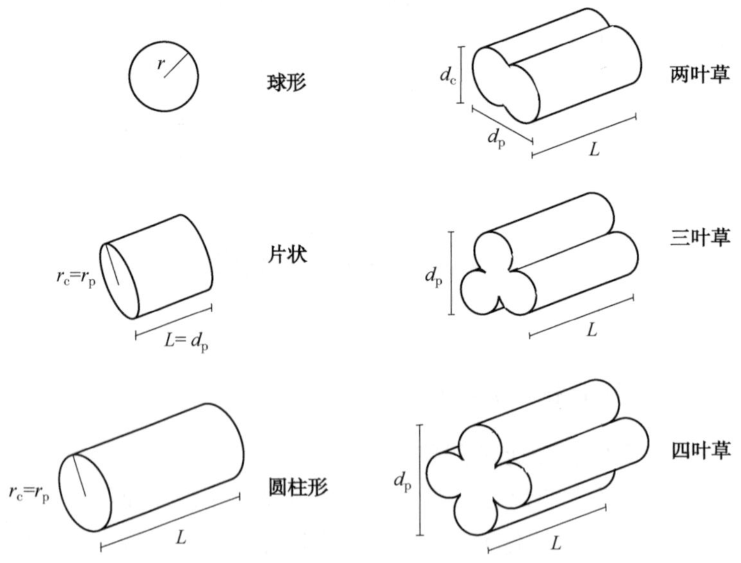

图 3.17 典型工业加氢精制催化剂的颗粒形状

2. 装填不同形状催化剂颗粒的等温 HDT 反应器建模

1) 反应器模型描述和实验

Macías 和 Ancheyta(2004)描述了一种加氢处理反应器模型，该模式基于以下几点假设：

等温稳态操作，催化剂失活不显著，假定反应只发生在多孔固体催化剂上并被液体均匀润湿，径向和轴向浓度梯度可忽略不计，采用幂指数模型描述加氢脱硫反应动力学，反应器中气、液相速率恒定，气液传质阻力可忽略，采用当量直径表示不同形状催化剂的颗粒直径。

为了建立动力学模型以及验证反应器模型可靠性，采用如下的反应条件下进行实验：温度为 340~380℃，*LHSV* 为 1~2.5h^{-1}，压力为 54kg/cm^2，氢/油比为 2000ft^3/bbl。该反应在小型等温反应器（直径为 2.54cm）内进行，采用工业三叶形 NiMo/γ-Al_2O_3 催化剂，直馏瓦斯油作为反应原料。所用催化剂的主要指标：Ni 含量为 2.4%（质量分数），Mo 含量为 9.5%（质量分数），比表面积为 204m^2/g，孔体积为 0.50cm^3/g，颗粒密度为 1.56g/cm^3。所用原料的主要指标：20/4℃下相对密度为 0.8687，总硫含量为 1.616%（质量分数），40℃下的黏度为 6.83cSt，馏程范围为 196~407℃。

多相等温一维反应器建模需计算如下参数：床层空隙率、床层密度、持液量、单位床层体积颗粒的比表面积、液相和气相的压降、液相和固相的质量平衡方程、随广义 Thiele 模数变化的效率因子以及工艺条件下油、气相的物理性质。

2）颗粒形状特性

为便于举例说明小型等温加氢反应器的建模过程，仅考虑如下形状的催化剂颗粒：球形、片状、圆柱、双叶、三叶及四叶草形。除了球形外，其他所有形状颗粒都有两个外表面积，即横截面和侧面，二者决定了颗粒的总外比表面积。对于圆柱形和多叶形颗粒，均将它们视为对称的圆柱体。

所有形状的几何性质（L_p、d_p、r_c）都可采用如下方法计算，即以工业三叶形催化剂颗粒为参比（V_p=0.016cm^3），假设颗粒总几何体积与三叶草形颗粒相等，这样两种颗粒的 L_p/d_p 比值均为 2.25。对于片状颗粒，L_p/d_p 比值为 1。基于上述考虑，各种形状催化剂颗粒的外表面积和圆柱半径的变换顺序如下：

S_p：球形<片状<圆柱<双叶草<三叶草<四叶草

r_c：四叶<三叶<双叶<圆柱<片状<球形

由于多叶形颗粒的当量直径 d_{pe} 较小，在催化剂床层长度（L_B）相近的条件下，多叶形颗粒的 L_B/d_{pe} 比值更大。因此，对于多叶形催化剂颗粒其容易满足文献中报道的保持平推流的判定条件，可避免轴向扩散（如 L_B/d_{pe}>100）而使流体偏离平推流流动规律。

3）总持液量

图 3.18 所示为反应器温度对不同颗粒形状的催化剂总持液量的影响。多叶形颗粒的叶片数量越多，其当量直径越小，使得其床层空隙率 ε_L 越大。随着温度的升高，液体密度变小，ε_L 值也会随之降低。持液量随颗粒尺寸减小而增加，是由于颗粒内的毛细管压力增加所致。

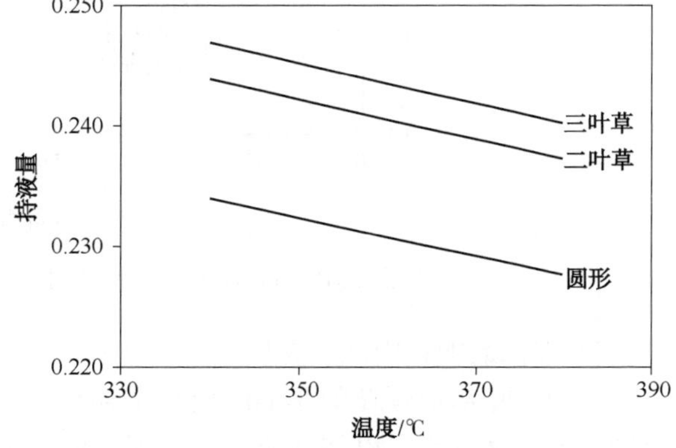

图 3.18　反应器温度对不同颗粒形状催化剂 ε_L 的影响（*LHSV*=1.0h^{-1}）

4）颗粒外浓度梯度

液、固相间传质主要与液相流体和催

化剂颗粒外表面积接触方式有关，因此会在两相间形成浓度梯度。颗粒外浓度梯度增大意味着反应物没有完全接触催化剂外表面，除与液相流体流动形式有关外，还与颗粒形状和尺寸有关。

模拟结果表明，最大的浓度梯度出现在催化剂床层“入口”位置(图 3. 19)。在相同的反应条件下，浓度梯度会随颗粒的外表面积增大而减小，这意味着使用多叶形催化剂有利于颗粒外表面的传质。图 3. 19 示出了在恒定 LHSV 和温度条件下，三叶形颗粒的 L_p 和 d_p 对颗粒外浓度梯度的影响。如图 3. 19 所示，颗粒尺寸越小，浓度梯度也越小。这意味着使用小颗粒催化剂，可降低颗粒外浓度梯度。

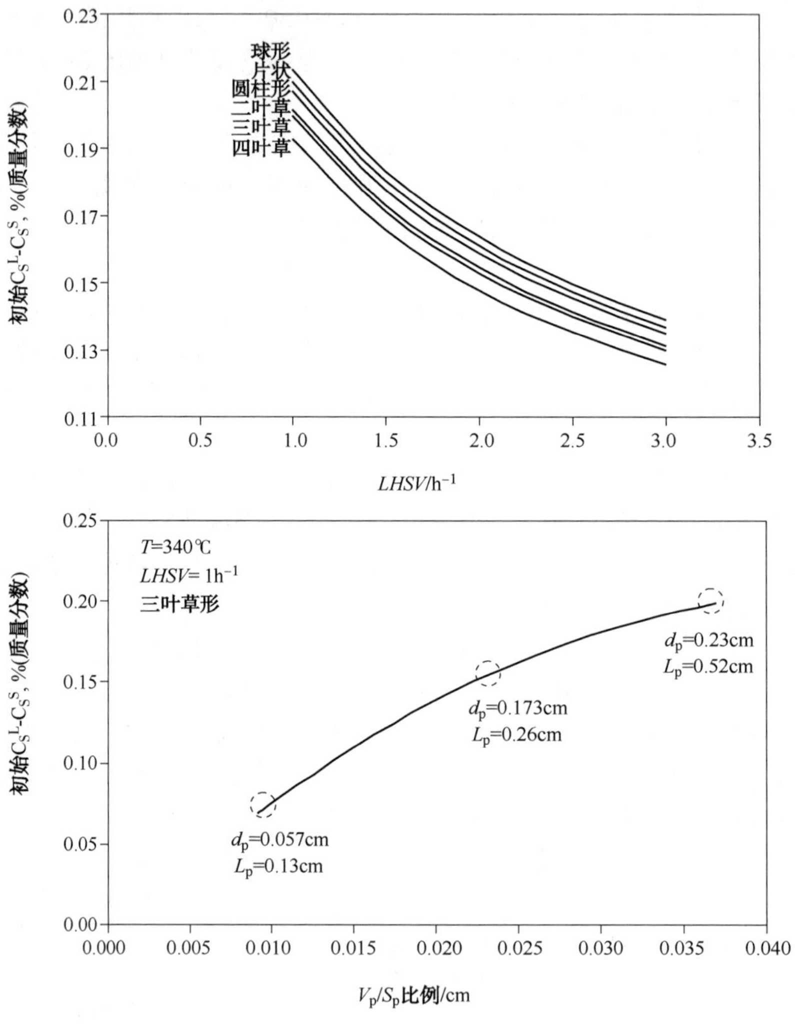

图 3. 19　*LHSV* 和颗粒形状对液-固两相间硫浓度梯度的影响

5）催化剂颗粒内浓度梯度

工业三叶草形颗粒的 Thiele 模数主要与反应器温度有关，其数值变化范围为 1. 5~7. 5。假设该值已足够大，以使系统存在强烈的内扩散控制，因此，一般为 $\eta \sim 1/\phi$。颗粒内扩散主要取决于催化剂的孔结构以及要扩散到孔内的分子尺寸。为了比较不同形状颗粒的内部浓度梯度，图 3. 20 示出了在 340℃时各种形状催化剂的效率因子随 *LHSV* 的变化关系。上述各种催化剂的效率因子数值介于0.4~0.6之间，与文献报道值相符。同其他形状颗粒相比，多叶形催化剂颗粒的效率因子更高。若叶片数量增加，则其效率因子也会随之增大，这就意味着颗粒的外表面积对内扩散产生了影响。同单位体积外表面积更小的颗粒相比，多叶形颗粒暴露出了更大的外表面积，有利于反应底物的内扩散。由于多叶形颗粒的外表面积较大，使得其当量半径减小，缩短了颗粒孔内扩散通道。*LHSV*增大，而所有形状颗粒的效率因子仅有小幅度降低，这表明内扩散并不与流体流速有关，而外扩散才取决于流体的流速。这意味着若要使催化剂效率最大化，反应器的操作应该排除相间传质的限制。上述结果也证实了颗粒尺寸减小可提高催化剂的效率因子，而叶片数量增加，也会提高其效率因子。

6）催化剂颗粒形状对产品硫含量影响

据报道，产品硫含量的实验值和计算值的平均绝对误差低于4%。图3.21示出了在两种*LHSV*条件下通过反应器模拟预测的硫含量分布曲线。液、固两相中的硫含量分布受催化剂床层长度影响。在反应器入口段(0~5cm)的两相间浓度梯度较高，随后两相间浓度梯度逐渐减小，直至浓度基本不变。

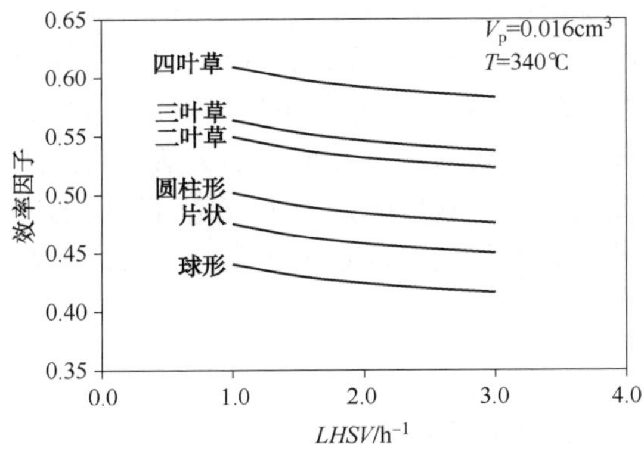

图3.20　不同形状催化剂颗粒的效率因子

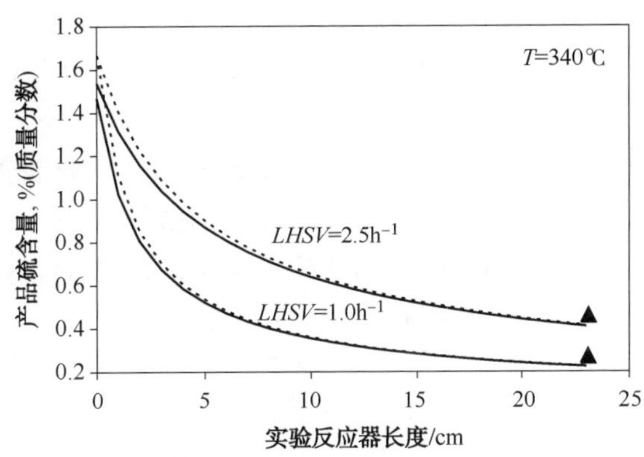

图3.21　沿实验反应器的液(---)、固(—)两相硫含量预测分布曲线(实线)和实验值(▲)

众所周知，要选择最好的催化剂，应先进行催化剂筛选试验，考察催化剂颗粒形状影响(如圆柱形或非圆柱形)，然后再进行进一步工艺开发及优化试验。选择合适的催化剂颗粒形状和尺寸非常重要，因为需要对催化剂最终商品化后的实际尺寸和形状进行评价，以预测其工业应用中的催化性能，而不能仅仅依靠简单的前期筛选数据。如图3.22示出了颗粒形状、温度和*LHSV*等参数对产品硫含量的影响，结果表明四叶形催化剂颗粒的脱硫率最高。如图3.22所示，反应温度升高，颗粒形状对最终产品中硫含量的影响变小。而颗粒尺寸减小，会使其效率因子提高，因此可提高其脱硫转化率。当量颗粒直径和V_p/S_p比值与颗粒形状有关，当颗粒形状从球形变化成多叶形，二者数值依次降低。而非柱形催化剂的床层空隙率高，因此在相同V_p/S_p比值条件下，非柱形催化剂的活性低于柱形催化剂。在d_p和L_p两个参数中其一保持恒定的条件下，另一参数改变相同的比例，减小d_p值对脱硫转化率的影响要远比L_p值降低的影响大得多。其原因在于减小d_p值，使颗粒内部途径缩短。

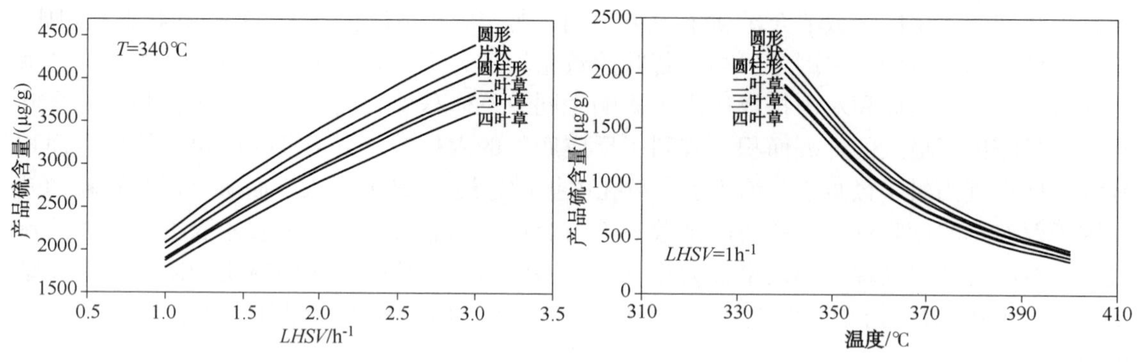

图 3.22 颗粒形状、LHSV 和温度对产品中硫含量的影响

7）压降

众所周知，催化剂床层压降主要与催化剂颗粒直径及形状、床层长度和空隙率有关。同其他形状催化剂相比，正是由于非柱形催化剂的床层孔隙率更高，其床层压降更低。为证明上述规律，采用相同的操作条件，考察了颗粒尺寸（V_p/S_p）改变对床层压降的影响，试验结果如图 3.23 所示。上述试验结果证实颗粒尺寸越小，其床层压降越大。床层压降主要与催化剂床层内颗粒间的空隙有关。在催化剂体积不变的前提下，提高 *LHSV* 值将使压降增大，其原因在于流速增加。在所有 *LHSV* 下，床层压降会随多叶形催化剂的叶片数量增多而增大。对于中间馏分油的加氢精制，工业装置操作中最重要因素不是催化剂失活，而是压降。这正是为何要求工艺催化剂必须具备一定强度的原因，其目的是为了避免因催化剂破碎而导致床层压降的升高。基于上述考虑，因多叶形颗粒强度可满足工业要求，所以工业催化剂外形多推荐采用这种形状。

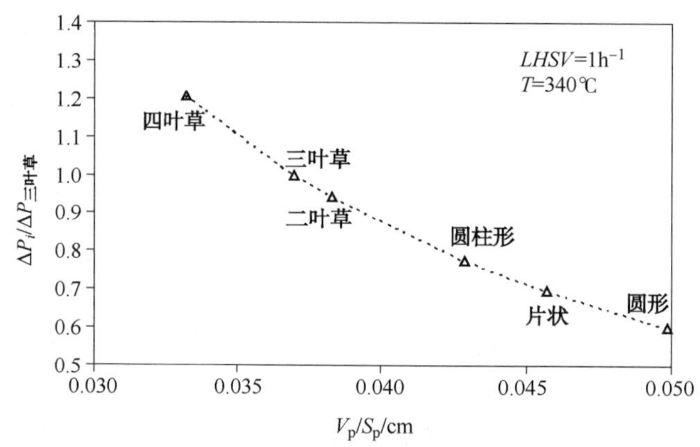

图 3.23 颗粒尺寸和形状对床层相对压降的影响

3.3.2 稳态模拟

1. 反应器模型描述

为了模拟稳态操作下的加氢处理反应器，提出了一种三相反应器模型，该模型采用了文献中报道的传质系数、溶解度数据以及工艺条件下的油、气性质（Rodriguez 和 Ancheyta，2004）。该反应器模型认为气相中不发生任何反应，对于气态化合物（H_2 和 H_2S）的质量平

衡方程为:

$$\frac{u_{\mathrm{G}}}{RT}\frac{\mathrm{d}p_i^G}{\mathrm{d}z}+k_i^L a_{\mathrm{L}}\left(\frac{p_i^G}{H_i}-C_i^L\right)=0 \tag{3.72}$$

对于液相中的气态化合物(H_2 和 H_2S)的质量平衡方程为:

$$u_{\mathrm{L}}\frac{\mathrm{d}C_i^L}{\mathrm{d}z}-k_i^L a_{\mathrm{L}}\left(\frac{p_i^G}{H_i}-C_i^L\right)+k_i^S a_{\mathrm{S}}(C_i^L-C_i^S)=0 \tag{3.73}$$

对于有机含硫化合物和液态烃类的质量平衡方程为:

$$u_{\mathrm{L}}\frac{\mathrm{d}C_i^L}{\mathrm{d}z}+k_i^S a_{\mathrm{S}}(C_i^L-C_i^S)=0 \tag{3.74}$$

对于液相和催化剂表面间通过化学反应消耗和生成的物质，如 H_2、H_2S、有机含硫化合物和烃，可采用如下公式计算其质量平衡:

$$k_i^S a_{\mathrm{S}}(C_i^L-C_i^S)=-\rho_{\mathrm{B}}r_{\mathrm{j}} \tag{3.75}$$

采用如下方程计算能量平衡:

$$\frac{\mathrm{d}T}{\mathrm{d}z}=\sum[(-\Delta H_{\mathrm{Rj}})(r_{\mathrm{j}})]\frac{\varepsilon_{\mathrm{L}}}{u_{\mathrm{G}}\rho_{\mathrm{G}}C_{\mathrm{p}}^G\varepsilon_{\mathrm{G}}+u_{\mathrm{L}}\rho_{\mathrm{L}}C_{\mathrm{p}}^L\varepsilon_{\mathrm{L}}} \tag{3.76}$$

2. 小型 HDT 反应器建模

通过以减压瓦斯油为加氢处理原料并选用工业 NiMo 催化剂进行实验，举例说明小型 HDT 反应器的建模过程。上述实验的催化剂主要指标：比表面积为 175m²/g，孔体积为 0.56cm³/g，平均孔直径为 127Å，堆积密度为 0.8163g/cm³，Mo 质量分数为 10.7%，Ni 的质量分数为 2.9%。上述试验所用的减压瓦斯油主要指标：API 比重指数为 22，硫质量分数为 2%，总氮含量为 1284μg/g，碱氮含量为 218μg/g，总芳烃质量分数为 41.9%，相对分子质量为 441.9g/mol，馏程范围为 267~588℃。上述实验在 Marroquín 和 Ancheyta(2001)所描述的小型试验装置上进行。反应条件如下：压力为 54kg/cm²，氢/油比为 2000ft³/bbl，*LHSV* 为 $2h^{-1}$，反应温度范围为 340~380℃。所有实验均未采用 H_2 循环流程。表 3.6 列出了用于反应器建模的反应速率方程以及由实验数据计算得到的动力学参数。

表 3.6 加氢精制反应速率方程、动力学参数和反应热

反应	动力学模型	E_A/(J/mol)	$k_0$①	ΔH_R/(kJ/mol)
HDS	$r_{\mathrm{HDS}}=k_{\mathrm{HDS}}\frac{(C_{\mathrm{S}}^S)(C_{\mathrm{H_2}}^S)^{0.45}}{(1+K_{\mathrm{H_2S}}C_{\mathrm{H_2S}}^S)^2}$	131,993	4.266×10^9	-251
HDN				
$\mathrm{HDN_{NB}}$	$r_{\mathrm{HDN_{NB}}}=k_{\mathrm{HDN_{NB}}}(C_{\mathrm{N_{NB}}}^S)^{1.5}$	164,942	3.62×10^6	-64.85
$\mathrm{HDN_B}$	$r_{\mathrm{HDN_B}}=k_{\mathrm{HDN_{NB}}}(C_{\mathrm{N_{NB}}}^S)^{1.5}-k_{\mathrm{HDN_B}}(C_{\mathrm{N_B}}^S)^{1.5}$	204,341	3.66×10^{11}	
HDA				
正向	$r_{\mathrm{HDA}}=k_f p_{\mathrm{H_2}}^G C_{\mathrm{A}}^S-k_r(1-C_{\mathrm{A}}^S)$	121,400	1.041×10^5	-255
逆向		186,400	8.805×10^9	

注：①k_0 单位：HDS：加氢脱硫，$cm^3/g\cdot s(cm^3/mol)^{0.45}$；HDN：加氢脱氮，$s^{-1}$(质量分数,%)$^{-0.5}$；HDA：加氢脱芳烃正向反应，$s^{-1}$(质量分数,%)$^{-0.5}$；加氢脱芳烃逆向反应，$s^{-1}$。

该模型首先用于模拟反应器的等温操作，即仅模拟反应器的质量平衡方程。模拟结果可以预测硫、非碱氮、碱氮和芳烃的准确浓度，其平均绝对误差在2%以内。图3.24示出了上述反应物沿反应器的摩尔浓度分布曲线。如图3.24所示，硫、氮、芳烃、H_2和H_2S在液相和固相中的浓度随床层长度变化。但两相间的浓度梯度（$C_i^L-C_i^S$）基本上不随床层长度变化而变化。H_2和H_2S在固、液相中的浓度梯度差异最大。反应速率和传质间的平衡决定了H_2和H_2S浓度的总体分布趋势。因催化剂床层入口处的反应速率较快，因此H_2S浓度快速升高，而H_2浓度则快速降低。由于H_2S对加氢脱硫反应的禁阻效应，这将使反应速率降低到与传质速率相一致的某一速率。不同相间的传质差异对于加氢精制反应器建模非常重要，而简单模型并未考虑传质的影响(例如拟均相平推流模型)。

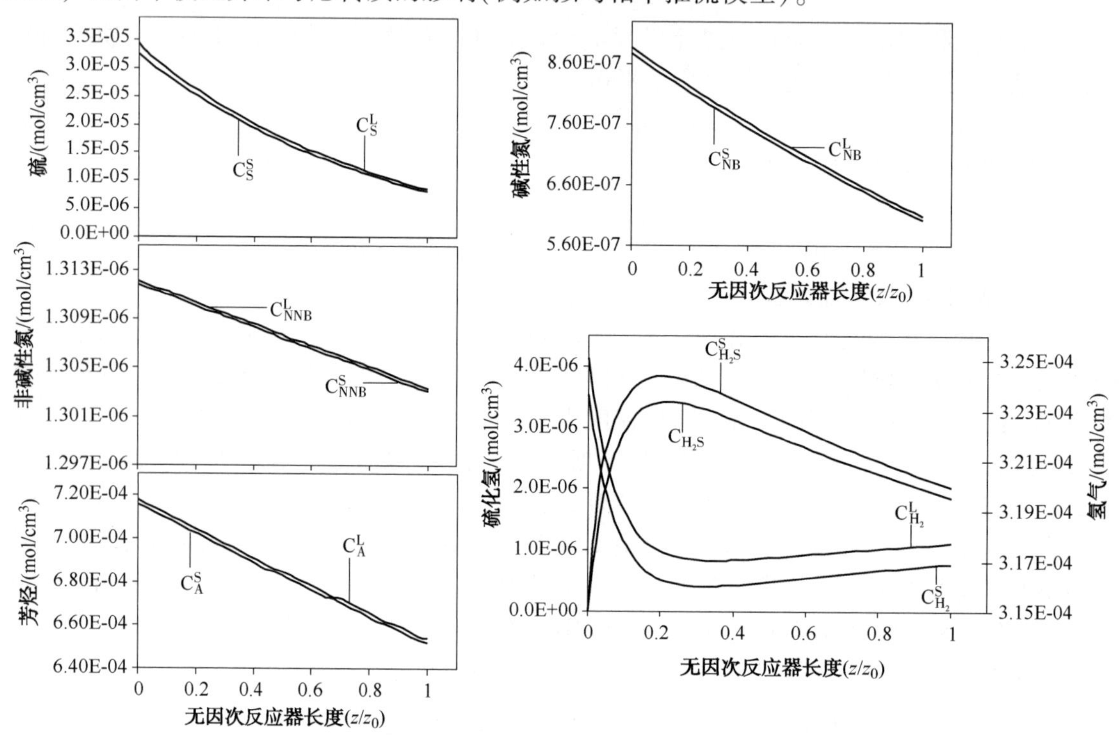

图3.24　产物中的杂质、H_2和H_2S在液、固相中的浓度随反应器床层长度的变化趋势

3. 工业级HDT反应器建模

该模型用于预测工业级HDT反应器(反应器内径3.048m，总长度9.1m，催化剂床层高度8.534m，催化剂密度816kg/m³)内预期发生的反应行为。为此，需对方程(3.76)示出的能量平衡方程和质量平衡方程同时进行求解。实验室级小试反应器使用高纯H_2，而工业反应器的气相组成为：81.63%的H_2，3.06%的H_2S，以及15.31%的轻烃(甲烷、乙烷和丙烷)。

图3.25示出了杂质脱除率随反应温度和反应器温差ΔT的变化关系。模拟条件如下：压力为54kg/cm²，*LHSV*为2.66h⁻¹，氢/油比为2000ft³/bbl。图3.25还将模拟结果同等温小试反应器获得的实验值进行了对比。由于反应放热，工业反应器的平均操作温度更高，这也是为什么工业反应器的杂质脱除率比等温小试反应器高的原因。工业反应器模型的轴向温度分布预测曲线表明，反应器入口段温升更高，主要是由于该区域的转化率高所致。

随着反应温度的升高，由于反应速率增加，反应器温差 ΔT 也将随之变大。

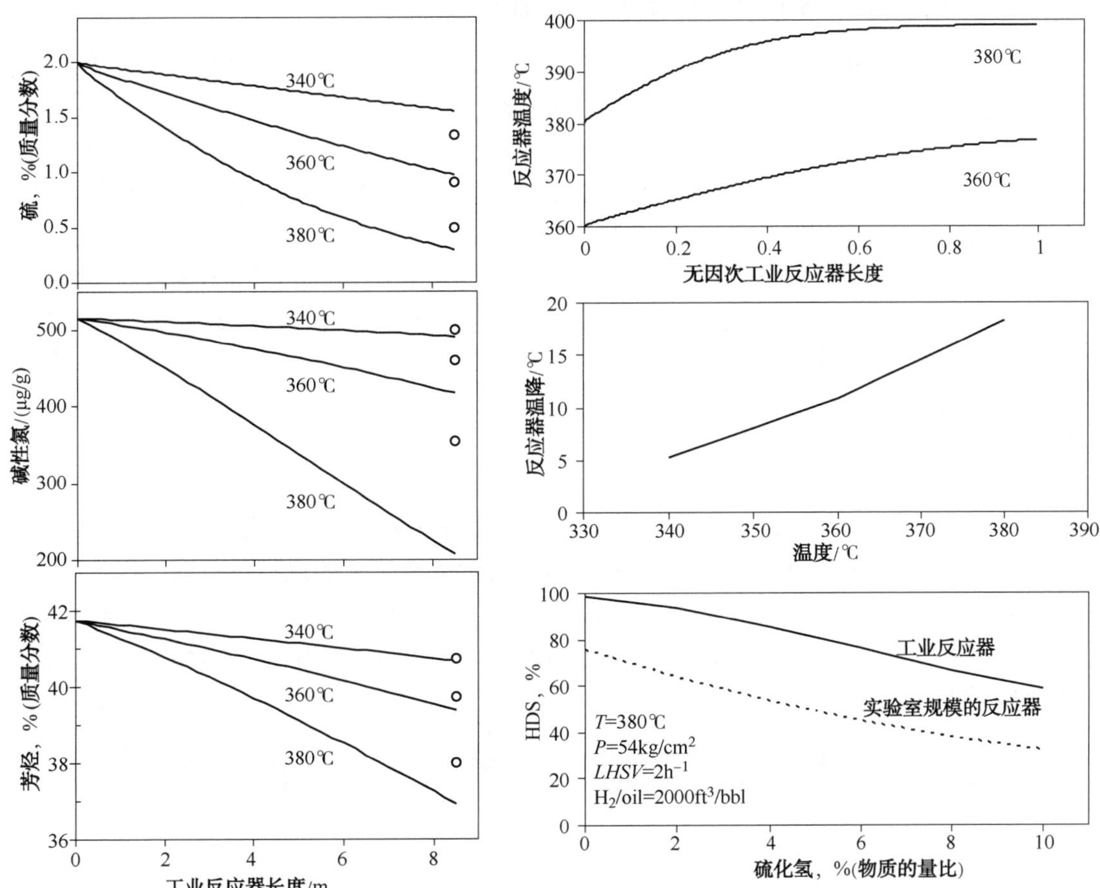

图 3.25　工业加氢精制反应器模拟(○：中试装置的试验数据；-模型预测值)

图 3.25 清晰地表示出 H_2S 对等温小试反应器和工业反应器加氢脱硫反应产生的抑阻效应。据文献报道，若反应器入口气相中 H_2S 含量增加到 10%(摩尔比率)时，加氢脱硫反应速率将降低约 50%左右，这与模拟结果吻合得相当好。

4. 实验室和工业级 HDT 反应器模型比较

在相近的反应条件下，等温实验室级反应器的杂质脱除率通常低于工业反应器的实测值。当然，这要取决于该实验装置的特征。这就是为什么小试反应器通常采用在工业装置重量平均床层温度(WABT)下等温操作的原因。实验室级和工业装置的评价结果存在差异的原因之一是催化剂的不完全接触，这也是实验室反应器存在的典型问题之一，即其评价结果不能完全代表催化剂的反应性能。在滴流床加氢精制反应器中，液态烃以液膜形式流过催化剂颗粒，而气相(主要为 H_2)则连续通过余下的空隙，这样在两个颗粒之间易形成沟流。在上述接触条件下，因催化剂不能完全润湿、存在轴向扩散梯度以及相间传质限制，这将导致催化剂利用率降低。因为实验室通常采用工业催化剂和真实原料进行实验，与工业反应器相比，实验室级反应器长度和催化剂颗粒直径的比率非常低，因此，为了与工业装置的 *LHSV* 值相匹配，在小型反应器中通常采用较低的液体流速。上述这些差异会导致工业级尺寸和形状催化剂的实验室评价结果不同于其工业装置的评价结果。

3.3.3 配备急冷段的工业 HDT 反应器建模

加氢处理反应放热能使反应器温升超过其设计极限值，放热量的多少取决于转化率水平、反应条件和原料性质——这就是为什么需要适当的温度控制系统的原因。反应温度是一个影响反应物转化程度和选择性以及催化剂循环寿命的工艺变量。高温可提高加氢精制反应速率，但也可能导致原料发生过度的加氢裂化反应，降低目的产品产率，增加气相产品产率。高温也会诱发积炭，降低催化剂的循环寿命。为了既达到转化率的设计值，又满足温升控制要求，通常将全部催化剂分段装填，在床层间引入急冷流体(Alvarez 等，2007a，b)。石油馏分，特别是高度不饱和馏分，通常被称为加氢精制过程中的缺氢原料。在工业加氢精制过程中，加工上述原料会产生较大的热量，主要表现在温度沿反应器急剧升高。氢气急冷是大部分加氢精制工艺所采用的传统温升控制方法；然而，也有关于采用其他液体急冷工艺的报道。

1. 急冷方法

采用前述的多相一维反应器模型，模拟不同急冷方法的影响。催化剂、原料(VGO)和反应条件也与前述试验条件相同。图 3.26 示出了两种急冷工艺的流程示意图。以液体急冷为例，采用直馏瓦斯油(柴油)为原料，其性质如下：API 比重指数 33，硫质量分数为 1.1%，总含氮量为 120μg/g，芳烃含量为 37.4μg/g，相对分子质量为 232.6g/mol，馏程范围为 164~370℃。

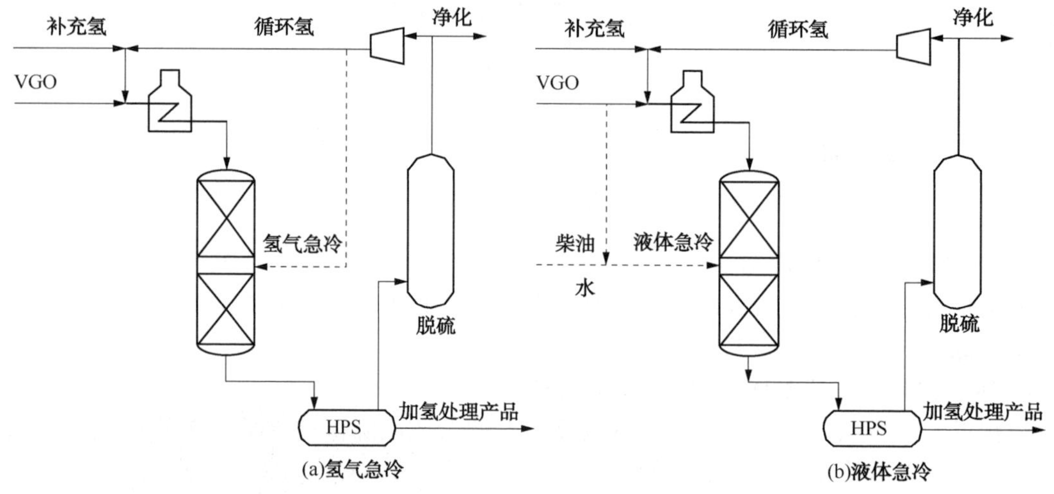

图 3.26 用于加氢处理反应器模拟的氢气急冷和液体急冷工艺

1) 氢气急冷

氢气急冷工艺将部分脱硫的循环 H_2 引入反应器某一特定区域。该种类型急冷工艺的优点为：补充部分消耗 H_2、降低了 H_2S 和 NH_3 的分压、抑制催化剂结焦。但因 H_2 循环需要更多的设备，由于气体比热较低，因此需要大量的冷却气，而提高气体速率，则压降也相应增大。

2) 液体急冷

同气体急冷相比，液体急冷的最大缺点是需要更大的反应器体积才能达到相同水平的转化率。液体急冷工艺流程可以分为多段进料和产物循环两种。多段进料流程的特点是原料先进行预分馏，在反应器顶部引入较重组分，而较轻组分则作为急冷物流/侧线原料；这样使急冷物流经与主原料混合后，在下端催化剂床层中进行精制处理。产物循环流程将经冷却的反应器流出物作为急冷液体，同时使未转化的反应物获得了二次反应的机会。

3）研究实例

为了向反应器注入急冷流体，将加氢处理案例催化剂分两段装填，以使所有实施例中的催化剂体积相同，而不考虑反应器容积增大的影响。对于下述所有急冷工艺，上段床层的允许温升设定为比入口温度(380℃)高 8℃，而一旦达到该限值就注入适当量的急冷流体，以使温度降低到入口温度。这些实施例如下：

① 加氢处理案例：与前述 VGO 加氢精制反应器相同，无急冷工艺。

② 氢气急冷：部分 H_2 循环用于冷却加氢精制反应，并改变气相组成。

③ VGO 原料急冷：在两催化剂床层之间引入部分原料。

④ 柴油急冷：采用直馏柴油作为急冷剂。

⑤ 水急冷。

2. 急冷段建模

急冷段是急冷物流和上段催化剂床层流出物的混合区域，如图 3.27 所示。上段催化剂床层流出液态烃(l_{out})和气(g_{out})，同进入下段催化剂床层物流(l_{in}和 g_{in})和急冷流体(q)组成的总质量平衡方程表达式为：

$$q+l_{out}+g_{out}=l_{in}+g_{in} \tag{3.77}$$

气相质量平衡为：

$$qv+g_{out}=g_{in} \tag{3.78}$$

液相的质量平衡为：

$$q(1-v)+l_{out}=l_{in} \tag{3.79}$$

式中，v 为急冷液体可气化组分所占比率。采用与温度相关的比热表示的能量平衡为：

$$\int_{T_{out}}^{T_{in}} l_{out}c_p^L\mathrm{d}T+\int_{T_{out}}^{T_{in}} g_{out}c_p^G\mathrm{d}T+\int_{T_q}^{T_{in}} qc_p^q\mathrm{d}T=0 \tag{3.80}$$

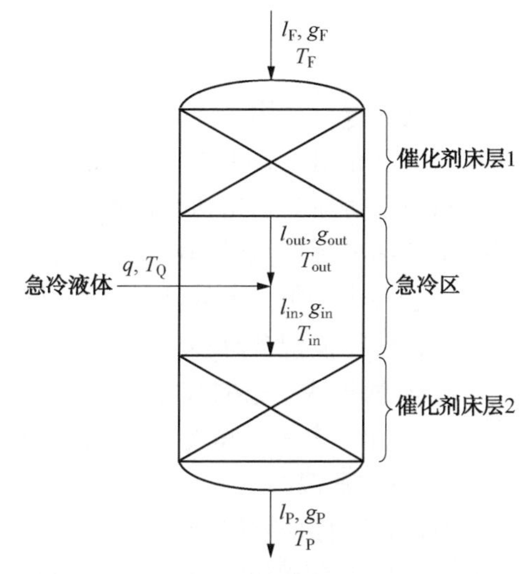

图 3.27　急冷段模型示意图

式(3.80)用于估算在固定急冷流体速率下所得的冷却混合温度(T_{in})，抑或用于估算在某一所需混合温度下的急冷流体速率。对上述方程求解，必须已知上段催化剂床层出口的液、气质量流速，可假定未发生显著加氢裂化反应，这样可认为二者等于原料流速(l_F 和 G_F)。

气相混合物的比热可通过采用单组分比热和上段催化剂床层出口的模拟组成来计算。液态烃的比热可以通过如下的关联式计算(Perry 和 Green，1987)：

$$c_p^L=4.1868\left[\frac{0.415}{\sqrt{\rho_L^{15}}}+0.0009(T-288.15)\right] \tag{3.81}$$

式中，ρ_L^{15} 表示 15℃下液态烃的密度，g/cm³。气相混合物和氢气急冷比热可通过如下表达式估算：

$$c_{p}^{G}=\sum_{i}c_{pi}^{G}x_{i}^{G}\tag{3.82}$$

式中，c_{pi}^{G}和 x_{i}^{G} 分别表示气相中组分 i 的比热和质量分数。

对于柴油急冷工艺，液体急冷剂的比热采用 Hysys 工艺流程模拟软件计算的其在工艺条件下的蒸发过程中的焓变；而对于水冷工艺，比热则包括液相显热、气化热和气相显热三部分。

一旦确定了维持下段催化剂床层入口温度同上段催化剂床层温度相同所需的急冷剂进料速率，那么用于求解下段催化剂床层方程的摩尔浓度和分压的初始值也随之确定。氢气作为急冷剂的主要作用是增加氢气分压、稀释气相中的 H_2S 浓度；另一方面，液体作为急冷剂对于有机化合物(S、N 和芳烃)的浓度以及分压的影响，取决于急冷液体的气化程度。急冷液体在工艺条件下的气化量可由 Hysys 流程模拟软件计算的气-液平衡曲线确定。为了调节反应物的浓度，以使之作为下段催化剂床层的初始值，需对液相中的每个单一组分建立质量方程，这些方程可从急冷段方程直接推导得出。例如，液相中某一有机化合物组分的质量平衡表达式为：

$$q(1-v)\frac{C_{i,\mathrm{q}}^{L}MW_{i}}{\rho_{\mathrm{L,q}}}+l_{\mathrm{out}}\frac{C_{i,\mathrm{out}}^{L}MW_{i}}{\rho_{\mathrm{L,out}}}=l_{\mathrm{in}}\frac{C_{i,\mathrm{in}}^{L}MW_{i}}{\rho_{\mathrm{L,in}}}\tag{3.83}$$

上述方程只适用于 VGO 和柴油急冷工艺，而氢气和水急冷工艺不影响液相的质量平衡。改变气相组成，可由上述方程推导出适用于氢气、水和柴油急冷工艺的质量平衡。

只要获得新的初始值，即可对下段催化剂床层进行模拟。柴油急冷工艺模型中还额外包括了柴油中每种组分的质量平衡，以模拟除 VGO 原料外，急冷剂中组分的加氢精制反应行为。总转化率包括 VGO 原料中有机化合物的脱除和柴油急冷剂中有机化合物的脱除两部分。这样使得模拟含有多种反应活性物种的液体急冷工艺成为可能。

3. 不同急冷工艺的模拟结果

图 3.28、表 3.7 和表 3.8 总结了各种急冷工艺的模拟结果，从中可以得出如下结论：

1）反应器温差 ΔT

对比例中反应器温度接近 400℃，反应器温差 $\Delta T=20$℃。在上述高温下操作会提高产品质量，但也会增加氢耗，降低催化剂的循环寿命。此外，还可能发生一定程度的加氢裂化反应，这将降低产品液收。对于其他实施例，当反应器温升接近设定的极限值时，因采用了急冷工艺，反应器温度可以骤降至 380℃。除了 VGO 急冷工艺以外，其余所有实施例的上段催化剂床层温升均与对比例相同。对于 VGO 急冷工艺，部分急冷剂流经上段催化剂床层，这样使得反应器入口的液体进料量略有下降，导致 *LHSV* 降低。同时反应苛刻度增大，进而导致反应器温差值 ΔT 增大。采用柴油急冷工艺，会使下段催化剂床层的温升更大，如 ΔT 可达到 9℃，这是由于直馏柴油中含有更多的活性有机化合物所致。氢气和 VGO 急冷工艺的温差 $\Delta T=8.1$℃，而水冷工艺的温差最低(7.8℃)。各实施例中的温度分布曲线上的微小差异，是由于采用水或柴油急冷工艺后引起的气、液相组成变化所致。另一方面，因采用简单动力学模型进行模拟，气相组成变化对模拟结果的影响很小。仅加氢脱硫反应速率方程需考虑 H_2 和 H_2S 气相浓度的影响，而加氢脱芳模型则仅需考虑氢气分压的影响。因此，气相组成对各实施例的反应器温升没有显著影响。

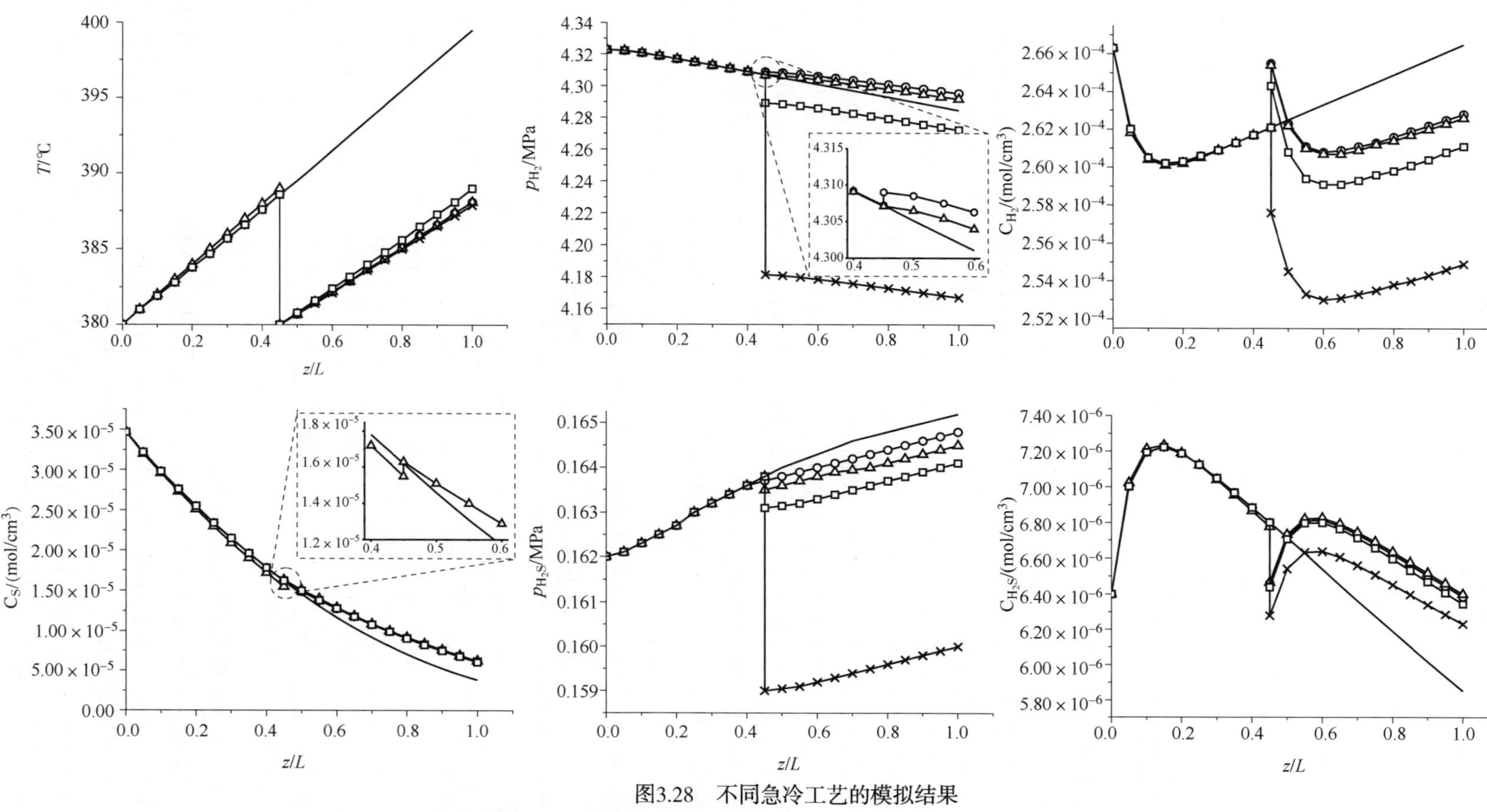

图3.28　不同急冷工艺的模拟结果

（---，加氢处理反应器对比例；o，氢气急冷；△，VGO急冷；□，柴油急冷；×，水冷）

表 3.7 不同急冷方式的液相和氢气平衡

急冷工艺	上段床层			急冷段			下段床层		
	液体①	H_2/油比①	氢耗	急冷剂/(m^3/h)	急冷剂/原料/(m^3/m^3)	气化/%	急冷剂①	H_2/油比①	氢耗
对比例	1.00	0.95	1.00						
H_2	1.00	0.95	0.42	7.714	—	—	0.98	1.00	0.44
VGO	0.95	1.00	0.44	7.45	0.05	0	0.98	0.88	0.44
柴油	1.00	0.95	0.42	7.00	0.05	53	1.00	0.86	0.47
水	1.00	0.95	0.42	1.67	0.05	100	0.98	0.88	0.39

注：①数据为相对最高值的比值。

2) H_2 和 H_2S 分压分布规律

由于反应消耗和溶解导致氢耗增加，因此氢气分压沿反应器呈下降趋势；而由于发生脱硫反应，H_2S 分压则恰好呈升高趋势。对于氢气和 VGO 急冷工艺，经过急冷段后，氢气分压高于对比例中的基准值。在氢气急冷工艺中，氢气分压有小幅度增加。在 VGO 急冷工艺中，由于温度降低，而使得氢气分压升高。氢气的溶解度与温度成正比；因此，当温度降低时，溶解氢转移到气相中，增大了气相中的氢气分压。当原料发生大量气化时，采用急冷工艺可使部分烃原料冷凝，会进一步提高气相中的氢气分压。而柴油急冷和水急冷工艺会使氢气分压有不同程度降低，特别是水急冷工艺，因水在反应条件下气化，会使氢气分压降低得更加明显。由于稀释效应(水>柴油>氢气)和温度效应(VGO 急冷工艺)，所有急冷工艺实施例的 H_2S 分压数值均低于对比例的基准值。温度对 H_2S 溶解度的影响与对 H_2 溶解度的影响恰好相反。由于下段催化剂床层的平均温度较低，急冷工艺的下段床层 H_2S 生成速率低于对比例的基准值。同对比例相比，急冷工艺的 H_2S 分压曲线的斜率更加平坦。这对于在反应器出口处的脱除最难以除硫的含硫化合物尤其重要。

表 3.8 氢气急冷工艺的急冷段位置和温度的影响

z	L_B							
	0.1	0.3	0.5	0.7	1.0	0.3	0.5	0.7
急冷温度/℃	70	70	70	70	120	120	120	120
急冷速率/(m^3/h)	1622	4896	8198	11585	1907	5750	9649	13663
产品硫含量，%①	1.21	1.52	1.61	1.47	1.21	1.52	1.61	1.47
氢耗①	0.9	0.83	0.82	0.87	0.9	0.83	0.82	0.87
液相中的 H_2S①	1.03	1.07	1.10	1.12	1.03	1.07	1.10	1.12

注：①数据为相对于基准值的比值。

3) 液相 H_2 和 H_2S 摩尔含量的分布规律

由于催化剂床层入口处的反应速率较高，氢气浓度快速下降，而 H_2S 浓度则显著增加。若采用床层间急冷工艺，则下段催化剂床层的液相中 H_2 和 H_2S 摩尔含量分布曲线形式同上段床层相同。同对比案例相比，下段床层的液相中 H_2 含量低于基准值，而 H_2S 含量则高于基准值。这主要是由于对比案例和急冷工艺实施例的温度分布差异所致。H_2 溶解度随温度的升高而增大，采用急冷工艺可使部分溶解氢转移进气相中；另一方面，H_2S 溶解度则随温度的升高而降低，采用急冷工艺增加了液相中的 H_2S 溶解量。由于催化剂床层末端温度较高，因此 H_2 更易于在液相中富集，而 H_2S 更易富集在气相中。这也解释了为何对比例反应器温度升高到400℃，而同急冷工艺相比，对比例反应器末端的液相产物具有更高的 H_2 含量和更低的 H_2S 含量。H_2S 含量越低，越有利于难脱硫的含硫化合物的脱硫，而这类物质的脱硫受 H_2S 含量的强烈抑制。分压也影响液相中摩尔含量。例如，水急冷工艺使 H_2 和 H_2S 分压急剧下降，导致二者的液相摩尔含量也随之降低。

4）液相中有机含硫化合物摩尔含量分布规律

对比例的脱硫转化率（约89%）高于急冷实施例（约82%）约7%。转化率差异的主要原因在于对比例的反应器平均温度更高，增加了反应速率。除VGO急冷工艺外，所有急冷方案实施例的上段催化剂床层的脱硫率分布曲线几乎相同。这种差异在于VGO急冷方案的 *LHSV* 值降低，这也是该工艺的一个典型特征。然而在急冷段，硫含量和 *LHSV* 都增大，这使得其脱硫转化率与其他急冷方案相同。对于柴油急冷方案，急冷段的硫含量和 *LHSV* 值也有所增加，但由于柴油的注入量很小，硫含量仅增加约1%，在图中难以被观察到。在下段催化剂床层中，所有急冷方案的脱硫速率均低于对比例，原因在于前者的反应温度较低。对于柴油急冷方案，因存在更多的具有反应活性的含硫化合物，其脱硫速率存在很大差异，但由于柴油的硫仅占总硫含量的1%左右，其脱硫率分布曲线与其他急冷方案几乎相同。对于水急冷工艺，氢气分压的显著降低预计将降低加氢精制反应速率，但降低幅度相对较小（约3%），这使得其脱硫率曲线与其他急冷方案相似。

5）液态烃和氢气平衡（表3.7）

VGO急冷是改变上段催化剂床层的液相原料含量和氢耗（$-H_2$）的唯一急冷方案。氢气急冷方案补偿了上段催化剂床层的氢耗，提高了下段床层的 H_2/油比。尽管VGO和柴油的急冷剂进料速率相近，但是柴油的气化率较高，因此期望柴油急冷剂的进料速率较低。但Hysys模拟计算出的柴油比热与在相同工艺条件下VGO的比热略有差别，这使得柴油在气化过程中发生了少量焓变，导致了二者急冷剂进料速率几近相同。另一方面，当使用VGO或柴油作为急冷剂时，液体流量增大，因此提高了 *LHSV*，降低了反应的苛刻度。此外，柴油中含有更多的反应活性物质，增大了反应速率，同时也增加了氢耗。对于水急冷方案，由于水在工艺条件下气化会吸收大量的热，因此所需的水（急冷剂）进料速率远低于VGO和柴油。水蒸发会极大地改变气相组成，使得该方案的反应器温差 ΔT 及氢耗量最低。尽管引入急冷液体会对质量平衡产生影响，但同进入装置的VGO原料的进料量相比，液体急冷剂的加入量相对很小，可以满足“液体急冷剂对原料物理性质的影响可忽略不计”的假设。由于对比案例反应器温度最高，因此其氢耗量也最高。

6）氢气急冷方案的急冷剂注入点和反应温度的影响（表3.8）

急冷剂的进料速率随温度的升高而增大，注入点位置对其影响也很显著。急冷剂注入点位于反应器入口处（$z=0.1$）时所需的急冷剂用量比位于反应器末端（$z=0.7$）时约低7倍以上。但急冷剂注入点位置改变将极大地改变反应器的温度分布，这将影响产品硫含量、氢耗以及液相中的 H_2S 浓度。同其他急冷方案相比，在接近反应器入口处注入氢气急冷剂，将使得下段催化剂床层的温差更大，将导致脱硫率和氢耗增加，并降低液相产品中的 H_2S 含量。若选择在反应器中段注入氢气急冷剂，则反应器平均温度将降至最低，导致产品中硫含量增加，氢耗降低。此外，若选取在反应器末端注入氢气急冷剂，则需相应地增加急冷剂的进料速率，使上段催化剂床层温差 ΔT 增高，以获得硫含量相对较低的产品。但这样会使反应器末端温度降低，会使液相中的 H_2S 含量相应地增加，不利于反应活性较低的含硫化合物的脱硫。

3.3.4 动态模拟

1. 模型描述

以前节描述的稳态反应器模型为基准，推导动态多相一维反应器模型(Mederos 等，2006)。动态模型基于双膜理论，使用关联方程估算工艺条件下的传热和传质系数、气体溶解度，以及油、气相性质(见表 3.9)。

表 3.9 传热和传质系数、气体溶解度，以及油、气相性质的关联方程

参　数	关联方程
油相密度	$\rho_L(P,\ T)=\rho_0+\Delta\rho_P-\Delta\rho_T$ $\Delta\rho_P=[0.167+(16.181\times10^{-0.0425\rho_0})]\frac{P}{1000}-0.01[0.299+(263\times10^{-0.0603\rho_0})]\left(\frac{P}{1000}\right)^2$ $\Delta\rho_T=[0.0133+152.4(\rho_0+\Delta\rho_P)^{-2.54}](T-520)-[8.1\times10^{-6}-0.0622\times10^{-0.764(\rho_0+\Delta\rho_P)}](T-520)^2$
Henry 系数	$H_i=\frac{v_N}{\lambda_i\rho_L}$
H_2 的溶解度	$\lambda_{H_2}=-0.559729-0.42047\times10^{-3}T+3.07539\times10^{-3}\frac{T}{\rho_{20}}+1.94593\times10^{-6}T^2+\frac{0.835783}{\rho_{20}^2}$
H_2S 的溶解度	$\lambda_{H_2S}=\exp(3.367-0.00847T)$
气液传质系数	$\frac{k_i^L a_L}{D_{M,i}^L}=7\left(\frac{G_L}{u_L}\right)^{0.4}\left(\frac{\mu_L}{\rho_L D_{M,i}^L}\right)^{1/2}$
动力学流体黏度系数	$\mu_L=3.141\times10^{10}(T-460)^{-3.444}[\log_{10}(API)]^a$ $a=10.313\times[\log_{10}(T-460)]-36.447$
扩散系数	$D_{M,i}^L=8.93\times10^{-8}\frac{v_L^{0.267}}{v_i^{0.433}}\frac{T}{\mu_L}$
摩尔体积	$v_i=0.285v_c^{1.048}$ $v_c^M=7.5214\times10^{-3}(T_{MeABP}^{0.2896})(d_{15.6}^{-0.7666})$
液固传质系数	$\frac{k_i^S}{D_{M,i}^L a_S}=1.8\left(\frac{G_L}{a_S u_L}\right)^{1/2}\left(\frac{\mu_L}{\rho_L D_{M,i}^L}\right)^{1/3}$
比表面积	$a_S=\frac{6}{d_p}(1-\varepsilon_B)$
液固传热系数	$j_H=\frac{h_{LS}}{c_P^L u_L\rho_L}\left(\frac{c_P^L\mu_L}{k_L}\right)^{2/3}$

1）模型方程

反应器内各组分的传质采用下述偏微分方程组(PDEs)计算。该反应器模型认为气相中不发生反应，而 HDS、HDA、HDN_B 以及 HDN_{NB} 反应发生在催化剂床层中。基于上述假设，催化剂床层中气相组分的动态质量平衡方程为：

$$\frac{\varepsilon_{\mathrm{G}}}{RT}\frac{\partial p_i^G}{\partial t}=-\frac{u_{\mathrm{G}}}{RT}\frac{\partial p_i^G}{\partial z}-k_i^L a_{\mathrm{L}}\left(\frac{p_i^G}{H_i}-C_i^L\right) \tag{3.84}$$

式中，$i=H_2$、H_2S 和 NH_3。催化剂床层中气相组分在液相中的动态质量平衡方程为：

$$\varepsilon_{\mathrm{G}}\frac{\partial C_i^L}{\partial t}=-u_{\mathrm{L}}\frac{\partial C_i^L}{\partial z}+k_i^L a_{\mathrm{L}}\left(\frac{p_i^G}{H_i}-C_i^L\right)-k_i^S a_{\mathrm{S}}(C_i^L-C_i^S) \tag{3.85}$$

其中，$i=H_2$、H_2S 和 NH_3。

该模型假设有机含硫化合物、有机含氮化合物、芳烃，以及液态烃，在反应条件下均不发生气化；因此，液相组分的动态质量平衡方程为：

$$\varepsilon_{\mathrm{L}}\frac{\partial C_i^L}{\partial t}=-u_{\mathrm{L}}\frac{\partial C_i^L}{\partial z}-k_i^S a_{\mathrm{S}}(C_i^L-C_i^S) \tag{3.86}$$

其中，$i=$S、HC、N_B、N_{NB}及 A。在催化剂表面因发生化学反应而消耗或生成的液相组分，按如下方程计算：

$$\varepsilon_{\mathrm{P}}(1-\varepsilon_{\mathrm{B}})\frac{\partial C_i^S}{\partial t}=k_i^S a_{\mathrm{S}}(C_i^L-C_i^S)\pm\rho_{\mathrm{B}}\zeta\eta_{\mathrm{j}}r_{\mathrm{in,j}}(C_i^S,\ \cdots,\ T_{\mathrm{S}}) \tag{3.87}$$

其中，$i=H_2$、H_2S、NH_3、S、HC、N_B、N_{NB}及 A，而 $j=$HDS、HDN_B、HDN_{NB}、HDA。负号表示反应物，正号表示产物。生成氨的反应速率为 $r_{NH_3}=-r_{HDN_B}+r_{HDN_{NB}}$。

因为加氢精制反应前后的烃类(原料中的反应活性组分转化后的产物)浓度变化并不明显，所以无需采用方程(3.86)和方程(3.87)对 $i=$HC 进行求解。采用如下能量方程，对非等温条件下操作的工业 HDT 反应器进行建模。对于液相：

$$\varepsilon_{\mathrm{L}}\rho_{\mathrm{L}}C_{\mathrm{P}}^L\frac{\partial T_{\mathrm{L}}}{\partial t}=-u_{\mathrm{L}}\rho_{\mathrm{L}}C_{\mathrm{P}}^L\frac{\partial T_{\mathrm{L}}}{\partial z}-h_{\mathrm{LS}}a_{\mathrm{S}}(T_{\mathrm{L}}-T_{\mathrm{S}}) \tag{3.88}$$

对于固相：

$$(1-\varepsilon_{\mathrm{B}})\rho_{\mathrm{S}}c_{\mathrm{P}}^S\frac{\partial T_{\mathrm{S}}}{\partial t}=h_{\mathrm{LS}}a_{\mathrm{S}}(T_{\mathrm{L}}-T_{\mathrm{S}})+\sum_j\rho_{\mathrm{B}}\eta_{\mathrm{j}}r_{\mathrm{in,j}}(C_i^S,\ \cdots,\ T_{\mathrm{S}})(-\Delta H_{\mathrm{Rj}}) \tag{3.89}$$

由于气相比热比液相比热低很多，因此仅需采用上述两个方程计算总能量平衡即可。

2）加氢精制反应动力学

加氢脱硫反应的化学计量方程如下：

$$v_{\mathrm{S}}\mathrm{S}_{(液)}+v_{\mathrm{H_2}}\mathrm{H_2}(气)\longrightarrow v_{\mathrm{HC}}\mathrm{HC}_{(液)}+v_{\mathrm{H_2S}}\mathrm{H_2S}_{(气)} \tag{3.90}$$

式中，v_S、v_{H_2}、v_{HC}和 v_{H_2S}分别代表有机含硫化合物、H_2、脱硫烃和 H_2S 的计量系数。

采用如下一级可逆反应表示加氢脱芳反应：

$$\mathrm{A}\underset{k_{\mathrm{r}}}{\overset{k_{\mathrm{f}}}{\rightleftharpoons}}\mathrm{B} \tag{3.91}$$

采用如下连续反应表示加氢脱氮反应：

$$N_{\mathrm{NB}}\xrightarrow{k_{\mathrm{HDN_{NB}}}}N_{\mathrm{B}}\xrightarrow{k_{\mathrm{HDN_B}}}\mathrm{HC}+\mathrm{NH_3} \tag{3.92}$$

HDS、HDA、HDN_{NB}和 HDN_B 反应的反应速率表达式列于表 3.6。对于 HDS 反应，采用如下的 H_2S 吸附平衡常数(K_{H_2S})，以代表温度对反应速率的影响：

$$K_{\mathrm{H_2S}}(T)=41769.8411\exp\left(\frac{2761}{RT}\right) \tag{3.93}$$

3）边界条件

因为反应器模型由一系列以时间和空间为自变量的偏微分方程组成，所以需要定义如下的初始条件和边界条件。当 $z=0$、$t=0$ 时，其初始条件为：

$$P_{H_2}^G=(P_{H_2}^G)_0$$

$$P_i^G=0,\ i=H_2S,\ NH_3$$

$$C_i^L=(C_i^L)_0,\ i=H_2,\ S,\ N_B,\ N_{NB},\ A$$

$$C_i^L=0,\ i=H_2S,\ NH_3$$

$$C_i^S=0,\ i=H_2,\ H_2S,\ NH_3,\ S,\ N_B,\ N_{NB},\ A$$

$$T=T_0$$

当 $z>0$ 时的初始条件为：

$$P_i^G=0,\ i=H_2,\ H_2S,\ NH_3$$

$$C_i^L=0,\ i=H_2,\ H_2S,\ NH_3,\ S,\ N_B,\ N_{NB},\ A$$

$$C_i^S=0,\ i=H_2,\ H_2S,\ NH_3,\ S,\ N_B,\ N_{NB},\ A$$

$$T=T_0$$

当 $z=0$、$t>0$ 时的边界条件为：

$$P_{H_2}^G=(P_{H_2}^G)_0$$

$$P_i^G=0,\ i=H_2S,\ NH_3$$

$$C_i^L=(C_i^L)_0,\ i=H_2,\ S,\ N_B,\ N_{NB},\ A$$

$$C_i^L=0,\ i=H_2S,\ NH_3$$

$$C_i^S=0,\ i=H_2,\ H_2S,\ NH_3,\ S,\ N_B,\ N_{NB},\ A$$

$$T=T_0$$

对于工业加氢精制反应器，在催化剂床层入口处($z=0$)的 H_2S 和 NH_3 的分压(P_i^G)和液体摩尔浓度(C_i^L)不等于零。

4）积分方法

上述偏微分方程组描述了反应器内的传热和传质，利用反向有限差分法消去时间自变量，采用轴向离散化处理，将偏微分方程转换成一组一级常微分方程。然后，再采用四阶Runge-Kutta 法求解该常微分方程。

2. 实验室级等温 HDT 反应器的动态模拟

不同产品性质和操作条件随停留时间的变化行为采用动态模型进行模拟。在案例中反应器采用等温操作，所以仅需建立动态质量平衡方程即可。图 3.29 显示了反应器出口产品中硫、氮(碱性和非碱性)以及芳烃含量随时间的变化曲线。这些曲线趋势极其相似。在平均停留时间为 250s(0.07h)时(由液相液时空速计算)，仅检测到有少量的加氢精制产品生成；此后，加氢精制产品含量开始升高，最后在停留时间达到 2300s(0.64h)时达到稳态。当停留时间约达到 150s 时，芳烃含量开始增加。这是由于 HDA 反应动力学模型不同于 HDS 和 HDN，HDA 反应速率方程中包含 H_2 分压，其气体流速约为液体流速的 16 倍($u_G/u_L=16$)。

图 3.30 分别示出了反应初期(60s)、中期(500s 和 1000s)及处于稳态(2300s)时的 H_2 和 H_2S 的分压、液相含量沿催化剂床层长度的变化关系。由于反应器内气体流速较高，因此在停留时间为 500s、1000s 和 2300s 时的氢气分压曲线是重合的。在停留时间为 60s 时，

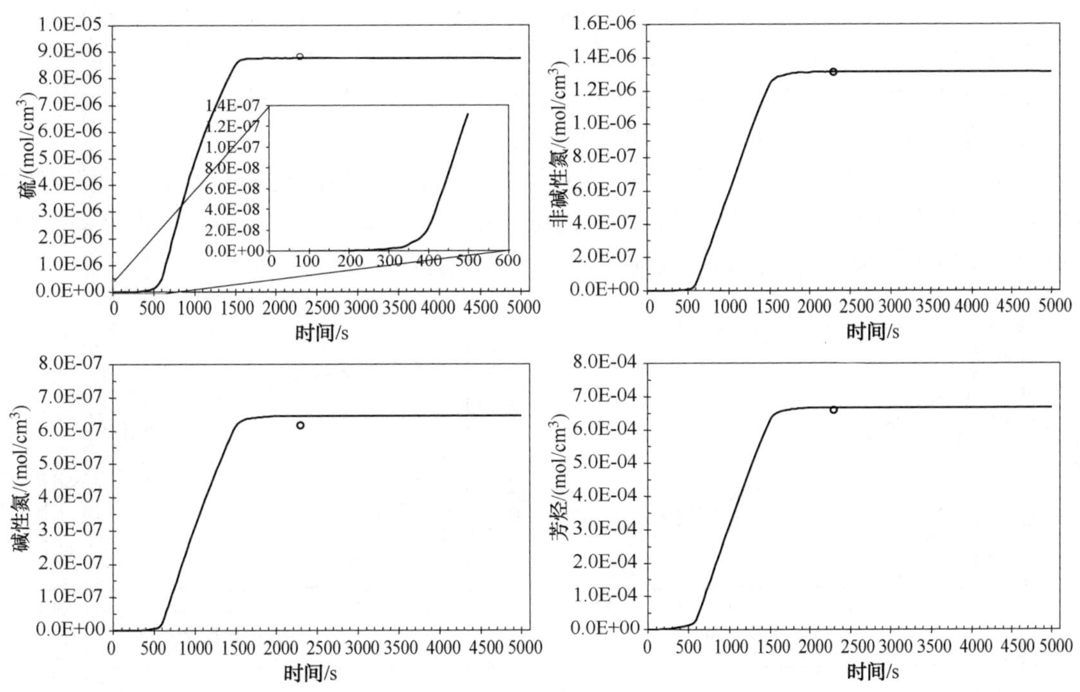

图 3.29 实验室级反应器催化剂床层出口杂质含量随停留时间的变化关系(380℃, 5.3MPa)

(—: 模拟值; ○"实验值);

$z=31.58\text{cm}$; $u_L=1.75\times10^{-2}\text{cm/s}$; $u_G=0.28\text{cm/s}$

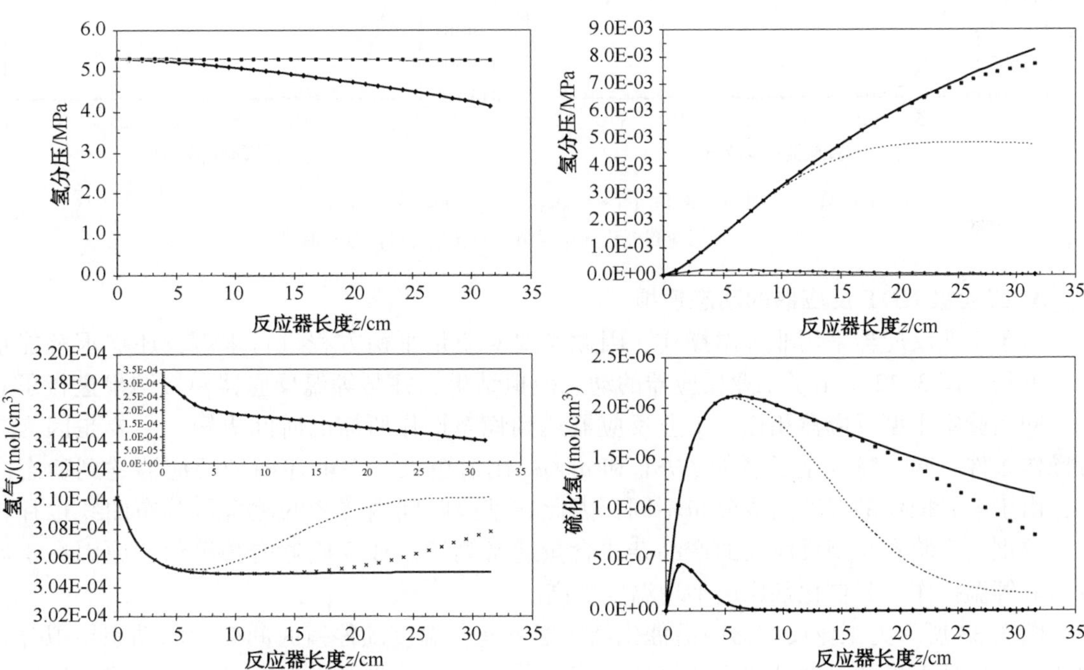

图 3.30 不同停留时间下(◆: 60s; ---: 500s; ×: 1000s; —: 2300s)

实验室小型反应器催化剂床层中轴向 H_2 和 H_2S 分压和液相含量分布曲线

仅在反应器前段存在很少量的 H_2S；当停留时间为 2300s 时，才可观察到明显的 H_2S 分布曲线。H_2 和 H_2S 摩尔含量分布曲线的总体形状取决于反应速率和传质速率间的动态平衡。在反应器入口处，由于该区域催化剂床层的反应速率较高，H_2 摩尔含量下降，而 H_2S 摩尔含量升高。这种趋势在不同停留时间下均清晰可见。

图 3.31 示出在不同停留时间时，产品中杂质液相摩尔含量的动态模拟结果。该模型预测反应达到稳态(2300s)后，液相和固相中的硫含量沿反应器方向并不相等。由该动态模型获得的稳态模拟结果与实验测得的反应器出口产品中杂质含量极其吻合。

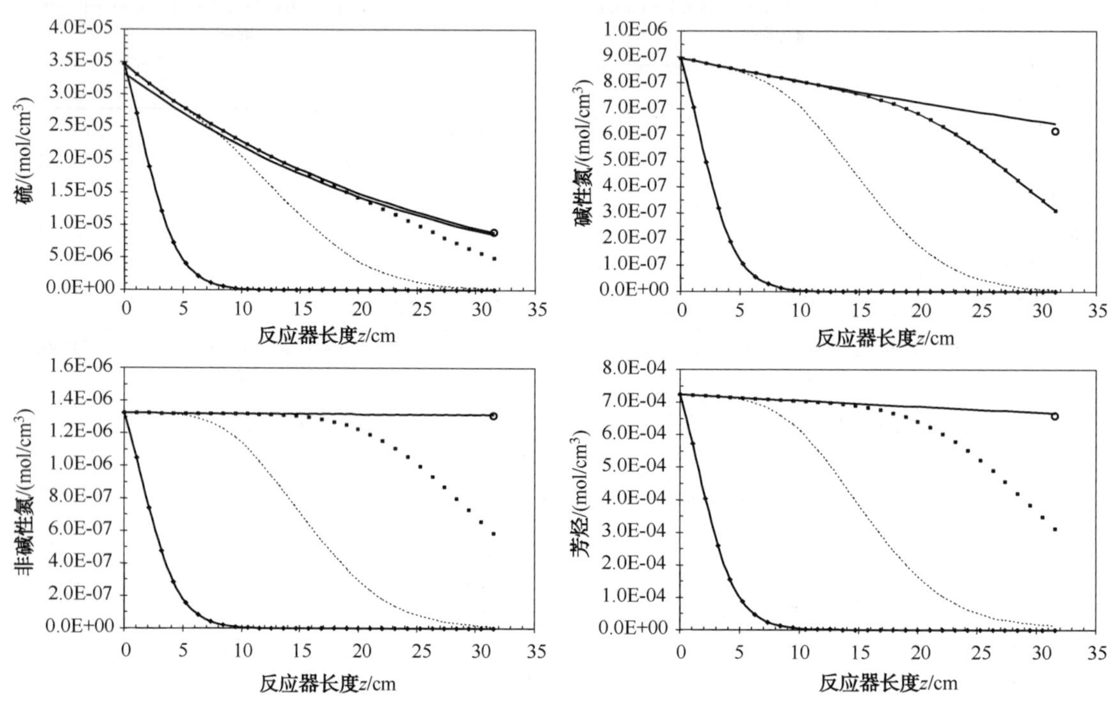

图 3.31　不同停留时间下(•：60s；---：500s；×：1000s；—：2300s)
实验室小型反应器催化剂床层中杂质含量的轴向分布曲线

3. 工业级 HDT 反应器的动态模拟

由于工业反应器采用非等温操作，因此既要对质量平衡方程进行求解，还需求解能量平衡方程。图 3.32 示出了工业反应器的动态模拟结果，并与等温反应器模拟结果进行了对比。同实验室小型反应器相比，工业反应器达到稳态操作所需的时间更短，主要是因为二者操作条件不同，特别是后者的 *LHSV* 和 u_G/u_L 比值更大。在上述两种反应器达到稳态之前，由于二者操作的温度曲线分布不同，因此在某段时间内二者的硫含量分布曲线也存在一些差别。实验室小型反应器的产品杂质含量通常高于工业反应器的预测值，原因在于后者为非等温操作，其催化剂床层平均温度更高。

图 3.33 所示为工业反应器中沿催化剂床层方向，温度随停留时间变化的动态模拟分布曲线。反应器上端的温度基本不随停留时间变化，而反应器出口附近温度则显著随停留时间变化而变化。停留时间较短时，会观察到“反常”分布，而达到一定的停留时间后，反应器温度就趋于稳定。

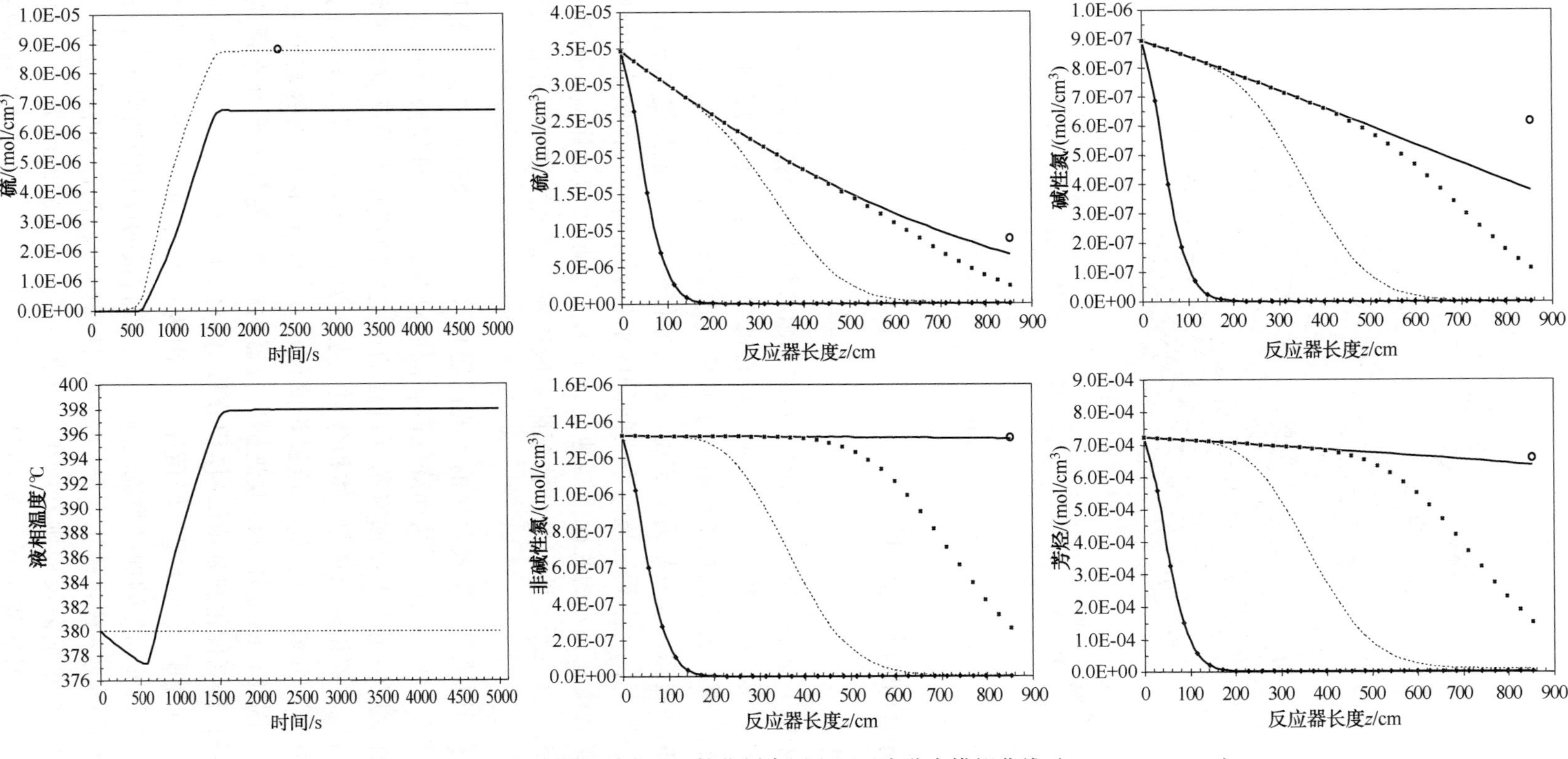

图3.32 产品中杂质含量及催化剂床层出口温度分布模拟曲线（380℃，5.3MPa）

工业反应器：z=853.44cm；u_L=0.63cm/s；u_G=10.27cm/s；

实验室小型反应器：z=31.58cm；u_L=1.75×10^{-2}cm/s；u_G=0.28cm/s；

（o：实验室反应器；-：工业反应器模拟值；•：60s；---：500s；×：1000s；—：2300s）

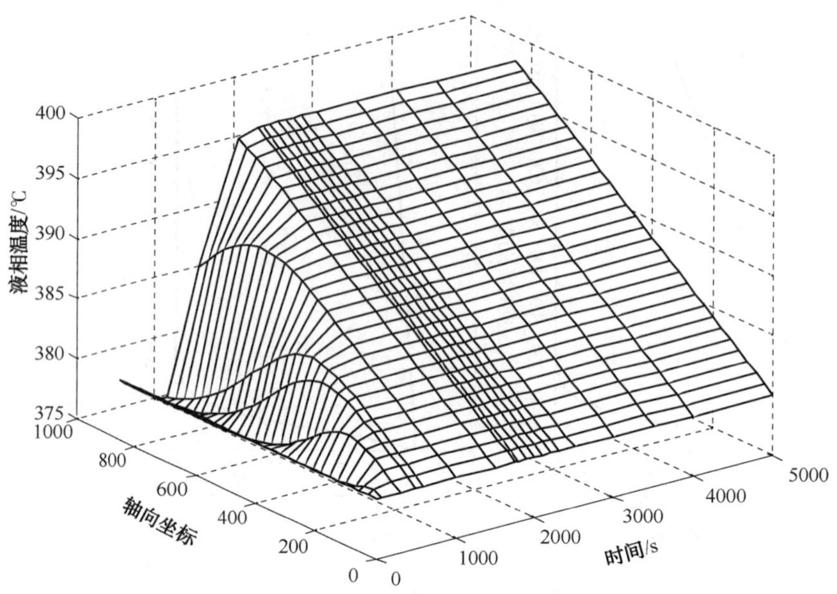

图 3.33 工业反应器中催化剂床层轴向温度随停留时间变化的分布曲线

3.3.5 逆流操作的反应器建模

1. 操作模式对比

许多炼油工艺采用了逆流操作的滴流床反应器(TBRs)技术，该技术可视作为一种新技术，也可视为是对现有反应器的重新设计。逆流操作的目不在于改善反应物的传质，因为传质并不是速率控制步骤，其目的在于更有利于某些对加氢精制反应起抑制作用的副产物(H_2S 和 NH_3)的选择性脱除，抑或是为了实现产品的原位分离。在强烈受 H_2S 抑制、液体流速较高及平推流条件下，并流和逆流操作之间的区别将更加明显。在柴油加氢脱硫工艺条件下，最难脱硫的含硫化合物的脱硫强烈地受到了 H_2S 禁阻效应的影响。因此在未来的 HDS 工艺中，催化剂将会更严重地受副产物禁阻效应影响，而采用逆流操作模式将成为未来的主流工艺。

滴流床反应器采用逆流操作模式存在的主要问题是液泛，可通过调整催化剂形状或装填方式，以创造不同气、液相通道，从而降低两相间的动量传递，可使液泛控制在较高流速范围内。逆流操作反应器用于工业加氢精制过程的最主要缺点在于受反应器硬件设备的限制。逆流操作反应器的催化剂装填量(体积分数)仅为 20%~25%(尽管达到相同转化率，逆流操作所需的催化剂体积较少)，而并流操作滴流床反应器的催化剂的装填量(体积分数)可达 60%~70%。因此，亟待开发出改进型反应器内构件，使其可采用小颗粒催化剂、实现气、相良好接触，提高催化剂装填量(体积分数)到 50%以上。

逆流操作模式更适合用于深度加氢脱硫工艺，因为该脱硫反应更加强烈地受自生成 H_2S 的抑阻效应影响。石油馏分的加氢脱硫反应，对于硫含量的反应级数大于 1，这是因为原料中存在反应活性不同的多种含硫化合物。反应活性高的含硫化合物在反应器上段脱硫，而活性较低的含硫化合物的脱除反应则发生在反应器下段。反应器的绝大部分都处于在较低 H_2S 含量下操作，反应器底部的 H_2S 含量最低，同时反应器出口氢气分压则最高，因此，采用逆流操作更为有利。

逆流操作滴流床反应器的优、缺点如下。

(1) 优点

① 催化剂床层中大部分区域的 H_2S 和 NH_3 分压较低。

② 提高了通常受化学平衡限制的转化率。

③ 对放热量较大的反应更加有利。

④ 可加工更劣质原料，以获得更高的转化率。

⑤ 使轴向温度分布均匀。

⑥ 具有更大的气-液传质表面积。

⑦ 单位反应器体积活性中心比例高。

⑧ 催化剂易于处理。

⑨ 在高液体流速下仍具有优越性能。

⑩ 使用小颗粒催化剂，降低颗粒内的传质阻力。

⑪ 当需要增大平均浓度推动力时，仍然适用。

(2) 缺点

① 当液、气流率较高时，压降过大。

② 当液体处理量较高时，容易液泛。

③ 缺少流体力学、传质和传热参数预测的关联式。

④ 对催化剂装填方式的额外要求较高，特别是对催化剂尺寸和形状的要求高。

⑤ 降低气-液传质效率。

⑥ 因气体流动而导致温度较难控制。

⑦ 应对流体流速改变的灵活性较低。

⑧ 固体/反应器体积比低。

⑨ 气-液相界面面积小。

⑩ 液相中轴向扩散效应较大。

2. 逆流反应器模型描述

并流和逆流操作都使用前述的同一滴流床反应器模型(一维多相模型相)在等温和绝热条件下进行建模(Mederos 和 Ancheyta，2007)。对于逆流操作，必须将方程(3.84)进行如下改变(注意下式第二项，逆流操作取正，而并流操作取负)：

$$\frac{\varepsilon_{\mathrm{G}}}{RT_{\mathrm{G}}}\frac{\partial p_i^G}{\partial t}=+\frac{u_{\mathrm{G}}}{RT_{\mathrm{G}}}\frac{\partial p_i^G}{\partial z}-k_i^L a_{\mathrm{L}}\left(\frac{p_i^G}{H_i}-C_i^L\right) \tag{3.94}$$

如果考虑液相中存在的轴向扩散，方程(3.85)和(3.86)需要替换为：

$$\varepsilon_{\mathrm{L}}\frac{\partial C_i^L}{\partial t}=-u_{\mathrm{L}}\frac{\partial C_i^L}{\partial z}+\varepsilon_{\mathrm{L}}D_{\mathrm{a}}^L\frac{\partial^2 C_i^L}{\partial z^2}+k_i^L a_{\mathrm{L}}\left(\frac{p_i^G}{H_i}-C_i^L\right)-k_i^S a_{\mathrm{S}}(C_i^L-C_i^S) \tag{3.95}$$

$$\varepsilon_{\mathrm{L}}\frac{\partial C_i^L}{\partial t}=-u_{\mathrm{L}}\frac{\partial C_i^L}{\partial z}+\varepsilon_{\mathrm{L}}D_{\mathrm{a}}^L\frac{\partial^2 C_i^L}{\partial z^2}-k_i^S a_{\mathrm{S}}(C_i^L-C_i^S) \tag{3.96}$$

在上述方程中，需已知液相轴向扩散系数(D_{a}^L)，该系数可由 Peclet 准数计算：

$$Pe_{\mathrm{a,m}}^{\mathrm{L}}=\frac{d_{\mathrm{Pe}}u_{\mathrm{L}}}{D_{\mathrm{a}}^L\varepsilon_{\mathrm{L}}} \tag{3.97}$$

Peclet 准数取决于反应器的操作模式，可通过文献中报道的各种相关公式计算。然而目前还没有适合于估算 Peclet 准数的比较可靠的关联公式，而不同关联公式的预计值又相差甚远，因此也难以获得准确的液相轴向扩散系数估算值。轴向扩散可能仅对小型反应器有影响，可忽略其对工业反应器的影响。因此如果存在轴向扩散影响的话，那么也只对小型实验室反应器的模拟结果产生影响。轴向扩散对并流和逆流操作模式的影响并不显著，对模拟结果影响较小，因此仍可假设两种操作模式遵循平推流流动规律。

对于逆流操作，能量平衡方程(3.88)和(3.89)需包括气相能量平衡，这对准确模拟反应器中的热量传递过程非常重要，因为从气相到液相的逆流传热会增加反应速率，导致反应器初始段的液相 H_2S 含量增高。气相能量平衡方程为：

$$\varepsilon_G\rho_G C_P^G \frac{\partial T_G}{\partial t}=\pm u_G\rho_G C_P^G \frac{\partial T_G}{\partial z}-h_{GL}a_L(T_G-T_L) \tag{3.98}$$

上式第二项，并流操作取负，逆流操作取正。

3. 边界条件

因为反应器模型是由一系列以时间和空间为自变量的偏微分方程和常微分方程组成，所以需要对两种操作模式的气、液相定义初始条件和边界条件。$z=0$、$t=0$ 下的初始条件为：

并流操作：

$$P_i^G=(P_i^G)_0,\ i=H_2,\ H_2S,\ NH_3$$

$$C_i^L=(C_i^L)_0,\ i=H_2,\ H_2S,\ NH_3$$

逆流操作：

$$P_i^G=0,\ i=H_2,\ H_2S,\ NH_3$$

$$C_i^L=0,\ i=H_2,\ H_2S,\ NH_3$$

并流或逆流操作：

$$C_i^L=(C_i^L)_0,\ i=S,\ N_B,\ N_{NB},\ A$$

$$C_i^S=0,\ i=H_2,\ H_2S,\ NH_3,\ S,\ N_B,\ N_{NB},\ A$$

$$T_G=T_L=T_S=T_0$$

当 $0<z<L_B$ 时：

并流或逆流操作：

$$P_i^G=0,\ i=H_2,\ H_2S,\ NH_3$$

$$C_i^L=0,\ i=H_2,\ H_2S,\ NH_3,\ S,\ N_B,\ N_{NB},\ A$$

$$C_i^S=0,\ i=H_2,\ H_2S,\ NH_3,\ S,\ N_B,\ N_{NB},\ A$$

$$T_G=T_L=T_S=T_0$$

当 $z=L_B$ 时：

并流操作：

$$P_i^G=0,\ i=H_2,\ H_2S,\ NH_3$$

逆流操作：

$$P_i^G=(P_{H_2}^G)_0,\ i=H_2,\ H_2S,\ NH_3$$

并流或逆流操作：

$$C_i^L=0,\ i=H_2,\ H_2S,\ NH_3,\ S,\ N_B,\ N_{NB},\ A$$
$$C_i^S=0,\ i=H_2,\ H_2S,\ NH_3,\ S,\ N_B,\ N_{NB},\ A$$
$$T_G=T_L=T_S=T_0$$

在 $z=0$ 时，$t>0$ 的边界条件为：

并流操作：

$$P_i^G=(P_i^G)_0,\ i=H_2,\ H_2S,\ NH_3$$
$$C_i^L=(C_i^L)_0,\ i=H_2,\ H_2S,\ NH_3$$
$$T_G=(T_G)_0$$

逆流操作：

$$C_i^L=0,\ i=H_2,\ H_2S,\ NH_3$$

并流或逆流操作：

$$C_i^L=(C_i^L)_0,\ i=S,\ N_B,\ N_{NB},\ A$$
$$C_i^S=0,\ i=H_2,\ H_2S,\ NH_3,\ S,\ N_B,\ N_{NB},\ A$$
$$T_L=(T_L)_0,\ T_S=(T_S)_0$$

当 $z=L_B$ 时：

逆流操作：

$$P_i^G=(P_i^G)_{L_B},\ i=H_2,\ H_2S,\ NH_3$$
$$T_G=(T_G)_{L_B}$$

受液相轴向扩散影响的并流或逆流操作：

$$\frac{\partial C_i^L}{\partial z}=0$$

对于使用高纯 H_2 作为气源且不含气体循环流程的实验室级小型加氢精制反应器，以及对于采用循环气净化流程的工业反应器，催化剂床层入口处(并流操作 $z=0$，逆流操作 $z=L_B$)的 H_2S 和 NH_3 的分压(p_i^G)和液相摩尔含量(C_i^L)均等于零或是非常接近于零。

4. 小型逆流等温 HDT 反应器建模

原料、催化剂和反应条件与前节所述相同。石油馏分加氢精制的并流式滴流床反应器的模拟方法有两种：①假设进入反应器入口的原料油已被 H_2 饱和；②假设原料油未被 H_2 饱和，即原料油中 H_2 的初始浓度为零[$(C_{H_2}^L)_0=0$]。采用上述两种方法进行反应器建模。

图 3.34 表示了反应器出口稳态产品中硫含量随停留时间和沿反应器方向的变化趋势曲线，分别示出了 VGO 原料被 H_2 饱和的并流操作、VGO 原料未被 H_2 饱和的并流操作和逆流操作时的硫含量变化规律。上述三种操作模式达到稳态所需的时间几乎相同(2300s)。在达到稳态前，三条曲线几乎重合。当停留时间超过 1000s 后，原料未被 H_2 饱和的并流操作模式的产品硫含量最高，产品硫含量由高到低的操作模式依次为逆流操作和原料被 H_2 饱和的并流操作。原料被 H_2 饱和的并流操作模式的模拟结果与实测值的匹配度更高，因为在这种条件下其动力学参数已进行了初始优化。与硫含量变化趋势类似，所有方式中氮和芳香烃的含量也有相同的趋势(例如，0~250s 时，反应器出口处的浓度为 0)，因为开始时这些化合物只存在于烃类进料中，并随原料经过催化剂床层，而且无论采用什么样的氢气注入方式，这些化合物的浓度都是从反应器顶端到底部逐渐降低。

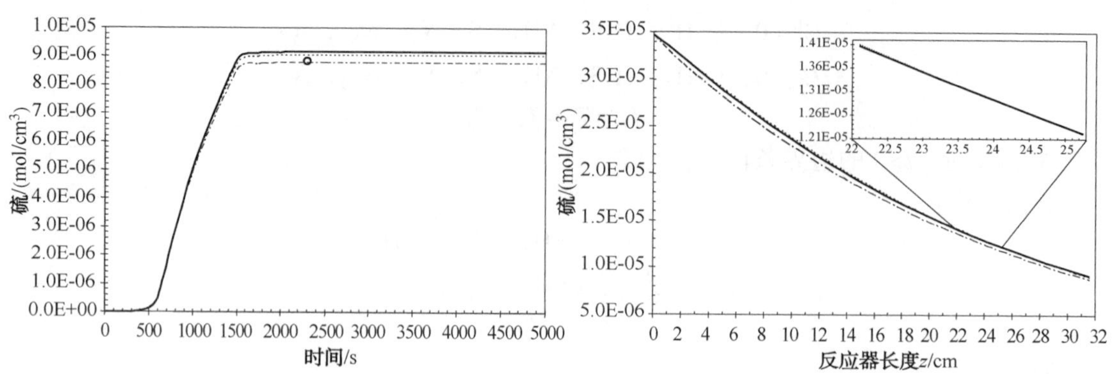

图 3.34 稳态产品中硫含量随停留时间和沿反应器长度方向的变化趋势(380℃，5.3MPa)

小型反应器：$z=31.58$cm，$u_L=1.75\times10^{-2}$cm/s，$u_G=0.28$cm/s

(线：模拟值；○：实验值)

(—-：原料油经氢气饱和的并流操作；—：原料油未经氢气饱和并流操作；---：逆流操作)

对于所有的操作模式，液相中的硫含量(以及其他杂质的含量)沿反应器方向逐渐降低。在进入反应器之前，将原料油氢气饱和，采用并流操作模式，可使产品中硫含量将至最低。在总反应器长度的73%长度范围以内，采用并流操作的产品硫含量低于逆流操作，在反应器长度超过总长度的73%后，将呈现完全相反的趋势。这是因为在逆流操作中，反应器初始段(顶部)的液相 H_2S 含量较高，而在反应器出口(底部)附近的 H_2S 含量较低，使得 HDS 反应速率受 H_2S 禁阻效应影响较小，因此逆流操作时的反应速率要比并流操作时高。

图 3.35 给出三种操作模式达到稳态时，其产品 H_2 和 H_2S 分压和液相含量的变化趋势。对于三种操作模式，其液相产品中 H_2 和 H_2S 摩尔含量变化趋势曲线形状均由反应速率和传质所组成的平衡所决定。无论是并流操作，还是逆流操作，液相中 H_2S 含量的变化趋势基本相似。而 H_2 和 H_2S 分压变化趋势则相反，这是因为在并流操作时，反应器顶部($z=0$)的 H_2 分压高而 H_2S 分压低，而对于逆流操作，反应器顶部的 H_2 分压低而 H_2S 分压高。对于原料油被氢气饱和的并流操作，因反应器起始段反应速率较高，液相中 H_2 含量缓慢降低，直到初始段某一点为止。然后，随着大量 H_2 由气相进入液相，H_2 含量开始增加。对于原料油未被氢气饱和的并流操作，由于 H_2 的溶解速率较高，液相中的氢气含量快速增加。对于三种操作模式，液相中的 H_2S 含量都呈先升高后下降的趋势。对于并流操作，H_2S 分压沿催化剂床层向下逐渐升高，而对于逆流操作，则 H_2S 分压呈相反的趋势。

5. 工业级逆流操作 HDT 反应器建模

为了模拟工业加氢精制绝热反应器在逆流操作模式下的反应行为，在求解质量平衡方程的同时，也需要对能量平衡方程(3.88)、(3.89)和(3.98)进行求解。为了比较并流操作和逆流操作模式的区别，假设不同流动方向的传热系数和传质系数是不同的。

图 3.36 示出了工业反应器的动态模拟结果，该图示出了 VGO 原料被 H_2 饱和的并流操作、VGO 原料未被 H_2 饱和的并流操作和逆流操作等三种操作模式下的催化剂床层出口处硫含量变化规律。对于上述三种操作模式，工业反应器达到稳态所需时间略快于实验室小型反应器。对于实验室小型反应器，采用 VGO 原料被 H_2 饱和的并流操作时，其杂质脱除率最高，而对于工业反应器，则采用逆流操作模式时杂质脱除率最高。逆流操作工业反应器性能优越的原因：当反应物沿反应器逐渐向下通过催化剂床层时，H_2S 传质逐渐以从液相向气相中传质为主，因此液相 H_2S 含量将逐渐降低。

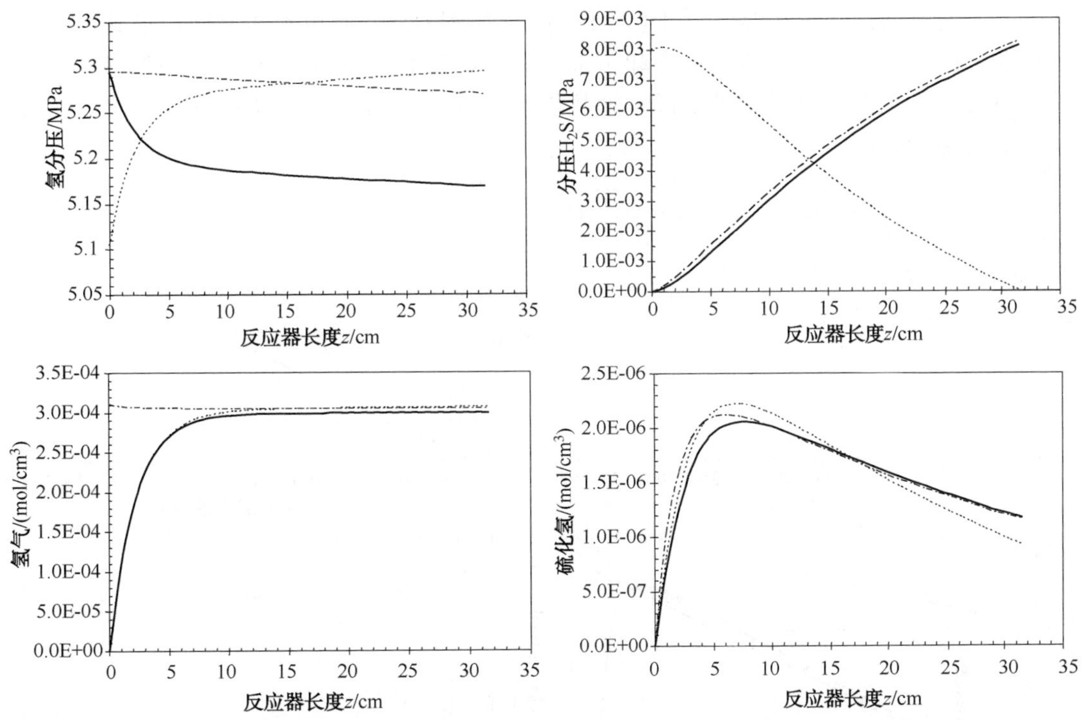

图 3.35　稳态时 H_2 和 H_2S 分压和液相中含量沿催化剂床层向下的变化趋势

小型反应器：$z=31.58\text{cm}$，$u_L=1.75\times10^{-2}\text{cm/s}$，$u_G=0.28\text{cm/s}$

（—-：原料油经氢气饱和的并流操作；—：原料油未经氢气饱和并流操作；---：逆流操作）

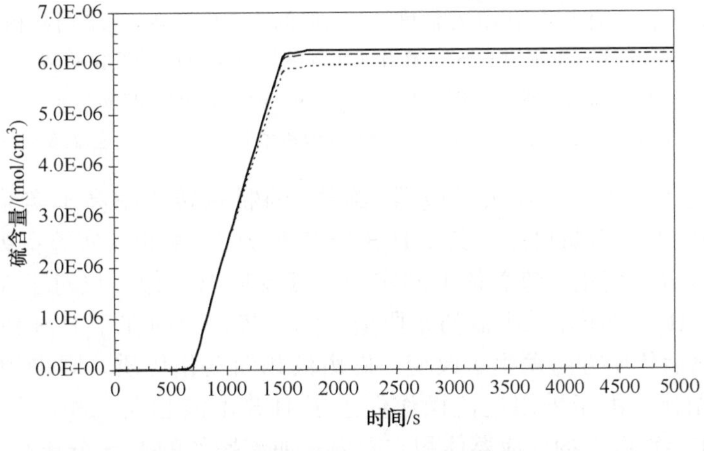

图 3.36　催化剂床层出口产品中硫含量动态变化趋势(380℃、5.3MPa 下)

工业反应器：$z=853.44\text{cm}$，$u_L=0.63\text{cm/s}$，$u_G=10.27\text{cm/s}$

（—-：原料油经氢气饱和的并流操作；—：原料油未经氢气饱和并流操作；---：逆流操作）

图 3.37 所示为并流操作和逆流操作模式下的反应器出口液相动态温度分布趋势，以及沿反应器方向的液相温度、H_2S 分压和液相 H_2S 含量的变化趋势。图 3.37 还示出了逆流操作时，沿催化剂床层方向的气相温度分布趋势。由于逆流操作时，其脱硫转化率最高(图 3.36)，因此不难预测该种操作模式的反应器出口液相温度也最高。但是，实际上的情况却

并非如此，逆流操作时液相温度低于(略低)VGO原料被H_2饱和的并流操作模式的预测温度。由此可得出结论：上升的气相冷却了部分沿反应器催化剂床层向下流动的液相。但这种冷却行为仅发生在反应器的最末段。液相能否被逆流接触的气相所冷却，取决于气相进入反应器的初始温度。

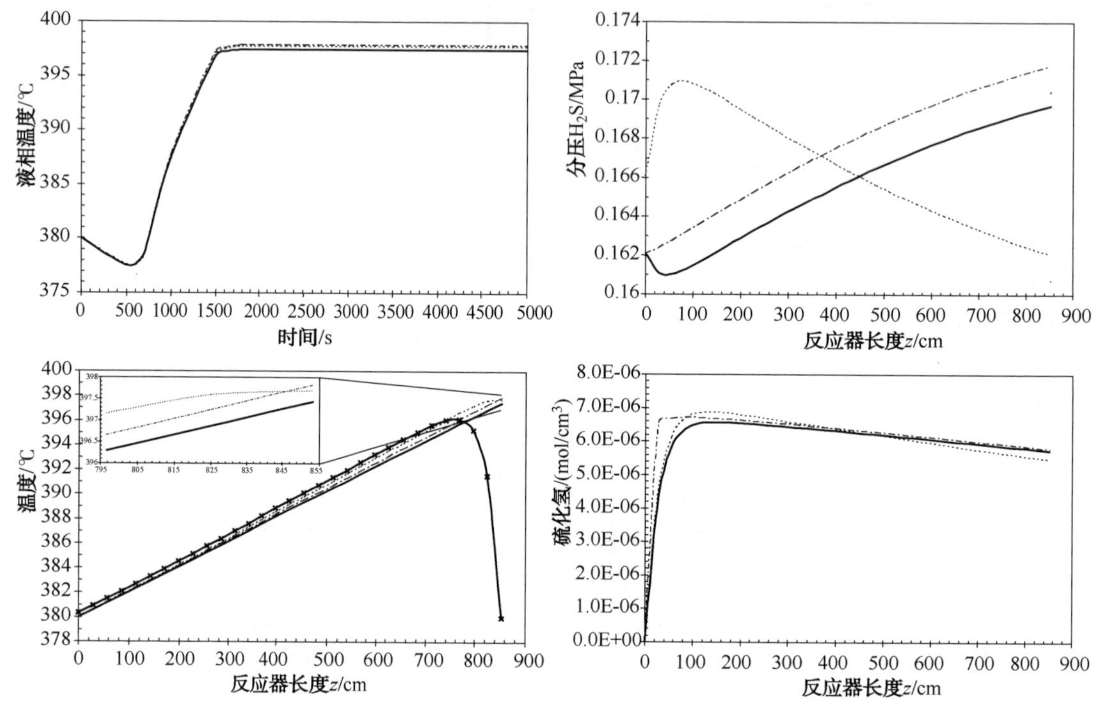

图3.37　催化剂床层出口液相温度随停留时间的变化趋势及稳态时液相温度、H_2S分压和液相H_2S含量沿催化剂床层向下方向的变化趋势

工业反应器：$z=853.44$cm，$u_L=0.63$cm/s，$u_G=10.27$cm/s

(—-：原料油经氢气饱和的并流操作；—：原料油未经氢气饱和并流操作；---：逆流操作；-×-：气相逆流操作)

在相近的反应条件下，工业级反应器(绝热)的脱硫转化率高于实验室级反应器(等温)，前者液相中的H_2S含量更高，其受H_2S禁阻效应的影响也比实验室级反应器更大。工业级反应器的H_2S分压变化趋势总体上同实验室级反应器类似。仅对于VGO原料未被H_2饱和的并流操作，H_2S分压在反应器初始段呈下降趋势，原因在于H_2S在液相中快速溶解直至达到饱和，然后传质方向发生了改变，即由液相向气相传质。同采用逆流操作模式的实验室级反应器相比，由于采用逆流操作促进了H_2S由液相向气相的传质，即原位液相H_2S汽提，因此在半数以上的反应器体积空间内，逆流操作的H_2S分压高于VGO原料未被H_2饱和的并流操作。

对于所有的操作模式，催化剂床层初始段(10%)的反应速率均较高，使得液相中H_2S含量快速增加。对于VGO原料被H_2饱和的并流操作，液相中H_2S含量积累更为显著，因为在气体进入反应器时，液相中已经含有了一定量的H_2S杂质(摩尔分数为3.06%)，即在反应器入口处VGO原料已被H_2S所饱和。液相中H_2S含量最大值出现在逆流操作模式下，这是由于在该操作模式下反应器初始段出现H_2S分压极大值所致，增大了H_2S从气相向液相的传质速率。

由于容易发生液泛，因此需特别强调的是，逆流操作模式不能采用在并流操作模式下使用的相同尺寸的催化剂颗粒(1~5mm)。这也是为何提出使用其他类型内构件的原因，如使用具有“三级孔结构”的填料、整体结构填料或随机填料(环形、鞍形等)。本节所列的所有结果，均是在假定了并流操作与逆流操作所用催化剂性质相同的前提下的模拟结果。

参考文献

Akzo Nobel(2003) Akzo Nobel duplex distributor tray. Presented at the Mexican Institute of Petroleum, Mexico City, Mexico, May 14.

Albermarle(2006) Maximize reactor performance with state-of-the-art PLEX internals. http://www. albermarle. com(accessed Oct. 2006).

Ali, S. A. (2007) Chapter 4: Thermodynamics ofhydroprocessing reactions. In: *Hydroprocessing of Heavy Oil and Residua*, Ancheyta, J., Speight, J. G. (eds.). CRC Press, Taylor & Francis, New York.

Altrichter, D. M., Creyghton, E. J., Ouwehand, C., van Veen, J. A. R., Hanna, A. (2004) New catalyst technologies for increased hydrocracker profi tability and product quality. AM-04-60. In: *Proceedings of the NPRA Annual Meeting*, San Antonio, TX, Mar. 21-23.

Alvarez, A., Ancheyta, J. (2008) Simulation and analysis of different quenching alternatives for an industrial vacuum gasoil hydrotreater. *Chem. Eng. Sci.* 63: 662-673.

Alvarez, A., Ancheyta, J., Mu ñ oz, J. A. D. (2007a) Comparison of quench systems in commercial fi xed-bed hydroprocessing reactors. *Energy Fuels* 21: 1133-1144.

Alvarez, A., Ramí rez, S., Ancheyta, J., Rodr í guez, L. M. (2007b) Key role of reactor internals in hydroprocessing of oil fractions. *Energy Fuels* 21: 1731-1740.

Ancheyta, J., Speight, J. G. (2007) *Hydroprocessing of Heavy Oils and Residua. CRC Press*, Taylor & Francis, New York.

Ancheyta, J., Aguilar, E., Salazar, D., Betancourt, G., Leiva, M. (1999a) Hydrotreating of straight run gas oil-light cycle oil blends. *Appl. Catal. A* 180: 195-205.

Ancheyta, J., Aguilar, E., Salazar, D., Marroquin, G., Quiroz, G., Leiva, M. (1999b) Effect of hydrogen sulfi de on the hydrotreating of middle distillates over Co/MoAl 2 O 3 catalyst. *Appl. Catal. A* 183: 265-272.

Ancheyta, J., Marroquin, G., Angeles, M. J., Mac í as, M. J., Pitault, I., Forissier, M., Morales, R. D. (2002a) Some experimental observations of mass transfer limitations in a hydrotreating trickle-bed pilot reactor. *Energy Fuels* 16: 1059-1067.

Ancheyta, J., Betancourt, G., Marroquin, G., Centeno, G., Casta ñ eda, L. C., Alonso, F., Mu ñ oz, J. A., G ó mez, M. T., Rayo, P. (2002b) Hydroprocessing of Maya heavy crude oil in two reaction stages. *Appl. Catal. A* 233: 159-170.

Ancheyta, J., Centeno, G., Trejo, F., Marroquin, G. (2003a) Changes in asphaltene properties during hydrotreating of heavy crudes. *Energy Fuels* 17: 1233-1238.

Ancheyta, J., Betancourt, G., Centeno, G., Marroquin, G. (2003b) Catalyst deactivation during hydroprocessing of Maya heavy crude oil(II) effect of reaction temperature during time-on-stream. *Energy Fuels* 17: 462-467.

Ancheyta, J., Betancourt, G., Marroqu í n, G., Centeno, G., Alonso, F., Mu ñ oz, J. A. (2006) Process for the catalytic hydrotreatment of heavy hydrocarbons of petroleum. U. S. patent 20070187294 A1.

Avraam, D. G., Vasalos, I. A. (2003) HdPro: a mathematical model of trickle-bed reactors for the catalytic hydroprocessing of oil feedstocks . *Catal. Today* 79-80(1-4): 275-283.

Babich, I. V., Moulijn, J. A. (2003) Science and technology of novel processes for deep desulfurization of oil refi nery streams: a review. *Fuel* 82: 607-631.

Ballard, J. H., Hines, J. E. (1965) Vapor-liquid distribution method and apparatus for the conversion of hydrocarbons. U. S. patent 3, 128, 249.

Ballard, J. H., Hines, J. E. (1970) Apparatus for mixing fluids in concurrent downfl ow relationship. U. S. patent 3, 502, 445.

Bej, S. K., Dalai, A. K., Adjaye, J. (2001) Comparison of hydrodenitrogenation of basic and nonbasic nitrogen compounds present in oil sands derived heavy gas oil. *Energy Fuels* 15(2): 377-383.

Bhaskar, M., Valavarasu, G., Sairam, B., Balaraman, K. S., Balu, K. (2004) Three-phase reactor model to simulate the performance of pilot-plant and industrial trickle-bed reactors sustaining hydrotreating reactors. *Ind. Eng. Chem. Res.*, 43: 6654-6669.

Billon, A., Peries, J. P., Espeillan, M., des Courieres, T. (1991) Hyvahl F versus Hyvahl M, swing reactor or moving bed. Presented at the 1991 NPRA Annual Meeting, San Antonio, TX, Mar. 17-19.

Binghan, F. E., Christensen, P. (2000) Revamping HDS units to meet high quality diesel specifi cations. Presented at the Asian Pacifi c Refi ning Technology Conference, Kuala Lumpur, Malasya, Mar. 8-10.

Bradway, R. A., Tsao, Y. P. (2001) Hydroprocessing reactor and process with gas and liquid quench. U. S. patent 6, 299, 759.

Cooper, B. H., Donnis, B. B. L. (1996) Aromatic saturation of distillates: an overview. *Appl. Catal. A* 137: 203-223.

Cotta, R. M., Wolf-Maciel, M. R., Maciel Filho, R. (2000) A cape of HDT industrial reactor for middle distillates. *Comput. Chem. Eng.* 24(2-7): 1731-1735.

Chen, J., Te, M., Yang, H., Ring, Z. (2003) Hydrodesulfurization of dibenzotiophenic compounds in a light cycle oil. *Pet. Sci. Technol.* 21(5-6): 911-935.

Cheng, Z. -M., Fang, X. -C., Zeng, R. -H., Han, B. -P., Huang, L., Yuan, W. -K. (2004) Deep removal of sulfur and aromatics from diesel through two-stage concurrently and countercurrently operated fi xed-bed reactors. *Chem. Eng. Sci.* 59(22-23): 5465-5472.

Chowdhury, R., Pedernera, E., Reimert, R. (2002) Trickle-bed reactor model for desulfurization and dearomatization of diesel. *AIChE J.* 48(1): 126-135.

Daniel, M., Lerman, D. B., Peck, L. B. (1988) Amocos LC - fi ning residue hydrocracker yield and performance correlations from a commercial unit. Presented at the 1988 NPRA annual meeting.

Davis, T. J. (2002) EMRE Hydroprocessing technologies and low sulfur motor fuels. Presented at the PEMEX Seminar, Mexico City, Mexico, Dec.

DenHartog, A. P., van Vliet, W. (1997) Multi-bed downfl ow reactor. U. S. patent 5, 635, 145.

D öhler, W., Rupp, M. (1987) Comparison of performance of an industrial VGO-treater with reactor model predictions. *Chem. Eng. Technol.* 10: 349-352.

Edgar, M. D. (1993) Hydrotreating. Q & A, 1993 NPRA Annual Meeting, San Antonio, TX, Mar.

Euzen, J. P. (1991) Moving-bed process for residue hydrotreating. *Rev. Inst. Fr. Pet.* 46: 517-527.

Furimsky, E. (1998) Selection of catalysts and reactors for hydroprocessing. *Appl. Catal. A* 171: 177-206.

Gary, J. H., Handwerk, G. E. (2001) *Petroleum Refi ning: Technology and Economics*, 4th ed. CRC Press, Taylor & Francis, New York.

Gates, B. C., Katzer, J. R., Schuit, G. C. A. (1979) *Chemistry of Catalytic Processes*, 3rd ed. McGraw-Hill, New York.

Girgis, M. J., Gates, B. C. (1991) Reviews: reactivities, reaction networks, and kinetics in high-pressure catalytic hydroprocessing. *Ind. Eng. Chem. Res.* 30: 2021-2058.

Gosselink, J. W. (1998) Sulfi de catalysts in refi neries. *Cattech* 2(2): 127-144.

Gruia, A. (2006) Recent advances in hydrocracking. In: *Practical Advances in Petroleum Processing*, Hsu, C. H., Robinson, P. R. (ed *s*.). Springer-Verlag, New York, Chap. 7.

Ho, T. C. (2003) Hydrodesulfurization with RuS 2 at low hydrogen pressures. *Catal. Lett.* 89(1-2): 21-25.

Jacobs, G. E., Stupin, W. S., Kuskie, R. W., Logman, R. A. (2000) Reactor distribution apparatus and quench zone mixing apparatus. U. S. patent 6, 098, 965.

Kam, E. K. T., Al-Mashan, M. -H., Al-Zami, H. (1999) The mixing aspects of NiMo and CoMo hydrotreating catalysts in ebullated-bed reactors. *Catal. Today* 48: 229-236.

Korsten, H., Hoffmann, U. (1996) Three-phase reactor model for hydrotreating in pilot trickle-bed reactors. *AIChE J.* 42(5): 1350-1357.

Kwak, S., Longstaff, D. C., Deo, M. D., Hanson, F. V. (1992) Hydrotreating process kinetics for bitumen and bitumen-derived liquids. In: *Proceedings of the Eastern Oil Shale Symposium*, University of Kentucky, Lexington, KY, Nov. 13-15, pp. 208-215.

Langston, J., Allen, L., Dav é, D. (1999) Technologies to achieve 2000 diesel specifi cations. *Pet. Tech. Q.* 2: 65.

Litchfi eld, J. F., Pedersen, M. J., Sampath, V. R. (1996) Optimization of interbed distributors. AM-96-73. In: *Proceedings of the NPRA Annual Meeting*, San Antonio, TX, Mar. 17-19.

Liu, Z., Zheng, Y., Wang, W., Zhang, Q., Jia, L. (2008) Simulation of hydrotreating of light cycle oil with a system dynamics model. *Appl. Catal. A* 339: 209-220.

Mací as, M. J., Ancheyta, J. (2004) Simulation of an isothermal hydrodesulfurization small reactor with different catalyst particle shapes. *Catal. Today* 98: 243-252.

Marroqu í n, G., Ancheyta, J. (2001) Catalytic hydrotreating of middles distillates blends in a fi xed-bed pilot reactor. *Appl. Catal. A* 207: 407-420.

Marroqu í n, G., Ancheyta, J., D í az, J. A. I. (2004) On the effect of reaction conditions on liquid phase sulfi dation of a NiMo HDS catalyst. *Catal. Today* 98: 75-81.

McDougald, N. K., Boyd, S. L., Muldowney, G. P. (2006) Multiphase mixing device with baffl es. U. S. patent 7, 045, 103.

Mederos, F. S., Ancheyta, J. (2007) Mathematical modeling and simulation of hydrotreating reactors: cocurrent versus countercurrent operations. *Appl. Catal. A* 332: 8-21.

Mederos, F. S., Rodriguez, M. A., Ancheyta, J., Arce, E. (2006) Dynamic modeling and simulation of catalytic hydrotreating reactors. *Energy Fuels* 20: 936-945.

Mehra, Y. R., Al-Abdulal, A. H. (2005) Hydrogen purifi cation in hydroprocessing (HPH SM technology). Presented at the 103rd NPRA Annual Meeting, San Francisco, Mar. 13-15.

Minderhoud, J. K., van Veen, J. A. R., Hagan, A. P. (1999) Hydrocracking in the year 2000: a strong interaction between technology development and market requirements. *Stud. Surf. Sci. Catal.* 127: 3-20.

Mochida, I., Choi, K. (2004) An overview of hydrodesulfurization and hydrogenation. *J. Jpn. Pet. Inst.* 47(3): 145-163.

Mochida, I., Choi, K. (2006) Current progress in catalysts and catalysis for hydrotreating. In: *Practical Advances in Petroleum Processing*, Hsu, C. H., Robinson, P. R. (ed *s*.). Springer-Verlag, New York, Chap. 9.

Mochida, I., Sakanishi, K., Ma, X., Nagao, S., Isoda, T. (1996) Deep hydrodesulfurization of diesel fuel: design of reaction process and catalysts. *Catal. Today* 29: 185-189.

Morel, F., Kressmann, S., Harl é, V., Kasztelan, S. (1997) Processes and catalysts for hydrocracking of heavy oil and residues. In: *Hydrotreatment and Hydrocracking of Oil Fraction* s. Studies in Surface Science Catalysis, Froment, G. F., Delmon, B., Grange, P. (eds.). Elsevier Science, Amsterdam.

Moulijn, J. A., van Diepen, A. E., Kapteijn, F. (2001) Catalyst deactivation: Is it predictable? What to do? *Appl. Catal. A* 212: 3-16.

Mu ñ oz, J. A. D., Alvarez, A., Ancheyta, J., Rodr í guez, M. A., Marroqu í n, G. (2005) Process heat integration of a heavy crude hydrotreatment plant. *Catal. Today* 109: 214-218.

Ouwerkerk, C. E. D., Bratland, E. S., Hagan, A. P., Kikkert, B. L. J. P., Zonnevylle, M. C. (1999) Performance optimisation of fi xed bed processes. *Pet. Tech. Q.* 4(1): 21-30.

Panariti, N., del Bianco, A., del Piero, G., Marchionna, M. (2000) Petroleum residue upgrading with dispersed catalysts: 1. Catalysts activity and selectivity. *Appl. Catal. A* 204: 203-213.

Patel, R. H., Bingham, E., Christensen, P., M üller, M. (1998) Hydroprocessing reactor and process design to optimize catalyst performance. Presented at the First Indian Refi ning Roundtable, New Delhi, India, Dec. 1-2.

Pedersen, M. J., Sampath, V. R., Litchfi eld, J. F. (1995) Method and apparatus for mixing and distributing fl uids in a reactor. U. S. patent 5, 462, 719.

Perry, R. H., Green, D. (1987) *Perry ' s Chemical Engineers ' Handbook*, 6th ed. McGraw-Hill, New York.

Peyrot, C. F. (1987) Mixing device for vertical fl ow fl uid-solid contacting. U. S. patent 4, 669, 890.

Quann, R. J., Ware, R. A., Hung, C., Wei, J. (1988) Catalytic hydrodemetallation of petroleum. *Adv. Chem. Eng.* 14: 95-259.

Rana, M. S., Samano, V., Ancheyta, J., Diaz, J. I. A. (2007) A review of recent advances of hydroprocessing of heavy oils and residua. *Fuel* 86(9): 1216-1231.

Robinson, P. R., Dolbear, G. E. (2006) Hydrotreating and hydrocracking: fundamentals. In: *Practical Advances in Petroleum Processing*, Hsu, C. H., Robinson, P. R. (ed *s*.). Springer-Verlag, New York, Chap. 7.

Rodriguez, M. A., Ancheyta, J. (2004) Modeling of hydrodesulfurization (HDS), hydrodenitrogenation (HDN), and the hydrogenation of aromatics (HDA) in a vacuum gas oil hydrotreater. *Energy Fuels* 18: 789-794.

Scheffer, B., van Koten, M. A., Robschlager, K. W., de Boks, F. C. (1988) The shell residue hydroconversion process: development and achievements. *Catal. Today* 43: 217-224.

Scheuerman, G. L., Johnson, D. R., Reynolds, B. E., Bachtel, R. W., Threlkel, R. S. (1993) Advances in Chevron RDS technology for heavy oil upgrading fl exibility. *FuelProcess. Technol.* 35: 39-54.

Schulman, B. L., Dickenson, R. L. (1991) Upgrading heavy crudes: a wide range of excellent technologies now available. Presented at the UNITAR 5th International Conference, Caracas, Venezuela, Aug., pp. 105-113.

Seidel, T., Dunbar, M., Johnson, B. G., Moyse, B. (2002) What a difference the tray made. AM-02-52. In: *Proceedings of the NPRA Annual Meeting*, San Antonio, TX, Mar. 17-19.

Shah, Y. T., Paraskos, J. A. (1975) Criteria for axial dispersion effects in adiabatic trickle bed hydroprocessing reactors. *Chem. Eng. Sci.* 30: 1169-1176.

Sie, S. T., de Vries, A. F. (1993) Hydrotreating process. European patent application 0553920.

Speight, J. G. (1999) *The Chemistry and Technology of Petroleum*, 3rd ed. Marcel Dekker, New York.

Speight, J. G. (2000) *The Desulfurization of Heavy Oils and Residua*, 2nd ed. Marcel Dekker, New York.

Stefanidis, G. D., Bellos, G. D., Papayannakos, N. G. (2005) An improved weighted average reactor temperature estimation for simulation of adiabatic industrial hydrotreaters. *Fuel Process. Techn.* 86: 1761-1775.

Swain, J., Zonnevylle, M. (2000) Are you really getting the most from your hydroprocessing reactors? Presented at the European Technology Conference, Rome, Nov. 15, 2000.

Tarhan, O. M. (1983) *Catalytic Reactor Design*. McGraw-Hill, New York.

VanGinneken, Van Kessel, M. M., Pronk, K. M. A., Renstrom, G. (1975) Shell process desulfurizes resids. *Oil Gas J.* Apr., 28: 59-63.

VanVliet, W., Den Hartog, A. P., Den Hartog-Snoeij, M. (2006) Mixing device comprising a swirl chamber for mixing liquid. U. S. patent 7, 078, 002.

Yeary, D. L., Wrisberg, J., Moyse, M. (1997) Revamp for low sulfur diesel: a case study. *Hydrocarbon Eng.*, Sept., pp. 25-29.

第 4 章　催化重整建模

4.1　催化重整过程

4.1.1　概述

催化重整是将石脑油，特别是低辛烷值的直馏石脑油转化为高辛烷值汽油即重整生成油的一种化学过程。催化重整不仅用于生产重整生成油，还是石化行业生产芳烃的主要工艺(BTX：苯、甲苯和二甲苯)。

直馏石脑油是原油常压蒸馏塔的直接产物，是 $C_5 \sim C_{12}$成分中烷烃(饱和脂肪族烃)、环烷烃(至少含有一个环结构的饱和脂环烃)和芳烃(含一个或多个多不饱和环的烃)的混合物，沸程为 30~200℃，一般占原油组成的 15%~30%(质量分数)，主要杂质为硫和少量氮。催化重整的典型进料为直馏石脑油的混合物：沸程为 30~90℃的轻质石脑油($C_5 \sim C_6$)、90~150℃的中质石脑油($C_7 \sim C_9$)和 150~200℃的重质石脑油($C_9 \sim C_{12}$)。这些流程范围内的石脑油与第一章(表 1.5)所述的石脑油稍有不同，一般多用于催化重整操作中，而不是用于原油国际检测。表 4.1 给出了各种墨西哥原油中石脑油馏分的性质。

表 4.1　不同原油中馏程为国际检测标准的石脑油性质

性质	原油				
	10° API	13° API	玛雅	地峡	奥尔梅克
轻质石脑油(初馏点-71℃)					
相对密度(60℉/60℉)	0.6689	0.6659	0.6686	0.6504	0.6503
总硫,%(质量分数)	0.064	0.062	0.050	0.020	0.020
烃组成,%(体积分数)	41.12	39.46	47.75	48.98	47.15
正构烷烃	44.62	36.20	39.15	40.66	43.63
异构烷烃	0.26	0.56	0.00	0.01	0.00
烯烃	10.22	18.14	10.89	8.45	8.45
环烷烃	3.69	5.14	2.21	1.90	1.81
芳烃	3.28	0.89	2.21	1.90	1.81
苯,%(体积分数)	0.6689	0.6659	0.6686	0.6504	0.6503
中质石脑油(71~177℃)					
相对密度(60℉/60℉)	0.7550	0.7542	0.7512	0.7448	0.7408
总硫,%(质量分数)	0.432	0.412	0.200	0.030	0.030

续表

性质	原油				
	10°API	13°API	玛雅	地峡	奥尔梅克
烃组成,%(体积分数)					
正构烷烃	37.59	36.54	30.75	30.79	30.59
异构烷烃	33.32	31.83	30.69	32.58	31.30
烯烃	0.89	1.27	0.73	0.27	0.55
环烷烃	16.65	17.03	19.35	19.74	18.41
芳烃	10.54	11.18	18.48	16.62	19.15
苯,%(体积分数)				0.7448	0.7408
重质石脑油(71~177℃)					
相对密度(60℉/60℉)	0.8012	0.8001	0.7928	0.7920	0.7912
总硫,%(质量分数)	1.589	1.511	0.600	0.100	0.050
芳烃,%(体积分数)	18.70	15.50	27.08	18.31	22.08

在工业生产中，催化重整的最佳进料为沸程为85~165℃的石脑油。轻馏分(85℃以下)的组成(低相对分子质量的链烷烃易裂化为 C_4^- 并成为形成苯的前驱体，而苯是环境法规中所限制的成分)决定了轻馏分是一种不太好的原料，而重馏分(180℃以上)经过加氢裂化会在重整催化剂沉积大量的炭。

在催化重整之前，石脑油原料需进行加氢处理，将杂质含量降低到规定要求。如不除去杂质，将会毒化重整催化剂。由于催化剂会被逐渐毒化，导致大量的结焦和快速失活，因此预处理是必须的。

除直馏石脑油以外，来源于减黏裂化装置、焦化装置、加氢裂化/加氢处理装置或催化裂化装置的物流与典型催化重整进料馏程相似，也可用作重整原料。这些物流中的硫、氮和烯烃含量一般较高，并多为芳烃结构，因此很难加氢脱除。

① 减黏石脑油：为了获得合适的重整进料，减黏石脑油需进行深度的加氢处理。这也是限制减黏石脑油一般只占重整进料一小部分的原因。

② 焦化石脑油：与减黏石脑油相比，性质几乎相同，但其在炼厂的产量更多。

③ 加氢裂化和加氢处理石脑油：由重石油馏分通过加氢裂化或加氢处理得到。由于富含环烷烃，这种石脑油是一种合适的重整进料。

④ 催化裂化石脑油：由瓦斯油催化裂化制备。尽管不是一种合适的催化重整进料，但一些炼厂仍然用它做原料，特别是75~150℃的馏分。

催化重整进料中链烷烃、烯烃、环烷烃和芳香烃的组成决定了进料的重整指数。重整指数通常用环烷烃+芳香烃或环烷烃+2芳香烃的含量表示。为了转化低质量的石脑油，催化重整过程将烃分子重新排列(重构或重建)，形成具有较高辛烷值、分子结构更复杂的烃类化合物。这种过程虽然存在一定程度的裂化反应，但转化完成后原料的沸程不变。在这种转化过程中，催化重整反应副产大量的氢气和少量甲烷、乙烷、丙烷和丁烷。副产氢气可用于像加氢处理和加氢裂化这样的工艺过程中。

一个典型的催化重整装置包括一个进料系统、几个加热炉、串联反应器和一个闪蒸罐。

部分闪蒸氢气循环进入原料中，然后与原料一起进入第一加热炉，液体进入分馏单元(稳定塔)。稳定塔底部可得重整油产品，顶部可回收得到副产气和液化石油气(LPG)。

大部分重整反应是吸热反应，因此，为了维持所需的反应温度(400~500℃)，采用多个反应器。当原料流经反应器中的催化剂床层时，在第一反应器中主要发生环烷烃脱氢生成芳烃的反应，这些反应速率很快且吸收大量的热量，导致反应器内温降较大。从第一反应器流出的物料经重新加热后进入后续反应器。当原料依次流经串联反应器时，反应速率逐渐减小，反应器逐渐加大，反应吸收热量逐渐降低。随着反应器温差的逐渐减小，反应器之间所需的加热量也逐渐减少。

4.1.2　催化重整工艺类型

按照催化剂再生频率和方式，催化重整工艺一般可分为：①半再生；②循环再生；③连续重整。这三种工艺类型的主要差别是：半再生重整工艺在催化剂再生时，装置需停工；循环再生重整工艺是增加了一台用于催化剂再生的切换或备用反应器；连续再生重整工艺的催化剂可在正常运行的情况下进行替换。图 4.1 给出了三种催化重整工艺反应单元的流程图。

全世界最常用的重整工艺类型是半再生重整工艺，然后是连续重整工艺，循环再生重整工艺最不常用。目前，大部分催化重整工艺设计为连续重整，而以前的半再生重整装置也被升级改造为连续重整。

1. 半再生

一个半再生催化重整工艺中一般有 3~4 个固定床反应器，连续运行(周期长度)六个月到一年。在一个运行周期中，由于积炭沉积，催化剂活性不断降低，导致芳烃产率和氢纯度不断下降。为了将失活速率降到最低，半再生装置一般在高压下(200~300psi)运行。为了弥补催化剂活性的降低和保持转化率基本恒定，需要不断提高反应器温度。当反应器温度达到运转末期温度时，装置停工进行催化剂原位再生。当重整单元不能达到它的工艺要求(辛烷值和重整油产率)时，一个催化周期结束。用空气作为氧气的来源，对催化剂进行再生。催化剂在被移出和代替前，可再生 5~10 次。

2. 循环再生

除了催化重整反应器，循环再生工艺还有一个附加的切换反应器。当任何一个常规的固定床反应器中的催化剂需要进行再生时，使用切换反应器，这时装有再生催化剂的反应器成为备用反应器。重整工艺通过这种方式保持了连续运行。循环重整工艺运行压力较低(~200psi)，重整油收率和氢气产量较高。与半再生工艺相比，循环再生工艺中整个催化剂活性随时间变化较小，因此在整个运行过程中，转化率和氢纯度基本保持恒定。这种催化重整类型的主要缺点是反应器切换时很复杂，因此要求安全系数很高的预防措施。而且，为了保证这种切换可行，反应器的最大尺寸应保持一致。

3. 连续重整

连续重整工艺在低压下(50psi)运行，从而克服了循环再生重整工艺的缺陷。该工艺的特点是低规格的催化剂具有高的催化活性，能生产更多芳烃含量较高的重整生成油和高纯度氢。这种工艺采用移动床反应器设计，反应器是重叠式的。催化剂床层在重叠式反应器中依靠重力从上而下移动。待生催化剂从最后一个反应器中抽出，并送到再生器顶部进行

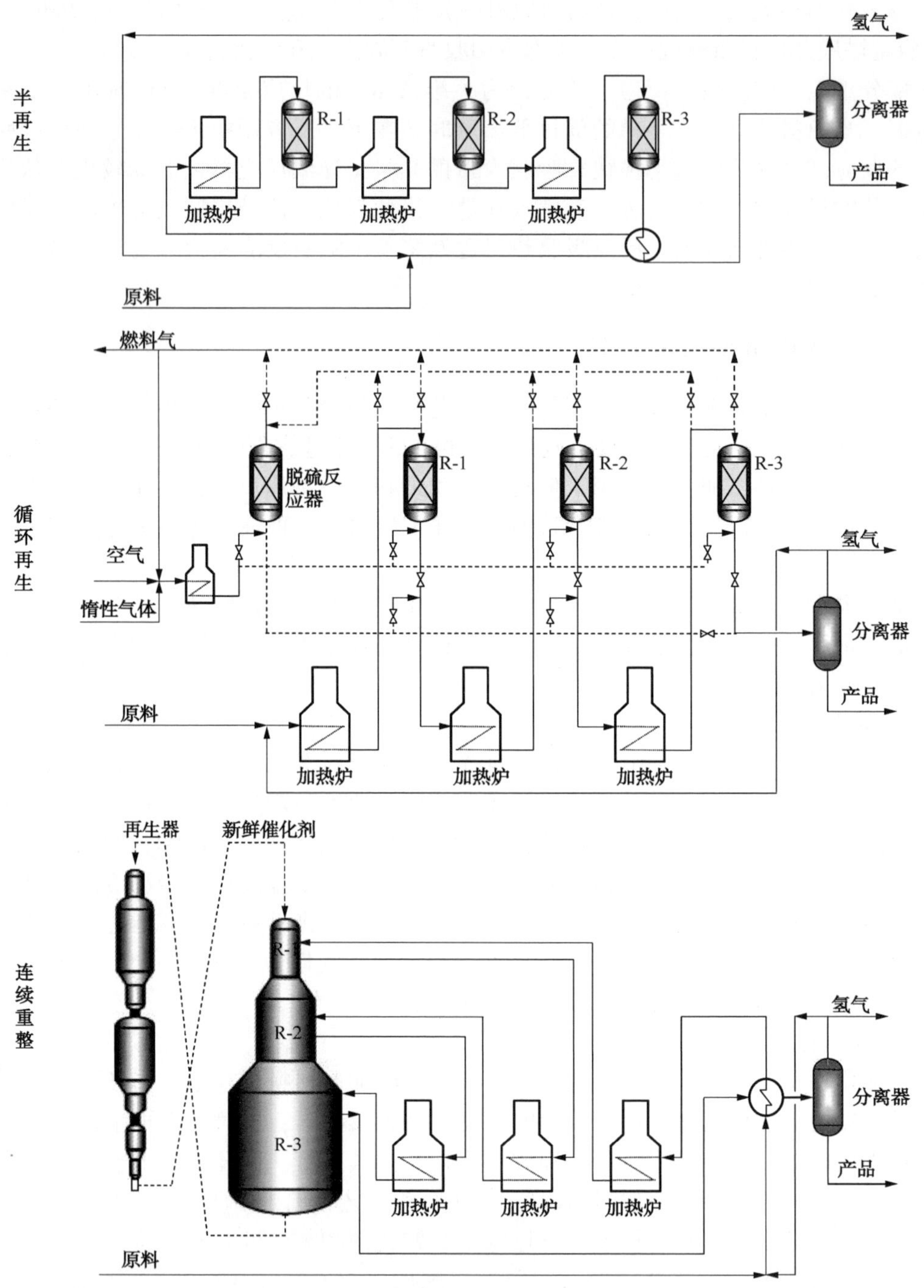

图 4.1　催化重整工艺反应单元

烧焦。反应器和再生器之间的催化剂通过气体提升方式进行输送。在正常运转的情况下，不断抽出少量的催化剂。在第一反应器顶部加入新鲜或再生催化剂，以保证催化剂存储量不变。

4.1.3　工艺参数

与第 3 章中描述的加氢处理工艺相似，在催化重整工艺中，不管是半连续再生还是连续再生，主要有四个影响装置性能的参数：反应压力，反应温度，空速和氢油摩尔比。

1. 压力

反应压力降低，氢气和重整油产率增加；反应温度降低，可以达到恒定的产品质量；催化剂结焦速率提高，催化剂循环周期变短。由于压降的存在，反应器中各反应段压力逐渐下降。反应压力一般指的是各个反应器的平均压力。典型的反应压力为 200～500psi（半再生和循环再生）和 60～150psi（连续再生）。

2. 温度

在催化重整反应中，产品质量和产量与温度密切相关，因此反应温度是最重要的参数。重整反应平均温度有两种主要的表达方式：加权平均床层温度（*WABT*）和加权平均入口温度（*WAIT*）。*WABT* 和 *WAIT* 的差别是，前者代表的是整个催化剂床层的温度，而后者则是通过对各个反应器入口温度进行计算得到的。

WABT 可通过第 3 章［方程式（3.1）和（3.2）］中的方法进行计算。*WAIT* 计算方法如下：

$$WAIT = \sum_{i=1}^{N} WAIT_i Wc_i \tag{4.1}$$

式中，$WAIT_i$ 是各个反应器的入口温度；N 是反应器数量；Wc_i 是各个反应器催化剂质量相对于催化剂总量的分数。半再生重整装置的反应器温度（450～525℃）比连续再生重整装置的反应器温度（525～540℃）低。

提高反应温度，所有的反应速率都加快。加氢裂化是催化重整中不希望发生的反应，其在高的温度下反应程度变大。因此，为了获得高质量和产率的产品，需谨慎控制加氢裂化和芳构化反应程度。连续监测反应温度可观测得到各反应的程度。

3. 空速

LHSV 和 *WHSV* 是催化重整反应空速的两种典型表达方式。空速和反应温度一般决定了产品的辛烷值。空速越大，生产指定辛烷值产品的温度就越高。提高反应温度或降低空速，都可提高催化重整反应深度。对反应器来说，催化剂装填量是恒定的，因此只能通过减小进料流速来降低运行过程中的空速。

4. 氢油比

在催化加氢处理工艺中，氢油比指的是体积比［例如，每桶液体进料中氢气的标准立方英尺量（ft^3/bbl）］，但在催化重整工艺中，氢油比指的是物质的量比［即 1mol 石脑油中，进料循环气（氢气和轻轻烃气体混合物）中氢气的物质的量（mol/mol）］。在工业重整装置中，典型的氢油比为 4～6mol/mol。氢油比增大，导致氢分压增加，同时去除金属活性位上的焦炭前驱体，其总体效果是延长了催化剂使用寿命。也就是说，催化剂的结焦速率和与此相关的催化剂稳定性和寿命是由反应体系中的氢油比和氢分压决定的。

4.2　催化重整过程基本原理

4.2.1　反应化学

在催化重整反应的双功能催化剂上，发生了大量的化学反应，如环烷烃脱氢转化为芳烃，环烷烃脱氢异构化为芳烃，烷烃脱氢转换为烯烃，烷烃和烯烃脱氢环化形成芳烃，烷烃和烯烃异构化或加氢异构化为异构烷烃，烷基环戊烷和取代芳烃异构化，以及烷烃和环烷烃加氢裂化为低碳烃。除了加氢裂化，其他反应都是希望发生的反应。加氢裂化在高温下反应程度更高，并将有价值的 C_5^+ 分子(重整生成油)转换为轻烃气体。图 4.2 给出了这些化学反应的一些例子。在通常情况下，催化重整中发生的化学反应可分为下面四种类型：

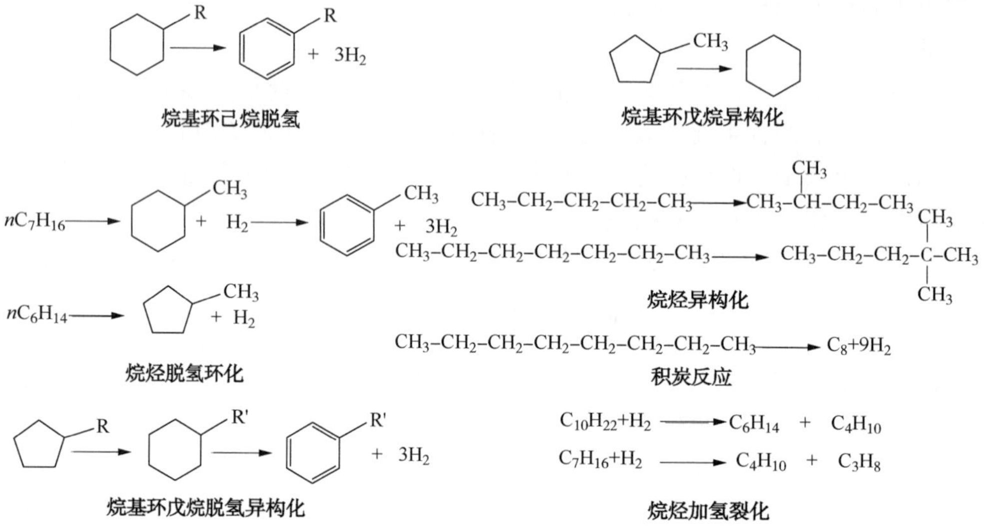

R → R + $3H_2$

烷基环己烷脱氢

CH_3 →

烷基环戊烷异构化

nC_7H_{16} → CH_3 + H_2 → CH_3 + $3H_2$

$CH_3-CH_2-CH_2-CH_2-CH_3$ → $CH_3-CH(CH_3)-CH_2-CH_3$

$CH_3-CH_2-CH_2-CH_2-CH_2-CH_2-CH_3$ → $CH_3-CH_2-CH_2-C(CH_3)_2-CH_3$

nC_6H_{14} → CH_3 + H_2

烷烃异构化

烷烃脱氢环化

$CH_3-CH_2-CH_2-CH_2-CH_2-CH_2-CH_2-CH_3$ → C_8+9H_2

积炭反应

R → R' → R' + $3H_2$

$C_{10}H_{22}+H_2$ → C_6H_{14} + C_4H_{10}

$C_7H_{16}+H_2$ → C_4H_{10} + C_3H_8

烷基环戊烷脱氢异构化

烷烃加氢裂化

图 4.2 催化重整反应实例

1. 环烷烃脱氢反应

在重整原料油中，环烷烃是以环己烷和环戊烷的形式存在的。环己烷脱氢形成相应的芳烃，而环戊烷先异构化生成环己烷，环己烷再进一步脱氢生成芳烃。环烷烃脱氢转化为芳烃可能是催化重整中最重要的化学反应。环烷烃脱氢是高吸热反应，具有很高的反应速率且副产氢气。

2. 正构烷烃异构化反应

烷烃异构化形成具有支链结构的分子(异构烷烃)。异构反应速率很大，所以其实际浓度接近于平衡值。正构烷烃异构化是反应速率相当大的微放热反应。高的氢烃比使烃分压降低，有利于异构体的生成。正构烷烃异构化既不消耗也不生成氢气。

3. 烷烃脱氢环化反应

烷烃经过脱氢环化生成环烷烃。脱氢环化反应包括脱氢和芳构化两个步骤，并副产氢气。

4. 正构烷烃加氢裂化

烷烃加氢裂化生成小分子烃类。这个反应是唯一的消耗氢气并放出热量的反应。由于反映速率相对较慢，所以大部分加氢裂化发生在反应体系的最后一部分。

4.2.2 热力学

绝大多数反应速率快的反应(如环烷烃脱氢)能达到热力学平衡，而其他的反应受动力学控制。对于环烷烃脱氢反应(催化重整中最重要的化学反应)，提高反应温度和降低压力，都能提高反应速率，增强热力学上的可行性。这些变量对其他反应的热力学平衡影响较小。

表 4.2 总结了主要重整反应的热力学影响效应。其他的影响效应还有：

① 环烷烃和烷烃的脱氢反应速率很快，在催化剂床层的前段反应已达到平衡。
② 烯烃很容易进行加氢反应，因此在平衡态时仅存在微量的烯烃。
③ 烷烃异构化反应速率相当快，反应主要受热力学控制，这说明实际浓度已接近平衡值。
④ 烷烃脱氢环化反应速率比较慢，反应受动力学控制。
⑤ 提高反应压力对加氢裂化反应有利，加氢裂化使重整油产率下降。
⑥ 积炭反应速率很慢，但在低氢压和高温条件下速率增加很快。

表 4.2　主要催化重整反应的一般热力学性质对比

	反应速率	反应热	热力学平衡
环烷烃脱氢	很快	强吸热	达到
环烷烃异构	快	缓和放热	达到
烷烃异构	快	缓和放热	达到
烷烃脱氢环化	慢	强吸热	未达到
烷烃脱氢	很快	吸热	未达到
加氢裂化	很慢	放热	未达到

因此，高温和低压是反应运行的最佳条件，但催化剂也容易在此条件下发生积炭失活。除此之外，降低氢分压也会导致芳构化速率的增加和加氢裂化反应速率的减小。

4.2.3　动力学

一些综述性文献中报道了关于催化重整反应的各种动力学模型。其中包括从几个简单的模块到精细的动力学等不同复杂程度的模型，其复杂程度与高速硬件和大容量计算机技术的发展息息相关。由于在其他章节中已对这些报道的动力学模型进行了详尽的、批叛性的描述，因此，本章只简单综述一些最相关的动力学模型。图 4.3 给出了催化重整反应动力学模型的时代发展史。

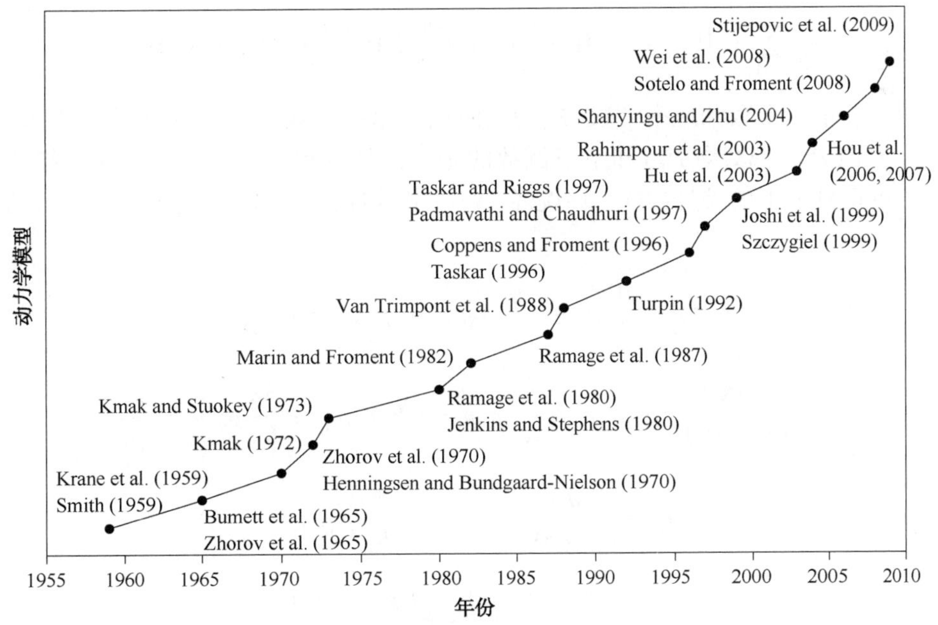

图 4.3　催化重整动力学模型的发展

第一个尝试对催化重整反应动力学进行模型化的报道发生在五十多年前。最早的动力学模型是由 Smith(1959)提出，作者将石脑油原料分为三种类型的烃：烷烃、环烷烃和芳烃。每类烃均以其平均性质的单一化合物来代表，且这三类烃并没有根据碳原子数的多少进行区分。随着动力学分析的发展，Smith(1959)模型在描述重整反应时能达到令人满意的精度。该模型也考虑了氢气和轻烃气体(乙烷、丙烷和丁烷)组分。因此，这个模型总共包括五个虚拟组分：烷烃、环烷烃、芳香烃、轻烃气体和氢气。这是首次尝试将石脑油"分集总"成各种组分。为了简化催化重整体系，只考虑了下面四种反应：

环烷烃脱氢转化为芳烃：

$$\text{环烷烃}(C_nH_{2n}) \underset{k_{r_1}}{\overset{k_{f_1}}{\rightleftharpoons}} \text{芳香烃}(C_nH_{2n-6}) + 3H_2 \tag{4.2}$$

环烷烃脱氢转化为烷烃：

$$\text{环烷烃}(C_nH_{2n})+H_2 \underset{k_{r_2}}{\overset{k_{f_2}}{\rightleftharpoons}} \text{烷烃}(C_nH_{2n+2}) \tag{4.3}$$

烷烃加氢裂化为低碳烃：

$$\text{烷烃}(C_nH_{2n+2})+\frac{n-3}{3}H_2 \xrightarrow{k_{f_3}} \frac{n}{15}\sum_{i=1}^{5} C_iH_{2i+2} \tag{4.4}$$

环烷烃加氢裂化为低碳烃：

$$\text{环烷烃}(C_nH_{2n})+\frac{n}{3}H_2 \xrightarrow{k_{f_4}} \frac{n}{15}\sum_{i=1}^{5} C_iH_{2i+2} \tag{4.5}$$

其中：

$$\frac{n}{15}\sum_{i=1}^{5} C_iH_{2i+2} = \frac{n}{15}CH_4+\frac{n}{15}C_2H_6+\frac{n}{15}C_3H_8+\frac{n}{15}C_4H_{10}+\frac{n}{15}C_5H_{12} \tag{4.6}$$

反应速率、平衡常数和速率常数(K_{fi}为正向反应速率常数；K_{ri}为逆向反应速率常数)是温度(T)、分压(P_{i})、总压(P_{T})和空速倒数的函数，其方程表达式如表 4.3 总结所示。从这个表中，可得到如下的烷烃(P)、环烷烃(N)、芳香烃(A)和轻烃气体($C_1 \sim C_5$)的质量平衡方程式：

$$r_{\mathrm{P}} = \frac{d\mathrm{P}}{d(1/SV)} = -k_{f_2}p_{\mathrm{N}}p_{\mathrm{H_2}} + \frac{k_{f_2}}{K_{\mathrm{P_2}}}p_{\mathrm{P}} - k_{f_3}\frac{p_{\mathrm{P}}}{P_{\mathrm{T}}} \tag{4.7}$$

$$r_{\mathrm{N}} = \frac{d\mathrm{N}}{d(1/\mathrm{SV})} = -k_{f_1}p_{\mathrm{N}} + \frac{k_{f_1}}{K_{\mathrm{P_1}}}p_{\mathrm{A}}p_{\mathrm{H_2}}^3 - k_{f_2}p_{\mathrm{N}}p_{\mathrm{H_2}} + \frac{k_{f_2}}{K_{\mathrm{P_2}}}p_{\mathrm{P}} - k_{f_4}\frac{p_{\mathrm{N}}}{p_{\mathrm{T}}} \tag{4.8}$$

$$r_{\mathrm{A}} = \frac{d\mathrm{A}}{d(1/SV)} = k_{f_1}p_{\mathrm{N}} - \frac{k_{f_1}}{K_{\mathrm{P_1}}}p_{\mathrm{A}}p_{\mathrm{H_2}}^3 \tag{4.9}$$

$$r_{\mathrm{C_1-C_5}} = \frac{d(\mathrm{C_1} - \mathrm{C_5})}{d(1/\mathrm{SV})} = k_{f_3}\frac{p_{\mathrm{P}}}{P_{\mathrm{T}}} + k_{f_4}\frac{p_{\mathrm{N}}}{P_{\mathrm{T}}} \tag{4.10}$$

表 4.3　Smith(1959)模型的动力学方程①

反应	反应速率	平衡常数，K_P		正向反应速率常数，kf
$N \underset{k_{r_1}}{\overset{k_{f_1}}{\rightleftharpoons}} A+3H_2$	$-\frac{dN}{d(1/SV)}=k_{f_1}p_N-\frac{k_{f_1}}{K_{P_1}}p_Ap_{H_2}^3$	$K_{P_1}=\frac{k_{f_1}}{k_{r_1}}=\frac{p_Ap_{H_2}^3}{p_N}$	$K_{P_1}=e^{46.15-46.045/T}$	$k_{f_1}=e^{23.21-34.750/T}$
$N+H_2 \underset{k_{r_2}}{\overset{k_{f_2}}{\rightleftharpoons}} P$	$-\frac{dN}{d(1/SV)}=k_{f_2}p_Np_{H_2}-\frac{k_{f_2}}{K_{P_2}}p_P$	$K_{P_2}=\frac{k_{f_2}}{k_{r_2}}=\frac{p_P}{p_Np_{H_2}}$	$K_{P_2}=e^{-7.12+8000/T}$	$k_{f_2}=e^{35.58-59.600/T}$
$P+H_2 \xrightarrow{k_{f_3}} (C_1-C_5)$	$-\frac{dP}{d(1/SV)}=k_{f_3}\frac{p_P}{P_T}$	—	—	$k_{f_3}=e^{42.97-62.300/T}$
$N+H_2 \xrightarrow{k_{f_4}} (C_1-C_5)$	$-\frac{dN}{d(1/SV)}=k_{f_4}\frac{p_N}{P_T}$	—	—	$k_{f_4}=e^{42.97-62.300/T}$

① 单位：K_{P1}：atm；K_{P2}：atm^{-1}；K_{f1}：mol/h · l_{bcat} · atm^2；K_{f2}：mol/h · l_{bcat} · atm^2；K_{f3}：mol/h · l_{bcat}；K_{f3}：mol/h · l_{bcat}。

Krane 等(1959)对石脑油全馏分催化重整反应提出了另一个划分更细的模型，他将 C_6 ~ C_{10}的烃划分为 20 个集总，由这 20 集总组分构成了一个反应网络，并考虑了相同碳数烷烃、环烷烃和芳烃之间的性质差异，共包括 53 个反应步骤。Krane 提出的反应网络可总结如下：

烷烃：

$$P_n \rightarrow N_n \tag{4.11}$$

$$P_n \rightarrow P_{n-i} + P_i \tag{4.12}$$

环烷烃：

$$N_n \rightarrow A_n \tag{4.13}$$

$$N_n \rightarrow N_{n-i} + P_i \tag{4.14}$$

$$N_n \rightarrow P_n \tag{4.15}$$

芳烃：

$$A_n \rightarrow A_{n-i} + P_i \tag{4.16}$$

$$A_n \rightarrow P_n \tag{4.17}$$

$$A_n \rightarrow N_n \tag{4.18}$$

所有的反应都用与烃浓度有关的拟一级反应方程进行表示。反应速率常数可通过石脑油试验得到。Krane 等(1959)提出的反应速率方程的更多细节和与其相关的各种改进将在本章的后续部分继续讨论。

在论文中对这两个早期模型的各种修正和应用都有所报道。例如，Vinas 等(1996)对 Smith 模型进行了修正，考虑了五元和六元环烷烃芳烃化反应速率的差异，两类烷烃反应活性的不同，以及整个加氢脱烷基反应。Bommannan 等(1989)根据 Simth 模型，应用两套工业装置数据估算出了活化能的值。Dorozhov(1971)对模型进行了改造，将 C_5 ~ C_6 烷烃和 C_7 烷烃进行区分，但其预测能力只是稍有提高且模型更为复杂。为了对石脑油催化重整装置进行模拟和优化，Moharir 等(1979)在 Smith 模型上增加了催化剂酸性和金属功能失活的函数。

为了确定最佳的运行条件，Lee 等(1997)、Lid 和 Skogestad(2008)根据 Smith 模型，对连续催化再生的石脑油催化重整工艺进行建模。Lid 和 Skogestad(2008)建立的工艺模型预测结果与从一套工业石脑油重整装置 2 年运行过程中收集到的 21 套数据相吻合。近年来，

Liang 等(2005)在 Smith 模型的基础上开发了一种物理模型，用以模拟一套具有 4 个串联反应器的石脑油催化重整径向流反应装置。该模型用单一化合物分别代表烷烃、环烷烃和芳烃，将复杂石脑油混合物理想化，并选用动力学和热力学方程对催化重整反应进行描述。

同样的，Ancheyta 等(1994、2000、2001、2002)对 Krane 模型进行了改造，目的是根据阿伦尼乌斯类方程计算温度和压力对反应速率常数的影响。作者将石脑油组分扩展到含 11 个碳原子的烷烃、环烷烃和芳烃。考虑了烷烃异构化反应。为了能更精确的预测苯的形成，增加考虑了甲基环己烷异构为环己烷的反应。改进模型包括 71 个反应。利用实验室固定床反应获得的试验数据估算动力学参数。这个模型是一个一维的拟均相绝热反应模型。

Burnett 等(1965)提出了一个仅包含 C_7 烃的拟一级反应动力学模型。Zhorov 等(1965、1970)在一个包含 C_5 和 C_6 集总并将烷烃直接转化为芳烃的动力学模型中，将反应速率常数和石脑油进料组分进行了关联。Henningsen 和 Bundgaard-Nielson(1970)提出了一种对 C_5 和 C_6 环烷烃不同的处理方法，并用阿伦尼乌斯类方程表示反应速率常数，用来说明温度的影响。这个模型也考虑了催化剂的失活，并提供了反应热和活化能的值。Kmak(1972)描述了一种模型，将石脑油催化重整反应和 Hougen-Watson-Langmuir-Hinshelwood 动力学相结合，并用速率方程精细说明了在催化剂上化学物之间的相互反应。后来，Kmakand 和 Stuckey(1973)用纯组分、混合物和石脑油原料开发出了一个更详尽的且适合于更宽泛条件下的催化重整反应动力学，这个模型可以模拟更宽泛运行条件下的强化重整过程。运用该模型还能够确定 4 个串联反应器中 22 个集总组分的浓度分布。

Ramage 等(1980、1987)在中试装置中对纯组分和环烷烃窄馏分的重整反应进行了大量的研究，并据此开发出了一个详尽的动力学模型。这个模型包括合理的集总数和反应途径，抓住了不同进料之间反应的不同，并考虑了结焦导致的催化剂失活的影响。该模型将 C_6~C_8 集总分为烷烃、环烷烃和芳烃，并能预测出 13 个集总组分之间的加氢裂化、加氢-脱氢、环化和异构化反应。该模型假设可逆反应发生在相同碳原子数的烃之间，不可逆反应发生在不同碳原子数的烃之间。Jenkins 和 Stephens(1980)运用含有可逆反应的一级反应速率方程，开发了一种有 78 个反应的 31 集总动力学模型。压力对反应速率的影响用压力因子模拟，该因子针对每一特定反应都有特征指数。

Marin 和 Froment(1982)对 C_6 重整和 C_7 重整先后进行了研究(Van Trimpont 等，1988)，并开发出了一种石脑油催化重整动力学模型。这个模型考虑了 5~10 碳原子的烃类和一个包括 23 个集总组分的反应网络，并使用 Hougen-Watson 速率方程。Turpin(1992)将分馏模型和重整工艺动力学模型相结合，用来确定怎样才能最好的达到与重整汽油中苯含量相关的工艺要求。

Taskar(1996)、Taskar 和 Riggs(1997)通过研究运行模式和操作变量的影响，运用一种严格的动力学模型对工业催化重整装置性能进行优化。他们开发了一个更精细的包括 35 个集总组分的动力学模型。Coppens 和 Froment(1996)在反应速率方程中增加了扩散效应的影响，改进了催化重整模型。该模型提出催化剂载体的多孔性质可以用自相似的分形结构来类似。

Padmavathi 和 Chaudhuri(1997)开发了一个仿真模型，用来监测工业装置的性能。这个模型精细阐述了如何对进料和反应体系进行集总，以及如何估计参数和确认模型的细节。他们开发了一个 26 集总组分的动力学模型。

Szczygiel(1999)用纯组分作为进料，对催化重整动力学进行了研究。他报道了一种优化重整催化剂孔结构的计算方法，包括三个主要步骤：①分析催化剂颗粒中的动力学现象；②分析催化剂颗粒中的扩散现象；③建立一个优化重整催化剂颗粒孔结构参数值的数学模型。为了进行动力学分析，在一个一次通过的催化反应器中进行实验研究的基础上，确立了环烷烃反应路径和动力学结构。有人提出这个动力学模型可用于优化催化剂孔结构。

Joshi 等(1999)提出了一种严格的路径水平方法，用于对包含 79 个组分、464 个反应的催化重整反应进行建模。Rahimpour 等(2003)介绍了一种动力学模型和失活模型，用来模拟工业石脑油催化重整装置。Hu 等(2003)报道了一个 17 集总组分、17 个反应的催化重整动力学模型。该模型也考虑了化学集总组分在催化剂表面的吸附和因结焦引起的催化剂失活。后来，Hou 等(2006、2007)将 Hu 等(2003)的模型中的八碳芳烃细分为 4 个异构体：PX(para-xylene，对二甲苯)，MX(meta-xylene，间二甲苯)，OX(ortho-xylene，邻二甲苯)和 EB(ethylbenzene，乙基苯)。Stijepovic 等(2009)开发了一个用于催化重整工艺建模的通用框架。基于烷烃、异构烷烃、环烷烃和芳香烃四集总组分，提出了有 18 个集总组分的半经验动力学模型。假设每个反应的活化能是不一样的。用工业数据确定基准点，然后用其估计动力学参数。这个模型可以预测氢气和轻烃气体浓度。Shanyinghu 和 Zhu(2004)提出了一个包含多种反应的模型，用来阐明石脑油重整过程的分子模型。图 4.4 给出了一些上文中提到的、用于动力学模型开发的反应网络结构。反应速率方程、动力学参数值、催化剂性质和试验用的原料以及其他细节都可在相关的文献中查阅到。

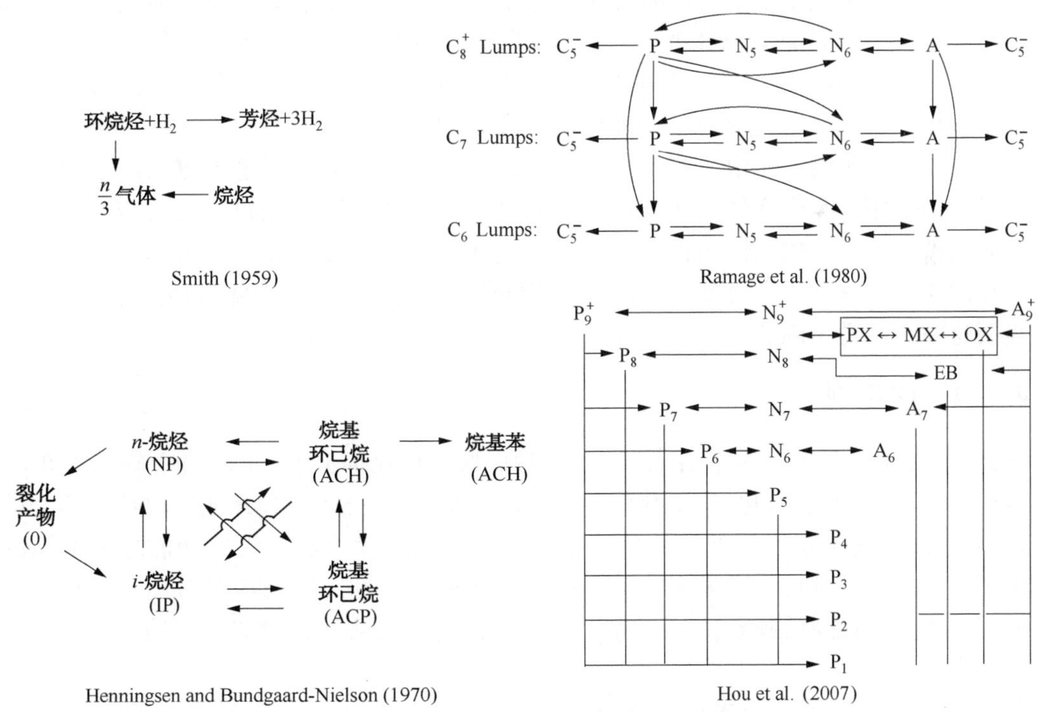

图 4.4　一些用于催化重整动力学模型开发的反应网络

Wei 等(2008)通过引入 Monte Carlo 模拟中的一些典型虚拟组分，开发了一种用于催化重整反应动力学建模的方法。使用这种方法可降低原料的复杂性，并根据图形理论，用计算机技术建立了这种合成原料的反应网络。Sotelo 和 Froment(2009)介绍了一个基本的催化重整工艺动力学模型。这个模型建立的基础是在 $Pt-Sn/Al_2O_3$ 催化剂酸性位和金属位上发生的基础化学反应。应用单事件概念对在酸性位上进行的反应基本步骤的速率表达式进行开发。这个动力学模型可用于拟均相和非均相反应模型，用于模拟一个绝热的工业催化重整装置(中心径向流的三个串联反应器)。

对石脑油催化重整动力学模型的目前发展状况进行总结发现，一方面，大多数报道的建立在集总方法上的动力学模型，其反应速率常数由进料和催化剂性质决定。有些模型不能预测烷基环戊烷的组成、正构烷烃和异构烷烃的组成、加氢裂化反应产物的精细组成或者石脑油组分中烃的范围。各个模型的复杂程度也大不相同，包括从几个集总到非常精细的动力学模型。另一方面，建立在基础方法上的复杂模型(如单一事件动力学模型)，虽然复杂模型克服了集总模型的一些缺点，但当反应条件(例如进料不同)与初始建模条件不同时，仍需对模型进行校正，并提供其更加接近实际工业生产的比较。另外，集总动力学模型涉及的动力学参数较少，因此估算参数所需要的实验数据相对较少。而基本的精细动力学模型则相当复杂，有大量的参数，因此经常需要更多的实验数据。由此可见，动力学建模者面临着一个相当大的困境：使用集总动力学模型还是基本方法。这是一个很困难的决定。但是，做这个决定时需要考虑一些重要的因素。绝大多数情况下，需要运用模型模拟工业装置以及预测工艺参数的微小变化对产品产率和质量的影响。如果选择了一个只有几个集总的模型，其预测能力肯定不足以代表所期望的情况。但如果选择一个精细的机理模型，可能会由于模型过于复杂而不能实施，这并不是因为模型的求解(对于现代计算机和算法来说已经是一个相对简单地任务)，而是因为确定模型参数所需的试验信息的成本和数量。因此，为什么不使用一种介于两者之间的方法呢？这种方法既保留了集总方法的简单性，也足够精细，能够正确预测工业催化重整装置的反应。使用中间方法可以使集总组分数目合理，从而能预测产品中所有希望组分的组成。之所以能使用这种方法的原因是集总动力学模型仍常用来表征活性基团，可以用易处理的方式描述复杂过程的反应动力学。所有已发表的科学论文的概括性结论为：集总方法在描述过程变量和反应速率的关系方面是完全可靠的。将集总动力学模型模拟结果与不同规模(包括工业规模)得到的数据进行对比，结果表明这一结论是正确的。

4.2.4 催化剂

催化重整反应是在氢气存在条件下，在加氢-脱氢催化剂上进行的。重整催化剂的双功能是由载体(氧化铝或二氧化硅-氧化铝)的酸中心和金属中心(铂和其他分散在载体上的金属如铼)提供的。为了获得最大的催化效率，必须达到酸性功能和脱氢功能之间适当的平衡。由于在铂微晶上进行可逆吸附的硫会抑制金属铂的活性，因此需要对重整原料进行加氢预处理，将硫含量降低到 $<1\mu g/g$。为了避免氯化物浸出从而造成酸强度的损失，必须保持很低的水含量。

除了铂金属，现代多金属催化剂还含有高分散的铼(Re)，在某些情况下还含有锡(Sn)。实际上，在工业中使用的催化剂配方主要有两种：$Pt-Re/Al_2O_3$ 和 $Pt-Sn/Al_2O_3$。Pt-Re催化剂是最稳定的，是半再生重整装置的首选，而 Pt-Sn 催化剂在低压时选择性最高，是连续再生重整装置的最佳选择。γ-氧化铝是最常用的重整催化剂载体。为了使具有脱氢功能的活性位数量最大化，铂金属必须分散在氧化铝表面。在催化剂使用之前加入氯化物，从而达到合适的催化剂酸性水平。

贵金属(铂和铼)是脱氢和氢解反应的催化位，而氯化氧化铝则提供了异构化、环化和加氢裂化反应所需的酸性位。加氢异构生成芳烃的反应主要是由酸催化反应和铂催化脱氢反应一起组成的。烷烃可能在催化剂酸中心上异构生成高辛烷值的支链烷烃。另一种酸催化反应是烷烃加氢裂化生成较轻的产物。烷烃也可进行铂催化脱氢反应，先生成烯烃中间物，然后环化生成环己烷。氧化铝载体可能催化烯烃环化反应。在正常操作期间，由于积炭沉积，催化剂活性随着时间的推移而降低。而焦炭是由烃特别是烯烃的副反应生成。催化剂的活性可通过周期性的高温再生恢复(烧炭)。烧炭通常是在 400~500℃ 的空气氛围中进行的。催化剂一般可再生 3 或 4 次。半再生装置中使用的催化剂必须具有长催化生命周期。在连续再生装置中，催化剂在反应器内流动，并在一个单独的再生器内连续再生。再生器是反应器-再生回路的一部分。

在半再生重整装置中，弥补催化剂的失活需要不断提高反应温度，直至反应温度达到最大允许值时，或者目标产物的选择性大幅度降低，或者液体产物的辛烷值一直下降时。催化重整装置每 6~12 个月需停工进行再生。在缓和的工艺条件下(高氢分压、较低的反应温度)运行，可使循环周期相对延长，不过重整产物辛烷值较低。

在连续再生装置中，部分催化剂在流程之外进行连续再生，并返回反应器以保持催化剂的高选择性和高活性。连续再生装置在苛刻的反应条件下(低氢分压和较高的反应温度)运行，可生产高辛烷值高芳烃含量的产物。

重整装置类型不同，所选用的催化剂也不同。用于半再生装置的催化剂含有铂或铼或铱(在较小程度上)改性的铂。催化剂载体通常是 γ-氧化铝，有些也选用 η-氧化铝作为载体。铼或铱被用来提高催化剂寿命。催化剂形状主要为圆柱形和球形两种。催化剂密度变化范围为 0.5~0.8g/cm^3。在连续重整装置中，球形催化剂在反应器和再生器之间来回输送。使用球形催化剂而不是圆柱形催化剂主要是为了避免催化剂粉尘和破损。在循环再生装置中，催化剂循环再生的速率约为每周一次。这些装置使用的典型催化剂为铂-锡/γ-氧化铝。锡被用于减少铂的氢解活性及提高重整油的产量。文献也有可以增加高辛烷值重整油产量和减低焦炭生成量的新型催化剂的相关报道。

4.3 反应动力学

4.3.1 动力学模型的发展

用于催化重整反应的动力学模型是 Krane 等(1959)报道模型的延伸。Krane 模型是利用集总数学方法表示所发生的反应。这些集总用相同性质的异构体(烷烃、环烷烃或芳烃)进行表示。这些集总包括碳数为 1 ~10 的烷烃，碳数为 6 ~10 的环烷烃和芳香烃。Krane 等(1959)报道的原始模型包括 53 个化学反应，如表 4.4 所示。

表 4.4　Krane 等(1959)报道的原始模型中考虑的化学反应、活化能以及每个重整反应的压力影响因子

反应①	反应数目	E_{Aj}(kcal/mol)	反应①	反应数目	E_{Aj}(kcal/mol)
烷烃			芳香烃		
$P_n \to N_n$	4	45	$A_n \to A_{n-i}+P_i$	5	40
$P_n \to P_{n-i}+P_i$	21	55	$A_n \to P_n$	4	45
小计	25		$A_n \to N_n$	1	30
环烷烃			小计	10	
$N_n \to A_n$	5	30	反应	α_k	
$N_n \to N_{n-i}+P_i$	6	55	异构化	0.370	
$N_n \to P_n$	5	45	脱氢环化	-0.700	
小计	16		加氢裂化	0.433	
			加氢脱烷基	0.500	
			脱氢	0.000	

注：①n 为碳原子数($1 \leqslant i \leqslant 5$)。

考虑到更多的反应可对石脑油组分进行更精确的预测，对原始模型进行了如下几种方法的改进。

1.11 碳烃的动力学参数

从表 4.5 可以看出，催化重整的典型石脑油原料包含原子数高达 11 的烃。Krane 等(1959)的原始动力学模型只考虑了碳原子数小于 10 的烃之间的相互反应。为了保持动力学参数的初始值不变，假设报道的 10 碳烃实际为 10 和 11 碳烃的集总：$C_{10}^{+}=C_{10}+C_{11}$。按照这种方法，不同烃集总可细分为：

$$P_{10}^{+}=P_{10}+P_{11} \tag{4.19}$$

$$N_{10}^{+}=N_{10}+N_{11} \tag{4.20}$$

$$A_{10}^{+}=A_{10}+A_{11} \tag{4.21}$$

表 4.5　催化重整工艺各种原料的典型组成

	石脑油						平均值
	1	2	3	4	5	6	
正构烷烃							
C_4	0	1.568	0	0	0	0	0.261
C_5	1.818	11.368	9.818	10.362	1.983	1.392	6.124
C_6	9.633	8.034	8.356	8.412	9.467	9.477	8.897
C_7	8.116	6.778	7.114	7.148	8.386	8.402	7.657
C_8	6.464	5.326	5.602	5.616	6.640	6.683	6.055
C_9	4.454	3.514	3.858	3.809	4.625	4.68	4.157
C_{10}	1.640	1.403	1.707	1.635	1.948	2.066	1.733
C_{11}	0.297	0.266	0.321	0.292	0.318	0.370	0.311
小计	32.422	38.257	36.776	37.274	33.367	33.07	35.194

续表

	石脑油						平均值
	1	2	3	4	5	6	
异构烷烃							
C_4	0	0.076	0	0	0	0	0.013
C_5	0.565	6.459	3.191	3.771	0.794	0.453	2.539
C_6	8.868	7.289	7.548	7.495	5.373	5.413	6.998
C_7	6.779	5.676	5.973	5.965	6.943	6.963	6.383
C_8	7.070	5.897	6.310	6.187	7.289	7.344	6.683
C_9	6.241	5.066	5.499	5.311	6.448	6.509	5.846
C_{10}	3.526	2.84	3.384	3.221	3.899	4.402	3.545
C_{11}	0.212	0.203	0.281	0.254	0.289	0.374	0.269
小计	33.261	33.506	32.186	32.204	31.035	31.458	32.275
环烷烃							
C_5	0.897	0.977	0.973	0.978	0.333	0.286	0.741
C_6	5.069	4.345	4.435	4.434	5.226	5.166	4.779
C_7	6.934	6.038	6.071	6.065	7.179	7.157	6.574
C_8	5.112	4.307	4.593	4.565	5.320	5.461	4.893
C_9	1.842	1.535	1.655	1.578	1.938	1.970	1.753
C_{10}	0.495	0.398	0.558	0.492	0.561	0.641	0.524
C_{11}	0.096	0.085	0.106	0.099	0.105	0.125	0.103
小计	20.445	17.685	18.391	18.211	20.662	20.806	19.367
芳香烃							
C_6	1.393	1.074	1.200	1.199	1.380	1.351	1.266
C_7	3.506	2.676	3.024	3.038	3.634	3.576	3.242
C_8	5.326	4.015	4.529	4.542	5.507	5.428	4.891
C_9	2.908	2.186	2.956	2.671	3.488	3.218	2.905
C_{10}	0.707	0.569	0.903	0.830	0.891	1.056	0.826
C_{11}	0.032	0.032	0.035	0.031	0.036	0.037	0.034
小计	13.872	10.552	12.647	12.311	14.936	14.666	13.164

原始报道的每类烃的反应速率方程可表示为：

$$\frac{dC_{10}^{+}}{d(1/SV)} = k_{10}^{+}C_{10}^{+} = k_{10}^{+}(C_{10} + C_{11}) \tag{4.22}$$

这个方程也可以表示为 C_{10}和 C_{11}以及它们各自的动力学参数(k_{10}和 k_{11})的函数：

$$\frac{dC_{10}^{+}}{d(1/SV)} = k_{10}C_{10} + k_{11}C_{11} \tag{4.23}$$

将方程式(4.22)和(4.23)进行合并，可得到如下的方程式：

$$k_{10} = \frac{k_{10}(R+1)}{R+K} \tag{4.24}$$

其中：

$$R=\frac{C_{10}}{C_{11}} \tag{4.25}$$

$$K=\frac{k_{10}}{k_{11}} \tag{4.26}$$

用方程(4.24)~方程(4.26)可分别计算 10 碳烃和 11 碳烃各自的动力学参数(k_{10}和 k_{11})。进行计算时，要用到方程(4.25)和(4.26)，这两个方程对它们之间的关系进行了定义。

为了确定每种烃类型的常数 R 值，需对工业催化重整装置中不同时期的典型原料进行分析。原料组成如表 4.5 所示。从这个表中，可得到这种特定原料的相应 R 值为：

$$R_P=\frac{P_{10}}{P_{11}}=9.109 \tag{4.27}$$

$$R_N=\frac{N_{10}}{N_{11}}=5.106 \tag{4.28}$$

$$R_A=\frac{A_{10}}{A_{11}}=24.414 \tag{4.29}$$

计算 R_P 时，烷烃的量为其总量，即异构烷烃和正构烷烃的总和。Krane 等(1959)报道的原始动力学参数是碳原子数的函数(如 k_7/k_6 k_8/k_7，k_9/k_8，和 k_{10}/k_9)，利用这些参数对这些关系式进行计算，然后用外推法即可得到每个反应的 K 值。图 4.5 给出了烷烃加氢裂化生成低碳烃的两种反应过程。对于包括 C_{10} 和 C_{11} 各种烃的反应动力学参数，其最终确定的值如表 4.6 所示。

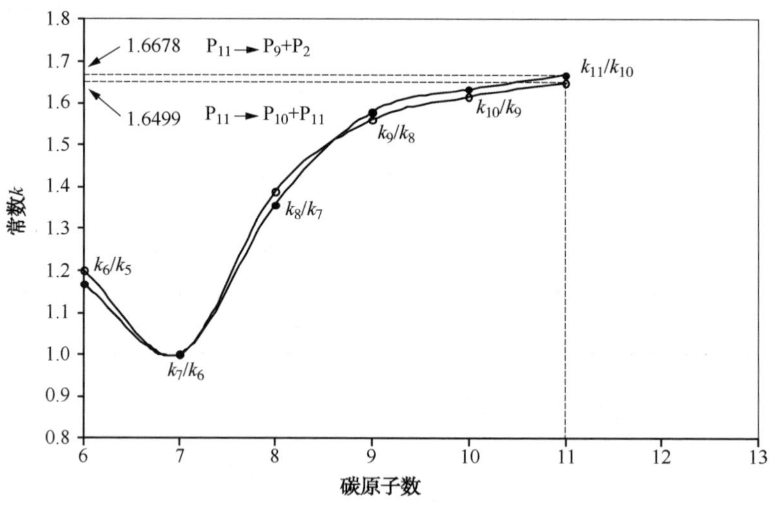

图 4.5 计算常数 k 的外推过程实例

2. 生成苯的反应

Krane 等(1959)的原始模型既没有考虑甲基环戊烷(MCP)异构生成环己烷(N6)(MCP↔N6)，也没有考虑 P6 转化为 MCP(P6↔MCP)。Krane 等(1959)的模型只考虑了 P6↔N6↔A6 反应途径。因为重整油中苯含量对于准确预测至关重要，所以很有必要考虑苯参与的反应。因此，在动力学模型中加入了如图 4.6 所示的反应网络和与此相关的反应速率方程。而且，所有苯的生成都要经过环己烷脱氢这个中间步骤。

3. 烷烃异构化

石脑油催化重整中，非常希望发生的反应是正构烷烃异构为异构烷烃，这是因为生成的异构烷烃会提高重整产物的辛烷值。异构化反应是在酸性位上进行的，并在催化重整条件下很快的达到平衡。因此，通过计算热力学平衡可估算出烷烃的分布。

对于下面一般的异构化反应：

$$nP_i \leftrightarrow iP_i \tag{4.30}$$

平衡常数(Ke)为：

$$K_{ei} = \frac{y_{i-p_i}}{y_{n-p}} = \frac{y_{i-p_i}}{1 - y_{i-p_i}} \tag{4.31}$$

表 4.6　包括 10 碳和 11 碳的各种烃的动力学常数

反应	C_6/C_5	C_7/C_6	C_8/C_7	C_9/C_8	C_{10}/C_9	C_{11}/C_{10} ①	k_{10}^{+} ②	k_{10} ③	k_{11}^{+} ③
P→N	—	—	2.2931	1.3609	1.4033	1.4645	0.0254	0.0243	0.0356
$P_n \to P_{n-1}+P_1$	1.1667	1.0000	1.3571	1.5789	1.6333	1.6678	0.0049	0.0046	0.0077
$P_n \to P_{n-2}+P_2$	1.2000	1.0000	1.3888	1.5600	1.6154	1.6499	0.0063	0.0059	0.0097
$P_n \to P_{n-3}+P_3$	—	1.1852	1.3438	1.5814	1.6029	1.6170	0.0109	0.0103	0.0166
$P_n \to P_{n-4}+P_4$	—	—	—	1.5714	1.6182	1.6212	0.0089	0.0084	0.0135
$P_n \to P_{n-5}+P_5$	—	—	—	—	—	—	0.0124	0.0117	0.0191
N→P	—	0.1351	2.3500	1.1489	1.0000	1.0000	0.0054	0.0054	0.0054
N→A	—	2.2587	2.3678	1.1395	1.0000	1.0000	0.2450	0.2450	0.2450
$N_n \to N_{n-1}+P_1$	—	—	—	14.111	1.0551	1.0000	0.0134	0.0134	0.0134
$N_n \to N_{n-2}+P_2$	—	—	—	—	1.0551	1.0000	0.0134	0.0134	0.0134
$N_n \to N_{n-3}+P_3$	—	—	—	—	—	1.0000	0.0080	0.0080	0.0080
$A_n \to A_{n-1}+P_1$	—	—	—	5.0000	1.2000	1.0000	0.0006	0.0006	0.0006
$A_n \to A_{n-2}+P_2$	—	—	—	—	1.2000	1.0000	0.0006	0.0006	0.0008
A→P	—	—	1.0000	1.0000	1.0000	1.0000	0.0016	0.0016	0.0016

注：① 外推值。

② Krane 等 1959 年报道的原始动力学参数。

③ 动力学参数计算值。

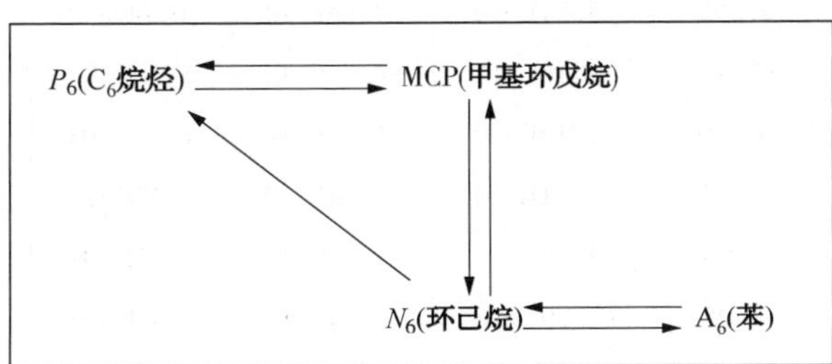

图 4.6　生成苯的反应网络

Smith 等(1996)给出了温度对平衡常数的影响：

$$\ln(K_{ei}) = -\frac{\Delta G_i^o}{RT} \tag{4.32}$$

式中，ΔG^o 为反应标准吉布斯能。ΔG^o 可由下式计算：

$$\frac{\Delta G^o}{RT} = \frac{\Delta G^o - \Delta H_0^o}{RT_0} + \frac{\Delta H_0^o}{RT} + \frac{1}{T}\int_{T_0}^{T} \frac{\Delta Cp}{R}\mathrm{d}T - \int_{T_0}^{T} \frac{\Delta Cp}{R}\frac{\mathrm{d}T}{T} \tag{4.33}$$

用方程(4.33)计算 ΔG^o 时，需用到下面的与温度有关的热容表达式：

$$C_{pi} = A_i + B_i T + C_i T^2 + D_i T^3 \tag{4.34}$$

将方程(4.34)代入到方程(4.33)中，积分后最终表达式为：

$$\int_{T_0}^{T} \Delta C_p \mathrm{d}T = \Delta A(\tau - 1)T_0 + \frac{\Delta B}{2}(\tau^2 - 1)T_0^2 + \frac{\Delta C}{3}(\tau^3 - 1)T_0^3 + \frac{\Delta D}{4}(\tau^4 - 1)T_0^4 \tag{4.35}$$

$$\int_{T_0}^{T} \frac{\Delta C_p}{T}\mathrm{d}T = \Delta A\ln(\tau) + \Delta B(\tau - 1)T_0 + \frac{\Delta C}{2}(\tau^2 - 1)T_0^2 + \frac{\Delta D}{3}(\tau^3 - 1)T_0^3 \tag{4.36}$$

其中：

$$\tau = \frac{T}{T_0} \tag{4.37}$$

使用中间反应步骤，对催化重整中发生的烷烃异构反应进行热力学平衡计算时，需要用到表4.7中给出的一些热力学数据。例如，正己烷发生异构反应生成的产物有四种异构体：2-甲基戊烷、3-甲基戊烷、2,2-二甲基丁烷和2,3-二甲基丁烷。每种异构化反应需分别进行计算。计算 ΔG^o 所需要的所有参数值如表4.8所示。计算出 ΔG^o 后，根据公式(4.32)计算 K_e。当所有的 K_e 值确定后，根据公式(4.31)计算所有异构体的组成(y_i)。

$$y_i = \frac{K_{e_i}}{1 + \sum_{i=1}^{n_{\text{isomers}}} K_{e_i}} \tag{4.38}$$

表4.9总结了不同温度下 K_e 的值以及利用这个步骤计算得到6~11碳烷烃异构体的平衡组成。将Krane等(1959)公布的总烷烃集总分为正构烷烃和异构烷烃后，模型将由原来的7个烷烃集总扩展为包括异构烷烃在内的48烷烃集总。也就是说，在模型中加入了41个新烷烃集总。

表4.7 各种烷烃热力学数据

名称	A	B	C	D	H^o	G^o
正构丁烷	2.266	7.91E-02	-2.65E-05	-6.74E-10	-30.15	-4.10
异构丁烷	-0.332	9.19E-02	-4.41E-05	6.92E-09	-32.15	-4.99
正戊烷	-0.866	1.16E-01	-6.16E-05	1.27E-08	-35.00	-2.00
2-甲基丁烷	-2.275	1.21E-01	-6.52E-05	1.37E-08	-36.92	-3.54
2,2-二甲基丙烷	-3.963	1.33E-01	-7.90E-05	1.82E-08	-39.67	-3.64
正己烷	-1.054	1.39E-01	-7.45E-05	1.55E-08	-39.96	-0.06
2-甲基戊烷	-2.524	1.48E-01	-8.53E-05	1.93E-08	-41.66	-1.20
3-甲基戊烷	-0.570	1.36E-01	-6.85E-05	1.20E-08	-41.02	-0.51
2,2-二甲基丁烷	-3.973	1.50E-01	-8.31E-05	1.64E-08	-44.35	-2.30

续表

名称	A	B	C	D	H^o	G^o
2,3-二甲基丁烷	-3.489	1.47E-01	-8.06E-05	1.63E-08	-42.49	-0.98
正庚烷	-1.229	1.62E-01	-8.72E-05	1.83E-08	-44.88	1.91
2-甲基己烷	-9.408	2.06E-01	-1.50E-04	4.39E-08	-46.59	0.77
3-甲基己烷	-1.683	1.63E-01	-8.92E-05	1.87E-08	-45.96	1.10
2,2-二甲基戊烷	-11.966	2.14E-01	-1.52E-04	4.15E-08	-49.27	0.02
2,3-二甲基戊烷	-1.683	1.63E-01	-8.92E-05	1.87E-08	-47.62	0.16
2,4-二甲基戊烷	-1.683	1.63E-01	-8.92E-05	1.87E-08	-48.28	0.74
3,3-二甲基戊烷	-1.683	1.63E-01	-8.92E-05	1.87E-08	-48.17	0.63
3-乙基戊烷	-1.683	1.63E-01	-8.92E-05	1.87E-08	-45.33	2.63
正辛烷	-1.456	1.84E-01	-1.00E-04	2.12E-08	-49.82	3.92
2-甲基庚烷	-21.435	2.97E-01	-2.81E-04	1.10E-07	-51.50	3.05
3-甲基庚烷	-2.201	1.88E-01	-1.05E-04	2.32E-08	-50.82	3.28
4-甲基庚烷	-2.201	1.88E-01	-1.05E-04	2.32E-08	-50.69	4.00
2,2-二甲基己烷	-2.201	1.88E-01	-1.05E-04	2.32E-08	-53.71	2.56
2,3-二甲基己烷	-2.201	1.88E-01	-1.05E-04	2.32E-08	-51.13	4.23
2,4-二甲基己烷	-2.201	1.88E-01	-1.05E-04	2.32E-08	-52.44	2.80
2,5-二甲基己烷	-2.201	1.88E-01	-1.05E-04	2.32E-08	-53.21	2.50
3,3-二甲基己烷	-2.201	1.88E-01	-1.05E-04	2.32E-08	-52.61	3.17
3,4-二甲基己烷	-2.201	1.88E-01	-1.05E-04	2.32E-08	-50.91	4.14
3-乙基己烷	-2.201	1.88E-01	-1.05E-04	2.32E-08	-50.40	3.95
2,2,3-三甲基戊烷	-2.201	1.88E-01	-1.05E-04	2.32E-08	-52.61	4.09
2,2,4-三甲基戊烷	-1.782	1.86E-01	-1.02E-04	2.19E-08	-53.57	3.27
2,3,3-三甲基戊烷	-2.201	1.88E-01	-1.05E-04	2.32E-08	-51.73	4.52
2,3,4-三甲基戊烷	-2.201	1.88E-01	-1.05E-04	2.32E-08	-51.97	4.52
2-甲基-3-乙基戊烷	-2.201	1.88E-01	-1.05E-04	2.32E-08	-50.48	5.08
3-甲基-3-乙基戊烷	-2.201	1.88E-01	-1.05E-04	2.32E-08	-51.38	4.76
正壬烷	0.751	1.62E-01	-4.61E-05	-7.12E-09	-54.74	5.93
2,2,3-三甲基己烷	-10.899	2.52E-01	-1.71E-04	4.75E-08	-57.65	5.86
2,2,4-三甲基己烷	-14.405	2.64E-01	-1.84E-04	5.23E-08	-58.13	5.38
2,2,5-三甲基己烷	-12.923	2.62E-01	-1.85E-04	5.39E-08	-60.71	3.21
3,3-二乙基戊烷	-16.067	2.69E-01	-1.91E-04	5.51E-08	-55.44	8.38
2,2,3,3-四甲基戊烷	-13.037	2.60E-01	-1.81E-04	5.12E-08	-56.70	8.20
2,2,3,4-四甲基戊烷	-13.037	2.60E-01	-1.81E-04	5.12E-08	-56.64	7.80
2,2,4，4-四甲基戊烷	-16.099	2.79E-01	-2.06E-04	6.15E-08	-57.83	8.13
2,3,3,4-四甲基戊烷	-13.117	2.61E-01	-1.82E-04	5.15E-08	-56.46	8.15
正癸烷	-1.890	2.30E-01	-1.26E-04	2.70E-08	-59.67	7.94
3,3,5-三甲基庚烷	-16.808	2.94E-01	-2.07E-04	5.86E-08	-61.80	8.02
2,2,3,3-四甲基己烷	-14.052	2.94E-01	-2.11E-04	6.17E-08	-61.66	11.28
2,2,5,5-四甲基己烷	-14.890	2.97E-01	-2.14E-04	6.25E-08	-68.32	4.66

数据来源：Reid(1997)。

表 4.8　正己烷异构反应 K_e 的计算实例(T=400K)

ΔA	ΔB	ΔC	ΔD	ΔH_0^o	ΔG_0^o	$\frac{\Delta G_0^o}{RT}$	K_e
n-己烷↔2-甲基戊烷							
-1.47	0.0087	-1.1E-05	3.8E-09	-1.7	-1.14	-1.200	3.32
n-己烷↔3-甲基戊烷							
0.484	-0.0031	5.95E-06	-3.5E-09	-1.06	-0.45	-0.303	1.35
n-己烷↔2,2-二甲基丁烷							
-2.919	0.0113	-8.6E-06	8.5E-10	-4.39	-2.24	-1.890	6.62
n-己烷↔2,3-二甲基丁烷							
-2.435	0.0079	-6.1E-06	7.8E-10	-2.53	-0.92	-0.455	1.58

表 4.9　己烷异构体的平衡常数和平衡组成(物质的量比)

反应：正己烷↔	平衡常数					
	300K	400K	500K	600K	700K	800K
2-甲基戊烷	6.73	3.32	2.20	1.69	1.41	1.24
3-甲基戊烷	2.11	1.35	1.04	0.87	0.76	0.69
2,2-二甲基丁烷	41.83	6.62	2.20	1.07	0.65	0.45
2,3-二甲基丁烷	4.60	1.58	0.82	0.54	0.39	0.32
异构体	平衡组成(物质的量比)					
	300K	400K	500K	600K	700K	800K
2-甲基戊烷	11.96	23.94	30.30	32.76	33.51	33.59
3-甲基戊烷	3.76	9.76	14.26	16.78	18.09	18.76
2,2-二甲基丁烷	74.33	47.73	30.34	20.73	15.33	12.08
2,3-二甲基丁烷	8.17	11.36	11.34	10.37	9.36	8.52
正己烷	1.78	7.21	13.76	19.36	23.71	27.05
合计	100.00	100.00	100.00	100.00	100.00	100.00

4. 压力和温度对动力学参数的影响

克兰等(Krane et al 1959)开发的模型不包括温度和压力对动力学参数的影响。为了克服这些限制，可以使用速率常数与每种类型反应的活化能值，并加上考虑压力效应因子的Arrhenius 型变化。温度和压力对动力学参数的组合效应的方程可以表示为：

$$k_i = k_i^0\left[\frac{E_{Aj}}{R}\left(\frac{1}{T_0}-\frac{1}{T}\right)\right]\left(\frac{P}{P_0}\right)^{\alpha_k} \tag{4.39}$$

表 4.4 给出了每个反应 j 的活化能(E_{Aj})和压力效应因子(α_k)的值。克兰等(Krane et al 1959)报道了在 471~515℃的温度范围内的动力学参数(k_i^0)的值，此时的 P_0=300psi(表)，氢油比为 2~8mol/mol，*WHSV* 为 0.7~5.0h^{-1}。因为对于每个反应，在该温度范围内仅报告每个反应速率的相应动力学参数的一个值，所以基础温度被认为是两个值的平均值(T_0=493℃)。

5. 扩展动力学模型

基于上述所有考虑，开发了一种包含 41 个环烷烃异构体的 33 集总动力学模型。图 4.7 给出了建议模型的反应网络。假定所有的与烃有关的反应都是拟一级反应。每个集总的反应速率如下列方程所示。这些方程组成了动力学模型。每个反应速率方程都是动力学常数

(ki)和各个虚拟组分(Pi，Ni，Ai)浓度的函数。表 4.10 给出了所有的反应速率常数。

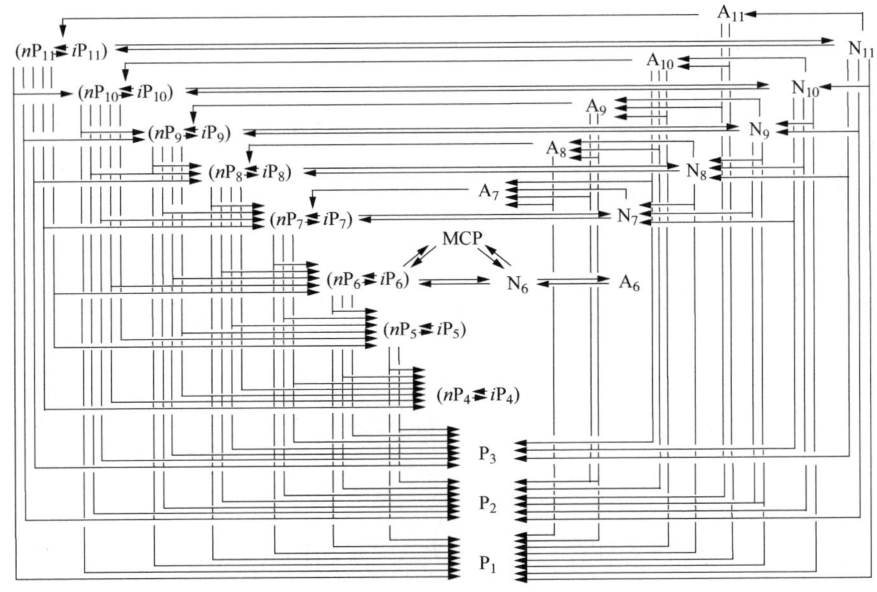

图 4.7　石脑油催化重整反应网络

表 4.10　建议模型的动力学参数(T=490℃)

反　应	k/h^{-1}		反　应	k/h^{-1}		反　应	k/h^{-1}	
$P_{11} \to N_{11}+H_2$	0.0356	k_1	$P_7 \to H_2 \to P_5+P_2$	0.0018	k_{25}	$N_8 \to A_8+3H_2$	0.2150	k_{49}
$P_{11}+H_2 \to P_{10}+P_1$	0.0075	k_2	$P_7+H_2 \to P_4+P_3$	0.0043	k_{26}	$N_8+H_2 \to N_7+P_1$	0.0007	k_{50}
$P_{11}+H_2 \to P_9+P_2$	0.0100	k_3	$P_6 \to N_6+H_2$	0.0000	k_{27}	$N_7+H_2 \to P_7$	0.0019	k_{51}
$P_{11}+H_2 \to P_8+P_3$	0.0135	k_4	$P_6 \to MCP+H_2$	0.0042	k_{28}	$N_7 \to A_7+3H_2$	0.0788	k_{52}
$P_{11}+H_2 \to P_7+P_4$	0.0135	k_5	$P_6+H_2 \to P_5+P_1$	0.0018	k_{29}	$N_6+H_2 \to P_6$	0.0204	k_{53}
$P_{11}+H_2 \to P_6+P_5$	0.0191	k_6	$P_6+H_2 \to P_4+P_2$	0.0016	k_{30}	$N_6 \to A_6+3H_2$	0.1368	k_{54}
$P_{10} \to N_{10}+H_2$	0.0243	k_7	$P_6+H_2 \to 2P_3$	0.0025	k_{31}	$N_6 \to MCP$	0.0040	k_{55}
$P_{L0}+H_2 \to P_9+P_1$	0.0015	k_8	$P_5+H_2 \to P_4+P_1$	0.0018	k_{32}	$MCP+H_2 \to P_6$	0.0008	k_{56}
$P_{10}+H_2 \to P_8+P_2$	0.0054	k_9	$P_5+H_2 \to P_3+P_2$	0.0022	k_{33}	$MCP \to N_6$	0.0238	k_{57}
$P_{10}+H_2 \to P_7+P_3$	0.0160	k_{10}	$N_{11}+H_2 \to P_{11}$	0.0050	k_{34}	$A_{11}+4H_2 \to P_{11}$	0.0016	k_{58}
$P_{10}+H_2 \to P_6+P_4$	0.0095	k_{11}	$N_{11} \to A_{11}+3H_2$	0.6738	k_{35}	$A_{11}+H_2 \to A_{10}+P_1$	0.0006	k_{59}
$P_{10}+H_2 \to 2P_5$	0.0095	k_{12}	$N_{11}+H_2 \to N_{10}+P_1$	0.0134	k_{36}	$A_{11}+H_2 \to A_9+P_2$	0.0006	k_{60}
$P_9 \to N_9+H_2$	0.0500	k_{13}	$N_{11}+H_2 \to N_9+P_2$	0.0134	k_{37}	$A_{10}+4H_2 \to P_{10}$	0.0016	k_{61}
$P_9+H_2 \to P_8+P_1$	0.0030	k_{14}	$N_{11}+H_2 \to N_8+P_3$	0.0080	k_{38}	$A_{10}+H_2 \to A_9+P_1$	0.0006	k_{62}
$P_9+H_2 \to P_7+P_2$	0.0039	k_{15}	$N_{10}+H_2 \to P_{10}$	0.0054	k_{39}	$A_{10}+H_2 \to A_8+P_2$	0.0006	k_{63}
$P_9+H_2 \to P_6+P_3$	0.0068	k_{16}	$N_{10} \to A_{10}+3H_2$	0.3198	k_{40}	$A_{10}+H_2 \to A_7+P_3$	0.000	k_{64}
$P_9+H_2 \to P_5+P_4$	0.0058	k_{17}	$N_{10}+H_2 \to N_9+P_1$	0.0134	k_{41}	$A_9+4H_2 \to P_9$	0.0016	k_{65}
$P_8 \to N_8+H_2$	0.0266	k_{18}	$N_{10}+H_2 \to N_8+P_2$	0.0134	k_{42}	$A_9+H_2 \to A_8+P_1$	0.0005	k_{66}
$P_8+H_2 \to P_7+P_1$	0.0019	k_{19}	$N_{10}+H_2 \to N_7+P_3$	0.0080	k_{43}	$A_9+H_2 \to A_7+P_2$	0.0005	k_{67}
$P_8+H_2 \to P_6+P_2$	0.0056	k_{20}	$N_9+H_2 \to P_9$	0.0054	k_{44}	$A_8+4H_2 \to P_8$	0.0011	k_{68}
$P_8+H_2 \to P_5+P_3$	0.0034	k_{21}	$N_9 \to A_9+3H_2$	0.2205	k_{45}	$A_8+H_2 \to A_7+P_1$	0.0001	k_{69}
$P_8+H_2 \to 2P_4$	0.0070	k_{22}	$N_9+H_2 \to N_8+P_1$	0.0127	k_{46}	$A_7+4H_2 \to P_7$	0.0016	k_{70}
$P_7 \to N_7+H_2$	0.0076	k_{23}	$N_9+H_2 \to N_7+P_2$	0.0127	k_{47}	$A_6+3H_2 \to N_6$	0.0015	k_{71}
$P_7+H_2 \to P_6+P_1$	0.0027	k_{24}	$N_8+H_2 \to P_8$	0.0025	k_{48}			

石蜡：

$$\frac{dP_{11}}{d(1/SV)}=k_{34}N_{11}+k_{58}A_{11}-(k_1+k_2+k_3+k_4+k_5+k_6)P_{11} \tag{4.40}$$

$$\frac{dP_{10}}{d(1/SV)}=k_2P_{11}+k_{39}N_{10}+k_{61}A_{10}-(k_7+k_8+k_9+k_{10}+k_{11}+k_{12})P_{10} \tag{4.41}$$

$$\frac{dP_9}{d(1/SV)}=k_3P_{11}+k_8P_{10}+k_{44}N_9+k_{65}A_9-(k_{13}+k_{14}+k_{15}+k_{16}+k_{17})P_9 \tag{4.42}$$

$$\frac{dP_8}{d(1/SV)}=k_4P_{11}+k_9P_{10}+k_{14}P_9+k_{48}N_8+k_{68}A_8-(k_{18}+k_{19}+k_{20}+k_{21}+k_{22})P_8 \tag{4.43}$$

$$\frac{dP_7}{d(1/SV)}=k_5P_{11}+k_{10}P_{10}+k_{15}P_9+k_{19}P_8+k_{51}N_7+k_{70}A_7-(k_{23}+k_{24}+k_{25}+k_{26})P_7 \tag{4.44}$$

$$\frac{dP_6}{d(1/SV)}=k_6P_{11}+k_{11}P_{10}+k_{16}P_9+k_{20}P_8+k_{24}P_7+k_{53}N_6+k_{56}\cdot MCP \\ -(k_{27}+k_{28}+k_{29}+k_{30}+k_{31})P_6 \tag{4.45}$$

$$\frac{dP_5}{d(1/SV)}=k_6P_{11}+2k_{12}P_{10}+k_{17}P_9+k_{21}P_8+k_{25}P_7+k_{29}P_6-(k_{32}+k_{33})P_5 \tag{4.46}$$

$$\frac{dP_4}{d(1/SV)}=k_5P_{11}+k_{11}P_{10}+k_{17}P_9+2k_{22}P_8+k_{26}N_7+k_{30}P_6+k_{32}P_5 \tag{4.47}$$

$$\frac{dP_3}{d(1/SV)}=k_4P_{11}+k_{10}P_{10}+k_{16}P_9+2k_{21}P_8+k_{26}N_7+2k_{31}P_6+k_{33}P_5 \\ +k_{38}N_{11}+k_{43}N_{10}+k_{64}A_{10} \tag{4.48}$$

$$\frac{dP_2}{d(1/SV)}=k_3P_{11}+k_9P_{10}+k_{15}P_9+k_{20}P_8+k_{25}N_7+k_{30}P_6+k_{33}P_5 \\ +k_{37}N_{11}+k_{42}N_{10}+k_{47}N_9+k_{60}A_{11}+k_{63}A_{10}+k_{67}N_9 \tag{4.49}$$

$$\frac{dP_1}{d(1/SV)}=k_2P_{11}+k_8P_{10}+k_{14}P_9+k_{19}P_8+k_{24}N_7+k_{29}P_6+k_{32}P_5 \\ +k_{36}N_{11}+k_{41}N_{10}+k_{46}N_9+k_{50}N_8+k_{59}A_{11}+k_{62}A_{10}+k_{66}A_9+k_{69}A_8 \tag{4.50}$$

环烷烃：

$$\frac{dN_{11}}{d(1/SV)}=k_1P_{11}-(k_{34}+k_{35}+k_{36}+k_{37}+k_{38})N_{11} \tag{4.51}$$

$$\frac{dN_{10}}{d(1/SV)}=k_7P_{10}+k_{36}N_{11}-(k_{39}+k_{40}+k_{41}+k_{42}+k_{43})N_{10} \tag{4.52}$$

$$\frac{dN_9}{d(1/SV)}=k_{13}P_9+k_{37}N_{11}+k_{41}N_{10}-(k_{44}+k_{45}+k_{46}+k_{47})N_9 \tag{4.53}$$

$$\frac{dN_8}{d(1/SV)}=k_{18}P_8+k_{38}N_{11}+k_{42}N_{10}+k_{46}N_9-(k_{48}+k_{49}+k_{50})N_8 \tag{4.54}$$

$$\frac{dN_7}{d(1/SV)} = k_{23}P_7 + k_{43}N_{10} + k_{47}N_9 + k_{50}N_8 - (k_{51} + k_{52})N_7 \tag{4.55}$$

$$\frac{dN_6}{d(1/SV)} = k_{27}P_6 + k_{57} \cdot MCP + k_{71}A_6 - (k_{53} + k_{54} + k_{55})N_6 \tag{4.56}$$

$$\frac{dMCP}{d(1/SV)} = k_{28}P_6 + k_{55}N_6 - (k_{56} + k_{57}) \cdot MCP \tag{4.57}$$

芳香烃：

$$\frac{dA_{11}}{d(1/SV)} = k_{35}N_{11} - (k_{58} + k_{59} + k_{60})A_{11} \tag{4.58}$$

$$\frac{dA_{10}}{d(1/SV)} = k_{40}N_{10} + k_{59}A_{11} - (k_{61} + k_{62} + k_{63} + k_{64})A_{10} \tag{4.59}$$

$$\frac{dA_9}{d(1/SV)} = k_{45}N_9 + k_{60}A_{11} + k_{62}A_{10} - (k_{65} + k_{66} + k_{67})A_9 \tag{4.60}$$

$$\frac{dA_8}{d(1/SV)} = k_{49}N_8 + k_{63}A_{10} + k_{66}A_9 - (k_{68} + k_{69})A_8 \tag{4.61}$$

$$\frac{dA_7}{d(1/SV)} = k_{52}N_7 + k_{64}A_{10} + k_{67}A_9 + k_{69}A_8 - k_{70}A_7 \tag{4.62}$$

$$\frac{dA_6}{d(1/SV)} = k_{54}N_6 - k_{71}N_6 \tag{4.63}$$

涉及氢气的反应，不管是耗氢还是产氢的反应，其氢平衡都可用化学计量法推导出。得到的氢气反应速率方程为：

$$\frac{dH_2}{d(1/SV)} = \sum_{i=1}^{7} a_i P_{12-i} + \sum_{i=1}^{6} b_i N_{12-i} - \sum_{i=1}^{6} c_i A_{12-i} - k_{56}MCP \tag{4.64}$$

表 4.11 给出了 a_i、b_i 和 c_i 的值。

表 4.11　氢平衡方程系数

i	a_i	b_i	c_i
1	$k_1-(k_2+k_3+k_4+k_5+k_6)$	$3k_{35}-(k_{34}+k_{36}+k_{37}+k_{38})$	$4k_{58}+k_{59}+k_{60}$
2	$k_7-(k_8+k_9+k_{10}+k_{11}+k_{12})$	$3k_{40}-(k_{39}+k_{41}+k_{42}+k_{43})$	$4k_{61}+k_{62}+k_{63}+k_{64}$
3	$k_{13}-(k_{14}+k_{15}+k_{16}+k_{17})$	$3k_{45}-(k_{44}+k_{46}+k_{47})$	$4k_{65}+k_{66}+k_{67}$
4	$k_{18}-(k_{19}+k_{20}+k_{21}+k_{22})$	$3k_{49}-(k_{48}+k_{50})$	$4k_{68}+k_{69}$
5	$k_{23}-(k_{24}+k_{25}+k_{26})$	$3k_{52}-k_{51}$	$4k_{70}$
6	$k_{27}+k_{28}-(k_{29}+k_{30}+k_{31})$	$3k_{54}-k_{53}$	$3k_{71}$
7	$-(k_{32}+k_{33})$		

4.3.2　小试试验验证动力学模型

1. 恒温反应器试验

进行诸多实验来验证改进的动力学模型，试验原料采用工业石脑油加氢脱硫单元回收的加氢脱硫直馏石脑油（馏程：82～168℃，20℃密度：0.74g/mL，硫含量：<0.5μg/g）。采用气相色谱法测定该催化重整试验原料的详细组成，如表 4.12 中第一列所示。试验装置

为实验室规模的不锈钢固定床反应器(内径为2.5cm，长为25cm)，氢气循环使用。反应在等温模式下进行，温度由三段式电炉分别控制。该实验装置流程图如图4.8所示。试验条件为压力10.5kg/cm²，氢油物质的量比6.5，温度490℃、500℃和510℃。为了模拟一系列三个重整反应器，在实验室规模的反应器中装填不同量的催化剂(如6mL、15mL和30mL)，保持石脑油流速102mL/h不变，则可得到17.72h⁻¹、7.09h⁻¹和3.54h⁻¹不同的空速(*WHSV*)。对催化剂量和WHSV进行选择，保证在第一个反应器中装入的催化剂量为总催化剂的20%，第二个装入30%，第三个为50%。这个比例是典型的工业催化重整反应器装填比例。

表4.12 实验室反应原料以及不同重整产物的组成(压力为10.5kg/cm²，氢油物质的量比为6.5，*WHSV*为3.54h⁻¹)

	原料	反应温度		
		490℃	500℃	510℃
正构烷烃				
nP_{11}	2.20	0.01	0.01	0
nP_{10}	2.97	0.09	0.00	0
nP_9	5.09	0.40	0.28	0.18
nP_8	6.36	1.22	0.91	0.63
nP_7	3.20	2.92	2.45	1.97
nP_6	4.40	5.51	5.22	4.40
nP_5	3.80	5.26	4.97	4.85
总计	28.02	15.41	13.84	12.03
异构烷烃				
iP_{10}	6.22	0.28	0.17	0.85
iP_9	8.31	1.50	1.24	0.67
iP_8	6.51	3.76	2.75	2.01
iP_7	6.20	8.01	7.29	6.07
iP_6	6.70	9.41	9.50	9.83
iP_5	3.40	6.40	6.19	5.53
总计	37.34	29.36	27.14	24.96
环烷烃				
N_{11}	0.40	0.00	0.00	0
N_{10}	0.60	0.00	0.00	0
N_9	0.01	3.56	0.01	0.02
N_8	4.71	0.63	0.66	0.38
N_7	5.80	0.33	0.31	0.27
N_6	3.21	0.01	0.01	0.01
MCP	0.42	1.35	1.23	1.15
总计	18.70	2.33	2.23	1.82
芳香烃				
A_{11}	0.30	0.97	1.10	1.25
A_{10}	2.70	5.61	5.76	5.99
A_9	4.21	12.53	13.20	14.17
A_8	4.71	15.66	16.90	18.2
A_7	3.22	12.82	13.91	15.02
A_6	0.80	5.30	5.91	6.56
总计	15.94	52.90	56.78	61.19

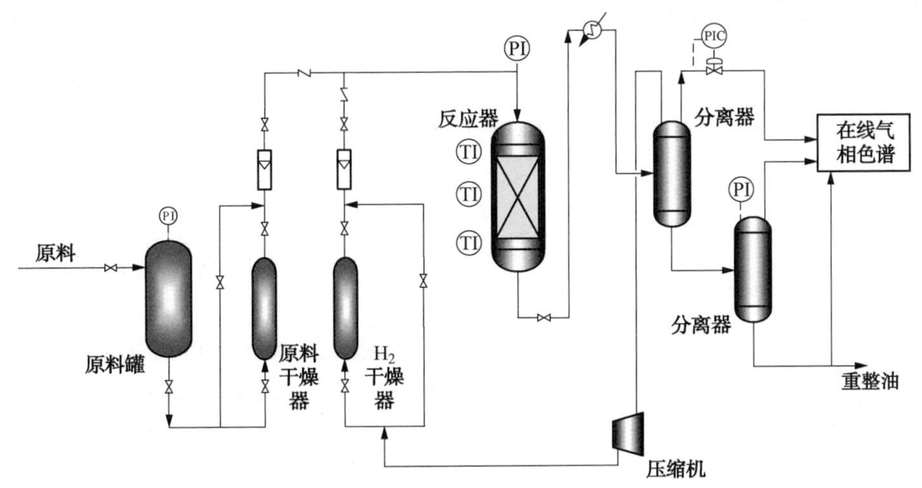

表 4.8　催化重整试验的实验室装置流程图

试验中使用的催化剂均为商用 Pt-Re 重整催化剂，Pt 和 Re 含量均为 0.29%（质量分数），比表面积为 $221m^2/g$，孔容为 0.36mL/g，颗粒直径为 1.6mm。为了使反应器热损失分布均匀，同时更容易保持温度的均一性，采用粒径均匀的惰性物质对催化剂床层进行稀释。稀释的程度取决于催化剂在反应器中的装填量。当试验所用的催化剂量为总量的 20%时，稀释程度最高。由于轴向热电偶测量的温降小于 5℃，所以可假定操作为等温过程。在高压产品接收器中收集重整产物样品。样品中的裂化产物（丁烷和轻烃）可通过蒸馏（稳定单元）除去。用气相色谱分析稳定后重整产物中的正构烷烃、异构烷烃、环烷烃和芳香烃组成。

2. 结论

1）重整试验

表 4.12 给出了重整产物的详细物质的量组成。其组成为反应温度的函数。从这个表中，可得到如下结论：

① 当反应温度从 490℃升高到 500 和 510℃时，芳烃的总量（物质的量比）从 15.94%分别增加到 52.90%、56.78%和 61.19%。芳烃中增加的主要是轻芳烃，特别是 A_6、A_7 和 A_8。

② 环烷烃脱氢生成芳烃的反应相对容易且选择性高。这个反应基本能完全进行。例如，N_6、N_9、N_{10}和 N_{11}完全转化生成芳烃，N_7 和 N_8 的转化率也高于 87%。经证实，高温有利于环烷烃脱氢反应。当温度高于 490℃时，环烷烃几乎完全转化为芳烃（整个环烷烃转化率>87%）。这也是环烷烃是重整进料中最希望组分的主要原因。

③ 烷烃异构化是一个非常重要的反应，这是因为石脑油中正构烷烃含量高，而正构烷烃异构化产物具有较高的辛烷值。目前试验所用的石脑油中烷烃含量（物质的量比）很高：28.02%正构烷烃和 37.34%异构烷烃。这个反应在工业运行温度下进行得很快，且受热力学平衡限制。由于反应热很低，温度几乎不对反应产生影响。

④ 烷烃脱氢环化是最难进行的反应，它包括了烷烃分子重排生成环烷烃。重烷烃（P_9、P_{10}和 P_{11}）转化率高于 92%，而轻烷烃的转化率较低。这是因为，烷烃形成环的可能性随着相对分子质量增大而很快增加。与环烷烃脱氢反应类似，高温有利于烷烃脱氢环化反应。

2）验证动力学模型

前面描述的动力学模型被合并为一个等温拟均相一维反应模型。使用稀释剂和合适粒径的催化剂床层保证收集到的数据不受动力学和扩散效应的影响。质量平衡方程是反应器长度的函数，用龙格-库塔法(Runge-Kutta 法)求解评估出产品的组成。

图 4.9 给出了在 510℃ 条件下，重整生成油中一些选定烃类(nP_5、iP_5、nP_7、MCP、N_6、N_7 和 A_6)的试验与预测物质的量组成对比随催化剂床层长度变化的趋势。通过对比可得到如下结论：

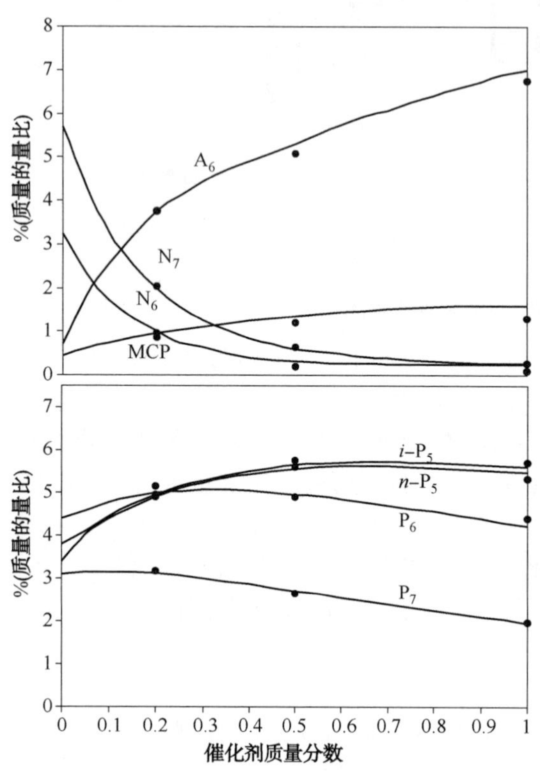

图 4.9　实验室反应器中重整生成油的试验(●)和预测(—)组成对比图(510℃)

①预测的产品摩尔组成与实验室数据非常吻合。试验值与预测值之间的平均偏差小于 3%。

② 随着石脑油通过催化剂床层，A_6 浓度增加，所有芳烃化合物的浓度也增加。

③ N_6、N_7 和重烷烃(P_7 到 P_{11}，图中只给出了 P_7)发生了转化，其浓度降低。在前 30%催化剂床层中，石脑油转化率高。在 60%催化剂床层之后，环烷烃浓度接近一个非常低的稳定状态值。

④ 在前 20%~30%催化剂床层中，环烷烃和烷烃相对反应速率不同。N_6 和 N_7 几乎在这个部分全部转化，而 MCP 和烷烃转化速率低。这说明 MCP 反应活性远低于 N_6 和 N_7。

⑤ A_6(苯)组成的计算值和试验值相当吻合，最大偏差为 2%，这是苯反应机理正确描述的结果。

3)压力和温度对动力学参数影响的验证

为了评价压力和温度对动力学参数的校正是否有效，用不同的方案计算动力学模型参数，并对模型进行测试。根据方程(4.39)可知影响动力学参数的测试条件包括：①只有压力影响；②只有温度影响；③温度和压力同时影响。当动力学参数只受压力影响时，在不同的反应温度下，模型预测的产品摩尔组成相同。这表明必须考虑温度的影响。另一方面，Krane 等(1959)报道中，在 300psi(21 kg/cm^2)下，动力学参数原始值只受温度的影响，因此这些参数不适用于预测压力(10.5 kg/cm^2)下的试验。只有在计算动力学参数时同时考虑了温度和压力的影响，才能大幅提高重整生成油组成的预测准确度。

4.3.3　工业半再生重整反应器模拟

1. 反应器模型

在典型的催化重整反应条件下，原料(石脑油)以气相形式进入反应器，并与固体催化剂接触(即催化重整为气-固相反应)。由于反应器的直径和长度远大于催化剂颗粒直径，因此可忽略其径向和轴向的扩散影响。此外，在稳态条件下，可以假定催化剂活性是恒定的。因此，工业半再生重整反应器可以用一维拟均相绝热模型表示。反应器模型由下面的常微分方程构成，对整个反应器进行积分，就可得到重整油组成、温度和压力的沿着反应器轴向的变化曲线。反应器的总压降由 Ergun 方程来预测：

$$-\frac{\mathrm{d}y_i}{\mathrm{d}z}=\frac{\mathrm{MW}_i}{z\cdot \mathrm{WHSV}}r_i \tag{4.65}$$

$$\frac{\mathrm{d}T}{\mathrm{d}z}=\frac{S\sum_{i=1}^{NR}r_i(-\Delta H_{Ri})}{\sum_{i=1}^{NC}F_iC_{pi}} \tag{4.66}$$

$$-\frac{\mathrm{d}P}{\mathrm{d}z}=1.75\times10^{-5}\frac{1-\varepsilon}{\varepsilon^3}\frac{G^2}{\rho d_P g_c}+1.5\times10^{-3}\frac{(1-\varepsilon)^2}{\varepsilon^3}\frac{G\mu}{\rho d_P^2 g_c} \tag{4.67}$$

方程(4.65)~方程(4.67)与每个组分的动力学模型速率方程(r_i，之前描述的用四阶 Runge-Kutta 方法求解)同时求解。求解能量平衡方程时需要计算反应热(ΔH_{Ri})。反应热可通过下面的方程确定：

$$\Delta H_R=\sum v_pH_{fp}-\sum v_rH_{fr} \tag{4.68}$$

$$H_{fi}=H_{fi}^{\circ}+\int_{298\mathrm{K}}^{T}C_p dT \tag{4.69}$$

$$C_p=A+BT+CT^2+DT^3 \tag{4.70}$$

表 4.13 给出了反应生成热 H_f° 和用于计算比热容(C_{pi})的常数(A、B、C 和 D)值。

表 4.13　重整原料和产品中纯化合物的性质

	PM	sg	T_b/K	PVR/bar	*RON*	*MON*	$C_p=A+BT+CT_2+BT_3$				H_f°/(J/mol)
							A	*B*	*C*	*D*	
气体											
氢气	2.016	9.0E-5	20.3	—	—	—	2.714E+1	9.274E-3	-1.381E-5	7.645E-9	0.0
甲烷	16.043	0.3000	111.6	—	—	—	1.925E+1	5.213E-2	1.197E-5	-1.132E-8	-7.490E+4
乙烷	30.070	0.3564	184.6	—	—	—	5.409E+0	1.781E-1	-6.938E-5	8.713E-9	-8.474E+4
丙烷	44.094	0.5077	231.1	13.100	98.90	97.10	-4.224E+0	3.063E-1	-1.586E-4	3.215E-8	-1.039E+5
丁烷	58.124	0.5844	272.7	3.558	93.80	89.60	9.487E+0	3.313E-1	-1.108E-4	-2.822E-9	-1.262E+5
正构烷烃											
戊烷	72.151	0.6310	309.2	1.073	61.70	62.60	-3.626E+0	4.873E-1	-2.580E-4	5.305E-8	-1.465E+5
己烷	86.178	0.6640	341.9	0.342	24.80	26.00	-4.413E+0	5.820E-1	-3.119E-4	6.494E-8	-1.673E+5
庚烷	100.205	0.6882	371.6	0.112	0.00	0.00	-5.146E+0	6.762E-1	-3.651E-4	7.658E-8	-1.879E+5
辛烷	114.232	0.7068	398.8	0.037	-19.00	-15.00	-6.096E+0	7.712E-1	-4.195E-4	8.855E-8	-2.086E+5
壬烷	128.259	0.7217	424.0	0.012	-17.00	-20.00	-8.374E+0	8.729E-1	-4.826E-4	1.031E-7	-2.292E+5
癸烷	142.286	0.7342	447.3	0.004	-16.01	-21.10	-7.913E+0	9.609E-1	-5.288E-4	1.131E-7	-2.498E+5
十一烷	156.313	0.7439	469.1	0.001	-14.10	-23.00	-8.395E+0	1.054E+0	-5.799E-4	1.237E-4	-2.705E+5
异构烷烃											
异丁烷	58.124	0.5631	261.4	4.978	93.00	92.09	-1.390E+0	3.847E-1	-1.846E-4	2.895E-8	-1.346E+5
2-甲基丁烷	72.151	0.6247	301.0	1.409	92.30	90.30	-9.525E+0	5.066E-1	-2.729E-4	5.723E-8	-1.546E+5
2,2-二甲基丁烷	86.178	0.6540	322.8	0.679	95.60	93.40	-1.663E+1	6.293E-1	-3.481E-4	6.850E-8	-1.857E+5
2,2-二甲基戊烷	100.205	0.6782	352.4	0.241	92.80	95.60	-5.010E+1	8.956E-1	-6.360E-4	1.736E-7	-2.063E+5

续表

	PM	sg	T_b/K	PVR/bar	*RON*	*MON*	$C_p=A+BT+CT_2+BT_3$ A	B	C	D	H_f^o/(J/mol)
2,2,4-三甲基戊烷	114.232	0.6962	372.4	0.118	100.00	100.00	-7.461E+0	7.779E-1	-4.287E-4	9.173E-8	-2.243E+5
2,2-二甲基庚烷	128.242	0.7146	405.9	0.029	101.10	100.30	-2.089E+1	9.668E-1	-6.120E-4	1.570E-7	-2.470E+5
3,3,5-三甲基庚烷	142.286	0.7469	428.9	0.012	94.20	90.55	-7.037E+1	1.232E+0	-8.646E-4	2.455E-7	-2.587E+5
环烷烃											
甲基环戊烷	84.162	0.7536	345.0	0.310	91.3	80.0	-5.011E+1	6.381E-1	-3.642E-4	8.014E-8	-1.068E+5
环己烷	84.162	0.7834	353.8	0.225	83.0	77.2	-5.454E+1	6.113E-1	-2.523E-4	1.321E-8	-1.232E+5
甲基环己烷	98.189	0.7740	374.1	0.111	74.8	71.1	-6.192E+1	7.842E-1	-4.538E-4	9.366E-8	-1.549E+5
乙基环己烷	112.216	0.7922	404.9	0.033	45.6	40.8	-6.389E+1	8.893E-1	-5.108E-4	1.103E-7	-1.719E+5
丙基环己烷	126.243	0.7977	429.9	0.012	17.8	14.0	-6.252E+1	9.889E-1	-5.795E-4	1.291E-7	-1.934E+5
丁基环己烷	140.260	0.8031	454.1	0.004	70.31	68.50	-6.296E+1	1.081E+0	-6.305E-4	1.400E-7	-2.133E+5
己基环戊烷	154.297	0.8006	476.3	0.001	70.00	68.00	-5.832E+1	1.128E+0	-6.536E-4	1.473E-7	-2.096E+5
芳香烃											
苯	78.114	0.8844	353.2	0.222	108.00	98.00	-3.392E+1	4.739E-1	-3.017E-4	7.130E-8	8.298E+4
甲苯	92.141	0.8718	383.8	0.074	120.10	105.00	-2.435E+1	5.125E-1	-2.765E-4	4.911E-8	5.003E+4
乙苯	106.168	0.8718	409.3	0.025	107.90	97.90	-4.310E+1	7.072E-1	-4.811E-4	1.301E-7	2.981E+4
丙基苯	120.195	0.8665	432.4	0.010	101.50	98.70	-3.129E+1	7.486E-1	-4.601E-4	1.081E-7	7.830E+3
丁基苯	134.222	0.8646	456.5	0.003	100.40	95.50	-2.299E+1	7.934E-1	-4.396E-4	8.570E-8	-1.382E+4
戊基苯	148.250	0.8624	478.6	0.000	110.00	92.00	-4.218E+1	9.772E-1	-6.262E-4	1.570E-7	-3.380E+4

2. 工业重整反应条件

工业半连续重整装置有四个级间加热的反应器，反应运行条件如下：反应温度为495℃，反应压力位 10.5kg/cm^2，氢油比为 6.3mol/mol，进料流速为 30000bbl/d。使用加氢脱硫直馏石脑油作为原料，其主要性质如下：相对密度为 0.7406，60/60℉，分子质量为104.8g/mol，馏程为 88~180℃，烷烃总量为 59.11%，环烷烃总量为 20.01%，芳烃总量为20.88%。工业重整装置中使用的催化剂和上面提到的实验室装置相同。

表 4.14 详细列出了半再生重整装置中四个反应器各自的主要性质。重时空速的倒数(100/*WHSV*)经常被用来表示反应的苛刻度和反应物在反应器的位置，表 4.14 给出了它的数值。从表中可以看出，第一个反应器尺寸最小，最后一个反应器尺寸最大。这是因为发生在第一个反应器中一些反应的速率非常快，而最后一个反应器中发生的反应速率很慢。

表 4.14　工业催化重整反应器的主要性质

	反应器 1	2	3	4	总计
高/m	4.902	5.410	6.452	8.208	24.972
反应器高度,%	19.6	21.7	25.8	32.9	100.0
累积反应器高度,%	19.6	41.3	67.1	100.0	
直径/m	2.438	2.819	2.971	3.505	

续表

	反应器				总计
	1	2	3	4	
催化剂重量/t	9.13	13.82	22.82	42.58	88.35
催化剂床层,%	10.3	15.7	25.8	48.2	100
累积催化剂床层,%	10.3	26.0	51.8	100	
$WHSV/h^{-1}$	16.0	10.6	6.4	3.4	36.4
累积 $WHSV/h^{-1}$	16.0	26.6	33	36.4	
100/*WHSV*	6.25	9.43	15.63	29.41	60.72
累积 100/*WHSV*	6.25	15.68	31.31	60.72	

3. 模拟结果

1)重整油组成

图4.10给出了重整油的模拟摩尔组成和工业报道的4个反应器出口的各种烃摩尔组成。从图中可得出如下结论：

① 模拟值和工业报道的数值吻合度高。能很好地计算出来10碳和11碳烃、生成苯的烃类(MCP、A_6、P_6 和 N_6)以及异构烷烃的含量。因此，反应器和动力学模型对重整油组成的预测精度高。

② 当原料流经串联反应器时，所有芳烃组分含量增加。A_6、A_7、A_8 和 A_9 含量变化最大，而 A_{10}增加量很少，A_{11}几乎没有发生变化。

③ 6碳及6碳以上的环烷烃相对容易反应，几乎反应完全。重烷烃(例如 P_{10}和 P_{11})的反应特性相似。P_8 和 P_9 的转化率也很高，而加氢裂化和氢解作用会产生一些轻烷烃，因此

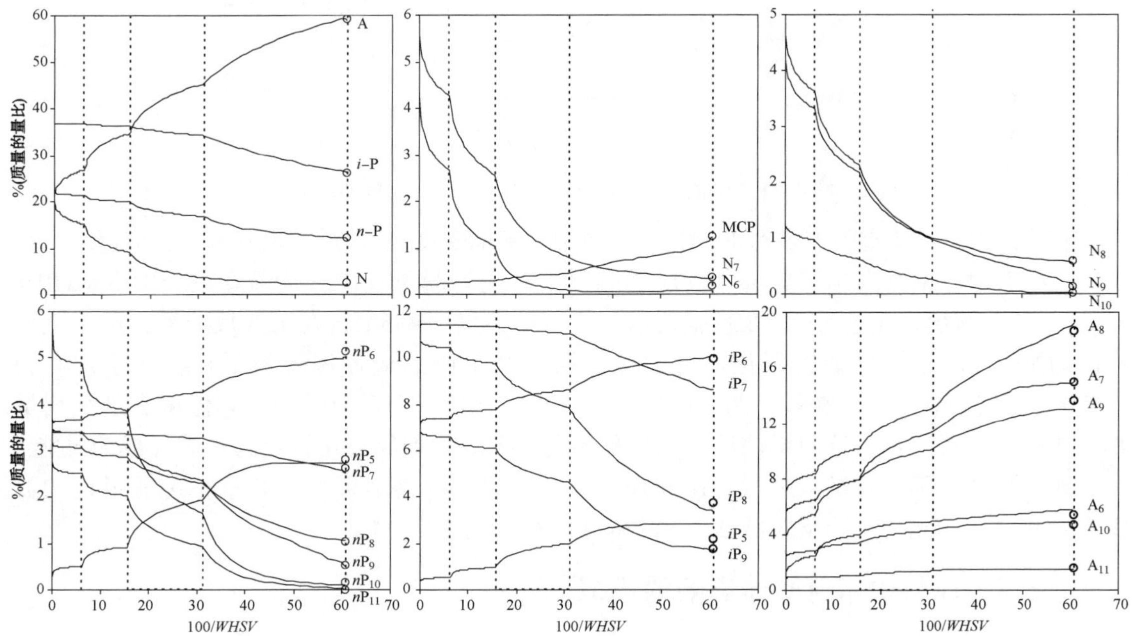

图4.10 重整产物的预测(—)和工业试验(○)摩尔组成

轻烷烃含量增加。

④ 当 N_6 到 N_{10} 以及重烷烃(P_8 到 P_{11})发生转化后，其含量降低。在第一和第二反应器中，环烷烃转化率高。在第三反应器之后，环烷烃含量达到一个非常低的稳定值。在前两个反应器中，环烷烃和烷烃相对转化速率相差很大，N_6 和 N_{11} 几乎完全转化，而烷烃转化率很低。

⑤ 异构烷烃含量在第一和第二个反应器中变化不大，而在后两个反应器中变化较大。轻烷烃浓度变化与之相似。这说明第三和第四反应器中芳香烃含量的增加可能只是因为烷烃的转化。

2)反应器的 ΔT

图 4.11 给出了四个串联反应器的温度曲线。在第一个反应器中，主要的反应是吸热反应且速率很快(如烷烃脱氢转化为芳烃)，所以反应温度从 495℃急剧下降到 443℃。反应温度的大幅下降($\Delta T1=52$℃)几乎使所有反应停止，所以在第一反应器中加入更多的催化剂并不能提高转化率。

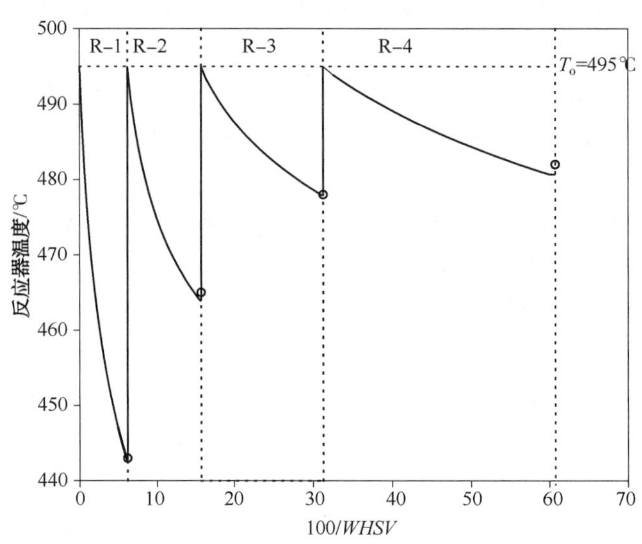

图 4.11　模拟(—)与工业实测(○)反应温度曲线

将一反出口物流重新加热到 495℃(一反进口物流的温度)，然后输送到第二反应器中。在第二反应器中，主要发生了异构化反应和剩余的环烷烃脱氢反应，且温降较为中等($\Delta T2=30$℃)。二反流出物在进入第三反应器之前，又重新加热到 495℃，在第四反应器之前也进行相同的操作。由于烷烃加氢裂化反应放热，第三和第四反应器温降较低(分别为 17℃和 14℃)。脱氢和裂化反应在最后两个反应器中进行。最后一个反应器的平均温度和催化剂量都高于第一个反应器。这使得烷烃脱氢环化转化为芳烃和加氢裂化转化为轻烷烃成为可能。

对模拟和实际温降结果进行对比发现，反应器模型预测结果和工艺重整装置报道的数据高度吻合。预测与实际反应器 ΔT 值的累计绝对偏差小于 3℃。

4.3.4　原料中苯前驱体影响的模拟

1. 原料的准备

该情况下所用的原料与前面章节稍有不同。新鲜原料(原料 A)的主要性能如下：相对密度(60/60℉)为 0.730，摩尔质量为 110g/mol，馏程为 60~190℃。原料的初沸点(IBP)为 60℃，表明存在苯前驱体。因为参与生成苯反应体系的烃的一般沸点如下：苯为 80.1℃，己烷为 68.7℃，甲基环戊烷为 71.8℃，环己烷为 80.7℃。

为了评价苯前驱体的影响，对原料油 A 进行分馏，调整其初馏点到 88℃，即可制得不含苯前驱体的原料。另一种原料(原料 B)的主要性质为：相对密度(60/60℉)为 0.734，摩尔质量为 112g/mol，馏程为 88~190℃。

表 4.15 给出了由气相色谱法测定的原料 A 和 B 的组成。从表中可以看出，原料 A 中明显含有一定量(摩尔组成)的苯前驱体和苯(1.12% A_6、7.69% P_6、0.64% MCP 和 4.23% N_6)，而在原料 B 中苯前驱体和苯的含量大幅减少(0.26% A_6、0.44% P_6、0MCP 和 3.45% N_6)。

表 4.15 含苯前驱体和不含苯前驱体的原料摩尔组成

	原料 A	原料 B		原料 A	原料 B
正构烷烃			环烷烃		
NP_{11}	0.77	0.79	N_{10}	0.87	1.15
NP_{10}	2.72	3.55	N_9	3.56	4.72
NP_9	4.05	5.82	N_8	4.04	7.00
NP_8	5.52	7.88	N_7	5.95	8.43
NP_7	6.77	9.75	N_6	4.23	3.45
NP_6	7.69	0.44	MCP0.64		
NP_5	6.80	0.09	总计	19.29	24.75
总计	34.32	28.32			
异构烷烃			芳香烃		
iP_{10}	4.10	5.53	A_{11}	0.96	0.90
iP_9	4.52	5.20	A_{10}	1.34	1.25
iP_8	6.50	8.39	A_9	4.24	5.75
iP_7	5.64	6.68	A_8	5.77	8.45
iP_6	6.72		A_7	3.02	4.52
iP_5	2.46		A_6	1.12	0.26
总计	29.94	25.80	总计	16.45	21.13

由于分馏出了轻组分，原料 B 比原料 A 稍重，这从相对密度和相对分子质量的增大可以看出。通过调整原料 A 的 IBP，i-P_5、i-P_6 和 MCP 完全从原料 A 中移出，n-P_5 和 n-P_6 的含量也大幅降低(>94%)。环己烷(N_6)的含量下降了 18.4%，而苯(A_6)的含量下降了 68.3%。

形成苯的前驱体主要是 N_6 和 MCP，接着是 n-P_6。将原料 A 的 IBP 从 60℃调整到 88℃，得到的原料 B 中几乎不含 MCP 和 n-P_6，但 N_6 含量仍很高。据预测，在反应初始时，由于原料 B 中不含 MCP，所有不会发生 MCP 异构生成 N_6。因此，苯只能通过原料 B 本身存在的 N_6 发生脱氢反应生成。随着反应的进行，P_6 和 N_6 反应生成 MCP，A_6 的产量也随之增加。

2. 模拟结果

在本文中，先用等温模型对运行情况进行了模拟，将模拟的重整油组分结果与实验室反应所得数据进行对比，然后用绝热模型对工业重整装置进行模拟。

1）等温模型模拟结果与试验数据的对比

图 4.12 给出了在催化剂床层不同位置上，一些烃类（MCP、N_6、N_7 和 A_6）预测与试验所得重整油摩尔组成对比图。从图中可以看出，计算结果与实验室结果相吻合，平均偏差小于 3%。特别是计算出的 A6（苯）摩尔组成与试验数据吻合的相当好，最大偏差为 2%。

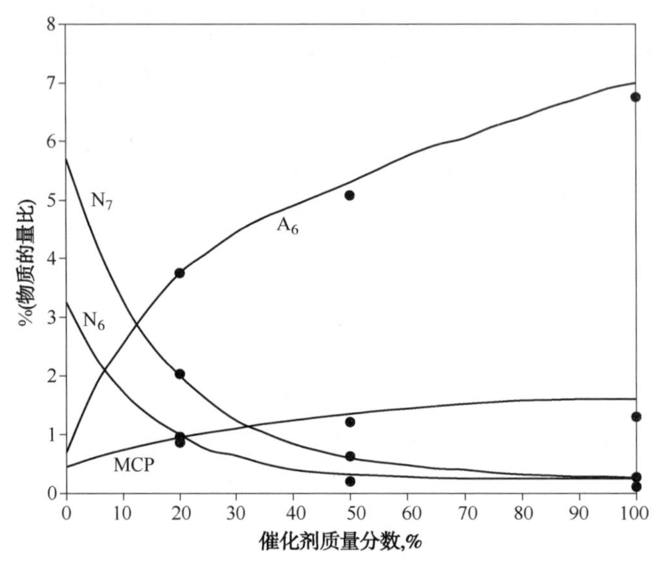

图 4.12　重整油试验（　）与预测（—）摩尔组成对比图（510℃，实验室反应器）

值得一提的是，集总动力学模型的速率常数通常由原料和催化剂性质决定。因此，当原料组成与计算参数所使用的组成不同时，不适合用这些速率常数对重整反应进行模拟。但是，如果动力学模型足够精细，速率常数可看做与初始原料组成无关时，就可用这些速率常数对不同的原料使用进行模拟。使用更精细模型的问题是，由于使用了大量的集总，参数量大大增加，从而需要更多的试验数据，丧失了部分只使用少量集总动力学模型的简单性。尽管如此，图 4.12 的结果清楚的表明，开发的动力学模型足够精细，因此，可以认为动力学参数与原料组成无关。

2）用绝热模型进行预测

图 4.13 给出了在不同空速倒数（100/*WHSV*）和温度下，原料组成对苯含量、形成苯前驱体的烃类、重整油中总芳烃含量和工业反应器 ΔT 的影响。

① 在重整油中，原料 B 比原料 A 的苯生成量低（在第四反应器出口 3.4%、6.1%）。

② 在前两个反应器中，原料 A 比原料 B 的苯生成速率高。在这两个反应器中，苯主要是由 N_6 脱氢生成的。在第二反应器之后，原料 B 的苯含量增加的很少（从第二反应器出口的 2.95%增加到第四反应器出口的 3.41%），而原料 A 的苯含量增加较大（在相同反应器出口，从 4.5%增加到 6.1%）。

③ 在原料 B 中将 MCP 完全分离，有利于减少环己烷的生成，从而减少了苯的生成。

④ 对于两种原料，N_6 在所有的反应温度下几乎完全转化。随着反应温度升高，两种原

料生产的重整油中的 MCP 含量也随之增加，MCP 主要是由 P_6 生成。MCP 含量增加有助于 N_6 的生成，并因此增加了重整油中苯的含量。

⑤ 与原料 B 相比，温度对原料 A 中苯的形成影响较小。在 510℃，A_6 含量在原料 A 中从 1.12%增加到 8%，而在原料 B 中从 0.26%增加到 4%。说明从重整原料中分离出苯前驱体，也有助于温度升高时 A_6 含量的降低。

⑥ 原料 B 的反应温差较低，这说明原料 B 中所含的易导致反应放热的化学反应物含量较原料 A 低。

⑦ 两种原料反应温差不同的另一个原因是重整反应的反应热不同，以及反应的位置和程度不同。例如，在第一个反应器中主要发生吸热且速率非常快的反应，像环烷烃脱氢转化生成芳烃；在第二个反应器中主要发生异构化反应，以及剩余环烷烃的脱氢反应；在第三和第四反应器中进行烷烃加氢裂化和脱氢放热反应。

⑧ 因为原料 B 中芳烃和环烷烃的初始含量(分别为 21.2%和 24.75%)高于原料 A(分别为 16.45%和 19.29%)，所有原料 B 生成的芳烃量多。

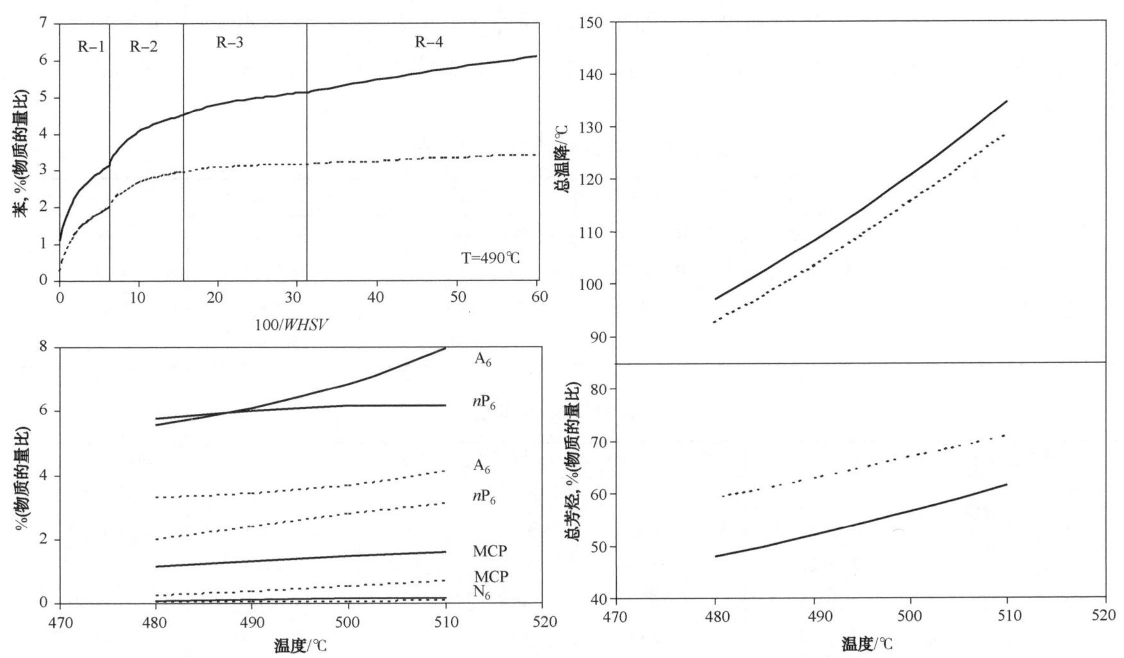

图 4.13 用含苯前驱体(—，原料 A)和不含苯前驱体的原料(- - -，原料 B)模拟工业重整反应器的运行

4.3.5 用模型预测其他工艺参数

除了用于计算重整油组成、反应系统的温度和压力变化外，开发的动力学模型还可用于分析催化重整工艺的其他方面。Turpin(1992)提出了对催化重整单元性能进行验证的过程。这个过程包括计算系统和氢气的物料平衡，比较原料和产品密度的试验值和计算值，分析气体组成(计算一些比值，如异丁烯与正丁烷的摩尔比)，原料与重组油组成的概率图，以及环平衡。用动力学和开发的反应模型可以得到这些所有的以及更多的信息。

例如，表 4.16 和表 4.17 给出了一个模拟研究中的系统和氢气质量平衡，其反应条件如下：实验室等温反应器，入口温度为 750℃，反应压力为 10.5kg/cm^2，氢油比为 6.3mol/

mol。利用这两个表中的数据，可以用下式计算平衡偏差：

$$质量平衡偏差=[(原料质量流率-产品质量流率)/原料质量流率]\times 100 \quad (4.71)$$

$$H_2 平衡偏差=[(入口 H_2 质量流率-出口 H_2 质量流率)/入口 H_2 质量流率]\times 100 \quad (4.72)$$

这两个平衡偏差都为0，而系统平衡和氢气平衡的最大允许误差分别为±1%和±0.5%。测定流率或分析气体和液体物流时的偏差超过这个范围时，说明模型存在错误。

考虑到它有可能确定进入反应器的以及化学反应生成和消耗的氢气量，根据表4.18所示的质量平衡，可以及时出流出反应器的氢气量。当重整反应器的积炭程度发生变化时，确定重整反应器出口的氢气量变得非常重要，因为根据出口氢气量可以算出供给加氢处理/加氢裂化装置的潜在氢气量。

利用模型计算出了重整产品的组成后，就可根据纯组分的性质混合规则来确定产品的一些属性，如辛烷值(*RON*、*MON*)、雷德蒸汽压(RVP)、密度、相对分子质量、平均沸点等。表4.13总结了文献中报道的、用于计算这些属性的数据。一般情况下，这些属性(例如密度和相对分子质量)具有可加性(即取决于质量)，可以根据线性混合规则进行估算。其他属性(例如RON、MON、RVP)与混合物组成呈非线性关系，因此用非线性混合规则或其他方法进行估算。

表4.16 系统质量与摩尔平衡

物流	入口/(g/h)	出口/(g/h)	物流	入口/(mol/h)	出口/(mol/h)
环烷烃($C_5\sim C_{12}$)	119.9916	110.4971	环烷烃($C_5\sim C_{12}$)	1.0857	1.0653
氢气	19.6989	20.8477	氢气	9.7713	10.3411
气体($C_1\sim C_4$)	0.0000	8.3458	气体($C_1\sim C_4$)	0.0000	0.2064
总计	139.6905	139.6905	总计	10.8570	11.6125

表4.17 氢气平衡

烃中的氢气含量	入口/(g/h)	出口/(g/h)	烃中的氢气含量	入口/(g/h)	出口/(g/h)
正构烷烃			N_8	0.7757	0.0827
nP_{11}	0.0000	0.0000	N_7	0.8411	0.1792
nP_{10}	2.4727	0.7595	N_6	0.4163	0.1305
nP_9	2.5915	1.5639	MCP	0.0000	0.0000
nP_8	2.9667	2.2383	小计	3.2446	0.4951
nP_7	2.2658	2.3005	芳烃		
nP_6	1.8799	2.2477	A_{11}	0.0000	0.0000
nP_5	0.4216	1.1713	A_{10}	0.3309	0.5416
nP_4	0.0000	0.6009	A_9	0.6146	1.4930
nP_3	0.0000	0.5552	A_8	0.5921	1.2787
nP_2	0.0000	0.2581	A_7	0.1996	0.6850
nP_1	0.0000	0.1411	A_6	0.0420	0.1432
小计	12.5981	11.8365	小计	1.7793	4.1416
环烷烃			烃中的氢气总量	17.6220	16.4732
N_{11}	0.0000	0.0000	氢气	19.7003	20.8491
N_{10}	0.0000	0.0412	总计	37.2323	37.2323
N_9	1.2115	0.0615			

表 4.18　根据化学反应计算得到的氢气量

	mol/mol	g/g	std ft^3/bbl	m^3/bbl
入口 H_2	6. 3000	0. 1157	5600. 5	158. 6
生成 H_2	1. 8094	0. 0329	1594. 8	45. 2
消耗 H_2	-0. 7681	-0. 0140	-677. 0	-19. 2
净消耗 H_2(生成-消耗)	1. 0413	0. 0189	917. 8	26. 0
出口 H_2	7. 3413	0. 1346	6518. 3	184. 6

参　考　文　献

Ancheyta, J. ; Aguilar, E. (1994) New model accurately predicts reformate composition. *Oil Gas J.* , Jan. 31, pp. 93-95.

Ancheyta, J. , Villafuerte, E. (2000) Kinetic modeling of naphtha catalytic reforming process. *Energy Fuels* 14: 1032-1037.

Ancheyta, J. , Villafuerte, E. , García, L. , González, E. (2001) Modeling and simulation of four catalytic reactors in series for naphtha reforming. *Energy Fuels* 15: 887-893.

Ancheyta, J. , Villafuerte, E. , Schacht, P. , Aguilar, R. , Gonzalez, E. (2002) Simulation of a semiregenerative reforming plant using feedstocks with and without benzene precursors. *Chem. Eng. Technol.* 25: 541-546.

Bommannan, D. , Srivastava, R. D. , Saraf, D. N. (1989) Modeling of catalytic naphtha reformers. *Can. J. Chem. Eng.* 67: 405-411.

Burnett, R. L. , Steinmetz, H. L. , Blue, E. M. , Noble, E. M. (1965) An analog computer model of conversion in a catalytic reformer. Presented at the Division of Petroleum Chemistry, American Chemical Society, Detroit meeting, Apr. 17-24.

Coppens, M. O. , Froment, G. F. (1996) Fractal aspects in the catalytic reforming of naphtha. *Chem. Eng. Sci.* 51: 2283-2292.

Dorozhov, A. P. Moskva. (1971) Ph. D. dissertation.

Henningsen, J. , Bundgaard-Nielson, M. (1970) Catalytic reforming. *Bri. Chem. Eng.* 15: 1433-1436.

Hou, W. , Su, H. , Hu, Y. , Chu, J. (2006) Modeling, simulation and optimization of a whole industrial catalytic naphtha reforming process on Aspen Plus platform. *Chin. J. Chem. Eng.* 14(5): 584-591.

Hou, W. , Su, H. , Mu, S. , Chu, J. (2007) Multiobjective optimization of the industrial naphtha catalytic reforming process. *Chin. J. Chem. Eng.* 15(1): 75-80.

Hu, Y. , Su, H. , Mu, S. , Chu, J. (2003) Modeling, simulation and optimization of commercial naphtha reforming process. In: Proceedings of the 42nd *IEEE Conference on Decision and Control*, Maui, HI, Dec. , pp. 6206-6211.

Jenkins, J. H. , Stephens, T. W. (1980) Kinetics of cat reforming. *Hyd. Proc.* 59: 163-167.

Joshi, P. V. , Klein, M. T. , Huebner, A. L. , Leyerle, R. W. (1999) Automated kinetic modeling of catalytic reforming at the reaction pathways level. *Rev. Proc. Chem. Eng.* 2(3): 169-193.

Kmak, W. S. (1972) A kinetic simulation model of the powerformimg process. Presented at the AIChE National Meeting, Houston, TX.

Kmak, W. S. , Stuckey, T. W. (1973) Powerforming process studies with a kinetic simulation model, Paper 56a. Presented at the AIChE National Meeting, New Orleans, LA.

Krane, H. G. , Groh, A. B. , Shulman, B. D. , Sinfeit, J. H. (1959) Reactions in catalytic reforming of naphthas. In: Proceedings of the Fifth World Petroleum Congress, May 30, Sec. III, pp. 39-51.

Lee, J. W. , Ko, K. Y. , Jung, Y. K. , Lee, K. S. (1997) A modeling and simulation study on a naphtha reforming unit with a catalyst circulation and regeneration system. *Comput. Chem. Eng.* 21: S1105-S1110.

Liang, K. , Guo, H. , Pan, S. (2005) A study on naphtha catalytic reforming reactor simulation and analysis. *J. Zhejiang Univ. Sci.* 6B(6): 590-596.

Lid, T. , Skogestad, S. (2008) Data reconciliation and optimal operation of a catalytic naphtha reformer. *J. Process*

Control 18: 320-331.

Marin, G. B., Froment, G. F. (1982) Reforming of C 6 hydrocarbons on a platinum - alumina catalyst. *Chem. Eng. Sci.* 37(5): 759-773.

Moharir, A. S., Agarwal, A. B. L., Saraf, D. N. (1979) Symposium on Science of Catalysis and Its Application in Industry, FPDIL, Sindri, 163-170.

Padmavathi, G., Chaudhuri, K. K. (1997) Modeling and simulation of commercial catalytic naphtha reformers. *Can. J. Chem. Eng.* 75(5): 930-937.

Rahimpour, M. R., Esmaili, S., Bagheri, G. N. A. (2003) Kinetic and deactivation model for industrial catalytic naphtha reforming. *Iran. J. Sci. Tech. Trans. B* 27(B2): 279-290.

Ramage, M. P., Graziani, K. R., Krambeck, F. J. (1980) Development of Mobil's kinetic reforming model. *Chem. Eng. Sci.* 35: 41-48.

Ramage, M. P., Graziani, K. R., Schipper, P. H., Krambeck, F. J., Choi, B. C. (1987) KINPTR (Mobil's kinetic reforming model): a review of Mobil's industrial process modeling philosophy. *Adv. Chem. Eng.* 13: 193-266.

Reid, R. C., Prausnitz, J. M., Sherwood, T. K. (1977) *The Properties of Gases and Liquids*. Mc-Graw Hill, 3 rd Ed., New York.

Shanyinghu, F., Zhu, X. X. (2004) Molecular modeling and optimization for catalytic reforming. *Chem. Eng. Commun.* 191: 500-512.

Smith, R. B. (1959) Kinetic analysis of naphtha reforming with platinum catalyst. *Chem. Eng. Prog.* 55(6): 76-80.

Smith, J. M., Van Ness, H. C., Abbott, M. M. (1996) *Introduction to Chemical Engineering Thermodynamics*, Mc-Graw Hill, 5 th Ed., New York.

Sotelo, R., Froment, G. F. (2009) Fundamental kinetic modeling of catalytic reforming. *Ind. Eng. Chem. Res.* 48: 1107-1119.

Stijepovic, M. Z., Vojvodic-Ostojic, A., Milenkovic, I., Linke, P. (2009) Development of a kinetic model for catalytic reforming of naphtha and parameter estimation using industrial plant data. *Energy Fuels* 23: 979-983.

Szczygiel, J. (1999) On the kinetics of catalytic reforming with the use of various raw materials. *Energy Fuels* 13: 29-39.

Taskar, U. (1996) Modeling and optimization of a catalytic naphtha reformer, Ph. D. dissertation, Texas Tech University.

Taskar, U., Riggs, J. B. (1997) Modeling and optimization of a semi-regenerative catalytic naphtha reformer. *AIChE J.* 43(3): 740-753.

Turpin, L. E. (1992) Cut benzene out of reformate. *Hydrocarbon Process.*, 81-92.

VanTrimpont, P. A., Marin, G. B., Froment, G. (1988) Reforming of C 7 hydrocarbons on a sulfi ded commercial Pt/Al_2O_3 catalyst. *Ind. Eng. Chem. Res.* 27: 51-57.

Viñas, J. M., Gonzalez, M. G., Barreto, G. F. (1996) A kinetic model for simulating naphtha reforming reactors. *Lat. Am. Appl. Res.* 26(1): 21-34.

Wei, W., Bennett, C. A., Tanaka, R., Hou, G., Klein, M. T. (2008) Detailed kinetic models for catalytic reforming. *Fuel Process. Tech.* 89: 344-349.

Zhorov, Y. M., Panchenkov, G. M., Zel'tser, S. P., Tirakyan, Y. A. (1965) Mathematical description of platforming for optimization of a process (I). *Kineti. Katal.* 6(6): 1092-1098.

Zhorov, Y. M., Panchenkov, G. M., Shapiro, I. Y. (1970) Mathematical description of Platforming carried out under severe conditions. *Khim. Technol. Topl. Masel* 15(11): 37-40.

第 5 章　流化催化裂化反应器的建模与仿真

当前的流化床催化裂化(FCC)工艺是在由固定床烃热裂解工艺向使用以天然黏土为催化剂的大型流化床工艺的转变过程中发展出来的。技术变革始于 20 世纪 50 年代，以使用沸石、分子筛催化剂为标志，此类催化剂的活性中心位于其特定尺寸的孔内，有助于提高选择性，抑制结焦前驱体的形成。分子筛通常被粘合在定型的催化剂中，有些分子筛还加入了稀土元素，以提高催化剂的热稳定性；在此基础上，开发出了现代催化剂所使用的 X 型和 Y 型分子筛。Y 型分子筛经交换首先形成 HY 型分子筛，然后可用于生产“超稳型”分子筛，如 USY。USY 的反应速率比初始 Y 型分子筛提高 1000 倍以上。随着催化剂技术的发展，反应器也由大型流化床(停留时间长)转变成快速提升管反应器(上行式移动床)。

提升管反应工程因其复杂性，仍处于研究阶段。原料(约 200℃)在提升管底部经中压蒸汽(约 300℃)喷射进入提升管，与此同时，来自于再生器的催化剂(约 700℃)分散在中压蒸汽中，也从底部进入提升管。利用催化剂的热量使原料气化，然后再与催化剂接触反应。裂化反应为中等吸热反应，反应过程需要输入能量。重质烃会发生裂化反应生成小分子烃。固体催化剂、原料及产品混合物沿提升管向上流动 3~5s，直至提升管出口，进入旋风分离器，分离出固体催化剂。由于固体焦炭会在催化剂表面沉积，催化剂活性沿提升管向上逐渐下降。

反应器建模是一个复杂过程，常采用一些简化方法，以降低模型的复杂性。例如假设提升管内的气固两相均为平推流，其可调参数为催化剂与蒸气的沉降速度差。因上述参数难以估算，将会影响整套装置的仿真结果。提升管反应器总是处于瞬态，其响应时间(3~5s)短于再生器内响应时间(4~10min)。通常假设提升管在伪稳态下操作，这样可使动力学仿真及装置控制大为简化。

保证原料气化以及提供裂化反应所需的热量是维持反应进行的关键；幸运地是，FCC 装置的第二重要产品——焦炭，会在裂化反应过程中沉积在催化剂表面。积炭可在再生器内通过烧焦除去，其生成的热量可维持裂化反应所需热量，甚至可提供原料气化以及使之升温至反应温度所需的热量。FCC 装置采用绝热操作，因此，提升管与再生器间的热交换通过传递固体催化剂来完成。此外，物理环境也加大了装置操作的复杂性，下面章节将做详细说明。与提升管相比，再生器的体积较大，因此需要假设再生器在瞬态下操作。通常将该装置分为两个区域：(de Lasa 等，1981；Errazu 等，1979)：

① 类似于连续搅拌釜式反应器(CSTR)的两相系统(固-气)，由被空气流态化的固体催化剂组成，称为密相。

② 顶部稀相区，主要由剩余氮气和燃烧气组成，位于再生器烟气出口之前，称为稀相。

提升管和再生器同汽提塔相连，利用中压蒸汽使催化剂表面的吸附烃解吸。由于模拟该系统解吸速率的复杂性，使得 FCC 反应器建模也成为了一个值得研究的课题。经汽提后的催化剂颗粒进入再生器，经烧焦后，即可恢复活性，经连接竖管送至提升管。控制催化剂的输送量开控制提升管出口温度，通常该出口温度是工业操作的控制指标。

正如背景部分所述，FCC 装置目前主要用于生产汽油及其添加剂(如合成 MTBE 的原料)；但是在不远的将来(20~50 年)，生产非烃类替代燃料将是大势所趋。届时目前正在使用的大多数炼油工艺将被替代，或整个炼油工业将发生根本性改变，大不同于当前的设计流程。值得重视的是，FCC 装置将仍是这类新型炼厂的重要组成部分，用于将中间或重质馏分油转化为轻烃产品，以用作生产新型产品的石化原料。因此，FCC 的未来前景仍被看好，值得倾注精力去研究该工艺的模拟与仿真，以应对即将发生的新改变和挑战。

5.1 引　　言

5.1.1 工艺描述

FCC 装置的产品收率及附加值较高，是目前炼油工业中最重要的炼油工艺之一。Venuto 和 Habib(1978)在他们的经典文章里对该工艺进行了全面描述。FCC 汽油在总汽油池中所占比例高于 40%；因此，对 FCC 工艺任何非常小的技术改进都会带来可观的经济效益。FCC 工艺非常复杂(Salazar - Sotelo 等，2004)，其工艺核心为由提升管-再生器耦合组成的转化器(见图 5.1)。经预热后部分气化的原料进入提升管，与再生催化剂接触。再生催化剂吸收的热量提供了原料气化以及升温至反应温度(约 580℃)所需的能量。大部分气相反应发生在提升管内。FCC 产品有干气(H_2 和 C_2)、液化石油气(LPG，由 C_3 和 C_4 组成)、汽油(C_5，沸点为 221℃)，以及循环油(部分未反应的原料，沸点>221℃)。此外，反应过程还会形成焦炭，沉积在催化剂表面。由于原料气化和发生裂化反应，使得整个反应为吸热反应。

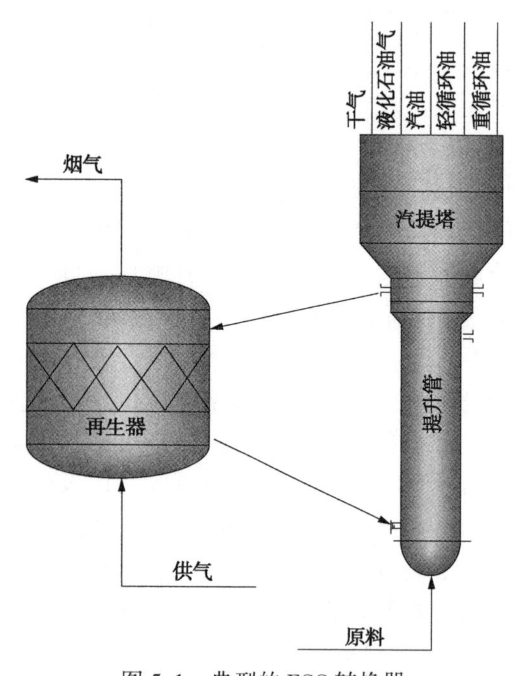

图 5.1　典型的 FCC 转换器

裂化反应发生后，催化剂和产品在提升管出口的旋风分离器内快速分离，催化剂在汽提塔内经蒸汽汽提脱除挟带的烃，然后进入再生器，在空气氛围下烧焦，以恢复催化活性。再生器-反应器是 FCC 装置最重要的组成部分之一，结焦的催化剂在这部分装置内再生并恢复活性。催化剂再生采用在空气氛围下烧焦工艺，使用流化床反应器，通常可视为 CSTR。再生过程放出的热量用于原料气化及提供提升管反应器内裂化反应所需的吸热量(Maya-Yesca 和 Aguilar，2003)。考虑到放热本质及燃烧动力学特性，再生反应可被描述为连续反应。再生器的动力学特性非常复杂，可能出现稳态多样性、控制行为逆响应以及不稳定操作区域等现象。该系统的一个重要特征是模型的线性近似值存在正本征值，表明闭合回路存在内部动态不稳定性(Daoutidis 和 Kravaris,

1991)。上述不稳定性往往反映为控制问题(Maya-Yescas 和 Aguilar，2003)。再生反应的生成热用于提升管内原料的气化及维持裂化反应所需热量。最终所得烃产品经精馏进行窄馏分切割，以分离出工业产品。

另一方面，FCC 装置是炼油工艺的核心，也是研究最多的化工工艺之一。本章致力于为读者重塑 FCC 工艺涉及的一些基本概念，并向读者介绍模拟方法、控制方案对比，以及一些正在改变人们对 FCC 工艺传统理解的技术发展。

5.1.2 炼油厂 FCC 装置的地位

正如前文所述，因 FCC 装置的物理位置、规模以及其对炼油经济性的影响，奠定了其在炼油厂中的核心地位(图 5.2)。FCC 装置上游依次是原油基本分离工艺(常减压蒸馏)、催化反应工艺(加氢精制)，以及其他小型设备及装置(泵、稳定塔等)。FCC 装置主要为下游汽油池提供原料，也为其他装置提供所需的轻烃原料。若 FCC 汽油中硫含量过高，则 FCC 装置主要为加氢脱硫装置提供原料。因此，FCC 装置同下游工艺的相互影响较小，同上游装置有一定的相互影响。

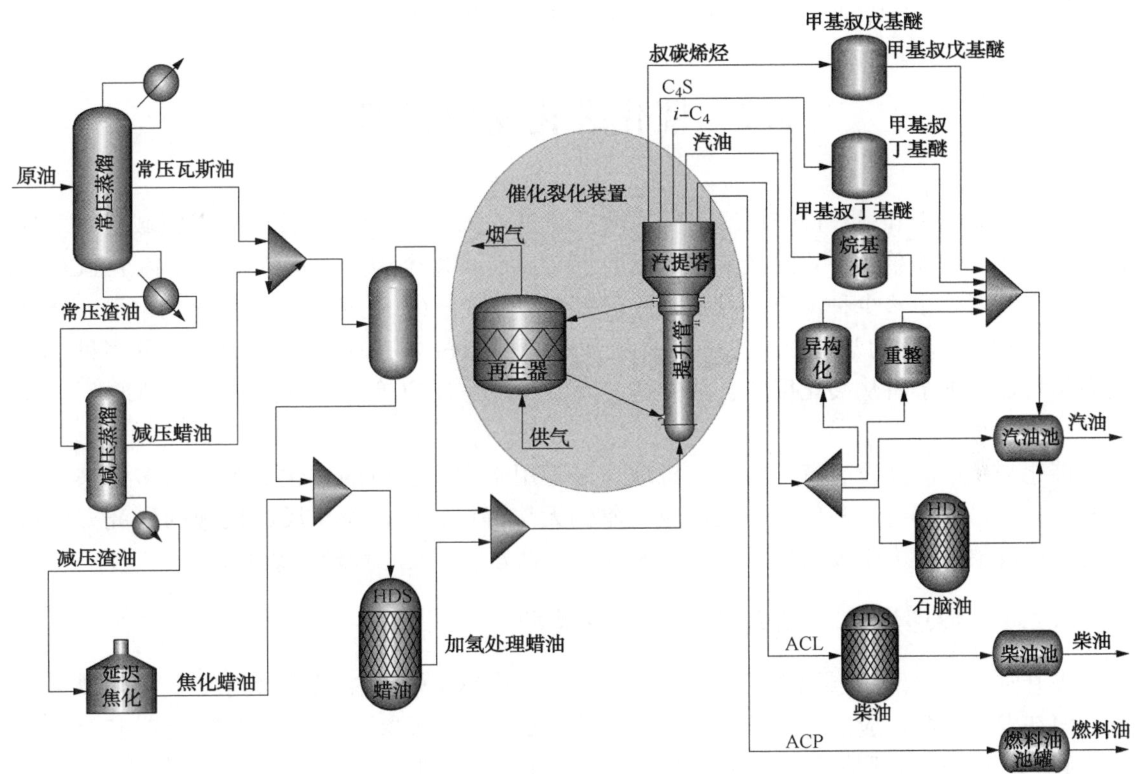

图 5.2　FCC 装置在炼油厂的地位

5.1.3 产品分馏和气体回收

原料在 FCC 转化器内反应后，产品可视为由干气(DG)到重循环油(HCO)所组成的混合物。在产品进入蒸气回收装置前，采用分馏塔根据各组分沸点不同，实现产品分离。主分馏塔的重馏分进入非等温离心分离器，分离出轻循环油(LCO)和重循环油(HCO)。塔顶轻馏分经压缩和冷凝后，分离出可凝组分，然后经过稳定塔(脱丁烷)，以获得稳定汽油并分离出 LPG 和 DG。最后，LPG 和 DG 通过冷凝单元分离，将 DG 送至炼厂燃气管网。

5.1.4 常规产品收率和质量

汽油是 FCC 装置最重要产品，其收率为标准原料的 46%~51%(质量分数)，若原料经过加氢精制处理，汽油收率可提高到 60%。衡量汽油质量的参数有马达法辛烷值(*MON*)、研究法辛烷值(*RON*)和抗爆指数[AKI=(*RON*+*MON*)/2]，这些参数都与烷烃、烯烃、环烷烃以及芳烃的含量有关。理想汽油的 AKI 值为 100，即由纯 2,2,4-三甲基戊烷(异辛烷)组成。FCC 装置的第二种商品化产品为 LPG，通常产率为 12%~15%(质量分数)。对于 LPG，一个与其生产出的烷基化汽油质量相关的参数为异丁烷与丁烯的比值。

尽管 DG(~5%，质量分数)、LCO(~15%，质量分数)、和 HCO(~8%，质量分数)没有质量标准，但通常液体产品中芳烃含量越低，其质量越好。可将 LCO 调入柴油，但是需要对其进行加氢精制，以降低硫和芳烃含量。最终约有 4%~6%(质量分数)的初始原料转化成焦炭，沉积在催化剂表面，堵塞孔道，导致催化剂活性降低。产品总收率会随原料类型(从重油到加氢精制油)及催化剂目标产物的不同而可能发生变化。

5.2 催化裂化反应机理

从反应器模拟和最终操作角度来看，动力学是 FCC 装置最令人关注研究领域之一。这是由于无法采用简单的方式定义其动力学的意义；而且迄今为止，仍不知道在各个 FCC 反应器内究竟发生了多少种反应，以及究竟有多少额外现象(如孔道堵塞、催化剂中毒、烧结及失效等)对表观动力学有影响。本节致力于解释已经提出的和目前正在研究中的多种 FCC 动力学特征。本节将从裂化反应、催化剂失活以及烧焦反应等三个方面来研究 FCC 反应动力学行为。

催化裂化反应并没有特定的反应机理。尽管用于裂化反应的催化剂组成已多年来未发生改变，但目前仍有一些催化裂化反应现象仍无法解释。催化裂化反应机理的研究方法可分为传递现象、热力学及动力学、便于理解的集总方法以及一种较复杂的方法。

5.2.1 传递现象、热力学以及反应类型

提升管(移动床反应器)是主要的 FCC 反应器，PNA 烃类在提升管内发生催化裂化反应。但在发生化学反应前，会发生一些分子级尺度的物理现象。因此，很难(有时甚至不可能)对这些现象进行评估，需要借助建模工程师的直觉来判断。

在催化剂颗粒内部，反应会按连续和/或并行反应步骤进行(图 5.3)：

① 反应物(A，B，…)由流体主体向催化剂表面传递；

② 反应物在催化剂孔道内扩散；

③ 反应物在活性中心上吸附；

④ 吸附的分子或原子间发生表面反应；

⑤ 产物脱附(R，S，……)；

⑥ 产物由催化剂孔道向表面扩散；

⑦ 产物由催化剂表面向流体主体传递。

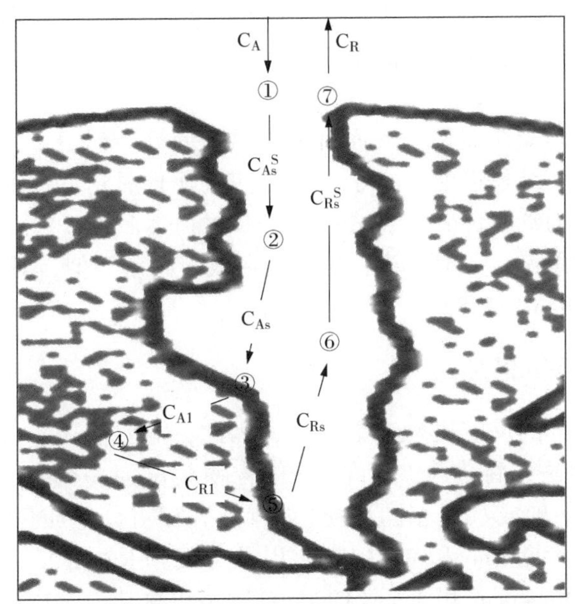

图 5.3　催化反应的典型步骤(如 Froment 和 Bischoff，1990)

考虑到原料中含有大量的化合物，所以不可能对提升管内发生的催化反应的每一个步骤都进行模拟。因此，通常采用全局平均法进行建模。此外，在催化裂化反应过程中，会生成原料中不存在的烃组分：烯烃。这类化合物的特点是两个相邻的碳原子间含有双键，其生成能不同于相应的烷烃。Venuto 和 Habib(1978)曾对上述问题做了详尽探讨。裂化反应使 C—C 键断裂，生成更短链的分子。

长链烷烃裂化生成短链烃：

$$C_{16}H_{34} \longrightarrow C_9H_{18}+C_7H_{16}$$

环烷烃裂化生成烯烃：

$$C_{20}H_{40} \longrightarrow C_{12}H_{24}+C_8H_{16}$$

烯烃裂化：

$$C_{12}H_{24} \longrightarrow C_7H_{14}+C_5H_{10}$$

烷基芳烃脱烷基：

$$C_6H_5-C_nH_{2n+1} \longrightarrow C_6H_6+C_nH_{2n+1}$$

芳烃烷基侧链断裂：

$$C_6H_5-C_{12}H_{25} \longrightarrow C_6H_5-C_8H_{15}+C_4H_{10}$$

此外，在催化裂化反应过程中还会发生一些二级反应，如氢迁移(如环烷烃+烯烃→芳烃+烷烃)、异构化、烷基转移、缩合以及低碳烯烃歧化等反应；所有这些反应均对最终产物分布具有重要影响。还可能发生一些其他反应，但并不明显，如烷烃和烯烃的烷基化、芳烃加氢、烯烃聚合反应(乙烯聚合除外)等。为使反应机理简化，通常仅考虑以下三个主反应：

(1) 初级反应

主要生成汽油($C_5 \sim C_{12}$)、正丁烷、丁烯和丙烯。值得注意的是，汽油组分因为其自身的反应活性可能遵循二级反应机理(或过度裂化)。

(2) 氢迁移

该反应可降低烯烃含量，影响产物的相对分子质量分布，提高汽油的选择性和 AKI。但该反应也易于引起结焦，进而导致催化剂失活。

(3) 结焦

该反应是否会导致焦炭在催化剂表面沉积，目前尚处于研究中。在任何操作条件下几乎都可能发生结焦反应，结焦可能来自于多种结焦前驱体，这些前驱体是某种存在于原料中的一些具有微观形态的碳(León-Becerril 和 Maya-Yescas，2007)。此外，乙烯聚合及芳烃缩合等反应也可能生成焦炭。一般认为，焦炭的形成与石墨类似，其相对分子质量在 940~1010Da 之间(Wolf 和 Alfani，1982)。

5.2.2 原料与产品集总

建模时不可能将全部的反应机理考虑其中，因此，需要采用一些简化方法。最早使用的建模方法是集总模型法，将多个(或许多)化合物集总为一个化合物组合(称为一个集总)，此集总组分具有某种或某些相同性质(如沸点、相对分子质量、反应活性)。有关该理论的一些基本原理请参见 Kuo 和 Wei(1969)以及 Wei 和 Kuo(1969)等的研究著作。

20 世纪 60 年代，Weekman 和 Nace(1970)首次将集总动力学模型应用到 FCC 领域，他们采用了原料、汽油和焦炭-气体等三各集总组分(见图 5.4)。选择上述三个集总组分的原因是前两项可以测量，而生成的焦炭是整套装置的能量源。此外，他们提出的反应动力学仅取决于三个速率常数(k_1，k_2 和 k_3)，这些速率常数主要与原料组成和操作条件等因素有关。但也正是由于仅采用了三个参数，使得当操作条件改变后，并不太难重新估算三个参数值(Ancheyta-Juárez 等，1997)。

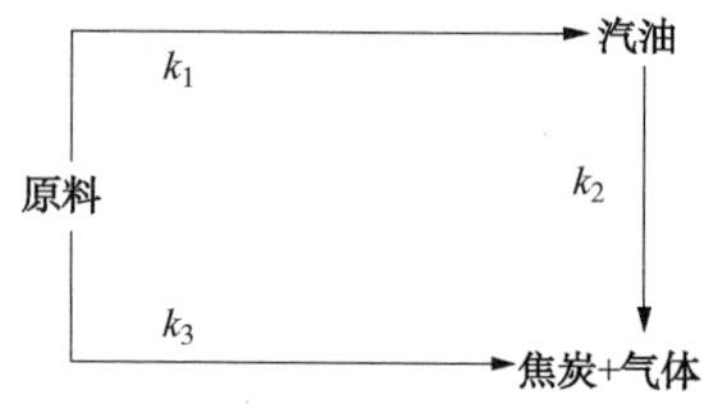

图 5.4 Weekman 和 Nace(1970)提出的三集总动力学反应途径

尽管三集总模型的广泛应用已有 30 年以上的历史，但其所含信息不足以预测产品收率，而且许多可测产物并未包含在该模型中。因此关于 FCC 动力学模型的研究仍在继续。一个研究趋势是对三集总模型进行系统性扩展，增加含一种以上可测产物的集总项：如原料=LCO+HCO，焦炭=焦炭+DGS，DGS=DG+酸性气。该研究趋势优化了原料及产品的信息，由此开发出了五集总模型(Ancheyta-Juárez 等，1997)[图 5.5(a)]、七集总模型(Maya-Yescas 等，2005)[图 5.5(b)]，以及更复杂的集总模型(如 Sugungu 等，1998)。另一种扩展三集总模型的方法是将不同类型的烃分子视作不同的集总项，例如将原料视作由烷烃、环烷烃和芳烃组成(PNA-烃)。经过催化裂化反应，产物中还包括了含双键的化合物，如循环油、汽油和 LPG 产品中均含有烯烃，即产品由烷烃、烯烃、环烷烃和芳烃组成(PONA-烃)。此外，非常有必要解释带烷基侧链的芳烃和稠环芳烃(A_h)的 FCC 反应行为，因此提出了一种十集总模型(Jacob 等，1976)。尽管相较于以前的集总模型看似包含了更多的信息，但模型的应用并不成功。主要问题是若集总项数目增加，则涉及的反应数量会增加很多。例如，上述十集总模型对反应途径进行了简化，最少仍需考虑 20 个可能的反应。原料中还含有不同于各个 PONA-A_h 集总项的烃类反应物，其分布取决于原料组成，其详尽的反应机理也同样取决于原料组成。仍可检索到有关于集总模型的最新研究文献(如 Araujo-Monroy 和 López-Isunza，2006)。

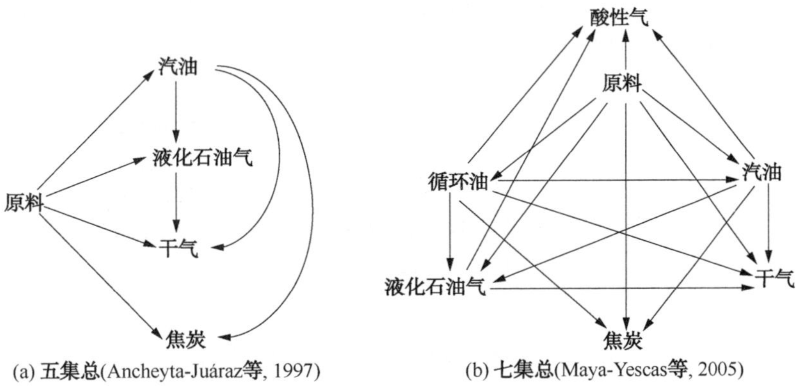

图 5.5　FCC 动力学反应途径

5.2.3　更多的详细机理

如前文所述，集总模型机理仅解决了复杂反应动力学建模的部分问题；然而仍存在一些不足，如通过现有模型外推，以预测原料组成改变后的反应行为的能力较弱。集总模型机理的唯一优点(至今仍在使用的主要原因)是采用原料(PNA 分析、H/C 比、密度、折射率、沸点范围)和产物(PONA 分析及其他)的半定性分析，即可获得满足集总反应所需的模型参数。因此，一些研究工作致力于采用更少的反应速率方程来描述所有可能发生的化学反应的基础动力学行为，需要已知比集总模型更多的有关原料的信息，如质谱数据以及更详细的烃组成分析等。

模拟 FCC 动力学的最基础方法之一是单步法，由 Gilbert Froment 及其合作者共同提出，关于该方法的详细论述请参见 Moustafa 和 Froment(2003)的论著。

5.3　动力学参数的模拟估算

工业 FCC 装置体积庞大，不可能在工业装置上考察浓度、温度及催化剂对反应动力学的影响，因此，必需寻找替代方法，以考察上述因素的影响。本章 5.3.1 节将讨论以实验室规模反应器来模拟工业装置的一些操作条件，并基于实验结果，推断工业装置运行中的反应动力学数据。本章 5.3.2 节将阐述以工业装置运行数据估算其动力学参数的方法。

5.3.1　实验室级反应器的实验数据

微反活性测试装置(MAT)是最常用的实验室规模反应器类型之一(图 5.6)。MAT 操作规程完善，已经专业机构多次校验，最近通过了美国试验材料学会(ASTM)的校验(2005)。使用 MAT 反应器的目的是模拟在某特定条件下操作的提升管反应器内的剂/油比(C/O)。在 MAT 反应器上进行试验所得的产品产率与工业装置类似。因此，该装置的主要任务是模拟使用不同类型催化剂和/或不同原料对产品收率的影响。该装置采用等温操作。固定催化剂投入量，以改变催化剂的进样时间(t_s)的方式改变 C/O 比。采用半间歇方式收集液态产品，并将其进行物理混合，这使得获得的反应结果难于用于模拟连续操作的工业装置。关于上述问题的讨论已持续了一段时间(Froment 和 Bischoff，1962；Jacob 等，1976；Kelkar 等，2003)。MAT 反应器的设计及操作条件与工业装置有很大的差别，如表 5.1 所示。

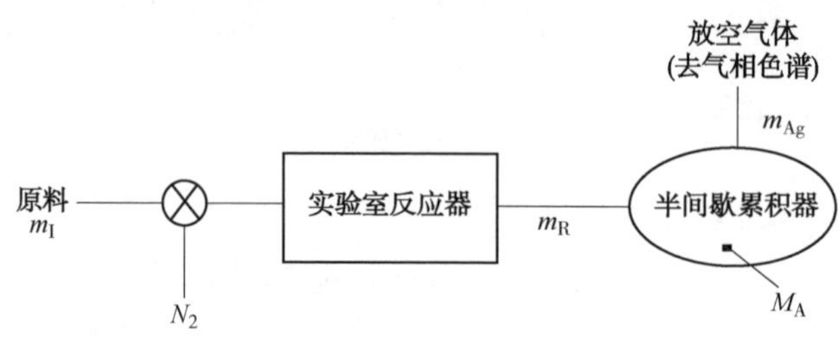

图 5.6　实验室规模 MAT 装置流程示意图

表 5.1　MAT 与工业装置的操作条件对比

特征	MAT	工业 FCC 装置	特征	MAT	工业 FCC 装置
催化剂	商业化	商业化	操作温度，T_{rx}	480~550℃	580~515℃
剂/油比	3~6	6~9	催化剂持有量	4g	~300t
原料	N_2 稀释的瓦斯油	混有蒸汽的瓦斯油	进料速率	1g/s	~36.8kg/s
反应器类型	固定床	移动床	接触时间(t_s)/s	67	2~5
传热形式	等温	绝热	*WHSV*	16	~12

有必要对 MAT 装置的操作条件进行适当调整，以用于估算 FCC 动力学参数。标准操作规程有两处主要变动，即改变原料供应量及操作温度(参见 Ancheyta-Juárez 等，1997；Corella，2004；Maya-Yescas 等，2004b)。估算动力学参数时，转化率和收率数据应取自在最终反应条件下流出反应器的 m_R 物流(瞬时数据，见图 5.6)，而不取自半间歇收集器所获得的平均数据。这种方法便于获得 Arrhenius 曲线，以确定有效活化能及模拟不同的 C/O 比，并可通过采用恰当的数学模型以预测因催化剂表面积炭而引起的活性衰退(Maya-Yesca 等，2004a)。表 5.2 在三个不同 C/O 比和三个不同反应温度(T_{rx})下，对估算的瞬时和平均转化率进行了分析。上述实验使用了典型工业原料及商品催化剂，固定 *WHSV*=16，每个反应条件下进行三次重复试验，共计获得九组实验数据。所有 MAT 实验的 m_I 均采用 ASTM D5154-05 推荐值，即 $m_I=0.0177$g/s。剩余未反应原料比率(y_{fsA})以及单位催化剂生焦率(ω_{CSC})也作为 MAT 实验结果给出。

表 5.2　MAT 装置的操作条件与实验结果

实验	T_{rx}/℃	C/O	y_{fsA}	ω_{CSC}
1	520	3	0.4596	0.01510
2	520	4	0.4050	0.01372
3	520	6	0.2902	0.01322
4	535	3	0.4385	0.01608
5	535	4	0.3784	0.01482

续表

实验	T_{rx}/℃	C/O	y_{fsA}	ω_{CSC}
6	535	6	0.2572	0.01355
7	550	3	0.4276	0.01625
8	550	4	0.3616	0.01532
9	550	6	0.2425	0.01397

来源：Maya-Yescas 等(2004a)。

由于反应器内催化剂活性及选择性发生改变，继续进行实验，收集器中的液态产物的相对质量分数会随之改变(Froment 和 Bischoff，1962；Jacob 等，1976；Kelkar 等，2003；Maya-Yescas 等，2004a)。为获得反应器内液体的瞬时组成，需要已知收集器(M_A)内的瞬时质量平衡与反应器流出物(m_R)和进入气相色谱的气体(m_{Ag})流速的对应关系：

$$\frac{dM_A}{dt} = m_R - m_{Ag} \quad 初始条件：M_A(t=0)=0 \tag{5.1}$$

质量流速 m_R 与进料流速有关，因生成的焦炭仍吸附在催化剂表面，可根据 MAT 实验数据，通过式 $m_R = m_I - m_C$，计算出生焦的质量速率 m_C。

对累积循环油进行物料衡算，以计算标准转化率($\chi_R = 1 - y_{fsR}$)：

$$\frac{dM_{fs}}{dt} = y_{fsR} m_R \quad 初始条件：M_{fs}(t=0)=0 \tag{5.2}$$

式中，$M_{fs} = M_A y_{fsA}$。值得注意的是，收集器内的瞬时质量平衡取决于收集器中的质量分数(y_{fsA})，而反应器内转化率则由出口处的质量分数(y_{fsR})计算。获得 y_{fsA} 数据的目的是求得不同接触时间下的 y_{fsR}。

只要获得反应器出口数据，即可计算出适用于该种原料的动力学速率参数。假设原料的催化裂化反应遵循经典的二级反应机理，则固定床反应器内原料质量平衡表达式为：

$$u\frac{dy_{fsR}}{dz} = k y_{fsR}^2 \Phi \quad 初始条件：y_{fsR}(z=0)=1 \tag{5.3}$$

式中，z 为反应器轴向坐标；u 为气体流速；Φ 为活性(或失活)函数。反应后的平衡催化剂的初始 MAT 活性 $\Phi_0 = 0.7$(质量分数)。以气体流速与轴向坐标的比值表示反应器内的停留时间。

上述模型可用作评价原料在 MAT 反应器中转化的动力学速率方程。假设催化剂的失活遵循双曲失活函数，该模型还可预测如表 5.2 所示的每次实验后催化剂的剩余活性(Froment 和 Bischoff，1962)：

$$\Phi = \begin{cases} \Phi_0 & \omega_{CRC} \leqslant \omega_{CSC} < \omega_{CSCmin} \\ \dfrac{\Phi_0}{1+\alpha(\omega_{CSC} - \omega_{CSCmin})} & \omega_{CSC} \geqslant \omega_{CSCmin} \end{cases} \tag{5.4}$$

式中，ω_{CRC} 为吸附在平衡催化剂表面的积炭质量；ω_{CSC} 为吸附在催化剂表面的积炭瞬时质量；α 为裂化因子；$\omega_{CSC\,min}$ 为引起催化剂失活的最小积炭量。

对于上述 9 组实验，取其离散区间数据对方程(5.1)和方程(5.2)进行积分，可计算出循环油收率的瞬时值 y_{fsR}。根据 y_{fsA} 和 y_{fsR} 的对应关系，可计算出瞬时转化率(χ_R)和平均标准转化率(χ_A)(表 5.3)。

表 5.3 瞬时转化率与平均标准转化率

实验	C/O	y_{fsR}	χ_R,%(质量分数)	χ_A,%(质量分数)
1	3	0.6346	36.54	54.04
2	4	0.6236	37.64	59.50
3	6	0.2902	70.98	70.98
4	3	0.6207	37.93	56.15
5	4	0.6189	38.11	62.16
6	6	0.2572	74.28	74.28
7	3	0.6167	38.33	57.24
8	4	0.5999	40.01	63.84
9	6	0.2425	75.75	75.75

来源：Maya-Yescas 等(2004a)。

标准转化率的数值大小会因所选实验数据的不同而有所差异。若动力学参数是由平均转化率计算求得的，那么相应的误差会有所增加(图 5.7)。值得注意的是，C/O 比也会极大地影响瞬时转化率与平均转化率的差值。如图 5.7 所示，C/O=4 时，二者差值的斜率要小于 C/O=3 时。因此，若使质量平衡的求解方法更准确，需要获得多组不同接触时间下的实验数据。

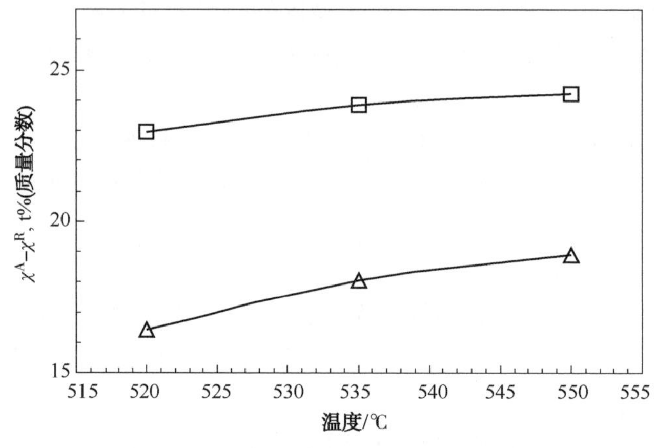

图 5.7 瞬时转化率与平均转化率的差值

(△，C/O=3；□，C/O=4)(Maya-Yescas 等，2004a)。

MAT 数据反映了转化率随 C/O 比变化的平均趋势。但若旨在估算动力学参数及剩余催化剂的活性，仅需选用反应器出口的瞬时数据即可，无需知晓半间歇收集器内的平均数据。通过对累积液体产品与期望收率进行物料衡算，即可得到瞬时数据。气体产品的计算方法也是如此。

通过对固定床反应器模型[方程(5.3)]进行求解，利用 Arrhenius 曲线可计算原料转化的表观活化能，进而得到 $E_A/R_g=(17.153\pm1.327)$ K。表观活化能是系统的固有性质，与本征动力学、颗粒内扩散及相间传质阻力有关(Froment 和 Bischoff，1990)，但与反应器型式无关。由于图 5.8 中所得的 Arrhenius 曲线近似为平行线，可推断出所得活化能为裂化反应的有效(表观)活化能。

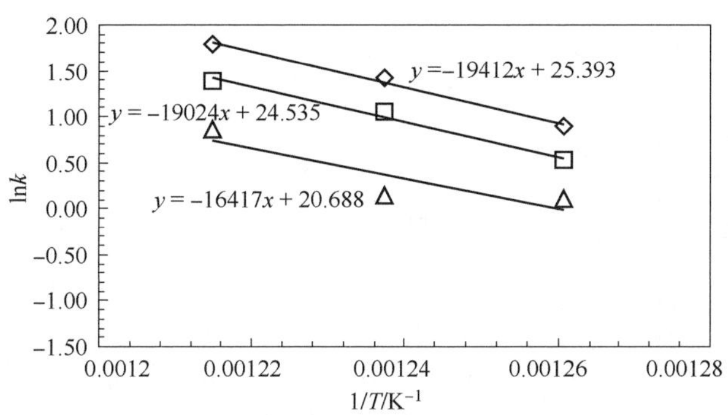

图 5.8　固定床中原料转化的 Arrhenius 曲线

(△, C/O=3; □, C/O=4; ◇, C/O=6)。(Maya-Yescas 等, 2004a)

已知催化剂的剩余活性值，可计算出表观频率因子。采用下述的失活函数，将其他 6 组实验数据外推，即可就得表观频率因子。37s 时的效率因子最佳值为 $k_0=1.7153\times10^{11}\text{s}^{-1}$，催化剂剩余活性数值见表 5.4。若 Φ 值已知，将其代入失活函数[方程(5.4)]，即可得到方程参数：$\alpha=1013.8g_{\text{coke}}^{-1}g_{\text{cat}}$，$\omega_{\text{CSC min}}=0.01315g_{\text{coke}}g_{\text{cat}}^{-1}$。如图 5.9 所示，方程(5.4)与实验数据吻合很好。

表 5.4　催化剂在 MAT 反应器上催化裂化活性(质量分数)

C/O	T_{rx}/℃		
	520	535	550
3	0.235	0.176	0.169
4	0.441	0.259	0.216
6	0.649	0.497	0.381

来源：Maya-Yesca 等(2004a)。

以焦炭收率评价方程(5.4)计算出的活化能及活性数据，可用于提升管反应器的建模。虽然上述数值在 MAT 装置中不受半间歇收集时间的影响，但是该方法仅适用于计算原料的平均裂化反应速率，有别于单独以各种产品计算出的总反应速率。

5.3.2　工业运转数据

工业装置的反应温度、压力及 C/O 比的变化范围通常较窄。一些研究者尝试采用工业运转数据来估算动力学参数，该方法虽可行，但必须考虑以下几个缺点。第一，工业装置的设计目的不是用作研究设备，前者较难调整操作条件以适应特定催化剂和/或原料。工业装置控制主要遵循操作规程(Aguilar 等, 2002; Aguilar 和 Maya-Yesca 等, 2006; Taskin 等, 2006)，控制指标为提升管出口温度，通过连续改变 C/O 比实现，所以无法获得瞬时 C/O 比数据。第二，如上文所述，工业装置为绝热装置，提升管内温度分布(约 60 ~80℃)会影响反应速率。最后，与其他类型的催化裂化反应器类似，催化剂会因积炭的不断沉积而逐渐失活。

采用工业数据估算动力学参数也具有一些优点。最主要的优点是炼厂可实现对 FCC 装

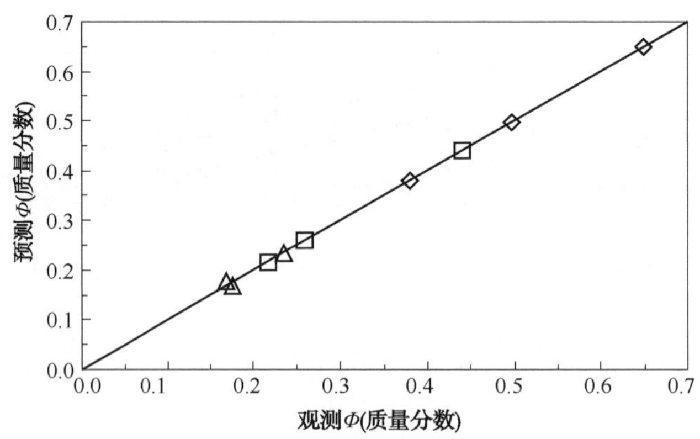

图 5.9　以失活函数方程(5.3)、方程(5.4)计算的剩余活性预测值
(△，C/O=3；□，C/O=4；◇，C/O=6)。(Maya-Yescas 等，2004a)

置连续跟踪，在“相似条件”下可得到大量的操作数据，所述“相似”具体指“在相同的反应器出口温度”。若 C/O 比改变幅度不过于剧烈，所得数据可用于计算在平均操作条件下的一些动力学参数，也可用于计算拟合数据的标准偏差。仅当无法获得实验室装置或实验室数据不完整时，采用工业运转数据计算动力学参数就成为了唯一的方法，除此之外不推荐采用。关于采用工业运转数据来拟合动力学参数，请参见 Araujo-Monroy 和 López-Isunza (2006)提出的六集总动力学模型。

5.4　模拟确定反应速率控制步骤

上文介绍的动力学因子估算方法不适用于工业提升管反应器的模拟，但测得的反应速率相对值可用于推测工业提升管内的反应行为(Ancheyta-Juárez 等，1997；Maya-Yescas 等，2004a)。不同研究者对于同一反应速率的估算数值会有所不同(如 Moustafa 和 Froment，2003；Corella，2004)，但反应速率常数的相对值往往相同(如 Jiménez-García 等，2007)。在 MAT 反应器上测定的动力学反应速率与用于模拟提升管反应器的反应速率间存在一定的线性对应关系。存在上述假定对应关系的唯一前提是在实验室反应器上测得的表观活化能应与用于提升管反应器的模拟活化能相同(Vieira 等，2004)。因此，非常必要在存在相间及颗粒内传质阻力条件下，分析整个烃类裂解过程中的反应现象，以检验上述假设是否成立(Jiménez-García 等，2010)。

Froment 和 Bischoff(1990)经研究表明，催化剂的几何结构会影响其效率因子。他们认为 FCC 催化剂颗粒较小($D_p \approx 55 \sim 70\mu m$)，反应中等吸热(吸热量不太大)，所以颗粒内的反应可认为是等温反应(Corella，2004)。对于球形及内部等温的颗粒，活性物质 A 的物料衡算可由下式表示：

$$0 = D_{eff}\left(\frac{d^2 C_A}{dr^2} + \frac{2}{r}\frac{dC_A}{dr}\right) - r(C_A) \tag{5.5}$$

边界条件：

$$C_A|_{r=0} \to \text{有限} \tag{5.5a}$$

$$k_g(C_{Ab} - C_A|_{r=D_p/2}) = D_{eff}\left(\frac{dC_A}{dz}\right)|_{r=D_p/2} \tag{5.5b}$$

式中，D_{eff}为颗粒内的有效扩散系数，r_A 为本征反应速率(Langmuir-Hinshelwood 动力学)，k_g 为流体与颗粒的相间传质系数，$D_p/2$ 为颗粒的半径。

求解方程(5.5)，可得到以下两个重要的无因次参数：

(1)
$$\phi_S = \frac{V_p}{S_x}\sqrt{\frac{\rho_p r_A(C_A)}{D_{eff}C_A}\frac{1+K_e}{K_e}} = \frac{D_p}{6}\sqrt{\frac{\rho_p r_A(C_A)}{D_{eff}C_A}\frac{1+K_e}{K_e}}$$

Thiele 模数，用以表示催化剂颗粒内的扩散特征时间与反应特征时间的比值。

(2) $Bi'_m = k_g L/D_{eff}$，经修正的传质 Biot 数，用以表示催化剂颗粒内扩散特征时间与相界面传质特征时间的比值。

计算平均反应速率(表观速率)前，需先定义总效率因子：

$$\eta_G = \frac{1/V_p\int_{V_p} r_A(C_A)dV_p}{r_A(C_{Ab})}$$

比较该值与不存在颗粒间及相间传质阻力时的效率因子(Jiménez-García 等，2009)：

$$\eta_{Gs,j} = \frac{Bi'_{m,i}}{\phi_{s,j}^2[3\phi_{s,j}\coth(3\phi_{s,j}) + (3Bi'_{m,i} - 1)]}[3\phi_{s,j}\coth(3\phi_{s,j}) - 1] \tag{5.6}$$

对于快速反应(如在“超活性”催化剂作用下的 FCC 反应)，Thiele 模数趋向于很大(ϕ_S>1.5)(Jiménez-García 等，2007)。若上述假设成立，Froment 和 Bischoff(1990)指出，气-固界面与颗粒内的传质阻力遵循一级表观反应速率方程[方程(5.7)]。该结论适用于在实验室及工业反应器上测定 FCC 反应速率：

$$(r_A)_{obs} = \eta_{GS,j}(r_{A,j})_{bulk} = \frac{Bi'_{m,j}}{\phi_j^2}(r_{A,j})_{bulk} = \frac{k_{g,i}}{k_{V,j}}k_{V,j}C_{A,ib} = k_{g,i}C_{A,ib} \tag{5.7}$$

总之，如果在 MAT 反应器(或相似的实验室反应器)上获得的反应数据可经线性变换用于模拟工业提升管反应器，则整个反应过程是由传质控制，即表观反应系数为传质系数。因此，将反应速率线性放大可求得各种反应器的相间传质系数比，既适用于实验室反应器，也适用于工业提升管反应器：

$$factor_{MAT\to\text{提升管}} = \frac{k_{g,j}|_{MAT}}{k_{g,j}|_{\text{提升管}}} \tag{5.8}$$

上述因子可用于从实验室反应器到工业反应器的表观动力学参数的放大(参见 5.6 节)。

5.5　提升管反应器稳态操作模拟

提升管反应器是一种多相、绝热、移动床反应器。因反应器(3~5min)与再生器(6~

11min)的停留时间差别较大，通常采用稳态系统模拟。反应器模型应用了经典的压力平衡[方程(5.9)]、质量平衡[方程(5.10)]以及能量平衡[方程(5.11)]。为了可以使用在实验室反应器上测得的动力学因子，León-Becerril 等(2004)提出了拟均相模型。

$$\frac{dP}{dz} = -\rho_p g(1-\varepsilon) \tag{5.9}$$

边界条件：

$$P(z=0) = P_0 \tag{5.9a}$$

$$u_p \frac{dC_{jp}}{dz} = \varepsilon\rho_g C/O\Phi\Re_j \tag{5.10}$$

边界条件：

$$C_{jp}(z=0) = 0 \tag{5.10a}$$

式中，j 可代表原料、汽油、液化气，干气或焦炭。

$$u_p \frac{dT_p}{dz} = \frac{\varepsilon\rho_g C/O\Phi\Re_j}{Cp_p\rho_p}\sum_j(-\Delta H_{r,j}) \tag{5.11}$$

边界条件：

$$T_p(z=0) = T_{p0} \tag{5.11a}$$

对方程(5.9)~(5.11)进行积分，León-Becerril 等(2004)提出了一种产品分布曲线(如图5.11所示)。为量化模拟压力梯度对产品分布的影响，采用了工业操作条件，即原料进料速率为 36.82 kg/s，C/O=8。León-Becerril 等还对两种方法计算的产品分布随提升管内的无因次空速(z/L)的变化关系进行了对比。因为无法获得实验数据，所以上述提升管内的产品分布仅具有理论意义。他们采用的操作条件如表5.5所示。

表5.5 研究中所用的工业 FCC 装置

类型	绝热	类型	绝热
技术	提升管，流化床再生器	原料入口温度/K	450.0
操作模式	完全燃烧	催化剂类型	微球型
原料类型	蜡油	颗粒直径(平均)/m	7.0×10^{-5}
原料产能/(桶/天)	25000	提升管出口温度(平均)/K	794.0

来源：León-Becerril 等(2004)。

图5.10所示为考虑和不考虑轴向压力分布影响时的模拟产品轴向质量分布。如图所示，原料的轴向分布趋势表明其是典型的反应物，其在提升管内只消耗、不生成。值得注意的是，当模型包括压力平衡时，模拟的转化率较高，因此产品的模拟收率也较高。为更充分地解释压力变化的影响，图5.11给出二者的预测差值随提升管轴向无量纲坐标的变化关系。

在提升管出口处的原料和汽油的模拟质量分数相差5%以上。随着反应沿提升管不断地进行，两种方法模拟差值逐渐增大，且差值直接与产品产率成正比，这不利于汽油、液化气和干气的产率预测。两种方法的模拟结果之所以存在偏差，是因为反应速率由分压所决定，进而受提升管内总压的影响。压降约为-0.382 bar(图5.12)，占初始压力的20%以上，与实验结果相吻合(Theologos 和 Markatos，1993)。

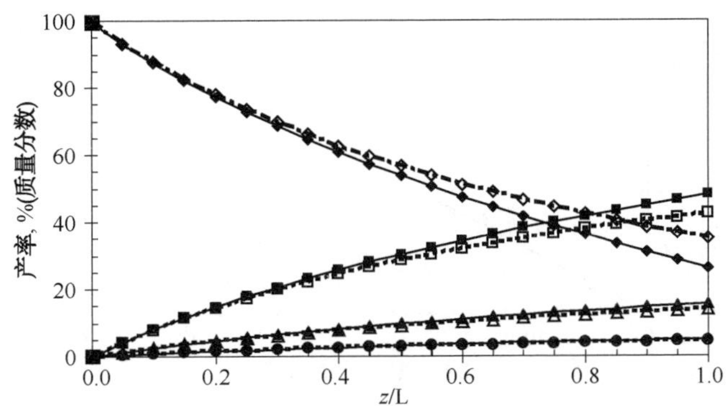

图 5.10　考虑压力分布(实心标记)与不考虑压力分布(空心标记)时的轴向质量分数
(◆：原料；■：汽油；▲：液化气；●：干气)。(León-Becerril 等，2004)

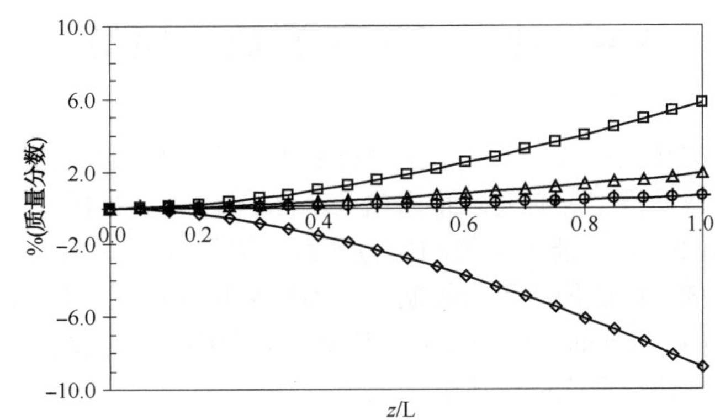

图 5.11　模拟压力平衡时的质量分数差值
(◇：原料；□：汽油；△：液化气；○：干气)。(León-Becerril 等，2004)

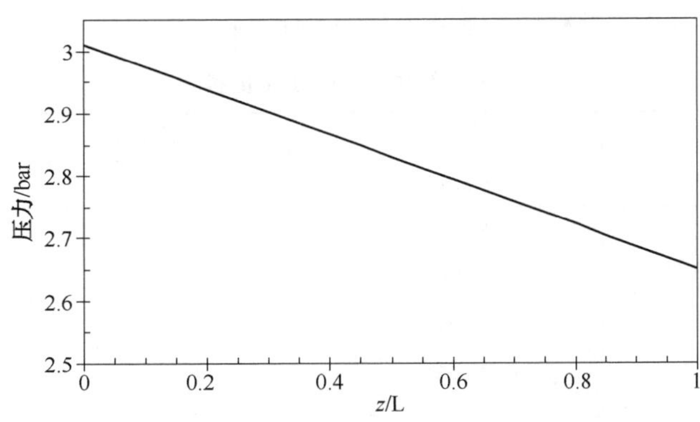

图 5.12　轴向压力梯度(León-Becerril 等，2004)

图 5.13 比较了提升管出口处模型预测的转化率(剩余原料)及汽油、液化石油气、干气和焦炭产率与工业运转数据的差别。所使用的操作条件见表 5.5。如图 5.13 所示，考虑了压降对反应影响的模型所模拟结果更好。因此，计算沿提升管的压降值非常重要。

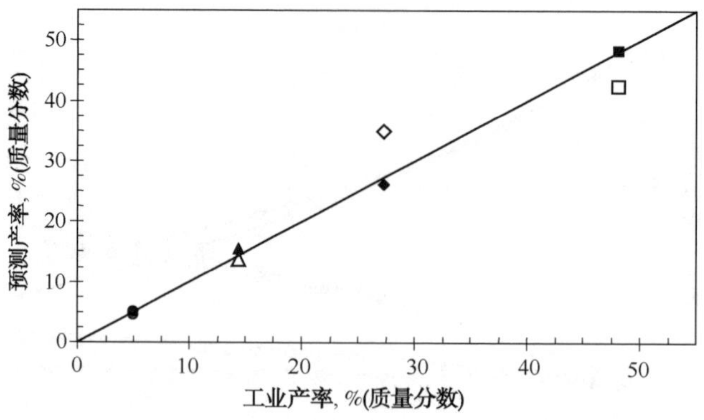

图 5.13　考虑(实心)和不考虑(空心)压力分布影响时的模拟质量分数与工业运转数据的对比(◆：原料；■：汽油；▲：LP 气；●：干气)。(León-Becerril 等，2004)

5.6　动力学因子的放大模拟

实验室数据经收集和除错后，下一步是进行数据放大，使之可用于模拟工业提升管反应器，这步也需使用数学模型。有文献指出(León-Becerril 等，2004)，需重点考虑提升管内的质量平衡(烃和催化剂)、能量平衡和压力平衡。例如 Jiménez-García 等(2007)研究发现，FCC 工艺受油、剂界面的传质阻力控制。受催化剂尺寸影响，提升管内催化剂和油的相对速度很小(Villafuerte-Macías 等，2003)，因此不难预测该工艺受传质控制。

由于无从知晓发生化学反应的反应分子属于哪种类型，因此本文提出的简化方法并不能说明本征反应动力学的任何信息，加之两个反应器的本征动力学也不相同。为评估颗粒内传质阻力的可能影响，需根据实验扩散数据计算每个反应的 Thiele 模数(表 5.6)。经研究发现，虽然有一些反应是由颗粒内扩散控制，而非受反应动力学控制，但在反应器放大中，其动力学参数不变。因此，颗粒内传质不是唯一的控制步骤。

表 5.6　各种反应的 Thiele 模数

反应	反应温度/K		
	793.15	808.15	823.15
原料→汽油	8.245	8.370	8.447
原料→液化气	2.402	2.424	2.446
原料→干气	7.880	7.951	8.025
原料→焦炭	1.329	1.341	1.353
汽油→液化气	4.129	4.130	4.131
汽油→干气	4.321	4.322	4.323
汽油→焦炭	0.453	0.453	0.453
液化气→干气	1.795	1.795	1.796

来源：Jiménez-García 等。(2007)。

第二个传质控制步骤可能为气-固界面的传质阻力。这种阻力在 FCC 反应中很常见，一些后续反应步骤直接与这个控制步骤线性相关。但若采用拟均相模型，则难以区分反应是受外部传质阻力影响，还是受本征动力学速率影响。唯一已知的信息是该控制步骤遵循一级反应规律。在较窄的温度区间内，如研究中所使用的实验温度，可通过修正频率因子，以确定是否受外部传质限制的影响。由此，可将在实验室反应器上测定的各个反应的表观活化能直接用于工业装置的模拟，两种反应器在相同操作条件下将具有相同的表观活化能。由于实验室反应器与工业反应器的流体力学特性迥然不同，如果可对频率因子进行适当地修正，使之与工业生产相符，那么就可通过数据的线性变换，将实验室数据用于工业装置的建模，而且不致于同工业实践产生较大的偏差。

基于以上研究，Ancheyta-Juárez 等(1997)提出了一种用于反应器放大的反应机理。该反应机理采用五集总模型，涉及了 8 个可能的反应。使用 5.5 节所述模型对提升管反应器进行仿真(León-Becerril 等，2004)。Ancheyta-Juárez 等提出采用频率因子(k_{0j})与原料→汽油反应的频率因子($k_{0f\to g}$)之商进行放大：

$$\sigma_j = \frac{k_{0j}}{k_{0f\to g}} \tag{5.12}$$

在模拟计算中，通过修正 $k_{0f\to g}$与常数 σ_j 的关联关系，可拟合出工业提升管反应器的汽油收率。考虑到催化剂失活的影响，上述模型包括了因积炭导致催化剂失活的双曲型失活函数。

表 5.7 对比了分别采用原始频率因子(Ancheyta-Juárez 等，1997)与放大频率因子模拟的产品收率。工业提升管的典型操作条件：原料质量流速为 36.82 kg/s，剂/油质量比 C/O=8.0。使用原始的实验室数据预测的产品产率与工业提升管的实际收率相差甚远，这也意味着两个系统的传质阻力不同。但对于其中一个频率因子 $k_{0f\to g}$，以及其他七个频率因子的放大[方程(5.12)]，其拟合已足够满足产率预测所需的精度。

表 5.7　实际与模拟产品产率及误差对比　　%(质量分数)

	原料	汽油	LPG	干气	焦炭
产率					
实际测定值	27.37	48.23	14.35	5.06	4.99
Ancheyta-Juárez 等(1997)的预测值	0.00	9.81	3.08	41.74	45.37
误差,%	-100.0	-79.66	-78.53	+724.90	+809.22
Jiménez-García 等(2007)提出的 $k_{0f\to g}$放大法预测值	26.12	48.23	15.56	5.11	4.98
误差,%	-4.56	0.00	+8.43	+0.98	-0.20

来源：Jiménez-García 等(2007)。

若在实验室可确定频率因子间的线性关系，并可用于模拟工业提升管反应器，这就意味着 MAT 反应器与提升管具有相同的表观活化能(Maya-Yescas 等，2004a)，整个过程的反应速率受传质控制(Jiménez-García 等，2007)。值得注意的是，尽管 $k_{0f\to g}$是唯一经拟合的频率因子，但是对每种产品的预测值依然精确，这是由于表观活化能的预测值与传质系数的预测值相符的结果[方程(5.8)]。

除 MAT 外，还可以采用具有不同反应特征的其他类型的实验室反应器来测定动力学参数。例如，Kayser 科技公司研制的流化床实验装置，可作为一种高级的催化剂评价(ACE)反应器(美国专利 6，069，012)。相较于 MAT 装置，ACE 反应器的优势在于催化剂呈流态化，提高了反应介质的均一性，缩短了油、剂的有效接触时间。但是，ACE 反应器也采用了半连续收集器来收集产品，与 MAT 类似。这种设计将在失活程度不同的催化剂作用下生成的反应产品进行了连续混合，使得其难以用于测定反应动力学参数，并且整个动力学过程还是受传质阻力控制。另一种反应器是 CREC 提升管-仿真器，其设计目的是用于模拟剂/油比、实际接触时间及工业反应器内移动床的流体动力学特征(Ginsburg 等，2003)。虽然这种实验室反应器精确地仿真了工业提升管，但其确定的动力学仍耦合了剂/流体界面处的传质阻力。因此，本节有关对动力学因子放大所做的分析对上述反应器依然有效。

5.7 再生器的建模

再生器内烧焦放热，维持了整个转化器系统的能量平衡，这也是其最为至关重要的作用。以典型的减压瓦斯油为原料，可产生约 4% ~5%(相对原料的质量分数)的焦炭，这部分焦炭或来自于催化裂化反应生成，或来自于挟带在原料中的结焦前驱体。结焦前驱体一般来自上游工艺，如减压蒸馏。因此，取决于原料的切割沸点，结焦前驱体的含量会有一定的变化。工业上通常采用 Conradson 或 Ramsbottom 法评价残炭含量(Venuto 和 Habib，1978)。康氏残炭含量会随提升管内焦炭产率的提高而提高，这将导致催化剂再生过程的产热速率发生改变(Maya-Yesca 和 Aguilar，2003)，需要提高再生器温度。因此，根据反再系统的操作顺序，FCC 装置的一个重要控制参数是再生催化剂上的残炭量(León-Becerril 和 Maya-Yescas，2007)。本节我们将分析常规操作下的生焦量控制。

5.7.1 非多相烧焦过程模拟

因焦炭中含有大量含杂原子化合物，至今仍无法获知全部的烧焦动力学历程，通常采用 Errazu 等(1979)提出的简化机理来模拟烧焦过程(图 5.14)。对于非均相焦炭在非催化条件下的燃烧过程，假设气态氧与恒定含量的焦炭反应为一级反应。Errazu 等提出了一种烧焦的活化能理论，$E_\eta/R_g=6240\text{K}$，若 $CO_2/CO=1$ 在 870 ~920K 之间(Errazu 等，1979；Krishna 和 Parkin，1985)，则频率因子 η 的取值范围为 $0.870<\eta_0<1.335$。进而可推出焦炭(CH_v)与化学计量系数的简单公式：$v=4/3$。动力学表达式为：

$$R_{\text{coke}}=k_{\text{oxo}}\rho_{\text{coke}}e^{-\gamma_{\text{oxo}}/R_gT}C_{O_2} \tag{5.13}$$

Coke combustion：$CH_{v(s)}+\left[\dfrac{\eta+2}{2(\eta+1)}+\dfrac{v}{4}\right]O_{2(g)}\longrightarrow\dfrac{\eta}{\eta+1}CO_{(g)}+\dfrac{1}{\eta+1}CO_{2(g)}+\dfrac{v}{2}H_2O_{(g)}$

Homogeneous CO combustion：$CO_{(g)}+\dfrac{1}{2}O_{2(g)}\xrightarrow{\text{het}}CO_{2(g)}$

Homogeneous CO combustion：$CO_{(g)}+\dfrac{1}{2}O_{2(g)}\xrightarrow{\text{hom}}CO_{2(g)}$

图 5.14 烧焦动力学反应历程(León-Becerril 和 Maya-Yescas，2007)

再生器可视作由两段区域系统组成：可视作为动态连续搅拌釜式反应器的密相区(d_p)，可视作静态平推流反应器的稀相区或自由空域(f_b)(Maya-Yescas 等 2005)。再生器的数学模型包括密相区的经典质量平衡[方程(5.14)和方程(5.15)]、稀相区的质量平衡[方程(5.16)]及两区域的能量平衡[方程(5.17)和方程(5.18)]。同时对提升管和再生器的耦合模型进行求解，即可得到相应的模拟数值(León-Becerril 和 Maya-Yescas，2007)。

1. 质量平衡

1）密相区

$$\frac{dN_{j,\ dp}}{dt} = G_j^i - G_j + R_j|_{dp} \tag{5.14}$$

(1) 边界条件

$$N_{j,\ dp}(t=0) = N_{j,\ dp}^0 \tag{5.14a}$$

式中，$j=O_2$、CO 和 CO_2、R_{O_2}、R_{CO}、R_{CO_2}，其取值取决于催化剂质量、化学计量系数和燃炭的反应速率。

(2) 密相区的碳平衡

$$\frac{dC_{coke}}{dt} = \frac{m_{coke}}{W_{cat}}(\omega_{CSC} - \omega_{CRC}) + \frac{r_{coke}}{MW_{coke}} \tag{5.15}$$

(3) 初始条件：

$$C_{coke}(t=0) = C_{coke}^0 \tag{5.15a}$$

2）稀相区：

$$\frac{dG_j}{dz_{fb}}\bigg|_{fb} = \frac{R_j|_{fb}}{u_{gch}} \tag{5.16}$$

初始条件：

$$G_j(z_{fb}=0) = G_j^i \tag{5.16a}$$

式中，$j=O_2$、CO 和 CO_2。

2. 能量平衡

1)密相区

$$\begin{aligned}\frac{dT_{dp}}{dt} = &\frac{(G_{O_2}^i + G_{N_2}^i)C_{P_{air}}^i T_{air}^i}{W_{Cq}C_{P_p}} \\ &+ \frac{(G_{O_2} + G_{CO} + G_{CO_2} + G_{H_2O} + G_{N_2}^i)Cp_{dp}T_{dp}}{W_{Cq}C_{P_p}} \\ &+ \frac{G_{vap}^i C_{p_{vap}}(T_{vap}^i - T_{dp}) + (m_{cat}^i T_{cat}^i - m_{cat}T_{dp})C_{P_p} + \sum_{j=1}^{j=5}(-\Delta H_j)\Re_j|_{dp}}{W_{Cq}C_{P_p}}\end{aligned} \tag{5.17}$$

初始条件：

$$T_{dp}(t=0) = T_{dp}^0 \tag{5.17a}$$

2）稀相区

$$\frac{dT_{fb}}{dz_{fb}} = \frac{(-\Delta H)_{HNC}\Re_{HNC}|_{fb}}{(1-\varepsilon_{fb})\rho_p C_{P_p} + \varepsilon_{fb}C_{p_{gch}}(\sum y_j PM_j)u_{gch}} \tag{5.18}$$

初始条件：

$$T_{fb}(z_{fb}=0)=T_{fb}^{i} \tag{5.18a}$$

增加原料中结焦前驱体的含量(质量分数)：①0.21%；②1.05%；③2.10%；④3.66%；⑤3.68%(相对于原料质量)，以评价提升管出口处催化剂表面积炭(ω_{CSC})对再生的影响。模拟再生器由参考稳态开始变化，直到达到新的稳态或出现失控时，其主要操作参数的改变[如再生器温度、待生催化剂上的积炭量(ω_{CSC})及再生催化剂上的积炭量(ω_{CRC})]。采用上述相同的程序模拟结焦前驱体含量降低对再生的影响：①-0.21%；②-1.05%；③-2.10%；④-3.66%(相对于原料质量)。所有模拟都在开环模式下进行(即无控制操作)。

结焦前驱体含量增加对再生器有双重影响：因需烧掉的焦炭量增大而不得不提高再生器的操作温度；但同时也有利于焦炭的完全燃烧，进而降低了再生催化剂的残炭量。随着原料中结焦前驱体含量的增加，待生催化剂的积炭量(ω_{CSC})也往往会增加(图5.15)，使得再生后的催化剂的残炭量(ω_{CSC})也随之增加(图5.16)。当结焦前驱体含量增加后，催化剂上的积炭量在较短时间内即可达到新的稳态，其稳定值低于初始值。达到新稳态所需的时间与结焦前驱体的增量幅度成正比，但若采用闭环操作模式，则很难预估其变化值。此外，如果增量不太大(约2.10%，质量分数，下同)，装置可在几秒内就达到新的稳态；而如果增量较大，如增加3.66%，那么装置则需要较长时间才能达到新的稳态；若增量达到3.68%，则装置将无法再次达到稳态。

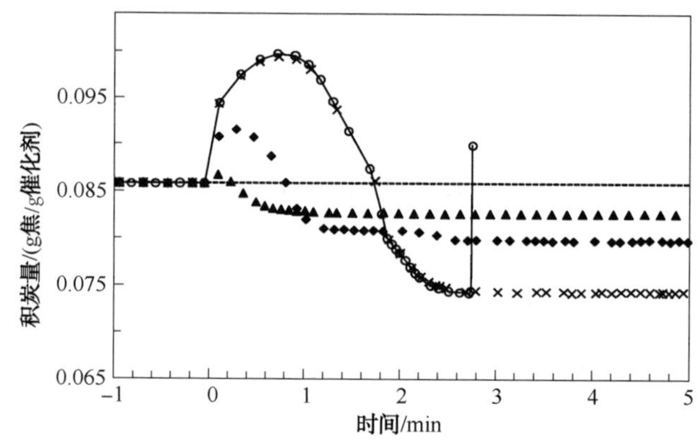

图5.15 随结焦前驱体含量增加，待生催化剂上积炭量的变化趋势

(▲，+0.21%；◆，+2.10%；×，+3.66%；-○-，+3.68%；- - -，参考值)

(León-Becerril 和 Maya-Yescas，2007)

焦炭产率增加，则进入再生器的燃烧原料也随之增加，其热量输出自然也随之增加。因此，再生器温度的升高与原料中结焦前驱体含量的增加幅度成正比(图5.17)。因再生器掌控着整个反-再系统的能量平衡，所以提升管温度(图5.18)与再生器温度具有相同的变化趋势。值得注意的是，原料中结焦前驱体含量增加3.68%后(图5.17中的垂线)，装置将无法再次达到稳态而失控。由以上模拟结果可以看出，提升管出口处焦炭产率的增加主要是由原料中结焦前驱体含量的增加所致。由方程(5.13)计算的活性函数值表明，催化剂活性与表面积炭量呈相反的变化趋势(图5.19)。因此，催化裂化反应速率随产品选择性变化而发生波动。这种情况在经验活性模型中已有所体现，如 Voorhies 指数衰减(如，Araujo-

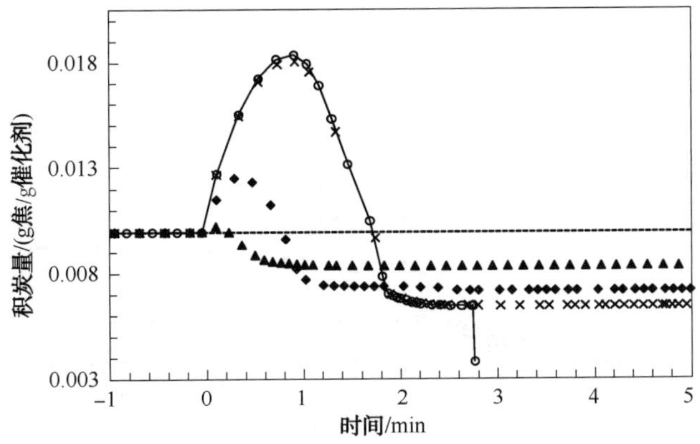

图 5.16　随结焦前驱体含量增加，再生催化剂上残炭量的变化趋势
（▲，+0.21%；◆，+2.10%；×，+3.66%；-○-，+3.68%；- - -，参考值）
（León-Becerril 和 Maya-Yescas，2007）

Monroy 和 López-Isunza，2006；León-Becerril 和 maya-Yescas，2007）；因此，失活函数应该反映出包括催化剂失活过程中全部的物理现象，以用于推断 FCC 装置的自稳定能力。

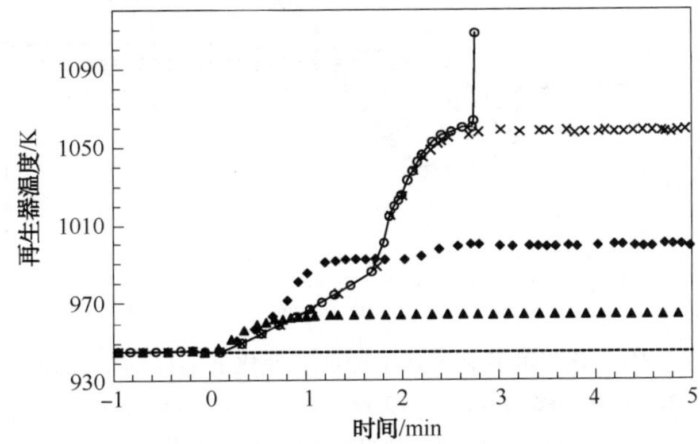

图 5.17　随结焦前驱体含量增加，再生器温度的变化趋势
（▲，+0.21%；◆，+2.10%；×，+3.66%；-○-，+3.68%；- - -，参考值）
（León-Becerril 和 Maya-Yescas，2007）

通常在工业装置运转过程中可测量的操作参数是再生器（图 5.17）和提升管（图 5.18）的温度，在实际操作中往往忽略二者对积炭行为的复杂响应。在闭环操作模式下，ω_{CRC} 可由烟气组成推算，并以此对空气流速进行实时调整（Álvarez-Ramírez 等，2004）。另一方面，由于提升管和再生器的持热量不同，前者温度（图 5.18）会随后者温度的改变而改变（Lee 和 Kugelman，1973；Edwards 和 Kim，1988；Corella，2004）。但这种温度变化并不能反映出影响催化剂活性（图 5.19）与能量平衡的焦炭类型（或来自于原料中结焦前驱体，或来自于催化裂化反应生成）。

总之，FCC 装置对原料中结焦前驱体含量增加的响应机制较为复杂。但在一定的操作范围内，无需严格控制，其能量平衡就能达到新的稳态。一般不将自稳期作为控制方案考虑，主要是因为使用简单的指数函数即可作为催化剂失活的经验模型，如 Voorhies 衰减函数。

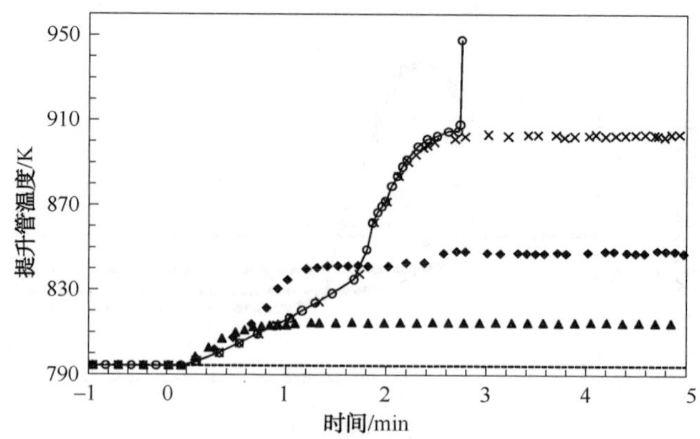

图 5.18 随结焦前驱体含量增加，提升管温度的变化趋势
（▲，+0.21%；◆，+2.10%；×，+3.66%；-○-，+3.68%；- - -，参考值）
（León-Becerril 和 Maya-Yescas，2007）

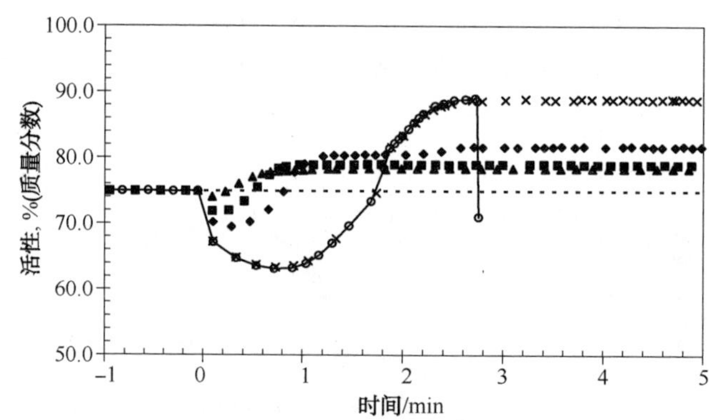

图 5.19 随结焦前驱体含量增加，催化剂活性的变化趋势
（▲，+0.21%；◆，+2.10%；×，+3.66%；-○-，+3.68%；- - -，参考值）
（León-Becerril 和 Maya-Yescas，2007）

结焦前驱体含量降低的影响如同其含量增加的影响一样，ω_{CSC}(图 5.20)和 ω_{CRC}(图 5.21)值均可达到新的稳态，积炭量略低于参考值。这种复杂的积炭行为与催化剂的剩余活性有关：如果催化剂表面积炭量下降，则催化剂活性上升，原料转化率及每种产品的产率也随之提高；因原料组成与催化剂影响已并入特定动力学参数中，所以在原料中结焦前驱体含量下降后，催化剂积炭量会立即下降(图 5.20)。即使催化剂的生焦率较快，因原料中结焦前驱体含量下降，使得可在催化剂上沉积的“附加碳”减少，在再生器中经 2 min 后即可完全燃烧掉这部分积炭，这样返回到提升管中的催化剂表面持碳量将大大降低(如图 5.21 中的 ωCSC 所示)。因此，在提升管的出口处可检测到的有效积炭产率也将明显下降(图 5.20)。

每次原料中结焦前驱体含量降低后，再生器温度都会提高 10℃左右(图 5.22)。这种现象看似难以理解，但这是对原料转化率提高的“合情合理”的响应，进而导致提升管内的生焦量增加。提升管内温度变化趋势(图 5.23)与再生器类似，温升约 17℃。当原料中结焦前驱体含量(质量分数)降低 1.05%，受再生器温度升高的强烈影响，提升管温度也随之升高，使得原料转化率提高。

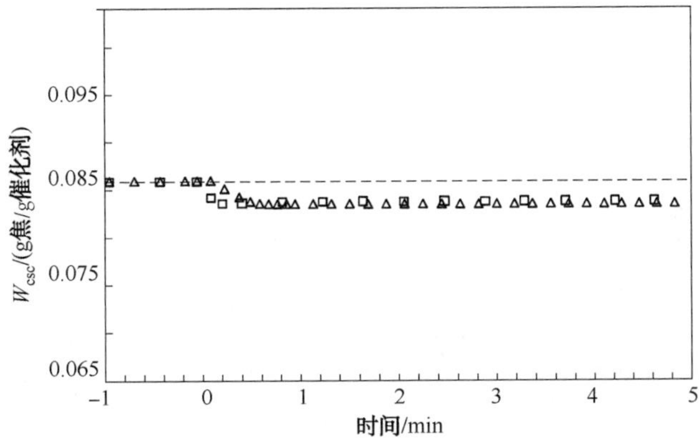

图 5.20　随结焦前驱体含量的降低，待生催化剂上积炭量的变化趋势
(△，-0.21%；□，-1.05%；- - -，参考值)(León-Becerril 和 Maya-Yescas，2007)

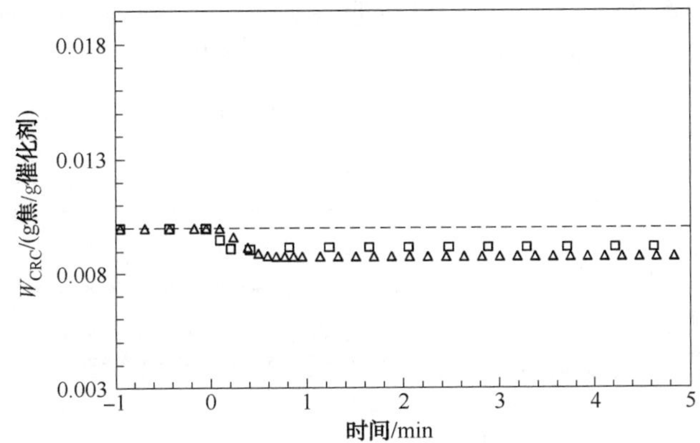

图 5.21　随结焦前驱体含量的降低，再生催化剂上积炭量变化趋势
(△，-0.21%；□，-1.05%；- - -，参考值)(León-Becerril 和 Maya-Yescas，2007)

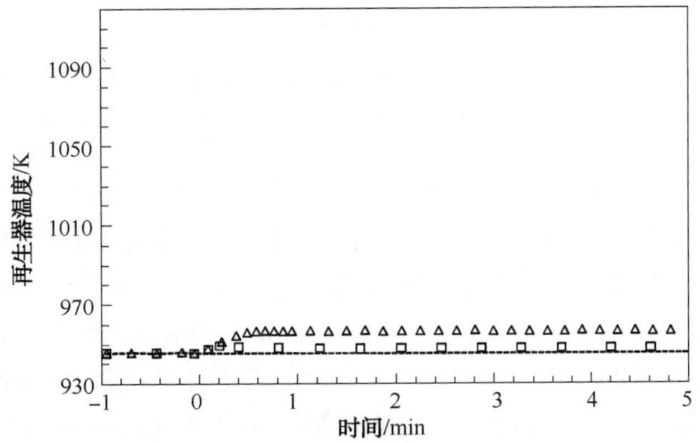

图 5.22　随结焦前驱体含量的降低，再生器温度的变化趋势
(△，-0.21%；□，-1.05%；- - -，参考值)(León-Becerril 和 Maya-Yescas，2007)

由于原料中结焦前驱体含量降低，使得催化剂活性高于参比值(图 5.24)。这有利于提高产品产率，也包括焦炭产率。因此，ωCSC 代表的焦炭主要是“产品炭”而非“附加炭”。生焦量提高可为再生器提供更多的原材料，使得再生器温度提高(图 5.22)，进而使得提升

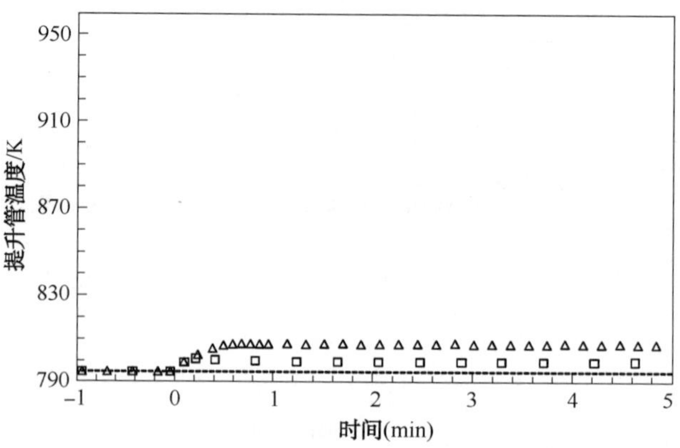

图 5.23　随结焦前驱体含量的降低，提升管温度的变化趋势
（△，-0.21%；□，-1.05%；- - -，参考值）(León-Becerril 和 Maya-Yescas，2007)

管温度也随之升高(图 5.23)。因原料中供应的结焦前驱体含量降低，使得催化剂生焦量减少，但不会引起操作问题(Salazar-Sotelo 等，2004)。因此，研究应对原料中结焦前驱体含量变化的唯一方法是采用更多的物理方法模拟催化剂活性，而不仅仅限于使用 Voorhies 指数衰减模型。

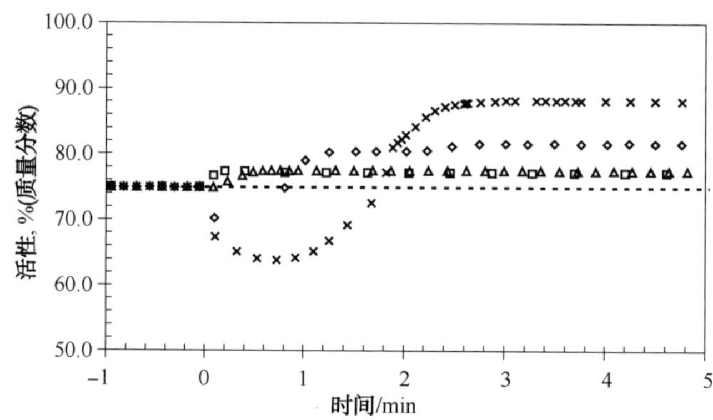

图 5.24　随结焦前驱体含量的降低，催化剂活性的变化趋势
（△，-0.21%；□，-1.05%；◇，-2.10%；×，-3.66%；- - -，参考值）(León-Becerril 和 Maya-Yescas，2007)

FCC 装置对原料中结焦前驱体含量变化的适应性强，达到新稳态后，即可维持裂解反应所需热量的自给，而不易使装置失控。无需对结焦前驱体含量扰动采取过多的应对操作方案调整。FCC 装置可在较宽的结焦前驱体含量变化范围内自稳定，而无需采取任何操作，对此已讨论了多年(如 Lee 和 Kugelman，1973；Edwards 和 Kim1988；León-Becerril 和 Maya-Yescas，2007)。上述讨论的一个重要方面是，非常有必要模拟催化剂活性随表面积炭量的变化关系(Jiménez-García 等，2007)，而不能仅限于采用未考虑物理效应对催化剂失活影响的指数衰减函数模型。Jiménez-García 等根据实验室数据拟合出一种简单双曲线函数，以用于在提升管模拟过程中评价催化剂的实时性能，结果表明该方法优于经验法。

5.7.2　多相烧焦过程副反应模拟

如前文所述，催化裂化过程会生成焦炭，沉积在催化剂表面，堵塞催化剂孔道，导致活性中心的表观损失。因此，有必要将这部分焦炭在一独立的反应器内烧掉，即再生器。烧焦对反应系统会产生很多重要影响：污染、整个装置的能量平衡、温度及温度变化、催化剂活性等，因此需对这些影响逐一进行分析。催化剂再生涉及的环保问题同样也很复杂，如原料中含硫。原料中的部分硫以硫酸(期望)形式回收，部分硫以含硫化合物形式存在于燃料产品中，部分硫则以 SO_x 形式从再生器烟气中离开 FCC 装置。本节旨在分析如何模拟 FCC 原料中硫在各种产品中的分布。

1. 再生烟气中的硫

Villafuerte-Macías 等(2004)研究了催化裂化焦炭中硫的影响。焦炭主要由碳和氢两种元素组成，易被原料中的硫、氮或金属所污染。考虑到催化裂化反应对硫含量的影响，对焦炭的经验分子式进行了修正：$CH_\nu S_\sigma$。烧焦动力学途径为：

$$CH_\nu S_\sigma + \left[\frac{\eta+2}{2(\eta+1)} + \frac{\nu}{4} + \frac{2\sigma+3}{2(\sigma+1)}\right] O_2 \rightarrow$$

$$\frac{\eta}{\eta+1} CO + \frac{1}{\eta+1} CO_2 + \frac{\nu}{2} H_2O + \frac{\sigma}{\sigma+1} SO_2 + \frac{1}{\sigma+1} SO_3 \tag{5.19}$$

式中，ν 和 σ 代表焦炭经验分子式中的 H 和 S 原子数；η 为催化剂表面 CO 和 CO_2 生成速率的关联关系(Errazu 等，1979)。由此可见，焦炭中的硫可以生成硫氧化物，随烟气排出。

同时求解由提升管和再生器组成的耦合模型，可获得相应的模拟数值。调整典型工艺参数(如再生器的空气供应速率，剂/油质量比)，对整个操作区域进行模拟。原料中的硫含量等于产品燃料中硫含量、硫化氢生成量及再生器排放含硫氧化物的硫含量之和。需要注意的是，该模拟未明确将催化剂性质及添加剂考虑其中。

七集总反应动力学模型[图 5.5(b)]详细解释了催化裂化过程中酸性气(主要为 H_2S)的生成，可并入到工业 FCC 提升管的数学模型[方程(5.9)~方程(5.11)]中。同时，将包括了焦炭中硫的氧化的 FCC 再生器模型[方程(5.14)~方程(5.18)]与提升管模型相集成，得到耦合模型。采用工业运转数据对上述两种模型进行校正。采用总硫平衡预测酸性气的生成、终产物中硫含量以及再生烟气中硫的分布。该模型可用于 FCC 稳态操作模拟，还可将高附加值清洁燃料生产及满足环境条令要求也考虑其中。

一些研究者采用了与原料转化率有关的经验函数来预测循环油、汽油及焦炭中的硫含量及其分布(Venuto 和 Habib，1978；MacArthur 等，1981；Cheng 等，1998；Corma 等，2001)。根据工业生产经验，经验函数的参数取决于原料组成和催化剂类型。当原料或催化剂发生改变，参数值需随之改变，而提升管的操作条件不影响该参数值。

催化裂化产品(循环油、汽油和焦炭)中的硫含量由函数 SLC 计算：

$$S_{LC} = a + bX + cX^2 \tag{5.20}$$

式中，S_{LC}为各种裂化产品中的硫含量，X 为原料的体积转化率。根据产品种类(循环油，汽油和焦炭)，拟合求出 a、b、c 值。应用四阶 Runge-Kutta 法求解该数学模型，评价每个积分区间内的反应混合物的温度、速度、通量和密度；催化剂的温度、流速、传质、传热系数；产品收率及裂化产物中的硫分布。

从工业 FCC 装置的运转记录中选取 15 组数据，用于模型校正，部分数据列于表 5.8。模型参数的初始值选自文献数据(Ancheyta-Juárez 等，1997；Takatsuka 等，1987)，采用标准统计法对运转数据进行拟合。采用获得的模型参数建模，模拟出一组由 15 个数据组成的各种产品产率的模拟值，并与相应的实测值进行对比。如图 5. 25 所示，相应的数据点均落在 45°直线上。

表 5.8 操作条件、产率和性质

	运行 1	运行 2	运行 3
操作条件			
提升管出口温度/℃	519. 5	514. 0	519. 0
进料温度/℃	213. 7	214. 3	215. 1
剂/油比/(kg/kg)	8. 77	7. 46	8. 53
产率			
干气/(m^3/h)	24600	24200	23700
酸性气/(kg/h)	2104	2438	2346
汽油/(kg/h)	2313	2319	2329
循环油/(kg/h)	758	814	812
转化率,%(质量分数)	78. 6	77. 9	77. 6
原料补给/(kg/h)	4838	4849	4906
性质			
原料密度/(kg/m^3)	891	898	901
原料硫含量,%(质量分数)	2. 10	2. 17	2. 17
汽油硫含量,%(质量分数)	0. 212	0. 215	0. 213
酸性气硫含量,%(质量分数)	65. 85	67. 91	67. 43
轻循环油硫含量,%(质量分数)	2. 02	2. 08	2. 11

来源：Villafuerte-Macías 等(2004)。

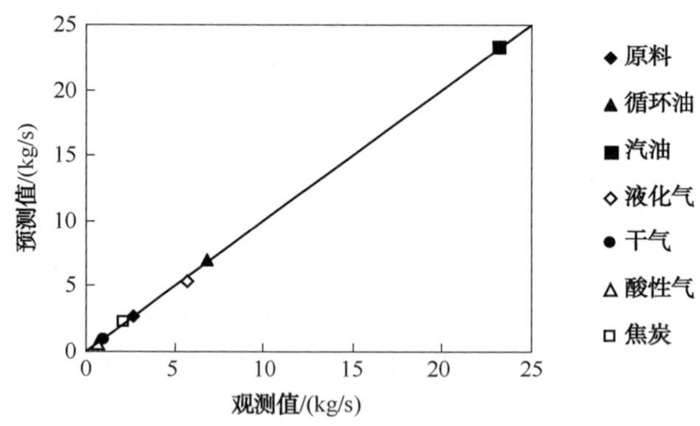

图 5. 25 产品产率预测值与实验值对比[Villafuerte-Macías 等(2004)]

提升管出口温度(*ROT*)是重要的工艺参数，一般用作参比参数。本节选用工业运转数据作为参比，模拟沿提升管的产品产率分布，并与提升管出口的实测值进行对比(图 5. 26)。原料的裂化反应主要发生在提升管长度前 1/3 处。在提升管长度前 1/2 处，循环油产量达到最高值，此后因发生进一步裂解反应，其产率缓慢降低，这与可能转化为小相对分子质量产品的中等重量油品转化规律相吻合。大部分汽油(总产量的 90%)生成于提升管前半段，而 LPG 和干气产量则连续增加(图 5.26)。酸性气的最大产量出现在提升管的前 3/4 处，表明含硫烃类中有部分易于转化的含硫烃的 C—S 键发生了断裂。焦炭产率的连续增加，是环状化合物、含杂环化合物以及含烷基化合物在催化剂颗粒表面上发生缩合反应的结果。工业提升管出口处的各种产品产率实测值与模型预测值接近。图 5.27 示出了循环油、汽油和焦炭中的硫含量预测值随 *ROT* 的变化关系。如图 5.27 所示，循环油中的硫含量随 *ROT* 增加而呈比例的增加，而汽油和焦炭中的硫含量随 *ROT* 的增加而降低。易于脱硫的含硫化合物裂解成酸性气和轻烃，而未发生裂解的含硫化合物则进入循环油和汽油中。循环油、汽油和焦炭中硫含量的预测值与实际数据吻合良好(见表 5.8)。因此，为获得低硫汽油，使得 FCC 装置不得不在高 *ROT* 下操作，同时也得到了更多的硫含量较低的焦炭。

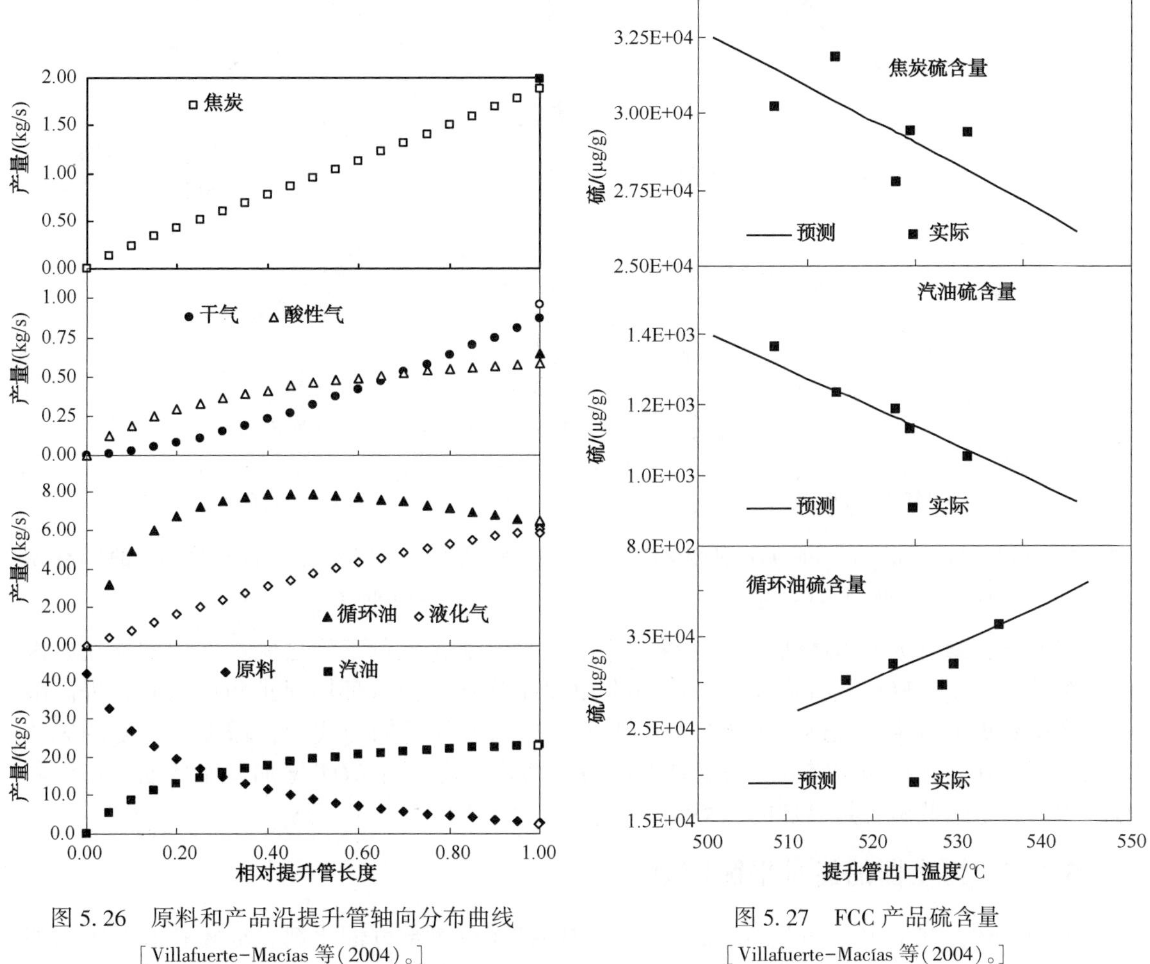

图 5.26 原料和产品沿提升管轴向分布曲线
[Villafuerte-Macías 等(2004)。]

图 5.27 FCC 产品硫含量
[Villafuerte-Macías 等(2004)。]

图 5.28 给出汽油、LPG 和焦炭产率随 *ROT* 的变化趋势。图 5.29 所示为了循环油、干气和酸性气产率随 *ROT* 的变化趋势。两图中均包括了实测数据。如图 5.28 和图 5.29 所示，预测曲线与实测数据相近。随着 *ROT* 增加，循环油预测产率下降，而汽油、LPG、酸性气和焦炭预测值增加，这是由于部分循环油裂解成了 LPG 和干气及部分汽油的结果。在温度最高点，汽油产量增幅很小甚至没有增幅。焦炭产量增加可能对系统有利，可为再生器提供必需的能量并维持整个系统热量平衡。酸性气产率的预测值越高，则汽油和焦炭中的硫

含量就越低。

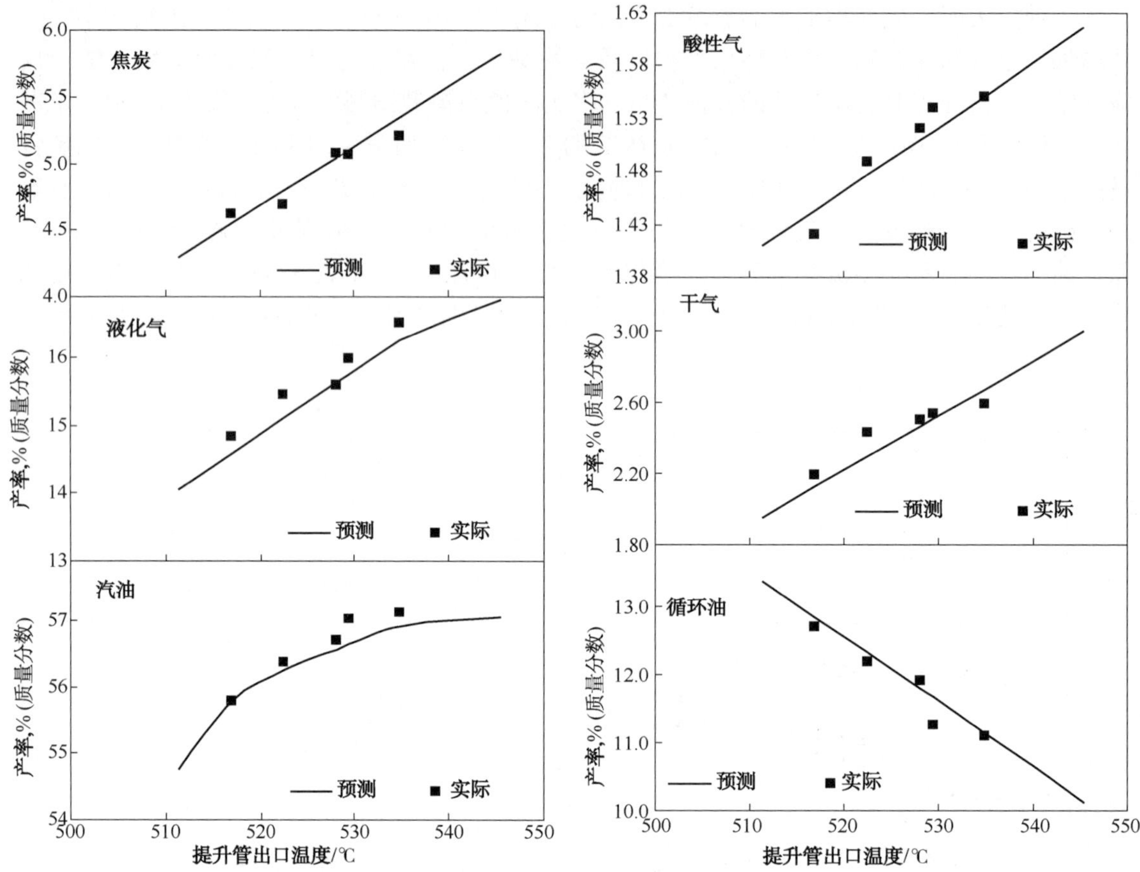

图 5.28　焦炭、LPG 和汽油产率随 *ROT* 的变化趋势
[Villafuerte–Macías 等(2004)]

图 5.29　酸性气、干气和循环油产率随 *ROT* 的变化趋势
[Villafuerte–Macías 等(2004)]

很明显，随着 *ROT* 的增加，在汽油产率增加与汽油含硫量下降之间存在协同作用。因此为维持收益率，FCC 装置应在尽可能高的 ROT 下操作。而从环境保护角度来看，提高酸性气产率要更加有利。上述两种优势均以循环油中硫含量增加为代价，增加了下游的脱硫费用，因此在实际操作中需要寻找最佳的经济平衡点。但随着 *ROT* 增加，循环油产量下降也多少弥补了一些硫含量增加的劣势。

5.7.3　再生器的能量平衡模拟

如前所述，在 FCC 装置运行中，再生器“持有”了绝大部分催化剂。常规 FCC 装置大概需要约 300t 催化剂，其中约 20 ~30t 在提升管和竖管间循环，剩余接近 270t 的催化剂在再生器内进行烧焦再生。也就是说，再生器掌控着整个装置的能量平衡。因此，非常有必要对再生器进行研究，特别研究再生器在能量平衡中所起的作用。

再生器(流化床反应器)因其物理结构不同，不能被视作均相搅拌釜来处理。通常假设再生器存在两个不同的区域，即密相区(底部)和稀相区或自由空域(上部)(见章节 5.7.1)。表 5.9 列出了两个区域的特征差别。

表 5.9　流化床反应器内密相区和稀相区的不同特征

	密相区	稀相区(自由空域)
位置	下部	上部
固体的体积分数	约 20%~40%	小于 1%
相对密度	高	很低
相对热容	高	低
主要反应	焦炭燃烧、CO 燃烧	CO 燃烧

密相区和稀相区之间发生质量和能量交换，主要是由于上升的气流及其挟带一小部分催化剂颗粒由密相区运动到稀相区的结果。由于稀相区热容较小，所以任何小量的放热(CO 燃烧)均可引起该区温度剧烈升高。图 5.30 示出了 FCC 再生器示意图及其常用能量衡算式。

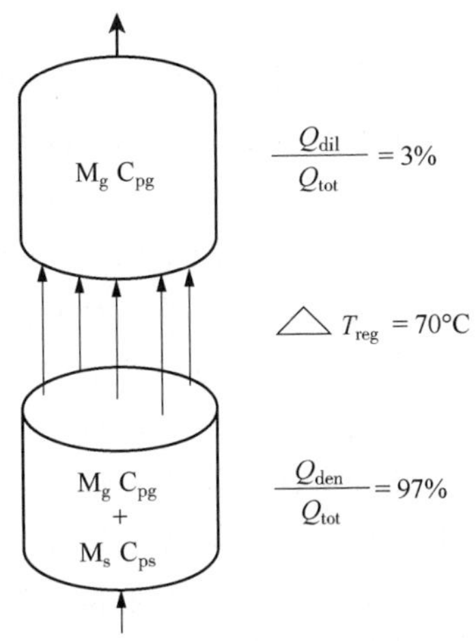

图 5.30　流化床反应器内的两个区域

流化床反应器的最大优点是密相区实际上可视为等温区，固体颗粒的不断运动起到了搅拌的作用，使得该区内各点温度相同。相反，如果不控制稀相区内的放热反应，反应器内将存在极大的温度梯度，会导致操作故障，甚至会破坏旋风分离器及再生器内的其他内置硬件设施。考虑到上述两种情况，有研究者提出了一种再生器模型，将密相区视为等温 CSTR，而将稀相区视为非等温 PFR(Errazu 等，1979)。此外，还需引起重视的是，控制再生器归根结底是控制整个装置的能量平衡，这可通过测量密相区的操作参数来实现，一般选择的参数为 CSTR 中变化幅度较小的温度或氧气浓度。

模拟 FCC 再生器的另一重要方面是确保求解方程所用计算时间“不能太长”。如果将再生器的密相区视为 CSTR，同其他方法相比，这样可大大减少计算时间。类似的，稀相区仅存在一个入口和一个出口，那么按 PFR 模型求解将非常有效。上述建模方法可满足工业装置建模的要求。

5.8　催化剂汽提过程建模

脱除吸附在催化剂表面的烃类的汽提操作是催化剂在 FCC 装置循环过程中非常重要的一步，但是目前并没有太多的模型可供选择，用以准确解释这一操作过程。例如，假设汽提过程发生在全混流反应釜内，催化剂由提升管进入汽提塔，经汽提后再进入再生器，所以在提升管与再生器间存在一定的时间延迟。该过程的控制方程为：

$$W_{st}\frac{dC_{st}}{dt}=F_S(C_{SC}-C_{st}) \tag{5.21}$$

$$W_{st}C_{ps}\frac{dT_{st}}{dt}=F_SC_{ps}(T_{ro}-T_{st}) \tag{5.22}$$

很明显，该模型并不完整，缺少汽提塔内动力学(同提升管)及烃脱附动力学。但这些模型通常被用于 FCC 转化器的模拟，而从动态学角度看，汽提塔的主要影响是导致时间延迟，相当于催化剂在到达再生器之前先进入“缓冲罐”，再生器中发生的燃烧反应会使整个动力学变得极其复杂。该模型所涉及的参数与本节主题无关。事实上，上述模型仍在开发中。

5.9 FCC 装置控制模拟

为开发一种用于控制方案的系统评价方法，虽然已进行了多次尝试，但对于化工反应器而言，控制参数的选择和匹配并非易事。系统自身固有的非线性特征使得难以预测装置的动态响应。本节将对非线性控制仿射系统展开讨论，以评价控制参数和操作参数的匹配。因其基于零动态和控制稳定性间的关系，可作为非线性系统的相对增益阵列分析(RGA)的补充。上述控制方案简单易懂，便于分析控制方案，并且不依赖于现有的控制器类型。有研究者采用非线性仿射系统对四种工业 FCC 再生器的控制方案进行了评价，其中有两种控制方案已用于工业生产(Maya-Yescas 和 Aguilar，2003)。评价结果表明，这种评价方法与工业实践和操作经验相一致。

非线性工艺的调控问题是工艺控制领域的热点问题，主要因其与工业生产息息相关。通常工业装置的控制问题非常复杂，所以往往仅能做到部分控制，无法保证系统完全稳定和精确调控。因此，为预测工艺的总体性能，需要对非控制参数的动态行为进行研究。通常找出适用于 CSTR(如 FCC 再生器)的控制仿射机制，这就意味着操作参数在系统模型中呈线性，其优点将在下文讨论。

由于非线性系统控制的复杂性，这也激发了人们对该领域的研究热情。在非线性模式中，需对系统逆动态过程稳定性进行自检。按照 Morari 及其合作者(Morari，1983，García 和 Morari，1985；Economou 和 Morari，1986a)提出的观点，从控制角度来看，工艺的完美控制应该在已知逆动力学条件下获知其动力学行为。但由于存在时间延迟，无法获知其逆动态行为。此外，通用 MIMO 系统的逆动态过程也没有明确的数学表达式。一个重要的尝试是使逆动态过程的级数最小，将其定义为零动态(Daoutidis 和 Kravaris，1991)。通常零动态的构建涉及到复杂的计算程序，可能无法成功；根据 Daoutidis 和 Kravaris(1991)的研究结果，非线性系统零动态分析结果可能与线性系统的零动态分析结果相同。因此，有研究者提出将系统的非线性动力学分解成可逆和不可逆两部分，后者包含有时间延迟项(Economou 和 Morari，1986b)。

以上研究构成了非常重要的理论框架，突出了非线性系统闭环性能的一些性质。但其所用的数学工具非常复杂，目前尚无法将此方法应用于工业装置。本节提出了一种简单评价方法，可用于分析非线性控制仿射系统的控制方案优劣。

5.9.1 数学背景

化工反应系统的设计与控制程序，为识别是否达到操作稳态提供了参考指标(如 Isidori，1999)。重要状态调控的难易程度取决于装置的动态特征，这种动态特性主要取决于操作条件、设计、控制以及三者间的关系。正如前文所述，对于反应系统的控制，零动态稳定性是需要分析的最重要的特性之一。

再生器密相的数学模型由质量衡算、能量衡算以及平衡关系组成[方程(5.14)至(5.17)]，这些方程可表达为系统的非线性方程：

$$\dot{x} = f(x) + G(x)u \tag{5.23}$$

式中，$x \in \Re^n$ 为状态矢量，$u \in \Re^q$ 为控制输入矢量，$f(x): \Re^n \to \Re^n$ 为非线性平滑矢量场，$G(x): \Re n + q \to \Re^n$ 为包含控制参数和操作参数关系的矩阵。

现在考虑以下假设：

A1：对于控制输入矢量 $u(x(t))(\| u(x(t)) \leqslant u_{max})$，名义闭环非线性系统[方程(5.23)]至少为控制状态的二阶稳定控制；因此，Lyapunov 函数 $V \geqslant 0$ 满足

$$\frac{\partial V}{\partial X}[\Im(X) + I(X, U)] \leqslant -\alpha_1 \| X \|^2 \qquad \frac{\partial V}{\partial X} \leqslant \alpha_2 \| X \| \qquad \text{其中} \alpha 1, \alpha 2 > 0$$

A2：所有轨迹 $x(t, x_0)$，系统[方程(5.23)]的 $x_0 \in \Re^n$ 有界。

A3：矢量场 $G(x)$ 有界[即对于任意 $x \in \Re^n$，$\| G(x) \| \leqslant G+<\infty$]。

系统的零动态定义为最小阶数的逆动态。非线性系统的逆动态可能极其复杂，或几乎不可能实现。但当系统由状态子集 xC 控制，部分控制的仿射系统在非控状态(或动态)下的动态学 xD 接近零动态的稳定特性(Maya-Yescas 和 Aguilar，2003)：

$$\dot{x} = \boldsymbol{f}(\boldsymbol{x}) + \boldsymbol{G}(\boldsymbol{x})\boldsymbol{u} \to \begin{cases} \dot{x}_C = \boldsymbol{f}_C(\boldsymbol{x}) + \boldsymbol{G}_C(\boldsymbol{x})\boldsymbol{u} \\ \dot{x}_D = \boldsymbol{f}_D(\boldsymbol{x}) + \boldsymbol{G}_D(\boldsymbol{x})\boldsymbol{u} \end{cases} \tag{5.24}$$

式中，

$$\boldsymbol{x}_C \in \Re^q,\ \boldsymbol{f}_C(\boldsymbol{x}) \equiv \{\boldsymbol{f}_C: \Re^q \to \Re^q\},\ \boldsymbol{G}_C(\boldsymbol{x}) \equiv \{\boldsymbol{G}_C: \Re^{q\times q}\}$$

且

$$x_D \in \Re n - q,\ \boldsymbol{f}_D(x) \equiv \{\boldsymbol{f}_D: \Re^{n-q} \to \Re^{n-q}\},\ \boldsymbol{G}_D(\boldsymbol{x}) \equiv \{\boldsymbol{G}_D: \Re^{q\times q}\}$$

假设调整参数将稳定维持在期望值，找出操作输入矢量 u：

$$\dot{\boldsymbol{x}}_C^{sp} = 0 \Leftrightarrow \boldsymbol{u}^{sp} = -\boldsymbol{G}_C^{-1}(\boldsymbol{x})\boldsymbol{f}_C(\boldsymbol{x}) \tag{5.25}$$

然后将操作参数矢量 u^{sp} 代入动态参数平衡：

$$\dot{\boldsymbol{x}}_D = \boldsymbol{f}_D(\boldsymbol{x}) - G_D(\boldsymbol{x})\boldsymbol{G}_C^{-1}(\boldsymbol{x})\mathrm{f}_C(\boldsymbol{x}) \tag{5.26}$$

在特定输入 u^{sp} 操作条件下，若非控制参数的动态学行为演变不稳定，则说明其零动态同样不稳定(Isidori，1999)。因此，为确保零动态及控制的完全稳定性，非控制参数的各个平衡应趋向于期望的设定值。这要求所有平衡 $\dot{\boldsymbol{x}}_D$ 值在操作设定点处为负号(Maya-Yescas 等，1998)。

命题：当且仅当 $\boldsymbol{f}_D(\mathrm{x}) + \boldsymbol{G}_D(x)\boldsymbol{u}^{sp} < \boldsymbol{0}$(如 $\dot{x}_D < 0$，$\forall x_D \in \boldsymbol{x}_D$)时，系统控制器 $\dot{\boldsymbol{x}}$ 处于稳定状态，$\forall t > 0$。

证明(Maya-Yescas 和 Aguilar，2003)：考虑非控参数的闭环性能：

$$\dot{\boldsymbol{x}}_D = \boldsymbol{f}_D(x) + \boldsymbol{G}_D(x)\boldsymbol{u}^{sp}$$

定义 Lyapunov 函数如下：

$$V=\varepsilon^T\varepsilon=\begin{pmatrix}0\ 0\ \cdots\ 0 & \varepsilon_{D_1}\ \varepsilon_{D_2}\ \cdots\ \varepsilon_{Dn-m}\\ q\text{倍} & (n-q)\text{倍}\end{pmatrix}\begin{pmatrix}0\\0\\\vdots\\0\\\varepsilon_{D_1}\\\varepsilon_{D_2}\\\vdots\\\varepsilon_{D_{n-m}}\end{pmatrix}\begin{matrix}q\text{倍}\\(n-q)\text{倍}\end{matrix}$$

$$\Leftrightarrow V=\varepsilon_{D_1}^2+\varepsilon_{D_2}^2+\cdots+\varepsilon_{Dn-q}^2=\sum_{i=1}^{n-q}\varepsilon_{D_i}^2$$

应用 Lyapunov 函数的稳定性判据，若函数 V 存在并定义为正且其导数在某些区间为负，则系统 $\dot{\boldsymbol{x}}_{\mathrm{D}}$ 渐渐趋向于稳定。计算导数并代入 ε 的表达式，可得：

$$\dot{V}=\sum_{i=1}^{n-q}\frac{\mathrm{d}\varepsilon_{\mathrm{D_i}}^2}{\mathrm{d}t}=\sum_{i=1}^{n-q}\frac{\mathrm{d}}{\mathrm{d}t}(x_{\mathrm{D_i}}-x_{\mathrm{D_i}}^{\mathrm{sp}})^2=2\sum_{i=1}^{n-q}x_{\mathrm{D_i}}\frac{\mathrm{d}x_{\mathrm{D_i}}}{\mathrm{d}t}=2\sum_{i=1}^{n-q}x_{\mathrm{D_i}}\dot{x}_{\mathrm{D_i}}$$

由于 $\boldsymbol{x}(t)\geqslant\boldsymbol{0}$，且 $u^{sp}\geqslant 0$，所以 $\dot{V}$ 是半负定的唯一选择为在有限几个点处动态变量 $\dot{\boldsymbol{x}}_{\mathrm{D}}(t)<0$。所以，$\forall t>0$，系统控制将处于稳定，当且仅当

$$\dot{V}\leqslant\boldsymbol{0}\Leftrightarrow\dot{\boldsymbol{x}}_{\mathrm{D}}\leqslant\boldsymbol{0}\Leftrightarrow\boldsymbol{f}_{\mathrm{D}}(\boldsymbol{x})+\boldsymbol{G}_{\mathrm{D}}(\boldsymbol{x})\,\boldsymbol{u}^{\mathrm{sp}}\leqslant\boldsymbol{0}\Leftrightarrow\boldsymbol{f}_{\mathrm{D}}(\boldsymbol{x})-\boldsymbol{G}_{\mathrm{D}}(x)\,\boldsymbol{G}_{\mathrm{C}}^{-1}(\boldsymbol{x})\,\boldsymbol{f}_{\mathrm{C}}(\boldsymbol{x})\leqslant\boldsymbol{0}$$

备注：所用全非线性模型没有经过线性化或其他简化。控制参数矢量定义为其他过程参数控制策略的函数，均在期望设定点处评价。由此得出，选择任意操作点作为设定点，该方法同样适用，且该方法对控制器类型没有限制。因此，该方法适用于含控制仿射结构的任意系统，特别是 CSTR 系统。

由此可知，操作参数的矢量动态学评价过程类似于相对增益阵列(RGA)的计算程序，即对工艺模型的操作参数求偏导(Bristol，1966)。不同之处在于动态学评价初始假设操作参数矢量 u 与相应的输出匹配。应用于非线性系统时，RGA 法产生的相对增益在一定程序上取决于稳态分析，结果并不恒定。采用本文提出的方法，无需完整 RGA 评价，即可得到非控状态的动态学行为，以及控制状态的交互影响。此外，与 RGA 相比，该方法用于分析非控状态而不是控制状态。因此，该方法可作为 RGA 法的补充，以用于分析带控制仿射结构的非线性系统。

5.9.2 再生器的可控性

再生是指沉积在催化剂上的积炭在空气氛围中燃烧，通常在流化床反应器内进行，因此再生器通常可视为 CSTR。再生反应放出的热量用于原料气化并为提升管内的裂解反应提供能量(Arbel 等，1995)。再生反应放热遵循连续反应动力学规律，因此再生器的动力学行为预计将非常复杂。稳态多重性、控制操作的逆响应(图 5.31)以及非稳态操作区域等现象均有可能出现。再生器的一个重要特征是，模型线性近似存在本征值且为正实部(图 5.32)，表明闭环内部动态不稳定(Daoutidis 和 Kravaris，1991)，表现为在这些状态附近出现控制问题(Arbel 等，1996)。

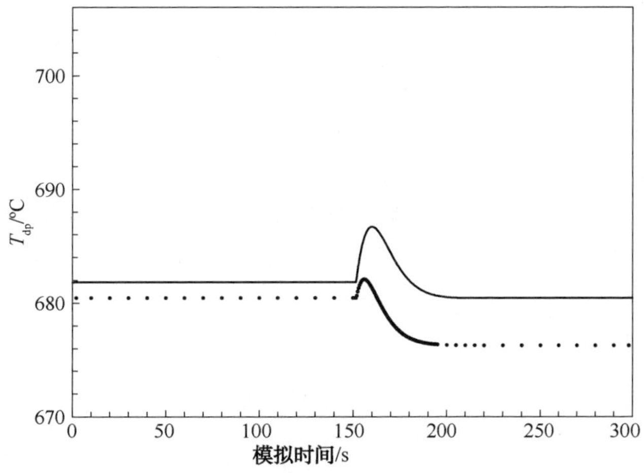

图 5.31　在工业操作条件下再生器温度的逆响应：由 $F_{air}=0.90F_{air}^{base\ case}$ 至 $F_{air}=F_{air}^{base\ case}$(实线)，由 $F_{air}=0.83F_{air}^{base\ case}$ 至 $F_{air}=1.05F_{air}^{base\ case}$(点线)。(Maya-Yescas 和 Aguilar，2003)

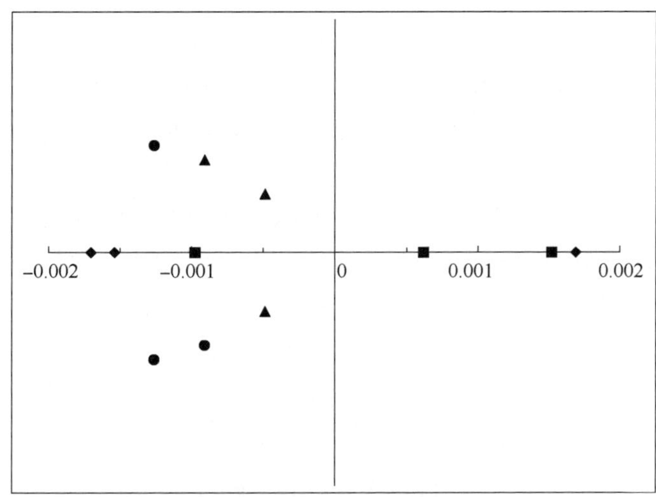

图 5.32　在工业操作条件下模型的线性近似本征值

(◆，$F_{air}=0.75F_{air}^{base\ case}$；■，$F_{air}=0.90F_{air}^{base\ case}$；▲，$F_{air}=F_{air}^{base\ case}$；●，$F_{air}=1.50F_{air}^{base\ case}$)。

(Maya-Yescas 和 Aguilar，2003)

在绝热 FCC 装置的实际控制中，对再生器的动力学特性理解不充分是最常见的控制问题之一。受限于机械设计上的种种约束，使得操作条件及控制方案受到一定的限制。因此，在研究系统稳定性及动力学弹性时，有必要考虑上述限制。由于提升管为平推流反应器，提升管内仅发生吸热反应及原料气化，对各种操作条件仅表现为一种稳态。因此，有必要对再生器的动力学特性进行分析(Maya-Yescas 和 Aguilar，2003)。

FCC 绝热再生器的操作参数较少，使得控制设计方案的选择受到了一定的限制(Venuto 和 Habib，1978)。最常见的操作参数为再生器的空气流量(Fair)、反应器间催化剂的质量流量(mcat)以及原料的预热温度(Tfeed)。对于复杂的 FCC 装置，可以控制进入再生器的空气中的氧气浓度以及再生器的冷却速率，这些情况不在本文的讨论范畴。此外，控制方案设计中存在的问题是在较窄及受限的操作范围内，如何选择较少的操作参数，使之与较多的控制目标相配对(Maya-Yescas 等，2004a)。

对于任意 FCC 装置，其再生器均为非线性。关于 FCC 装置的动力学性能研究表明，在不完全燃烧模式下的操作(再生器烟气中无 CO)是处于伪稳态的(Lee 和 Kugelman，1973；Edwards 和 Kim，1988)。据研究表明，增加空气流量，使之变为完全燃烧模式，可消除工业操作条件下的稳态多重性(Edwards 和 Kim，1988)，这种现象已被描述成点火状态下中间稳态的收敛(Maya-Yescas 等，1998)。在大多数情况下，提高再生器密相区操作温度可使系统稳定，即使系统采用不完全燃烧模型(Venuto 和 Habib，1978；Maya-Yescas 和 Aguilar，2003)。此外，必须尽可能精确地遵循再生器内能量平衡的动态特性。以工业 FCC 装置为例，其主要操作特征见表 5. 10。

表 5. 10　FCC 装置的主要操作数据

装置类型	绝热；提升管/流化床再生器	平均焦炭产量/(t/d)	160
操作模式	完全燃烧	平均空气流速/(m^3/h)	75000
装置原料处理能力/(bbl/d)	25000		

来源：Maya-Yescas 和 Aguilar(2003)

密相氧气浓度、再生催化剂上的积炭量、密相 CO 浓度以及密相温度，都是重要的操作参数，状态矢量定义为 $\boldsymbol{x}=(y_{O_2}\quad \omega_{CRC}\quad y_{CO}\quad T_{dp})^T$；式中，$y_{O_2}$ 为氧气摩尔分数，y_{CO} 为烟气中一氧化碳摩尔分数，ω_{CRC} 为再生催化剂上焦炭的质量分数(相对催化剂质量而言)，T_{dp} 为密相温度。

本章 5. 7 节建立的再生器数学模型可用于模拟密相中的气体动力学，其表达式如方程(5. 23)所示，其动力学机理及参数请参见 5. 7. 1 节。以 T_{dp} 或 y_{O_2} 为控制目标，对比各种不同操作稳态下的控制难易程度。

$$\dot{\boldsymbol{x}}=\begin{pmatrix} (y_{O_2}^i-y_{O_2})F_{air}+r_{O_2} \\ r_{coke}+m_{cat}\dfrac{\omega_{CSC}-\omega_{CRC}}{W_{rgn}} \\ (y_{CO}^i-y_{CO})F_{air}+r_{CO} \\ \dfrac{Q_{steam}^i+(C_{Pg}^iT_g^i-C_{Pg}T_{dp})F_{air}+\sum_{j=1}^{j=3}(-\Delta H_r)_jr_j+m_{cat}C_{Pp}(T_{cat}^i-T_{dp})}{W_{rgn}C_{Pp}} \end{pmatrix} \tag{5.27}$$

为得到期望操作点，采用工业运转数据对工业模拟器/优化器进行适当校正(Maya-Yescas 和 Aguilar，2003；Maya-Yescas 等，2004a)，模拟两个不同目标函数下的操作区域：C4 烯烃产量最大化和汽油产量最大化。以工业运转结果和模拟结果分别对提升管出口温度作图(图 5. 33 和图 5. 34)。模拟结果表明，设定参数为提升管出口温度和几个独立的操作参数。

前文描述的动态模型可用于确定 y_{O_2}、ω_{CRC}、y_{CO} 的质量平衡符号以及 T_{dp} 的能量平衡，进而控制再生器，使之处于正常的操作条件下。因此采用 5. 9. 1 节所述方法，研究两种控制方案(y_{O_2} 或 T_{dp})，以确定不同操作稳态下的动力学特征。需引起注意的是，使用相同的操作数据用于分析两种控制方案的优劣，所以系统出现的不同控制问题均是变量匹配的结果。在工业生产中，F_{air} 是控制再生器的唯一控制参数，可作为唯一的控制目标。下面将对

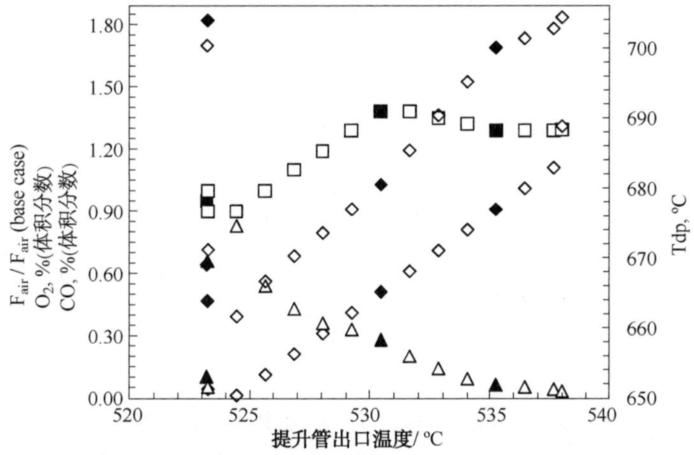

图 5.33 烯烃产量最大时的实际操作稳态(实心符号)及模拟稳态(空心符号)
(■, F_{air}; ◆, T_{dp}; ▲, y_{CO}; ●, y_{O_2})。(Maya-Yescas 等, 2004a。)

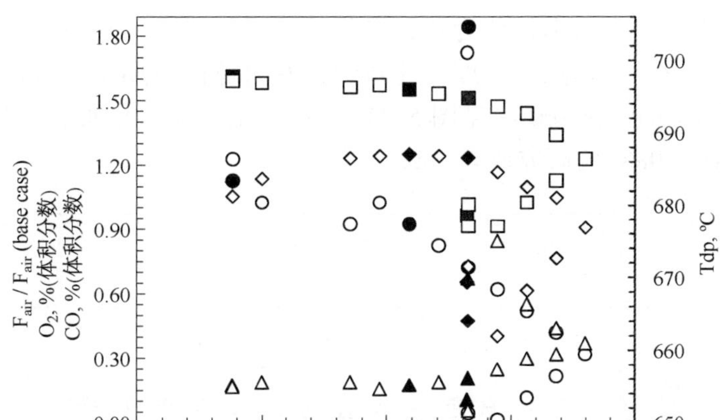

图 5.34 汽油产量最大时的操作稳态(实心符号)及模拟稳态(空心符号)
(■, F_{air}; ◆, T_{dp}; ▲, y_{CO}; ●, y_{O_2})。(Maya-Yescas 等, 2004a。)

操作方案进行分析，探讨两种不同操作方案对选定目标的影响。

1. 操作方案 1

1）控制方案 1

案例 1 分析了 FCC 再生器由任意初始稳态转变为 C4 烯烃产量最大化的动力学行为。再生器采取完全燃烧模式(即 y_{O_2} 为控制目标)，遵循[方程(5.24)]，将状态矢量分为控制参数和非控参数：

$$\boldsymbol{x}_C = (y_{O_2})$$

$$x_D^T = (\omega_{CRC} \quad y_{CO} \quad T_{dp}) \tag{5.28}$$

根据方程(5.25)，计算出期望设定点的操作参数值：

$$\boldsymbol{u}^{sp} = F_{air}^{sp} = -\frac{r_{O_2}}{y_{O_2}^i - y_{O_2}^{sp}} \tag{5.29}$$

求出操作参数后，即可计算出非控参数的动力学参数，$\dot{\boldsymbol{x}}_{\mathrm{D}}$［当装置采用该种控制时，采用方程(5.26)计算］：

$$\dot{\boldsymbol{x}}_{\mathrm{D}}=\begin{pmatrix} r_{\mathrm{coke}}+\dfrac{\omega_{\mathrm{CSC}}-\omega_{\mathrm{CRC}}}{W_{\mathrm{rgn}}}m_{\mathrm{cat}} \\ r_{\mathrm{CO}}-\dfrac{y_{\mathrm{CO}}^{i}-y_{\mathrm{CO}}}{y_{\mathrm{O_2}}^{i}-y_{\mathrm{O_2}}^{\mathrm{sp}}}r_{\mathrm{O_2}} \\ \left[Q_{\mathrm{steam}}^{i}+\sum_{j=1}^{j=3}(-\Delta H_j)r_j+m_{\mathrm{cat}}C_{\mathrm{Pp}}(T_{\mathrm{cat}}^{i}-T_{\mathrm{dp}})-\dfrac{(C_{\mathrm{Pg}}^{i}T_{\mathrm{g}}^{i}-C_{\mathrm{Pg}}T_{\mathrm{dp}})}{(y_{\mathrm{O_2}}^{i}-y_{\mathrm{O_2}}^{\mathrm{sp}})}r_{\mathrm{O_2}}\right]\dfrac{1}{W_{\mathrm{rgn}}} \end{pmatrix} \tag{5.30}$$

以烯烃产量最大化为目标，不同稳态的 $\dot{\boldsymbol{x}}_{\mathrm{D}}$ 平衡相对值如图 5.35 所示。由图 5.35 可以看出，由于空气供应不足，装置在前三个操作状态处于较难操作区附近。实际上烟气中的 CO 浓度超过了可接受的极限值(>0.05%)，也就是说，再生器内的燃烧不充分。从第四个状态开始，随着空气流量增加，使得操作条件更利于装置的实际操作。如图 5.34 所示，应引起注意的是，因一些参数的本征值为正，操作区表现出局部零动态稳定性。这在装置的运行中比较常见，在这一操作点，温度变化过快，有时还向不期望的方向变化。这可能导致 Fair 在其变化范围内出现逆响应(见图 5.31)。一旦空气流量增加，上述问题就会消失，这与 Edwards 和 Kim(1988)的研究成果一致。

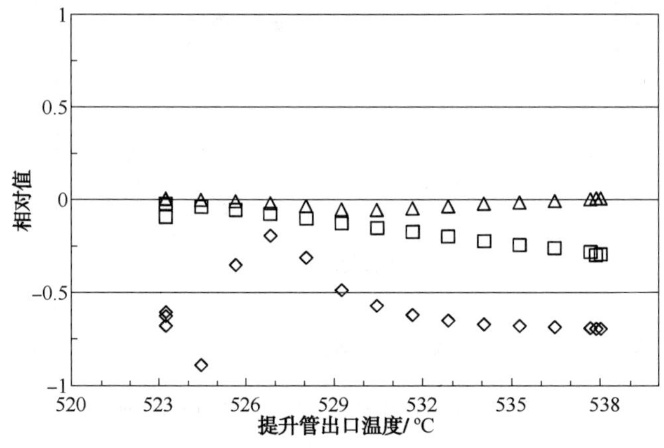

图 5.35 控制 $y_{\mathrm{O_2}}$ 实现烯烃产量最大化时的平衡值 $\dot{\boldsymbol{x}}_{\mathrm{D}}$

(◇，T_{dp}；△，y_{CO}；□，ω_{coke})。(选自 Maya-Yescas 和 Aguilar，2003。)

实例 1 阐明了常规的工业控制方案。因装置在完全燃烧模式下操作，仅需控制 $y_{\mathrm{O_2}}$ 即可。空气流量增加，将使一些操作问题消失。因此，装置在 525℃和 535℃之间运行良好。在约 536℃附近时，CO 平衡的符号将发生改变。据某炼厂操作人员介绍，提升管出口温度存在一个“极限温度”，当超过该极限温度后，将会导致控制问题。凭借经验设定一个最高温度，使操作温度永远低于该最高温度。设定最高温度(~536℃)后，可简单分析质量和能量平衡符号随时间变化趋势。实际最高温度的极限值取决于操作条件，但预先难以估算，但可采用上述方法，通过稳态模拟预测。

2）控制方案 2

此方案适用于采用部分燃烧模式的再生器（即 Tdp 为控制目标）。基于此，状态矢量可分为控制参数和非控参数：

$$\boldsymbol{x}_{\mathrm{C}} = (T_{\mathrm{dp}})$$
$$\boldsymbol{x}_{\mathrm{D}}^{\mathrm{T}} = \left(y_{\mathrm{O_2}} \quad \omega_{\mathrm{CRC}} \quad y_{\mathrm{CO}}\right) \tag{5.31}$$

然后，计算出期望设定点的控制参数值：

$$\boldsymbol{u}^{sp} = F_{\mathrm{air}}^{sp} = -\frac{Q_{\mathrm{steam}}^{i} + \sum_{j=1}^{j=3}(-\Delta H_j)\, r_j + m_{\mathrm{cat}} C_{\mathrm{Pp}} (T_{\mathrm{cat}}^{i} - T_{\mathrm{dp}}^{\mathrm{sp}})}{C_{\mathrm{Pg}}^{i} T_{\mathrm{g}}^{i} - C_{\mathrm{Pg}} T_{\mathrm{dp}}^{\mathrm{sp}}} \tag{5.32}$$

求出操作参数后，即可计算出非控参数的动力学参数，装置在该控制方案下运行：

$$\dot{\boldsymbol{x}}_{\mathrm{D}} = \begin{pmatrix} r_{\mathrm{O_2}} - \dfrac{Q_{\mathrm{steam}}^{i} + \sum_{j=1}^{j=3}(-\Delta H_j)\, r_j + m_{\mathrm{cat}} C_{\mathrm{Pp}} (T_{\mathrm{cat}}^{i} - T_{\mathrm{dp}}^{\mathrm{sp}})}{C_{\mathrm{Pg}}^{i} T_{\mathrm{g}}^{i} - C_{\mathrm{Pg}} T_{\mathrm{dp}}^{\mathrm{sp}}}(y_{\mathrm{O_2}}^{i} - y_{\mathrm{O_2}}) \\ r_{\mathrm{coke}} + \dfrac{\omega_{\mathrm{CSC}} - \omega_{\mathrm{CRC}}}{W_{\mathrm{rgn}}} m_{\mathrm{cat}} \\ r_{\mathrm{CO}} - \dfrac{Q_{\mathrm{steam}}^{i} + \sum_{j=1}^{j=3}(-\Delta H_j)\, r_j + m_{\mathrm{cat}} C_{Pp} (T_{\mathrm{cat}}^{i} - T_{\mathrm{dp}}^{\mathrm{sp}})}{C_{\mathrm{Pg}}^{i} T_{\mathrm{g}}^{i} - C_{\mathrm{Pg}} T_{\mathrm{dp}}^{\mathrm{sp}}}(y_{\mathrm{CO}}^{i} - y_{\mathrm{CO}}) \end{pmatrix} \tag{5.33}$$

采用控制方案 1 相同的操作数据，计算出采用控制方案 2 时各平衡的相对值 $\dot{\boldsymbol{x}}_{\mathrm{D}}$ 。如图 5.36 所示，Tdp 的控制仅在“不良操作点”时才有效（即装置采用部分燃烧模式）。此种情况在理论上是正确的，因为当 FCC 装置在部分燃烧模式下运行时，Tdp 为控制目标。但当采用完全燃烧模式时，需确保 CO 完全烧尽。因此，密相区温度应该可以自由变化。图 5.31 示出了温度的逆响应，图 5.32 示出了正本征值的逆响应，两者均与不稳定控制紧密相关（Maya-Yescas 等，1998）。各种平衡的符号同样显示出这一问题。若控制 Tdp，则 O2 和 CO 平衡易偏离期望的稳态，从而导致控制问题。总之，若达到完全燃烧状态，那么控制 Tdp 总是会出现控制问题。

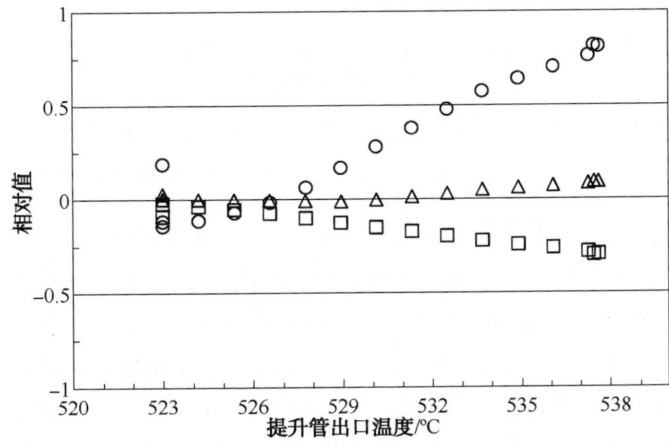

图 5.36　控制 T_{dp} 实现烯烃产量最大化时的平衡值 $\dot{x}_{\mathrm{D}}$

（○，$y_{\mathrm{O_2}}$；△，y_{CO}；□，ω_{coke}）。（Maya-Yescas 和 Aguilar，2003。）

2. 操作方案 2

操作方案 2 以汽油产量最大化为目标。控制方案与操作方案 1 相同。控制方案 1 用于完全燃烧模式的再生器(即 y_{O_2}为控制目标)，以 T_{dp}为控制目标。图 5.37 和图 5.38 分别示出了两种控制方案的质量平衡符号和能量平衡符号。

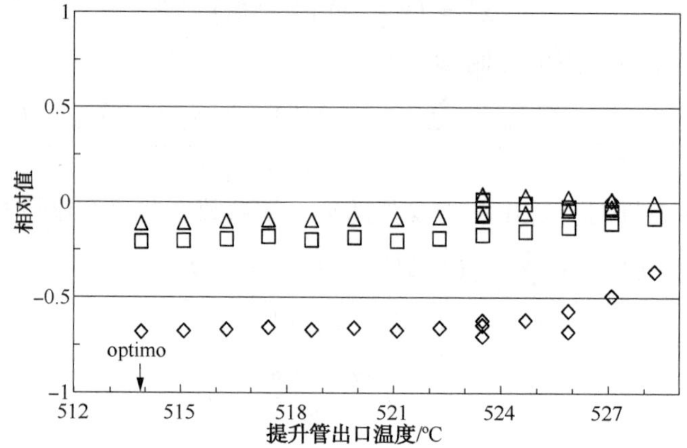

图 5.37 控制 y_{O_2}以实现汽油产量最大化时，质量平衡的 $\dot{x}_D$ 值

(◇，T_{dp}；△，y_{CO}；□，ω_{coke})。(Maya-Yescas 和 Aguilar，2003。)

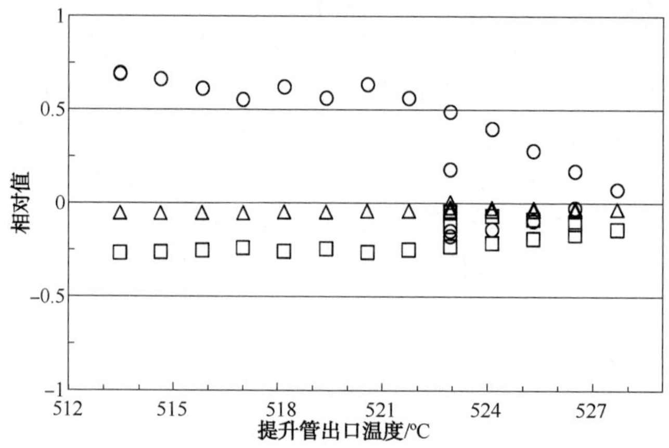

图 5.38 控制 T_{dp}以实现汽油产量最大时，能量平衡的 $\dot{x}_D$ 值

(○，y_{O_2}；△，y_{CO}；□，ω_{coke})。(Maya-Yescas 和 Aguilar，2003。)

优化汽油产量时，最佳的控制方案是使反应温度小于基准值，因为在较高温下对轻烃产品的生成有利，如 LPG 和干气。前三个稳态与其他实例相同，控制 y_{O_2}已足够满足要求(图 5.37)。本例中，在 513~526℃之间的操作区域内未出现控制问题。

同操作方案 1 中的控制方案 2 相比，控制 T_{dp}往往会出现控制问题(图 5.38)。控制 T_{dp}是工业装置所期望的控制模式(即完全燃烧)。需要注意的是，汽油最大产量发生在较低操作温度下。即使更温和的操作条件，不正确的操作也会使正常运转中的装置出现控制问题。

根据质量和能量平衡的符号变化，可预测出不同操作条件下的最佳控制方案。两种操作方案均需经过工业实践验证。本节所述方法可以解释特定装置存在最高反应温度的经验法则，甚至可以预测该最高温度的数值。因此，通过对质量平衡和能量平衡所作的分析，可为上述经验法则提供了有力支撑。

5.9.3　部分燃烧模式再生器的控制技术

FCC 是最重要的炼油工艺之一，有必要采用高级工艺控制技术以提升 FCC 装置性能(Aguilar 和 Maya-Yescas，2004)。正如前文所述，FCC 工艺复杂，这给装置的操作和控制带来了一些困难，如再生器和反应器间相互影响较大，二者的动力学非常复杂，且对二者的化工动力学信息的了解较为贫乏。关于多数化工反应器的稳定性研究均基于使用 Taylor 级数对反应器动力学的线性扩展，并以假设其不确定性处于已知的锥-扇形理论区域为前提(如 Barmish 等 1983)。这些方法存在一些不足，如处于在局部线性近似区的一些反应器的主要性质没用被利用上，许多不确定性和搅动没有包含上述锥-扇形区域，导致以此设计的控制方案过于保守，闭环性能未达到最佳。因此，有必要使用整体非线性模型(参见 5.9 节)预测所需的调整控制点，现已研发出一种经控制性验证可行的模拟方法。

为了开发出一种可满足上述要求的控制方案，使之当存在明显不确定性条件下仍可使用，如模拟误差、未知干扰、系统参数变化等。近期，有研究者采用滤波技术和量热平衡研发出几种方法，可用于在线估算不确定性项对反应器模拟和控制的影响(Aguilar - López and Álvarez - Ramírez，2002；Álvarez - Ramírez 等，2004)。这些方法的优点是易于计算，且其结构具有明显的物理意义，并利用了化学动力学的非线性。

对于采用部分燃烧模式的 FCC 装置，通常选择提升管出口温度(T_{ro})和再生器密相温度(T_{dp})作为控制参数。由于提升管出口产品分布取决于管内的反应温度，所以推荐采用控制 T_{ro} 和 T_{dp} 的方案。此外，控制 T_{dp} 可以避免在烧焦过程中催化剂发生不可逆失活，或避免旋风分离器损坏。通常选择提升管入口再生催化剂流速(F_S)和再生器入口空气流速(F_a)作为控制参数。设计一种分散控制方案，若可使 T_{ro}-F_S 和 T_{dp}-F_a 相匹配，即可得到典型的提升管-再生器控制方案(Hovd 和 Skogestad，1993；Isidori，1999)。

1. 理想控制方案

本节主要讨论通过输入-输出线性反馈实现(T_{dp} - T_{ro})匹配的控制方案(Aguilar- López 等，2002)。假设所有参数和反应速率均已知，且所有状态可在线测量。当然，这些假设在实际上并不成立，但这些假设可作为中间态假设，并以此求得最终的控制方案，即“状态估计的实际控制方案”。

1) T_{dp} 控制

再生器内的能量平衡可表达为：

$$\frac{\mathrm{d}T_{dp}}{\mathrm{d}t} = L_{rg} + D_{rg}F_a + Q_{rg} + \varpi_{rg} \tag{5.34}$$

式中，L_{rg} 包括方程(5.17)的线性项，D_{rg} 为控制输入 F_a(空气流速)的系数，Q_{rg} 是再生器密相床烧焦生成热；$\varpi_{rg} \approx N[0,\ B_{rg}]$，是由白噪声、平均零点和协方差 B_{rg} 引起的测量误差模型。

利用状态反馈线性法则(Aguilar- López 等，2002)调整 T_{rg}，可得到如下表达式：

$$F_a = \frac{-L_{rg} - Q_{rg} - g_{rg}(T_{dp} - T_{dp}^*)}{D_{rg}} \tag{5.35}$$

式中，$g_{rg}>0$ 是控制目标；T_{dp}^* 是再生器的期望温度(设定点)。注意在所有操作条件下，$D_{rg}\neq 0$。反馈将再生器密相床动态温度线性化；因此，闭环动力学行为类似于渐稳线性系统：

$$\frac{dT_{dp}}{dt}=-g_{rg}(T_{dp}-T_{dp}^*)$$

2) T_{ro}控制

提升管反应器的动力学行为由分布参数模型所控制(假设提升管遵循平推流反应规律)，对方程(5.36)进行空间离散化，可推导线性反馈控制器模型。在反应器出口($z=1$)所处条件下，通过对方程(5.36)进行一级离散化处理，可近似作为提升管出口的动态温度：

$$\frac{dT_{ro}}{dt}=\frac{F_S-F_f}{W_{ri}}\left(\frac{\Delta T_{ro}}{\Delta z}+\varpi_{ro}\right)+Q_{ri} \tag{5.36}$$

式中，$\varpi_{rg}\approx N[0,\ B_{ro}]$，包含平均零点和协方差 B_{ro}；初始空间推导可由变化率+白噪音代替：

$$\frac{\partial T_{ro}}{\partial z}=\frac{\Delta T_{ro}}{\Delta z}+\varpi_{ro} \quad 和 \quad Q_{ri}=\frac{\Delta H_f K_1(T_{ro})\ [COR]\ \Phi y_f^2}{\rho_{ri}C_{p_{ri}}}$$

为计算控制输入量 F_S，必须考虑将 T_{ro}^* 作为提升管出口的设定温度。因此控制目标：校正误差 $\varepsilon_{ro}=T_{ro}(t)-T_{ro}^*$ 应该表现出闭环指数稳定的动力学行为。对反应的无因次吸热进行重组，可得：

$$\breve{Q}_{ri}=Q_{ri}+\frac{F_S-F_f}{W_{ri}}\varpi_{ro} \tag{5.37}$$

上式均为可测量。再以相同量计算控制输入：

$$F_S=-F_f+W_{ri}[-\breve{Q}_{ri}-g_{ri}(T_{ro}-T_{ro}^*)]\frac{\Delta z}{\Delta T_{ro}} \tag{5.38}$$

因此，状态反馈和 T_{ro}应该在近似期望温度 T_{ro}^* 处收敛。

需要引起关注的是，根据工业生产经验，仅可测量提升管出口和入口处的温度；因此在实际控制器安装过程中，需考虑 $\Delta z=L$，L 为提升管长度，$\Delta T_{ro}=T_{r-outlet}-T_{r-inlet}$。

2. 状态估计的实际控制方案

前面章节介绍的控制方案假定已知反应速率，但在实际中这是无法实现的，特别是对于 FCC 工艺，原料转化为轻烃及催化剂再生过程中烧焦反应所涉及的反应网络非常复杂，至今对其仍知之甚少(Vieira 等，2004)。然而对于温度调控而言，并不需要精确了解反应速率函数。已知输入和输出物流的瞬时温度及反应瞬时放热速率，就已足够满足控制方案的设计要求。大多情况下，假设对流传热量已知，通过温度调控以获得良好的装置性能，就需预测放热速率产生的影响。

1) Kalman 滤波不确定性估算

有研究者提出了一种采用 Kalman 滤波技术预测放热速率的方法(Aguilar-López 和 Maya - Yescas，2006)。该方法通常认为不确定项可表示为附加状态变量(表示式结构未知)，进而建立一个更高维度(n+1)的新系统。因此，工艺模型将含以下新建立的动态方程。

(1) 再生器

再生器的热平衡方程可表达为：

$$\dot{T}_{dp} = L_{rg} + D_{rg}F_a + Q_{rg} \tag{5.39}$$

式中，Q_{rg} 为不确定项，与化学反应的放热量有关，其动力学特征可表达为：

$$\dot{Q}_{rg} = F(T_{rg},\ O_d,\ C_{rc}) \tag{5.40}$$

以再生器温度作为系统输出，方程(5.30)和方程(5.40)给出的子系统可改写为以可观测量形式表示(Deza 等，1992)，满足统一的可观测条件；实际上 Qrg 可改写为以状态观测量形式表示。这种观测量可构建成经观测误差校正后的子系统的复本。但因为方程(5.40)中的 $F(\cdot)$ 未知，也无法获知上述经典的观测量表达式的结构。有研究者提出采用 Kalman 滤波技术来预测不确定项的影响(Aguilar-López 和 Maya-Yescas，2006)：

$$\dot{\hat{T}}_{dp} = \hat{L}_{rg} + \hat{D}_{rg}F_a + \hat{Q}_{rg} + K_{rg1}(T_{dp} - \hat{T}_{dp}) \tag{5.41}$$

$$\dot{\hat{Q}}_{rg} = K_{rg2}(T_{dp} - \hat{T}_{dp}) \tag{5.42}$$

相应的协方差以 Riccati 方程形式表示：

$$\dot{P}_{rg1} = 2\left(\frac{-F_S C_{PS} - F_a C_{Pa}}{WC_{PS}}P_{rg1} - P_{rg2}\right) + q_{rg1} \tag{5.43}$$

$$\dot{P}_{rg2} = \frac{-F_S C_{PS} - F_a C_{Pa}}{WC_{PS}}P_{rg2} - P_{rg3} - \frac{P_{rg1}P_{rg2}}{r_{rg1}} \tag{5.44}$$

$$\dot{P}_{rg3} = -q_{rg2} - \frac{P_{rg2}^2}{r_{rg1}} \tag{5.45}$$

采用上述表达式，求得稳态下的相应观测量为：

$$K_{rg1} = \frac{-F_S C_{PS} - F_a C_{Pa}}{WC_{PS}} + \sqrt{\left(\frac{-F_S C_{PS} - F_a C_{Pa}}{WC_{PS}}\right)^2 - \frac{\sqrt{q_{rg2}r_{rg1}} - q_{rg1}}{r_{rg1}}} \tag{5.46}$$

$$K_{rg2} = \sqrt{\frac{q_{rg2}}{r_{rg1}}} \tag{5.47}$$

最终，以 $\hat{Q}_{rg}$ 表示的实际控制方案为：

$$F_a = \frac{-L_{rg} - Q_{rg} - g_{rg}(T_{dp} - T_{dp}^*)}{D_{rg}} \tag{5.48}$$

(2) 提升管

采用相似法，不确定项可表达为：

$$\dot{\hat{T}}_{ro} = \frac{F_S + F_f}{W_{ri}}\frac{\Delta z}{\Delta T_{ro}} + \hat{\breve{Q}}_{ro} + K_{ro1}(T_{ro} - \hat{T}_{ro}) \tag{5.49}$$

$$\dot{\hat{\breve{Q}}}_{ro} = K_{ro2}(T_{ro} - \hat{T}_{ro}) \tag{5.50}$$

提升管反应器的相应协方差表达式为：

$$\dot{P}_{ro1} = -2\zeta P_{ro2} + 2P_{ro3} + q_{ro1} - \frac{P_{ro1}^2}{r_{ro2}} \tag{5.51}$$

$$\dot{P}_{ro2} = -\zeta P_{ro2} + P_{ro3} - \frac{P_{ro1}P_{ro2}}{r_{ro2}} \tag{5.52}$$

$$\dot{P}_{ro3} = q_{ro4} - \frac{P_{ro2}^2}{r_{ro2}} \tag{5.53}$$

因此，稳态观测量为：

$$K_{ro1} = -\zeta + \sqrt{\zeta^2 + 2\sqrt{\frac{q_{ro4}}{r_{ro2}}} - \frac{q_{ro3}}{r_{ro2}}} \tag{5.54}$$

$$K_{ro2} = \sqrt{\frac{q_{ro4}}{r_{ro2}}} \tag{5.55}$$

最后，实际控制方案可表达为：

$$F_S = -F_f + (-\hat{\eta}_2 - g_{ri}(T_{ro} - T_{ro}^*))W_{ri}\frac{\Delta z}{\Delta T_{ro}} \tag{5.56}$$

上文提到的 Tdp 和 Tro 控制方案可作为提升管和再生器的实际稳定器，即控制器方程(5.48)和(5.56)可在有限的时间内使温度轨迹接近期望的设定值。图 5.39 示出了控制器框图，图中还示出了滤波技术所起的作用。

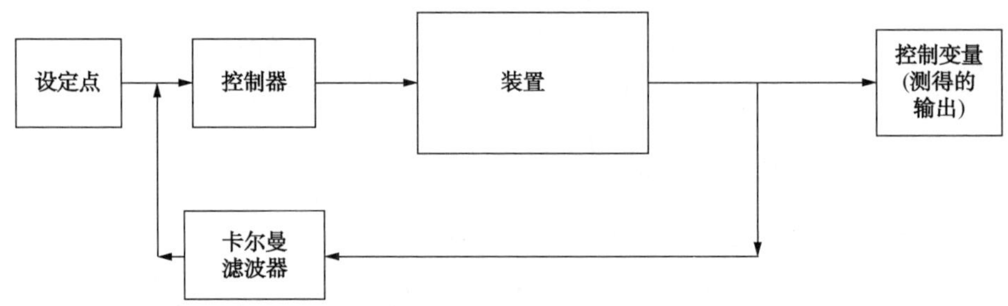

图 5.39　控制器框图(Aguilar-López 和 Maya-Yescas，2006)

除前文所述的控制方案外，假设控制输入受执行器动力学影响(未建模)：

$$\tau_r = \frac{dfa_r}{dt} + Fa_r = Fa_0 \tag{5.57}$$

式中，Fa_r 和 Fa_0 分别为再生器的实际控制输入值(测量)和计算控制输入值[方程(5.25)]。

Aguilar - López 和 Maya-Yescas(2006)经研究证实，上述控制方案可行。下节将介绍将此控制方案用于部分燃烧模式的 FCC 装置，以使(T_{dp}-T_{ro})相匹配。

2）使用扩展 Kalman 估计法以维持温度稳定

图 5.40 和图 5.41 示出了 FCC 装置动力学行为主要特征的数学模拟结果。由于存在干扰，若装置在开环模式下运行，T_{dp}(图 5.40 为 T_{rg})和 T_{ro}(图 5.41)无法维持稳定。即使上述数值的变化不足以导致装置失控，但对汽油生产和催化剂活性仍有不利的影响。因此，需对两个反应器的温度进行适当调控。

控制参数与操作参数的性能以数值模拟形式表示，对装置在 PI 控制(参考 IMC 指南进行调控)及受方程(5.48)和方程(5.56)控制下的开环和闭环行为进行对比。为实现控制器方程(5.48)和方程(5.56)的线性反馈，需在 FCC 装置运行过程中实时测量温度及流速，并将±1 K 的测量误差考虑其中。

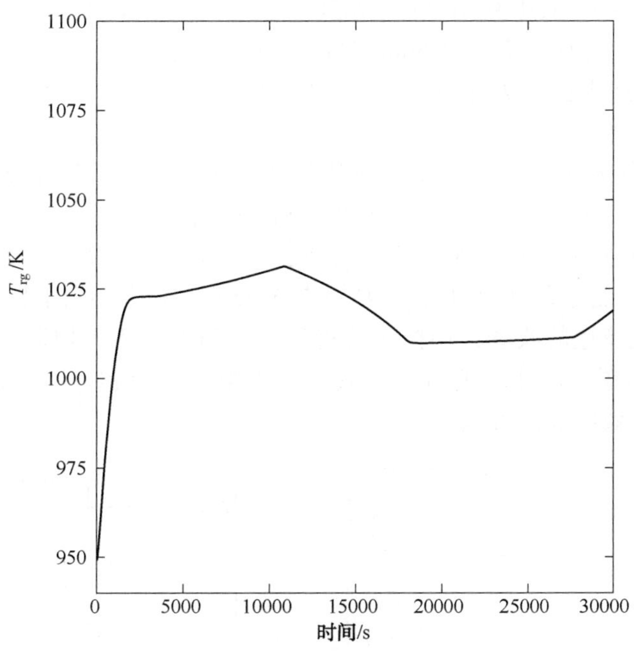

图 5.40　开环模拟过程中，再生器温度变化趋势(Aguilar 和 Maya-Yescas，2006)

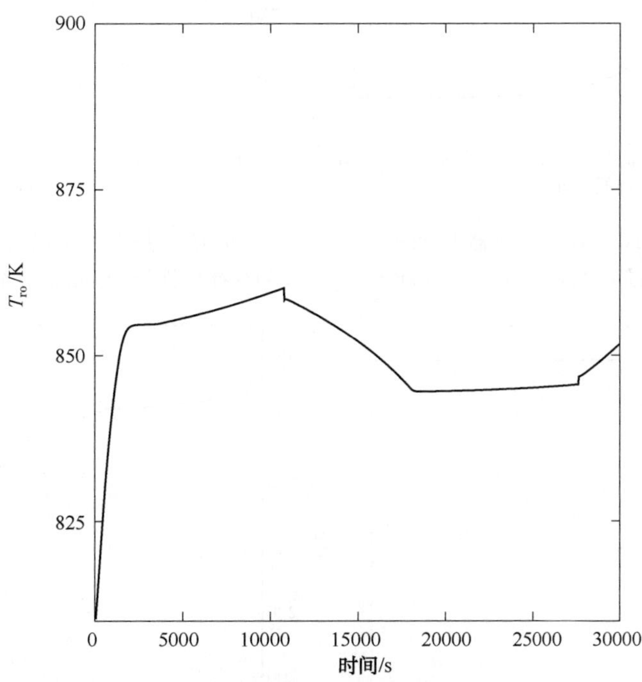

图 5.41　开环模拟过程中，提升管温度变化趋势(Aguilar 和 Maya-Yescas，2006)

在下文所述的模拟过程中，需考虑进入再生器和提升管的干扰顺序：反应 30min 时 T_a 发生 5K 的温度阶升，反应 180min 时 T_f 发生 5K 的温度阶降，反应 270min 时 K_C 上升 2.5%，反应 390min F_f 下降速率为 4kg/min。上述干扰在工业运转中会经常出现(Hovd 和 Skogestad，1993)。此外，再生器和提升管的设定值也会发生一些变化：再生器温度的初始设定值(T_{rg})在反应85min时由970K降到965K，在反应250min时由965K变为960K。提升管出口温度(T_{ro})的设定值在反应165min时由765K变为770K，在反应333min时再次由770K变到760K。上述干扰对T_{rg}和T_{ro}的影响遵循开环操作模式。上述实例中，将F_a和F_S作为控制输入的名义值。

若以标准PI控制方案来调控温度，前几分钟内实际温度就发生变化，不同于设定值(图5.42中的T_{rg}和图5.43中的T_{ro})。此外，经一段稳定期后，空气流速达到饱和(图5.44)，无法消除系统应对第一个干扰所作出补偿的影响。由于缺少对操作参数改变的适当响应，控制T_{ro}甚至可能导致更糟的结果(F_S；图5.45)。因再生器内能量存量较高，而且再生器不仅控制催化剂流速的改变，还控制着提升管的温度，使得控制难度增大。在工业实践中，为解决这一问题，往往取消自动控制，而改用手动控制，以期达到所期望的稳态，但这不被认为是最有效的控制方法。

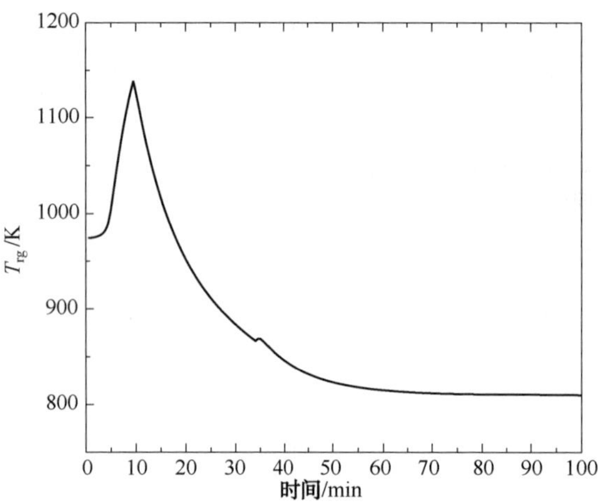

图5.42 使用PI-IM方案，再生器温度的闭环操作性能(Aguilar和Maya-Yescas，2006)

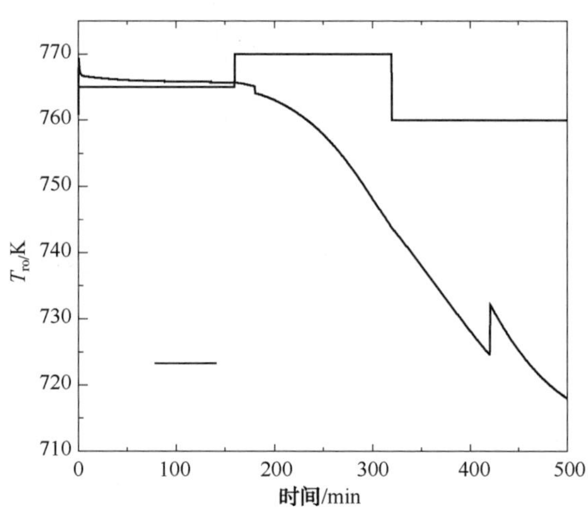

图5.43 使用PI-IMC方案，提升管温度的闭环操作性能(Aguilar和Maya-Yescas，2006)

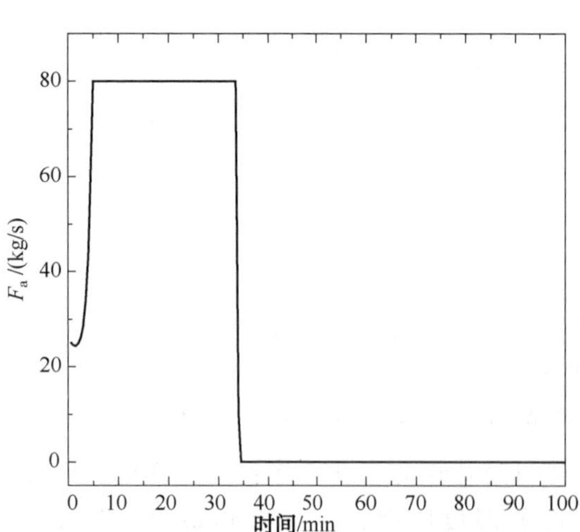

图5.44 使用PI-IMC方案，再生器控制输入的闭环操作性能(Aguilar和Maya-Yescas，2006)

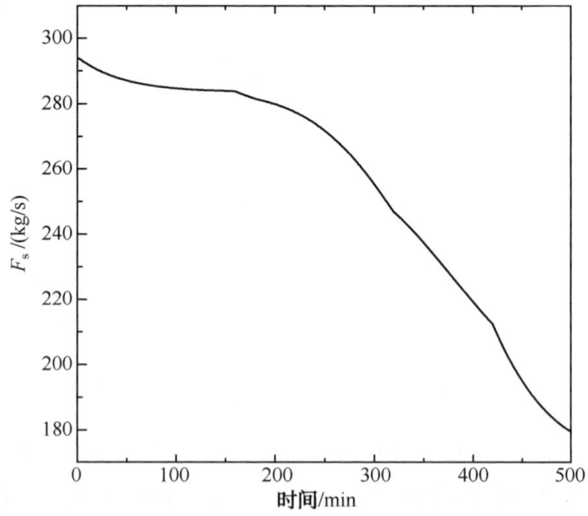

图5.45 使用PI-IMC方案，提升管控制输入的闭环操作性能(Aguilar和Maya-Yescas，2006)

相较而言，以方程(5.48)作为控制器，并将其用与再生器温度调节(图 5.46)，可以快速达到稳态，并可立即消除操作参数应对干扰所作补偿的影响。采用温度 T_{rg}和方程(5.56)作为控制方案，T_{ro}也可迅速达到稳态，并且在干扰或设定值变化后不存在补偿(图 5.47)。这是因为采用了能量平衡的实际估计值代替了 T_{rg}的原始测量值，而新控制方案将上述能量平衡考虑其中。由于再生器温度控制良好，并将提升管内的能量平衡考虑其中，采用 T_{ro}(图 5.47)控制方案也会得到满意的结果。

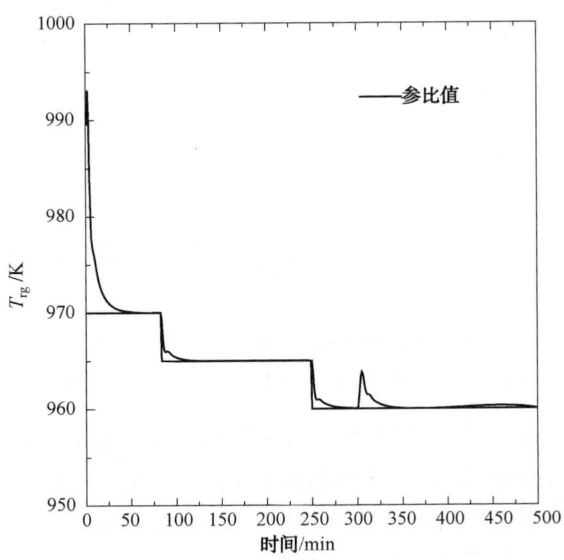

图 5.46　使用某种控制方案，再生器温度的闭环操作性能(Aguilar 和 Maya-Yescas，2006)

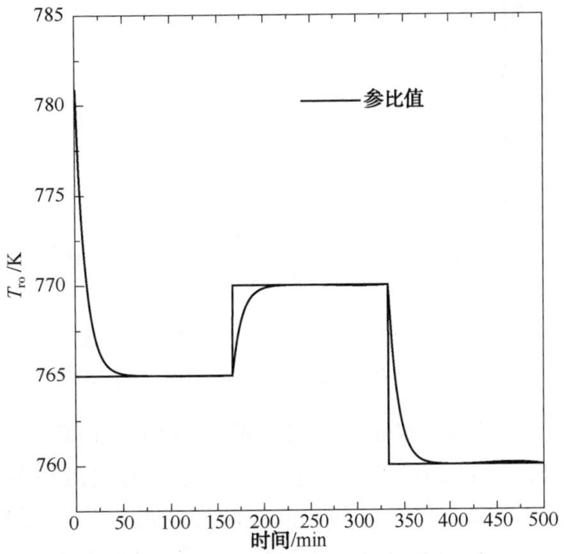

图 5.47　使用某种控制方案，提升管温度的闭环操作性能

上文所述控制器的另一个重要优势是严格按照控制方案进行控制。值得注意的是，为不使温度发生变化并保持在期望值，两个控制器采用相同测量数据来改变空气流速：图 5.44 由 PI 控制，图 5.48 由方程(5.48)控制或由催化剂流速控制；图 5.46 由 PI 控制，图 5.49 由方程(5.56)控制。然而，上述两种方案的控制效果却截然不同。采用 PI 控制方案，空气流速持续上升，不受干扰影响，这可能是维持能量平衡所引起的复杂行为的结果(Kurihara，1967；Grosdidier 等，1993；Hovd 和 Skogestad，1993；Taskin 等，2006)。

PI 控制没有接收到有关再生器内能量持有量的信息，在操作区域内采用开环控制调节。相对而言，上文中所述的线性控制方案，采用方程(5.41)和(5.42)检测到反应 30min 时 T_a有 5K 的阶跃，使得有过量能量进入到再生器；为抵消这一干扰，控制器方程(5.48)增加了空气速率(图 5.48)，通过对流输出，使更多的热量由再生器排出。当反应 30min 时 K_C 增长 2.5%，产生更多焦炭，这使得再生器内的生热量增加，导致更多的催化剂失活，进而导致汽油产量下降。为抵消这一扰动，控制器方程(5.48)和(5.56)提高了再生催化剂(图 5.49)和空气的流速(图 5.48)。当两个反应器的温度在设定值附近发生阶变时，产生的主要影响是导致整个系统的能量过量或减少，由上文所述估算方法检测温度的变化值，以此作为控制信息，并传递给控制器，通过增加或减少空气及再生的催化剂流速，以使温度维持在期望值。

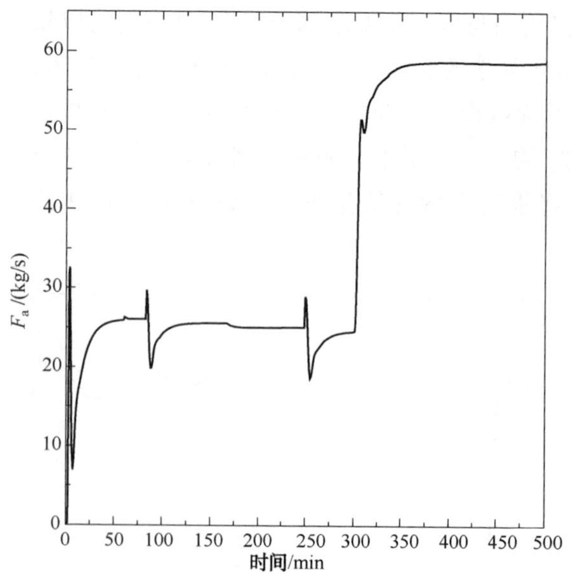

图 5.48　使用某种控制方案，再生器控制输入的闭环操作性能(Aguilar 和 Maya-Yescas，2006)

图 5.49　使用某种控制方案，提升管控制输入的闭环操作性能(Aguilar 和 Maya-Yescas，2006)

由类 Kalman 观测器预测的动态不确定性行为，可获得再生器(图 5.50)和提升管(图 5.51)产热量的不确定性。将提升管内测量的噪音温度影响传递到估算机制，以噪音不确定项表示。尽管如此，该控制方案足以进行温度调节，且不需多费力就可达到所需的控制结果。关于再生器的不确定性预测较为准确，为控制器提供了有力支持。

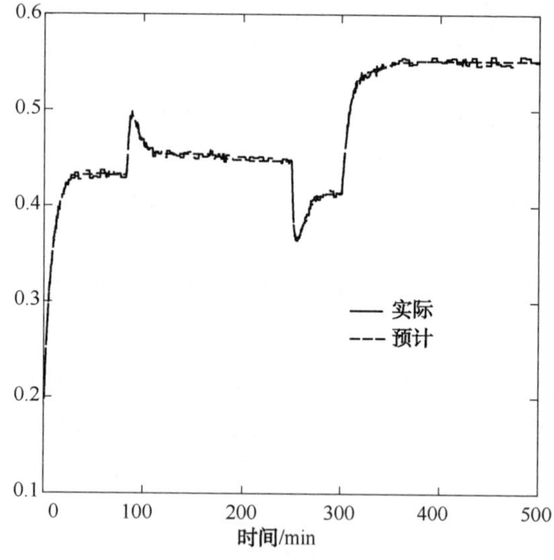

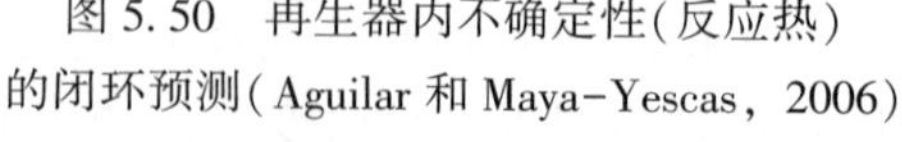
图 5.50　再生器内不确定性(反应热)的闭环预测(Aguilar 和 Maya-Yescas，2006)

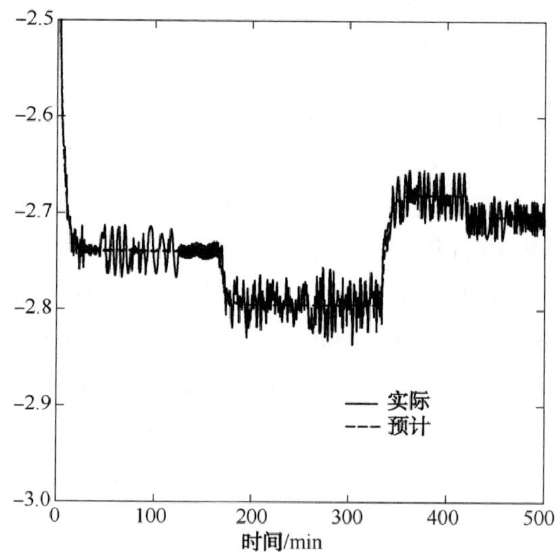

图 5.51　提升管内不确定性(反应热)的闭环预测(Aguilar 和 Maya-Yescas，2006)

最后，考虑到再生器控制方案存在时间延迟，其表现为类似峰值现象的滤波器，每当出现工艺干扰的时候，都会生成连续的空气流速控制动作。值得引起注意的是，FCC 装置的温度调节采用基于模型的控制方案，将无法测定的工艺动力学行为视作未知项，以类

Kalman 滤波器的方式进行预测。这种预测程序使得采用适配的输入-输出线性控制器用于 FCC 温度调控成为可能，有力地抵消了不确定性和设定值变化的影响。这种控制器的形式与标准输入-输出线性控制器类似，可采用标准技术进行调控。

5.10　技术改进和提高

如前所述，FCC 工艺将继续作为炼厂最核心的炼油工艺之一，以实现中间馏分油和重馏分油的高度转化，为新材料工业提供原料。为满足不断变化的经济和环境需求，在某些工艺方面仍需做进一步改进，如原料加氢精制以降低污染物含量，回收过量燃烧热，通过优化操作条件以控制排放。本节将对上述问题进行分析，并对近几年关于保证 FCC 装置长周期运转的一些操作方案进行了综述。

5.10.1　原料预处理的影响

出于环保方面考虑，对工厂和内燃机的 SO_x 排放限制日益严格，近 20 年来，低硫燃料的需求呈逐年增长的趋势。FCC 原料加氢精制可提高原料转化率及汽油和液化气的产率，同时降低原料中的硫含量。但当对原料进行加氢精制时，还需考虑其他一些更重要的因素。

本节将讨论在 ASTMD-3907-92 描述在微反应活性测试反应器(MAT)上，采用两种工业催化剂，考察典型原料(TF)和加氢精制原料(HF)在不同反应苛刻度下反应行为，并将实验测得的原料转化率、产品产率以及高附加值产品的选择性，同商业 FCC 模拟软件预测的工业结果进行对比(Salazar-Sotelo 等，2004)。当以加氢精制原料作为 FCC 原料时，原料转化率和高附加值产品产率均如期望有所增加，工业模拟结果与 MAT 结果一致。

FCC 作为炼厂的主要转化工艺，在炼厂盈利中起关键作用。装置成功操作将决定炼厂在市场上的竞争力。由于对 SO_x 排放引发的环境问题逐渐受到人们的重视，近 20 年来对低硫馏分油的需求日益增长。FCC 原料的硫含量过高，导致其产品的硫含量也过高，在产品投放市场前需进行进一步处理。全球约 45%的汽油来自于 FCC 及其附属装置，而且汽油池中约 90%的硫来自于 FCC 汽油。

关于上述问题的一种有效解决方法是对 FCC 原料进行加氢精制(HDT)，但原料加氢精制需要追加大量投资。然而，除了生产清洁燃料带来的环境效益与经济价值外，原料加氢精制还会使高附加值产品的产量有所增加。这是由于使用富氢原料后，提高了催化剂活性、降低了催化剂受微量金属的污染以及提高了液态燃料的选择性(Leuenberger 等，1998，Mariaca-Domínguez 等，2003，2004)；与此同时，再生烟气中的含硫氧化物的排放量也随之减少(Maya-Yescas 等，2005)。

正如前文所述，FCC 工艺非常复杂，其工艺核心是提升管和再生器，二者耦合常被称为转化器(图 5.52)。经预热的部分气化原料进入提升管，与再生催化剂接触。催化剂在再生过程中吸收的热量使原料气化，并使原料加热到理想的反应温度。在提升管内发生大量的气相反应，回收的产品有干气(H_2-C_2)、液化气(LPG，含 C_3 和 C_4)、汽油(C_5，沸点 221℃)和循环油(含部分未反应原料，沸点>221℃)。反应过程中也生成的焦炭，并以固态形式沉积在催化剂表面。由于原料气化和发生裂化反应，使得整个反应为吸热反应。

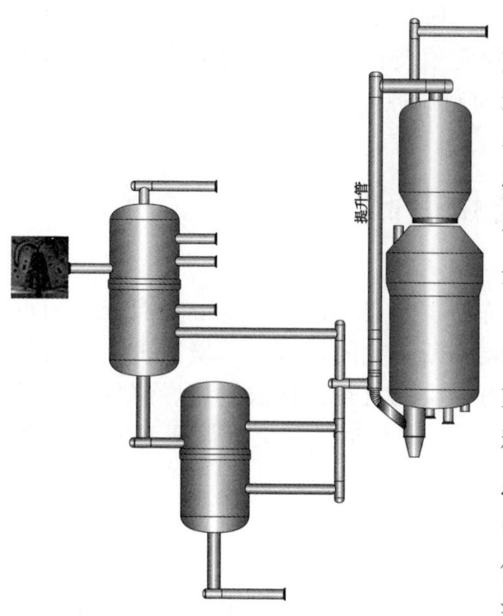

图 5.52 典型的 FCC 装置

反应完成后，催化剂和产品在提升管出口处的旋风分离器内迅速分离，催化剂落如汽提塔，利用塔内的蒸汽脱除催化剂颗粒内富集的烃。然后，催化剂进入再生器，在空气氛围下烧焦，以恢复活性。再生反应放出的热量用于使提升管内的原料气化并提供裂化反应所需热量。最后，烃产品经精馏分离出高附加值产品。

原料组成是影响 FCC 产品产率和质量的最重要因素之一(Dahl 等，1996；Leuenberger 等，1998；Mariaca-Domínguez 等，2003，2004)。传统 FCC 原料是来自与常减压蒸馏和延迟焦化的瓦斯油，其特点是氮、硫、金属污染物、残炭含量高和苯胺点高(Mariaca-Domínguez 等，2002)。在微球分子筛催化剂的作用下，低附加值的瓦斯油被转化成诸如汽油和富烯烃 LPG 等高附加值产品。FCC 产品的硫含量取决于催化剂、原料组成、转化率以及反应器的操作条件。FCC 原料中所含的硫，主要是高分子含硫化合物，这些化合物主要富集在重质馏分油中。这些含硫化合物裂化后会生成酸性气或含硫燃料。酸性气经下游回收可用于生产硫磺或硫酸，而含硫燃料在内燃机中燃烧，将以含硫氧化物形式排放(Maya-Yescas 等，2005)。

虽然 FCC 产品后处理是最简单的解决方法，但也存在一些不足，如产品需要分别处理，使得后处理工艺变得较为复杂。石脑油加氢精制和降低汽油终馏点也是降低 FCC 汽油硫含量方法。但汽油加氢精制会降低 FCC 汽油的辛烷值，这主要是因为 FCC 汽油中含有不饱和化合物。而降低汽油的干点将使汽油收率大幅降低。

相比之下，FCC 原料加氢精制是一种集成式解决方案，具有许多优势。虽然 FCC 原料的加氢精制成本高于催化裂化汽油本身，但前者可带来更高的经济收益，如提高汽油和轻质烯烃产率、延长催化剂寿命、降低产品的硫含量。原料加氢精制所得的收益高低，取决于原料特性、HDT 的苛刻度以及 FCC 操作条件(Lavanya 等，2002)。

原料经加氢精制使得组成发生变化，这可提高 FCC 的操作性能，原因如下：

① FCC 产品中硫的分布发生变化，原料经加氢精制后，汽油产品中硫含量占原料硫含量的 5%以下。若原料未经加氢精制，则典型的汽油硫含量约占原料硫含量的 10%。

② 脱除的部分氮，有助于提高 FCC 催化剂的活性。

③ 因为加氢精制使无法发生裂化反应的芳环饱和为环烷环并降低原料的氮含量，所以在相同操作条件下可获得更高的转化率。

④ 原料 H/C 比增加(Dahl 等，1996；Mariaca-Domínguez 等，2003，2004)，以及原料转化率和汽油选择性提高，均对生产汽油有利。

⑤ 降低原料中的金属含量(铁、钠、铜、镍和钒)，有助于提高 FCC 转化率和选择性。同时，延长催化剂寿命，降低操作成本。

⑥ 原料中稠环芳烃和康氏残炭含量下降，降低了焦炭生成量，提高 FCC 催化剂效率，

降低再生器温度，减少空气供应量。

⑦ 因抑制了过度裂化反应，提高了 i-丁烷/丁烯比及汽油选择性(Leuenberger 等，1998；Mariaca-Domínguez 等，2002)。

在 HDT 过程中，前文所述的污染物含量的降低幅度主要取决于操作苛刻度，遵循以下顺序：金属<氮<芳香烃。值得注意的是，为使经济效益最优化，会使 HDT 苛刻度受到一定的限制。当反应苛刻度增加到一定值后，继续向原料引入更多的氢气将不会提高 FCC 汽油产率。因此，当降硫成为满足燃料质量的重要指标后，在原料加氢精制和产品收益间寻找平衡点，已越来越受到工业关注。

1. MAT 实验室反应器的工艺仿真

将一种典型的 FCC 工业原料(TF)在瓦斯油加氢脱硫装置中进行加氢精制，得到加氢精制原料(HF)，两种原料性质列于表 5.11。原料经过加氢精制处理后，因芳烃含量降低、烷烃和环烷烃含量增加，使得 HF 的密度、黏度和折射率有所下降。与此同时，微观结焦前驱体(康氏残炭)含量也有所降低。TF 和 HF 在两种工业平衡催化剂 C1 和 C2 的作用下发生催化裂化反应，催化剂性质和测试方法参见表 5.12。值得引起注意的是，两种催化剂经微反应活性测试(ASTM D-5154-05)，其转化率，或称为 MAT 活性，相差 11.5%(质量分数)。在高活性催化剂的作用下，原料转化率、焦炭和 LPG 的生成量均有所提高，而对烯烃或干气产率没有太大影响(Leuenberger 等，1998)；相对而言，在低活性催化剂作用下，可维持汽油产量恒定。

表 5.11　原料性质

性质/原料	TF	HF
密度(20℃，ASTM D-1298)/(g/m^3)	0.9071	0.8887
黏度(40℃，ASTM D-88)/(cSt)	37.57	58.46
RI(20℃，ASTM D-1218)	1.505	1.496
康氏残炭(ASTM D-524),%	0.14	0.05
硫(ASTM D-2622),%	1.45	0.14
碱氮(ASTM D-4629)/(μg/g)	233	67
组成(烷烃/环烷烃/芳烃)	62/20/18	65/21/14
H_2 含量,%(质量分数)	13.07	13.83
蒸馏数据(ASTM D-2887)(体积分数)		
10%温度/℃	367	366
50%温度/℃	449	463
90%温度/℃	528	541

来源：Salazar-Sotelo 等(2004)。

表 5.12　催化剂性质

性质	C1	C2
密度/(g/cm^3)	1.0531	0.9852
比表面积(BET)/(m^2/g)	88	128
平均颗粒尺寸/μm	65	53
MAT 活性(ASTM D-5154-05),%(质量分数)	55.6	67.1
金属含量(AA，IMP-QA-031)		
Cu/(μg/g)	18.02	23.23

续表

性质	C1	C2
Fe,%(质量分数)	0.62	0.56
Na,%(质量分数)	0.72	0.74
Ni/(μg/g)	372.05	473.18
V,%(质量分数)	0.12	0.26

选自：Salazar-Sotelo 等(2004)。

TF 和 HF(表 5.11)均提炼自墨西哥混合原油，测试选用了标准 MAT 反应器。对于上述两种原料，采用两个不同温度(520 和 550℃)和三个不同剂/油比(3、4、6)进行试验。试验用催化剂为 C1 和 C2。反应器内催化剂的填装量为 4 g，原料注入速率为 1.3 g/min，为考察不同剂/油比的影响，可对原料注入速率作相应调整。按 ASTM D-2887 所述方法，通过模拟蒸馏对液相产品进行定量，气相产品采用气相色谱进行在线分析，催化剂表面的积炭量采用碳元素分析仪进行定量。

2. 工艺仿真

另一种预测工业装置在不同操作条件下反应性能的方法是计算机仿真。有研究者利用一台商业仿真器(Salazar-Sotelo 等，2004)对工业 FCC 装置的操作性能进行预测。Salazar-Sotelo 等(2004)采用的商业仿真器是基于工程构架的一种稳态模拟工具，已在全世界得到广泛应用。它模拟的提升管-再生器系统可在所需操作条件下遵循热量平衡和质量平衡。该仿真器的特点包括提升管和再生器的动力学模型，还包括 Voorhies(1945)型的催化剂失活函数。仔细筛选工业装置运转数据，以用于调整上述理论模型。

Salazar-Sotelo 等(2004)采用工业运转数据对商业仿真器进行校正，使之适用于模拟 TF 和催化剂 C2。该工业装置一些重要特征，以及用于校准的运转数据列于表 5.13。当校准完成后，选取三个提升管出口温度下(520℃、535℃和 550℃)进行预测，选取其中两个温度用于 MAT 试验，采用 TF 和 HF 两种原料及 C1 和 C2 催化剂。

表 5.13 FCC 的装置特征及操作参数

类　型	提升管反应器/绝热再生器	类　型	提升管反应器/绝热再生器
原料产能/(bbl/d)	25，000	再生器操作模式	完全燃烧
提升管出口温度/℃	519	再生器密相温度/℃	663
预热温度/℃	183	再生器稀相温度/℃	689

选自：Salazar-Sotelo 等(2004)。

3. 常规原料与加氢处理原料的比较

采用常规厚料(TF)以及经过加氢处理的原料(HF)，将 MAT 试验所得转化率和产品产率同 Salazar-Sotelo 等(2004)使用仿真软件所得的模拟结果进行对比。同预期一样，以 HF 为原料，其原料转化率较高，对于两种催化剂均具有相同的效果。以 C1 催化剂，在 520℃ 及 C/O=6 的条件下，原料转化率提高了 9%(质量分数)；而在 550℃ 及 C/O=3(图 5.53)的条件下，原料转化率提高了 16%(质量分数)。仿真结果同样预测出这种转化率的差异，在 C/O=6 时，二者遵循相同的变化趋势。当原料由 TF 变为 HF 时，关于转化率变化的模拟结果与实验结果相似。由于缺少工业参考数据，考虑到模拟结果的准确度取决于软件的外推能力，因此应慎重使用模拟结果。此外，考虑到工业 C/O 比与 MAT 装置的 C/O 比不具有可比性，因此图 5.33 未显示 C/O 比的影响。在工业实践中，C/O 比是由热量平衡所定，其变化范围在 6~14 之间。

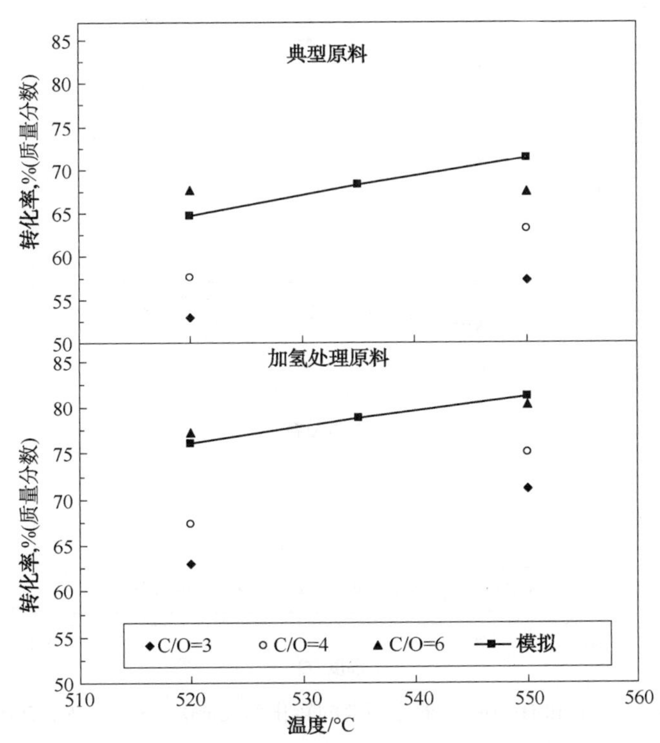

图 5.53　TF 和 HF 原料在 C1 催化剂上的转化率(Salazar-Sotelo 等，2004)

如表 5.12 所示，C2 催化剂的 MAT 活性更高。对于 HF 原料，其转化率的增幅不同，但变化趋势类似，最高增幅(11%)出现在 C/O=3 时，而最低增幅(2%)则出现在 C/O=6(图 5.54)。以 TF 为原料，仿真结果预测的转化率数值随温度的影响与 MAT 类似。但以 HF 为原料，工业转化率的预测值要高于 MAT 实验值，而二者受温度的影响趋势相同。

转化率并不是 FCC 所关注的唯一参数，FCC 最主要的关注点是汽油的产量。以 C1 为催化剂，在任意 C/O 比下，在 520℃时其汽油的产率约为 6%(质量分数)，而在 550℃时其汽油产率约为 13%(质量分数)(图 5.55)。以 HF 为原料，因其具有更高的裂化反应活性，在上述两个反应温度下，均对生产汽油有利(Mariaca-Domínguez，2004)。再次值得引起注意的是，仿真器预测的 HDT 收益在重要性上要高于 MAT。另一个重要差别是在 550℃，C/O=6 条件下，由 MAT 试验测定的汽油产率下降，可能是由于发生了过度裂化反应(Leuenberger 等，1998)；而仿真结果仅表明汽油产率随温度变化曲线的斜率发生了变化，并未出现产率下降的现象。

相比之下，以 C2 为催化剂，在 520℃时其汽油产率约为 8%(质量分数)，高于 550℃时的汽油产率(约 3%，质量分数)(图 5.56)。以 HF 为原料，在上述两个反应温度下，均对生产汽油有利。本例中值得引起关注的是，仿真结果预测两种原料在试验温度范围内会发生过度裂化反应，这是由于 C2 催化剂的 MAT 活性高于 C1 活性所致(Leuenberger 等，1998)。

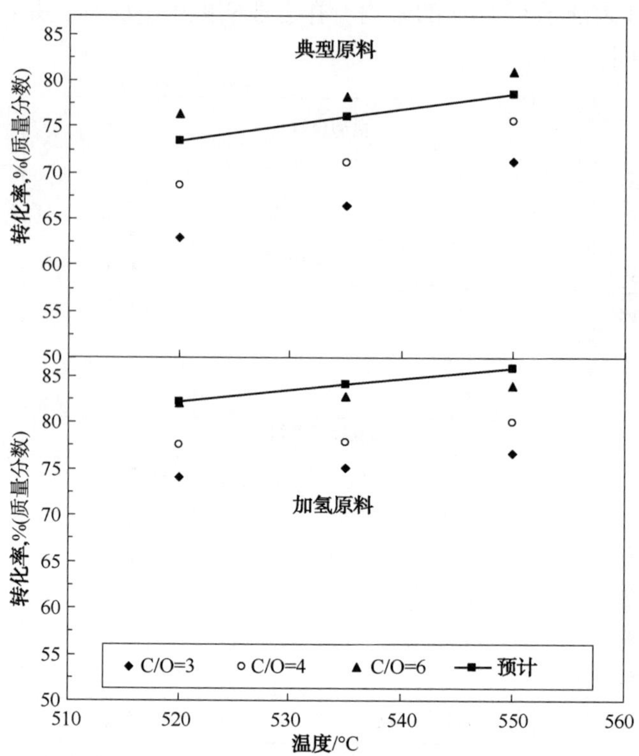

图 5.54 TF 和 HF 在 C2 催化剂上的转化率(Salazar-Sotelo 等, 2004)

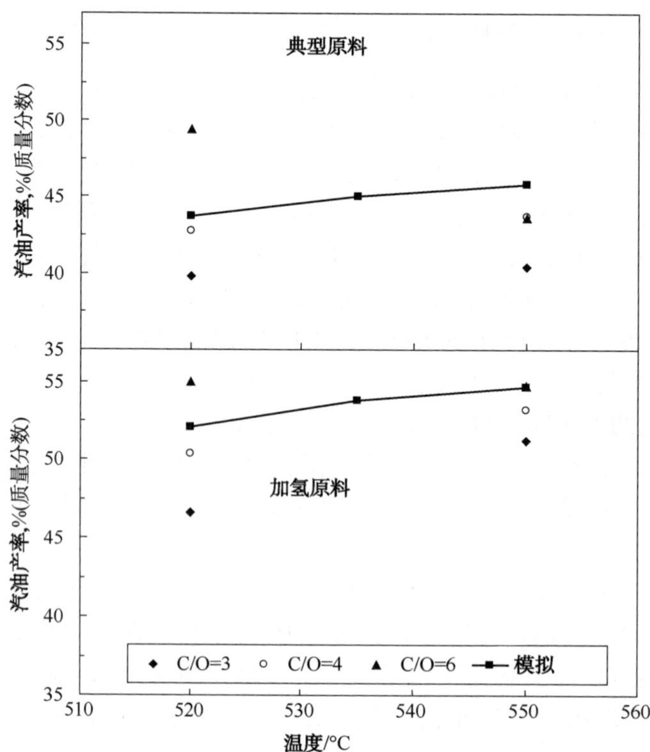

图 5.55 TF 和 HF 原料在 C1 催化剂作用下的汽油产率(Salazar-Sotelo 等, 2004)

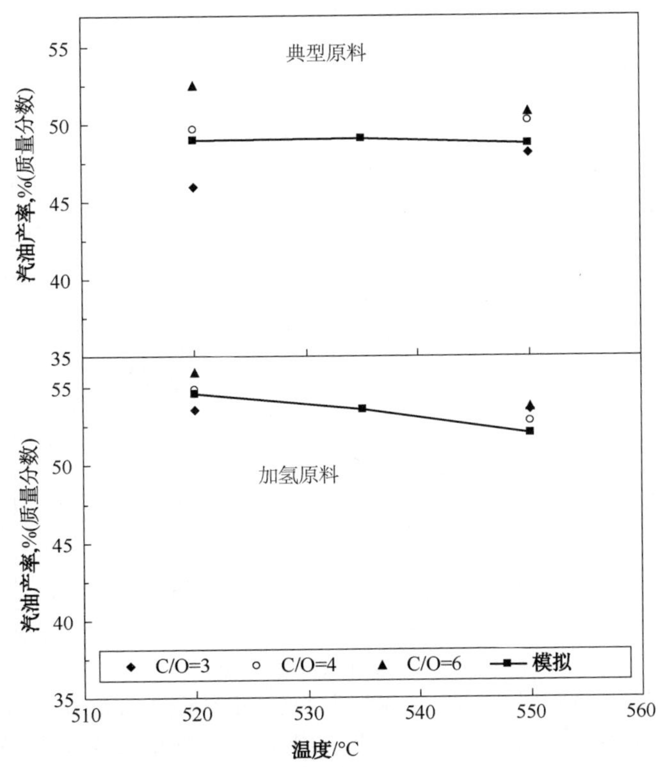

图 5.56　TF 和 HF 原料在 C2 催化剂作用下的汽油产率(Salazar-Sotelo 等，2004)

汽油产率与原料转化率密切相关，前者还取决于在特定反应条件下的催化剂选择性。以 HF 为原料，在特定反应条件下，催化剂选择性与转化率的关系更为密切。考虑到试验误差所带来的不确定性，认为两种催化剂对汽油的选择性相近(图 5.57)。

影响 FCC 操作的一个重要因素是焦炭的形成。焦炭会沉积在催化剂表面，堵塞催化活性中心，导致催化剂活性下降。而焦炭的形成还掌控着整个装置的能量平衡。受原料重质化影响，FCC 装置的生焦量可能会有所增加，这将导致再生温度升高(León-Becerril 和 Maya-Yescas，2007)，这也意味着催化剂的失活速率会更快。无法将 MAT 实验生焦量同工业仿真结果进行对比，因为二者的生胶行为不同(Kelkar 等，2003)。原料经加氢精制处理后，结焦前驱体含量会有所降低。如表 5.14 所示，以 C1 为催化剂，在 550℃、C/O=6 的条件下，生焦量降低高达 1%(质量分数)。值得引起注意的是，以 TF 为原料，其生焦量几乎与 C/O 比成正比；然以 HF 为原料，生焦量随 C/O 比提高而增加的幅度显著降低，这是由于加氢精制原料中的微观结焦前驱体含量显著下降(León-Becerril 和 Maya-Yescas，2007)。如前文所述，在恒定温度下只要未发生过度裂化反应，提高 C/O 比就意味着可获得高转化率和高汽油产率。

由以上数据可以看出，以 HF 为原料，反应可在更高的 C/O 比下操作；对于典型进料，在高 C/O 比下操作将会导致生焦量过高。这也是工业 FCC 原料进行加氢精制处理的有益之处，可提高装置的经济效益，如提高反应苛刻度和原料转化率，以及延长催化剂寿命。

以活性更高的 C2 为催化剂(表 5.14)，生焦量差异更为明显。对于典型进料，在 550℃、C/O=6 的条件下，其生焦量达到 7%(质量分数)，对于 MAT 实验室反应器而言，

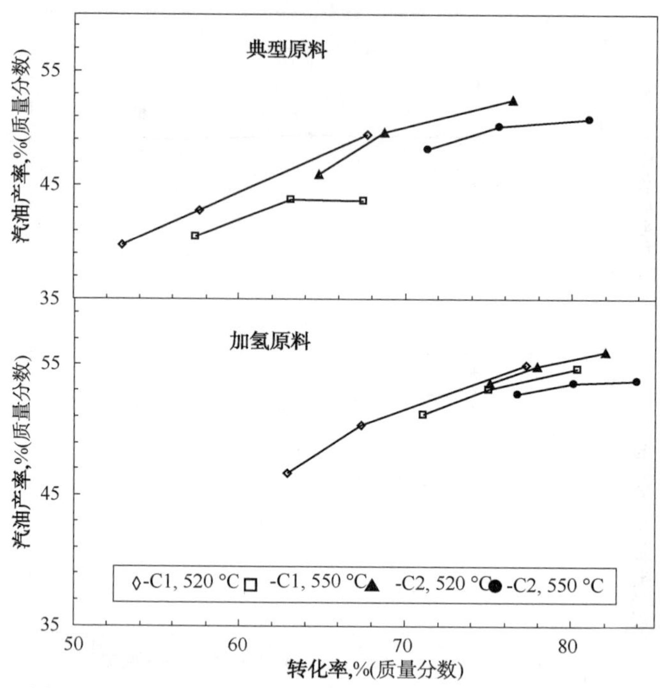

图 5.57 不同 C/O 比下，汽油产率随转化率的变化关系(Salazar-Sotelo 等，2004)

这个数据较高。将上述规律外推至工业装置，由于再生温度过高，可能将导致操作问题(Leuenberger 等，1998)。对于经过加氢处理后进料，其生焦量基本保持恒定，有利于装置操作并可增加收益。

表 5.14 两种催化剂在不同反应苛刻度下生焦量 %(质量分数)

原料+催化剂	C/O=3		C/O=4		C/O=6	
	520℃	550℃	520℃	550℃	520℃	550℃
TF+C1	2.27	2.63	2.58	3.38	3.64	4.66
HF+C1	2.17	2.23	2.65	2.66	3.48	3.71
TF+C2	3.83	4.08	4.62	4.91	6.60	7.08
HF+C2	3.33	3.36	3.99	4.01	5.53	5.49

选自：Salazar-Sotelo 等(2004)。

必须避免过量生焦的第二个重要原因是，过量生焦会导致转化率下降，从而导致汽油产率下降。对于常规进料，其汽油的最高产率约为 54%(质量分数)；相比而言，以 HF 为原料，其汽油的最高产率约为 56%(质量分数)，而生焦量却很低(图 5.58)。如图 5.58 所示，与常规原料相比，经过加氢处理的原料，不同温度下汽油产率随 C/O 比的变化曲线间的分隔较小，这是因为生焦量变化较小，使得催化剂活性下降的幅度也较小。这也是对原料进行加氢处理的另一益处所在。

目前，FCC 装置生产的高附加值产品还有 LPG，特别是 C_3 和 C_4 烯烃。原料中的环烷烃在加氢精制过程中会部分开环，更有利于生成 C_3 和 C_4。LPG 产品的用途差别较大，丙烷可用作燃料，丙烯可用作石化行业原料，异丁烷可作为下游工艺的原料，剩余的 C_4 可用于生产高附加值产品。因此，改变 LPG 产率及产品组成，会提高 FCC 装置经济效益。原料经加氢精制处理后，干气(H_2，C_1 和 C_2)的质量分布同样也会发生变化。

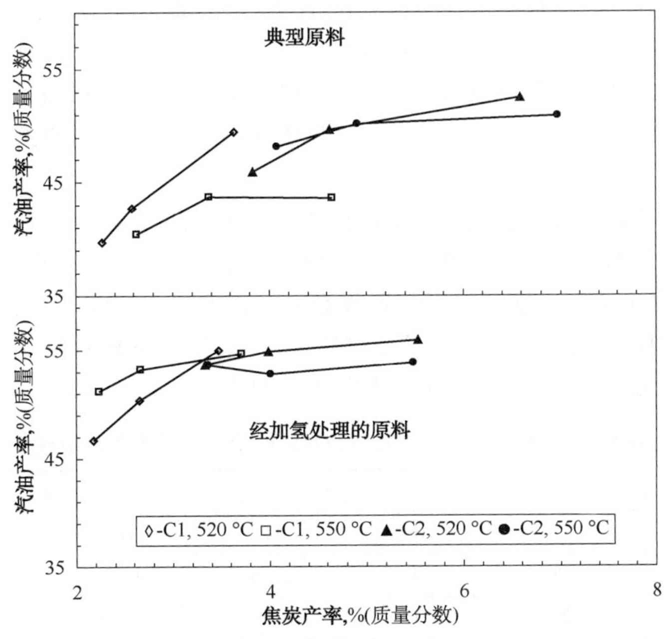

图 5.58　汽油产率 C/O 比的变化曲线(Salazar-Sotelo 等，2004)

表 5.15 列出了以 C1 为催化剂，在 C/O 比为 4 和 6，温度为 520℃时的轻烃产品组成。表中还列出了以 TF 和 HF 为原料的仿真结果。首先值得引起关注的是，实验结果表明随 C/O 比提高，LPG 的产量均有所增加；类似地，以 HF 为原料，仿真结果也预测出了 LPG 产量的增加。

表 5.15　以 C1 为催化剂，520℃时的轻烃产品产率和组成[①]　%(质量分数)

原料		C/O=4		C/O=6		仿真	
		TF	HF	TF	HF	TF	HF
干气	总计	0.88	0.80	1.29	1.44	2.89	3.54
	氢气	0.11	0.08	0.14	0.12	0.08	0.09
	甲烷	0.30	0.24	0.43	0.48	1.03	1.27
	乙烯	0.32	0.28	0.43	0.52	0.78	0.95
	乙烷	0.16	0.20	0.29	0.31	1.00	1.22
LPG	总计	11.32	13.31	13.36	17.42	10.95	14.64
	丙烷	0.35	0.43	0.47	0.62	1.02	1.41
	丙烯	2.91	3.61	3.80	4.83	2.70	3.72
	异丁烷	2.06	2.76	2.72	4.02	2.42	3.18
	正丁烷	0.36	0.46	0.50	0.73	0.98	1.29
	1-丁烯	0.93	1.11	1.18	1.54	0.93	1.22
	异丁烯	1.16	1.30	1.39	1.62	1.06	1.40
	顺丁烯	1.18	1.41	1.51	1.98	1.00	1.31
	反丁烯	0.89	1.05	1.14	1.50	0.81	1.06

注：①更多的细节请参见 Salazar-Sotelo 等(2004)。

原料经加氢处理后，预期干气产率将有所下降(Leuenberger 等，1998)。以 C1 为催化剂，在低反应苛刻度条件下，加氢干气果然有所下降，但在高反应苛刻度条件下，原料经加氢精制处理后，其干气产率反而增加。由于 MAT 反应器内干气量较低，上述反常现象可能是由实验误差所致。而仿真结果表明，当原料由 TF 变为 HF，预测的干气产率确实是增加的。

表 5.16 列出了以 C2 为催化剂，在 C/O 比为 4 和 6，温度为 520℃时的轻烃产品组成。表中还列出了以 TF 和 HF 为原料的仿真结果。以 HF 为原料，在 C2 催化剂作用下，LPG 产品中各组分含量均有所增加，这会提高装置收益率。相比之下，以 C1 为催化剂，在实验所用的操作条件下(C/O=4 和 6)，以 HF 为原料时，其干气产量相对较少；然而仿真结果表明，当原料由 TF 变为 HF，预测的干气产率也是增加的。

表 5.16　以 C2 为催化剂，520℃时的轻烃产品产率和组成　　%(质量分数)

原料		C/O=4		C/O=6		仿真	
		TF	HF	TF	HF	TF	HF
干气	总计	1.58	1.49	1.98	1.80	3.81	4.47
	氢气	0.22	0.17	0.26	0.19	0.09	0.09
	甲烷	0.53	0.49	0.69	0.62	1.37	1.61
	乙烯	0.50	0.48	0.64	0.62	1.03	1.21
	乙烷	0.33	0.35	0.39	0.38	1.33	1.53
LPG	总计	14.84	17.63	17.16	18.74	14.62	18.69
	丙烷	0.66	0.75	0.81	0.87	1.36	1.80
	丙烯	4.16	4.64	4.87	5.18	3.59	4.74
	异丁烷	3.38	4.38	4.16	5.00	3.28	4.13
	正丁烷	0.67	0.83	0.84	0.97	1.30	1.64
	1-丁烯	1.24	1.39	1.40	1.49	1.23	1.55
	异丁烯	1.31	1.28	1.35	1.28	1.41	1.77
	顺丁烯	1.60	1.80	1.81	1.95	1.33	1.67
	反丁烯	1.20	1.35	1.37	1.46	1.07	1.35

选自：Salazar-Sotelo 等(2004)。

Leuenberger 等(1998)和 Mariaca-Domínguez 等(2004)提出，除了增加 LPG 产率外，通过调整异丁烷/丁烯比也可得到较高的汽油产率。因调整异丁烷/丁烯比可抑制过度裂化反应，因此该参数与汽油产率成正比。表 5.17 列出了在 MAT 反应器上测得的 520℃的异丁烷/丁烯比(数据来自表 5.15 和表 5.16)。以 C1 为催化剂，原料由 TF 变为 HF，异丁烷/丁烯比增加。上述规律也适用于 C2 催化剂，但后者的异丁烷/丁烯比值更高(表 5.17)。此比值与汽油产率增加成正比，当催化剂活性更高时，这一规律更为明显。

前文所述的各种工艺改进(转化率及高附加值产品产率)均是以牺牲轻循环油(LCO)和重循环油(HCO)产率为代价的。然而，这些产品调入柴油或燃料油所获收益均不及获得更多优质汽油所得的收益，使得 LCO 和 HCO 成为了炼厂不期望生产的产品。由两种产品的名字就可推测出，它们含有大量稠环芳烃。但当原料经过加氢精制处理后，这些化合物会被部分加氢，使得汽油和 LPG 的产率提高(Mariaca- Domínguez 等，2003)。

表 5.17　异丁烷/丁烯比

催化剂	C/O=4		C/O=6	
	TF	HF	TF	HF
C1	0.49	0.57	0.52	0.61
C2	0.63	0.75	0.70	0.81

选自：Salazar-Sotelo 等(2004)。

与预期结果一样，在 C1 催化剂作用下，由于循环油产量下降使得产品分布得到改善(图 5.59)。仿真结果也预测出以 HF 为原料会出现同一现象。值得注意的是，工业装置的仿真结果预测的生焦量高于 MAT 实验结果。这可能因二者所涉及的能量平衡存在差异，无法通过实验室反应器有效测定生焦量(León-Becerril 和 Maya-Yescas，2007)。而在 C2 催化剂作用下，循环油的产量下降对高附加值产品分布的改善趋势与 C1 催化剂相同(图 5.60)。以 C2 为催化剂，仿真结果预测的生焦量再次高于 MAT 实验结果，尽管二者差值很小。

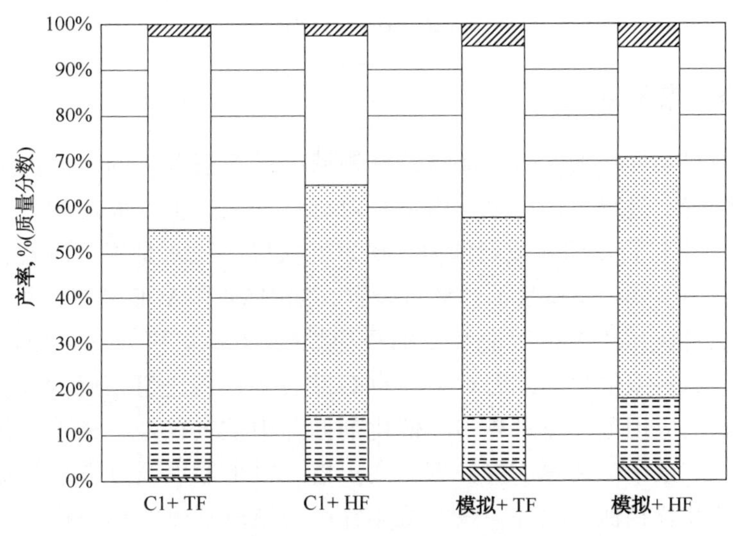

图 5.59　以 C1 为催化剂，在 C/O=4 时 MAT 实测产物和 520℃时仿真产物的累积产率对比 (Salazar-Sotelo 等，2004)

综上，本节比较了两种 FCC 原料，即典型原料和加氢精制原料，在两种性质不同且目标产品不同的工业催化剂作用下的反应结果。FCC 原料经加氢精制处理，其含硫和含氮化合物含量有所降低，但也产生了一些其他重要影响，如在恒定转化率的条件下，干气和循环油的产率下降。增加反应苛刻度会使产品价值大幅上升，主要是因为剂/油比增加，提高了原料转化率，进而提高了汽油的产量。由于 MAT 和工业装置存在的固有差异，仿真结果与实验结果存在一定的差异。

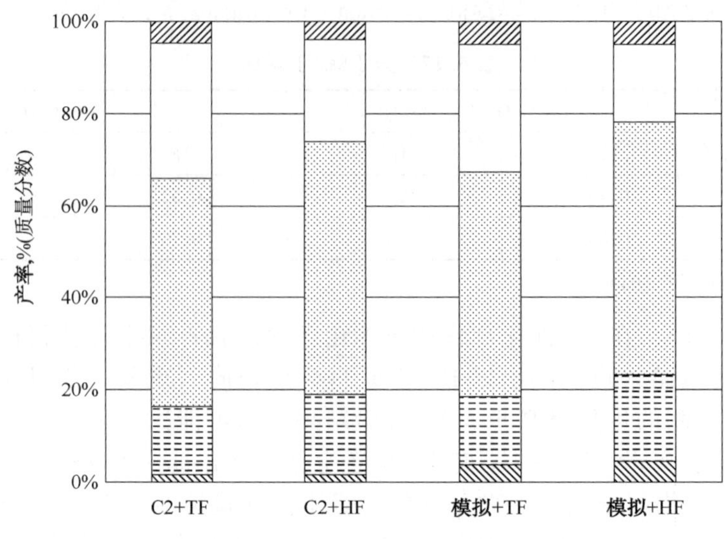

图 5.60 以 C2 为催化剂，在 C/O=4 时 MAT 实测产物和 520℃时仿真产物的累积产率对比（Salazar-Sotelo 等，2004）

5.10.2 中试装置仿真

在催化剂、原料及操作条件的表征与选择领域中最希望解决的、但也是最难解决的议题之一是在工业装置上进行中试仿真。由于会对炼厂利润产生巨大影响，因此在正在运转中的工业 FCC 装置上进行新原料或新催化剂探索性实验，通常是不可行的，也是不可能实现的。另一方面，尽管实验室微反活性评价装置，如 MAT 和 ACE 装置，虽然可快速给出实验结果，但并无法直接用于模拟工业装置的反应性能（Boock 和 Zhao，1998；Maya-Yescas 等，2004a）。改变原料或催化剂，需对工业 FCC 装置的性能进行精确的预测，因此以中试装置作为仿真设备的应用范例越来越多。催化剂循环中试装置是一种小型仿真器，与工业装置性能匹配良好。该中试装置由提升管、汽提塔、再生器以及分离塔组成，其中分离塔的操作负荷与工业装置相似。此外，该中试装置可切换成下流式操作模式，用于模拟一些反应趋势，而这种操作模式具有更好的选择性。FCC 工艺涉及多种参数，而且这些参数间还存在复杂的相互作用，当操作条件偏离初始设计条件较远时，很难准确预测其工艺性能。然而，需采用相同的催化剂、原料以及主要操作条件，才可以采用中试装置来模拟工业装置的性能。Maya-Yescas 等（2006）根据模拟实例确定了中试装置与工业装置间的特定关联关系，确定了其在研究中和对技术服务支撑中的重要性。针对放大效应，Maya-Yescas 等通过模拟工业装置的操作数据获得了相应的解决方案，并将中试装置上获得转化率结果汇至成图表，以更易于理解的方式展现其可能带来的经济收益。

与实验室规模装置相比，中试规模装置在操作条件和工艺性能放大上更具优势，而且风险较小，后者可快速获得大量完整且详尽的产品分析数据（Leuenberger 等，1998）。一般认为中试装置是工业装置的缩小版（Maya-Yescas 等，2006），这种规模“缩小”是指中试装置的设计规模和处理量。能量平衡是工业装置和中试装置最大的不同之处，即使在相同的操作条件下，仍无法做到使二者的生焦量及剂/油比(C/O)完全相同(Boock 和 Zhao，1998)。

在中试规模装置上可获得准确的试验信息，并可将此用于模拟工业装置的操作性能，而不存在生产风险。中试装置还可用于长周期运转测试，为每种原料开发出新型专用催化剂，优化操作条件及提高经济收益。中试数据在 FCC 仿真模型的开发、调整及验证方面同样也具有极其重要的作用。作为仿真数据的来源，中试装置在拓宽工艺条件范围、工艺研究与开发等方面也有诸多裨益(Dienert 等，1993)。综上所述，考虑到 FCC 装置对炼厂经济效益的巨大影响，强烈推荐采用中试装置进行操作条件优化及新工艺的开发，为工业装置良好运转提供永久性的技术支持。

1. 中试装置描述

图 5.61 示出了一种中试装置的典型流程示意图。原料取自多个与系统相连的原料储罐。先通入参比原料进行试验，然后再引入新原料进行对比。采用精确计量泵将原料送入预热器和喷嘴。系统配备有流量控制器和记录器。采用氮气或蒸汽用作分散剂，通过独立的加热器预热后同原料混合。同工业装置类似，原料与来自再生器的催化剂一经接触立即气化，然后进入提升管。在提升管顶部，催化剂与产物在旋风分离器内分离。待生催化剂落入密相流化床内的立柱，与蒸汽或氮气逆流接触，以汽提脱除催化剂内富集的烃。采用滑阀控制汽提催化剂进入再生器的流速。控制汽提温度、床层高度以及蒸汽/氮气的流速以调整汽提塔的效率。气态产品进入稳定塔，分离出重于 C_5 和 C_6 的组分；该液态产品经蒸馏可得到汽油、LCO 和 HCO。气态产品使用气相色谱在 NTP 条件下在线分析。待生催化剂由氮气或蒸汽管线进入再生器，再生器内部分区域安装有以空气换热的双管换热器。控制换热器中的热平衡，以获得不同 C/O 比。再生过程中，沉积在催化剂表面的焦炭在流化床内与空气接触、燃烧，产生烟气。在烟气出口处设有一个控制阀，以维持再生器和汽提塔

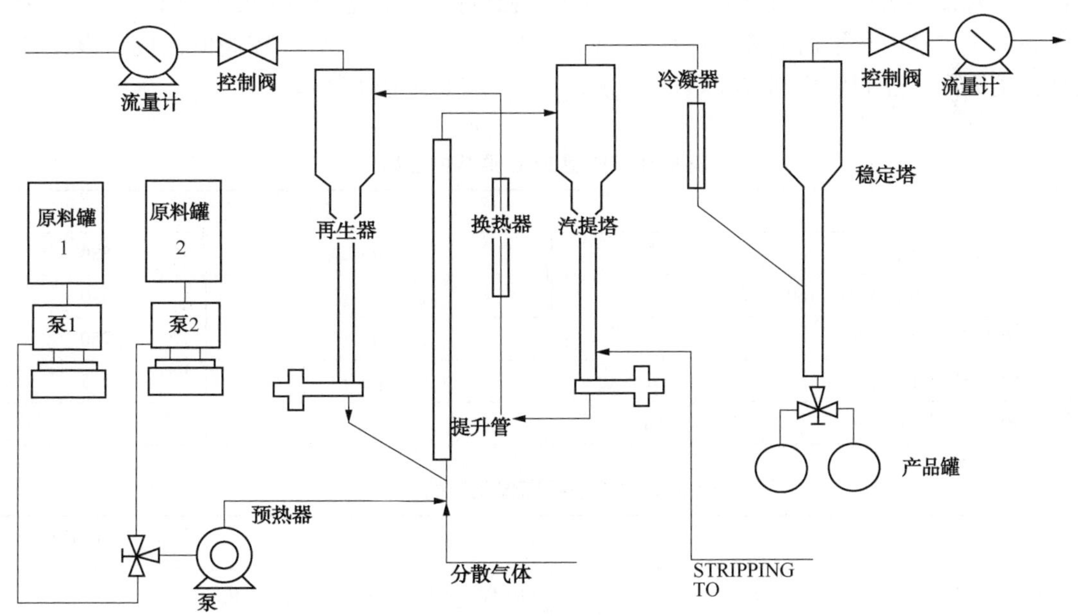

图 5.61　FCC 中试装置(Maya-Yescas 等，2006)

的压力。再生催化剂通过滑阀控制进入返回管线，经单独加热器预热，以满足提升管入口温度要求。

再生器是 FCC 装置的第二重要的反应器，其可加热至不同温度。对烟气和过量空气进行连续测量，并分析其组成（O_2，CO，CO_2，SO_x 和 NO_x）。根据烟气组成，控制系统将调整空气进入量，以保持所需的再生水平。此外，这种中试装置还可进行下流式操作，用以研究其他工艺。有研究者预测下流式操作模式具有更高的选择性（Ikeda 和 Ino，1999）。能量平衡可在以下两种操作模式间进行调整：绝热模式和热平衡模式。

1）绝热模式

在此操作模式下，提升管出口温度固定，控制来自再生器的热催化剂流量。此模式可模拟在提升管出口、预热器及再生器温度相同时的转化率和产品产率，只需调整 C/O 比，精细调节氮气或蒸汽流速，并在提升管内使用理想的温度分布即可。

2）热平衡模式

典型 FCC 中试装置不可能采用工业装置的操作条件，来控制再生器温度。在工业装置上，再生器温度是由稳态热平衡所决定，无法人为控制。中试装置因尺寸缩小，意味着其热量损失比工业装置要多得多。因此，需向中试装置的再生器提供额外的热量，以使之达到工业再生温度。在热平衡模式中，需要固定再生器温度，以生焦量为基准。该中试装置的控制系统会采用某种关联式自动计算出再生器温度，并以此来调节提升管入口处的催化剂温度，强制使中试装置按工业装置“方式”运转。

2. 试验方法

试验采用工业 FCC 装置所用的典型原料和平衡催化剂（Maya-Yescas 等，2006）。表 5.18 列出了原料的标准指标，表 5.19 列出了催化剂的标准表征数据，并包括了一些特殊的评价结果。为维持催化剂的性能稳定，平衡催化剂在每进行 50+实验后进行更换。提升管出口温度维持在工业操作值。原料预热温度的变化范围较宽泛（表 5.20）。试验采用绝热模式操作，对每一次操作，通过分析气态产品（气相色谱）和液态产品（模拟蒸馏）计算出标准转化率，生焦量由热平衡估算。在所有的实验中，将再生器维持在较高的温度，以保证催化剂再生完好，控制催化剂残炭量（ω_{CRC}）低于 0.05%（质量分数）。

表 5.18 典型 FCC 原料的性质

密度/(kg/m³)	920.0	金属含量	
康氏残炭,%	0.20	镍/(μg/g)	380
ASTM D-1160 馏程		钒/(μg/g)	440
10%(体积分数)/℃	346	铁/(μg/g)	750
50%(体积分数)/℃	422	钠/(μg/g)	2.5
90%(体积分数)/℃	501		

表 5.19 典型平衡催化剂的性质

活性 MAT,%	70.0	孔比表面积/(cm³/g)	0.172
比表面积/(cm²/g)	158	再生催化剂上的积炭量/(g 焦/g 催化剂)	0.066

表 5.20　FCC 中试装置的基础操作参数

参　　数	范围	独立性	依赖性
提升管出口温度/℃	525	×	
预热温度/℃	100~350	×	
C/O 比	6.8~25.5		×
转化率,%(质量分数)	61~77		×
产率,%(质量分数)	—		×

选自：Maya-Yescas 等(2006)。

3. 工业装置仿真

标准转化率是 FCC 装置主要的因变量，因此被称为响应变量。设计本次仿真实验的目的是研究转化率接近于工业值(73%，质量分数)时装置的操作性能。将预热温度由 100℃升高到 350℃，使提升管出口温度维持恒定(525℃)，使再生器温度保持在 690℃以上，以观察中试装置的应对行为。如图 5.62 所示，FCC 标准转化率果然如预期一样与 C/O 比成正比，假设二者具有渐近特征。操作条件范围的上限与原料和催化剂特性有关。图 5.62 所示的数据较为分散，这是由于实验误差所带来的不确定性。尽管其他参数可能对转化率也有一定的影响，但不同的原料预热温度对转化率的影响趋势是一致的。在所有结果中，选择与工业转化率数值相近的实验点，计算汽油、LPG 和干气产率，并与工业产率进行对比。由图 5.63 所示的对比结果可以明显看出，各种产品的产率实验值与工业值偏差较小，偏差相对最大的是干气产率，仿真误差在可接受范围。

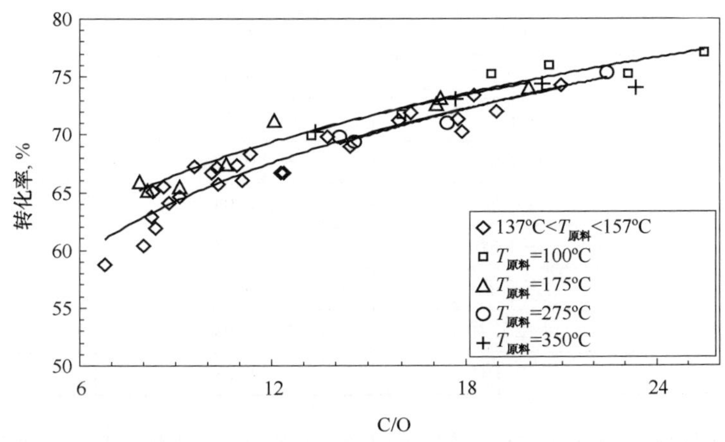

图 5.62　提升管出口温度为 525℃时的操作范围(Maya-Yescas 等，2006)

放大效应可以解释上述产率偏差。可通过剔除一些在设定值附近的参数值，对仿真结果进行微调。对于具体的仿真过程而言，可以采用调节沿提升管的温度分布，取消再生器温度锁定和/或改变分散气流量等方法，来减小偏差。

表 5.21 列出了一组实验所得的气体产率及组成数据，并与工业数据进行对比。气体组成差别较大，需要将这些数据放在动力学模型框架下进行研究，以使之可用于完整的仿真过程。正如前文所述，用于测试中试装置的参数可能超出了标准工业条件范围，这样会得到较宽范的 C/O 比，该比值可高达 25。而工业装置是无法达到如此高的 C/O 比，但这可用于评价重质原料裂化反应行为，或在催化剂-原料给定条件下预测最高转化率。

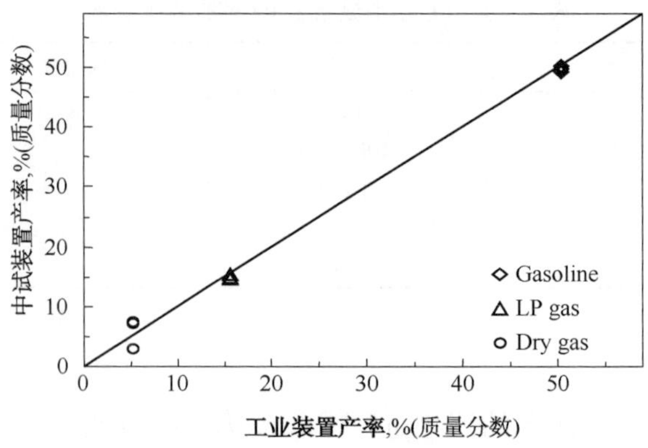

图 5.63　中试装置与工业装置结果对比(Maya-Yescas 等, 2006)

表 5.21　气体组成对比　　%(质量分数)

产　品		中试装置	工业装置
干气	总计	2.70	3.73
	氢气	0.11	0.09
	甲烷	0.98	1.34
	乙烯	0.83	1.01
	乙烷	0.77	1.30
LPG	总计	15.78	14.09
	丙烷	1.65	1.31
	丙烯	6.38	3.45
	异丁烷	3.51	3.18
	正丁烷	0.79	1.26
	丙二烯	0.03	无
	1-丁烯	0.85	1.19
	异丁烯	0.89	1.36
	反-2 丁烯	0.98	1.29
	顺-2 丁烯	0.68	1.04

综上所述，在探索仿真工业 FCC 装置行为的过程中，采用中试装置进行实验的目的是在固定提升管出口温度的条件下，获得标准转化率随 C/O 和进料温度的变化趋势。在这一操作区域内，装置可以以汽油或烯烃产率最大化作为操作目标。模拟出的操作区域是特定的，仅针对所用的催化剂、原料和操作条件才有效。值得引起关注的是，通过改变操作参数，可从常规操作区域内获得一些控制参数，有时获得的 C/O 比可高达 25 以上，尽管工业装置无法达到如此高的 C/O 比，但这在评价不同原料和催化剂组合时仍具有重要意义。尽管关于主要产品汽油和 LPG 的产率和组成的仿真结果已与工业数据吻合得很好，但对其他操作参数仍有一定的微调空间，可使仿真结果更趋于完美。最后，值得引起关注的是，尽管中试装置和工业装置之间具有相似性，但仍需根据反应工程的基本原理对其进行数学建模和仿真，以解决仍然存在的放大效应问题。

5.10.3　硫平衡

燃料中含杂原子化合物主要指含硫、氮、氧或金属卟啉的化合物分子，其燃烧后产生诸如含硫氧化物(SO_x，$x=2$，3)，含氮氧化物(NO_x，$x=1/2$，1，2，3)等污染物。目前，受监管最多的是 SO_x，因此需考虑其在催化裂化反应中是如何生成的。正如前文所述，FCC 汽油约占汽油总量的 40%，但 FCC 汽油的含硫量却超过了全部商品汽油含硫总量的 90%。各种 FCC 产品的硫含量取决于催化剂、原料组成、转化率以及反应器的操作条件。FCC 原料中所含的硫，主要是高分子含硫化合物，这些化合物主要富集在重质馏分油中。这些含硫化合物裂化后会生成酸性气(硫化氢，期望)或含硫燃料(不期望)。酸性气经下游回收可用于生产硫磺或硫酸，而含硫燃料在内燃机中燃烧，将以含硫氧化物形式排放。

若焦炭中含硫，那么 FCC 再生器排放的烟气中将含 SO_x、NO_x 以及催化剂颗粒，构成了主要的环境污染源。可对再生烟气进行气体脱硫处理，但这种防治措施并不经济。降低 FCC 汽油中的硫含量可采用石脑油加氢精制和降低汽油干点等方法。但汽油加氢精制会降低 FCC 汽油的辛烷值，这主要是因为 FCC 汽油中含有不饱和化合物。而降低汽油的干点将使汽油收率大幅降低。因此，在催化裂化工艺中将硫直接分离除去将变得越来越重要，如在提升管出口分离酸性气。

前文所述的动力学机理及数学模型均未考虑酸性气的生成和裂化产品中的硫的分布，但已有研究者进行了相关探索，以准确预测催化裂化产品中的硫含量及其分布规律。例如，Villafuerte-Macías 等(2003，2004)提出了一种将 H_2S 的形成考虑其中的七集总动力学模型。Villafuerte-Macías 等根据沸点对液体组分进行划分，根据环境保护和产品用途对轻烃组分进行划分，他们选用的七个集总组分如下：原料(343～560℃)、循环油(HCO+LCO，223～342℃)、汽油(C_5^+，37～222℃)、LPG(C_3～C_4)、干气(C_1～C_2，H_2)、酸性气(H_2S)和固体焦炭(C)。每种产品均可进一步裂化为轻质产品。通常假定原料的裂化反应遵循二级反应规律，而其他所有的裂化反应均遵循一级反应规律。裂化反应的速率常数可按 Arrhenius 公式计算。动力学参数的初始值选自文献数据，使用一组工业产品数据对初始值进行适当调整，经证实有效后才可使用。图 5.64 示出了 Villafuerte-Macías 等提出的动力学模型，表 5.22 列出了所用的动力学参数。

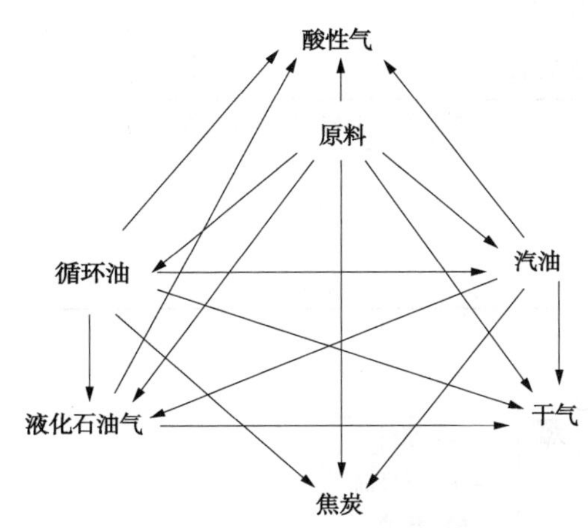

图 5.64　七集总动力学的反应途径
(Villafuerte-Macías 等，2004)

Villafuerte-Macías 等还开发了一种将原料转化率与反应温度相关联的经验函数，不仅预测循环油、汽油和焦炭中的硫含量和及其分布，而且还可预测独立于轻烃集总组分的酸性气中的硫含量。根据工业放大实践(由 MAT 装置放大到工业装置)，上述函数中所涉及的参数仅对特定的原料和催化剂有效，还需经工业数据(实际数据)验证。若更换不同类型原料或催化剂，需对上述参数进行重新拟合，而提升管-再生器系统的操作条件对上述参数值没有影响。

表 5.23 列出了再生器在完全燃烧模式中主要特征。状态参数的矢量包括氧气浓度、硫浓度、再生催化剂表面上的积炭量、CO 浓度和密相床温度。图 5.65 对比了裂化产品产率的预测值与实际值。如图 5.65 所示，预测值均落在图中 45°线附近，表明该预测值与实测值非常接近。

表 5.22 模型中所用的动力学参数

裂化反应	$k_0$①	E/(kJ/mol)	裂化反应	$k_0$①	E/(kJ/mol)
原料→循环油	240.0	70.0	循环油→酸性气	600.0	70.0
原料→汽油	380.0	70.0	循环油→焦炭	0.60	50.0
原料→LPG	70.5	70.0	汽油→LPG	1.0	50.0
原料→干气	217.5	80.0	汽油→干气	145.0	70.0
原料→酸性气	2400.0	70.0	汽油→酸性气	300.0	70.0
原料→焦炭	0.40	50.0	汽油→焦炭	0.50	50.0
循环油→汽油	24.0	60.0	LPG→干气	261.0	40.0
循环油→LPG	30.0	60.0	LPG→焦炭	0.40	40.0
循环油→干气	217.5	60.0	干气→焦炭	1.30	40.0

选自：Villafuerte-Macías 等(2004)。

注：① 原料 k_0 的单位是 $m^3/kmol \cdot s$；其他集总组分的 k_0 的单位是 s^{-1}。

表 5.23 FCC 装置特性

类　　型	提升管反应器/绝热再生器
操作模式	完全燃烧
原料加工能力/(bbl/d)	25000
平均焦炭产量/(t/d)	160
平均空气流速/(m^3/h)	75000

来源：Villafuerte - Macías 等(2004)。

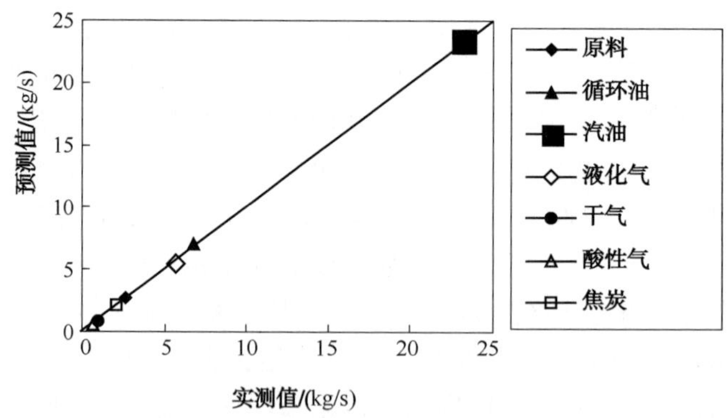

图 5.65 产品产率的预测值与实测值对比(Villafuerte-Macías 等，2004)

图 5.66 示出了提升管出口产品的模拟产率分布和实际产率值。原料的裂化反应主要发生在提升管长度前 1/3 处。在提升管长度前 1/2 处，循环油产量达到最高值，此后因发生进一步裂解反应，其产率缓慢降低，这与可能转化为小相对分子质量产品的中等重量油品转化规律相吻合。大部分汽油(总产量的 90%)生成于提升管前半段，在工业反应条件下，

一旦生成了汽油，则汽油分子就不易再发生裂化反应生成小分子产物。LPG 和干气产量则连续增加(图 5.67)。酸性气的最大产量出现在提升管的前 3/4 处，表明含硫烃类中有部分易于转化的含硫烃的 C—S 键发生了断裂。焦炭产率的连续增加，是环状化合物、含杂环化合物以及含烷基化合物在催化剂颗粒表面上发生缩合反应的结果。

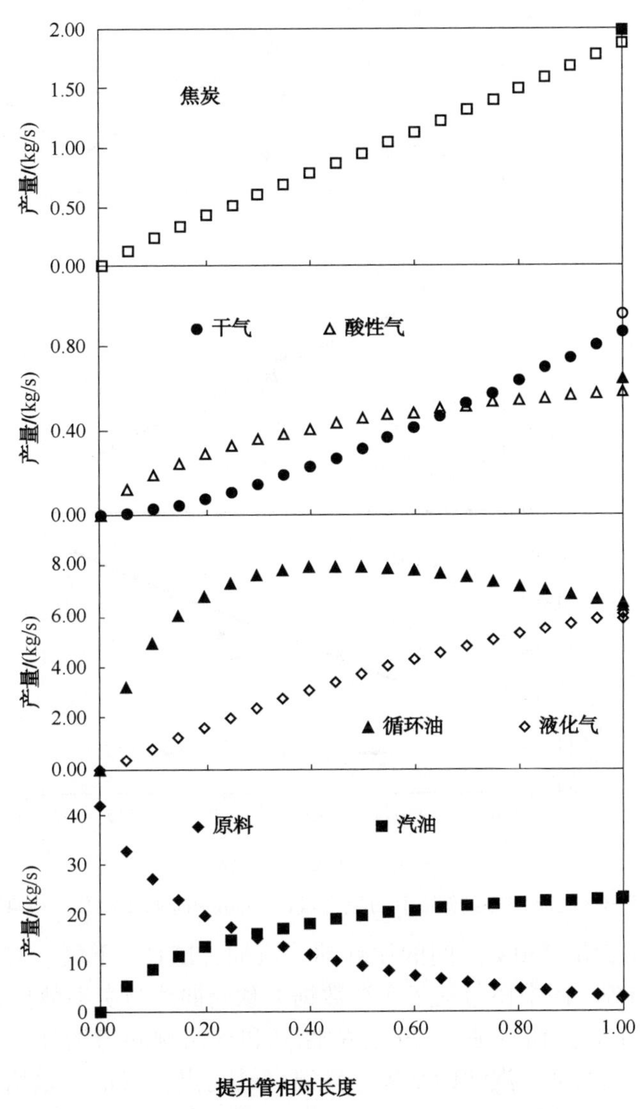

图 5.66　原料与产品沿提升管轴向分布趋势(自 Villafuerte-Macías 等，2004)

图 5.67 给出循环油、汽油和焦炭中的硫含量预测值随 *ROT* 的变化关系。值得注意的是，循环油中的硫含量随 *ROT* 增加而呈比例的增加，而汽油和焦炭中的硫含量随 *ROT* 的增加而降低。易于脱硫的含硫化合物裂解成酸性气和轻烃，而未发生裂解的含硫化合物则进入循环油和汽油中。循环油、汽油和焦炭中硫含量的预测值与实际数据吻合良好。因此，为获得低硫汽油，使得 FCC 装置不得不在高 ROT 下操作，同时也得到了更多的硫含量较低的焦炭。

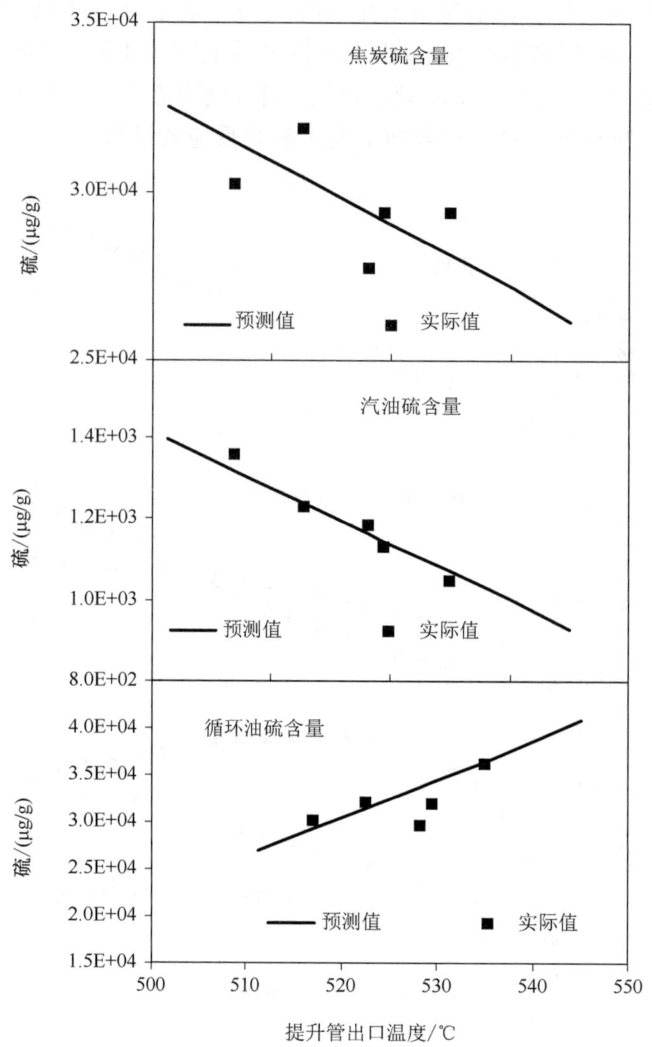

图 5.67 各种 FCC 产品中的硫含量(Villafuerte-Macías 等，2004)

图 5.68 示出了在 510~550℃之间的循环油、汽油、LPG、干气、酸性气和焦炭产率模拟值随 *ROT* 的变化趋势，图中还包括了实测数据。预测曲线与实测数据相近。随着 ROT 增加，循环油预测产率下降，而汽油、LPG、酸性气和焦炭预测值增加，这是由于部分循环油裂解成了 LPG 和干气及部分汽油的结果。在温度最高点，汽油产量增幅很小甚至没有增幅。工业实践表明，汽油的裂化温度高于 550℃。焦炭产量增加可能对系统有利，可为再生器提供必需的能量并维持整个提升管-再生器-汽提塔系统的热量平衡。酸性气产量的预测值越高，则汽油和焦炭中的硫含量就越低。

随着 *ROT* 的增加，在汽油产量增加与汽油含硫量下降之间存在协同作用。因此为维持收益率，FCC 装置应在尽可能高的 *ROT* 下操作。而从环境保护角度来看，提高酸性气产率也更加有利。上述两种优势均以循环油中硫含量增加为代价，增加了下游的脱硫费用，因此在实际操作中需要寻找最佳的经济平衡点。但随 *ROT* 增加，循环油产量下降也多少弥补了一些硫含量增加的劣势。

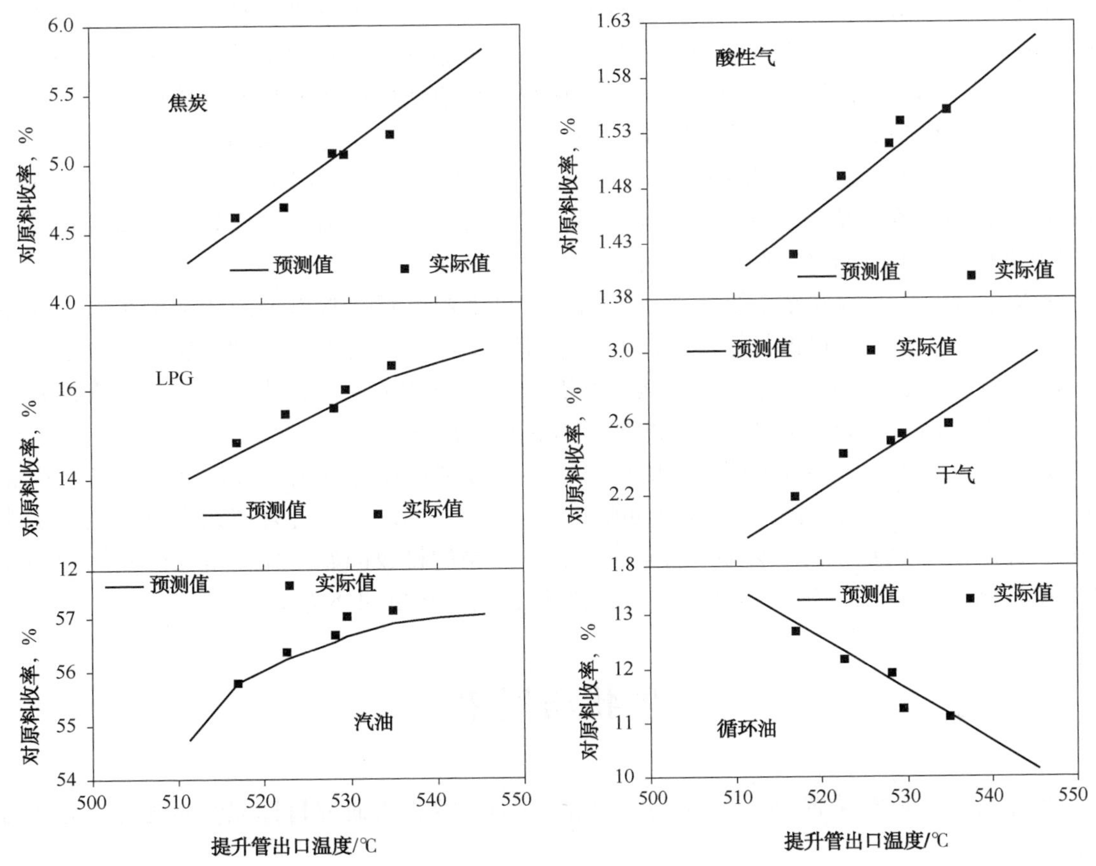

图 5.68 产品分布随 ROT 的变化趋势(Villafuerte-Macías 等，2004)

上述七集总动力学机理清晰地解释了 H_2S 的生成机制，利用该机理还可以解释生成 H_2S 的来源以及裂化终产品中的硫含量及其分布规律。此外，该集总动力学模型与其他模型类似，也可用于预测裂化产品的分布。其预测的结果包括常规 FCC 装置操作条件下的原料体积转化率和提升管出口温度的变化范围。这一信息有助于在生产过程中控制燃料产品中的硫含量。此外，为达到高附加值清洁燃料生成目的及满足环保要求，还可将上述模型用于 FCC 装置的稳态模拟。

5.11 结 语

流化床催化裂化(FCC)是主要的炼油工艺之一，该工艺核心是由提升管、汽提塔和再生器组成转化器。提升管是一种移动床反应器，用作催化裂化的反应其。汽提塔是一种流化床反应器，用于解吸吸附在催化剂表面的烃类物质。再生器是一种流化床反应器，用于烧焦，使催化剂恢复活性，回收热量为整个转化器系统提供能量。因原料中涉及化合物种类繁多，受系统能量平衡影响，提升管、汽提塔和再生器间高度相互关联，使得整个转化器系统非常复杂。

在提升管分析和设计过程中，需对所涉及的裂化反应动力学进行评价。因反应动力学涉及的反应物过多，为得到可靠的动力学数据，需对原料进行详尽的分析。另一方面，由于涉及到催化剂与工艺流体间的反应，总催化裂化反应速率由传质控制，传质阻力来自于流体-颗粒界面和/或颗粒内扩散。因此，在实验室规模反应器(如 MAT，ACE，CERE-提升管-仿真器和中试装置)上测定的有效(表观)动力学参数可直接线性放大，以用作工业提升管的动力学参数。经多年的实践经验表明，在进行工业试验前，应优先在实验室规模反应器上进行催化剂-原料的耦合性能评价。

FCC 再生器掌控着整个系统的能量平衡。因再生器可对通常出现的各种干扰作出动态响应，使得再生系统显得极其复杂。再生器有两种基本运行模式：完全燃烧(烟气中无 CO)和部分燃烧(烟气中含 CO，下游需连接 CO 燃烧器)。学术界关于再生器的研究一直没有停止，近期有多篇关于 FCC 再生器动态模拟和控制的文献发表。

最后，FCC 可加工多种不同类型的原料，并通过调整提升管出口温度来改变各种产品的产率。FCC 装置还可将固体污染物(如塑料)转化为汽油。以包含含硫或含氮等杂原子化合物的瓦斯油为 FCC 原料，会导致含硫、含氮氧化物的排放问题。如何解决这一问题仍在研究中，例如优化工艺条件、对原料进行预处理，或寻找更加环境友好解决方法。

现状与展望

为什么有关 FCC 装置的一切(如科学研究)均有必要作为研究目标呢？问题是：为何为如此？

FCC 装置发展始于第二次世界大战时期：当时急需航空汽油，却没有装置可以生产。经过一番勇敢探索和快速发展后，研究人员设计出了第一套 TCC 装置，是现在 FCC 装置的前身。这一新装置非常复杂，具有许多创新性特征，包括使用了移动床反应器，以及在转化器内实现了催化剂的再生。尽管这套装置开发成功，但开发中只能借助大量的经验。即使当掌管炼厂的经济学家想得到一个“明确的结果”时，其得到的回答仍是“这一装置是工程设计中的一个杰作”。

随着市场需求的变化，FCC 原料不得不取自炼厂其他炼油装置，并且还要受到许多环保新规的限制。但 FCC 装置依然是炼油工艺的核心，并且会继续扮演这个角色。不管未来石油行业的发展前景如何，FCC 装置仍可继续为特种塑料产业提供原料。因此，仍非常有必要继续开发更好的动力学模型，以适应未来的发展。虽然集总模型以能满足当下的需求，但其缺少原料和产品的许多重要性质。使用单事件模型可能是未来的发展方向，因为这一模型需要对原料、产品以及焦炭等副产品(第二重要的 FCC 产品)进行详细分析。催化剂开发是世界性的研究课题之一，但目前关于催化剂失活的描述仍然停留在经验阶段。本研究的先进之处在于采用积炭形成速率来解释催化剂的失活现象，但对失活现象的描述并不充分，未对催化剂表面积炭引起孔口直径减小作出解释(Jiménez-García 等，2009)。如果这一现象不重要，我们就不会看到非常黑的失活催化剂。

最后，对于 FCC 装置动态模拟和控制，我们能否理解？我们能否创建新一代的 FCC 装置？嗯——让我们共同努力！

参 考 文 献

Aguilar, R., Maya-Yescas, R. (2004) Feedback regulation of temperature in FCC regenerator reactors. *Pet. Sci. Technol.* 22: 201-218.

Aguilar, R., Poznyak, A., Mart í nez-Guerra, R., Maya-Yescas R. (2002) Temperature control in catalytic cracking reactors via a robust PID controller. *J Process Control.* 12: 695-705.

Aguilar-L ó pez, R., Á lvarez-Ram í rez, J. J. (2002) Sliding-mode control scheme for a class of continuous chemical reactors. *IEE Proc. Control Theory Appl.* 149: 263-268.

Aguilar-L ó pez, R., Maya-Yescas, R. (2006) Robust temperature stabilization for fl uid catalytic cracking units using extended Kalman-type estimators. *Chem. Prod. Process Model.* 1, Art. 3: 1-20.

Á lvarez-Ram í rez, J., Valencia, J., Puebla, H. (2004) Multivariable control confi gurations for composition regulation in a fl uid catalytic cracking unit. *Chem. Eng. J.* 99: 187-201.

Ancheyta-Ju á rez, J., L ó pez-Isunza, F., Aguilar-Rodr í guez, E., Moreno-Mayorga, J. C. (1997) A strategy for kinetic parameters estimation in the fl uid catalytic cracking process. *Ind. Eng. Chem. Res.* 36: 5170-5174.

Araujo-Monroy, C., L ó pez-Isunza, F. (2006) Modeling and simulation of an industrial fluid catalytic cracking riser reactor using a lump-kinetic model for a distinct feedstock. *Ind. Eng. Chem. Res.* 45: 120-128.

Arbel, A., Huang, Z., Rinard, I. H., Shinnar, R., Sapre, A. V. (1995) Dynamic and control of fl uidized catalytic crackers: 1. Modeling the current generation of FCCs. *Ind. Eng. Chem. Res.* 34: 1228-1243.

Arbel, A., Rinnard, I. H., Shinnar, R. (1996) Dynamics and control of fl uidized catalytic crackers: 3. Designing the control system: choice of manipulated and measured variables for partial control. *Ind. Eng. Chem. Res.* 35: 2215-2233.

ASTM (2005) *Standard Test Method for Determining Activity and Selectivity of Fluid Catalytic Cracking (FCC) Catalysts by Microactivity Test.* ASTM D-5154-05. Philadelphia.

Barmish, B. R., Corless, M., Leitman, G. A. (1983) A new class of stabilizing controllers for uncertain dynamical systems. *SIAM J. Control Optim.* 21: 246-255.

Boock, L. T., Zhao, X. (1998) Recent advances in FCC catalyst evaluations: MAT vs. DCR pilot plant results. *Chem. Ind.* 74: 131-141.

Bristol, E. H. (1966) On a new mesure of interaction for multivariable process control. *IEEE Trans. Autom. Control*, Jan., pp. 133-134.

Cheng, W. C., Kim, G., Peters, A. W., Xhao, X., Rajagopalan, K., Ziebarth, M. S., Pereira,
C. J. (1998) Environmental fl uid catalytic cracking technology. *Catal. Rev. Sci. Eng.* 40: 39-79.

Corella, J. (2004) On the modelling of the kinetics of the selective deactivation of catalysts: application to the fl uidized catalytic cracking process. *Ind. Eng. Chem. Res.* 43: 4080-4086.

Corma, A., Mart í nez, C., Ketley, G., Blair, G. (2001) On the mechanism of sulphur removal during catalyst cracking. *Appl. Catal. A.* 208: 135-152.

Dahl, I. M., Tangstad, E., Mostad, H. B., Andersen, K. (1996) Effect of hydrotreating on catalytic cracking of a VGO. *Energy Fuels.* 10: 85-90.

Daoutidis, P., Kravaris, C. (1991) Inversion and zero dynamics in nonlinear multivariable control. *AIChE J.* 37: 527-538.

Deza, F., Busvelle, E., Gauthier, J. P., Rakotopara, D. (1992) High gain estimation for nonlinear systems. *Sys. Control Lett.* 18: 295-299.

Dienert, J. M., Renfree, M., Holden, I. A. (1993) On-line simulation of commercial adiabatic FCCU operation with a FCC pilot plant. *AIChE Symp. Ser.* 88: 54-58.

Economou, C. E., Morari, M. (1986a) Internal model control: 5. Extension to nonlinear systems. *Ind. Eng. Chem. Process Des. Dev.* 25: 403-411.

Economou, C. E., Morari, M. (1986b) Internal model control: 6. Multiloop design. *Ind. Eng. Chem. Process Des. Dev.* 25: 411-419.

Edwards, W. M., Kim, H. N. (1988) Multiple steady states in FCC unit operations. *Chem. Eng. Sci.* 43: 1825-1830.

Errazu, A. F., de Lasa, H. I., Sarti, F. (1979) A fl uidized bed catalytic cracking regenerator model: grid effects.

Can. J. Chem. Eng. 37: 191–197.

Freeman, R. A., Kokotovic, P. V. (1996) *Robust Nonlinear Control Design: State Space and Lyapunov Techniques*. Birkhauser, Berlin, Chap. 8.

Froment, G. F., Bischoff, K. B. (1962) Kinetic data and product distributions from fi xed bed catalytic reactors subject to catalyst fouling. *Chem. Eng. Sci.* 17: 105–114.

Froment, G. F., Bischoff, K. B. (1990) *Chemical Reactor Analysis and Design*, 2nd ed. Wiley, Singapore.

Garc í a, C. E., Morari, M. (1985) Internal model control: 2. Procedure for multivariable systems. *Ind. Eng. Chem. Process Des. Dev.* 24: 472–484.

Ginsburg, J., Pekediz, A., de Lasa, H. I. (2003) The CREC fl uidized riser simulator: characterization of mixing patterns. *Int. J. Chem. Reaction Eng.* 1, A52: 1–14.

Grosdidier, P., Mason, A., Aitolahti, A., Vanhumaki, V. (1993) FCC unit regenerator–reactor control. *Comput. Chem. Eng.* 17: 165–179.

Hovd, M., Skogestad, S. (1993) Procedure for regulatory control structure selection with application to the FCC process. *AIChE J.* 39: 1938–1953.

Ikeda, S., Ino, T. (1999) Down-fl ow FCC pilot plant for light olefi n production. In: *Proceedings of the Acs Symposium on Advances in Fluid Catalytic Cracking*, New Orleans, LA, Aug. 22–26.

Isidori, A. (1999) *Nonlinear Control Systems*. 3rd ed. Springer-Verlag, London. Jacob, D., Gross, B., Voltz, S., Weekman, V. W. (1976) A lumping and reaction scheme for catalytic cracking. *AICHE J.* 22: 701–713.

Jim é nez-Garc í a, G., Aguilar-L ó pez, R., Le ó n-Becerril, E., Maya-Yescas, R. (2007) Scaling-up of instantaneous data of complex kinetics. *Fuel.* 86: 1278–1281.

Jim é nez-Garc í a, G., Aguilar-L ó pez, R., Le ó n-Becerril, E., Maya-Yescas, R. (2009) Tracking catalyst activity during fl uidized-bed catalytic cracking. *Ind. Eng. Chem. Res.* 48: 1220–1227.

Jim é nez-Garc í a, G., Quintana-Sol ó rzano, R., Aguilar-L ó pez, R., Maya-Yescas, R. (2010)

Modelling catalyst deactivation by external coke deposition during fl uid catalytic cracking. *Int. J. Chem. Reactor Eng.* 8: A2.

Kelkar, C. P., Xu, M., Madon, R. J. (2003) Laboratory evaluation of cracking catalysts in a fl uid bed: effects of bed dynamics and catalyst deactivation. *Ind. Eng. Chem. Res.* 42: 426–433.

Krishna, A. S., Parkin, E. S. (1985) Modeling the regenerator in commercial FCC units. *Chem. Eng. Prog.* 81: 57–62.

Kuo, J., Wei, J. (1969) A lumping analysis in monomolecular reaction systems: analysis of approximately lumpeable systems. *Ind. Eng. Chem. Fundam.* 8: 124–133.

Kurihara, H. (1967) Optimal control of fl uid catalytic cracking process. Ph. D. dissertation, M. I. T., Cambridge, MA.

Lavanya, M., Sriram, V., Sairam, B., Bhaskar, M., Meenakshisundaram, A. (2002) Studies on fl uid catalytic cracking of hydroprocessed feedstocks. *Pet. Sci. Technol.* 20: 713.

Lee, W., Kugelman, A. M. (1973) Number of steady-state operating points and local stability of open-loop fl uid catalytic cracker. *Ind. Eng. Chem. Process Des. Dev.* 12: 197–204.

Le ó n-Becerril, E., Maya-Yescas, R. (2007) Open loop response to changes of coke-precursors during fl uidised-bed catalytic cracking. *Fuel.* 86: 1282–1289.

Le ó n-Becerril, E., Maya-Yescas, R., Salazar-Sotelo, D. (2004) Effect of modelling pressure gradient in the simulation of industrial FCC risers. *Chem. Eng. J.* 100: 181–186.

Leuenberger, E. L., Moorehead, E. L., Newell D. F. (1998) Effects of feedstock type on FCC overcracking. Paper AM-88-51. In: *Proceedings of the* 1998 *NPRA Annual Meeting*, San Antonio, TX, Mar. 20–22.

Mariaca-Dom í nguez, M. E., Rodr í guez-Salom ó n, S., Maya-Yescas, R., Gonz á lez-Ort í z, A. (2002) Effect of FCC feedstock quality on product distribution. In: *Proceedings of the* 15*th International Congress of Chemical Process Engineering*, Prague, Czech Republic, pp. 25–29.

Mariaca-Dominguez, E., Rodr í guez-Salom ó n, S., Maya-Yescas, R. (2003) Reactive hydrogen content: a tool to predict FCC yields. *Int. J. Chem. Reactor Eng.* 1: A46.

Mariaca-Dom í nguez, E., Maya-Yescas, R., Rodr í guez-Salom ó n, S., Gonz á lez-Ort í z, A., Mart í nez-Tapia, G. E., Á lvarez-Ramirez, R., L ó pez-Franco, C. (2004) Reactivity of fl uid catalytic cracking feedstocks as a function of reactive hydrogen content. *Pet. Sci. Technol.* 22: 13–29.

Maya-Yescas, R., Aguilar, R. (2003) Controllability assessment approach for chemical reactors: nonlinear control affi ne systems. *Chem. Eng. J.* 92: 69–79.

Maya-Yescas, R., Bogle, D., L ó pez-Isunza, F. (1998) Approach to the analysis of the dynamics of industrial FCC units. *J. Process Control*8: 89–100.

Maya-Yescas, R., Aguilar-L ó pez, R., Gonz á lez-Ort í z, A., Mariaca-Dom í nguez, E., Rodr í guez-Salom ó n, S., Salazar-Sotelo, D. (2004a) Impact of production objectives on adiabatic FCC regenerator control. *Pet. Sci. Technol.* 22: 31–43.

Maya-Yescas, R., Le ó n-Becerril, E., Salazar-Sotelo, D. (2004b) Translation of MATkinetic data for modeling industrial catalytic cracking units. *Chem. Eng. Technol.* 27: 777–780.

Maya-Yescas, R., Villafuerte-Mac í as, E. F., Aguilar, R., Salazar-Sotelo, D. (2005) Sulphur oxides emission during fl uidised-bed catalytic cracking. *Chem. Eng. J.* 106: 145–152.

Maya-Yescas, R., Salazar-Sotelo, D., Mariaca-Dom í nguez, E., Rodr í guez-Salom ó n, S., Garc í a-Moreno, L. M. (2006) Fluidized-bed catalytic cracking units emulation in pilot plant. *Rev. Mex. Ing. Qu í mi.* 5: 97–103.

Morari, M., (1983) Design of resilient processing plants: III. A general framework for the assessment of dynamic resilience. *Chem. Eng. Sci.* 38: 1881–1891.

Moustafa, T. M., Froment, G. F. (2003) Kinetic modelling of coke formation and deactivation in the catalytic cracking of vacuum gas oil. *Ind. Eng. Chem. Res.* 42: 14–25.

Salazar-Sotelo, D., Maya-Yescas, R., Mariaca-Dom í nguez, E., Rodr í guez-Salom ó n, S., Aguilera-L ó pez, M. (2004) Effect of hydrotreating FCC feedstock on product distribution. *Catal. Today.* 98: 273–280.

Sugungun, M. M., Kolesnikov, I. M., Vinogradov, V. M., Kolesnikov, S. I. (1998) Kinetic modelling of FCC process. *Catal. Today.* 43: 315–325.

Takatsuka, T., Sato, S., Morimoto, Y., Hashimoto, H. (1987) A reaction model for fl uidized-bed catalytic cracking of residual oil. *Intern. Chem. Eng.* 27: 107–116.

Taskin, H., Kubat, C., Uygun, Ö., Arslankaya, S. (2006) FUZZY-FCC: fuzzy logic control of a fl uid catalytic cracking unit to improve dynamic performance. *Comput. Chem. Eng.* 30: 850–863.

Theologos, K. N., Markatos, N. C. (1993) Advanced modeling of fl uid catalytic cracking riser-type reactors. *AIChE J.* 39: 1007–1017.

Venuto, P. B., Habib, E. T. (1978) Catalyst–feedstock–engineering interactions in fl uid catalytic cracking. *Catal. Rev. Sci. Eng.* 18: 1–150.

Vieira, R. C., Pinto, J. C., Biscaia, E. C., Jr. Baptista, C. M. L. A., Cerqueira, H. S. (2004)
Simulation of catalytic cracking in a fi xed-fl uidized-bed unit. *Ind. Eng. Chem. Res.* 43: 6027–6034.

Villafuerte-Mac í as, E. F., Aguilar L ó pez, R., Maya Yescas, R. (2003) Cambio de los coefi cientes de transferencia en reactores de desintegraci ó n catal í tica. *Rev. Mex. Ing. Quim.* 2: 63–68.

Villafuerte-Mac í as, E. F., Aguilar, R., Maya-Yescas, R. (2004) Towards modelling production of clean fuels: sour gas formation in catalytic cracking. *J. Chem. Technol. Biotechnol.* 79: 1113–1118.

Voorhies, A. (1945) Carbon formation in catalytic cracking. *Ind. Eng. Chem.* 37: 318–322.

Weekman, V. W., Jr. Nace, D. M. (1970) Kinetics of catalytic cracking selectivity in fi xed, moving and fluid bed reactors. *AICHE J.* 16: 397–404.

Wei, J., Kuo, J. (1969) A lumping analysis in monomolecular reaction systems: analysis of exactly lumpeable systems. *Ind. Eng. Chem. Fundam.* 8: 114–123.

Wolf, E. E., Alfani, F. (1982) Catalyst deactivation by coking. *Catal. Rev. Sci. Eng.* 24: 329–371.